기본 측량학 개관

유복모 · 유 연 공저

東明社

기본측량학개관

초판 인쇄 2013년 9월 16일
2쇄 발행 2015년 1월 20일

지은이 유복모, 유연
펴낸이 최국주
펴낸곳 동명사
출판등록 1950년 11월 1일(제1-76호)
주소 (우 413-756) 경기도 파주시 회동길 50(문발동)
전화 031-955-7200(대표)~2, 7203(편집부), 7204(물류)
팩스 031-955-7205
전자우편 webmaster@dmsbook.com
홈페이지 www.dmsbook.com

ISBN 978-89-411-8124-8 93530
값 39,000원

東明社

출간사

인류의 생존이 지구영역뿐만 아니라 우주영역에서 발생하는 각종 현상과 형상을 연구하고 개발하는데 측량학의 몫이 날로 증대되어가고 있다. 이에 측량학의 기본개념을 간결하게 정리하여 한정된 시간 내에 지식을 습득하고 활용할 수 있도록 본서를 출간하게 되었다.

제1장에서 측량학의 의의, 종류, 현장실무에 관한 고려사항, 관측 및 오차에 대한 일반사항, 측량의 활용, 제2장에서 위치해석의 기본요소인 길이, 각, 시, 좌표계, 측량의 원점 및 기준점, 제3장에서 1차원위치(거리, 고저), 제4장에서 2차원위치(다각, 삼각, 천문), 제5장에서 3차원위치(영상탐측, 광파종합관측〈TS〉, 위성측지(GPS, GLONASS, GALILEO, SLR), 제6장에서는 영상탐측으로 영상의 취득, 해석 및 활용, 제7장에서 도면제작으로 종래의 지상측량방법 및 영상탐측방법, 지적도제작, 지도의 활용, 제8장에서 면적 및 체적의 산정, 제9장에서 지형공간정보학의 의의, GIS의 용어변천, 국내 · 외 연구동향 및 정부 시책방향, GIS의 자료구성, 자료기반의 발전 동향 및 활용분야, 제10장에서 단지조성측량, 제11장에서 노선(도로, 철도)측량, 제12장에서 터널측량, 제13장에서 하천측량, 제14장에서 해양측량, 15장에서 지하시설물측량, 제16장에서 시설물의 변형 및 안전진단측량, 제17장에서 건축물과 정원측량, 제18장에서 유형문화재측량, 제19장에서 경관측량, 제20장에서 우주개발을 다루었다. 부록 I 에서는 1) 시, 2) 영상의 기하학적 특성, 3) 관측값 해석에 관한 최소제곱법, 오차전파, 4) 삼변측량, 5) 평판측량, 6) 시거측량, 부록II에서는 국제단위계와 도량형환산표, 그리스문자표를 다루었다. 본서 집필에 뜻한 바가 이루어지도록 지속적인 보완수정을 할 것입니다. 본서 집필에 계기를 마련하여 준 내자 최연순, 원고정리에 노고를 아끼지 않은 석곡연구원의 홍재민 이사, 본서 출판에 적극 협조하여 주신 동명사 임직원(최국주 사장, 김급태 상무, 이지연 편집위원)에게 깊은 감사의 뜻을 전합니다.

2013. 4. 24 碩谷관측과학기술연구원에서

저자 씀

기본측량학개관을 내면서

본서를 성원해 주신 독자 여러분들께 감사드리며 기본측량학개론 제3판의 출판 후 내용이 미비한 점 및 추가 내용이 있어 보완 수정하게 되었습니다.

제 1장에서 측량학의 의의 및 활용, 제2장에서 VIBI, GPS 일부, 가상기준점체계(VRS), GLONAS와 GALILEO JRANS, 북두위성체계가 제4장에서 GIS는 전면수정 제7장에서 R.S 레이저(LIDAR, SLR, LLR) 및 레이더 인공위성(NOAA, COMS), 이동 동면화체계(MMS)등을 추가하여 최근 측량학의 활용 및 기여도의 가능성을 제시하였습니다.

선배제현과 독자 여러분들의 지도편달을 부탁드리며 동명사 관계자 여러분에게 감사를 드립니다.

2012. 1. 17

석곡관측과학기술연구원에서
저자 씀

머리말

측량학의 활용범위가 날로 다양해지고 증대됨에 따라 측량학의 기본지식습득을 위하여 시간적 한계와 수준을 고려한 측량학 기본 책자의 소요가 절실히 필요한 시점에 와 있다 하겠다.

이에 걸맞은 측량학 교육환경 조성을 위하여 측량학의 기본개념을 간결하게 엮어 한정된 시간 내에 측량학 지식을 습득하고 그의 활용이 가능하도록 배려하였다.

본서의 1장은 측량학의 총론, 2장은 기본요소인 길이, 각 및 시의 개념을 좌표계와 연계한 위치결정, 3장은 위치자료를 가시화시킨 지도화와 도형해석, 4장은 위치자료, 도형자료 및 영상자료를 근간으로 하는 정보체계의 정량화, 5장은 자연환경과 친화를 위한 경관의 해석, 6장은 2장과 3장을 이용하여 생활환경개선에 관한 개발과 유지관리에 필요한 자료제공 및 해석, 7장은 최근 활용성이 급증하고 있는 사진(또는 영상)에 필요한 기본사항, 8장은 토지에 대한 물권이 미치는 한계를 밝힌 지적측량, 9장은 정밀미려하고 고품질의 사회기반 시설건설관리에 도입되고 있는 책임측량사제도 등을 기술하였다.

상기한 점을 고려하여 측량학의 기본지식을 짧은 시간 내에 습득하고자 하는 분들에게 다소라도 도움을 드리고져 본서를 엮었으나 미진한 점이 많을 것으로 사료된다.

선배제현의 지도편달과 저자의 지속적인 수정보완을 통하여 본서가 지향하는 내용을 충실히 갖추도록 최선을 다할 것을 약속드립니다.

본서의 집필 중 원고의 내용설정에 많은 도움을 준 신구대학 김욱남 교수, 원고정리에 노고를 다한 석곡연구원 홍재민 연구원을 비롯한 여러 연구원 및 본서 출판을 맡아주신 동명사 모든 분들에게 깊은 감사를 드린다.

2004. 2. 10

석곡(碩谷)관측과학기술연구원에서

저자 씀

차 례

Chapter 01

총론

Introduction to surveying

1 측량학(survey)의 의의

측량학은 생활공간(지표면, 지하, 수중) 및 우주공간에 존재하는 제점간의 위치결정(1차원, 2차원, 3차원), 지형해석, 지도제작 및 대상물의 크기와 형상(면 · 체적, 경계, 분할, 변형, 구조물형상, 조화미), 사회기반시설물의 조사, 계획, 설계, 시공 및 유지관리 및 지형공간정보체계에 자료제공, 영상을 이용한 지형과 비지형(인체공학, 유형문화재, 교통, 환경현황, 식생, 자원 등)해석 및 각종 대상물에 대한 정량화, 인공위성 및 전자기파를 이용한 관측으로 우주개발 등에 기여하고 있다.

(1) 평면, 곡면 및 공간을 고려한 각과 길이 및 시간의 조합해석에 의해 1차원(x 또는 z), 2차원(x, y), 3차원(x, y, z) 및 4차원(x, y, z, t)으로 제점간의 위치를 결정(positioning) 및 대상물의 크기와 형상(경계설정, 면 · 체적산정, 분할, 구조물형상, 도면제작, 조화미 평가 등)해석을 하며,

(2) 지상, 항공기, 인공위성에 의한 영상으로 토지, 자원, 환경, 생태계의 특성 및 현상을 해석하고 각종 디자인에 활용한다.

(3) 정보화를 위하여 위치정보와 특성정보에 의한 지형공간정보체계(GSIS or GIS : Geo- Spatial Information System)의 활용으로 의사결정과 각종 대상에 연계시켜

생활에 편익을 도모하고,

(4) 생활환경공간(지상, 지하, 해양, 시설물, 공간 및 우주영역 등) 개선을 위한 개발과 유지관리에 필요한 자료를 제공할 뿐만 아니라 최근 인공위성관측을 통해 우주과학에도 기여해 가고 있다.

인류가 생활기반시설을 조성하기 위하여 처음으로 시행된 기술이 측량이다. 측량은 대상물을 관측(대상물의 현상과 요소를 재고 추정하는 것)하는 것으로 눈(目測), 손(掌測, 把測), 발(步測)로 시작하여 줄자(tape), 각도기(compass), 광학기기(transit, theodolite, total-station, level, camera 등), 전자기파를 이용한 센서, VLBI, GPS 등을 이용하는 기술로 발전되어 가고 있다.

측량(測量)이라는 용어는 중국 주(周)나라에서 3,100년 전부터 사용한 측천(測天 : 하늘을 헤아림)과 양지(量地 : 땅을 관측함)에서 유래되었으며, survey는 3,000년 전 구약성서 여호수아 18장 4절 등에서 사용되어 온 용어이다.

2 측량의 종류

측량의 종류는 측량법, 대상영역, 정확도 및 목적, 측량방법에 따라 다음과 같이 분류한다.

(1) 측량법

① **기본측량** : 모든 측량의 기초가 되는 측량으로 국토교통부명을 받아 국토지리정보원이 실시하는 측량으로 천문측량, 중력측량, 지자기측량, 삼각측량, 수준(고저)측량, 검조(조석관측) 등이 있다.

② **공공측량** : 기본측량 이외의 측량으로 공공의 이해에 관계되는 기관(국가나 지방자치단체, 정부투자기관관리기본법 제2조의 규정에 의한 정부투자기관 및 대통령령이 지정하는 기관)이 실시하는 측량이다.

③ **일반측량** : 일반인들이 기본측량 및 공공측량 이외의 수행하는 측량이다.

(2) 대상영역

① 평면측량(plane survey)

지구의 곡률을 고려할 필요가 없는 좁은 지역으로 반경 11㎞이내의 지역을 평면으로 취급하여 수행하는 측량으로 소지측량(小地測量 : small area survey)이라고도 한다.

② 대지측량(large area survey)

지구의 곡률을 고려(지구의 형상과 크기)한 넓은 지역으로 반경 11㎞ 이상 또는 400㎢ 이상의 넓은 지역에 관한 측량이다. 대륙 간의 측량, 대규모 정밀측량망 형성을 위한 정밀삼각측량, 고저측량, 삼변측량, 천문측량, 공간삼각측량, 대규모로 건설되는 철도, 수로 등 긴구간에 대한 건설측량(engineering survey)등이 대지측량이다.

③ 측지측량(geodetic survey)

측지학(geodesy: 회전타원체인 지구의 특성, 즉 지구의 형상, 운동, 지구내부구조, 열, 물성, 지각 변화 등을 연구)을 도입한 측량으로 인공위성측량, 중력측량, 지자기측량, 레이저측량, 탄성파측량, 천문측량 등이 있다. 위치결정 및 지구특성해석이 중력의 영향을 받는 지구중력장 안에서 이루어지므로 기하학적측지학(평면 또는 대지측량)과 물리학적측지학(측지측량)을 엄밀하게 구분하기는 어렵다.

④ 해양측량(sea survey)

해양측량은 해양을 적극적으로 활용하고 개발하기 위해 해상위치결정 및 수심, 해안선 형태, 해양조석관측, 항해용 해도작성, 해저지형도, 지층분포도(또는 지질구조도), 중력이상도 등의 도면작성, 항만, 방파제 등 해양구조물건설, 자원탐사 및 개발계획 등에 기여하고 있다.

⑤ 지하측량(underground survey)

지하측량은 지구내부의 특성(중력 및 지자기분포, 지질구조 등)해석, 지하시설물(지하철, 상수도, 하수도, 가스, 난방, 통신, 지하도, 터널, 지하상가) 및 지하시설물과 연결되어 지상으로 노출된 각종맨홀, 전주, 체신주 등의 가공선과 지하시설물 관리와 운용에 필요한 모든 자료에 대하여 조사 및 관측을 하여 자료기반을 구축하는데 기여하는 작업이다.

(3) 정확도 및 목적

① 정확도에 의한 분류

넓은 지역을 측량하기 위해서는 측량의 기준이 되는 기준점을 측량대상지역 전체에 전개하고 이 기준점을 기초로 하여 세부측량을 하면, 전체적으로 균형있고 정밀한 측량의 결과가 얻어진다.

가) 기준점 측량 혹은 골조측량(control survey or skeleton survey)

기준점 측량은 측량의 기준이 되는 점의 위치를 구하는 측량으로 천문측량, 삼각측량, 다각측량, 고저측량, 광파 및 전파측량, 삼변측량, 천체 및 위성측량(VLBI, GPS 등) 등이 있으며 이들에 의한 기준점에는 천측점(천문관측점), 삼각점, 다각점, 고저기준점(또는 수준점), 위성기준점 등이 있다.

나) 세부측량(minor survey or detail survey)

세부측량은 기준점을 기준으로 하여 측량대상(사회기반시설물, 지형도 등)에 대한 세부사항을 도면화, 위치해석, 면 · 체적의 산정 등을 수행한다. 세부측량에는 평판측량, 영상탐측, 레이저측량, 시거측량, 음파측량, 전파측량 등이 있다.

② 목적에 의한 분류

가) 토지측량(land survey)

토지에 대한 면 · 체적, 경계, 분할 및 통합에 관한 2차원(x, y) 및 3차원(x, y, z) 위치관측에 의한 측량이다.

나) 지적측량(cadastral survey)

토지에 대한 면적경계, 소유자의 지번, 지목 등에 관한 2차원(x, y) 위치관측에 의한 측량이다.

다) 지형측량(topographical survey)

지형은 지모와 지물을 뜻한다. 지표면의 지형[지모(地貌)-땅의 생김새로 산정, 구릉, 계곡, 경사, 평야 등, 지물(地物)-지상에 있는 대상물로 도로, 철도, 시가지, 하천, 암석 등]에 대한 2차원 및 3차원 위치관측에 의하여 도면화(지형도, 편집도, 토지이용도, 주제도 등) 및 위치해석 등을 수행한다.

라) 노선측량(route survey)

노선측량은 도로, 철도, 운하, 터널, 배수로, 송전선(送電線) 등 폭이 좁고 길이가 긴 선상구조물(線狀構造物) 등의 건설에 필요한 측량이다.

마) 단지측량(plant survey)

단지측량은 토지의 활용도를 증진시키기 위하여 단지조성에 관한 계획과 집단적인 개발로 주거단지, 농공단지, 상업 및 업무단지, 유통단지, 관광단지, 여가 및 운동시설 단지, 산업단지 등 생활개선에 필요한 공용의 부지조성에 관한 측량이다.

바) 댐 측량(dam survey)

댐 측량은 하천의 개발계획(발전, 치수, 농업 및 공업용수 등), 댐의 세부도 작성(댐의 본체, 지부, 배수로, 터널, 운반도로, 토사장, 가설비지점 등), 댐의 안전관리(댐의 변형 및 변위를 관측하기 위해 공사 중의 시공관리, 완성 후의 유지관리 등) 등을 위한 측량으로 조사 사항으로는 수문, 지형, 지질, 보상, 재료원, 가설비 등이 있다.

사) 항만측량(harbour survey)

항만측량은 화물의 수륙수송을 안전하게 전환하고 출입 및 정박을 할 수 있도록 수역(항행 및 정박영역), 항로, 박지(대기, 하역 및 피난영역), 외곽시설(방파제, 파제제, 호안, 갑문, 토류제 등)에 관한 준설, 매립에 관한 관측자료를 제공하는 작업으로써 수심측량, 연안 및 해양측량, 해양에 관련된 자료조사 등이 측량사의 몫이다.

아) 지구형상측량(earth form survey)

지구형상결정측량방법은 기하학적방법과 역학적인방법이 있다.

기하학적방법은 천문측량, VLBI 및 인공위성측량 등에 의하여 지구상 다수의 관측점에 대한 관측값 자료를 이용하여 적도의 반경과 편평률을 구하고 천문측지경위도에 의한 연직선편차를 각 지점에 대하여 적분함으로서 지오이드기복을 결정한다. 이러한 값을 전 측지계에 결합하여 지구타원체를 결정한다. 역학적 방법은 지구중력장해석에 의한 것으로 중력관측에 의한 방식과 인공위성궤도해석에 의한 방식이 있다.

(4) 측량방법

① 거리측량(distance survey)

거리측량은 두 점간의 거리를 직접(줄자, 보측, 목축 등) 또는 간접(각과 거리관측, 음파, 전파, 광파, 영상 등)으로 관측하는 것으로 사거리측량(slope distance survey)과 수평거리측량(horizontal distance survey)이 있다. 사거리 측량값은 기준면에 투영(reduction to reference plane)한 수평거리로 고쳐서 사용한다.

② 고저(또는 수준)측량(leveling survey)

고저측량은 두 점간의 고저차를 알기위한 관측방법으로 고저관측기(level)와 표적을 이용하는 직접고저측량과 각과 거리관측(삼각고저측량), 음파, 전파, 광파, 영상 등을 이용하는 간접고저측량이 있다. 또한 기준면에 대한 고저차(또는 표고)를 결정하는 방법으로 결합고저측량(미지점에 대하여 기준점과 점검점을 이용한 관측), 왕복고저측량(기준점, 미지점을 직접 연결하여 관측), 폐합고저측량(기준점에 여러 미지점을 관측하여 폐합시키는 관측)이 있다.

③ 트래버스측량(traverse survey)

트래버스측량은 각과 거리를 관측하여 2차원위치(x, y)를 구하는 작업으로 결합트래버스(기지점에서 출발하여 다른 기점에 연결시키는 것으로 정밀도가 가장 높다), 폐합트래버스(기지점에서 출발하여 다시 출발 기지점에 연결시키는 것으로 결합트래버스보다 정밀도가 낮다), 개방트래버스(임의의 점에서 출발하여 다른 임의의 점에 연결시키는 것으로 정밀도가 트래버스측량 중에서 가장 낮음으로 답사측량에 이용한다)가 있다.

④ 삼각측량(triangulation survey)

삼각측량은 삼각형의 꼭지점각을 관측하여 가장 높은 정확도의 2차원위치(x, y)값을 얻을 수 있으므로 기준점 설정 및 넓은 영역에서 세부측량에까지 이용되고 있다. 삼각측량에 이용되는 삼각망은 단삼각형, 사변형, 유심다각형 등이 있다.

⑤ 삼변측량(trilateration survey)

삼변측량은 삼각형의 변의 길이만을 관측하여 2차원위치를 구하는 것으로써 단삼변망, 사변망, 유심다변망을 이용하고 있으며 변의 길이가 길수록 삼각측량보다 높은 정확도의 값을 얻을 수 있다.

⑥ 평판측량(plane table survey)

평판측량은 평판, 앨리데이드를 이용하여 현지에서 지형도작성, 간단히 거리 및 고저차를 구하는 작업이다. 최근 전자평판기를 이용하고 있다.

⑦ 영상탐측(imagematics)

영상탐측은 지상, 항공기 및 인공위성에서 취득된 영상을 이용하여 지형해석 및 지형도작성은 물론, 생활개선을 위한 대상물가시화 및 위치해석, 생태계관측 및 조화미분석, 수치형상모형을 이용한 대상물의 설계 및 디자인, 영상에 의한 의사결정 및 가상세계의 현실화 설정 등을 수행한다.

⑧ 위성측량(satellite survey)

위성측량은 정확한 위치를 알고 있는 인공위성에서 발사하는 전파(GPS의 경우 최소 4개 이상의 위성의 신호가 이용 됨)를 지상에서 수신하여 위치결정, 도면제작, 자원, 환경, 교통 등 각종 정보체계에 자료를 제공하고 있다. 또한 인공위성에 의한 우주공간에서의 행성들에 관한 위치 및 특성도 해석하는 작업에 위성측량이 기여하고 있다.

3 현장실무

(1) 주요사항

측량학 실무작업은 외업과 내업으로 분류할 수 있다. 외업(外業)은 측량의 계획에 의하여 결정된 측량기기와 관측방법으로 먼저 기준점측량을 한 후 세부측량을 한다. 즉 야외에서 거리, 각도 및 고저를 관측하거나 지형도를 만들기 위하여 필요한 사항을 현장측량(외업) 이전에 조사하는 작업으로 측량작업의 기초자료를 얻는 중요한 작업이다.

외업(field work)은 그 계획과 준비를 면밀히 행하고 단기간에 정확하며 경제적으로 실시하여야 한다. 이를 위하여서는 항상 이론을 연구하고 기기의 원리, 구조 및 취급에 정통하고 또 실제 작업의 경험이 풍부하도록 노력하지 않으면 안된다.

내업(office work)은 외업의 결과를 충실히 활용하여 정리하고 계산하며 제도 및 해석을 하는 작업을 말한다. 즉, 관측값의 면밀한 점검과 야장 및 조사된 자료에 의한 도면의 작성,

거리, 면적, 체적 및 관측자료에 의한 설계 등의 제반 작업을 의미한다. 여기서 외업의 계획과 준비, 기기의 취급 및 작업의 순서 등에 대한 주의사항을 서술하면 다음과 같다.

(2) 외업의 계획과 준비

① 측량할 지역의 지형 및 사회적 여건에 대하여 사전에 충분한 정보를 수집하여 분석, 검토한다.
② 측량의 목적에 맞는 최적의 정확도를 검토한다.
③ 검토된 정확도에 알맞은 기기, 자료 및 기술자를 확보한다.
④ 기기나 재료의 점검을 정밀하게 행한다.
⑤ 측량의 순서, 측량지역의 배분 및 연결방법 등에 대해 작업원 상호의 사전조정을 한다.
⑥ 천후, 기타 외적 조건의 변화에 대비한 고려와 소요시일을 산정한다.
⑦ 될 수 있는 한 조기에 오차가 발견될 수 있는 작업방법과 계산방법을 택한다.

(3) 관측장비에 대한 취급의 주의사항

측량기기는 대다수가 정밀기기이므로 항상 그 원리 및 구조를 충분히 이해하고 신중히 취급해야 한다. 취급상의 부주의로 기계를 손상시키면 성능이 나쁘게 되어 정확도가 저하될 뿐만 아니라 계획된 시일 내에 작업을 완수할 수 없다. 기계의 취급에 관한 일반적인 주의사항을 들면 다음과 같다.

① 기계의 운반이나 격납은 반드시 양손으로 취급하며 평탄하지 않은 지역을 이동시 화물칸이 아닌 좌석에 놓거나 작업인이 안고서 이동한다.
② 기계의 격납이나 운반의 경우, 각부의 조임나사 중 충격을 받는 곳에는 무리한 충격을 가하지 않게 가볍게 조여 둔다.
③ 자침을 사용하지 않을 때는 자침이 멈추도록 고정하고 지지침의 첨단이 둔화되지 않도록 한다.
④ 미동나사로서 시준선을 목표에 맞추게 될 때는 미동나사를 시계방향으로 회전하면 된다.
⑤ 사용 후에는 헝겊으로 먼지를 털고 비를 맞았을 경우에는 시계 기름을 조금씩 발라서 닦으며 렌즈는 렌즈닦이로 먼지를 없앤다.
⑥ 여름철에 지표면에 비가 들이칠 우려가 있을 때에는 비닐 등의 방수구를 준비하여 둔다. 겨울철에 현장사용 후 사무실에 보관 시 실내온도에 적응 시킨 후 장비박스에

옮겨 보관한다.

⑦ 삼각은 넓게 펴서 지표면상에 잘 고정되도록 충분히 발로 밟아 누르고 각부의 나사는 잘 조여 놓아 기계가 관측 중에 움직이지 않도록 한다.
또한 작업 중 각관측기(광파기)는 삼각대와 분리하여 이동하며, 레벨은 삼각대에 고정된 상태에서 연직을 유지한 상태에서 두 손으로 들고 이동한다.

⑧ 광파종합관측기(TS : Total Station)관측 시 수평거리(줄자를 이용한 거리관측값과 TS를 고정시킨 후 프리즘을 설치후 거리관측값을 비교확인), 수평(TS의 수평각을 180도 회전 후 수평기포가 맞는가를 확인), 연직각(임의의 한 점에 대한 연직각과 TS렌즈를 반대로 회전시킨 후 연직각의 일치를 확인), 수준(level : 레벨설치 후 먼 지점에 스태프를 고정시켜 얻은 레벨값과 반대지점에 레벨을 설치 후 같은 방법으로 관측된 레벨값의 일치를 확인)을 반드시 점검해야 한다.

(4) 실무작업의 순서

측량은 계획, 외업 및 내업의 세 과정을 거쳐 이루어지는데 외업과 내업은 설명했으므로 계획만을 언급하기로 한다. 측량을 실시하여 소기의 목적을 달성하기 위해서는 계획단계에서 다음의 여러 항목을 충분히 검토하여 둘 필요가 있다.

① 목적의 파악 : 무엇을 위하여 측량을 실시하는 것인가
② 측량의 정확도 : 측량의 목적을 만족하기 위하여 어느 정확도의 측량을 하면 좋은가
③ 방법의 결정 : 구하는 정확도를 얻기 위해서는 어떤 측량방법이 좋은가
④ 기계의 선정 : 구하는 정확도를 얻기 위해서는 어떤 측량기계가 좋은가
⑤ 측량경비의 검토 : 주어져 있는 측량경비와 전 측량작업에 요하는 필요 경비의 조정
⑥ 구체적인 측량작업의 검토 : 조직, 일정 등
⑦ 작업의 지도 · 감독 방법의 검토 : 초기의 목적에 대한 측량이 바르게 실시되어지고 있는가를 효과적으로 확인할 수 있는 방법은 어느 것이 좋은가를 비교 분석
⑧ 결과 검사 방법의 검토 : 어떠한 검사 방법이 가장 능률적이고 효과적인 것인가

이와 함께 측량 기술자가 알아두어야 할 것은 경제성과 정확도를 항상 염두에 두어야 한다. 따라서 이를 위하여 측량방법, 기계작업, 공정 등을 신중히 고려하는 것이 좋다. 측량을 실시하는 데 있어서 소요정확도에 적합한 측량기법과 기기를 사용하는 것이 효율적인 측량 방법이다.

4 측량학에 필요한 관측

(1) 관측의 의의 및 종별

관측은 대상에 대한 요소와 현상을 재고, 추정(헤아림)하는 것으로 사물의 어떤 미지량 또는 현상을 헤아리기 위해 수행하는 일련의 과정인 관측은 그 정동(靜動), 성격, 관측방법, 모형에 따라 나누어진다.

① 정동에 따른 분류

가) 정적인 대상 : 지형(geo : 지모, 지물)에 관한 대상으로서 위치관측, 위치의 가시화로 도면화나 도형해석, 각종 시설물 등의 분포 및 정량화를 뜻하며 토지, 환경, 자원 및 인공물 등 즉, 정적인 대상에 관한 관측이다.

나) 동적인 대상 : 공간[space : 시간적인 간격(時), 공간적인 거리(位)]에 관한 대상의 현상 변화 추정을 뜻하며 공기, 물, 빛, 소음, 진동, 교통, 생명체의 이동, 인공위성 궤도, 천문, 환경 등 즉, 동적인 대상의 현상에 관한 관측이다.

② 관측의 성격에 따른 분류

가) 독립관측 : 어떤 구속제약을 받지 않고 독립적인 입장에서의 관측을 뜻한다. 예를 들면 2점간의 거리를 관측하거나 삼각형의 2각을 관측할 때와 같이 각각의 관측성과로부터 쉽게 관측값을 구할 수 있는 관측을 말한다.

나) 조건부관측 : 조건부관측은 관측값 사이에 어떤 조건하에서 수행하는 관측으로서, 관측된 값을 어떤 조건에 대하여 비교해 보면 그 정확성을 판단할 수 있는 관측을 말한다. 예를 들면, 삼각측량에서 삼각형의 세 내각의 합은 180°가 되어야 한다는 조건하에서 관측하는 경우를 들 수 있다.

③ 관측방법에 따른 분류

가) 직접관측 : 구하려는 값을 직접 관측하는 방법으로 줄자에 의한 거리 관측, 각측량기로 각도를 관측하고 고저측량기인 레벨로 고저차를 관측하는 방법 등이 있다.

나) 간접관측 : 간접관측은 구하려는 값 이외의 것을 관측하여 계산에 의하여 구하는 방법으로서 관측요소가 많고, 각각의 정밀도에 의해 얻어지는 값의 정확도가 좌우될

수 있다. 간접관측에는 삼각형의 변의 길이를 다른 변의 길이와 내각으로부터 구하는 경우, 또는 전자기파의 도달시간으로 거리를 구하는 경우 등이 있다.

④ 모형(model)에 따른 분류

기하학적인 또는 물리학적인 조건으로 오차가 내포되어 있는 관측에서 수학적인 모형은 함수모형과 추계모형으로 이루어지고 있다.

가) 함수모형

함수모형(functional model)은 기하학적인 또는 물리학적인 특성을 표시하는 것으로, 삼각측량의 경우 내각을 관측하여 평면삼각형의 형태를 결정할 때 잉여관측값으로부터 삼각형을 정확히 설명하기 위한 함수모형은 내각의 합이 180°라는 조건이 성립된다.

나) 추계모형

반복관측에서는 동일조건으로 관측한다 해도 그 관측값은 불규칙하므로, 이 관측값을 얻기 위해서는 통계적인 변화를 신중히 고려하여야 한다. 이와 같이 추계모형(stochastic model)은 위에서 설명한 함수모형에 포함되어 있는 모든 요소들의 통계학적인 특성을 나타내는 것으로 관측값들의 상관관계를 나타내는 정밀도와 관측점의 정확도를 평가하는 부가적인 값을 제공한다.

(2) 관측값의 오차

대상을 헤아리는 관측은 자연과학적(물질적) 측면과 인문과학적(정신적) 측면을 다룬다. 관측과정에서 일반적으로 관측값에는 오차(또는 오류)가 생성하게 된다. 관측값에 관한 오차의 종별에는 수치 및 물리학적 해석방법으로 처리가능한 일반적 오차, 논리상으로는 추정가능하나 처리방법의 해결이 잘 이루어지지 않는 논리적 오차, 논리적 추정이나 해결방법이 이루어지기 어려운 사항으로 주로 종교적 대상으로 다루어지고 있는 비논리적 오차(또는 비과학적 오류)가 있다. 여기서는 일반적인 오차를 수치해석, 관측시의 성질 및 원인에 따라 분류하여 기술한다.

■ **수치해석에 따른 오차의 종별**

① 참오차(true error) …… 관측값과 참값의 차이

$$\varepsilon = x - \tau \quad \cdots\cdots \; x\text{ 는 관측값, } \tau\text{는 참값} \qquad (1\text{-}1)$$

② 잔차(residual error) …… 관측값과 최확값[1])의 차이

$$v = x - \mu \tag{1-2}$$

③ 편의(bias)β…평균값(μ)과 참값(τ)의 편차

$$\beta = \mu - \tau \tag{1-3}$$

④ 상대오차(relative error)

$$Re = \frac{|v|}{x} \tag{1-4}$$

⑤ 평균오차(mean error)

$$Me = \sum \frac{|v|}{n} \tag{1-5}$$

⑥ 평균 제곱오차(mean square error)

$$M^2 = \sigma^2 + \beta^2 = E[(x-\tau)^2] \ \dots \ [\mathrm{MSE}] \tag{1-6}$$

⑦ 평균 제곱근 오차(root mean square error)[2])

$$\sigma = \pm\sqrt{\frac{[vv]}{n-1}} \ \dots \ [\mathrm{RMSE}] \tag{1-7}$$

---

1) 최확값(most probable value)
대상에 대한 참값을 알기 위하여 관측할 경우에 오차(인위적, 기기적, 자연조건 등에 의한 오차)가 있으므로 관측값에 대한 보정(정오차인 경우) 및 조정(부정오차인 경우)한 값을 최확값(또는 조정 환산값)이라 한다. 일반적으로 최확값을 평균값이라고도 한다.

2) 잔차의 제곱을 산술평균한 값의 제곱근을 평균제곱근오차라 하며 밀도 함수 전체의 68.26%인 범위이다. 또한 표준편차와 같은 의미로 사용되며 독립 관측값인 경우의 분산(σ^2)의 제곱근이다.

예제 1-1

줄자를 이용하여 5회 관측한 결과, 다음과 같은 값을 얻었다. 최확값(또는 조정 환산값)과 1 관측의 평균 제곱근 오차 및 최확값에 대한 평균 제곱근 오차의 최종조정 환산값을 구하시오.

표 1-1

No.	관 측 값	v[m]	vv
1	111m	0.2	0.04
2	109m	2.2	4.84
3	114m	−2.8	7.84
4	110m	1.2	1.44
5	112m	−0.8	0.64
Σ	556	0.0	14.80

풀이 최확값은

$$x_0 = \frac{556}{5} = 111.2[\text{m}]$$

이며, 1 관측의 평균 제곱근 오차는

$$\sigma = \pm\sqrt{\frac{vv}{n-1}} = \pm\sqrt{\frac{14.80}{5-1}} = \pm 1.9[\text{mm}]$$

가 된다. 따라서, 최확값의 평균 제곱근 오차는

$$\sigma_{x0} = \pm\sqrt{\frac{vv}{n(n-1)}} = \pm\sqrt{\frac{14.80}{5(5-1)}} = \pm 0.9[\text{mm}]$$

이므로,

최종 최확값=111.2[m] ± 0.9[mm]

가 된다.

[註] 관측값을 조정 또는 보정(補正)한 값을 조정 환산값이라 하며, 하나 또는 둘 이상의 조정 환산값을 해석함으로써 측량값이 얻어진다.

예제 1-2

쇠줄자를 사용하여 10m를 관측한 결과 관측자의 교대로 인해 관측값이 차이가 있으므로, 표 1-2과 같이 경중률 W를 고려하였다. 조정 환산값(또는 최확값) 및 1 관측의 평균 제곱근 오차 및 조정 환산값의 평균 제곱은 오차를 구하고 최종조종 환산값을 결정하시오.

표 1-2

관측횟수	관측값[m]	경중률[W]	v	vv	Wvv	lw
1	10.124	1	1	1	1	10.124
2	10.128	3	−3	9	27	30.384
3	10.123	2	2	4	8	20.246
4	10.129	4	−4	16	64	40.516
5	10.121	3	4	16	48	30.363
Σ	50.625	13			148	131.633

풀이 최확값(또는 조정 환산값)은 $x_0 = \frac{[lw]}{[w]} = \frac{131.633}{13} \fallingdotseq 10.126[\text{m}]$가 되며,

1 관측의 평균 제곱근 오차는

$$\sigma = \pm\sqrt{\frac{[Wvv]}{n-1}} = \pm\sqrt{\frac{128}{4}} \fallingdotseq \pm 6[\text{mm}]$$

이므로, 최확값에 대한 평균 제곱근 오차는

$$\sigma_{x0} = \pm\sqrt{\frac{Wvv}{[W]\ (n-1)}} = \pm\sqrt{\frac{128}{13(5-1)}} = \pm 2[\text{mm}]$$

따라서 최종최확값은

최종최확값=10.125[m] ± 2[mm]

가 된다.

※ 경중률(W : weight)은 관측값들의 신뢰도를 나타내는 값으로 관측횟수에 비례하고 관측거리 및 관측각에 반비례한다. 또한 평균제곱근 오차의 제곱에 반비례한다.

① 길이와 경중률

$W_1 : W_2 : W_3 = \frac{1}{S_1} : \frac{1}{S_2} : \frac{1}{S_3}$ 여기서, W_1, W_2, W_3: 경중률, S_1, S_2, S_3: 관측길이

② 관측각의 조정량과 경중률

$W_1 : W_2 : W_3 = \frac{1}{\alpha_1} : \frac{1}{\alpha_2} : \frac{1}{\alpha_3}$ 여기서, $\alpha_1, \alpha_2, \alpha_3$: 각각의 조정량

③ 평균제곡근 오차(또는 표준 오차)와 경중률

$W_1 : W_2 : W_3 = \frac{1}{M_1^2} : \frac{1}{M_2^2} : \frac{1}{M_3^2}$ 여기서, M_1, M_2, M_3: 각각의 평균제곱근 오차

가) 일관측의 평균 제곱근 오차

(ㄱ) 관측 정밀도가 같을 때

$$\sigma = \pm \sqrt{\frac{[v^2]}{n-1}} \tag{1-8}$$

(ㄴ) 관측 정밀도(경중률 : W)가 다를 때

$$\sigma = \pm \sqrt{\frac{[Wv^2]}{n-1}} \tag{1-9}$$

나) 최확값의 평균 제곱근 오차

(ㄱ) 관측 정밀도가 같을 때

$$\bar{\sigma} = \pm \sqrt{\frac{[v^2]}{n(n-1)}} \tag{1-10}$$

(ㄴ) 관측 정밀도(경중률 : W)가 다를 때

$$\bar{\sigma} = \pm \sqrt{\frac{[Wv^2]}{[W]\ (n-1)}} \tag{1-11}$$

⑧ **표준편차(standard deviation)** …… 잔차의 제곱을 평균하여 제곱한 오차

독립 관측값의 정밀도, 분산(σ^2)의 제곱근

$$\bar{\sigma} = \pm \sqrt{\frac{[v^2]}{n-1}} \tag{1-12}$$

⑨ **표준오차(standard error)**

$$\sigma_L = \pm \sqrt{\frac{[vv]}{n(n-1)}} \quad \text{최확값의 정밀도} \tag{1-13}$$

⑩ **확률오차(probable error)** …… 밀도함수전체의 50% 범위를 나타내는 오차로서 표면편자의 승수 k가 0.6745(67.45%)인 오차를 뜻한다.

자료처리시 발생되는 오차

가) 1 관측에 대한 확률 오차

(ㄱ) 관측정밀도가 같을 때

$$r = \pm 0.6745\sqrt{\frac{[v^2]}{n-1}} \tag{1-14}$$

(ㄴ) 관측정밀도가 다를 때

$$r = \pm 0.6745\sqrt{\frac{[wv^2]}{n-1}} \tag{1-15}$$

나) 최확값에 대한 확률 오차

(ㄱ) 관측정밀도가 같을 때

$$r = \pm 0.6745\sqrt{\frac{[v^2]}{n(n-1)}} \tag{1-16}$$

(ㄴ) 관측정밀도가 다를 때

$$r = \pm 0.6745\sqrt{\frac{[wv^2]}{[w](n-1)}} \tag{1-17}$$

⑪ 절단오차(truncation error)

수치처리과정에서 무한급수를 유한급수로 처리시 발생하는 오차

⑫ 마무리오차(round-off error)

전산기의 유한한 기억자리수에 표현할 시 오차

⑬ 입력오차(input error)

전산기에 무한한 수를 유한한 수로 입력시 오차

⑭ 변환오차(translation error)

전산기의 기억장치에서 진법변환시 오차

예제 1-3

동일 경중률로써 각 관측을 하여 다음의 관측값을 얻었다. 최확값 및 확률오차를 구하시오.

표 1-3

관 측 수	관 측 값	v[초]	vv
1	35° 42′ 35″	+2″	4
2	35° 42′ 35″	+2″	4
3	35° 42′ 20″	−13″	169
4	35° 42′ 05″	−28″	784
5	35° 43′ 15″	42″	1764
6	35° 42′ 40″	7″	49
7	35° 42′ 10″	−23″	529
8	35° 42′ 30″	−3″	9
9	35° 42′ 50″	17″	289
10	35° 42′ 30″	−3″	9
Σ			3,610

풀이 최확값은

$$l_0 = \frac{[l]}{n} = 35°\ 42'\ 33''$$

이며, 확률오차는

$$\bar{\gamma} = \pm\ 0.6745\sqrt{\frac{3,610}{10(10-1)}} = \pm\ 4.3''$$

이다.

예제 1-4

어떤 관측선의 길이를 관측하여 표 1-4의 결과를 얻었다. 최확값 및 정확도는 얼마인가?

표 1-4

관 측 군	관 측 값[m]	관 측 횟 수
I	100.352	4
II	100.348	2
III	100.353	3

풀이 관측값의 경중률은 Ⅰ : Ⅱ : Ⅲ=4 : 2 : 3

조정 환산값은

$$l_0 = \frac{[l_1w_1 + l_2w_2 + l_3w_3]}{w_1 + w_2 + w_3} = 100.3 + \frac{52 \times 4 + 48 \times 2 + 53 \times 3}{(4+2+3) \times 1{,}000}$$

$$= 100.351\,\mathrm{m}$$

따라서

$$r_0 = \pm 0.6745\sqrt{\frac{[Wvv]}{W(n-1)}} = \pm 0.6745\sqrt{\frac{34}{9(3-1)}} = \pm 0.93\,\mathrm{mm}$$

그러므로 정확도는

$$\frac{r_0}{l_0} = \frac{0.93}{100.351} = \frac{1}{107.904}\,\mathrm{mm}$$

■ **관측의 성질에 따른 오차의 종별**

⑮ 착오, 오차(mistake, blunder)

관측자 미숙, 오차가 크며 주의하면 없앨 수 있다.

⑯ 정오차, 계통오차, 누차(constant, systematic, cumulative error)

원인명확, 보정계산

⑰ 부정오차, 우연오차, 상차(random, accident, compensation error)

원인불명확, 최소제곱법으로 소거

부정오차는 원인불명으로 해석이 가능하도록 다음과 같은 오차법칙을 설정하고 오차를 소거(예: 최소 제곱값)한다.

가) 매우 큰 오차는 발생하지 않는다.

나) 오차들은 확률법칙에 의하여 분포한다.

다) 양(+) 방향 및 음(−) 방향으로 발생할 오차의 확률은 같다.

라) 큰 오차가 발생할 확률은 작은 오차가 생길 오차가 생길 확률보다 낮다.

부정오차에서 위의 오차 법칙특성을 나타내는 곡선을 확률곡선(probable curre)이라 한다. 확률분포 X가 μ(평균값)=0이고 σ^2(표준편차)=1인 특수한 분포를 할 때 X는 표준정규분포(standard normal distribution)을 이룬다. 이로 인하여 확률곡선을 오차곡선(error curve), 또는 정규 분포곡선(normal distribution curve)이라고도 한다.

■ **관측시 원인에 따른 오차의 종별**

⑱ 개인오차(personal error)

관측자의 습관과 부주의

⑲ 기계적 오차(instrument error)

관측기의 상태와 정밀도

⑳ 자연적 오차(natural error)

주위환경 및 현상의 조건

(3) 정확도와 정밀도

정확도(正確度, accuracy)는 관측값과 참값의 편차로써 적합성(適合性-관측결과에 발생)을 뜻하며 지표는 평균제곱근오차($M^2 = \sigma^2 + \beta^2$)이다.

정밀도(精密度, precision)는 반복 관측의 경우 관측값간의 편차로써 균질성(均質性-관측도중 발생)을 뜻하며 지표는 평균제곱근오차$\left(\sigma = \pm\sqrt{\frac{[vv]}{n-1}}\right)$이다.

※ 정밀도가 좋다고 반드시 정확도가 좋은 것은 아니다. 편의(偏倚)가 없을 때 정밀도가 좋으면 정확도가 좋다.

5 측량학의 활용

일반적으로 활용분야를 토지, 자원, 환경 및 재해, GIS, 건설사업관리, 군사, 우주개발, 유형문화재, 인체공학 및 교통 등으로 나누어 보면 다음과 같다.

(1) 토지

인간활동을 위한 각종 시설물의 설치와 시민생활의 편의를 제공하려는 목적으로 토지이용 조사 및 계획수립을 위해서 국가기본도 및 지형도 작성, 토지이용도 및 도시계획도 작성, 토지재정비, 해안선 및 해저수심 조사, 임야도 및 토양도 작성, 센서에 의한 구조물 조사 ·

관찰 및 감시, 항공기나 인공위성을 이용하여 넓은 지역을 비교적 적은 비용으로 빠른 기일 내에 주기적인 관측을 통하여 주요 농작물에 관한 재배현황, 분포, 관개농경지, 임상의 분류, 재배지, 황폐, 피해상황의 파악, 산림면적 조사 및 관리 등에 기여하고 있다.

(2) 자원

전자기파나 인공위성(Landsat, SPOT, KOMPSAT, Radarsat 등)을 이용하여 지질(단층 및 구조선 등) 및 광물자원(광물의 분포 및 양 등) 조사측량, 자원을 관리할 수 있는 전역적 및 국부적 분포도 작성, 농작물의 종별, 분포 및 수확량 조사, 삼림의 수종 및 산림자원 조사, 어군의 이동상황 및 분포 등을 조사하는 데 이용한다.

(3) 환경 및 재해

센서(sensor)에 의한 지상, 항공 및 인공위성 관측으로 광범위한 지역의 대기오염, 수질오염 및 해양오염 조사, 야생동물 보호, 식물의 활력조사 및 수온, 조류, 파속 등 해양환경조사, 빙산의 변동과 기상변화(온도, 바람, 수분, 해수면 온도) 관측 및 분석, 강우, 호우, 태풍진로 예상, 대기복사효과조사 및 오존층 파괴조사, 영상 및 GPS에 의한 방재 및 긴급구조, 여가선용 등에 이용된다.

(4) 지형공간정보체계

지형공간정보체계(GSIS or GIS)에 의해 각종 자료들을 지형 및 공간적 기준에 따라 자료기반(DB: Data Base)화하게 되면 정보의 관리는 물론 새로운 정보를 창출하여 생활의 편의제공에 매우 유용하게 이용된다. 따라서 지형공간정보체계는 국토개발, 지역계획, 도시계획, 환경관리, 토지관리, 자원개발 등 지형 및 공간을 기반으로 하는 모든 분야에서 다양하게 활용할 수 있다.

지형공간정보체계를 구축하는 데 있어서 전체 비용의 70~80% 이상을 감당하는 자료기반의 구축에 필수적으로 요구되는 위치자료, 도형자료, 영상자료 제공이 측량에 의해 이루어지므로 측량의 정확도와 경제성은 GIS에 큰 영향을 미친다. 또한 각종 정보들은 지형 및 공간적 기준에 의해 중첩, 분류 또는 검색되므로 측량의 도움 없이는 지형공간정보체계의 구축은 이루어질 수 없다.

(5) 건설사업 관리

고품질의 건설사업 관리(CM : Construction Management)를 하기 위하여 건설공사의 계획단계로부터 시행, 시행완료 및 유지관리 단계별(계획준비, 기본설계, 실시설계, 시공, 준공, 유지관리) 조사에 책임측량사 제도(QS System : Quantity Surveyor System)를 도입하여 조사의 적정성 및 정확성 확보와 공사시행 중 각 단계별로 엄격하고 정확한 점검이 이루어져야 한다. 이에 정확한 측량값으로 품질의 질과 양을 보장하고 공사완료시 준공 측량도면을 제출하도록 하여 정확 · 신속 및 완결성 있는 유지관리를 할 수 있도록 건설사업을 관리해야 한다.

(6) 군사

영상탐측은 항공기나 인공위성 등에 의한 영상처리나 위치자료해석으로 대상지역에 접근하지 않고, 다양한 정보를 얻을 수 있는 최첨단의 기술로 활용되고 있다. 즉, 지상군 무기, 함대, 공군기, 미사일기지 등의 현황 및 이동을 신속, 정확하게 탐지한다. 지형의 3차원 해석에 의한 연속적인 정보제공으로 신속, 정확한 군작전 계획 수립, 작전지역의 지형분석 모형화, 군사지도작성, 넓은 지역의 위성 영상 동시출력, 도로망 및 중화기 이동 가능성 자료조사, 엄폐 및 은폐지역의 사전조사, 적지 및 작전수행 지역에 대한 군수물자의 분포 및 이동상황 탐지, 적외선 파장 및 위성사진 분석에 의한 위장지역의 탐지, 기상조건에 관계없이 능동적 센서에 의한 적정의 탐지, 화학, 생물 및 방사능 오염지역의 탐색 등에 기여하고 있다.

(7) 우주개발

영상탐측에 의하여 태양계에 속하는 행성들의 탐사나 달표면에 반사경을 설치하여 위성레이저 측량(SLR)이나 달레이저 측량(LLR) 등을 통한 각종 자료조사를 한다. 또한 인공위성 전파신호해석에 의한 위치결정(GPS), 지구로부터 105광년 멀리 있는 준성을 관측하여 위치를 구하는 VLBI들에 의한 위치관측 등 우주개발에 필요한 지구와 행성들 간의 위치관측 및 우주과학개술개발에 측량학의 기여도가 날로 확대되어 가고 있다.

(8) 유형문화재, 인체공학 및 교통

영상에 의한 고적지 발견 및 유형문화재의 도면제작, 보존과 복원, 토목 및 건축구조물에 관한 위치, 크기 및 변위량, 의상 및 인체공학에 필요한 영상과 도면자료 해석, 영상처리에 의한 진단, 인체의 상태변화 등에 관한 의학에 적용, GPS에 의한 차량항법(길도우미: navigation), 운송분야, 물류분야, 항공운항 분야, 고속도로 및 수로관리, 교통량, 차량 주행방향 등의 교통조사, 교통사고 및 도로상태 조사 등의 사회문제 연구 등에 활용할 수 있어 측량의 활용도가 날로 광역화 및 고도화되어가고 있다.

연 습 문 제

다음 각 사항에 대하여 답하시오.

01. 측량학의 의의

02. 기본측량, 공공측량, 측지측량, 해양측량, 단지측량, 영상탐측, 지구형상측량, 위성측량

03. 현장실무(외업의 계획과 준비, 관측장비의 취급 주의사항, TS의 점검사항, 실무작업의 순서)

04. 관측의 의의 및 분류

05. 관측값의 수치해석에 따른 오차종별

06. 최확값, 경중률

07. 확률오차, 확률곡선, 오차곡선 정규분포곡선

08. 정확도와 정밀도

09. 측량학의 활용범위

Chapter 02

위치해석의 기본요소

Introduction to surveying

위치결정 및 해석에 필요한 기본요소는 길이(또는 거리), 각, 시, 좌표계 및 투영이다. 단, 시(時), 천문좌표계에 관한 사항은 부록에서 다루기로 한다.

1 길이

(1) 개요

"길이" 또는 "거리"는 공간상에 위치한 두 점간의 상관성을 나타내는 가장 기초적인 양으로서 두 점간의 1차원 좌표의 차이라 할 수 있다. "거리"는 중력장의 영향을 받는 수평선 내의 양이며 "길이"보다 포괄적으로 두 점간의 양으로 사용된다. 거리는 평면상, 곡면상, 공간상의 거리로 분류된다.

(2) 평면선형(line on plane)

평면 거리는 평면상의 선형을 경로로 하여 측량한 거리이며, 평면은 중력방향과의 관계에 따라서 수평면, 수직면, 경사면으로 크게 나눌 수가 있다.

평면상 두 점을 잇는 평면선형은 수평면상의 수평직선(horizontal straight line)과 수평곡선(horizontal curve), 수직면상의 수직직선(vertical straight line)과 수직곡선(vertical curve), 경사면상의 경사직선(slope straight line)과 경사곡선(slope curve)으로 구분할 수 있다.

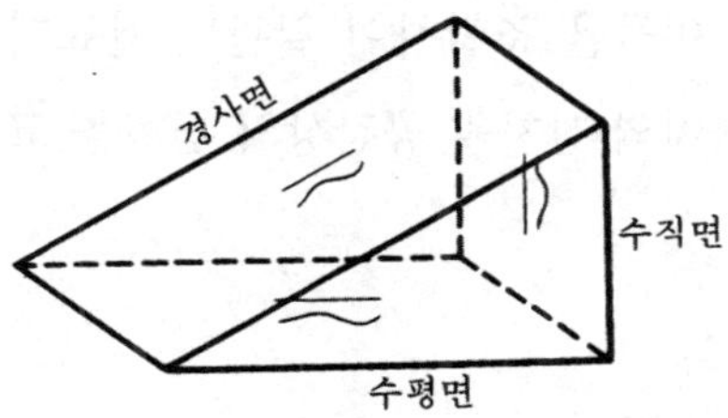

그림 2-1 평면선형

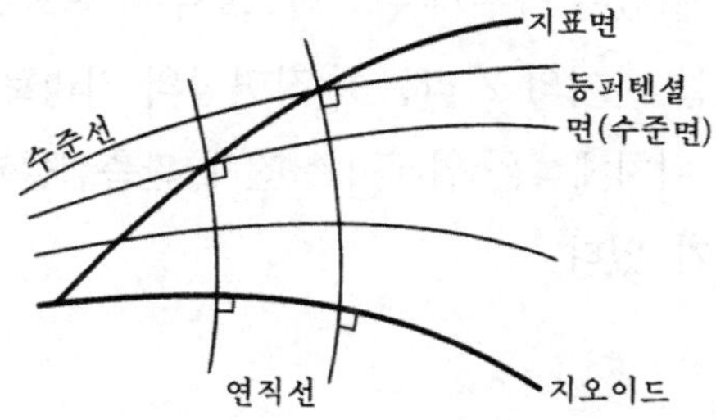

그림 2-2 수직곡선의 예

지구상에서 자연현상 및 인간활동을 지배하는 가장 기초적인 요소로 중력(重力)을 들 수 있으며, 측량에서는 이 중력방향(gravity direction), 즉 연직선(plumb line)과 이에 직교하는 수평방향(horizontal direction)에서의 각과 거리의 요소로서 관측량을 구분하여 관측한다. 지구상의 절대적인 위치결정에 필요한 천문측량 등에서는 엄밀한 중력방향의 설정과 수평면 내에서 정확하게 관측기구를 정치(整置)하는 것이 필수적이지만, 일반적으로 소규모 측량이나 상대적인 값만을 요구하는 공사측량 등에서는 개략적인 연직방향과 수평유지만으로 충분하다.

(3) 곡면선형(line on curved surface)

곡면 거리는 곡면상의 선형(線型)을 경로(經路)로 하여 측량한 거리이며, 곡면의 형태는 무수히 많겠으나 측량에서는 일반적으로 구면(球面)과 타원체면을 위주로 한다.

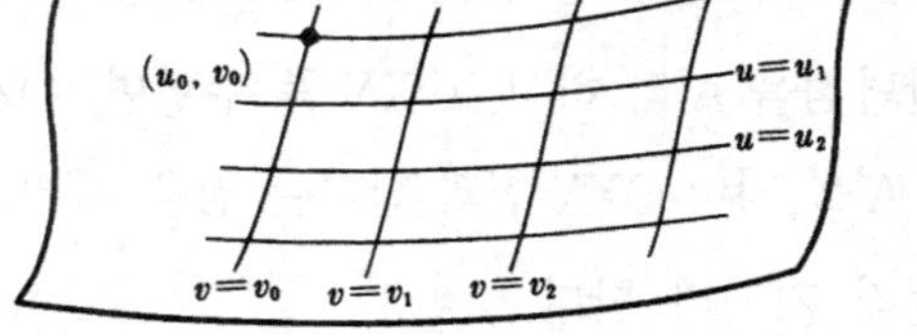

그림 2-3 곡면선형

(4) 공간선형(line in space)

공간 거리는 공간상의 두 점을 잇는 선형을 경로로 하여 측량한 거리이다. 위성측량(satellite survey)이나 항공기를 매개로 한 공간 삼각측량(space triangulation) 등에서 지상에 있는 다수의 관측점으로부터 목표물까지의 거리를 관측하는 경우, 개개의 관측점과 목표물 사이의 거리는 수직면상의 거리로 간주되나, 이들을 조합하여 일관된 좌표계산에 의한 위치해석을 위해서는 전체 관측점들과 목표물 사이의 삼차원 공간상의 선형을 고려할 필요가 있다.

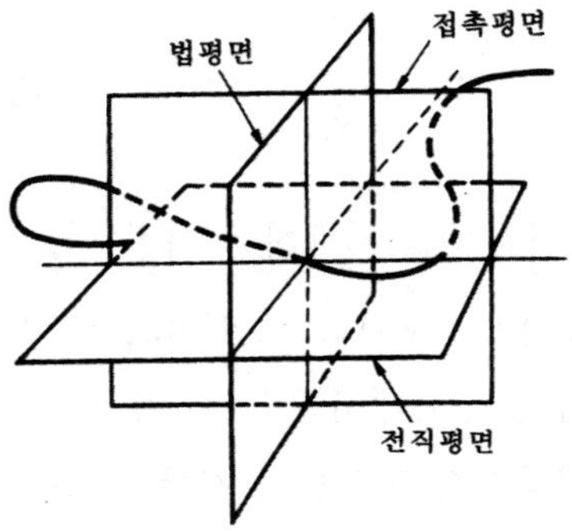

그림 2-4 공간성형

2 각

(1) 개요

각측량(角測量)이란 임의점에서 시준한 2점 사이의 낀 각을 구하는 것을 말한다. 〈그림 2-5〉에서 기준이 되는 점이 구의 중심 O인 약 100㎞ 정도의 구에서 A를 시준할 때의 시준선 $\overrightarrow{OA}$ 가 구면과 만난점을 A′라 하고, OXY를 수평면, OZ를 수평면에 직교하는 수직축으로 한다. O′로부터 A′를 지나 OXY 면과 만나는 점을 A″라 할 때 α_H를 수평각, α_V를 고저각, ∠O′OA를 천정각 거리라 한다.

(2) 각의 종류

각은 두 방향선의 차이를 나타내는 양으로, 공간상 한 점의 위치는 지향성을 표시하는 방향과 원점으로부터의 길이로 결정된다.

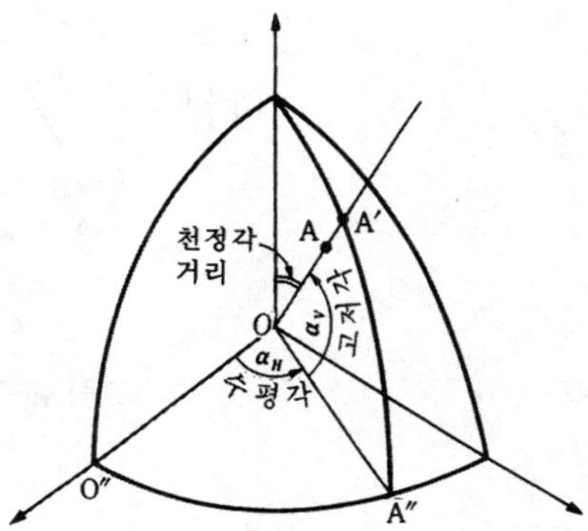

그림 2-5 각 표시법

각은 크게 평면각(plane angle), 곡면각(curved surface angle) 및 공간각(solid angle)으로 구분된다.

① 평면각

평면각은 평면 삼각법을 기초로 하여 넓지 않은 지역의 상대적 위치결정에 이용되며, 곡면각은 구면 또는 타원체상의 각으로 구면 삼각법을 이용하여 장거리 또는 넓은 지역의 위치결정을 위한 측지측량에 응용되고, 입체각은 공간상 전파의 확산각도 및 광원의 방사휘도 관측 등에 사용되며 공간각(sr : steradian)으로 규정된다.

수평면 내에서의 수평각은 전관측선(前觀測線)과 다음 관측선(觀測線)과 이루는 교각(交角), 전관측선의 연장과 다음 관측선이 이루는 편각(偏角), 기준선에서 시계방향으로 이루어지는 방향각 등이 있으며, 방향각에서 기준선이 남북 자오선(子午線)일 경우는 방위각(方位角)이 된다. 수직면 내에서의 수직각은 천정각(天頂角) 거리(또는 천정각), 천저각(天底角) 거리[또는 천저각, 연직각(鉛直角), 경사각], 고저각(상향각, 하향각) 등이 있다.

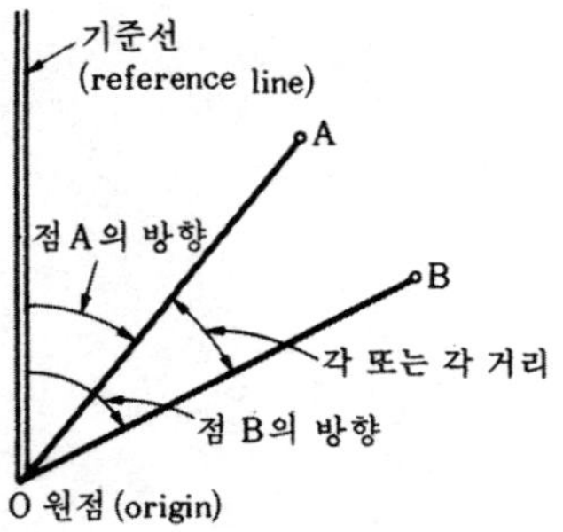

그림 2-6 방향과 각

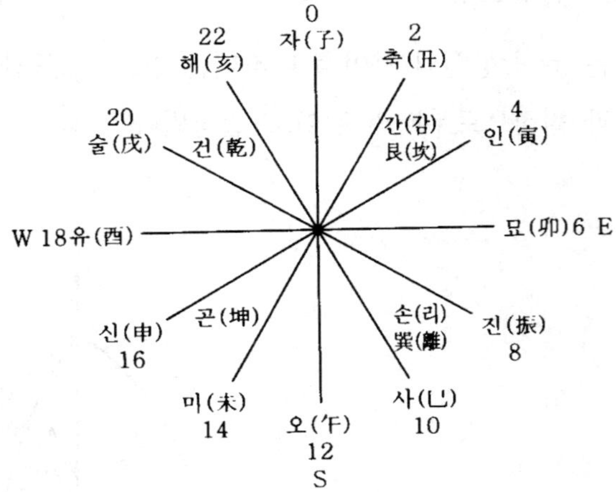

그림 2-7 방향의 표시

가) 수평각

수평각은 중력방향과 직교(直交)하는 평면인 수평면 내에서 관측한 각으로 기준선의 설정과 관측방법에 따라 방향각, 방위각, 방위로 구분한다.

수평각은 대개의 경우 자오선(meridian)을 기준으로 하며, 원칙적으로는 진북(眞北) 자오선(true meridian : N)을 사용하는 것이 이상적이나, 편의상 자북(磁北) 자오선(magnetic meridian : MG), 도북(圖北) 자오선(grid meridian : GN), 가상 자오선(assumed meridian) 등을 기준으로 한다.

본서에서는 세로축(NS축)이 X축, 가로축(EW축)이 Y축인 경우, 수학 좌표계와의 혼돈을 피하기 위하여 세로축을 X^N, 가로축을 Y^E 로 표기하여 구분함을 원칙으로 한다. 다만 수식전개 등 복잡한 형태로 전개될 때에는 단순히 X, Y로 표시한다.

(ㄱ) 방향각

방향각(direction angle)은 도북(X방향 또는 X^N)을 기준으로 임의의 측선까지 시계방향으로 잰 수평각이다.

(ㄴ) 방위각

진북 방위각(azimuth)은 진북을 기준으로 잰 수평각이고, 자북 방위각은 자북을 기준으로 잰 수평각이다.

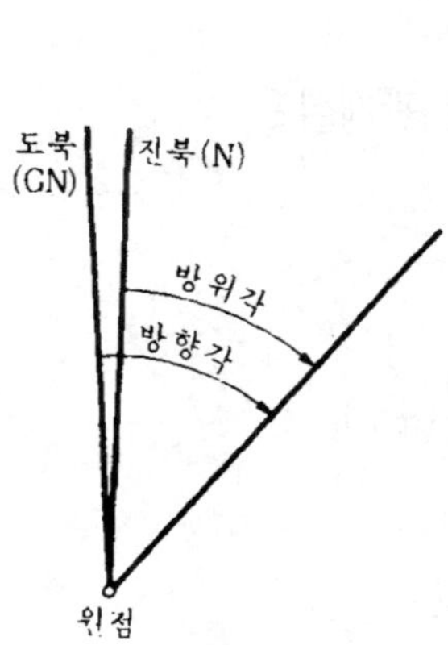

그림 2-8 방향각과 방위각

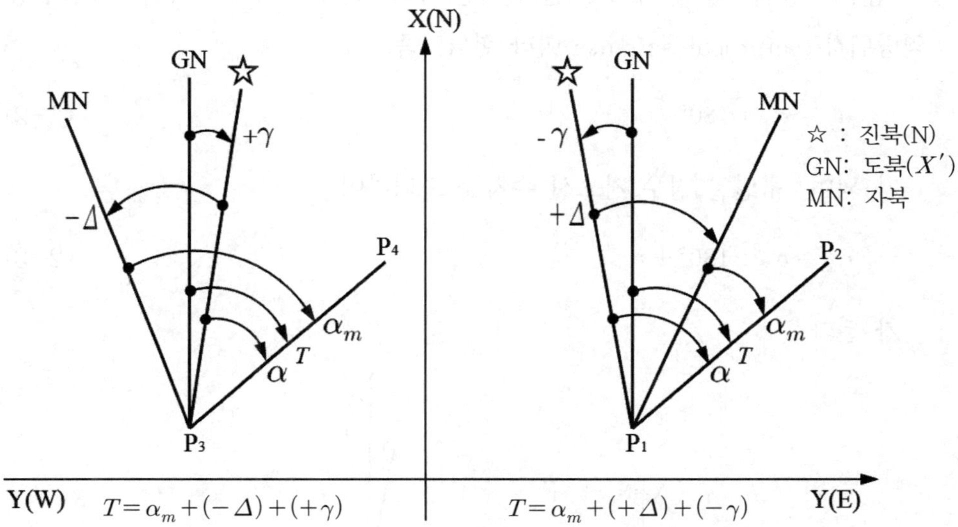

그림 2-9 진북, 자북, 도북의 관계

(ㄷ) 자오선수차

진북과 도북의 편차를 자오선 수차(子午線收差, meridian convergence)라 하며, 도북을 기준으로 시계방향을 (+)로 하므로, 관측점이 측량원점의 서편이면 (+), 동편이면 (−)가 된다.

(ㄹ) 자침편차

진북과 자북의 편차인 자침편차(magnetic declination)는 진북을 기준으로 시계방향을 (+)로 하며, 우리나라는 4~9°W에 속한다.

방향각을 T, 진북 방위각을 α, 자북 방위각을 α_m, 자오선 수차를 r, 자침편차를

Δ 라 하면, 이들 사이의 관계식은

$$T = \alpha + (\pm r) \tag{2-1}$$

$$\alpha = \alpha_m + (\pm \Delta)$$

$$T = \alpha_m + (\pm \Delta) + (\pm r)$$

가 된다.

(ㅁ) 역방위각

평판측량에서 두 점 P_1, P_2의 도북과 진북이 일치한다고 할 때, P_1에서 P_2를 관측할 경우의 방위각과 P_2에서 P_1을 관측한 방위각은 180°차이가 나며, 후자의 경우를 역방위각(reciprocal azimuth)이라 한다. 즉

$$\alpha_2 = \alpha_1 + 180° \tag{2-2}$$

가 되며, 구면일 경우 자오선 수차를 고려하여

$$\alpha_2 = \alpha_1 + 180° + r \tag{2-3}$$

가 된다.

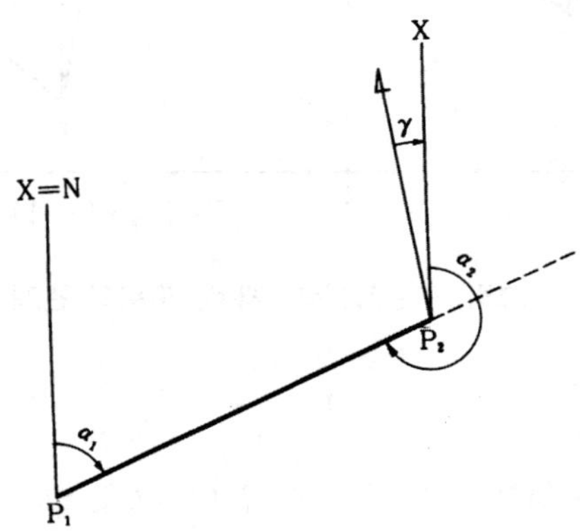

그림 2-10 역방위각

(ㅂ) 방위

방위는 자오선(NS 선)과 관측선 사이의 각으로, 0~90°의 각(방위각은 0~360°)으로서 관측선(觀測線)의 방향에 따라 부호를 붙여 몇 상한(象限)의 각인지를 표시한 것이며, 다각측량(多角測量)에서는 어느 관측선의 방위각으로부터 방위를 계산하여

좌표축에 촬영된 길이인 위거(緯距)와 경거(經距)를 구하는 데 이용된다.

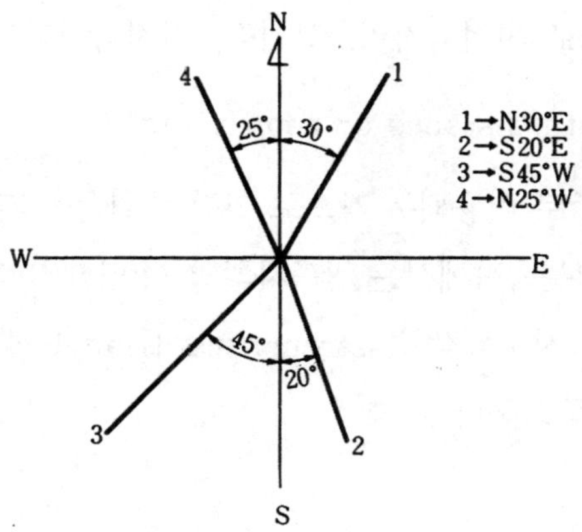

그림 2-11 방위

(ㅅ) 교각

교각은 전 관측선과 다음 관측선을 이어 이루는 각이다.

(ㅇ) 편각

편각은 전 관측선의 연장과 다음 관측선을 이어 이루는 각이다.

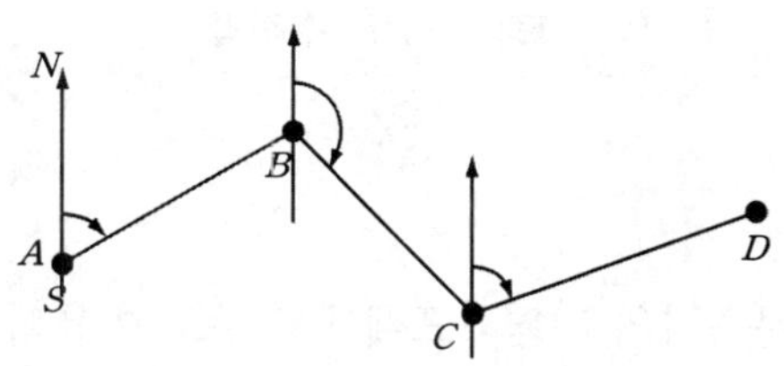

그림 2-12 방위각

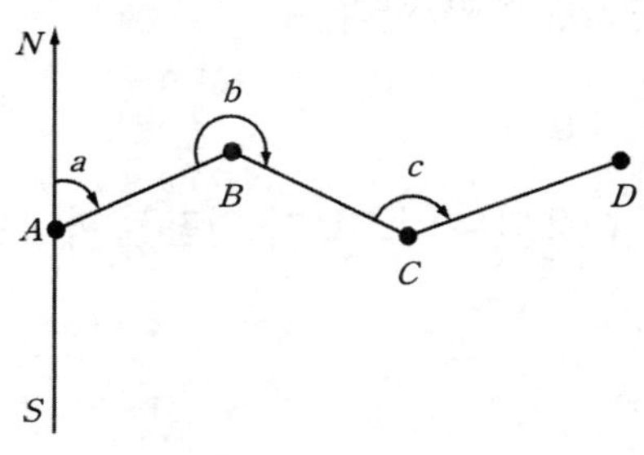

그림 2-13 교각

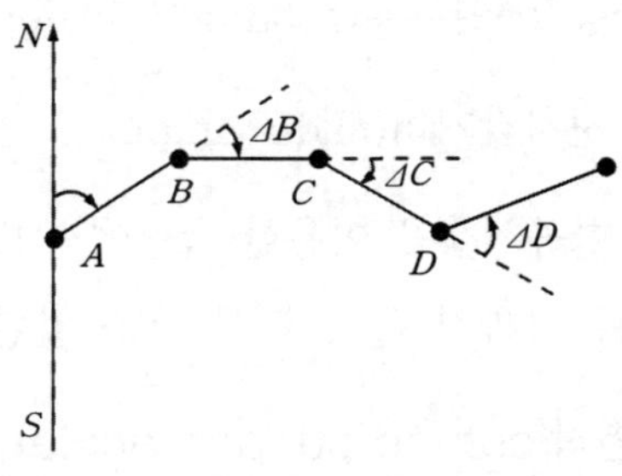

그림 2-14 편각

나) 수직각

수직면에서의 각으로 천정각거리, 고저각, 천저각거리가 있다.

(ㄱ) 천정각거리(zenith distance or zenith angle)

천문측량 등에 주로 이용되는 각으로 연직선 위쪽을 기준으로 목표점까지 내려서 잰 각을 말한다. 천문측량에서는 관측자의 천정(연직상방과 천구의 교점), 천극 및 항성으로 이루어지는 천문삼각형(astronomical triangle)을 해석하는 데 있어서 기본 관측량의 하나로 중요하다.

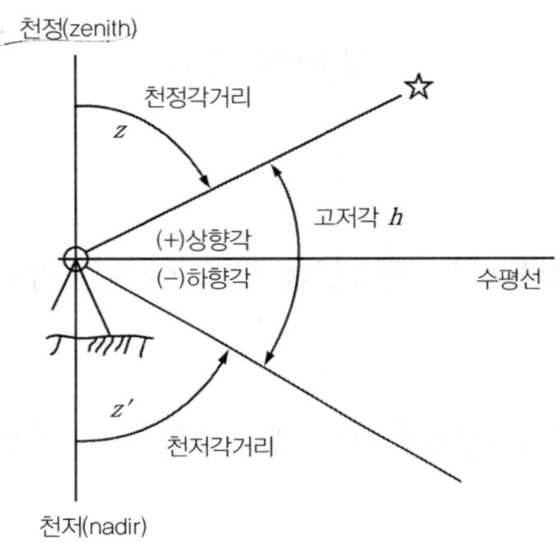

그림 2-15 수직각

(ㄴ) 고저각(altitude)

일반측량이나 천문측량의 지평좌표계에서 주로 이용되는 각으로 수평선을 기준으로 목표점까지 올려 잰 각을 상향각(또는 앙각 : angle of elevation), 내려 잰 각을 하향각(또는 부각 : angle of depression)이라 한다.

(ㄷ) 천저각거리(nadir angle)

항공영상을 이용한 측량에서 많이 이용되는 각으로서 연직선 아래쪽을 기준으로 시준점까지 올려서 잰 각을 말한다.

② 곡면각(curved surface angle)

대단위 정밀삼각측량이나 천문측량 등에서와 같이 구면 또는 타원체면상의 위치 결정에는 평면삼각법을 적용할 수 없으므로 구과량(球過量)이나 구면삼각법의 원리를 적용해야 하며, 이때 곡면각의 특성을 잘 파악해야 한다.

가) 구면삼각형

측량대상지역이 넓을 경우 평면삼각법만에 의한 측량계산에는 오차가 생기므로 곡면각의 성질을 알아야 한다. 측량에서 이용되는 곡면각은 대부분 타원체면이나 구면삼각형(spherical triangle)에 관한 것이다.

구의 중심을 지나는 평면과 구면의 교선을 대원(大圓, great circle)이라 하고, 세변이 대원의 호로 된 삼각형을 구면삼각형이라 한다. 구면삼각형의 세변 길이는 일반적으로 대원호의 중심각과 같은 각거리(angular distance)로 표시한다.

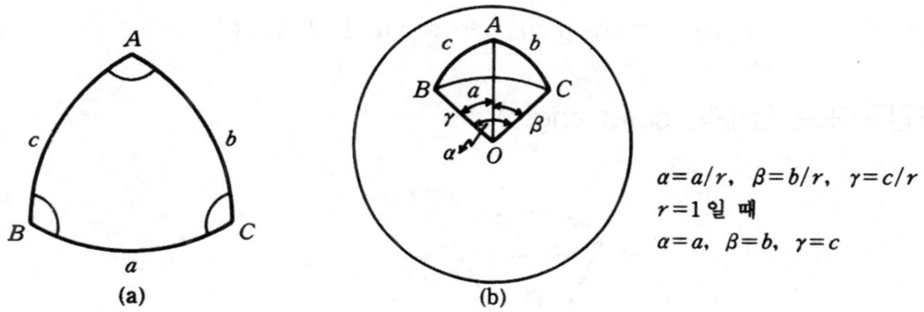

그림 2-16 구면삼각형

나) 구과량(spherical excess)

구면삼각형 ABC의 세 내각을 A, B, C라 할 때 내각의 합은 180°를 넘으며 이 차이를 구과량이라 한다. 즉, 구과량을 ε이라 하면,

$$A+B+C>180°$$

$$\varepsilon=A+B+C-180° \qquad (2\text{-}4)$$

이며 구과량은 구면삼각형의 면적 F에 비례하고 구의 반경 r의 제곱에 반비례한다. 즉, $\rho''=1\,\text{rad}=206265''$일 때

$$\varepsilon''=\frac{F}{r^2}\rho'' \qquad (2\text{-}5)$$

다) 구면삼각법(spherical trigonometry)

구면삼각형에 관한 삼각법을 구면삼각법이라 한다. 천문측량에서 천극, 천정, 항성의 세 점으로 이루어지는 천문삼각형(celestial triangle)의 해석이나 대지측량에서의 삼각망계산, 지표상 두 점간 대원호 길이 계산 등에 구면삼각법이 적용된다. 구면삼각법의 두 가지 중요한 공식인 sine법칙과 cosine법칙(2변과 1각을 알 때 대변을 구하는 공식)은 다음과 같다.

$$\text{sine법칙}: \frac{\sin a}{\sin A} = \frac{\sin b}{\sin B} = \frac{\sin c}{\sin C} \qquad (2\text{-}6)$$

$$\text{cosine}: \cos a = \cos b \cos c + \sin b \sin c \cos A \qquad (2\text{-}7)$$

$$: \cos b = \cos c \cos a + \sin c \sin a \cos B \qquad (2\text{-}8)$$

$$: \cos c = \cos a \cos b + \sin a \sin b \cos C \qquad (2\text{-}9)$$

③ 공간각(또는 입체각, solid angle)

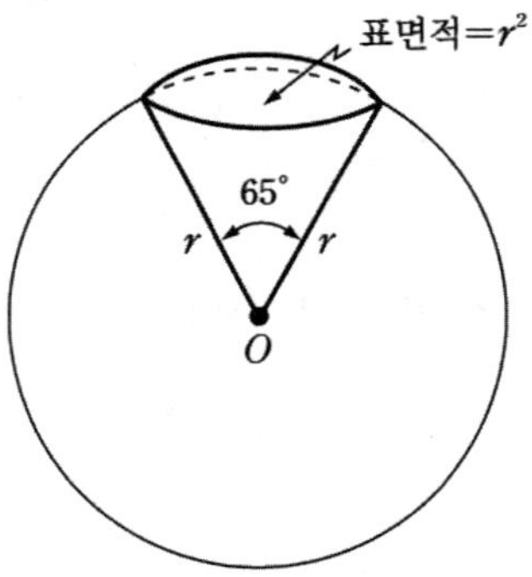

구의 각표면적$=4\pi$sr$=5.35\times10^{11}$제곱초

1sr$=$1제곱라디안$=(57.3$도$)^2=3283$제곱도

$=(206265$초$)^2=4.25\times10^{10}$제곱초

그림 2-17 스테라디안

평면각의 호도법은 원주상에서 그 반경과 같은 길이의 호를 끊어서 얻은 2개의 반경 사이에 끼는 평면각을 1라디안(radian: rad로 표시)으로 표시한다. 이와 마찬가지로 반지름 r인 단위구 상의 표면적을 구의 중심각으로 나타낼 수 있다. 스테라디안(steradian : sr로 표시)은 공간각의 단위로서 구의 중심을 정점으로 하여 구표면에서 구의 반경을 한 변으로 하는 정사각형의 면적과 같은 면적(r^2)을 갖는 원과 구의 중심이 이루는 공간각을 말한다. 구의

전 표면적은 $4\pi r^2$이므로 전구를 입체각으로는 4π스테라디안으로 나타낼 수 있다. 구의 중심을 지나는 평면상에서 1sr을 나타내는 양 반경 사이의 평면각은 약 65°가 된다.

이 스테라디안은 복사도(W/sr), 복사휘도(W/㎡ · sr), 광속(루멘 : 1m=cd · sr)의 관측 등에도 사용된다. 여기서 W는 와트, cd는 칸델라이다.

(3) 각관측

① 개 요

각측량용 기기에는 트랜싯(transit), 데오돌라이트(theodolite), 광파종합관측기(TS : Total Station) 등이 있다. 트랜싯은 망원경이 그 수평축의 주위를 회전할 수 있으나, 데오돌라이트는 회전할 수 없고 대개 compass도 장치되어 있지 않다. 각관측에 있어서는 트랜싯보다 데오돌라이트나 TS가 높은 정밀도로 각을 관측할 수 있다. 원래 트랜싯은 미국(정준나사 4개), 데오돌라이트는 유럽(정준나사 3개)에서 사용되어 왔으나 지금은 뚜렷하게 구별되지는 않는다.

본장에서는 수평각과 수직각관측 방법 및 관측에 따른 오차와 정밀도에 관하여 기술하겠다.

② 수평각 관측법

수평각은 트랜싯, 데오돌라이트, TS 등으로 수평축을 기준하여 교각법, 편각법, 방위각법 등이 있으며 수평각을 관측하는 방법에는 단각법, 배각법, 방향각법 및 조합각관측법(또는 각관측법)의 4종류가 있다. 어느 방법을 사용하느냐 하는 것은 측량의 종류, 소요 정확도 및 사용되는 시간 등에 따라서 결정한다.

가) 단각법

1개의 각을 1회 관측으로 관측하는 방법이며 그 결과는 "나중 읽음값-처음 읽음값"으로 구해진다.

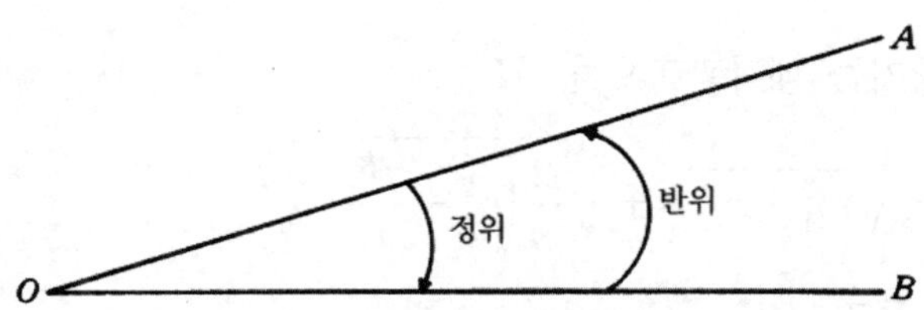

그림 2-18 단각법

나) 배각법(반복법)

(ㄱ) 방법

배각법은 ∠AOB를 2회 이상 반복 관측하여 관측한 각도를 모두 더하여 평균을 구한다. 이 방법은 아들자의 최소 읽기가 20″~1′으로 나쁜 눈금의 이중축(복축)을 가진 트랜싯에서 그의 이중축을 이용하여 읽기의 정밀도를 향상시키기 위한 방법이다.

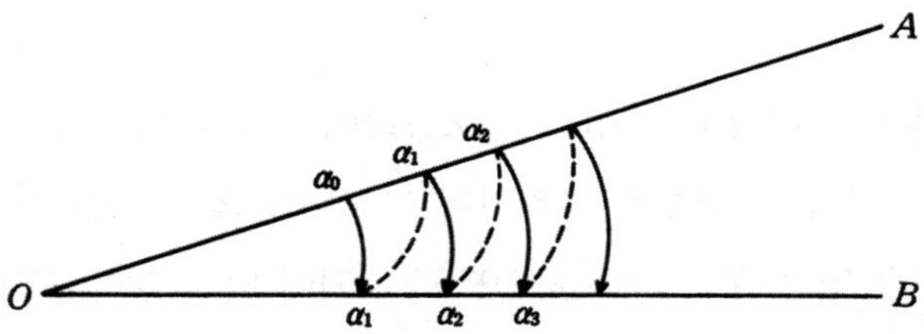

그림 2-19 배각법

1회 최후의 B를 시준한 때의 눈금이 α_n이라 하면,

$$\angle AOB = \frac{\alpha_n - \alpha_0}{n} \tag{2-10}$$

로 구해진다. 일반적으로 정 · 반위의 망원경에 쓰이는 방법이다.

(ㄴ) 배각법의 각관측정밀도

i) n 배각의 관측에 있어서 1각에 포함되는 시준오차 m_1은

$$m_1 = \frac{\sqrt{2}\,\alpha \cdot \sqrt{n}}{n} = \sqrt{\frac{2\alpha^2}{n}} \quad \text{단, } \alpha\text{: 시준오차} \tag{2-11}$$

ii) 읽음 오차 m_2

$$m_2 = \frac{\sqrt{2}\,\beta}{n} = \frac{\sqrt{2\beta^2}}{n} \quad \text{단, } \beta\text{: 읽기 오차} \tag{2-12}$$

iii) 1각에 생기는 배각관측오차 M

$$M = \pm\sqrt{m_1^2 + m_2^2} = \pm\sqrt{\frac{2}{n}\left(\alpha^2 + \frac{\beta^2}{n}\right)} \tag{2-13}$$

(ㄷ) 배각법의 특징

i) 배각법은 방향각법과 비교하여 읽기 오차 β의 영향을 적게 받는다.

ii) 눈금을 직접 관측할 수 없는 미량의 값을 누적하여 반복횟수로 나누면 세밀한 값을 읽을 수 있다.

iii) 눈금의 불량에 의한 오차를 최소로 하기 위하여 n회의 반복결과가 $360°$ 에 가깝게 해야 한다.

iv) 내축과 외축을 이용하므로 내축과 외축의 수직선에 대한 불일치에 의하여 오차가 생기는 경우가 있다.

v) 배각법은 방향수가 적은 경우에는 편리하나 삼각측량과 같이 많은 방향이 있는 경우는 적합하지 않다.

다) 방향각법

(ㄱ) 방법

이 방법은 어떤 시준방향을 기준(O 방향)으로 하여 각 시준방향의 내각을 관측하여 기준방향선에 결합한 경우 최초의 읽기(O 방향)와 일치하도록 조절한다. 또 오차가 있는 경우는 각각의 각에 평균분배한다. 그리고 기계적 오차를 제거하기 위해서 정 · 반의 관측평균값을 취하면 된다.

(ㄴ) 방향각법의 각관측오차

i) 1방향에 생기는 오차 m_1

$$m_1 = \pm\sqrt{\alpha^2+\beta^2} \quad \text{단, } \alpha\text{: 시준오차, } \beta\text{: 읽기 오차} \qquad (2\text{-}14)$$

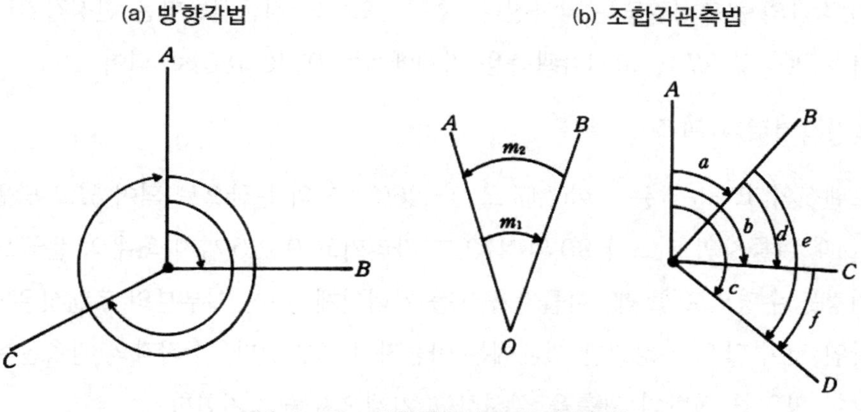

그림 2-20 방향각법과 조합각관측법

ii) 각관측(두 방향의 차)의 오차 m_2

$$m_2 = \sqrt{2}\, m_1 = \pm \sqrt{2(\alpha^2 + \beta^2)} \tag{2-15}$$

iii) n회 관측한 평균값에 있어서의 오차 M

$$M = \pm \frac{\sqrt{n}\, m_2}{n} = \pm \frac{m_2}{\sqrt{n}} = \pm \sqrt{\frac{2}{n}(\alpha^2 + \beta^2)} \tag{2-16}$$

라) 조합각관측법(또는 각관측법)

수평각관측법 중 가장 정확한 값을 얻을 수 있는 방법으로 1등 삼각측량에 이용된다. 관측할 여러 개의 방향선 사이의 각을 차례로 방향각법으로 관측하여 최소제곱법에 의하여 각 각의 최확값을 구한다. 한 점에서 관측할 방향수가 N일 때 총 각관측수와 조건식수는 다음과 같다.

$$\text{총 각관측수} = N(N-1)/2 \tag{2-17}$$

$$\text{조건식수} = (N-1)(N-2)/2 \tag{2-18}$$

〈그림 2-20(b)〉의 경우에 방향수 $N=4$이므로 총 각관측수=6, 조건식수=3이다.

③ 수직각관측법

수직각은 망원경을 트랜싯이나 각관측기 등의 수평축 주위로 회전하여 수직분도원상에서 읽어서 관측한다. 수준기의 기포가 수평을 나타낼 때 망원경의 수평방향이 수평이 되지 않으면 수직각의 관측정밀도는 낮아진다. 수직분도원의 시준선방향은 천정각거리 관측용 기계에서는 90° 및 270°, 고저각관측용 기계에서는 0° 및 180°로 되어 있다.

가) 천정각거리의 관측

트랜싯의 고도눈금은 우회(右回)로 0°~360°까지의 눈금으로 되어 있고 망원경이 수평일 때 아들자의 지표가 90°와 270°를 가리키고 0~90°까지 좌우의 눈금으로 되어 망원경을 수평으로 할 때, 아들자가 0°를 가리키게 된다. 대부분의 트랜싯은 아들자가 하나인 것이 많으나 정밀한 기계에는 아들자가 2개 있다. 수직각의 관측은 수평각과 똑같이 망원경 정반의 관측을 실시하고 기계오차를 소거한다.

목표를 시준할 때는 십자횡선에 대하여 정확히 목표를 맞추면 고도 기포관의 기포를 정확히 중앙으로 하여 눈금을 읽지 않으면 안 된다. 눈금 0°~360°의 것을 사용하여 관측한 정반(正反)의 관측값과 천정각거리의 관계는 다음과 같다. 망원경은 90°, 270°를 이은 선에 일치된 경우 목표를 시준(視準)하고 망원경을 수평축 주위로 회전하면 분도원도 한 번 회전하며 아들자 A의 눈금을 읽는다. 그러나 망원경의 장치가 정확히 90°의 선에 일치하지 않으므로 오차 c를 가지며 또 아들자의 위치도 오차 n을 갖는다고 생각하지 않으면 안 된다.

이 경우 망원경 정위(正位)의 관측값을 r, 반위(反位)의 관측값을 l로 하여 구한 천정각거리 Z와의 관계는 〈그림 2-21〉에서

$$\text{정위 : } 90° - Z = 90° - r + c - n \qquad (2\text{-}19)$$

$$\text{반위 : } 90° - Z = l - 270° - c + n \qquad (2\text{-}20)$$

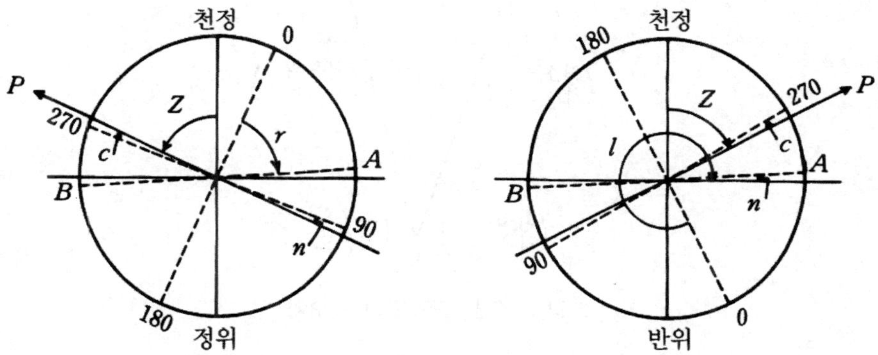

그림 2-21

양식을 더함으로써

$$2Z = r - l$$

망원경 정위의 관측값에서 반위의 관측값을 빼는 것은 c, n의 양오차를 소거하여 천정각거리의 2배각을 얻는다. 그러므로 구하려는 천정각거리는

$$Z = \frac{1}{2}(r - l) \qquad (2\text{-}21)$$

눈금이 왼쪽방향으로 둥글게 새긴 것, 또는 정위, 반위의 눈금이 〈그림 2-21〉과 반대로 붙어 있는 경우에는

$$Z=\frac{1}{2}(l-r) \tag{2-22}$$

로 되므로 사용기계는 미리 점검하지 않으면 안 된다.

나) 고도상수

식 (2-19)와 (2-20)과의 차로부터

$$r+l=360°+2(c-n)=360°+K \tag{2-23}$$

$2(c-n)=K$는 고도상수(또는 영점오차)라 말하고 이 기계에 있어서는 상수로 되며 눈금의 원근이나 고저에 관계되지 않으므로 천정각거리관측의 양부판정에 사용된다.

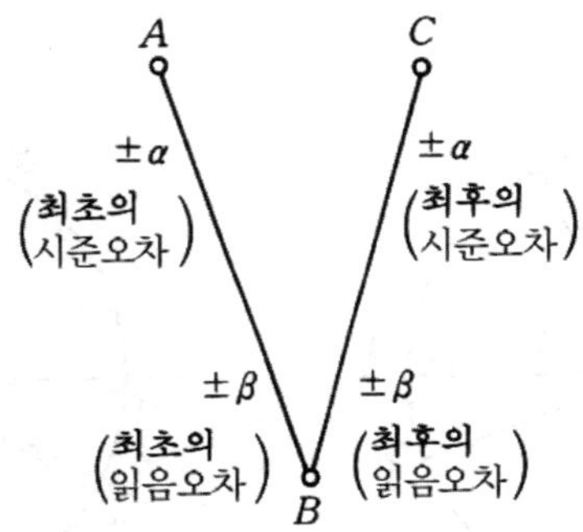

그림 2-22 단각법의 각오차

또 망원경을 수평으로 할 때 아들자가 0°를 가리키는 것은

$$r+l=180°+K \tag{2-24}$$

로 된다.

3 측량의 좌표계 및 좌표의 투영 (coordinate system of survey and projection for coordinate)

위치는 공간상에서 대상이 어느 계(系)에서 다른 대상과 어떤 기하학적 상관관계를 갖는가를 의미하는 것으로 이 때 어느 계의 기준이 되는 고유한 1점을 원점(origin), 매개가

되는 실수를 좌표(coordinate) 또는 좌표계라 한다.

(1) 차원별 좌표계

좌표계에는 1차원 좌표계, 2차원 좌표계(평면직교좌표, 평면사교 좌표, 2차원 극좌표, 원 · 방사선 좌표, 원 · 원좌교, 쌍곡선 · 쌍곡선좌표), 3차원 좌표계(3차원 직교좌표, 3차원 사교좌표, 원주좌표, 구면좌표, 3차원 직교곡선좌표) 등이 있다.

① 1차원 좌표계(one-dimensional coordinate)

1차원 좌표는 주로 직선과 같은 1차원선형에 있어서 점의 위치를 표시하는 데 쓰인다. 예를 들면, 직선상을 등속운동하는 물체를 생각할 때 어느 시점에서 이 물체의 위치는 기준점으로부터의 거리로 표시되며 이것은 시간과 속도의 함수로 나타낼 수 있다.

② 2차원 좌표계(two-dimensional coordinate)

가) 평면직교좌표(plane rectangular coordinate)

평면 위의 한 점 O를 원점으로 정하고, O를 지나고 서로 직교하는 두 수직직선 XX', YY'을 좌표축으로 삼는다. 평면상의 한 점 P 위의 위치는 P를 지나며 X, Y축에 평행한 두 직선이 X, Y축과 만나는 P' 및 P''의 좌표축상 $OP'=x$, $OP''=y$로 나타낼 수 있다.

나) 평면사교좌표(plane oblique coordinate)

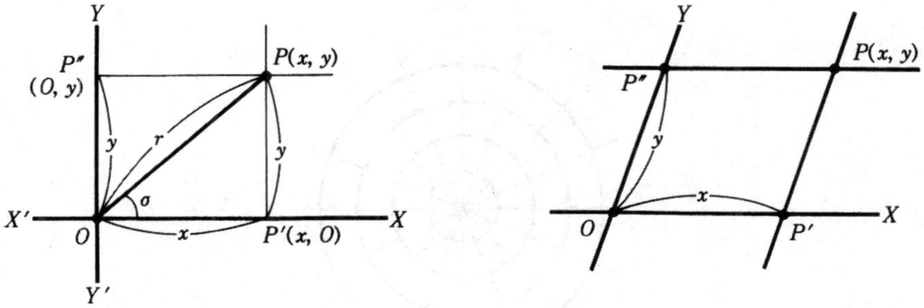

그림 2-23 평면직교좌표와 평면사교좌표

다) 2차원극좌표(plane polar coordinate)

2차원극좌표는 평면상 한 점과 원점을 연결한 선분의 길이와 원점을 지나는 기준선과 그 선분이 이루는 각으로 표현되는 좌표이다.

평면직교좌표와 2차원극좌표는 다음과 같은 관계가 성립된다.

$$r = \sqrt{x^2 + y^2}, \qquad \theta = \tan^{-1}\left(\frac{y}{x}\right)$$

$$x = r\cos\theta, \qquad y = r\sin\theta \tag{2-25}$$

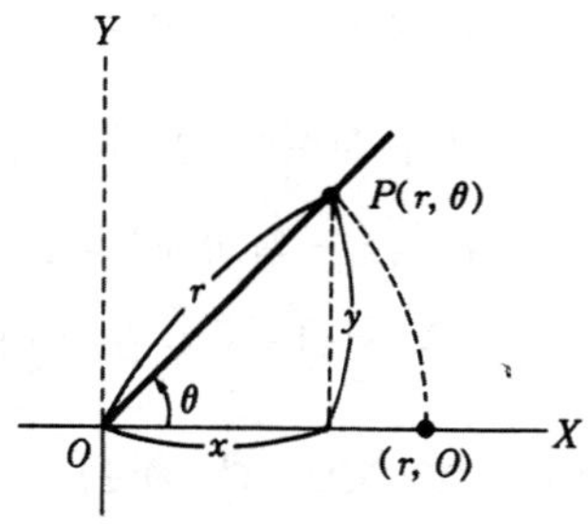

그림 2-24 2차원극좌표

라) 원 · 방사선좌표

원점 O를 중심으로 하는 동심원과 원점을 지나는 방사선을 좌표선으로 하는 좌표로서 각 좌표선이 되는 원과 방사선은 평면상 모든 곳에서 서로 직교하므로 이 좌표계는 일종의 평면직교좌표계를 형성한다. 이 좌표계는 레이다탐지에 의한 물체의 위치표시나 지도투영에서 쓰인다.

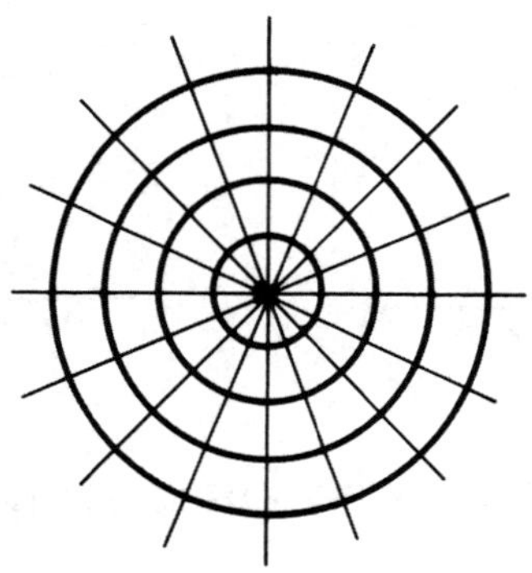

그림 2-25 원 · 방사선좌표

마) 원 · 원좌표

한 점을 중심으로 하는 동심원과 또 다른 동심원은 좌표선으로 하는 좌표계에 의한 좌표이다. 각 좌표선은 한 정점으로부터 등거리인 위치선으로서 원을 이루고 좌표선간의 간격은 일정하다. 한 점의 위치는 두 개의 원호의 교점으로 결정되며 그 좌표는 한 정점에서의 거리 r_a와 다른 정점에서의 r_b에 의해 $(r_a,\ r_b)$로 표시될 수 있다. 이 좌표계는 주로 중단거리용인 Raydist 등의 원호방식에 응용된다.

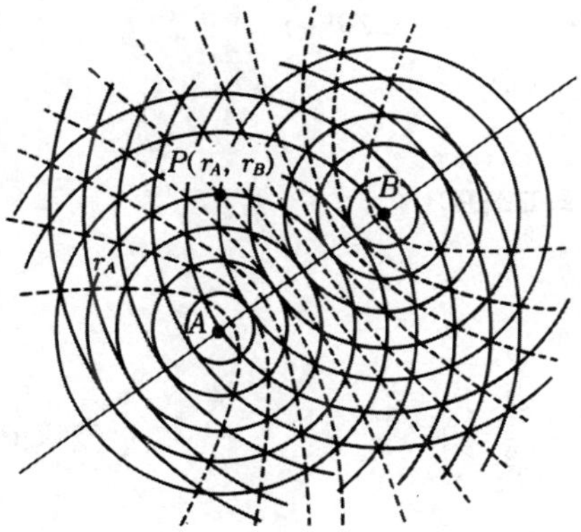

그림 2-26 원 · 원좌표

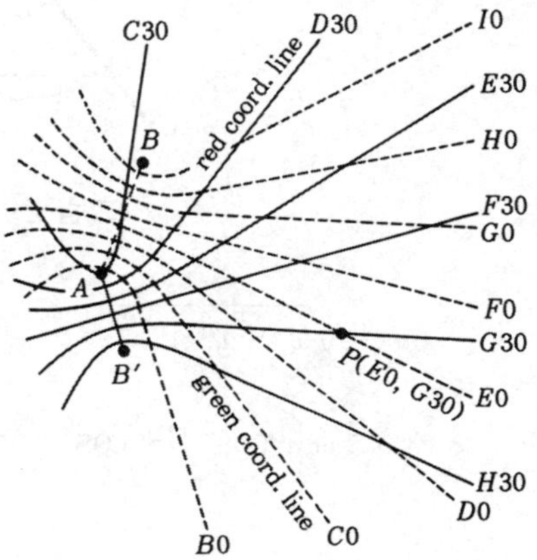

그림 2-27 쌍곡선 · 쌍곡선 좌표

바) 쌍곡선 · 쌍곡선 좌표

두 정점을 초점으로 하는 하나의 쌍곡선군과 또 다른 두 정점에 의한 쌍곡선군을 좌표선으로 하며, 좌표선간의 간격은 원점에서 멀어질수록 커지고 좌표선들은 서로 사교하므로 위치결정의 정확도는 거리에 비례하여 낮아진다. 이 좌표계는 전자기파측량에서 주로 장거리용인 LORAN, DECCA 등의 쌍곡선방식에 응용된다. 이 경우 쌍곡선인 위치선마다 고유번호를 부여하고 두 개의 쌍곡선군을 적 · 녹으로 구분하면 한 점의 위치는 녹색위치선 L_G 및 적색위치선 L_R에 의한 좌표 $(L_G,\ L_R)$로 표시된다.

③ 3차원좌표계(three-dimensional coordinate)

가) 3차원직교좌표(three-dimensional rectangular or cartesian coordinate)

3차원직교좌표계는 공간의 위치를 나타내는데 가장 기본적으로 사용되는 좌표계로서 평면직교좌표계를 확장해서 생각하며, 서로 직교하는 세 축 OX, OY, OZ로 이루어진다.

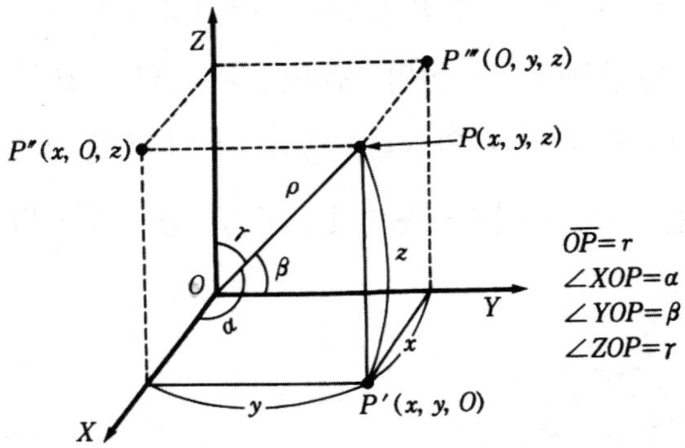

그림 2-28 3차원 직교좌표

$$\rho = \sqrt{x^2 + y^2 + z^2}$$

$$\cos^2\alpha + \cos^2\beta + \cos^2\gamma = \frac{x^2}{\rho^2} + \frac{y^2}{\rho^2} + \frac{z^2}{\rho^2} = 1 \tag{2-26}$$

나) 3차원사교좌표(three-dimensional oblique coordinate)

공간에 한 점 O를 원점으로 정하고, O를 지나며 서로 직교하지 않는 세 평면상에서 O를 지나는 세 개의 수치직선 XOX', YOY', ZOZ'를 좌표축으로 잡는다. OX, OY, OZ를 양의 반직선으로 하는 좌표계를 도입하면 공간상 한 점 P에 대하여 세 개의 실수의 순서쌍이 대응된다. 이 대응을 3차원공간에서의 사교(또는 평행) 좌표계라 한다.

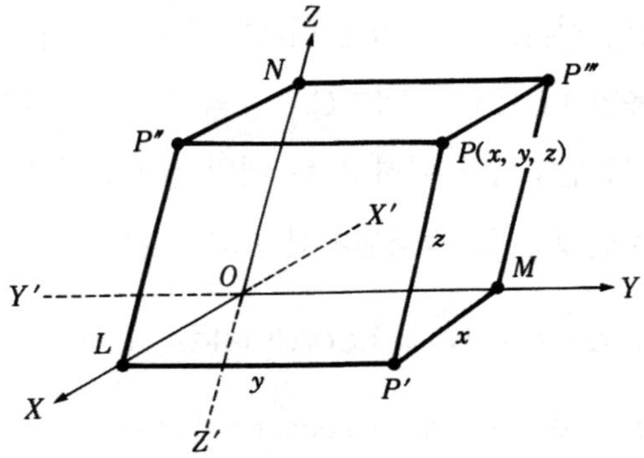

그림 2-29 3차원 사교좌표

다) 원주좌표(cylindrical coordinate)

공간에서 점의 위치를 표시하는데 원주좌표가 종종 편리하게 쓰인다. 원주좌표에서는 평면 $z=0$ 위의 $(x,\ y)$ 대신 극좌표$(r,\ \theta)$를 사용한다.

원주좌표와 3차원직교좌표 사이에는 다음과 같은 관계가 성립된다.

$$r=\sqrt{x^2+y^2},\quad \theta=\tan^{-1}\left(\frac{y}{x}\right),\quad z=z$$

$$x=r\cos\theta,\qquad y=r\sin\theta,\qquad z=z \tag{2-27}$$

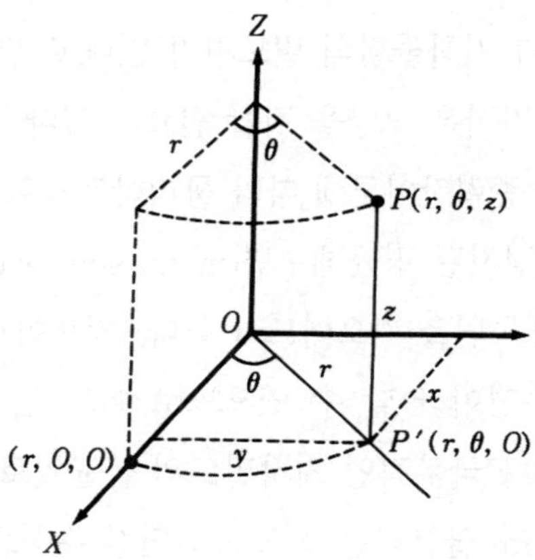

그림 2-30 원주좌표

라) 구면좌표(spherical coordinate)

구면좌표는 원점을 중심으로 대칭일 때 유용하다. 구면좌표에서는 하나의 길이와 두 개의 각으로 공간상 위치를 나타낸다.

3차원직교좌표, 원주좌표, 구면좌표 사이에는 다음 관계가 있다.

$$\begin{pmatrix}x\\y\\z\end{pmatrix}=\begin{pmatrix}r\cos\theta\\r\sin\theta\\z\end{pmatrix},\quad \begin{pmatrix}r\\\theta\\z\end{pmatrix}=\begin{pmatrix}\rho\sin\phi\\\theta\\\rho\cos\phi\end{pmatrix},\quad \begin{pmatrix}x\\y\\z\end{pmatrix}=\begin{pmatrix}r\cos\theta\\r\sin\theta\\z\end{pmatrix} \tag{2-28}$$

(2) 지구좌표계

① 지구형상

지구형상은 물리적 지표면(육지나 해양 등이 자연상태의 지표면), 지오이드(중력의 등포텐셜면), 회전타원체(수학적으로 계산을 유효하게 수행하기 위하여 간단히 정의되는 타원체), 수학적 지표면(중력장에 의한 지표면을 수학적으로 표시하는 텔루로이드, 의사지오이드 등의 수학적 지표면)으로 크게 구분한다.

한 타원체의 주축을 회전하여 생기는 입체를 회전타원체라 한다. 지구는 단축을 주위로 회전하는 타원체로 실제 지구의 부피와 모양에 가장 가까운 것으로 규정하고 있다. 이 회전타원체를 지구타원체라 한다. 지구타원체는 기하학적타원체로굴곡이 없는 매끈한 면으로 지구의 부피, 표면적, 반경, 표준중력, 삼각측량, 경위도측량, 지도제작 등에 기준으로 한다.

② 지오이드(geoid)

지구타원체는 지표의 기복과 지하물질의 밀도차가 없다고 생각한 것이므로 실제 지구와 차가 너무 커서 좀 더 지구에 가까운 모양을 정할 필요가 있다. 지구타원체를 기하학적으로 정의한 데 비하여 지오이드는 중력장이론에 따라 물리학적으로 정의한다. 지구표면의 대부분은 바다가 점유하고 있다. 정지된 평균해수면(mean sea level)을 육지까지 연장하여 지구 전체를 둘러쌌다고 가상한 곡면을 지오이드라 한다. 지오이드면은 평균해수면과 일치하는 등퍼텐셜면으로 일종의 수면이라 할 수 있으므로 어느 점에서의 중력방향은 이 면에 수직이며, 주변지형의 영향이나 국부적인 지각밀도의 불균일로 인하여 타원체면에 대하여 다소의 기복이 있는(최대 수십 m) 불규칙한 면으로 간단한 수식으로는 표시할 수 없다. 고저측량은 지오이드면을 표고 0으로 하여 측량한다. 따라서 지오이드면은 높이가 0m이므로 위치에너지($E=mgh$)가 0이다. 일반적으로 지구상 어느 한 점에서 타원체의 수직선과 지오이드의 수직선은 일치하지 않게 되며 두 수직선의 차, 즉 수직선편차(또는 연직선편차)가 생긴다. 지오이드면은 대륙에서는 지오이드면 위에 있는 지각의 인력 때문에 지구타원체보다 높으며, 해양에서는 지구타원체보다 낮다.

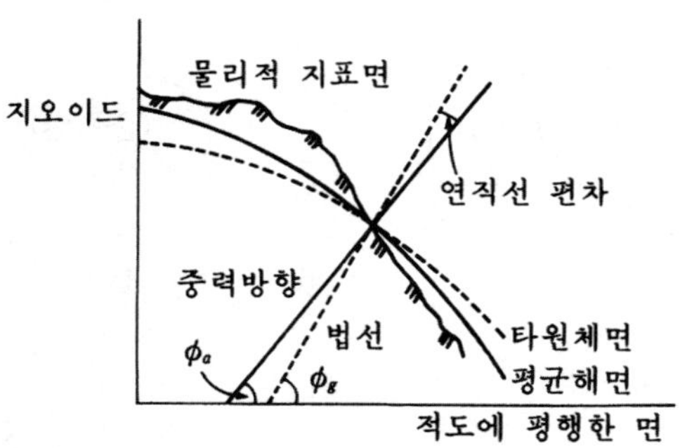

그림 2-31 지오이드와 타원체

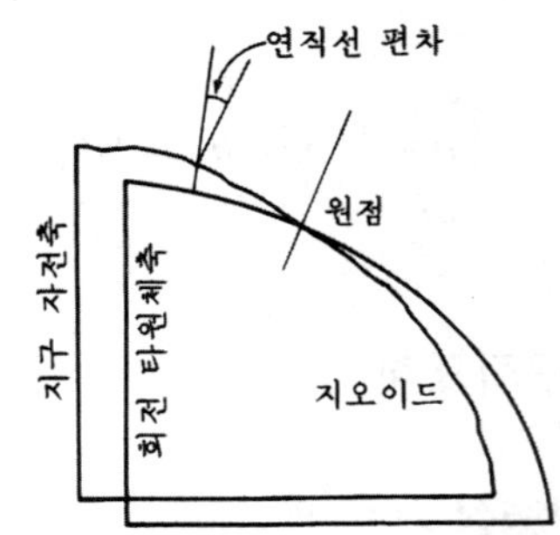

그림 2-32 지오이드와 회전타원체

③ 경위도좌표

지구상 절대적 위치를 표시하는데 일반적으로 가장 널리 쓰이는 곡면상의 좌표이다. 어느 지점의 경도는 본초자오선으로부터 적도를 따라 그 지점의 자오선까지 잰 최소각거리로 동, 서쪽으로 0°에서 180°까지 잰다. 한편 위도는 자오선을 따라 적도에서 어느 지점까지 관측한 최소각거리로써 남 · 북쪽으로 0°에서 90°까지 관측한다.

기본측량과 공공측량에 있어서 기준타원체(또는 준거타원체)에 대한 지점위치를 경도, 위도 및 평균해수면에서부터의 높이로 표시한 것을 측지측량좌표(〈그림 2-33〉 참조)라 부르는데, 일반적으로는 지리좌표라 말한다.

경도는 본초자오선(그리니치 천문대를 통과하는 자오선)을 기준으로 하여, 어떤 지점을 지나는 자오선까지의 각거리 λ로 표시하고, 위도는 어떤 지점에서 기준타원체에 내린 수직선[또는 법선(法線)]이 적도면과 이루는 각 ϕ로 표시한다. 천문학적으로 관측한 위도는 그 지점에서 연직선, 즉 지오이드를 기준하여 내린 수직선이 적도면과 이루는 각이며 측지위도는 기준(또는 준거)타원체를 기준하여 내린 수직선이 적도면과 이루는 각이다. 기준이 다른 면(타원체, 지오이드면)에 내린 연직선으로 인하여 연직선 편차가 발생한다. 기준(또는 준거)타원체를 기준으로 한 경우를 측지경위도(geodetic longitude and latitude), 지오이드를 기준으로 한 경우를 천문경위도(astronomic longitude and latitude)라 한다.

또 경위도 원점값은 천문측량에 의해 정해지므로 천문경위도이지만 기준타원체상의 측지 제점에 관해서는 측지경위도로 간주한다.

측량의 목적, 지역의 광협, 측량의 정확도 등에 따라서 지구를 구로 보고 그 표면상에서 지점의 위치를 표시하는 경우가 많다.

이 경우 구의 반경은 주로 다음 식으로 표시되는 평균 곡률반경을 이용하고 있다.

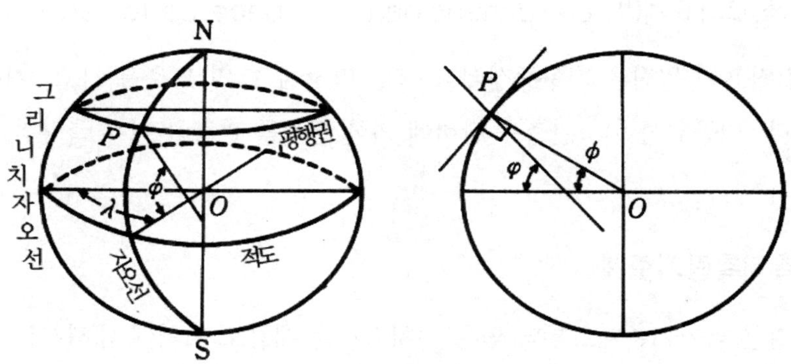

그림 2-33

평균 곡률반경 : $r=\sqrt{R_m N}$ (2-29)

단, R_m : 자오선의 곡률반경

N : 횡(묘유선방향)의 곡률반경

④ 평면직교좌표

측량범위가 크지 않은 일반측량에서는 평면직교 좌표가 널리 사용된다. 평면직교 좌표에서는 측량지역에 1점을 택하여 좌표원점으로 정하고 그 평면상에서 원점을 지나는 자오선을 X 축, 동서방향을 Y 축으로 하며, 각 지점의 위치는 평면상의 직교좌표값, X, Y 로 표시된다.

⑤ UTM 좌표계(Universal Transverse Mercator coordinate)

UTM 투영법에 의하여 표현되는 좌표계로서 적도를 횡축, 자오선을 종축으로 한다. 이 방법은 지구를 회전타원체로 보고 지구 전체를 경도 6°씩 60개의 구역으로 나누고 그 각 종대의 중앙자오선과 적도의 교점을 원점으로 하여 횡메르카토르 투영법으로 등각투영한다. 각 종대에는 180°W 자오선에서 동쪽으로 6°간격으로 1부터 60까지 번호를 붙인다. 종대에서 위도는 남 · 북에 80°까지만 포함시키며 다시 8°간격으로 20구역으로 나누어 C에서 X까지(단 I와 O는 제외) 20개의 알파벳문자로 표시한다. UTM 좌표에서 거리단위는 m 단위로 표시하며 종좌표에서는 N을, 횡좌표에는 E를 붙인다.

⑥ UPS 좌표계(Universal Polar Stereographic coordinate)

UPS 좌표는 위도 80°이상의 양극지역의 좌표를 표시하는 데 사용한다. UPS 좌표는 극심입체 투영법에 의한 것이며 UTM 좌표의 투영법과 같은 특징을 가진다. 이 좌표계는 양극을 원점으로 하는 평면직교 좌표계를 사용하며, 거리좌표는 m 단위로 나타낸다.

⑦ 3차원 직교좌표계(three-dimensional or space cartesian coordinate)

3차원 직교좌표의 원점은 지구중심이고, 적도면상에 X 및 Y 축을 잡고, 지구의 극축을 Z 축으로 한다. 인공위성이나 관측용 장비에 의한 천체를 관측할 경우 측량망 결합에 이용된다.

(3) 세계측지측량기준계

나라마다 다른 국가기준계로부터 얻은 위치정보는 대규모 지역에 대해서는 요구를 충족시킬 수 없으므로 하나의 통합된 측지측량기준계가 필요하게 되었다.

세계측지측량기준계(WGS : World Geodetic System)는 다음과 같다.

WGS(1960)는 미 국방성에서 전세계에 대하여 하나의 통일된 좌표계를 사용할 수 있도록 만든 지심좌표계로서 당시에 이용할 수 있었던 모든 중력, 천문측량 등의 관측자료를 종합하여 결정되었다.

WGS(1966)는 확장된 삼각망과 삼변망 도플러 및 광학위성자료를 적용하여 정하였으며 WGS(1972)는 도플러 및 광학위성자료, 표면중력측량, 삼각 및 삼변측량, 고정밀 트래버스, 천문측량 등으로부터 얻은 새로운 자료와 발달된 전산기와 정보처리기법을 이용하여 결정하였다. WGS(1984)는 WGS72를 개량하여 지구질량중심을 원점으로 하는 좌표체계로, GRS 80(Geodetic Reference System, 1980)은 IUGG/IGA 제17차 총회(1979)에서 새로이 제정된 것으로 우리나라의 측량 기준의 기준 타원체로 채택하고 있다.

표 2-1 타원체별 제원

구분	벳셀	GRS80	WGS84
장반경(a)	6,377,397.155m	6,378,137m	6,378,137m
편평율(f)	1/299.152813	1/298.257222	1/298.257223

(4) 국제지구기준좌표계(ITRF)

국제지구회전관측연구부(IERS)[3]에서 설정한 국제지구기준좌표계(ITRF)는 IERS Terrestrial Reference Frame의 약자로 국제지구회전관측연구부라는 국제기관이 제정한 3차원국제지심직교좌표계이다. 세계 각국의 VLBI, GPS, SLR 등의 관측 자료를 종합해서 해석한 결과에 의거하고 있다.

IERS는 국제시보국(BIH : Bureau Internayional De L′heuve)의 지구회전부문과 국제극운동연구부(IPMS)[4]를 종합해서 1988년에 설립되었다. ITRF는 좌표원점을 지구중심(대기를 포함)으로 한 지구중심계이며, ITRF에서 위도와 경도가 필요할 때는 GRS80을 이용할 수 있다. 1996년에 WGS84가 ITRF의 구축에 이용되고 있는 지구동력학에 대한 국제 GPS 사업(IGS)[5]의 관측자료를 이용하여 조정한 후부터 ITRF와 WGS84의 차이는 cm단위로 접근하게 되었다.

---

3) IERS : International Earth Rotation Service
4) IPMS : International Polar Motion Service
5) IGS : International GPS Geodynamics Service or International GPS Service for Geodynamics

ITRF는 IERS에서 제공하고 있는 지구중심의 국제기준계이며, IERS는 1987년 국제천문학연합인 IAU[6]와 국제측지 · 지구물리학연합인 IUGG[7]에 의하여 공동으로 설립된 기구로서 초장기선간섭계(VLBI)[8], SLR(Satellite Laser Ranging) 등의 관측에 의하여 결정된 값이다. ITRF는 현제 국제시보국의 BTS(BIH Terrestrial System)을 승계하고 있으며 WGS84보다 더 정확한 기준계로서 각 국에서 사용되고 있다.

GPS위성의 궤도정보에 대한 정확도가 관측정확도에 큰 영향을 미치므로 위성추적관제국(Terrestrial System)을 통한 정밀력(ephemeris)의 제공이 필요하다. GPS의 정밀력은 미국 국방성의 NIMA[9]에서 관장하고 있다. 또한 IGS와 국제협동 GPS망(CIGNET)[10]은 전 지구에 걸쳐 실시되고 있는 민간의 GPS위성 궤도추적을 위한 망이다.

IGS는 1991년에 IUGG산하기구인 국제측지학협회(IAG)[11]에서 제안한 것으로서 연속추적을 위한 주된 관측망과 보다 많은 수의 기점망으로 구성하고 있다.

CIGNET는 1992년에 운용된 약 20점의 추적국으로 구성되며 미국 NGS(National Geodetic Survey)에서 관장하고 있는 민간용 추적체계이다. 국가기본망의 구축을 위해서는 먼저 국제적인 ITRF/IGS와 관련되는 대륙망이 결정되어야 하며 구성이 곤란한 경우는 국제적인 VLBI/SLR관측점을 활용하는 것이 필요하다.

(5) 좌표의 투영(projection for coordinates)

엄격히 표현하면 지표면은 평면이 아닌 구면이다. 삼각측량의 경우에도 삼등 삼각측량 이하와 같이 거리가 짧을 때는 곡면이란 것을 생각지 않아도 되지만 일등, 이등 삼각측량과 같이 1변의 거리가 길게 되고 범위가 넓게 되면 지구의 곡률을 고려하지 않으면 안 되게 된다. 이와 같이 하여 둥근 지구 표면의 일부에 국한하여 얻어진 측량의 결과를 평탄한 종이 위에 어떤 모양으로 표시할 수 있겠는가 하는 문제를 취급하는 것이 투영법(投影法)이다.

투영법에는 그 지도를 사용하는 목적에 따라 여러 가지 방법이 있다. 그러나 어떤 방법이든 지구를 평면으로 표시하는 이상 무리가 일어나는 것은 당연하므로 어디에서도 비틀어짐이 생기지 않게 평면상에 표시할 수는 없다. 그러므로 지구면의 형상을 정확히 표시할 수 있는 것으로서는 지구의 밖에는 없다. 그러나 지구 전체를 1/50,000로 축소한 지구의를 만들어

6) IAU : International Astronomical Union
7) IUGG : International Union of Geodesy and Geophysics
8) VLBI : Very Long Baseline Interferometry
9) NIMA : National Imagery and Mapping Agency
10) CIGNET : Coorperative International GPS Network
11) IAG : International Association of Geodesy

이를 이용하는 것은 더욱 곤란하다. 그래서 지금 이와 같은 지구의가 되었다고 하고 그 표면을 충분히 평면으로 간주할 수가 있을 정도로 좁은 간격의 자오선과 평행하게 잘라 본다. 그리고 그 1편을 1장의 지도로 하면 그 지도를 충분히 정확한 지구의 표면을 축도한 것으로 할 수 있다. 이와 같이 하여 지도를 만드는 방법을 다면체투영법이라 한다(〈그림 2-34〉 참조).

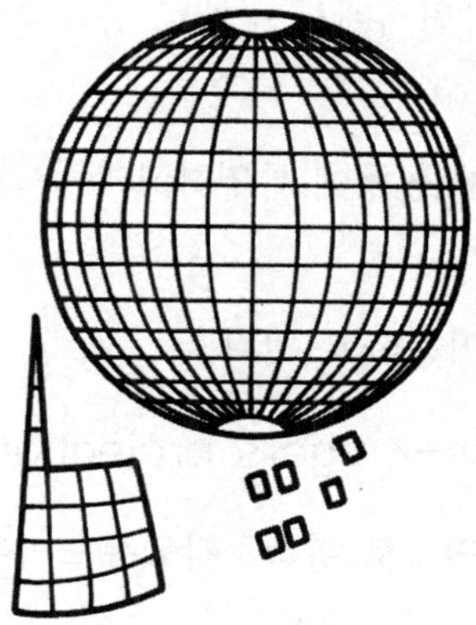

그림 2-34 다면체투영법

같은 경도차라 하여도 위도가 변하면 그 평행권의 길이가 변한다. 따라서 다면체투영법에 의한 지도는 사각형이 아니고 등각의 사다리꼴로 되고 또 1장의 지도에 포함되는 면적도 남과 북이 다르게 된다. 이것을 순서대로 붙여 나가면 이음이 차차 둥글어져 구형이 될 것이다.

현재 발행되고 있는 지형도는 〈표 2-2〉와 같은 표준에 의하여 1장의 지형도가 되고 있다.

표 2-2 국가기준계의 특징

축 척	경 도 차	위 도 차
1/5,000	1′30″	1′30″
1/25,000	7′30″	7′30″
1/50,000	15′	15′

지구의 투영법으로서는 다면체투영법 외에 메르카토르법(경선은 경도차에 따른 등간격의 평행직선이고 위선은 그것에 직교하는 직선으로 표현한다. 두 지점간의 등각항로가 항상 직선이므로 방위각이 올바로 표시된다. 해도의 투영법으로서 중요하다), 본느법(면적을 똑같이 나타내도록 한

도법), 도레미법(각 경선상에서는 거리가 옳게 나타난다) 등 목적에 의하여 여러 방법이 사용된다. 횡원통도법(transverse cylindrical projection)은 적도에 지구와 원통을 접하여 투영하는 것으로 대표적인 방법은 다음과 같다.

① 가우스이중 투영(Gauss double projection)

가) 지구를 원으로 가정하여 타원체에서 구체로 등각투영하고 이 구체로부터 평면으로 등각횡원통 투영하는 방법이다.
나) 소축척지도에서는 지구 전체를 구에 투영하고 대축척지도에서는 지구의 일부를 구에 투영한다.
다) 우리나라 지적도 제작에 이용하고 있다.

② 가우스-크뤼거도법(Gauss-Krügers projection)

가) 회전타원체로부터 직접 평면으로 횡축등각원통도법에 의해 투영하는 방법으로 횡케르카토르도법(TM: Transverse Mercator projection)이라고도 한다.
나) 원점은 적도상에 놓고 중앙경선을 X축, 적도를 Y축으로한 투영으로 축상에서는 지구상의 거리와 같다.
다) 투영범위는 중앙경선으로부터 넓지 않은 범위로 한정한다.
라) 투영식은 타원체를 평면의 등각투영이론에 적용하여 구할 수 있다.
마) 우리나라 지형도 제작에 이용되었으며 남북이 긴 우리나라 형상에는 적합한 투영방법이다.

③ 국제횡메르카토르도법(UTM: Universal Transverse Mercator projection)

가) 지구를 회전타원체로 보고 80°N ~80°S의 투영범위를 경도 6°, 위도 8°씩 나누어 투영한다.
나) 투영식 및 좌표변환식은 가우스-크뤼거(TM)도법과 동일하나, 원점에서의 축척계수를 0.9996으로 하여 적용범위를 넓혔다.
다) 지도제작시 구역 경계가 서로 30′씩 중복되므로 적합부에 빈틈이 생기지 않는다.
라) 우리나라 1/50,000 군용지도에서 사용하였으며 UTM좌표는 제2차 세계대전에 이용되었다.

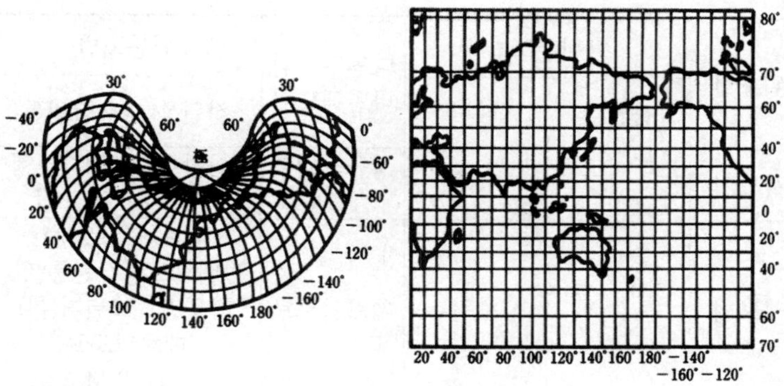

그림 2-35 본느도법과 도레미법

투영법은 그 성질에 따라 등거리도법, 등각도법, 등적도법으로 분류되고(〈표 2-3〉 참조), 투영면에 따라서는 방위도법, 원통도법, 원추도법, 의사도법으로 크게 나눌 수 있다(〈표 2-4〉 참조).

표 2-3

도 법	성 질	용 도	예
등각도법	등각, 미소지역에서의 상사성(相似性)	미소지역의 관측	측량좌표계, 해도, 항공도, 천기도
등적도법	임의의 면적이 항상 일정한 비율로 나타난다.	면적으로 분포를 비교할 때	분포도
등거리도법	거리가 바르게 나타난다. 왜곡이 균등하고 작도하기 쉽다.	특정점을 기준으로 한 거리의 관측, 전체의 관찰	일람도
심사도법	측지선이 항상 직선으로 나타난다.	대원항로의 조사	무선방향 탐지도
메르카토르 도법	등방위선이 항상 직선으로 나타난다.	항로의 조사	해도

표 2-4

투영면 / 성질	방위도법	단원추도법		다원추도법 다면체도법	원통도법		의사(방위 · 원추 · 원통) 도법
		접원추	할원추		접원통	할원통	
정리(正距) (등거리)	정사도법	토레미도법 (정)	De L' isle	정규다원추 도법	정사각형도 법 카시니	직사각형 도법	
정각(正角) (등각)	평사도법	람베르트 도법	상사원추	메르카토르	메르카토르(정) 람베르트정각원통(횡) 가우스 · 크뤼거(횡) 〈메르카토르〉 U.T.M		
정적(正積) (등적)	람베르트 정적방위 도법	람베르트 정적원추 도법(정)	알베르		람베르트정적원통(정)		본느(추) 상송(통) 몰와이데(통) 햄머(방) 에케르트(통)
기　　타	심사도법 외사도법	심사원추 (정)		직각다원추 도법 다면체도법	심사원통 (정) 밀러	갈	에이토프(방)

주: 도법명칭에서 ( )는 천정도법(천), 방위도법(방), 정축(정), 횡축(횡), 사축(사), 원통(통), 원추(추).

4 우리나라의 측량원점과 기준점

우리나라는 3개의 측량원점(경위도원점, 수준원점, 중력원점)과 위성기준점, 수준점, 중력점, 통합기준점, 삼각점, 지자기점, 수로기준점, 영해기준점 등과 같은 국가기준점 및 지적기준점 등이 있다.

(1) 측량원점

① 경위도원점

경위도원점은 한 나라의 모든 위치의 기준으로서 측량의 출발점이 되는 점이다. 우리나라의 측지측량은 1910년대에 일본의 동경원점으로부터 삼각측량방법으로 대마도를 건너 거제도, 절영도를 연결하여 우리나라 전역에 국가기준점을 설치 국가기간산업의 근간으로 활용하였으며, 1960년대 이후 정밀측지망 설정사업으로 서울의 남산에 한국원점이라고 설치되었으나 시통장애 및 주변 여건의 변화 및 독자적인 경위도원점의 설치가 요구됨에 따라 새로이 현재의 국토지리정보원 구내에 대한민국경위도원점이 설치 운영되고 있다.

우리나라 경위도좌표계의 원점으로서 국토지리정보원에서는 정밀측지망측량의 기초를 확립하기 위해 1981부터 1985년까지 5년간에 걸쳐 정밀천문측량을 실시하였다. 또한 세계측지계에 따른 우리나라 모든 측량 및 위치결정의 기준을 규정하여 새로운 측지계의 효율적 구현을 도모하고자 국제 측지VLBI(Very Long Baseline Interferometry) 관측을 실시하여 2002년 경위도원점(국토지리정보원에 있는 대한민국 경위도원점 금속표의 십자선 교점)의 세계측지계좌표로 설정하였다.

- 설치 : 1985. 12. 27
- 위치 : 국토지리정보원내(수원)
- 좌표 : 동경 127° 03′ 14.8913″
  북위 37° 16′ 33.3659″
- 원방위각 : 3° 17 32.195″[원점으로부터 진북을 기준으로 오른쪽 방향으로 관측한 서울과학기술대학교(공릉동) 내 위성기준점 금속표 십자선 교점의 방위각]

그림 2-36 대한민국 경위도 원점
출처: 좌(국토지리정보원), 우(인하공전 박경식 교수)

경위도원점을 기준으로 한 삼각점은 토지의 형상, 경계, 면적 등을 정확하게 결정하거나 각종 시설물의 설계와 시공에 관련된 위치결정을 하기 위하여 측량을 실시할 때에 그 기준이 되는 점이다. 삼각점은 전국에 일정한 분포로 등급별 삼각망을 형성하고, 그 지점에 삼각점을 매설하여 경도와 위도, 높이, 직각좌표(또는 직교좌표), 진북방향과 거리를 관측하고 그 결과를 성과표로 작성하여, 각종 GIS사업, 시설물 관리, 수치지형도 제작, 공공측량, 일반측량, 지적측량 등 각종 국토건설계획 및 시공, 유지 관리시 이용할 수 있도록 그 성과표를 제공한다. 현재 전국에 16,410여 개의 삼각점이 설치 · 관리되고 있다.

② 수준원점

우리나라의 육지표고의 기준은 전국의 검조장에서 다년간 조석 관측한 결과를 평균 조정한 평균해수면(중등 조위면, Mean Sea Level : MSL)을 사용한다. 평균해수면은 일종의 가상면으로서 수준측량(또는 고저측량)에 직접 사용할 수 없으므로 그 위치를 지상에 연결하여 영구표석을 설치하여 수준원점(Original Bench Mark : OBM)으로 삼고 이것으로부터 전국에 걸쳐 주요 국도를 따라 수준망(또는 고저측량망)을 형성하였다. 수준원점(또는 고저측량원점)의 형태는 원점을 보호하는 원형 보호각 안의 화강석 설치대에 부착된 자수정에 음각으로 십자(+) 표식을 하였다. 측량 · 수로조사 및 지적에 관한 법률에 의하여 우리나라의 높이의 기준은 대한민국 수준원점을 기준하도록 되어있다. 대한민국 수준원점(인하공업전문대학 교정 내에 있는 원점표석 수정판의 영 눈금선 중앙점)은 1963년에 1910년대에 설치된 인천수준기점으로부터의 연결관측에 의하여 설정되었고 인천만의 평균 해면상으로부터 26.6871m이다.

현재 전국에 수준원점을 기준으로 약 7,220여개의 수준점(고저기준점)을 설치 · 운영하고 있으며, 이를 이용하여 일상생활에 필요한 상 · 하수도를 비롯하여 하천 제방공사 및 교량높이기준설정 등의 치수사업과 도로 경사나 구조물등 각종 토목공사시 높이를 결정하고 있다.

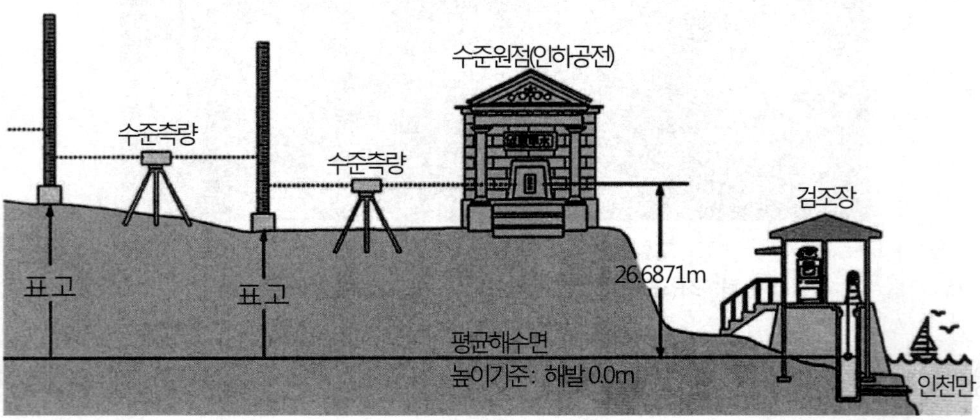

그림 2-37 우리나라 수준점 개요도

수준원점은 이 원통형 시설물(높이 3.46m, 넓이 2.2평) 안에 설치되어 있다

그림 2-38 수준원점 전경과 원점표석의 수정판(영눈금)
출처: 좌(국토지리정보원), 우(인하공전 박경식 교수)

③ 중력원점

중력원점은 2000년 한일 측지협력사업으로 국토지리정보원과 일본의 국토지리원이 공동으로 절대중력관측을 실시하여 그 값을 아래와 같이 국토지리정보원 고시 제2001-82호(2001.3.6)로 고시하였다.

- 관측목적 : 국제중력망과의 결합 및 높은 정확도의 대한민국 중력관측망 구축을 위하여 대한민국 중력원점 설치
- 관측기간 : 1999.12.10-12.16(7일간)
- 관측장비: 절대중력계 FG5
- 관측결과

경위도좌표	중력값(mgal)	표고(m)	표준편차
경도 127° 3′ 21.979″ E 위도 37° 16′ 21.576″ N	979918.775±0.0001	56.5273	0.0115 mgal

중력원점을 설치하는 이유는 크게 두 가지로 구분할 수 있는데, 첫째는 중력망을 안정적으로 관리함으로써 상대중력 관측값의 망조정으로 중력망의 뒤틀림이나 편이 등을 제거할 수 있다. 두 번째로 중력의 변화를 정기적으로 모니터링하여 지구 동역학적인 문제를 연구

한다. 지하에 광물이 있거나 지각운동이 일어나면 중력이 변하기 때문이다. 전 세계적인 절대중력망의 네트워크는 이러한 지구 동역학을 규명하는데 중점을 두어 노력하고 있으며, 지각, 지하수, 맨틀 상부의 밀도변화 등 다양한 문제에 응용된다.

현재 중력원점으로부터 전국 주요 지점의 상대중력을 관측한 중력기준점이 12점이고 중력보조점이 약 6,970여개가 설치 · 관리되고 있다.

출처: 국토지리정보원

그림 2-39 중력원점(좌)과 중력기준점(우)

(2) 국가기준점 및 지적기준점

① 위성기준점(GPS상시관측소)

위성기준점은 지리학적 경위도, 지구중심 직교좌표의 관측 기준으로 사용하기 위하여 대한민국 경위도원점을 기초로 정한 기준점이다.

국가 기준 좌표계로서의 활용, 자동항법시스템의 활용, 지도제작, 지각변동 등의 목적으로 1995년 3월 수원 GPS상시관측소 운영을 시작으로 1997년 GPS 무인 원격관측소를 4곳 설치하였고, 1998년 GPS 무인원격관측소 중앙국을 설치하였으며, 2012년 현재 국토지리정보원은 72개의 GPS상시관측소를 운영하고 있다.

위성기준점은 지상 약 20,200㎞에서 지구 주위를 하루에 2회 회전하는 24개의 GPS 위성으로부터의 수신된 자료를 국토지리정보원 GPS 중앙처리센터로 전송하고 정밀 기선해석을 통하여 위성기준점 위치를 높은 정확도로 결정한다. 이러한 GPS수신자료를 사용자가 우리나라 어느 곳에서든지 손쉽게 이용 할 수 있도록 전국에 등분포로 위성기준점을 설치하고, 이에 대한 측량성과는 국토지리정보원 고시 제 2001-153(2001. 6. 4)호로 공표하였으며, 그 측량성과 및 GPS관측자료는 국토지리정보원 홈페이지 등을 통하여 일반에게 제공하고 있다.

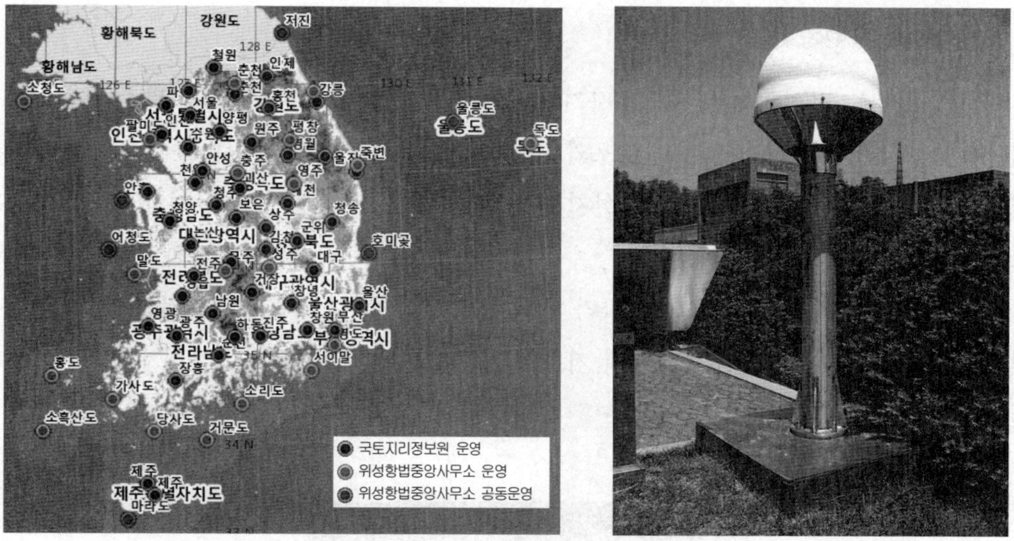

그림 2-40　위성기준점(GPS상시관측소) 현황과 위성기준점(국토지리정보원 내)
출처: 국토지리정보원

② 통합기준점

2008년부터 국토지리정보원에서는 위치, 높이 및 중력값의 정보를 담고 있는 통합기준점을 설치하여 왔다. 통합기준점이란 평탄지에 설치 · 운용하여 측지, 지적, 수준, 중력 등 다양한 측량분야에 통합 활용할 수 있는 다차원 · 다기능 기준점을 말한다. 경위도(수평위치), 높이(수직위치), 중력 등을 통합 관리 및 제공, 영상기준점 역할을 한다. 현재 약 1,200여개의 통합기준점이 설치 · 관리되고 있다.

그림 2-41　통합기준점(수원)

③ 지자기점(地磁氣點)

지구가 가지는 자석의 성질 즉, 지자기 3요소인 편각, 복각, 수평분력을 관측하여 관측지역에 대한 지구자기장의 지리적 분포와 시간변화에 따른 자기장 변화를 조사, 분석하는 것이 지자기측량으로 이를 위하여 설치한 점이 지자기점이다. 전국의 지자기도, 지형도, 항로 및 항공도 작성과 위성측지측량, 수준측량, 중력측량 등의 관측자료와 함께 이를 이용한 지구 내부 구조해석에 활용하고 국가 기본도의 지침편차자료와 지하자원의 무굴삭 탐사, 지각 내부구조연구 및 지구 물리학의 기초자료로 활용된다. 지자기점은 현재 약 30여개가 설치 · 관리되고 있다.

그림 2-42 지자기점(국토지리정보원 내)
출처: 국토지리정보원

④ 수로기준점

수로조사 시 해양에서의 수평위치와 높이, 수심관측 및 해안선 결정 기준으로 사용하기 위하여 위성기준점과 기본수준면을 기초로 정한 기준점으로서 수로측량기준점, 기본수준점, 해안선기준점으로 구분한다.

가) 수로측량기준점

수로조사시 해양에서의 수평위치 측량의 기준으로 사용하기 위하여 위성기준점, 통합기준점 및 삼각점을 기초로 정한 국가기준점을 말한다.

나) 기본수준점

수로조사시 높은 관측의 기준으로 사용하기 위하여 조석관측을 기초로 정한 국가기준점을 말한다. 〈그림 2-43〉의 기본수준원점은 인천지역의 수심기준인 약최저저조면과 우리나라 해발고도의 기준인 평균해수면으로부터의 높이를 정한 점이다.

그림 2-43 인천 기본수준원점(국립해양조사원 내)
출처: 국립해양조사원

다) 해안선기준점

수로조사시 해안선의 위치 측량을 위하여 위성기준점, 통합기준점 및 삼각점을 기초로 정한 국가기준점을 말한다.

⑤ 영해기준점

영해기준점은 우리나라의 영해를 획정(劃定)하기 위하여 정한 기준점이다.

⑥ 지적기준점

지적측량 시 수평위치 측량의 기준으로 특별시장 · 광역시장 · 도지사 또는 특별자치도지사나 지적소관청이 지적측량을 정확하고 효율적으로 시행하기 위하여 국가기준점을 기준으로 하여 따로 정하는 측량기준점이다. 우리나라의 지적기준점은 구소삼각원점, 특별소삼각원점, 특별도근측량원점 및 통일원점 등 다양한 원점체계를 기준으로 하고 있다. 지적기준점에는 지적삼각점, 지적삼각보조점, 지적도근점 등이 있다.

가) 지적삼각점(地籍三角點)

지적측량 시 수평위치 측량의 기준으로 사용하기 위하여 국가기준점을 기준으로 하여 정한 기준점이다.

나) 지적삼각보조점

지적측량 시 수평위치 측량의 기준으로 사용하기 위하여 국가기준점과 지적삼각점을 기준으로 하여 정한 기준점이다.

다) 지적도근점(地籍圖根點)

지적측량 시 필지에 대한 수평위치 측량 기준으로 사용하기 위하여 국가기준점, 지적삼각점, 지적삼각보조점 및 다른 지적도근점을 기초로 하여 정한 기준점이다.

그림 2-44 지적삼각점

연 습 문 제

다음 각 사항에 대하여 답하시오.

01. 길이(또는 거리)의 의의 및 종별

02. 평면각, 곡면각 및 공간각의 의의

03. 평면각의 종별(방향각, 방위각, 역방위각, 방위, 교각, 편각, 자오선수차, 자침편차) 에 관한 정의

04. 수직각의 종별(고저각, 천정각거리, 천저각거리)에 관한 정의

05. 구면삼각형과 구과량

06. 진북방위각과 자북방위각

07. 수평각관측방법 및 천정각 거리관측

08. 차원별좌표계

09. 지오이드

10. 경위도, UTM, WGS, ITRF

11. 좌표의 투영

12. 우리나라측량원점(경위도, 수준, 중력)

13. 우리나라국가기준점(위성, 통합, 지자기, 수로)과 지적기준점

Chapter 03 1차원 위치[수평거리, 수직거리(고저)]해석

Introduction to surveying

1 수평 거리 측량

(1) 거리관측의 개요

거리측량은 모든 측량의 기본으로 한 점의 수평위치를 정하려면 수평각과 거리를 관측하여야 하며, 각을 정밀하게 관측한 경우에도 최소한 한 번 이상 거리를 재서 확인하는 것이 바람직하다. 거리측량 방법에는 줄자를 이용하는 직접 관측법을 비롯하여 기하학적 상사성(相似性)과 물리학적 법칙을 이용하는 여러 가지 방법이 있지만, 일반적으로 줄자에 의한 직접 관측법, 광학적(光學的) 상사성에 의한 시거법(視距法) 및 전자기파(電磁氣波) 거리 측량기에 의한 관측법, 레이저 광에 의한 방법, 영상탐측에 의한 방법, 전파(VLBI)에 의한 방법, 인공위성(GPS, SLR) 방법 등이 있다. 또한 측량의 목적에 부합하는 정밀도에 따라서 간략법과 엄밀법으로 구분할 수도 있다. 최근 줄자는 전파, 광파 등에 의한 기기로 바뀌어가고 있으나 본서에서는 거리관측 원리를 익히기 위해 줄자를 기준으로 설명을 한다.

(2) 수평거리 관측방법

① 목측(eye-measurement)

일기, 지형, 시력, 위치, 주변물체 등에 따라 영향을 받으나 반복연습으로 오차를 줄일 수 있다. 대략적인 기준은 다음과 같다.

100m……사람의 눈, 코의 위치가 인정된다.

150m……양복의 단추가 보인다.

400m……사람의 팔, 다리를 구분할 수 있다.

800m……사람이 움직이고 정지함을 판단한다.

2000m……사람이 검은 점으로만 보인다.

표 3-1 수평 거리 측량을 위한 관측법

간략법……	1) 목측(目測), 2) 보측(步測), 3) 시각법(視角法), 4) 음측(音測), 5) 윤정계(輪程計), 6) 평판 시준기(平板視準器), 7) 항공영상과 지형도(地形圖), 8) 줄자에 의한 간략법,
엄밀법……	1) 줄자에 의한 엄밀법, 2) 전자기파(電磁氣波) 거리측량, 3) 수평표척(水平標尺), 4) 수직표척(垂直標尺), 5) 직교 기선법(直交基線法)

② 보측(pacing)

보폭(步幅)이 d 일 때 구하려는 거리 D 를 N 보(步)에 통과했다면 $D=Nd$ 이다. 일반적으로 $d=75$㎝로 하여

$$D=0.75N=(1-1/4)N=N-N/4[\text{m}] \tag{3-1}$$

이다. 예를 들어 $N=80$ 보일 때 $D=80-80/4=60\text{m}$이다. 먼 거리를 잴 때는 보수계(步數計, pedometer)를 사용하면 좋다.

③ 시각법

팔을 쭉 펴서 높이를 아는 물체를 시준(視準)했을 때 팔 길이가 l, 물체의 높이가 H, 자의 길이가 h이면 구하는 거리 D는 다음 관계로부터 알 수 있다(〈그림 3-1〉).

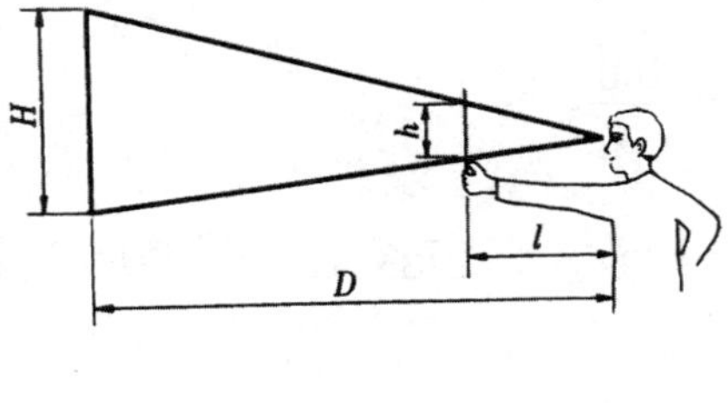

그림 3-1 시각법

$$D=\frac{l}{h}\times H \tag{3-2}$$

④ 음측(acoustic measurement)

온도 t℃ 일 때 음속 v [m / sec]

$$v=331+0.609t \tag{3-3}$$

이다. 1초에 넷을 세도록 훈련하면(10초에 40) 헤아린 수에 100m를 곱하여 개략적인 거리를 알 수 있다(예를 들어서 야간에 번갯불 빛을 보고, 천둥소리가 들릴 때까지 35를 세었다면 거리는 $D=35\times100=3,500$m이다).

⑤ 윤정계(odometer)

윤정계(輪程計)는 원 둘레를 정확히 알고 있는 바퀴의 회전수로부터 거리를 환산해내는 기구로서 차량에 연결하여 주행거리를 재거나 노선측량 예비선점(路線測量豫備選點) 등에 활용한다. 또 다른 방법으로 관측된 길이를 개략적으로 조사하는 데 응용되기도 하며, 일반적으로 정확도는 약 1/200이나 올림픽 마라톤 경기 경로는 자전거 뒷바퀴에 단 윤정계를 이용하여 얻은 관측값을 수치 처리함으로써 1/1000까지 정확도를 향상시킬 수 있다. 바퀴의 크기가 작은 것은 단거리 관측용 또는 곡선 거리를 재는 데 매우 유용하다.

도면상에서 곡선 길이를 재는 곡선계(曲線計, curvimeter)의 원리도 이와 동일하다.

⑥ 평판 시준기(alidade)

일반적으로 평판 시준기(平板視準器, peep-sight alidade)의 시준판(視準板)에 나타난 눈금을 이용하면 점 A, B간의 수평 거리 D를 구할 수 있다. 평판 시준기의 전시준판(前視準板)에는 전후 시준판 간격의 1/100을 간격으로 하여 눈금을 새겨 놓았다. 따라서 〈그림 3-2〉에서 $\Delta O n_1 n_2 \propto \Delta O ab$ 인 관계로부터 눈금 하나의 간격을 s라고 한다면 $100s/(n_1-n_2)s=D/l$ 이므로

$$D=\frac{100}{n_1-n_2}l=\frac{100}{n}l \tag{3-4}$$

여기서 l은 시준판의 눈금 n_1, n_2에 상당하는 표척(標尺)의 읽음값 a, b간의 길이이다.

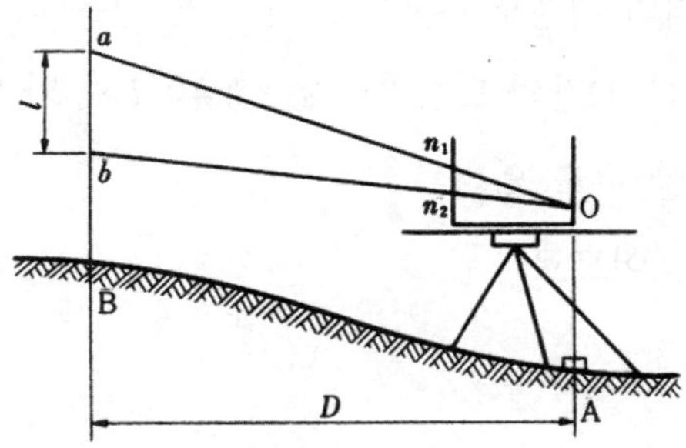

그림 3-2 평판 시준기에 의한 거리 관측

예제 3-1

〈그림 3-3〉에서 $l = 2.0\text{m}$, $n_1 = 20$, $n_2 = 15$일 때 두 점간의 거리는?

풀이 식 (3-1)에 의해

$$D = \frac{100}{20-15} \times 2.0 = 40\text{m}$$

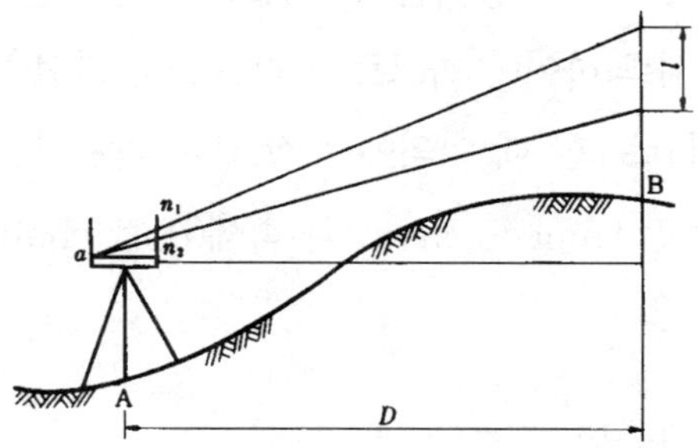

그림 3-3

⑦ 항공영상과 지형도

항공영상으로 촬영된 영상은 중심 투영상(投影像)이고, 지형에도 기복이 있으므로 엄밀하게는 한 영상면상이라도 각각 축척(縮尺)이 다르다. 정확한 수평 거리를 측량하려면 입체도화기(立體圖畵機)나 정밀좌표 관측기(精密座標觀測機)를 사용하여야 하지만 항공영상의 축척을 안다면 영상면상에 찍혀진 두 점 A, B 간의 실제 거리 D_{AB}의 개략적인 값을 알 수 있다. 영상면상에서 잰 두 점간의 거리가 l_{AB}, 영상면의 축척분모(縮尺分母)가 s이면

$$D_{AB} = s \cdot l_{AB} = (H/f) \cdot l_{AB} \tag{3-5}$$

이다. 영상면의 축척분모는 촬영고도 H, 촬영 사진기의 초점 거리 f의 관계로부터 구할

수 있다. 또, 촬영된 지역의 지형도(축척 $1/\bar{s}$)가 있을 경우에는 지형도상에 그 위치가 명확하게 나타난 다른 두 점 C, D간의 도상거리(圖上距離) $\bar{l}_{CD}$ 와 영상면상 거리 l_{CD} 를 비교하여 영상면의 축척을 구할 수도 있다.

즉, $s \cdot \bar{l}_{CD} = \bar{s} \cdot \bar{l}_{CD}$ 이므로

$$s = \bar{s} \cdot \bar{l}_{CD}/l_{CD} \tag{3-6}$$

이다.

⑧ 줄자에 의한 간략법

가) 줄자

정확을 요하지 않는 측량이나 답사를 할 경우에는 천줄자(布卷尺, cloth tape), 합성섬유 줄자(glass-fiber tape), 잼줄(測繩, measuring rope)이 간편하게 사용되어 왔다.

근래 정확성을 요구하는 거리측량에는 쇠줄자(鋼卷尺, steel tape)와 인바줄자(invar tape 또는 invar wire)가 사용되는데, 이들을 사용하면 매우 정확한 값을 얻을 수 있으나 보관과 취급에 주의하여야 하므로 삼각측량의 기선측량(基線測量) 등에서와 같이 매우 정확한 값을 필요로 할 때 이외에는 잘 쓰지 않는다. 쇠줄자와 인바줄자가 보편화되기 전에는 대자(竹尺, bamboo chain)와 측쇄(測鎖, chain)가 정밀기구로 사용되었었다.

나) 거리 관측법

(ㄱ) 평지에서의 관측법

줄자의 길이보다 긴 거리를 잴 경우에는 일정구간씩 끊어서 재고, 마지막 구간의 끝수를 더하면 좋다. 이 때 각 구간이 정확하게 일직선상에 있도록 주의해야 한다.

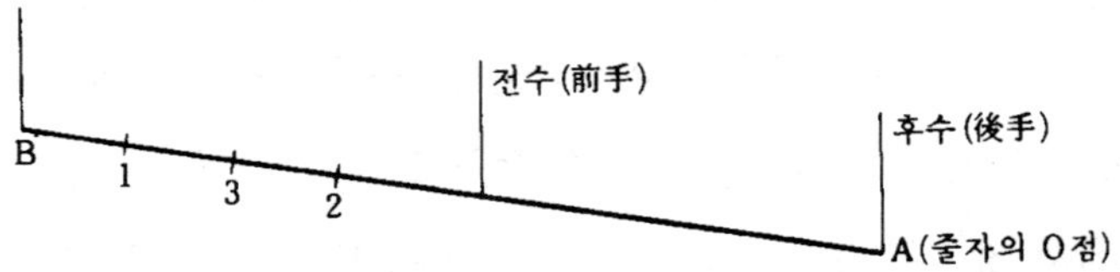

그림 3-4 직선의 연장

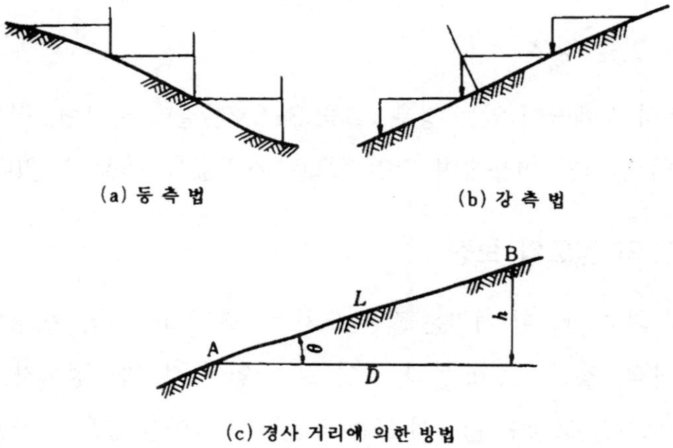

그림 3-5 경사지에서 거리 관측법

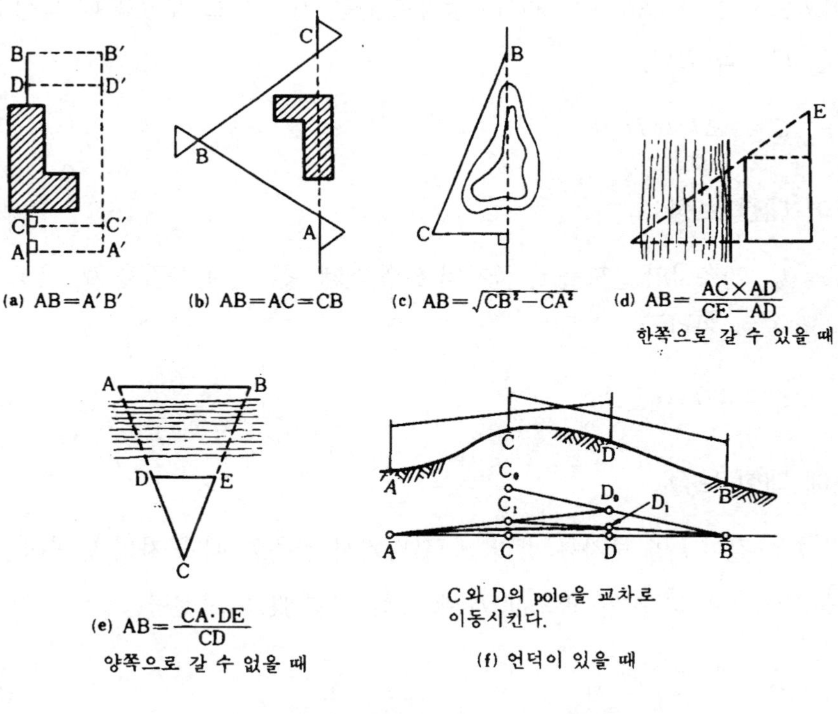

그림 3-6 장애물이 있을 때 거리 관측법

(ㄴ) 경사지에서의 관측법

경사지에서 거리를 잴 경우에는 계단식으로 수평 거리를 관측해서 더하는 방법 〈그림 3-5(a) 등측법(登測法), (b) 강측법(降測法)〉과 경사 거리와 경사각, 또는 경사

거리와 높이차를 재서 환산하는 방법이 있다(〈그림 3-5(c)〉).

(ㄷ) 방해물이 있을 경우

거리관측시 장애물이 있는 경우 〈그림 3-6〉과 같이 사각형, 정삼각형 또는 닮은꼴 삼각형의 원리를 이용하여 간접적으로 거리값을 구할 수 있다.

(3) 거리 관측값의 정오차 보정

줄자를 사용하여 최초 관측한 거리는 많은 오차를 포함하고 있다. 이 중에서 줄자의 특성값, 온도, 장력, 처짐, 경사, 표고 등과 같이 그 원인이 분명한 정오차(定誤差)는 다음과 같은 방법으로 그 오차를 보정(補正)해서 표준 조건하의 정확한 값으로 환산해 주어야 한다.

① 표준자에 대한 보정(특성값 보정, 상수보정)

특성값이 $l \pm \Delta l$ 인(예 : 50m+0.006m) 줄자로 관측 거리 D 를 재었을 때 특성값에 대한 보정량 C_i는 다음과 같다.

$$C_i = (\Delta l / l) D \tag{3-7}$$

② 온도에 대한 보정

표준온도를 t_0, 관측시의 온도를 t, 줄자의 선팽창 계수를 α, 관측값을 D, 온도 보정량을 C_t 라 하면 다음과 같다.

$$C_t = \alpha (t - t_0) D \tag{3-8}$$

③ 장력에 대한 보정

표준장력 P_0, 길이 l 인 줄자를 장력 P 로 당겨서 관측할 때 줄자의 단면적을 A[㎠], 탄성계수를 E[kg/㎠]라 하면 관측값 D 에 대한 장력(張力) 보정량 C_p 는

$$C_p = \frac{(P - P_0)}{AE} D \tag{3-9}$$

④ 처짐에 대한 보정

줄자는 자중(自重) 때문에 처지므로 관측값은 실제 거리보다 크게 나타난다. 〈그림 3-7〉에서 거리 d 인 한 구간에 생기는 처짐에 대한 보정량 C_s 는 단위중량을 w[kg/m]라 하면

$$C_s = -\frac{d}{24}\left(\frac{wd}{P}\right)^2 \qquad (3\text{-}10)$$

이고, 전구간($D = nd$)에 대해서는

$$C_s = -\frac{nd}{24}\left(\frac{wd}{P}\right)^2 \qquad (3\text{-}11a)$$

또는, $nd = D$, $d = D/n$ 로부터

$$C_s = -\frac{w^2}{24}\left(\frac{D^3}{n^2P^2}\right) \qquad (3\text{-}11b)$$

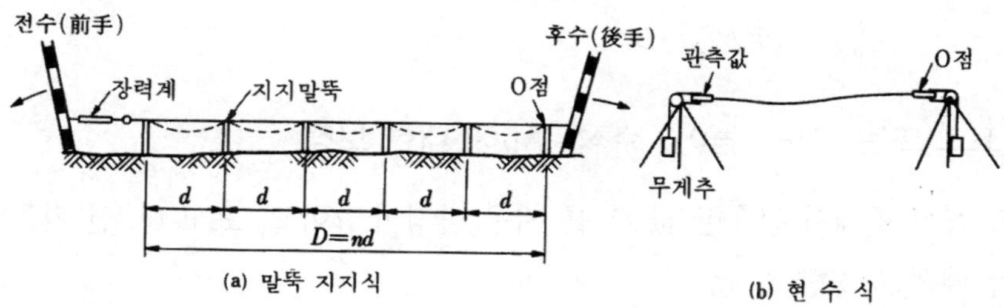

그림 3-7 줄자에 의한 엄밀 거리관측

⑤ 경사에 대한 보정

가) 표고차를 잰 경우

양단에 표고차 h 가 있는 두 지점간의 경사 거리를 관측한 값이 D 일 때 정확한 거리 D_0 는

$$D_0 = (D^2 - h^2)^{\frac{1}{2}} = D(1 - h^2/D^2)^{\frac{1}{2}}$$

$$= D(1 - h^2/2D^2 - h^4/8D^4 - \cdots) \fallingdotseq D - h^2/2D$$

따라서, 경사 보정량을 C_g 라 하면

$$C_g = -h^2/2D \qquad (3\text{-}12)$$

나) 경사각을 잰 경우

$$D_0 = D\cos\theta = D\ [1 - 2\sin^2(\theta/2)] = D - 2D\sin^2(\theta/2)$$

따라서, 경사 보정량은

$$C_g = -2D\sin^2(\theta/2) \tag{3-13}$$

또는, $\cos\theta$를 전개하면

$$D_0 = D(1-\theta^2/2+\theta^4/24-\cdots) \fallingdotseq D-(\theta^2/2)D$$

그런데 θ를 라디안으로 하려면 ρ=206,265″로 나누어서

$$D_0 = D-(\theta^2/2\rho^2)D$$

따라서, 경사 보정량은

$$C_g = -(\theta^2/2\rho^2)D \tag{3-14}$$

⑥ 표고(또는 고도, 높이, 수직위치)에 대한 보정

표고 H인 곳에서 관측한 값 D'를 지구 반경이 R이고, 표고 O_m 인 기준면상의 거리로 환산할 때의 보정량 C_h는

$$D_0 = D'\cdot R/(R+H) = D'(1+H/R)^{-1}$$

$$= D'(1-H/R+H^2/R^2-\cdots) \fallingdotseq D'(1-H/R)$$

이므로

$$C_h = -(H/R)D'$$

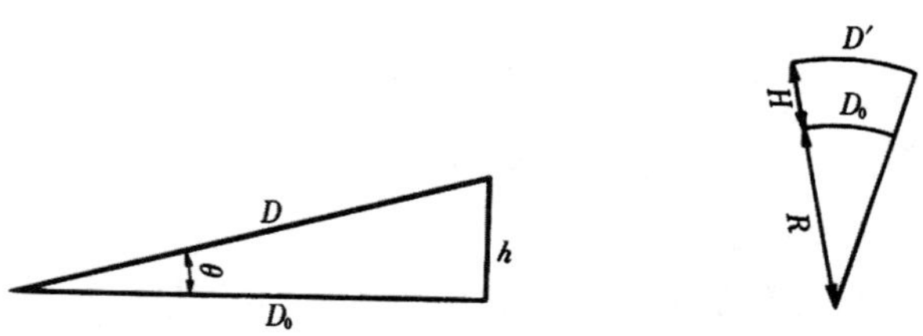

그림 3-8

⑦ 일반식

어떤 거리를 관측한 값이 D일 때 앞의 여러 가지 조건을 모두 더한 총보정량을 $\sum C(=C_i+C_t+C_p+C_s+C_g)$라 하면 정확한 거리 D_0 를 구하는 일반식은 다음과 같다.

$$D' = D + \sum C$$

$$D_0 = D' + \left(\frac{D'H}{R}\right) = D' + C_h$$

예제 3-2

특성값이 50m－0.002m인 쇠줄자를 사용하여, 온도 t=20℃에서 장력 P=15kg을 가해 기선(基線)을 관측한 값이 149.9862m이었다. 줄자의 표준온도 t_0=15℃, 표준장력 P_0=10kg, 단면적 A=0.028cm^2, 탄성계수 E=2.1×10^6kg/cm^2, 선팽창 계수 α=0.000011/℃, 단위중량 w=0.023kg/m이다. 지지 말뚝간 거리 d=10m, 기선 양단의 표고차 h=50㎝, 평균표고는 350m의 관측조건일 때 정확한 기선 길이를 산출하시오. 단, 지구 반경 R=6370㎞이다.

풀이 · 특성값 보정 : $C_i = \frac{\Delta l}{l} \times D$

$$= \frac{-0.002}{50} \times 149.9862 = -0.0060[\mathrm{m}]$$

· 온도보정 : $C_i = \alpha(t - t_0)D$

$$= 0.000011 \times (20 - 15) \times 149.9862 = 0.0082[\mathrm{m}]$$

· 장력보정 : $C_p = \frac{(P - P_0)}{AE} D$

$$= \frac{(15 - 10)}{0.028 \times 2.1 \times 10^6} \times 149.9862 = 0.0128[\mathrm{m}]$$

· 처짐보정 : $C_s = -\frac{nd}{24}\left(\frac{wd}{p}\right)^2$

$$= \frac{-15 \times 10}{24}\left(\frac{0.023 \times 10}{15}\right)^2 = -0.0015[\mathrm{m}]$$

· 경사보정 : $C_g = -\frac{h^2}{2D} = -\frac{(0.5)^2}{2 \times 149.9862} = -0.0008[\mathrm{m}]$

· 총보정량 : $\sum C (= C_i + C_t + C_p + C_s + C_g)$

$$= -0.0060 + 0.0082 + 0.0128 - 0.0015 - 0.0008$$

$$= 0.0127[\mathrm{m}]$$

$$D' = D + \sum C = 149.9862 + 0.0127 = 149.9989[\mathrm{m}]$$

· 표고보정 : $C_h = -(H/R)D' = -\frac{350 \times 149.9989}{6{,}370{,}000}$

$$= -0.0082[\mathrm{m}]$$

∴ 조정 환산값 $= D' + C_h = 149.9989 - 0.0082 = 149.9907[\mathrm{m}]$

(4) 직접거리측량의 오차

① 오차의 특성

기선이나 쇠줄자로 관측할 경우 거리측량에서 신뢰할 만한 값을 구하기 위하여서는 매우 주의를 하여야 한다. 착오를 피해 각종 방법으로 정오차를 없애고, 남아 있는 우연오차를 합리적으로 취급하여 목적하는 바의 정확도에 해당하는 값을 구할 필요가 있다.

이 오차의 가벼운 정오차는 주로 거리의 길이, 관측횟수에 비례하고 우연오차는 관측횟수의 제곱근에 비례한다. 즉, 전길이 L을 n구간으로 나누어 한 구간 l의 정오차를 δ, 우연오차를 ε이라 하면,

$$\text{전길이의 정오차 } \delta_s = n\delta,\ \text{정확도 } \frac{\delta_s}{L} = \frac{n\delta}{nl} = \frac{\delta}{l} \tag{3-15}$$

$$\text{전길이의 우연오차 } \varepsilon_s = \sqrt{n} \cdot \varepsilon,\ \text{정밀도 } \frac{\varepsilon_s}{L} = \frac{\sqrt{n} \cdot \varepsilon}{nl} = \frac{\varepsilon}{\sqrt{n} \cdot l} \tag{3-16}$$

이것들을 동시에 생각한 전길이의 확률오차 r은 오차전파의 법칙에서 다음 식으로 주어진다.

$$r = \sqrt{(\delta n)^2 + (\varepsilon\sqrt{n})^2} = \sqrt{\alpha^2 L + \beta^2 L} \tag{3-17}$$

여기서 $\alpha = \dfrac{\delta\sqrt{n}}{\sqrt{l}}$, $\beta = \dfrac{\varepsilon}{\sqrt{l}}$

위의 식에서 거리측량의 오차는 일반적으로 거리 L에 비례하는 정오차가 대부분을 차지하므로 구한 정밀도가 높은 한 이 정오차를 보정하여 오차를 되도록이면 우연오차만으로 한다.

이것들의 오차원인과 그 보정은 다음과 같다.

② 착오와 정오차의 원인

착오는 논리상의 오차로 취급하지 않으므로 관측값에 중대한 영향을 미친다. 이것은 주로 관측자의 부주의에서 생긴다. 눈금 또는 숫자의 잘못 읽는 경우와 기록의 틀림 등이 있다.

언제나 오차는 생기게 되므로 반드시 같은 측선을 2회 이상 반복하여 이것의 평균을 취하거나 관측자를 바꾸어서 측량하여 이것을 방지할 필요가 있다.

정오차의 원인에는

가) 줄자의 길이가 표준길이와 다른 경우(줄자의 특성값 보정)

나) 관측시의 쇠줄자의 온도가 검정시의 온도와 다른 경우(온도보정)

다) 쇠줄자에 가한 장력이 검정시의 장력과 다른 경우(장력보정)

라) 줄자의 처짐(처짐 보정)

마) 줄자가 똑바로 수평으로 되지 않은 경우(경사보정)

바) 줄자가 기준면상의 길이로 되지 않은 경우(표고보정)

등이 있다.

③ 관측지역에 따른 허용정밀도

그리고 거리측량시 줄자의 허용정밀도를 장애물의 많고 적음에 따라 구별하여 그 개략을 나타내면 다음과 같다.

가) 평탄한 지역　　1/2,500 양호　　1/5,000 우량

나) 산 지　　1/500 가능　　1/1,000 양호

다) 시가지　　1/10,000~1/50,000의 정밀도를 요한다.

라) 사용하는 줄자의 정확도

천줄자 : 1/500~1/2,000

측　쇄 : 1/1,000~1/5,000 상당히 주의하면 1/10,000

쇠줄자 : 1/5,000~1/25,000(특히 면밀한 주의를 하여 충분한 보정을 하면 1/100,000 이상이 가능)

검정공차 Δmm(D : 줄자 길이 m)

금속제 줄자 $\Delta=0.6+0.1(D-1)=0.5+0.1D$

최초의 1m에 대해서는 0.6㎜, 나머지 1m 증가하는 데 따라 0.1㎜ 가산 (50m 쇠줄자의 Δ=5.4㎜)

쇠줄자 이외의 줄자 $\Delta=4+1.5(D-1)=2.5+1.5D$

최초의 1m에 대해서는 4㎜, 나머지 1m 증가하는 데 따라 1.5㎜ 가산(50m의 천줄자, 유리섬유줄자, 측쇄 등 측량용줄자의 Δ=77.5㎜, 30㎝ 스케일의 Δ=0.5㎜)

사용공차라 하는 것도 있다. 이것은 일단 검정에 합격한 자라도 사용 중에 길이가 변하기 때문에 사용해 얻은 한도의 오차를 계량기사용공차령으로 규정한 것이다. 사용공차는 대개 1.5Δ로 정해져 있다.

(5) 관측선의 길이, 분할 및 관측횟수에 대한 정확도

① 줄자의 길이와 정확도의 관계

관측선 AB를 〈그림 3-9〉와 같이 길이 l의 줄자로 n회 나누어 관측한 것으로 하고 줄자 1회의 오차를 m이라 하면 전길이 L에 대한 평균제곱근오차(또는 중등오차) M은 오차전파의 법칙에 의하여 $M=\pm\sqrt{n}m=\pm\sqrt{\frac{L}{l}}m$이다. 즉, 거리관측의 오차는 사용하는 줄자 길이의 제곱근에 비례한다. 또한 동일줄자로 관측할 경우에는 관측거리의 제곱근에 비례하여 오차가 커진다.

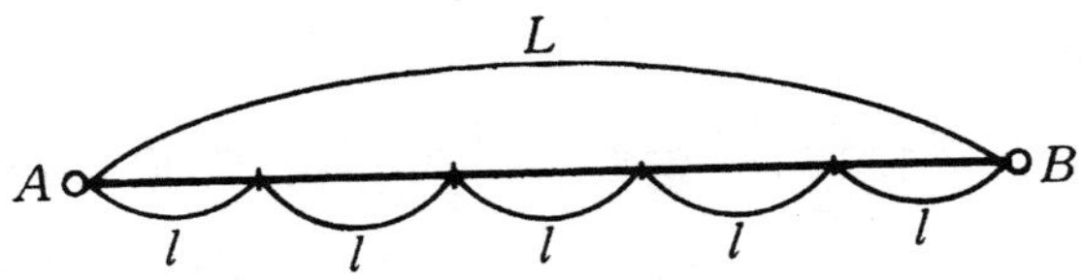

그림 3-9

② 관측횟수와 정확도의 관계

어떤 관측선을 동일경중률로 n회 관측하였을 경우 그 최확값 l_0 및 평균제곱근오차 m_0는

$$l_0=\frac{[l]}{n},\quad m_0=\pm\sqrt{\frac{[v^2]}{n(n-1)}} \tag{3-18}$$

이다. 또한 1회 관측한 평균제곱근오차를 m이라 하고 정밀도를 R이라 하면,

$$m=m_0\sqrt{n},\quad R=\frac{m_0}{l_0} \tag{3-19}$$

이므로 관측횟수가 많을수록 최확값의 정밀도가 좋아진다.

③ 관측선의 분할관측의 정확도

다각측량, 삼각측량의 기선측량을 할 때 〈그림 3-10〉과 같이 전길이 L을 n구간으로 분할하고 각 구간의 최확값 및 평균제곱근오차를 각각 $l_1,\ l_2,\ \cdots,\ l_n$ 및 $m_1,\ m_2,\ \cdots,\ m_n$이라 하면 전길이의 최확값 L_0 및 평균제곱근오차 M_0는

$$L_0=l_1+l_2+\ldots+l_n \tag{3-20}$$

$$M_0 = \pm\sqrt{m_1^2 + m_2^2 + \ldots + m_n^2}$$

이 된다.

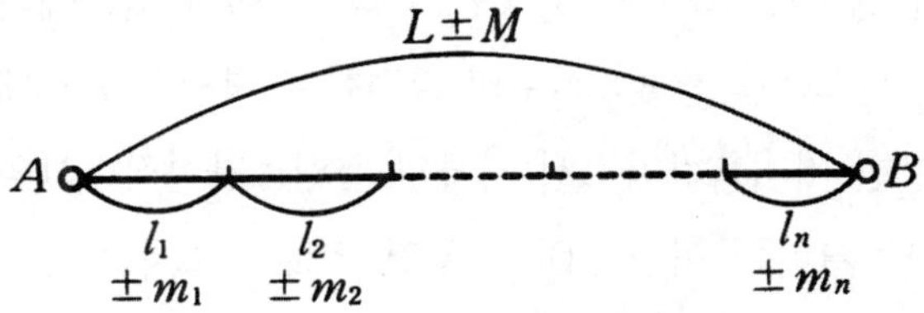

그림 3-10

(6) 전자기파거리측량

전자기파거리측량(EDM : Electromagnetic Distance Measurement)은 적외선, 레이저 광선, 극초단파 등의 전자기파를 이용하여 거리를 관측하는 방법으로 지형의 기복이나 장애물로 인하여 장거리 관측이 불가능할 경우, 높은 정밀도로 장거리 측량을 간편하게 할 수 있다.

① 전자기파거리측량기의 분류

전자기파거리측량기는 크게 다음과 같이 이분된다.

전자기파거리측량기(EDM) {
- 전파거리측량기(electro wave distance meter)
- 광파거리측량기(optical wave distance meter)
- 광파종합관측기(tsi total station)

가) 전자기파거리측량기[테루로메타(tellurometer) 등]

주국(主局)과 종국(終局)으로 되어 있는 관측점에 세운 주국으로부터 목표점의 종국에 대하여 극초단파를 변조고주파로 하여 발사하고 이것이 종국을 지나 다시 주국으로 돌아오는 반사파의 위상과 발사파의 위상차로부터 거리를 구하는 장치이다.

나) 광파거리측량기[지오디메타(geodimeter) 등]

전파 대신에 빛을 쓰는 것으로 강도 변조한 빛(매초 15×10^6회의 명암을 가한 빛)을 관측점에 세운 기계로부터 발사하여 이것이 목표점의 반사경에 반사하여 돌아오는 반사파의 위상과 발사파의 위상차로부터 거리를 구하는 장치이다.

(ㄱ) 레이저(LASER: Light Amplification by Stimulated Emission of Radiation)에 의한 광파거리측량기

위에서 말한 광파거리측량기의 광원은 백색광이나 최근에는 헬륨 네온 · 가스 · 레이저라고 하는 단색광(파장 6,328Å)의 강력한 수평광선을 보내는 광원장치가 개발되어 이것을 이용한 거리측량기로서 미국의 스펙트라피직스사의 데오돌라이트는 그의 일례로 관측가능거리는 야간 80㎞, 주간 32㎞, 오차는 ±1㎜ 이내라 한다. 또한 Geodimeter 8형은 60㎞ 관측이 가능하다.

(ㄴ) 광파종합관측기(TS: Total Station)

TS는 거리(수평거리, 수직거리, 경사거리) 및 각(수평각, 수직각)을 관측하는 기기로서 거리측량에서[(1㎜~2㎜)+1ppm(ppm: 1/1,000,000)]의 정확도이다. 자세한 내용은 3차원측량에서 다루기로 한다.

표 3-2 광파와 전파거리측량기의 특징 비교

항목	광파 거리 측량기	전파 거리 측량기
정확도	±(5㎜+5ppm×D)	±(15㎜+5ppm×D)
최소조작인원	1명(목표지점에 반사경이 놓여 있는 것으로 하여)	2명(주국, 종국에 각 1명)
기상조건	안개나 눈으로 시통이 방해 받음	안개나 구름에 좌우대지 않음
관측거리	약 10m~60㎞(원거리용) 약 1m~1㎞(근거리용)	약 100m~60㎞
방해물	시준이 필요 광로 및 프리즘 뒤에 방해를 해서는 안 됨	관측점 부근에 움직이는 장애물(가령 자동차)이 있어서 관측되지 않는 경우가 있다. 송전선 부근도 별로 좋지 않음
조작시간	한 변 10~20분 1회 관측시간 8초 내외	한 변 20~30분 1회 관측시간 30초 내외

② 전자기파거리측량기의 원리

현재의 전자기파거리측량기는 광파나 전파를 일정파장의 주파수로 변조하여 이 변조파의 왕복 위상 변화를 관측하여 거리를 구한다. 대기 중의 전자기파속도 v는 약 3×10^8 m/sec의 값을 가지고 있다. 이 전자기파를 일정한 주파수로 변조하면 v/f로 정해지는 파장을 갖는 변조파가 된다. 가령 $f=7.5\times10^6$Hz라면 변조파장 λ는 40m가 된다. 이 변조파장을 거리관측의 매개체로 하여 쓴다.

지금 $2\pi f=w$로 하여 w 및 v에서 변조파의 왕복에서 위상차 ϕ를 관측하면 D가 구해진다. 여기서 위상은 파의 진동상태를 각도로 나타낸 것이므로 일반적으로 $2n\pi+\phi$의 형태로 표시된다. 그리하여 거리 D는 〈그림 3-11〉에서 바로

$$\frac{2D}{\lambda}=n+\frac{\phi}{2\pi} \tag{3-21}$$

그리하여

$$D=n\frac{\lambda}{2}+\frac{\phi}{2\pi}\cdot\frac{\lambda}{2} \quad (n=2D\text{ 사이에 포함된 변조파의 수}) \tag{3-22}$$

로 되며 n과 ϕ를 관측하면 거리 D가 얻어진다.

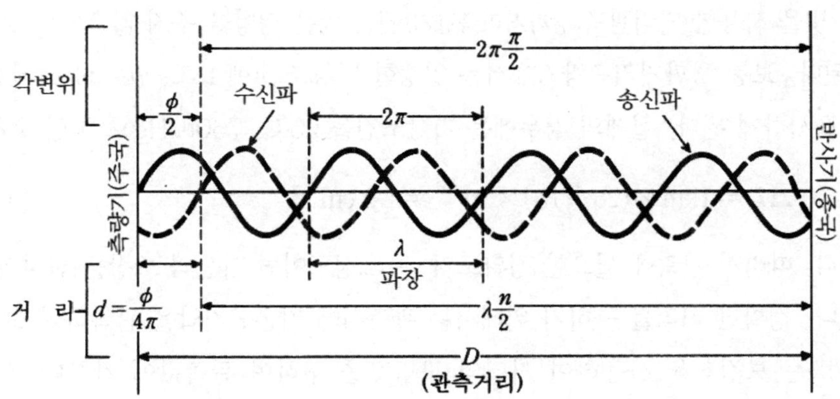

그림 3-11

③ 전파 및 광파거리측량기의 보정

전자기파(전파 및 광파)가 왕복하는 대기 중의 온도 · 기압 · 습도는 전자기파의 굴절률에

영향을 주는 것으로 정밀한 거리관측에서는 이러한 요소들에 대한 보정이 필요하다. 또 관측 길이는 일반적으로 사거리이므로, 경사보정, 평균해수면에의 보정을 해야 한다. 전파는 기후 장해로는 거의 영향을 받지 않으나 전파거리측량기로부터 발사된 전파는 약 10°의 폭으로 퍼지므로 전파장해물이 많은 시가지, 삼림 등 또는 해수면에 가까운 곳이나 지상에 기복이 있는 경우에는 불규칙한 반사 등의 영향을 받아 좋은 결과를 얻지 못한다. 광파는 어느 정도 평행광선이므로 다소의 안개나 비 등에도 영향을 받아 관측이 곤란하다.

가) 기상보정(meteorological correction)

전자기파거리측량기를 사용하여 거리를 관측할 경우에 가장 기본적인 값은 '광속도'이다. 진공 중에 있어서 광속도 C_0는 299,792.5㎞/sec로 정하였다. 그러나 관측을 실제로 행하는 것은 공기 중이므로 관측할 때의 공기 중의 광속도 C를 구해야 한다. C, C_0의 관계는 다음 식으로 주어진다.

$$C = C_0/n \tag{3-23}$$

여기서 n은 대기의 굴절률(refractive index of air)이며 기압 · 기온 · 습도에 의해 결정된다. 따라서 기온 · 기압 등의 오차가 관측거리에 영향을 미친다. 기온에 대해서는 1℃의 관측오차, 기압에 대해서는 3㎜Hg의 관측오차가 각각의 관측거리에 1/1,000,000의 오차를 준다. 습도의 영향은 전파를 사용한 거리관측에는 영향을 크게 주나, 빛을 사용한 거리관측(광파거리측량기)에는 많은 영향을 주지 않으므로 일반적으로 생략된다. 보통 광파거리측량기에서는 일정한 기상조건(예 15℃, 760㎜Hg)에 있어서의 값을 표시하게 된다. 실제의 경우에는 기상조건을 25℃, 760㎜Hg로 하면 오차 ΔD는

$$\Delta D = 1\text{km} \times (25-15) \times 10^{-6} = 1.0\text{ cm} \tag{3-24}$$

로 된다. 따라서 관측에 필요한 정확도가 수 ㎝정도이면 기상의 보정을 전혀 행할 필요가 없다. 정확한 거리를 구하기 위해서는 관측시에 기온 · 기압을 관측하여 보정식 · 보정표 또는 보정척을 사용하여 거리의 보정값을 구하여 관측값에 가한다. 이 보정을 기상보정(meteorological correction)이라 한다. 장거리정밀관측 때에는 기온의 관측 방법이 문제가 된다. 그러나 대개 수 ㎞의 거리관측에서는 전혀 문제가 되지 않는다.

나) 반사경

광파거리측량기가 전파거리측량기보다도 편리한 점의 하나는 전자가 후자보다도 사

용기계가 간편하다는 점이다. 즉, 전파거리측량기를 사용하는 경우는 주 · 종국 2대를 1조로 하여 사용하는 데 대해 광파거리측량기를 사용할 때는 관측점의 일단에 빛을 거리측량기로 되돌려 보내는 반사경을 설치하면 되고 정확도에 있어서는 광파거리측량기는 전파거리측량기보다 양호하다. 작업 능률면에서도 반사경을 사용하는 경우는 이동이 용이, 관측 중에는 사람의 손이 불필요하고, 여러 개를 준비하여 많은 점을 동일점에서 간단히 관측할 수 있는 점 등의 이점이 있다. 일반적으로 반사경으로서는 프리즘 반사경을 사용한다. 이 반사경의 특징은 빛의 반사성에 있다. 즉, 반사된 빛은 반드시 빛의 방향(거리관측기의 방향)으로 진행하므로 프리즘의 방향을 엄밀히 하지 않고도 작업을 용이하게 할 수 있다(〈그림 3-12〉 참조).

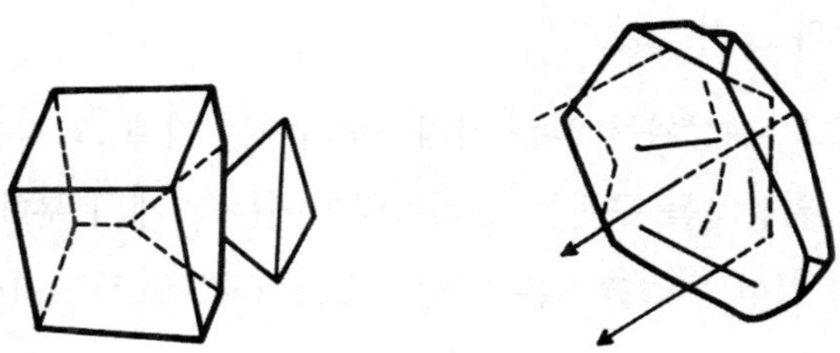

그림 3-12

다) 전자기파거리측량기에 의한 거리관측의 오차

전자기파거리측량기를 사용하는 경우에 생기는 오차에는 거리에 비례하는 것과 비례하지 않는 것이 있다.

(ㄱ) 거리에 비례하는 오차

i) **광속도의 오차**

진공 중의 광속도는 국제적으로 299,792.5㎞±0.4㎞의 값을 쓰기로 결정하였다. 이것으로부터 기인되는 오차는 일반적인 측량에는 전혀 영향이 없다. 일반적으로 진공 중의 광속도의 오차에 관해서는 생각하지 않는다.

ii) **광변조주파수의 오차**

주파수의 오차는 관측거리에 크게 영향을 준다. 광변조주파수를 f, 주파수의 오차를 Δf라 하면 관측거리 D에 미치는 오차 dD는 $-(\Delta f/f) \cdot D$로 된다. 즉,

주파수의 상대오차는 같다.

iii) **굴절률 오차**

굴절률의 오차를 Δn이라 하면 거리의 오차는

$$dD = -(\Delta n/n) \cdot D \tag{3-25}$$

로 된다.

관측거리가 수 ㎞로서 1/10,000 정도의 거리관측 정밀도가 요구되어지면 관측양단의 기상 자료로부터 굴절률을 구하면 충분하다.

(ㄴ) 거리에 비례하지 않는 오차

i) **위상차관측의 오차**

전자동적으로 위상차를 얻는 거리측량기에는 기계 그 자체가 갖고 있는 분해능, 또는 관측자가 위상차를 구하는 거리측량기에는 기계의 분해능에 가해지는 관측자의 관측오차가 있다. 이 크기는 일반적으로 1~2㎝ 정도이다.

ii) **기계상수, 반사경상수의 오차**

거리측량기에는 기계상수가 있으나 이 오차의 크기는 2~3㎜ 정도이다. 반사경 상수도 같은 정도이다.

iii) **거리측량기와 반사경의 기준점(참조점)이 지상점에서 벗어남에 의한 오차**

이 목적에는 일반적으로 수직추를 쓰나 1~2㎜ 정도의 오차가 있다. 단거리 관측에서는 이 오차에 주의할 필요가 있다.

상기의 전자기파거리측량기의 오차는 모두 주파수 및 굴절률에 의해 많은 영향을 받는다. 2~3㎞ 정도의 거리측량에서는 주파수가 올바르게 점검된 거리측량기를 사용하면 종합오차가 1~2㎝로 작아지므로 중거리 관측용에는 적당하다.

(7) 초장기선간섭계(VLBI)에 의한 장거리 측량

① VLBI 관측

초장기선 간섭계는 동일 전파원으로부터 방사된 전파를 멀리 떨어진 2점에서 동시에 수신하여, 2점에서 전파가 도착하는 시간차(지연시간)를 정확히 관측함으로써 2점 사이에 거

리를 구하는 대상으로 하고 있기 때문에 거의 부동(不動)으로 간주할 수 있어 매우 안정된 관측기준이 확보되어 있다. 한편 GPS, SLR관측은 인공위성을 기준으로 하고 있기 때문에 장기적으로는 안정성을 보장할 수 없다. 이는 위성의 궤도계산 오차발생이 있을 수 있기 때문이다. 안정된 천문기준좌표계에 의거한 VLBI 관측자료는 장기적으로도 안정하다. 이로써 VLBI는 GPS등 다른 우주기술의 관측자료의 장기 안정성을 확보할 수 있는 지침이 될 수 있다. GPS관측으로 얻어진 관측점은 GPS안테나의 위상중심(位相中心)에 위치하고 있기 때문에 외부의 전자기(電磁氣)환경에 의해 변위 될 수 있으므로 측량에 적용 시 오차가 발생 할 수 있다. VLBI 기법은 전파를 발사하는 천체의 위치나 구조를 관측하는 기술로써 고안되었으나, 1960년대 말경부터 대규모 측량에 적용 발달하였다. 전파망원경에서는 광선에 비해 방향의 분해능이 대단히 나쁘므로 안테나 지름을 크게 해야 하지만, 너무 크게 하기에는 경비나 기술적인 면에서 곤란하기 때문에 작은 지름의 안테나를 멀리 설치하여 큰 지름의 안테나와 같은 분해능을 갖도록 고안되었다. 초장기선 간섭계는 전파 분해능을 이용하여 수백에서 수천km 떨어진 점들 사이의 위치관계를 구할 수 있다. 전파원으로는 109광년의 거리에서 전파(백색잡음에 가까운 1~100GHz 정도의 주파수)를 발사하는 준성(quasar)이 이용된다. 무한거리에 있다고 볼 수 있는 준성에서의 전파는 거리 s만큼 떨어진 2개의 안테나에 평행하게 입사하므로, 도착시간차는 기하학적 지연시간(遲延時間, geometrical delay time)인 τ_g이다. 지연시간의 관측은 준성으로부터의 전파를 정확한 시간과 함께 테이프 기록기에 기록하고 양안테나에서의 기록의 상관으로부터 최대의 간섭이 얻어지는 시간차 τ를 결정한다. 이 시간차의 관측정밀도는 $\pm 0.1ns\ (1ns = 10^{-9}$초)에 달하며 광속으로 환산한 거리는 $\pm 3cm$에 해당한다. 측지VLBI는 수천 km의 초장(超長: 수천 km)기선관측에서 수 mm 정밀도로 관측이 가능하며 측지VLBI망은 전 세계에 구축되어 있다. GPS는 단거리 관측에서는 VLBI에 필적하는 정확도를 확보할 수 있으나 지구를 주기적으로 회전하고 있는 인공위성을 기준으로 하고 있음으로 지구규모의 초장기선 관측에서는 정확도가 떨어짐으로 측지VLBI를 사용해야 한다.

기선 벡터를 B, 준성의 방향단위 벡터를 Q, 광속을 c라 할 때 τ_g는

$$\tau_g = \frac{B \cdot Q}{c} \tag{3-26}$$

이다.

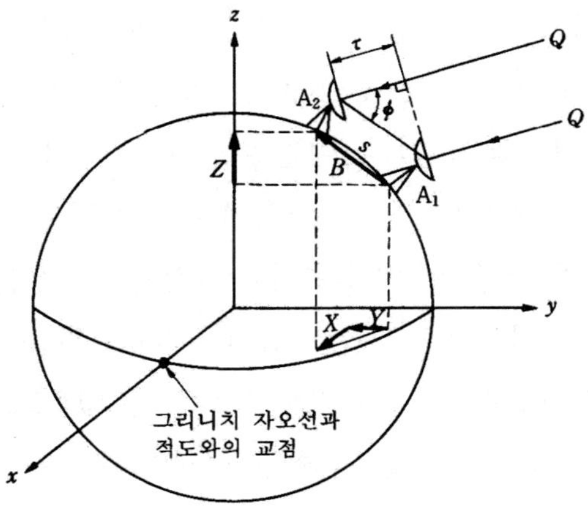

그림 3-13 VLBI의 원리

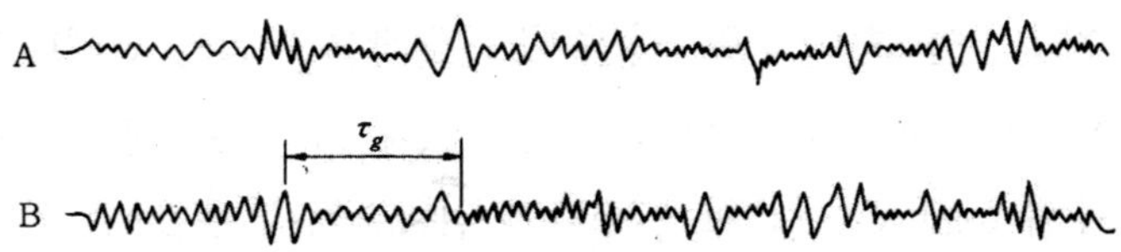

그림 3-14 시간차 τ의 관측

② 우주측지기술로서의 측지VLBI, GPS, SLR의 상관성

국제지구회전기준좌표계제공(IERS: International of Earth Rotation and Reference Systems Service)에서 이용되고 있는 3가지 우주측지기술 중 VLBI는 〈표 3-3〉과 같다.

표 3-3 우주측지기술에 있어서의 VLBI의 역할

observational techniques	reference frames		earth orientation parameters			polar motion accuracy
	ICRF	IRTF	Pol. Mot.	UTI	Prec. & Nut	
VLBI	○	○	○	○	○	$\leq 0.2mas$
GPS	×	○	○	△	×	0.2mas
SLR	×	○	○	△	×	0.3~0.4mas

mas: 1밀리각초(milliarcsecond)

VLBI는

가) 우주론적원방(遠方)에 있는 은하계외(銀河系外)전파원(電波源)에 준거하고 있으며 순수기하학적인 측지원리를 기준으로 하고 있다.

나) 천구기준좌표계(ICRF : International Celestial Reference Frame)를 구축하고 지구자세를 나타내는 모든 parameter(Polar motion, UTI, Precession&Nutation)를 결정한다(UTI는 지구회전계의 세계시임).

다) 가장 높은 정확도를 확보할 수 있어 최첨단 기술로서 중요한 관측방법으로 역할을 할 수 있다.

2 고저측량

(1) 개요

고저측량(高低測量, leveling)이라 함은 지구상에 있는 점들의 고저차를 관측하는 것을 말하며 수준측량(水準測量) 또는 레벨측량이라고도 한다.

육상에서는 고저측량(수직위치 또는 수준측량), 하천이나 해양에서는 수심측량(또는 측심)이라 하며, 지하에서는 지하깊이측량이라 한다.

정밀한 높이 관측에 사용되는 대표적인 측량 장비로 일반적인 레벨, 자동레벨[기계가 수평을 이룬 상태에서 기계 및 기포가 다소 기울더라도 일정한 범위 내에서 자동보정장치(compensator)에 의해 기계 수평이 자동으로 유지되며 망원경이 배율이 높고 기포관 감도가 예민할수록 정밀한 레벨이다], 전자레벨[(디지털 레벨) : 최근 매우 높은 정확도를 요구하는 측량에 사용되고 있는 레벨로 일반 자동레벨과 달리 바코드로 된 스타프를 적외선 광선으로 감지하여 0.01㎜ 단위로 높이값을 자동 독취함으로 개인 오차가 없다] 등이 있다.

수직위치(또는 고도) 결정은 기준면에 대한 한 점의 고도(또는 표고) 결정 및 한 점에 대한 다른 점의 고도를 결정하는 것으로, 지표면상의 상호 수직위치 관계 외에 지표하(地表下)의 지하 깊이 측량, 수심측량 및 공간상의 고도측량으로 나누어진다. 지표면상의 위치는 평균해수면(海水面)을 기준으로 하여 점의 표고(標高)를 구하고, 표고를 알고 있는 기지점(旣知點)으로부터 다른 점의 표고를 구하는 방법으로 결정된다. 표고는 중력 등퍼텐셜면을 기준으로 하고 있기 때문에 장거리 수준측량에서는 중력측량이 수반되어야 하며, 지구의 곡률(曲率) 및 공기의 굴절오차 등에 대해서도 보정(補正)이 이루어져야 된다. 지표면하의 위치는 터널이나 광산측량 및 지하 매설물 측량 등에 필요하며, 지상 기준점으로부터 깊이를 관측한다. 수심측량은 전자장비의 발달로 음향 측심기(音響測深器)가 많이 이용되지만 수심이 낮은 곳에서는 관측봉(觀測棒)이나 관측추(觀測錘) 및 영상탐측에 의한 방법 등이 이용된다. 수심측량의 기준은 최저 수위선을 기준으로 하므로, 지상표고(地上標高)의 기준면이 되는 평균 해수면의 결정과 각종 수위선(水位線)을 결정하기 위하여 조석관측(潮汐觀測)이 필요하다.

수직위치를 결정하는 수준측량에는 레벨에 의한 직접수준측량으로 실시해야 함이 원칙이나, 어느 정도의 허용 오차(거리에 따라 수cm)를 감안하는 경우에는 GPS 또는 TS에 의한 간접 수준측량을 실시할 수도 있다.

① 직접 고저측량

가) 표고는 지오이드면으로부터 지면까지의 높이를 말하며, 고저측량은 기지점의 표고로부터 미지점의 상대적 표고를 구한다.

나) 직접고저측량은 기포를 이용하여 레벨을 지오이드면과 평행(중력방향과는 직교) 되도록 설치하고, 표척의 높이를 직접 관측한다.

다) 고저측량의 요구 정확도(공공측량의 경우)

(ㄱ) 1급 고저측량 : 2mm$\sqrt{S}$

(ㄴ) 2급 고저측량 : 5mm$\sqrt{S}$

(ㄷ) 3급 고저측량 : 10mm$\sqrt{S}$

(ㄹ) 4급 고저측량 : 20mm$\sqrt{S}$

여기서 S는 관측거리(편도, km 단위)로 한다.

그림 3-15 자동레벨 관측 광경

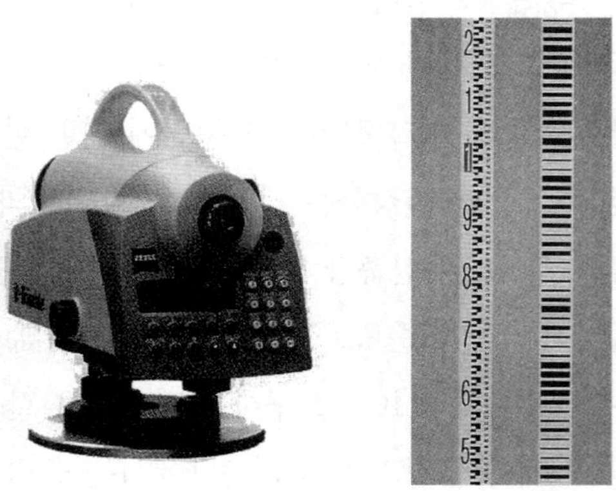

그림 3-16 디지털레벨 및 바코드 스타프

② 간접 고저측량

간접 고저측량은 레벨에 의해 표고를 직접 관측하지 않고 평판 앨리데이드, 삼각고저측량, 광파종합관측기(TS : Total Station)나 GPS 등에 의해 이루어지는 고저측량을 말한다.

가) 앨리데이드에 의한 고저측량

평판 앨리데이드에 의하여 2점간의 고저차를 구한다.

나) 삼각고저측량

각 측량기를 이용하여 고저각과 거리를 관측한 다음 삼각법을 이용하여 2점간의 고저차를 구한다.

다) TS에 의한 간접 고저측량

(ㄱ) 표고 값을 알고 있는 기지점에 TS를 설치하고 미지점에 반사경을 설치하여 관측하면 즉시 미지점의 고도를 알 수 있다.

(ㄴ) 가까운 거리에서는 지구곡률이나 공기 굴절율이 미소하므로 고려하지 않는다.

(ㄷ) TS에 의한 간접 고저측량시는 TS의 각 정확도(2㎜+2ppm 또는 5㎜+3ppm 등)에 따라 오차가 발생 되므로 높은 정밀도를 요하는 고저측량에는 적용치 않는 것이 좋다.

라) GPS에 의한 간접 고저측량

(ㄱ) 레벨에 의해 직접 고저측량으로 구해진 높이 값은 표고이나 GPS에 의해 관측된 높이값은 타원체고에 해당한다(〈그림 3-17〉).

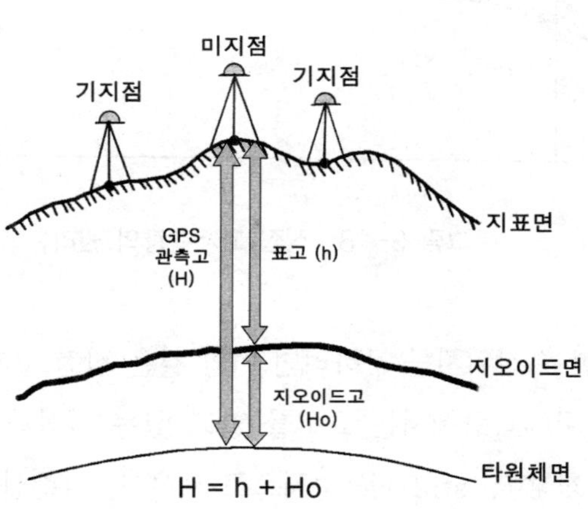

그림 3-17 GPS 수준측량

(ㄴ) 표고는 지오이드로부터의 높이값이므로 GPS 측량과 고저측량을 동일 관측점에서 실시하면 그 지점의 지오이드고를 알 수 있다.

(ㄷ) 현재 우리나라는 지오이드 모형이 고시되지 않은 상태이므로 2개의 기지점에서 GPS관측을 하여 두 점간의 국소지오이드 경사도를 구한 후, 미지점의 위치를 GPS 관측높이를 보정함으로써 GPS 고저측량값을 얻을 수 있다.

(2) 직접 고저측량의 원리 및 용어

① 원리

〈그림 3-18〉에서 각 구간에서의 표척(標尺)의 눈금값을 $a_1, b_1, a_2, b_2, \cdots$라 한다면 A, B 2점 사이의 고저차는 다음 식으로 계산된다.

$$\Delta H = (a_1 - b_1) + (a_2 - b_2) + \cdots$$

$$= (a + a_2 + \cdots) - (b_1 + b_2 + \cdots)$$

$$= \text{후시의 총합}(\Sigma \text{BS 의 값}) - \text{전시의 총합}(\Sigma \text{FS 의 값}) \qquad (3\text{-}27)$$

$$H_B = H_B + \Sigma BS - \Sigma FS \qquad (3\text{-}28)$$

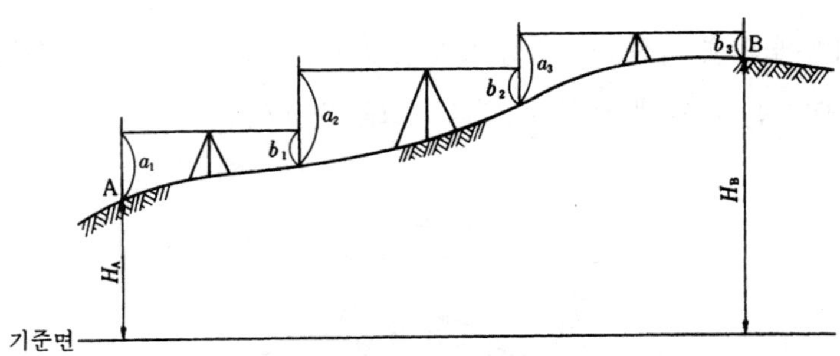

그림 3-18 직접 고저측량의 원리

절대표고 등의 엄밀한 수직위치를 구하려면 이와 같은 직접 고저측량(또는 직접 수준측량)에 의해야 한다. 직접 고저측량에서는 표고를 알고 있는 지점과 구하려는 지점에 눈금이 정확히 매겨진 자인 표척(標尺, staff)을 수직으로 세우고, 시준선(視準線)이 항상 수평으로 되도록 하는 고저 측량기(level)를 이용하여 두 표척의 눈금값을 비교해서 표고를 구한다.

② 용어

고저측량에 많이 이용되는 용어에는 다음과 같은 것들이 있다.

가) 수준점

고저 기준점(또는 수준점, BM : Bench Mark)은 기준 수준면에서의 고도를 정확히 구하여 놓은 점으로, 고저측량의 기준이 되는 점인데 고저기표(高低基標) 고저 기준점표 또는 수준기표(水準基標)라 한다. 우리 나라에서는 국토지리정보원이 전국의 국도를 따라 약 4km마다 1등 고저 기준점(국도변 4km 간격)을 배치하고, 이를 기준으로 다시 2등 고저 기준점(국도변 2km 간격)에서 4등 고저 기준점까지 설치하고 있으며, 그 위치 및 표고를 기입한 고저측량 성과표 및 지도를 발행하고 있다.

일반적으로 실시하는 고저측량이나, 특히 중요한 시설물의 위치에도 고저 기준점을 설치하여 두면 편리하다.

나) 고저 측량망

고저 측량망(또는 수준망 : leveling net)은 각 고저 기준점간을 왕복관측하여 그 관측차가 허용오차 이내가 되도록 해야 하며, 고저 기준점수가 많으면 오차가 누적되므로 고저 기준점을 연결한 고저측량 노선이 원출발점으로 돌아가든가 다른 고저 기준점에 연결하여 망을 이룬다. 이를 고저 측량망이라 한다.

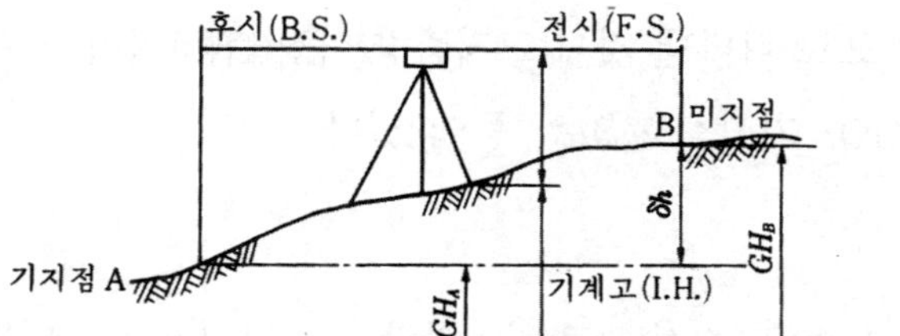

δh = B. S. − F. S., $GH_B = GH_A + \delta h$

(a) 인접한 두 점간의 표고차

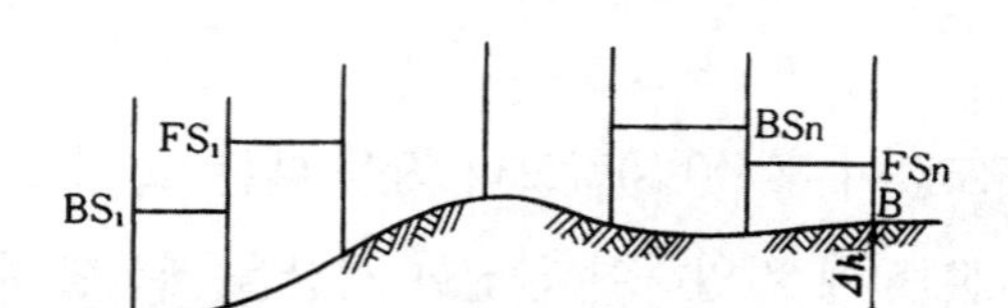

$\Delta h = \Sigma\delta h = \Sigma$ B. S. − Σ F. S.

(b) 멀리 떨어진 두 점간의 표고차

그림 3-19 직접 고저측량의 원리

다) 후시 및 전시

후시(後視, BS : Back Sight)는 기지점에 세운 표척눈금을 읽은 값이며, 전시(前視, FS : Fore Sight)는 높이를 구하려는 점에 세운 표척(標尺)의 눈금을 읽은 값이다. 일반적으로 후시와 전시와의 거리는 30~60m를 택하고 있다.

라) 기계고

기계고(器械高, IH : Instrument Height)는 기계를 고정시켰을 때 지표면으로부터 망원경의 시준선(視準線)까지의 높이이며, 전환점(TP : Turning Point)은 여러 번 기계를 고정시켜 고저차를 구하려고 할 때 전후의 측량을 연결하기 위하여 전시, 후시를 함께 취하는 표척점(標尺點)으로서, 전시 · 후시의 연결점이다. 전환점은 측량결과에 중요한 영향을 주는 점이므로 전시 · 후시를 취하는 동안에 이동하거나 침하되는 일이 없어야 하고, 가장 적당한 점을 선택하여야 한다. 일반적으로 전환점[또는 이기점 (移器點)]은 2개 이상의 전시 중 마지막 전시점이다.

마) 중간점

중간점(IP : Intermediate Point)은 전시만 하는 점으로 고도 또는 표고(標高)를 관측할 점을 말한다.

③ 직접 고저측량의 야장 기입법(野帳記入法)의 종류

고저측량의 결과를 표로 나타낸 것이 고저측량 야장(野帳)이며, 야장 기입법에는 고차식(高差式), 승강식(昇降式), 기고식(器高式) 등이 있다.

가) 고차식

고차식은 후시(後視)와 전시(前視)의 2란만으로 고저차를 나타내므로 2란식이라고도 하며, 2점간의 높이만을 구하는 것이 주목적으로 점검이 용이하지 않다.

나) 승강식

승강식은 전시(FS)값이 후시(BS)값보다 작을 때는 그 차를 오름칸(승란 : 昇欄)에, 클 때는 내림칸(강란 : 降欄)에 기입하여 완전한 검산을 계산할 수 있으며, 높은 정확도를 필요로 하는 측량에는 적합하지만 중간점이 많을 때는 계산이 복잡하며 시간이 많이 소요된다.

다) 기고식

기고식은 시준(視準) 고도를 구한 다음, 여기서 임의의 점의 지반(地盤: 관측지면의 기준) 고도에 그 후시를 더하면 기계 고도를 얻게 되고, 이것에서 다른 점의 전시를 빼면 그 점의 지반 고도를 얻는다. 기고식은 이 관계를 이용한 것으로 후시보다 전시가 많을 때 편리하고, 승강식보다 기입사항이 적고 고차식보다 상세하므로 시간이 절약된다. 또한, 중간시(中間視)가 많은 경우에 편리한 방법이나 완전한 검산을 할 수 없는 결점이 있다. 이 방법은 일반적으로 종단 고저측량에 많이 이용된다.

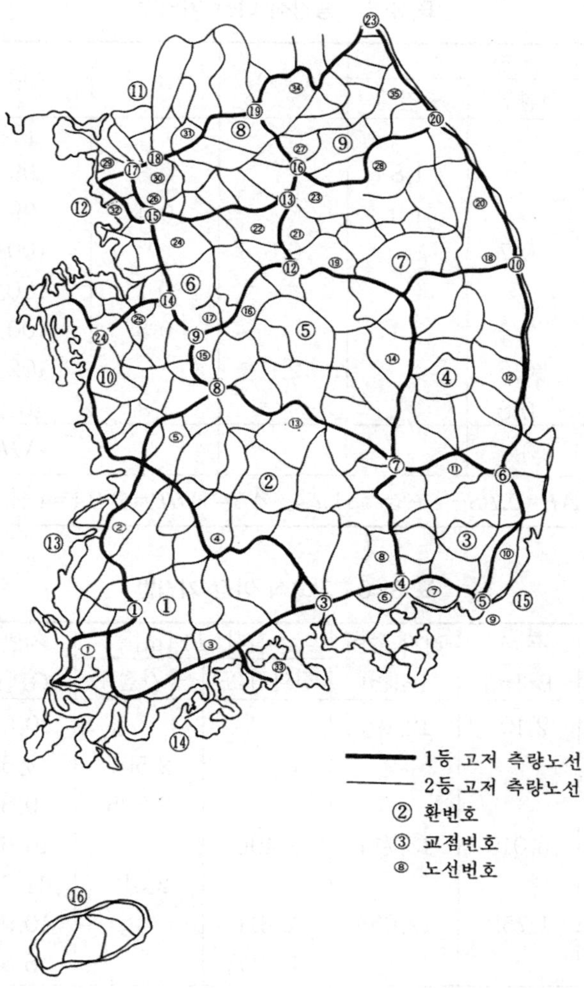

그림 3-20 우리나라 고저측량망도

표 3-4 고차식 야장 기입법

관측점	후시(BS)	전시(FS)	기계고(IH)	지반고(GH)	비 고
A	1.5		101.5	100	A의 지반고 =100m
3	2.0	0.7	102.8	100.8	
5	2.0	2.5	102.3	100.3	
6	−1.0	−0.6	101.9	102.9	
B		0.8		101.1	
계	4.5	3.4		$\Delta H=1.1$	
검 산	$\Delta H=\Sigma BS-\Sigma FS=1.1[m]$, $\Delta H_B=\Delta H_A=1.1[m]$ ∴ O.K.				

표 3-5 승강식 야장 기입법

관측점	후시	전 시		승(+)	강(−)	지반고	비 고
		전환점	중간점				
A	1.5					100	GH_A=100m
1			1.8		0.3	99.7	
2			1.9		0.4	99.6	
3	2.0	0.7		0.8		100.8	
4					0.1	100.7	
5	2.0	2.5	2.1		0.5	100.3	
6	−1.0	−0.6		2.6		102.9	
B		0.8			1.8	101.1	
계	4.5	3.4			$\Delta H=1.1$		
검산	$\Delta H=\Sigma BS-\Sigma FS=1.1[m]$, $\Delta H=\Delta HB=\Delta HA=1.1[m]$ ∴O.K.						

표 3-6 기고식 야장 기입법

관측점 ST	거 리 DT[m]	후 시 BS[m]	기기 높이 IH[m]	전시, FS[m]		지반고 GP[m]	비 고
				전환점TP	중간점IP		
BM	0	2.191	12.191			10.000	BM의 표고 10.000m
No.1	20				2.507	9.684	
No.2	20				2.325	9.866	
No.3	20	3.019	13.714	1.496		10.695	
No.4	20				2.513	11.201	
No.5	20	1.752	12.655	2.811		10.903	
No.6	20			3.817		8.838	
계	120	6.962		8.124			
검 산	6.902−8.124=−1.162			8.838−10.000=−1.162			

예제 3-3

〈그림 3-21〉과 같은 고저측량 결과를 기고식 야장 기입법으로 기입하시오. 단, A의 표고는 100.0m이다.

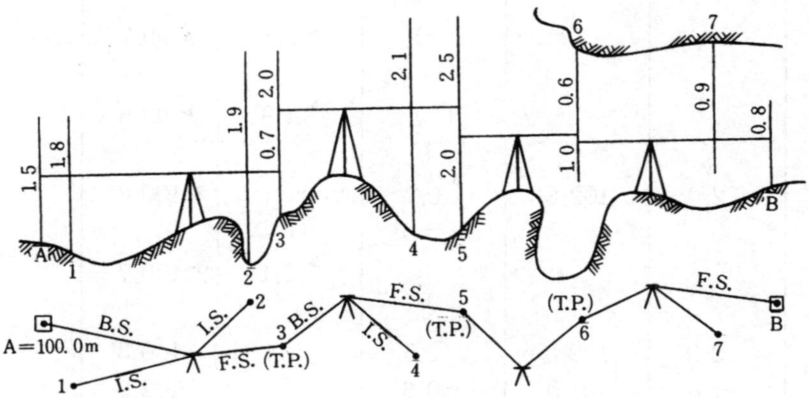

그림 3-21 고저측량 야장기입 예

풀이 다음 계산식에 의해 계산된다. i점의 표고는

$GH_{i-1} + BS = IH$ ……①

$IH - FS = GH_i$ ……②

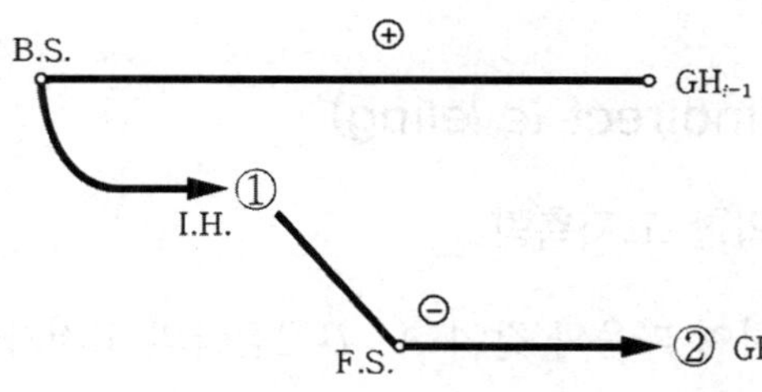

표 3-7

관측점	BS	IH	FS		GH	비 고
			TP	IP		
A	1.5	101.5	(+)		100.0	GH_A=100m
1		〃	(−)	1.8	99.7	IP
2		〃	(+)	1.9	99.6	IP
3	2.0	102.8	0.7		100.8	TP
4		〃		2.1	100.7	
5	2.0	102.3	2.5		100.3	TP
6	−1.0	101.9	−0.6		102.9	TP
7		〃		−0.9	102.8	
B		〃	0.8		101.1	GHB=100.1m
계	ΣBS =4.5		ΣFS =3.4		ΔH=1.1	

검산 : $\Delta H = \Sigma BS - \Sigma FS = 4.5 - 3.4 = 1.1m$

$\Delta H = HB - HA = 101.1 - 100 = 1.1m$

단, IP점들은 검산이 안 됨

(3) 간접고저측량(indirect leveling)

① 앨리데이드에 의한 고저측량

앨리데이드를 이용하여 다음과 같이 A, B 2점간의 고저차를 구한다. 〈그림 3-22〉에서 점 A로부터 시준공까지의 높이를 I; A, B 양점의 표고를 H_A, H_B; AB간의 거리를 D ; B 점의 시준고를 H라 하면,

$$\left.\begin{aligned} H_B &= H_A + I + H - h \\ H &= \frac{n}{100} D \end{aligned}\right\} \qquad (3\text{-}29)$$

여기서 $I = h$로 하면,

$$H_B = H_A + H \tag{3-30}$$

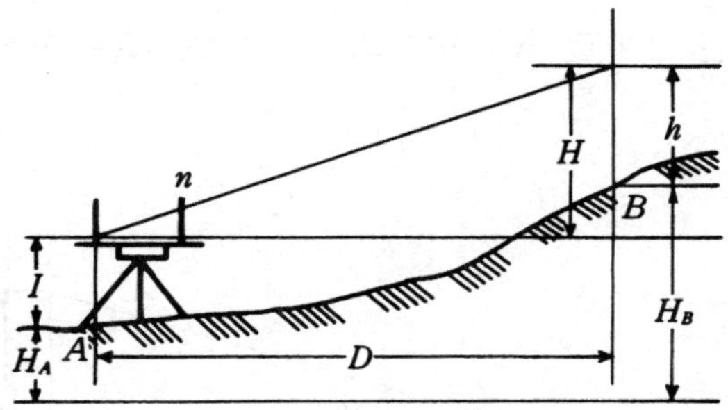

그림 3-22

이 결과 시준공을 통하여 본 표척의 일정한 길이에 대한 시준판의 눈금을 $n_1 - n_2 = n$으로 값을 읽으면 2점간의 거리 D가 구하여져 $I = h$로 함에 따라 측량을 신속히 할 수 있다.

② 삼각고저측량(trigonometric leveling)

삼각고저측량은 각 측량기를 사용하여 고저각과 거리를 관측하고 삼각법을 응용한 계산에 의하여 2점의 고저차를 구하는 측량이다. 일반적으로 삼각측량의 보조수단으로 멀리 떨어진 관측점 상호의 고저차를 구하는 경우에 사용된다. 직접고저측량에 비하여 비용 및 시간이 절약되지만 정확도는 훨씬 떨어진다.

이것은 주로 대기 중에서 광선의 굴절에 기인하는 오차가 일정하지 않기 때문에 일어나며 기온 · 기압뿐만 아니라 지방에 따라서도 달라지는 것이다. 이 고저각의 관측은 낮이나 밤이 가장 적당하며, 아침 · 저녁은 공기 중의 굴절 변화가 매우 많기 때문에 피한다. 정밀한 각관측에는 고저각관측용 각측량기를 사용한다.

이 기계는 수직 분도원이 10″~20″인 각측량기로 정위반위의 평균을 취하면 높은 정확도가 얻어진다.

가) 2점 A, P간의 수평거리 D와 고저각 α를 알고 있는 경우

수평거리 D가 가까운 거리인 경우는 곡률 및 굴절이 미소하므로 $H = D\tan\alpha + i$이고 P의 고도는 $H_P = H_A + D\tan\alpha + i$가 되며, D가 커져서 곡률 및 굴절의 영향을 고려할 때 P의 고도는

$$H_P = H_A + D\tan\alpha + i + \frac{1-K}{2R}D^2 \tag{3-31}$$

이 된다. 여기서 i는 기계고, K는 공기의 굴절계수, R은 지구의 반경, H_A는 A점의 고도이다.

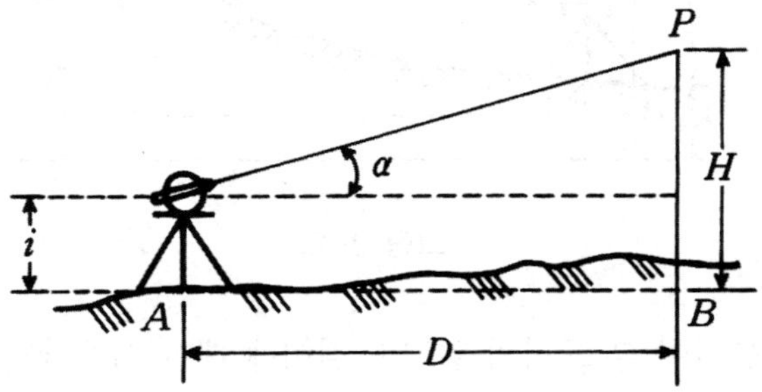

그림 3-23

나) 3점 A, B, P가 동일연직면내에 있을 경우

〈그림 3-24〉에서와 같이 미지점 P에 갈 수 없을 경우 다음과 같이 관측을 한다.

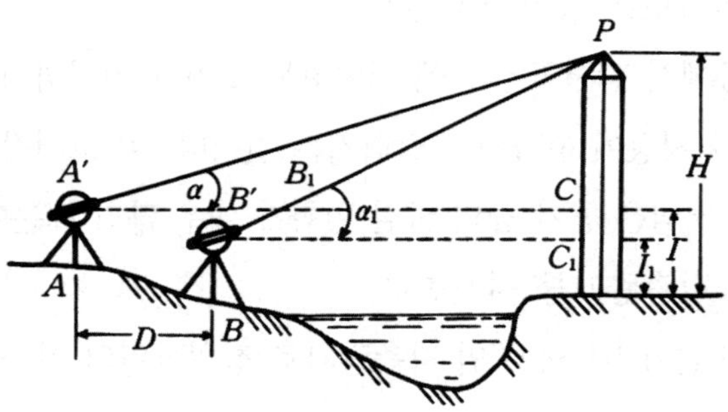

그림 3-24

지반으로부터 미지점 P의 높이 H를 구하려면 점 A에 트랜싯 또는 데오돌라이트를 세워 망원경을 수평으로 한 후, 건물에 횡차선의 위치 C를 표시하여 지반에 대해 고도 I를 관측한다. 또한 P에 대한 고저각 α를 관측한 다음에 AP의 연직면내에서 거리 D만큼 떨어진 점 B에 기계를 옮겨 점 A에서 한 것과 마찬가지로 점 B에서의 수평시

준선 C_1을 표시한다. 지반에 대한 C_1의 높이 I_1을 관측하고 점 P에 대한 고저각 α_1을 구할 때 〈그림 3-25〉와 같이 점 A와 점 B에서 점 P를 시준한 시준선의 가상 교점을 B_1이라면,

$$H=\{D+(I-I_1)\cot\alpha_1\}\frac{\sin\alpha\sin\alpha_1}{\sin(\alpha-\alpha_{1)}}+I$$

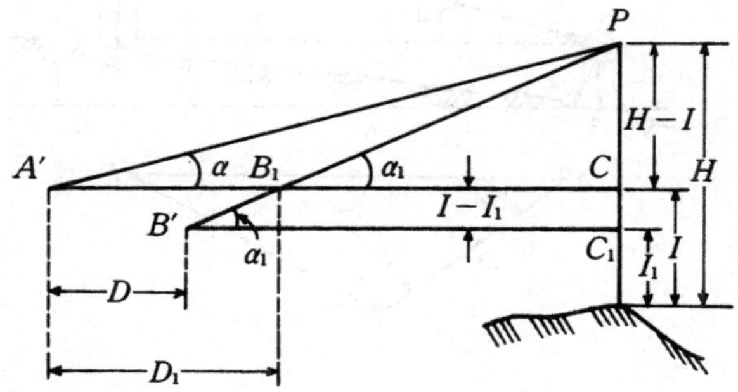

그림 3-25

또한 $A'B_1=D_1$이라면,

$$D_1=D+(I-I_1)\cot\alpha_1 \qquad (3\text{-}32)$$

이 되며 $A'P$ 및 $B'P$를 각각 사변으로 하는 두 직각삼각형에서

$$(H-I)\cot\alpha-(H-I)\cot\alpha_1=D_1$$

$$D_1=(H-I)(\cot\alpha-\cot\alpha_1)$$

$$\therefore\ H=D_1\frac{\sin\alpha_1\sin\alpha}{\sin(\alpha_1-\alpha)}+I \qquad (3\text{-}33)$$

가 되며, 식 (3-33)에 식 (3-32)를 대입하면,

$$H=\{D+(I-I_1)\cot\alpha_1\}\frac{\sin\alpha_1\sin\alpha}{\sin(\alpha_1-\alpha)}+I \qquad (3\text{-}34)$$

즉, 위 식을 이용하여 BC간의 거리를 관측하지 않고 점 P의 고도를 구할 수 있다.

다) 3점 A, B, P가 동일연직면내에 없을 경우

점 P에 갈 수 없을 경우에 〈그림 3-26〉에서의 점 A에 대한 점 P의 높이 H를 관측

하려면 다음과 같이 한다. 〈그림 3-26〉과 같이 적당한 위치에 두 점 A, B를 선정하여 수평거리를 정밀히 관측하여 D라 하고 A점에서의 수평각 α'과 고저각 α를 관측하고 기계를 B점에 옮겨 세워 수평각 β'를 관측하면,

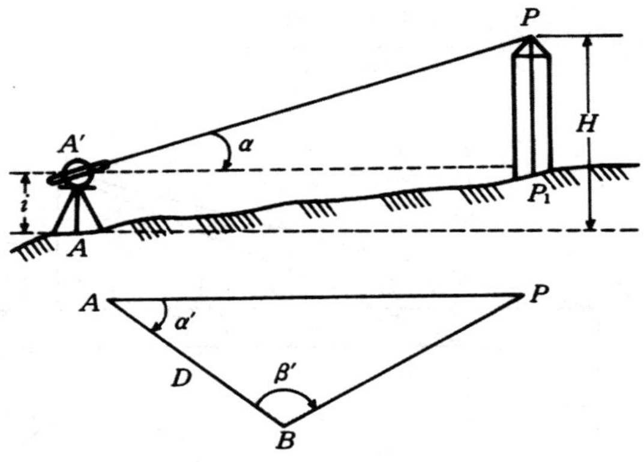

그림 3-26

$$H = \frac{D\sin\beta' \times \tan\alpha}{\sin(\alpha' + \beta')} + i \tag{3-35}$$

에 의하여 고도 H를 구할 수 있다.

또한 점 A에 기계를 세워 점 B에 대한 고저각과 시준고를 관측하면 점 B의 고도 H_B를 구할 수 있고 또 점 B에 기계를 세워 기계고와 P의 고저각을 관측하면 점 B에 대한 P의 표고 H_1을 구할 수 있으므로 $H = H_B + H_1$이 된다. 그러므로 점 A에서 구한 P 혹은 B의 고도를 비교하면 서로 검사할 수 있다.

(4) 교호고저측량(reciprocal leveling)

고저측량의 관측선 중에 하천, 계곡 등이 있으면 레벨로 관측점의 중간에서 관측할 수가 없게 된다. 예를 들면 〈그림 3-27〉에서와 같이 하천이 있을 경우 한쪽의 안(岸)까지만 관측하면 레벨의 기기오차, 표척의 읽기 오차가 증가한다. 이 오차의 증가분을 소거한 관측방법을 교호고저측량(또는 도하고저측량, 교호수준측량)이라 말한다. 그 방법은 다음과 같다.

① A, B 2점간의 고저차를 구하기 위해서 우선 A, B 양점으로부터 $aA = bB$가 되도록 $\angle aAB = \angle bBA$ 또는 〈그림 3-27〉과 같이 AB직선상에 레벨을 세울 점 a, b를 설정한다.

② a점에 세운 레벨에 의하여 A, B양점의 표척의 읽은 값을 a_1, b_1, 다음에 b점에서의

A, B 양점의 표척의 읽은 값을 a_2, b_2로 한다.

③ 레벨과 표척의 거리가 각각 같으므로 시준선이 기포관축에 평행하지 않아도 기차(빛의 굴절), 구차(지구의 곡률) 및 표척의 읽음값 등에 의하여 a_1, b_1 및 a_2, b_2에서 생긴 오차 e_1, e_2는 같다. 그러므로 A, B 양점간의 고저차 h는 다음 식으로 구하여진다.

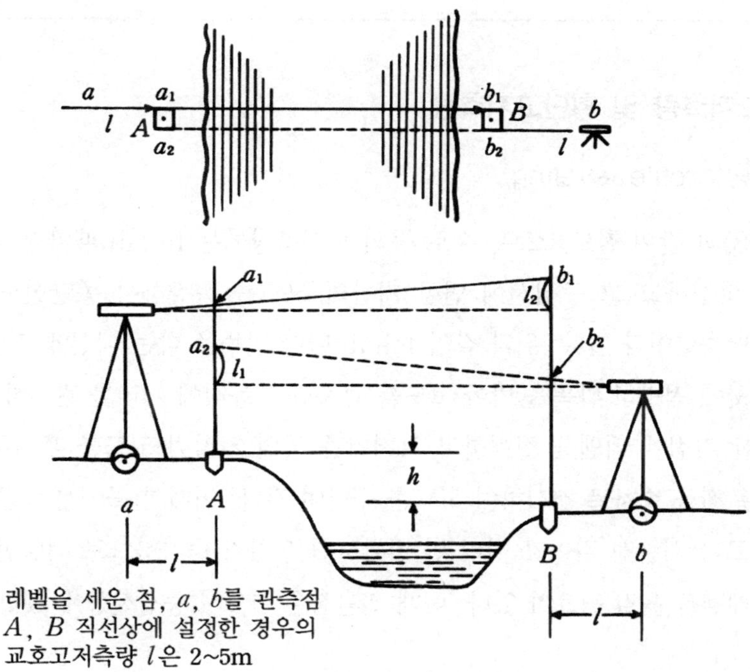

그림 3-27 교호고저측량

$$h=\frac{1}{2}\{(a_1-b_1)+(a_2-b_2)\} \tag{3-36}$$

이 교호고저측량은 기상의 변화에 의한 오차가 제거되므로 a, b 양점의 동시관측이 바람직하다. 또 A, B의 거리가 먼 경우는 시준판이 부착된 표척을 사용한다.

관측횟수 및 관측오차(평균값의 표준편차)의 제한은 〈표 3-8〉을 표준으로 한다. 단, S는 ㎞단위로 떨어져 있는 거리이다.

표 3-8 교호 고저측량의 관측횟수 및 허용오차

급 별	레벨감도(″/2mm)	한쪽의 관측대 횟수	허용오차[mm]
1급 고저측량	10	$85S^{1.6}$	$\pm 2\sqrt{S}$
2급 ″	10	$45S^{1.6}$	$\pm 5\sqrt{S}$
3급 ″	20	$35S^{1.6}$	$\pm 10\sqrt{S}$
보조 ″	40	$10S^{1.6}$	$\pm 20\sqrt{S}$

(5) 종단고저측량 및 횡단고저측량

① 종단측량(profile leveling)

〈그림 3-28〉과 같이 철도, 도로, 수로 등의 노선측량에는 1chain때마다 중심말뚝을 박아 중심선을 확정하고 그 중심선에 연한 지반의 고도를 측량하여 종단면도를 작성한다. 이 측량을 종단측량이라 한다. 위와 같이 1chain마다 말뚝을 박는 대신에 지반의 기울기의 변화가 있는 곳에 적당히 말뚝을 박아 고도를 관측하는 동시에 거리를 관측하게 된다. 어느 곳이든 적당한 지점에 레벨을 정치하고 고저기준 등의 기지점 고도를 후시하여 기계고를 결정하고 모든 점을 순차로 전시하여 고도를 구하여 간다. 이때 한곳에서 많은 전시를 취하면 작업은 빠르나 시준선 길이가 여러 번 변화하면 오차가 증가하므로 적당한 곳에 전환점을 설치하여 레벨을 옮길 필요가 있다. 이때 전환점은 반드시 중심선상에 있을 필요는 없다.

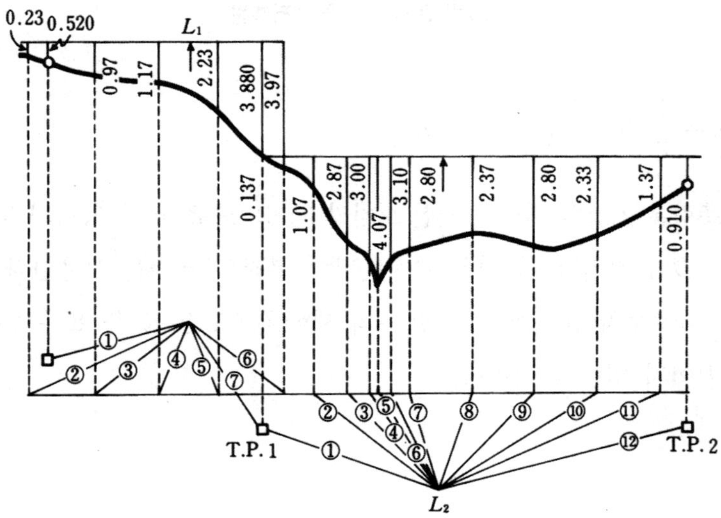

그림 3-28

② 횡단측량(cross section leveling)

횡단측량이라 함은 종단측량에 의하여 정해진 중심선상의 각 관측점에 있어서 이것에 직각인 방향으로 지표면을 끊었을 때의 횡단면을 얻기 위하여 중심말뚝을 기준으로 좌우 지반고의 변화가 있는 점까지의 거리 및 그 점의 고도를 관측하는 측량이다. 횡단측량은 일반적으로 hand level을 이용하는 경우가 많다. 이 측량으로 종단면과 횡단면을 알게 됨으로써 도로 · 철도 등의 공사로 인한 토공용적을 계산할 수 있다. 이 측량방법은 다음과 같다.

가) 레벨과 줄자에 의한 방법

레벨로 고도를, 줄자로써 중심말뚝까지의 수평거리를 직접 측량함으로써 평지나 구릉지에서 효율적으로 측량값을 취득할 수 있다. 측량의 방법은 고저측량과 똑같으며 야장기입법은 종단측량과 똑같은 기고식을 사용하나 〈표 3-9〉와 같이 중심말뚝에서 각 관측점까지의 거리의 난을 좌측과 우측의 2개로 분리한다(〈그림 3-29〉). 아주 높은 정확도를 필요로 하지 않는 경우, 지형이 매우 급한 경우 및 개략관측(槪略觀測)의 경우 등에서는 핸드 레벨을 사용하는 경우가 많다.

표 3-9 횡단측량야장(기고식)

관측점번호 No.2

중심말뚝에서 각관측점까지의 거리		후 시 (BS)	기 계 고 (IH)	전 시(FS)		지 반 고 (GH)	적 요
좌 측	우 측			전 환 점 (TP)	중 간 점 (IP)		
		3.40	210.30			206.90	No.2 지반고
5.00					2.10	208.20	206.90m
7.00					2.00	208.30	
10.00					1.80	208.50	
12.00					1.75	208.55	
	3.00				2.50	207.80	
	5.00	3.01	212.41	0.90		209.40	
	10.00				1.50	210.91	

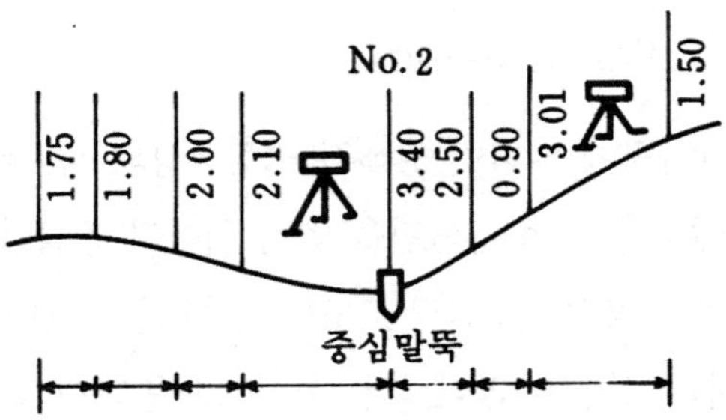

그림 3-29

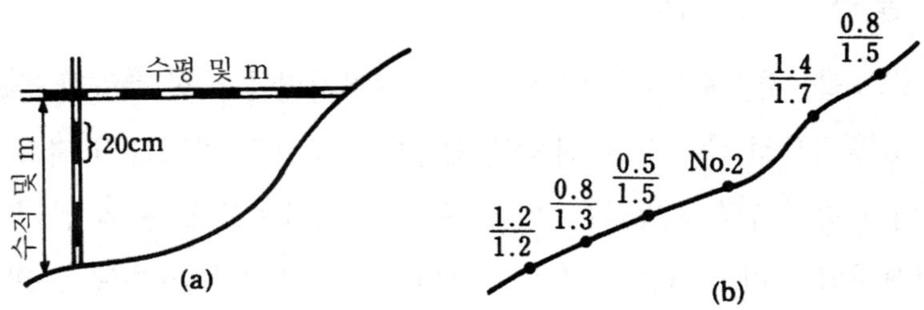

그림 3-30

나) 폴에 의한 횡단측량

이 방법은 매우 간단한 횡단측량이라든지 재해조사할 때에 있어서 횡단재관측 또는 보측(補測) 등을 할 경우에 〈그림 3-30(a)〉와 같이 폴을 조합하여 "몇 m 가서 몇 m 내려감 혹은 올라감"으로 지시하면서 순차적으로 횡단을 관측하는 방법이다. 이 측량 방법으로는 오차가 누적되어 가고 1회 관측한 거리도 경사가 급한 경우 짧게 되므로 주의를 요한다. 〈그림 3-30(b)〉는 그 기장의 한 예이다.

(6) 고저측량에서 생기는 오차

① 기기조정 잔류오차에 의해 생기는 오차

기기를 완전무결하게 조정하는 것은 불가능하므로 약간의 허용오차는 고려해야 한다. 이 중에서 연직축의 기울음에 의한 오차는 일반적으로 미량이며 높은 정확도의 측량 이외에서는 무시한다. 그러나 가능한 한 연직축이 기울지 않도록 기계를 정확히 정치한다. 시준선과 기포관축이 평행하지 않기 때문에 일어나는 오차, 즉 시준선오차는 정오차이며 거리가 길게 늘어나 전시 · 후시가 부등거리가 되면 이 거리의 차이만큼 높이에 오차가 생긴다.

〈그림 3-31〉에 있어서 시준선의 경사 δ, 후시 · 전시의 시준거리 및 읽음값을 각각 S_1,

S_2및 a, b라 하면 이 구간의 고저차 Δh는

$$\Delta h = (a - \frac{\delta}{\rho} S_1) - (b - \frac{\delta}{\rho} S_2)$$

$$= (a-b) - \frac{\delta}{\rho}(S_1 - S_2) \qquad (3-37)$$

곧 후시 · 전시의 거리 차에서 시준선오차가 생긴다. 따라서 같은 거리가 되면 소거된다.

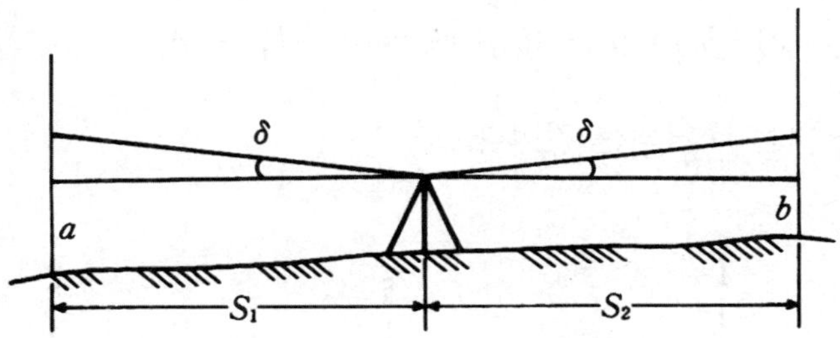

그림 3-31

② 시차에 의한 오차

시차(視差)가 있는 망원경으로 표척을 읽으면 눈의 위치가 변하여 정확한 값을 얻을 수 없다. 이 오차는 부정오차이다. 망원경은 시차가 없도록 조정해야 한다. 그리고 우선 허공 등 흰 곳에 망원경을 향하고 접안경을 조절하여 십자선을 명백히 하여, 다음에 목표가 명확히 보일 때 대물경을 조절하는 것이다.

③ 표척의 눈금이 정확하지 않을 때의 오차

고저차는 표척의 눈금 읽기에 의하여 관측되므로, 눈금오차는 직접 고저차에 영향을 준다. 이 오차는 정오차로서 고저차에 비례하여 증가한다. 즉, 1m에 있어 0.1㎜는 100m에서는 1㎝, 1㎞면 10㎝가 된다.

이 오차를 없애기 위해 미리 표척을 정확히 기준자와 비교하고 그 보정값을 정하며, 관측 결과를 보정한다. 높은 정확도의 고저측량에 쓰는 정밀표척은 그 특유의 정수를 정하고 또한 관측시의 온도에 대한 온도보정도 해야 한다.

④ 표척의 영눈금의 오차(영점오차)

저면이 마모 · 변형 · 부상(浮上)할 경우는 표척의 눈금이 표척의 아래면과 일치하지 않으므로 오차가 생긴다. 이 오차는 정오차이고, 이 오차를 없애기 위해 출발점에서 쓰던 표척을 도착점에도 이용하는 것이 좋다. 즉, 기계의 정치수를 짝수횟수로 하는 것이 좋다.

〈그림 3-32〉에 있어서1의 표척에 영점오차 r이 있으면 (1)구간의 후시의 읽기 a에서는 이것을 포함하고, (2)구간의 전시의 읽기에서도 이것이 포함된다.

그러므로 기계정치수를 짝수회(이 경우 2회로 한다)로 한 A, B간의 고도차 Δh는

$$\Delta h = \{(a_1 + r) - b_1\} + \{a_2 - (b_2 + r)\} = (a_1 - b_1) + (a_2 - b_2) = \Sigma a - \Sigma b \quad (3\text{-}38)$$

로 되어 r의 오차는 소거되는 것이다.

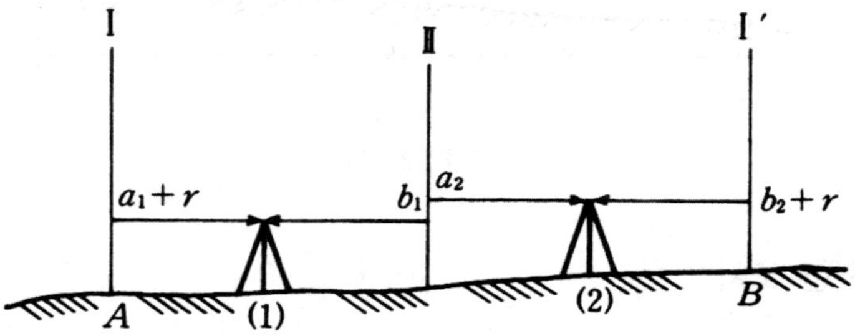

그림 3-32

⑤ 표척의 기울기에 의한 오차

표척이 기울어져 있으면 표척읽기에 큰 오차가 생긴다. 이 오차는 표척의 읽음값의 크기에 비례하며, 또 그 경사각의 제곱에 비례한다.

〈그림 3-33〉에서 수직으로 세워진 표척에서 a를 읽고 θ만큼 기운 경우, a'를 읽을 때, $oa' - oa$의 오차가 생긴다.

즉,

$$\overline{oa} = \overline{oa'}\cos\theta = \overline{oa'}\left(1 - 2\sin^2\frac{\theta}{2}\right) = \overline{oa'} - 2\overline{oa'}\,sin^2\frac{\theta}{2}$$

$$\therefore\ \overline{oa} - \overline{oa'} = -2\overline{oa'}\ \sin^2\frac{\theta}{2} \quad (3\text{-}39)$$

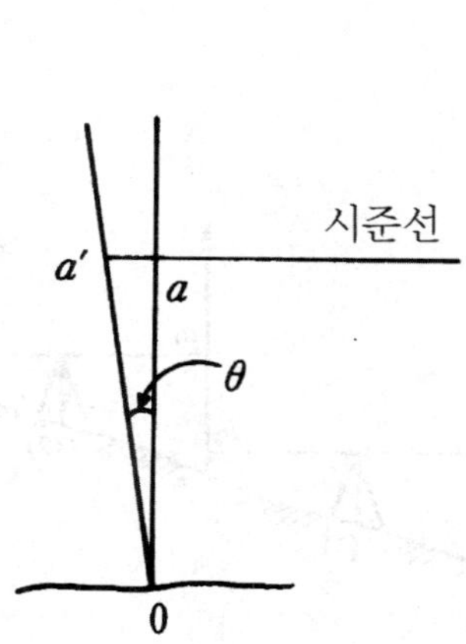

그림 3-33

θ는 일반적으로 미소각이고 $\sin^2\dfrac{\theta}{2}$ 를 전개하여 그의 제1항을 쓰면,

$$\overline{oa}-\overline{oa'}=-2\overline{oa'}\times\frac{\theta^2}{4\rho^2}=-\overline{oa'}\times\frac{\theta^2}{2\rho^2}$$

이 식에서 이 오차는 읽음값의 크기 $\overline{oa'}$ 에 비례하고 또 경사각 θ의 제곱에 비례함을 알 수 있다.

표척은 부속의 환형기포관에서 이 수직을 규정하기 때문에 환형기포관이 틀리면 이 표척은 항상 일정한 한 방향으로 기울어져 있게 된다. 그러므로 고저차가 있는 경우, 정오차가 누적되고, 이 고저차는 크게 관측되어진다. 〈그림 3-34〉에서 I호 표척이 항상 기계에 대하여 뒤로 일정하게 기울어져 있다. 관측점 (1)에 있어서 후시읽기 a_1에서는 경사의 오차 d_1을 포함하며, 관측점 (2)에 있어서 전시읽기 b_2에서는 경사의 오차 d_2를 포함하기 때문에 AB간의 고저차 Δh는

$$\Delta h=\{(a_1-d_1)-b_1\}+\{a_2-(b_2-d_2)\}$$

$$=(a_1-b_1)+(a_2-b_2)-(d_1-d_2)$$

$$=\Delta h'-(d_1-d_2)$$

$$\therefore\ \Delta h'=\Delta h+(d_1-d_2) \tag{3-40}$$

즉, 관측고저차 $\Delta h'$에는 (d_1-d_2)의 오차가 포함되어 있어서 경사지에서는 d_1과 d_2의 차가 크게 되어 이것이 누적되는 것이다.

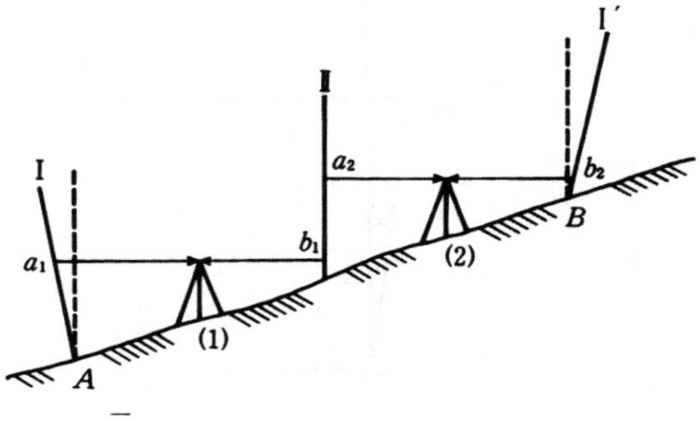

그림 3-34

또 표척의 기울기에 관해서는 다음과 같은 것도 염두에 두어야 한다. 표척은 일반적으로 표척대의 돌기부에 대해서 표척저면 중앙부에 접하여서 있으므로, 이 상태에서 경사는 〈그림 3-35(a)〉에서와 같이 그 하부에 일종의 영눈금오차에 해당하는 Δ가 생기며 이것과 상기의 경사 오차가 함께 영향을 미친다. Δ는 같은 그림에서도 (b)에서는 작고 (c)에서는 크다. 표척은 때때로 조정하고 항상 수직으로 서 있어야 한다.

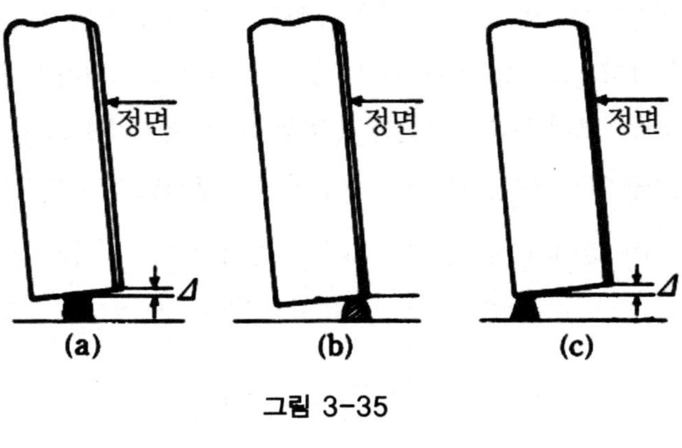

그림 3-35

⑥ 기기 및 표척의 침하에 의한 오차

후시를 읽고 나서 전시를 읽는 사이 기계의 삼각이 침하하면 항상 전시의 읽기가 작다. 또 기계를 운반하는 도중 전환점(TP)인 표척대의 침하는 항상 후시가 크게 읽힌다. 이 오차도 정오차로 되어 누적되고 경사지에서 위로 갈 경우, 고저차가 커지고 내려갈 경우 고저차는 작게 관측된다. 오차를 작게 하려면 기계의 삼각 및 표척대를 견고한 지반에 잘 정치를 하고 단시간 내에 관측을 끝내야 한다.

⑦ 삼각고저측량의 곡률오차 및 굴절오차

가) 곡률오차

지구표면은 구상(球狀) 표면에 있다. 그러므로 이것과 연직면과의 교선, 즉 수평선은 원호로 보게 된다. 그러므로 넓은 지역(大地域)에 있어서는 수평면에 대한 고도와 지평면에 대한 고도와는 다소 다르다. 이 차를 곡률오차(error of curvature)라 한다. 〈그림 3-36〉에 있어서 NAN을 수평면, 그 반경을 r, A에 대한 지평면을 AH, B'에 대한 고저각을 $BB'=h$로 하고, $AB=D$, A에 있어서 B'를 시준할 때의 고저각$=v'$, $\angle AOB=\theta$로 하면

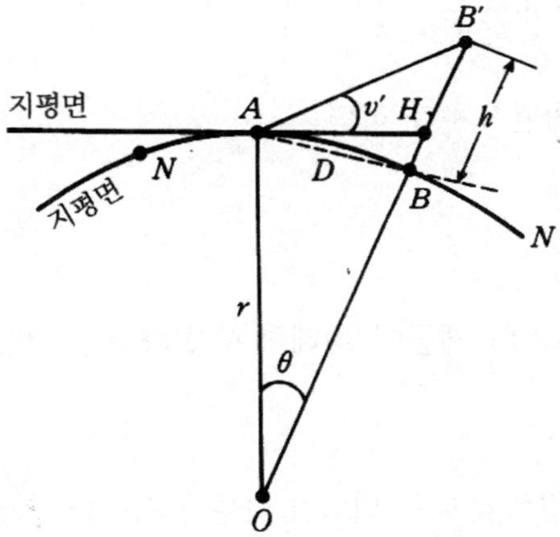

그림 3-36

$\angle HAB=\dfrac{\theta}{2}$이므로 $\triangle ABB'$에 있어서

$$\angle B'=180°-(90°+v'+\theta)=90°-(v'+\theta)$$

그러므로 다음 식이 얻어진다.

$$\frac{h}{D}=\frac{\sin\left(v'+\dfrac{\theta}{2}\right)}{\sin B'}=\frac{\sin v'+\dfrac{\theta}{2}}{\cos(v'+\theta)} \qquad (3\text{-}41)$$

그런데 θ는 미소하게 되므로 위 식에 있어서

$$\sin(v' + \frac{\theta}{2}) = \sin v' \cos\frac{\theta}{2} + \cos v' \sin\frac{\theta}{2} \fallingdotseq \sin v' + \frac{\theta}{2} \cos v'$$

$$\cos(v' + \theta) = \cos v' \cos\theta - \sin v' \sin\theta \fallingdotseq \cos v'$$

으로 하면,

$$\frac{h}{D} = \frac{\sin v' + \frac{\theta}{2} \cos v'}{\cos v'} = \tan v' + \frac{\theta}{2}$$

또 $\theta = \dfrac{D}{r}$ 로 볼 수 있다. 따라서

$$h = D \tan v' + \frac{D^2}{2r} \tag{3-42}$$

그러므로 $\varDelta C$를 곡률오차라 하면,

$$\varDelta C = +\frac{D^2}{2r} \tag{3-43}$$

즉, 곡률오차는 거리의 제곱에 비례하여 변화하는 것을 알 수 있다.

나) 굴절오차

광선이 대기 중을 진행할 때는 밀도가 다른 공기층을 통과하면서 일종의 곡선을 그린다. 그러므로 물체는 이 곡선의 접선방향에 서서 보면 이 시준방향과 진방향과는 다소 다르게 되는 것을 알 수 있다. 이 차를 굴절오차(error of refraction)라 말한다.

〈그림 3-37〉에 있어서 B'에서 A에 오는 광선은 곡선이 되므로 B'는 그 접선 AB''와 연직선 BB' 연장과의 교점 B''에 온다고 본다. 지금 접선 AB''와 AB'가 이룬 각을 δ라 하고 AB''와 지평면과 이룬 각을 v라 하며 다른 것은 전항의 기호를 사용하면,

$$v' = v - \delta$$

$$\tan v' = \tan(v - \delta) = \frac{\tan v - \tan\delta}{1 + \tan v \tan\delta}$$

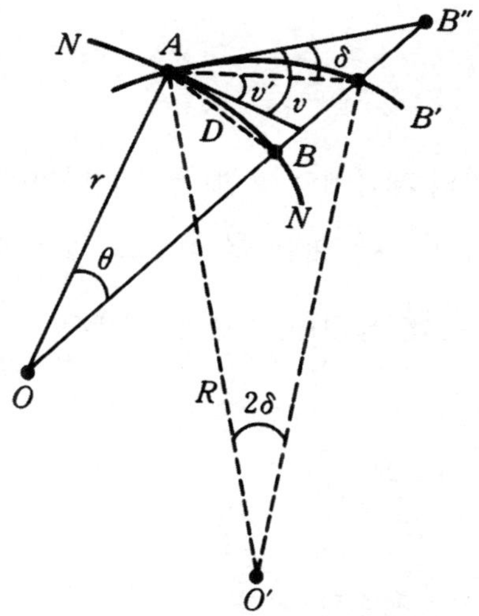

그림 3-37

그런데 δ는 미소하게 되므로 분모의 제2항을 생략하고 또한 $\tan\delta$의 대신으로 δ를 사용하면,

$$\tan v' = \tan v - \delta$$

곡선 $B'A$를 원호로 가정하고 그 중심을 O'로 하면 중심각은 2δ가 된다. 그 반경을 R이라 하면 $\dfrac{r}{R}=k$가 되며 이때 k는 굴절계수(coefficient of refraction)라 한다. 호 AB 및 호 AB'는 r에 비하여 미소하므로 $AB=AB'=D$로 된다. 그러므로 다음 식으로 쓸 수 있다.

$$\delta = \frac{1}{2} \cdot \frac{D}{R}$$

$$\therefore\ \delta = \frac{kD}{2r}$$

이것을 앞 식에 대입하면,

$$\tan v' = \tan v - \frac{kD}{2r}$$

$$\therefore\ D\tan v' = D\tan v - \frac{kD^2}{2r}$$

따라서 굴절오차를 Δr로 하면,

$$\Delta r = -\frac{k}{2r}D^2 \qquad (3-44)$$

따라서 Δr 또한 거리의 제곱에 비례한다. 우리나라에서는 $k=0.14$를 택하고 있다. 전항 및 본항의 결과에서 A에 대한 B'의 고도 h는 다음과 같이 된다.

$$h = D\tan v' + \Delta C = D\tan v + \Delta r + \Delta C$$

또는

$$h = D\tan v + \frac{1-k}{2r}D^2$$

이 식 우변 제2항은 항상 정수로 된다.

$r=6,370$㎞, $k=0.14$로 하면,

$$\Delta h = \Delta r + \Delta C = \frac{1-k}{2r}D^2 = 6.67D^2 cm \text{(단, } D\text{는 ㎞로 한다.)} \qquad (3-45)$$

지금 D=1㎞로 하면 고도에 대한 보정 Δh=6.67㎝로 되고 D=2㎞로 하면 Δh=26.7㎝로 된다. 따라서 시준거리가 크게 될 때는 Δh를 더하지 않으면 안 된다. 여기서 곡률오차 ΔC와 굴절오차 Δr을 합하여 양차(兩差)라 한다.

⑧ 천후기상의 상태에 따라 생기는 기타의 오차

태양의 광선, 바람, 습도 및 온도의 변화 등이 기계나 표척에 미치는 영향은 일정하지 않으며 측량결과에 각각 오차를 미친다. 예를 들면 레벨의 생명인 기포관에 온도차가 있으면 온도가 높은 쪽은 액체의 표면장력이 감소하기 때문에 기포는 온도가 높은 쪽으로 끌려가 올바른 수평을 나타낼 수 없다.

높은 정확도의 측량에서는 우산으로써 기계를 태양이나 바람으로부터 막고, 또 왕복관측은 오전 · 오후에 하되 그 평균값을 구하여 측량결과로 이용함으로써 가능한 한 오차를 작게 하도록 할 필요가 있다.

⑨ 관측자에 의한 오차

관측자의 개인오차, 기포의 수평조정, 표척의 읽기오차 등이 있다. 개인의 습관에 따른 개인차는 이것이 일정해지면 별다른 문제가 없다. 기포의 수평조정이나 표척면의 읽기는 사람으로서의 한계가 있으나 이것으로 인한 오차는 일반적으로는 허용범위 안에 들 수 있다.

⑩ 고저측량에서 일어나기 쉬운 과실

고저측량에서는 상술한 바와 같은 오차 이외에 부주의로 인한 과실이 있다. 일어나기 쉬운 과실은 다음과 같다.

가) 표척을 잘못 읽는 경우(특히 m 단위의 틀림, 예를 들면 3.92m를 2.92m로 하는 것)

나) 전시와 후시의 난을 잘못 기입하는 경우

다) 전시를 읽고 후시할 동안에 표척의 위치가 변하는 경우

라) 함척(函尺)일 때 완전히 뽑지 않았든가 밑에 표시한 눈금을 알지 못하고 위를 읽은 경우

관측에 과실이 있으면 관측결과를 점검할 때 매우 큰 차가 생긴다.

(7) 중력장을 고려한 고저측량

경위도 및 표고(標高), 또는 3차원 측량좌표를 정확하게 결정하기 위해서는 수평위치 결정과 함께 직접 또는 간접 고저측량에 의한 수직위치의 정확한 결정이 요구되며, 이들의 측량방법은 근본적으로 지구 중력장(重力場)에 영향을 받는다.

지구 중력장의 대국적(大局的) 변동 또는 국지적(局地的)인 부등성(不等性)은 수평위치뿐만 아니라 지오이드 또한 타원체로부터 관측점까지의 수직위치의 정확한 결정에도 중요한 역할을 한다.

일반적인 고저측량에서는 수준면이 항상 평행한 것으로 전제하지만, 지오이드와 같은 중력 등(等)퍼텐셜면상에서는 중력이 다르면 엄밀하게 수준면이 평행이 되지 않으므로, 남북방향 장거리에 대한 고저측량과 같이 엄밀한 측량이 필요한 경우에서는 이에 대한 보정이 필요하게 된다.

① 지구 중력장과 중력 등퍼텐셜

중력장 내의 임의점에 대한 중력 등퍼텐셜은 단위질량을 무한대로부터 2점까지 끌어올리는 데 필요한 일로 정의되고 있으며, 국제측지 기준계(geodetic reference system)에 대응되는 중력식을 1967년에 다음과 같이 규정하였다.

$$r = G_1\sqrt{1+e'^2\cos^2\varphi} + G_2/\sqrt{1+e'^2\cos^2\varphi} \qquad (3\text{-}46)$$

여기서 $G_1 = -281.2553939\text{gal}$, $G_2 = 1264.4731218\text{gal}$, $e'^2 = 0.00673972512832$ 이며, 식 (3-51)에 대한 전개식은

$$r = 978.03185(1 + 0.005278895 \sin^2\varphi + 0.000023462 \sin^4\varphi)\text{gal} \quad (3\text{-}47)$$

이 된다.

중력 등퍼텐셜면은 그 면 내의 모든 것에 대한 중력방향과 직교하는 곡면이므로, 중력과 그 방향이 일정하다면 굴곡이 없는 매끄러운 면이 되나, 실제로는 지구자전에 의한 원심력과 타원체 형상에 의해 적도중력이 극중력보다 약 0.5% 작으므로, 인접한 등퍼텐셜면 사이의 간격은 대국적으로 보아 일정하지 않고 극쪽으로 갈수록 좁아진다.

〈그림 3-38〉에서 점 A에서 타원체상 점 B를 경유하여 점 b까지 관측한 수직위치 H_B와, 점 a를 경유하여 점 b까지 관측한 수직위치 H_A는 엄밀하게 일치하지 않으므로, 남북으로 긴 노선에 실시한 고저측량에서는 이러한 중력장의 영향, 즉 정표고 보정(正標高補正, orthometric correction)을 고려하지 않으면 수직위치를 정확히 결정할 수 없다.

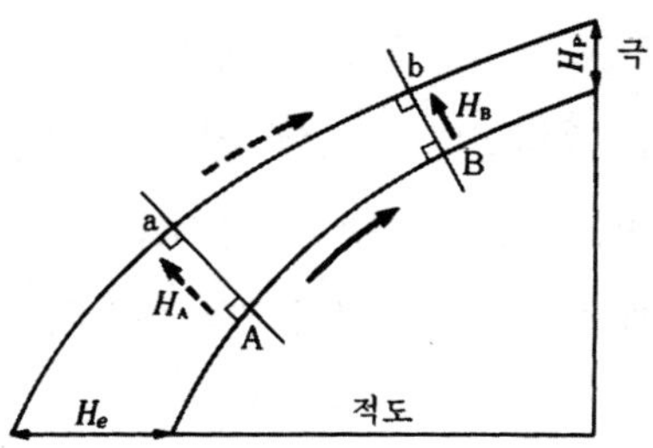

그림 3-38 중력 등퍼텐셜의 대국적 변화

② 중력장을 고려한 수직위치

어느 지점의 해면상의 수직위치(고도)는 일반적으로 지오이드로부터 2점에 이르는 연직선의 길이인 정표고(正標高, orthometric height)로 표시되며, 기하학적인 수직위치인 정표고는 직접 고저측량에 의하여 두 점간의 비고(比高)를 구하려 할 때 중력 등퍼텐셜면의 비평행성(非平行性)을 고려하여야 한다.

〈그림 3-39〉와 같이 점 P에서 점 A까지 n개 구간으로 나누어 직접고저 측량을 실시할 경우, 고저측량의 비고요소(比高要素) dH의 합은 정표고의 차 $H_A - H_P$와 엄밀하게 일치하지 않는다. 따라서, 고저측량만으로는 물리적인 의미를 가질 수 없고, 중력측량과 결합해야 하는 의미를 갖게 된다.

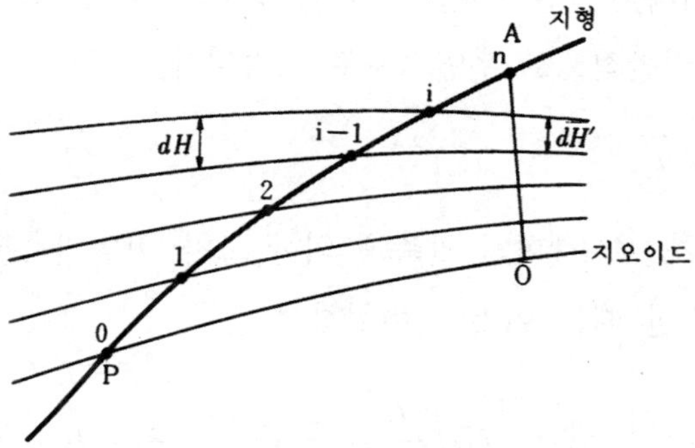

그림 3-39 높이와 등퍼텐셜면의 관계

(8) 직접고저측량의 오차조정

① 동일점의 폐합 또는 표고기지점에 폐합한 직접수준

출발점으로부터 몇 개 고저기준점의 고저를 관측하고 출발점 또는 고저기지점에 폐합된 때에 생긴 오차를 고저폐합오차라 말한다. 이 폐합오차는 각 관측점간의 거리에 정비례로 생긴 것으로 하여 각 고저기준점에 배분한다.

지금 L을 전관측선의 길이, E_c를 폐합오차, 출발점에서 수준점 A, B,⋯, N에 이르는 거리를 a, b, ⋯, n 또 C_a, C_b, ⋯, C_n을 고저기준점 A, B,⋯, N에서 관측한 고도의 조정값이라 하면 다음과 같은 식이 성립한다.

$$C_a = -\frac{a}{L}E_c,\ C_b = -\frac{b}{L}E_c,\ \cdots,\ C_n = -\frac{n}{L}E_c \tag{3-48}$$

② 2점간 직접고저측량의 오차조정

동일조건으로 2점간을 왕복관측한 경우에는 2개의 관측값을 산술평균하여 구한 최확값이 표고로 된다. 또 이 2점간을 2개 이상의 다른 노선을 측량한 경우에는 관측값의 경중률을 고려한 조정값에 의하여 구한 최확값이 표고가 된다.

(9) 고저측량의 정확도

① 고저측량의 정확도

고저측량의 경우도 폐합다각형과 같이 측량한 폐합오차를 합리적으로 배분한다. 후시 및 전시에 대한 시준거리를 똑같이 하고 반환점 및 레벨의 안정에 주의한다. 정오차의 원인을 제거하면 오차는 일반적으로 우연오차로 생각된다.

$$E = C\sqrt{n} \qquad (3-49)$$

E : 수준측량의 오차, C : 1회의 관측에 의한 오차, n : 관측횟수

또 시준거리가 일정할 때는 이것을 변형하여

$$n = \frac{L}{2S} \quad \therefore\ E = \pm C\sqrt{\frac{L}{2S}} = \pm K\sqrt{L} \text{ 또는 } K = \pm\frac{E}{\sqrt{L}} \qquad (3-50)$$

S : 시준거리, L : 고저측량선의 총길이

즉, 고저측량의 오차 E는 전체 길이의 제곱근에 정비례하게 되므로 K는 1km의 고저측량의 오차에 해당한다. 그러므로 이 K의 값에 의해 정확도를 비교한다.

② 고저측량의 허용오차의 범위

가) 우리나라

(ㄱ) 기본고저측량과 공공고저측량에서의 허용오차는 〈표 3-10〉과 같다.

표 3-10 우리나라 고저측량의 허용오차

구 분	기본고저측량		공 공 고 저 측 량				
	1등	2등	1등	2등	3등	4등	간이
왕복차	$2.5\text{mm}\sqrt{L}$	$5.0\text{mm}\sqrt{L}$	$2.5\text{mm}\sqrt{L}$	$5\text{mm}\sqrt{L}$	$10\text{mm}\sqrt{L}$	$20\text{mm}\sqrt{L}$	$40\text{mm}\sqrt{L}$
폐합차	$2.0\text{mm}\sqrt{L}$	$5.0\text{mm}\sqrt{L}$	$2.5\text{mm}\sqrt{L}$	$5\text{mm}\sqrt{L}$	$10\text{mm}\sqrt{L}$	$20\text{mm}\sqrt{L}$	$50\text{mm}+40\text{mm}\sqrt{L}$

* L은 관측거리(km)

(ㄴ) 종횡단측량은 2회 이상 실제 관측하고 이것의 평균을 취하며 그 오차범위는 4km에 대하여 유조부 10mm, 무조부 15mm, 급류부 20mm이다.

나) 외국의 실례

(ㄱ) International Geodetic Association 확률오차

$1\text{mm}\sqrt{L(\text{km})}$: 우, $2\text{mm}\sqrt{L(\text{km})}$: 양

$3\text{mm}\sqrt{L(\text{km})}$: 가, $5\text{mm}\sqrt{L(\text{km})}$: 제한오차

(ㄴ) US Coast and Geodetic Survey 및 US Geological Survey에서는 4㎜ $\sqrt{L(\text{km})}$

(ㄷ) 일본의 하천측량 : 종단측량은 적어도 왕복 1회 이상 시행하고 그 오차는 거리 5㎞에 대하여 감조부 12㎜, 완류부 15㎜, 급류부 20㎜ 이내가 되어야 한다.

(ㄹ) 일본의 국유철도 : 직접고저측량의 허용오차는 대략 1㎞마다 10㎜ 정도이다.

(10) 하천이나 해양에서의 수심(수직위치)측량

수심측량은 하천과 해안의 깊이를 관측하는 것으로 그 기준은 평균최저간조면(MLLW)으로 하여 해도상에 표시한다. 수심측량의 방법은 측심봉(rod)이나 측심추에 의한 방법, 음향측심기에 의한 방법 및 사진측량에 의한 방법 등이 있으나 주된 수심측량은 측심봉, 측심추, 음향측심기에 의해 이루어진다.

① 측심봉과 측심추에 의한 수심측량

측심봉은 수심 5m 이내의 얕은 곳을 측량할 때 이용되는 것으로 5m 정도의 막대에 10㎝씩 백색과 적색으로 교대로 칠하여 1m마다 표를 붙이고 하단은 납이나 철 등으로 무겁게 하고 수면 밑의 토사에 묻히지 않도록 넓게 만든다.

측심추는 마사제(麻□製)로 된 줄에 투연(投鉛)을 매달고 줄에 눈금을 새겨서 수심을 측량하는 것으로 투연은 수심에 따라 7.5kg, 6.4kg, 4kg이 이용된다.

추의 줄이 장애물 등으로 수직을 유지하기 힘든 경우는 〈그림 3-41〉처럼 경사길이와 각의 관측에 의해 수심을 측량하기도 한다. 호소의 경우 측심추에 의한 수심은 20m 정도까지가 적당하지만 최대 60m까지도 측량하고, 해양에서는 수심 100m 내외에 대하여는 직접 손으로 내리지만, 그 이상의 깊이(약 500m정도)에는 원통에 감긴 강선을 내리는 장비(추측심기)를 이용한다.

추측에 의한 수심관측단위는 수심 31m 미만은 0.1m, 그보다 깊은 곳은 0.5m 단위로 한다. 관측수심에는 줄의 신축, 추측심기의 오차, 조고(潮高) 등에 대한 보정을 가하여 실수심을 구한다. 즉,

$$\text{실수심} = \text{관측수심} \pm \text{줄의 신축 및 기차} \pm \text{조고보정량}$$

이 된다.

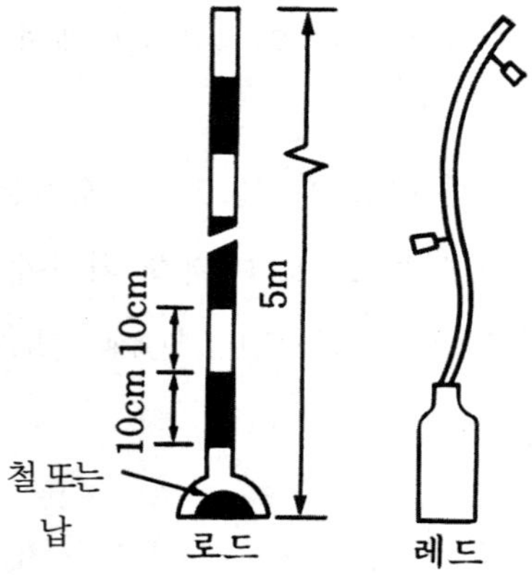

그림 3-40 측심봉과 측심추

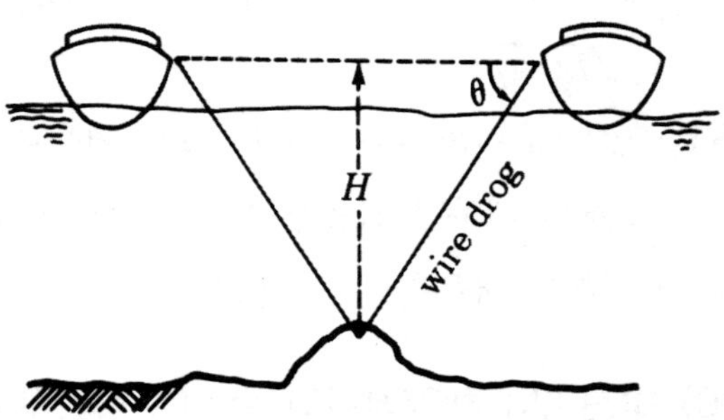

그림 3-41

② 단일빔음향측심기(SBES : Single Beam Echo Sounder)

수심(D)은 음파의 속도(V)와 왕복시간(t)을 알 때

$$D = \frac{1}{2} V \cdot t \tag{3-51}$$

로 구해진다. 이때 수중의 음파속도는 물의 온도, 밀도, 염분, 압력 등 물리적조건에 따라 변화하므로 음속의 정확한 값을 알기 위해서는 이들 물리적 조건들도 정확히 관측하여야 한다.

음파의 지향성은 음파의 주파수, 음파의 확산폭, 음향측심기의 출력, 음향반사경(acoustic reflector)의 유무, 음원소자의 배열 등에 관련된다.

지향성을 높이려면 가능한 출력을 높이거나, 일정 출력하에서는 높은 주파수를 선택하고, 지향각을 좁게 하는 것이 바람직하다.

가) 음향측심의 보정

음파에 의해 측량한 수심의 보정에는 다음과 같은 것이 있다.

(ㄱ) 송수파기의 흘수보정은 측량선 자체의 흘수가 원인으로 변화하므로 수시로 점검하여 보정해야 한다.

(ㄴ) 음속도보정에는 Barcheck에 의한 방법과 계산에 의한 보정이 있다.

(ㄷ) 조석보정은 조석의 기본수준면에 대한 보정으로 기본수준면은 그 지역에 있어서 장기간의 조석관측에 의하여 얻어진 평균수면과 조석조화상수로 얻어진다.

(ㄹ) 기차(器差)보정은 동기발진기(同期發振器)의 발진주파수의 변동, 기록범위의 절체폭의 부정에 의한 변환오차(shift error), 기록펜 속도의 비직선성 등에 대한 보정이다.

나) 수심측량의 정확도

수심의 정확도는 수심 자체의 관측오차와 위치관측오차의 함수이지만, 여기서는 수심측량오차만을 생각한다. 수심측량오차(평균제곱근오차) M_D는 일반적으로 수심측량에 관계되는 제반요소에 대한 오차, 즉 기계적 오차 m_m, 수심 읽기오차 m_r, 음속수정값의 오차 M_v, 파에 대한 오차 m_w, 기준면결정의 오차 m_d, 조고보정의 오차 m_t 등에 의하여 다음과 같이 정해진다.

$$M_D^2 = m_m^2 + m_r^2 + m_v^2 + m_w^2 + m_d^2 + m_t^2 \quad (3\text{-}52)$$

기계적 오차는 각 기계에 따라 그 값이 주어져 있고, 수심읽기오차는 최소눈금의 1/2로 본다.

음향측심기는 기본적으로 〈그림 3-42〉와 같이 기록기, 송신기 및 수신기, 송파기 및 수파기로 구성되며 천해용, 중심해용, 심해용 및 정밀심해용 등이 있다.

기록기(recorder)는 음향측심기의 가장 핵심이 되는 부분으로 송신기에 송신지령을 공급하고, 송신펄스와 수신펄스를 기록하여 그 시간간격을 관측하고, 시간간격을 거리로 환산하여 측심선 해저의 수심을 기록한다.

송신기(transmission unit)는 기록기의 송신지령을 받아서 전기펄스를 발생시켜 송파기에 공급한다.

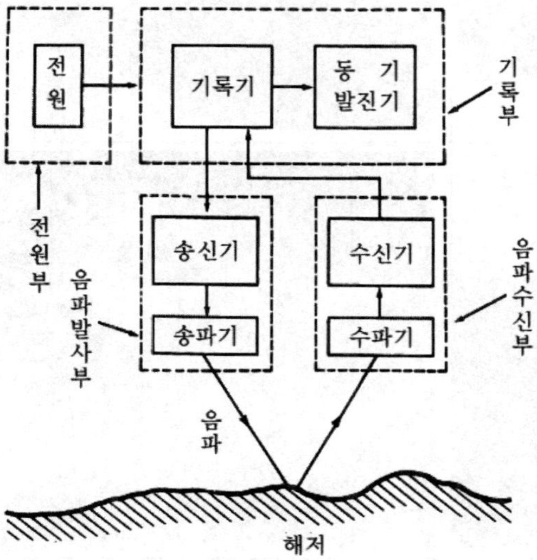

그림 3-42 음향측심기의 구성

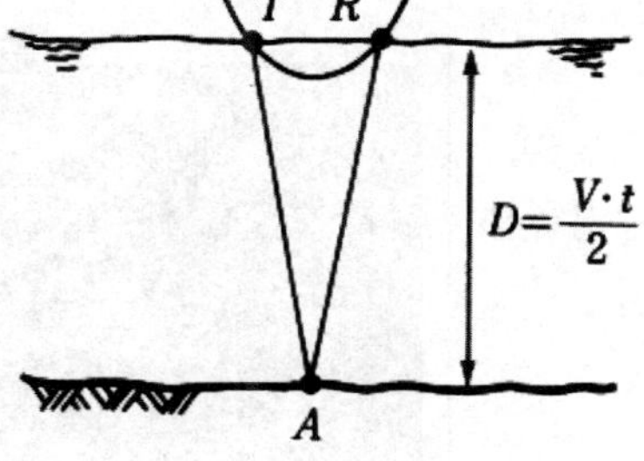

3-43 음향측심

송파기(transmitting transducer)는 전기펄스를 음향펄스로 변환하여 수중으로 방사한다.

수파기(receiving transducer)는 해저로부터 도달한 반향펄스를 전기펄스로 변환하여 수신기로 보낸다.

수신기(receiving amplifier)는 수파기로부터의 미약한 펄스신호를 기록기작동에 충분하도록 증폭하여 기록기로 보낸다.

다) 다중빔음향측심기(multi-beam echo sounder)에 의한 자료생성

다중빔음향측심기는 배가 이동하면서 다중 음향신호를 발사하고, 이를 다시 수신함으로써 송·수파 가능 범위의 해저 횡단면 전체를 동시에 관측하는 음향측심기를 말한다. 해저 지형도를 작성하는 데에 사용된다.

표 3-11 단빔 음향측심과 다중빔 음향측심의 비교

구　분	빔 음파범위	3-D 수심도
단일빔 음향측심	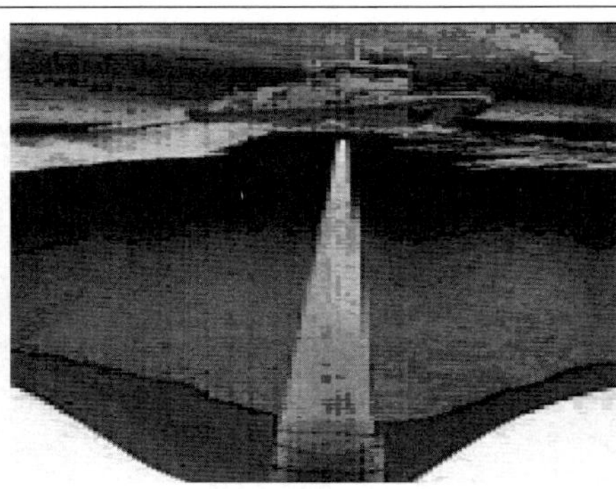	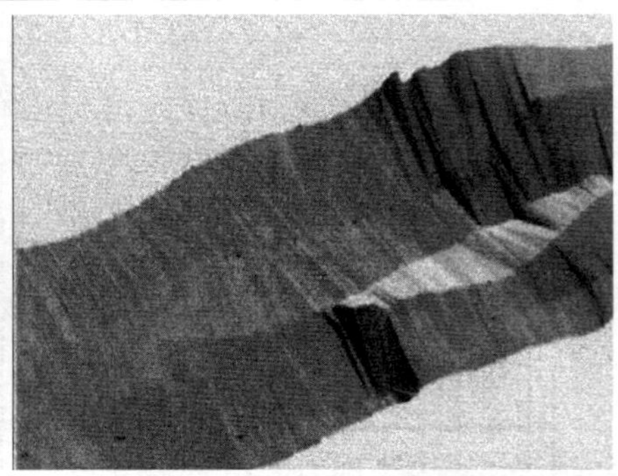
다중빔 음향측심		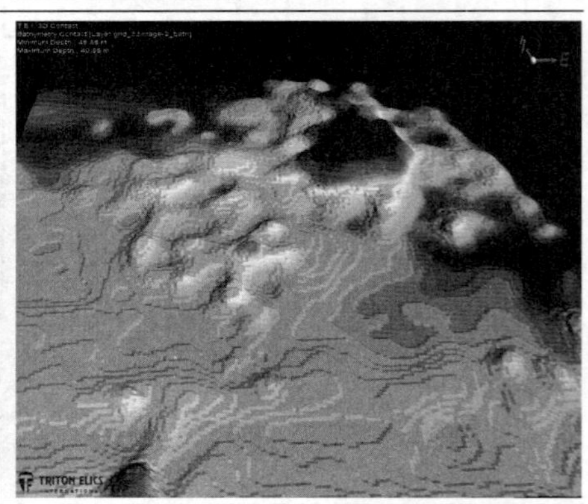

표 3-12 수중탐측장비별 특징과 장단점

장비	단빔 음향탐측기	다중빔 음향측심기
특징	• 계획된 경로를 따라 선박의 밑바닥에 대한 수심측량용 장비	• N개의 단빔을 설치, 수심의 3배까지 측면을 탐사할 수 있으며 3차원 자료를 추출
장점	• 설치가 간편	• 탐사폭이 단빔의 3배 • 누락부분이 훨씬 적고 넓은 면적에 대해 탐측이 용이
단점	• 경로를 벗어난 곳은 탐사가 안됨 • 암초나 대륙붕 등을 놓치기 쉬움 • 탐측시간이 오래 걸림	• 송신기와 수신기가 여러 개 달여 있어 복잡 • 점 단위로 송수신함으로써 누락 부분이 발생
용도	• 하천 및 저수지 수심측량 등	• 해도작성, 수로 조사사업 등

기존의 음향측심기가 조사선의 수직하부 한 지점의 측심만 할 수 있는 것과는 달리 다중빔음향측심기는 송·수파 가능 범위의 해저 횡단면 전체를 동시에 관측할 수 있다. 관측자료는 기존의 음향측심기보다 우수하고, 조사해역 해저면의 해저지형(Bathymetry)을 약 1m 이상의 해상도로 정확하게 표현할 수 있다. 관측된 자료는 선상(船上)에 있는 컴퓨터를 통해서 실시간 등심도(等深圖) 또는 지형도가 컬러그래픽으로 작성되며, 여러 형태의 정보로 분석·처리된다. 천해용과 심해용이 있는데, 심해용은 1만 1000m까지 관측할 수 있다.

(11) 지하에 대한 고저(지하깊이)측량

지하고저(또는 깊이)측량은 터널 및 광산 등에서 지표면으로부터 밑으로 지하갱도를 통하여 지하고저를 측량하는 것과 지하매설물측량에 주로 이용되는 전기심사 및 탄성파측량, 지자기에 의한 방법 등이 있고 그의 보링(boring)에 의한 방법이 있다.

① 전기탐사에 의한 지하고저측량

측량방법은 송신기를 지하매설물에 연결한 후 〈그림 3-44〉와 같이 수신기를 지상에서 45°위치로 하여 최소값이 나올 때까지 움직인다. 이와 같은 작업을 양쪽으로 교대로 반복하여 실시한 후 최초 최소값과 최후 최소값과의 거리가 매설고도다. 경사진 지형 속에 시설물이 있을 경우 수신기로 그 위치에서 수직으로 세우고 같은 방법을 실시한다. 만일 고도확인

시 양쪽의 최소량이 시설물 중심에서 같은 간격을 유지하지 않으면 등분하여 매설고도로써 결정한다.

$$T = \frac{D-B}{2} \tag{3-53}$$

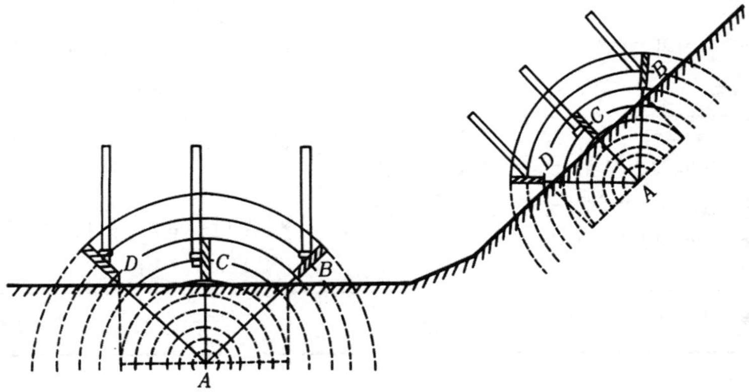

그림 3-44 평지와 경사지의 고저측량

② 탄성파에 의한 지하고저측량

측량하는 순서는 원하는 선을 따라 충격발생장치를 움직이고, 충격을 유도하는 거리의 주어진 간격으로 충격지점에서 geophone까지 거리(d)와 충격파운동시간(t)을 기록한다. 이 결과들을 도면에 기록하면 그 그래프의 처음부분의 기울기는 $\frac{t}{d} = \frac{1}{\text{속도}}$이 된다.

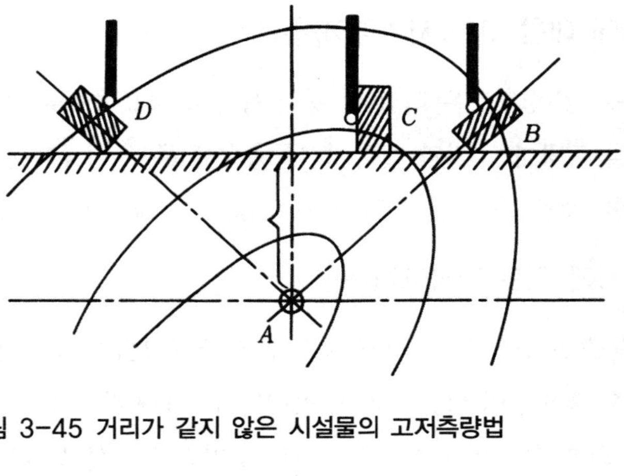

그림 3-45 거리가 같지 않은 시설물의 고저측량법

③ 터널에서의 지하고저측량

터널에서 수직갱을 뚫어 지하고저를 측량하는 경우에는 그림에서처럼 수직통로 내에 자(피아노선)를 내리고 수준측량을 한다. 고도기지점 A의 고도 H_A에서부터 후시 a 및 b, b', 지하갱도상의 점 c에서 전시 c를 측량하면 점 c의 고도는 다음 식이 된다.

$$H_c = H_A + a - (b - b') - c \tag{3-54}$$

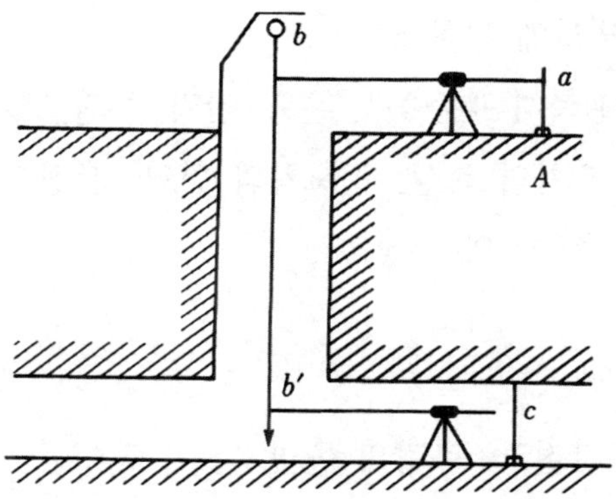

그림 3-46

(12) 육상과 해상의 고저기준체계

육상의 고저(표고)기준은 국가에서 정한 평균해수면(예: 인천만의 평균해수면)을 기준으로 하며 해상의 고저기준은 그 지역의 평균해수면을 기준으로 하고 있다. 이와 같이 이원화된 국가고저기준체계를 효율적으로 관리하기 위해서는 육상의 BM(Bench Mark)과 해상의 TBM(Tide Bench Mark)의 값을 정확하게 변환할 수 있는 모형식이 필요하게 되었다. 이에 BM과 TBM의 연결에 의한 2차원적 고저변환식이 아닌 물리적측면을 고려(중력지오이드와 지역적인 기하학적 지오이드고 간의 차이를 고려한 모형화)하여 3차원적인 고저변환이 가능한 합성지오이드모형식을 개발하여 활용하고 있다.

연 습 문 제

다음 각 사항에 대하여 답하시오.

01. 수평거리측량

1) 수평거리측량방법들에 관한개요
2) 줄자에 의한 거리관측시 표준줄자, 온도, 장력, 처짐, 경식, 표고에 관한 정오차보정
3) 직접거리측량의 오차의 특성, 정오차의 원인 및 정확도허용범위
4) 전파와 광파거리측량기의 특징

02. 고저측량

1) 직접고저측량과 간접고저측량의 종별
2) 직접고저측량의 야장기입법의 종류
3) 교호고저측량
4) 고저측량에서 생기는 오차
5) 중력장을 이용한 고저측량
6) 고저측량의 정확도
7) 하천이나 해양에서의 수심(고저)측량
8) 지하에 대한 지하깊이(고저)측량
9) 육상과 해상의 고저기준체계와 합성지오이드 모형식

Chapter 04

2차원 위치(다각, 삼각, 삼변, 천문)해석

Introduction to surveying

1 다각측량

(1) 개요

다각측량(多角測量 또는 traverse 測量)은 기준관측점(基準觀測點)을 연결하는 관측선(觀測線)의 길이와 방향을 관측하여 관측점의 수평위치(X, Y)를 결정하는 측량으로, 높은 정확도를 요구하지 않는 골조측량(骨組測量), 산림지대 · 시가지 등 삼각측량이 불리한 지역과 관측점이 선형(線形)으로 배치된 좁고 긴 지역의 기준점 설치에 유리하기 때문에 경계측량, 삼림측량, 노선측량, 지적측량 등의 기준점 측량에 널리 이용된다.

다각측량은 국가기본 삼각점이 널리 배치되어 있으나, 추가 기준점을 설치해야 할 경우와 도로, 수로(水路), 철도 등의 선로(線路)와 같이 좁고 긴 곳의 측량에 유리하며, 시준이 어려운 지역의 측량에 적합하다. 또, 거리와 각을 관측하여 도식해법에 의해 모든 점의 위치를 결정할 때 편리한 특징이 있다.

최근 전자기파 거리측량기에 의한 거리관측의 정확도가 높아감에 따라 고정밀도 다각망(정밀 결합 다각망)에 의한 측량값은 삼각측량, 삼변측량에 못지않은 정확한 값을 얻을 수 있어 국가기본망(예: 美國)으로도 사용되고 있다.

(2) 다각측량의 특징

다각측량은 거리와 각에 의한 수평위치를 결정하는 것으로 다음과 같은 특징이 있다.

① 국가기본삼각점이 멀리 배치되어 있어 좁은 지역에 세부측량의 기준이 되는 점을 추가 설치할 경우에 편리하다.

② 복잡한 시가지나 지형의 기복이 심해 시준이 어려운 지역의 측량에 적합하다.

③ 선로(도로, 수로, 철도 등)와 같이 좁고 긴 곳의 측량에 편리하다.

④ 거리와 각을 관측하여 도식해법에 의하여 모든 점의 위치를 결정할 때 편리하다.

⑤ 일반적인 다각측량은 삼각측량과 같은 높은 정확도를 요하지 않는 골조측량에 사용되나, 전자기파거리측량기를 이용한 결합다각측량은 고정밀도 국가측지기본망에도 이용되고 있다.

(3) 다각형의 종류

다각형에는 개다각형(開多角形, open traverse), 결합 다각형(decisive traverse), 폐다각형(閉多角形, closed traverse), 다각망(traverse network)이 있다. 개다각형은 기지점에서 시작하여 미지점으로 연결하는 다각형으로, 높은 정확도를 요하지 않는 노선측량의 답사에 편리한 방법이고, 결합 다각형은 기지점과 기지점을 연결하는 방법으로 높은 정확도를 얻을 수 있는 방법이다. 또한, 폐다각형은 출발한 임의의 관측점으로 다시 돌아오는 방법으로 측량결과를 점검할 수 있으나, 정확도면에서는 결합 다각형보다 정확도가 낮다. 다각망은 상기 세 가지 방법을 필요에 따라 결합하여 망을 형성한다.

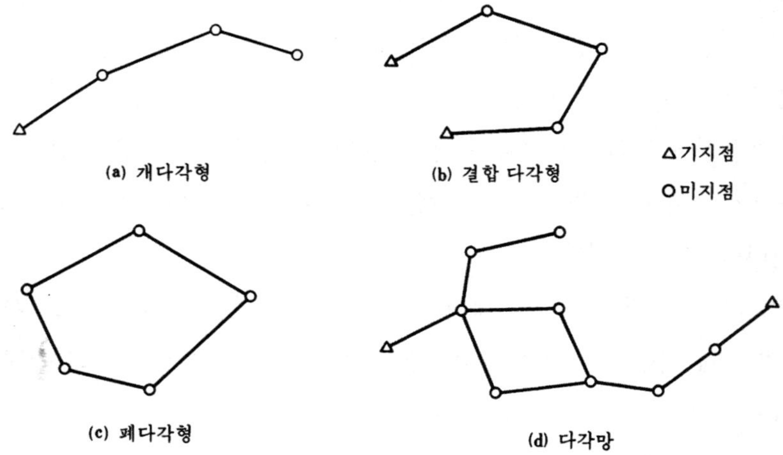

그림 4-1 다각형의 종류

(4) 다각측량의 순서

다각측량은 크게 외업(外業)과 내업(內業)으로 나눌 수 있으며, 외업은 계획, 답사, 선점(選點), 조표(造標)와 거리 및 각관측의 순서로 이루어지고, 내업에는 조정계산 및 관측점(觀測點)의 전개가 포함된다.

① 계획(planning)

소요의 측량 정확도, 경제성, 작업시일 등을 고려하여 각 기관이 발행한 각종 지형도를 이용함으로써 전체적인 계획을 세운다. 기준점의 성과는 국토지리정보원(國土地理情報院)의 삼각 및 고저측량(또는 수준측량) 성과표를 이용한다.

② 답사(reconnaissance)

답사는 계획에 따라 현지의 작업 가능성을 재점검함으로써 계획을 확정시킨다.

③ 선점(selection of station)

답사와 계획에 따라 관측점(觀測點)을 현지에서 확정하는 것을 선점(選點)이라 한다.

④ 조표(election of signal)

선점이 끝나면 관측점을 표시하기 위하여 측량의 목적에 따라 말뚝(나무, 돌 및 콘크리트 등)을 매설하고 적절한 표지를 한다.

⑤ 변 길이 관측

다각형 각 변의 길이는 소요 정확도와 현지상황 등에 따라 사용기계, 관측방법을 변경하여야 한다. 정밀한 결과를 요할 때에는 전자기파 거리 측량기, 쇠줄자, 쇠띠자, 유리줄자 등이 사용되며, 높은 정확도를 요구하지 않을 때는 유리줄자, 대나무자, 천줄자 등이 사용되며, 또한 산지 등에서는 시거법(視距法)이 사용된다.

(5) 각관측

다각측량에서의 각관측(角觀測) 방법에는 교각법(交角法), 편각법(偏角法), 방위각법이 있으며, 각 방법에 대한 사항은 아래와 같다.

① 교각법(direct angle method)

교각법(交角法)은 임의의 관측선이 앞의 관측선과 이루는 각을 관측하는 것으로, 가장 일반적으로 이용되는 다각측량의 각 관측방법이며 교각법(交角法)이라고도 한다. 교각법은 각각의 각이 독립적으로 관측되므로 다른 각에 영향을 미치지 않고 재현할 수 있으며, 요구 정확도에 따라 방향각법 및 배각법(倍角法)으로 정확도를 향상시킬 수 있다.

교각법은 결합 다각형 및 폐다각형에 적합하며 관측점수는 일반적으로 20점 이내가 효과적이다.

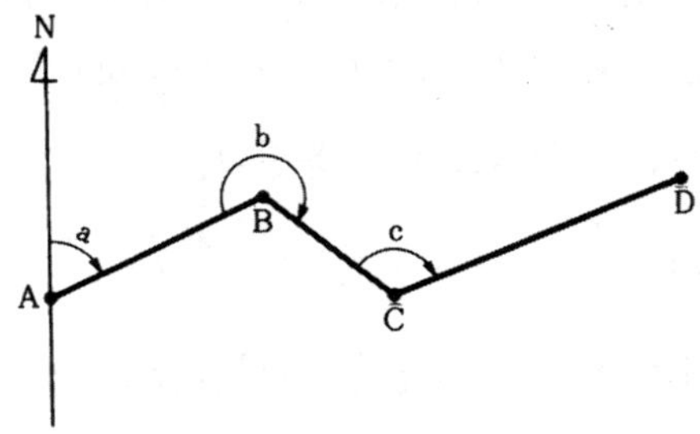

그림 4-2 교각법

② 편각법(deflection angle method)

편각법은 임의의 관측선이 앞관측선의 연장과 이루는 각을 관측하는 방법으로 도로, 철도와 같이 노선의 중심선 측량에 유리하다.

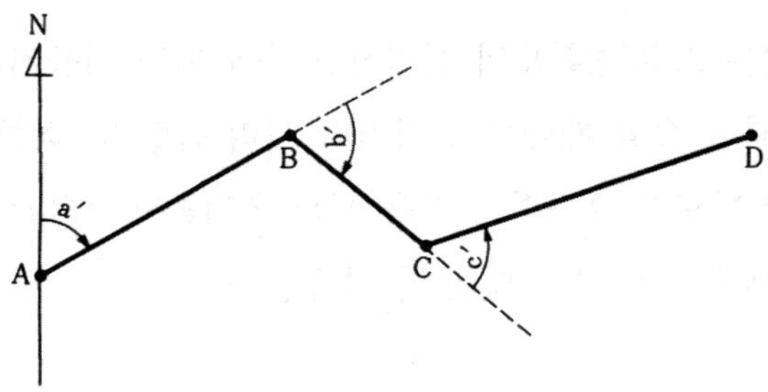

그림 4-3 편각법

③ 방위각법(azimuth, full circle method)

방위각법은 각 관측선(觀測線)이 진북방향(眞北方向)과 이루는 각을 우회각법으로 관측하는 방법으로, 각 관측선을 각관측을 진행하면서 방위각을 관측하기 때문에 각관측 값의 계산과 제도가 편리하고, 신속히 관측할 수 있어 노선측량이나 지형측량에 널리 이용된다. 오차의 영향이 계속 전파되고, 지형이 험준하고 복잡한 지역에서는 적용하기 힘들며, 각 관측방법에 따라 반전법(反轉法)과 고정법으로 분류된다.

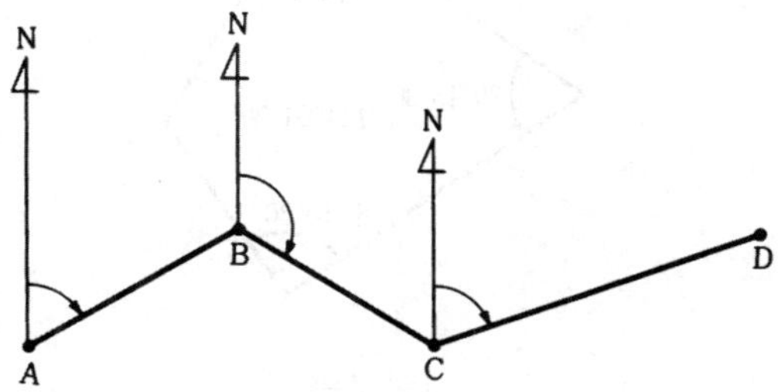

그림 4-4 방위각법

(6) 각관측 값의 오차점검 및 배분

① 각관측 값의 오차점검

가) 폐다각형

폐다각형의 관측선의 총수가 n 이고, 교각(交角)의 관측값을 a_1, a_2 ..., a_n이라 할 때, 폐다각형의 각관측 값에 대한 총합은 $180°(n-2)$가 되나 각관측 때의 오차요인에 따라 다음과 같은 각오차(E_a)가 생긴다.

(ㄱ) 내각관측(우회교각)

$$E_a = [a] - 180°(n-2)$$

(ㄴ) 외각관측(좌회교각)

$$E_a = [a] - 180°(n+2) \quad (4\text{-}1)$$

(ㄷ) 편각관측

$$E_a = [a] - 360°$$

여기서, $[a] = a_1 + a_2 + ... + a_n$ 이다.

예제 4-1

다음과 같은 폐다각형의 폐합오차를 구하시오.

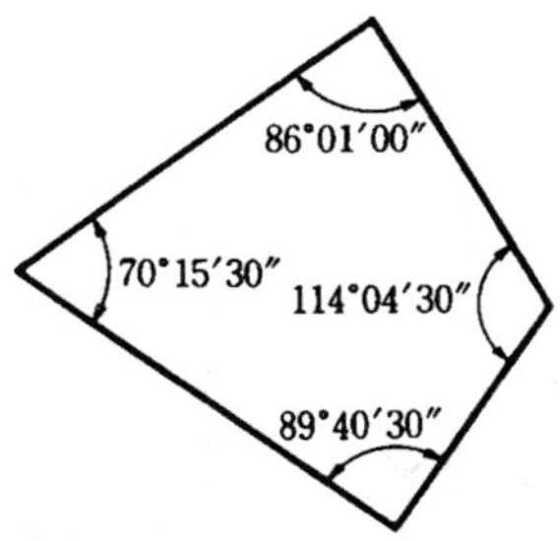

그림 4-5

풀이 폐다각형의 폐합오차는 식 (4-1)에 의해

$[a]$=89°40′30″+114°04′30″+86°01′00″+70°15′30″=360°01′30″

$E_a=[a]-180°(n-2)$=360°01′30″−180°(4−2)=90″=1′30″

나) 결합 다각형

결합 다각형에서의 관측은 관측선 $\overrightarrow{AL}$ 및 $\overrightarrow{BM}$ 의 방위각 ω_a, ω_b 를 알고 있다면 〈그림 4-6〉에서

$$[a]+\omega_a-\omega_b=180°(n+1)$$

의 관계가 성립하여야 하지만, 일반적으로 각관측시 각관측 오차가 존재하므로 각오차 E_a는 다음 식으로 결정된다.

$$E_a=\omega_a-\omega_b+[a]-180°(n+1) \qquad (4-2a)$$

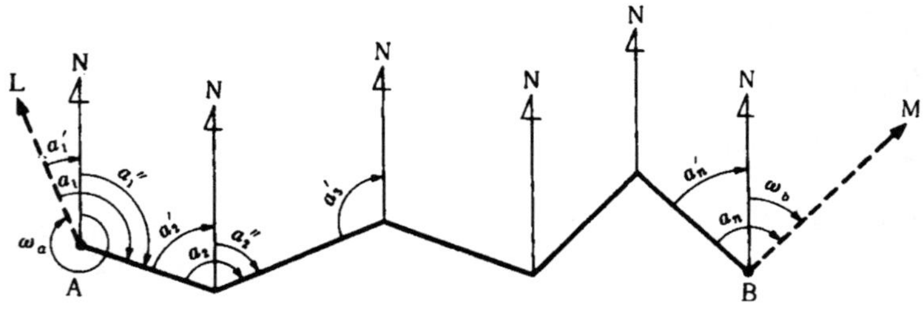

그림 4-6 결합 다각형의 각관측 오차

또한, 〈그림 4-7〉에서와 같이 $\overrightarrow{AL}$, $\overrightarrow{BM}$ 관측선의 위치에 따른 각관측 오차는 다음과 같이 된다.

(ㄱ) (a)의 경우

$$E_a = \omega_a - \omega_b + [a] - 180°(n+1) \tag{4-2b}$$

(ㄴ) (b), (c)의 경우

$$E_a = \omega_a - \omega_b + [a] - 180°(n-1) \tag{4-2c}$$

(ㄷ) (d)의 경우

$$E_a = \omega_a - \omega_b + [a] - 180°(n-3) \tag{4-2d}$$

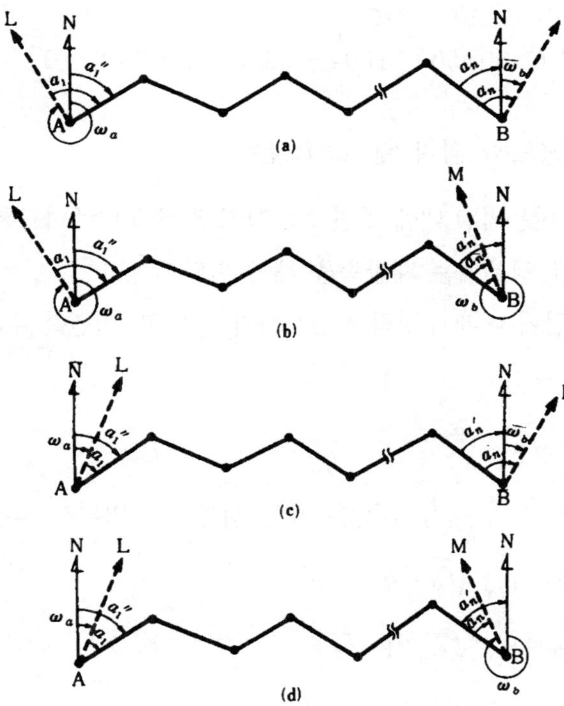

그림 4-7 여러 가지 형태의 결합 다각형

예제 4-2

다음과 같은 결합 다각형의 각관측 오차를 계산하시오.

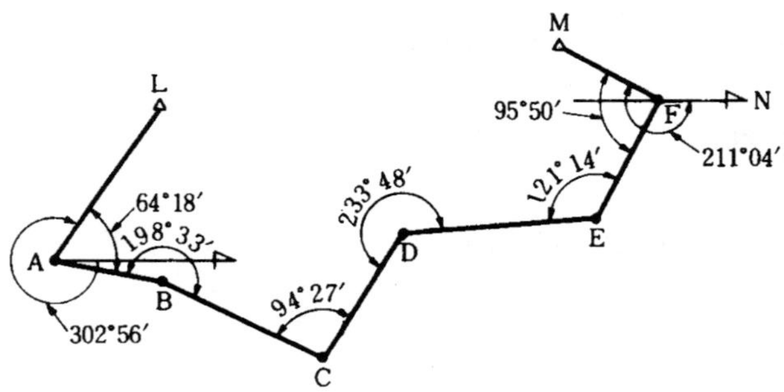

그림 4-8

풀이 본 경우는 식 (4-2c)에 해당되므로

$E_a = \omega_a - \omega_b + [a] - 180°(n-1)$

$[a]$=808°10′ n=6

$\therefore E_a$=302°56′−211°04′+808°10′−180°(6−1)=+2′

② 각관측 값의 허용오차 범위 및 오차배분

각관측 값의 오차가 허용범위 내에 들면 기하학적 조건에 만족하도록 각오차를 배분하지만, 허용범위보다도 클 경우에는 재관측을 해야 한다.

일반적으로 한 관측점에 대한 수평각 허용오차가 ε_a 이고, 각관측 수가 n일 경우, 허용오차는

$$E_a = \pm \varepsilon_a \sqrt{n} \tag{4-3}$$

으로 결정되며, 지형에 따라 다음과 같은 값의 허용오차 범위를 갖는다.

시가지 : $0.3'\sqrt{n} \sim 0.5'\sqrt{n}$

평탄지 : $0.5'\sqrt{n} \sim 1'\sqrt{n}$

삼림 및 복잡한 지형 : $1.5'\sqrt{n}$

각관측 오차의 배분은 각관측 결과를 기하학적 조건과 비교하여 다음과 같은 방법으로 배분한다.

가) 각관측 결과가 허용오차 이내에 있고, 각관측 정밀도가 같은 경우에는 오차를 각의 크기와 관계없이 동일하게 배분한다.

나) 각관측 경중률이 다를 경우에는 오차를 경중률에 비례하여 각각의 각에 배분한다.

다) 변 길이의 역수에 비례하여 각각의 각에 배분한다.

(7) 다각망 조정계산

임의의 다각형의 조합으로 이루어진 다각망의 조정은 각각의 다각형에 대해 각관측을 실시한 후, 기하학적 조건에 의해 허용오차의 범위와 오차를 배분한 조정각을 이용하여 다음과 같은 과정으로 실시된다.

① 방위각 계산

방위각의 계산은 각관측 방법 중 교각 관측시와 편각 관측시에 따라 달라진다.

가) 교각을 잰 경우

어떤 관측선의 방위각(α_i)=앞관측선(觀測線)의 방위각(α_{i-1})±교각(交角 : β)+180°, 단 교각 관측시 우회관측인 경우(+), 좌회관측인 경우(−)

나) 편각을 잰 경우

어떤 관측선의 방위각(α_i)=앞관측선(觀測線)의 방위각(α_{i-1})±그 관측선의 편각(偏角 : r)

예제 4-3

다음과 같은 폐다각형의 방위각을 계산하시오.

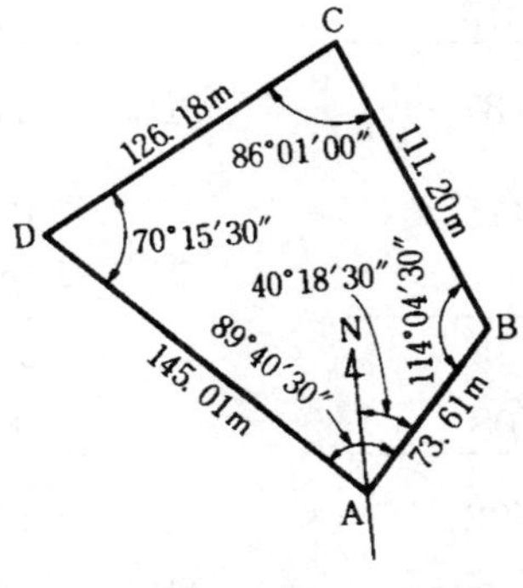

그림 4-9 폐다각형의 방위각 계산 예

풀이

표 4-1 야장(野帳) 기록

관측점	관측선	거 리	내 각	비 고
A	A~B	73.61	89° 40′ 30″	AB측선의 방위각
B	B~C	111.20	114° 04′ 30″	40° 18′ 30″
C	C~D	126.18	86° 01′ 00″	
D	D~A	145.01	70° 15′ 30″	
계		360° 01′ 30″		

㉠ 조정 내각계산

표 4-2

관측점	거 리	내 각	방위각
A	89° 40′ 30″	89° 40′ 07″	40° 18′ 30″
B	114° 04′ 30″	114° 04′ 07″	334° 22′ 37″
C	86° 01′ 00″	86° 00′ 38″	240° 23′ 15″
D	70° 15′ 30″	70° 15′ 08″	130° 38′ 23″
계	360° 01′ 30″	360° 00′ 00″	

폐합오차 $\omega=[a]-180°(n-2)$

$=360°01'30''-180°\times 2=90''$

보정량 $\Delta\alpha=\dfrac{\omega}{n}=\dfrac{90''}{4}=22.5''$

22″2개, 23″2개에 보정함

㉡ 방위각 계산

AB ; 40°18′30″
+180°
220°18′30″
114°04′07″

BC ; 334°22′37″
−180°
154°22′37″
86°00′38″

BC ; 334°22′37″

CD ; 240°23′15″

CD ; 240°23′15″
−180°
60°23′15″
70°15′08″

CA ; 130°38′28″
+180°
310°38′23″
89°40′07″

DA ; 130°38′23″

400°18′30″

AB ; 40°18′30″ (검산)

예제 4-4

다음과 같은 결합 다각형의 방위각을 계산하시오.

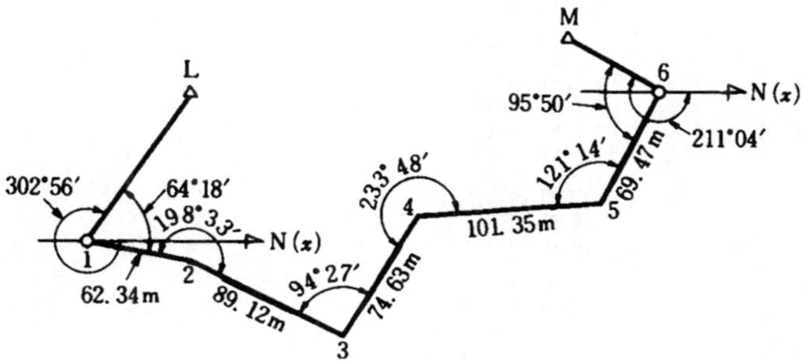

그림 4-10 결합 다각형의 방위각 계산 예

풀이 ㉠ 폐합오차 조정

표 4-3

관 측 점	관 측 각	조 정 각
1	64°18′	64°17.7′
2	198°33′	198°32.6′
3	94°27′	94°26.7′
4	233°48′	233°47.6′
5	121°14′	121°13.7′
6	95°50′	95°49.7′
계	808°10′	808°08′

폐합오차 : $\omega = [a] + \omega_1 - \omega_b - 180°(n-1) = 808°10' + 302°56'$

$- 211°04' - 180° \times 5 = 808°10' - 808°08' = +2'$

보정량 $\Delta\alpha = \frac{\omega}{n} = \frac{2'}{6} = 0.3'$

㉡ 방위각 계산

표 4-4

	64°17.7′
	302°56′
	366°73.7′
	−360°
1~2 :	7°13.7′
	198°32.6′
	205°46.3′
	−180°
2~3 :	25°46.3′
	94°26.7′
	119°73.0′
	−180°
3~4 :	300°13.0′
	233°47.6′
	533°60.6′
	−360°
	174°0.6′
	+180°
4~5 :	354°0.6′
	121°13.7′
	475°14.3′
	−360°
	115°14.3′
	+180°
5~6 :	295°14.3′
	95°49.7′
	390°64.0′
	−360°
	30°64.0′
	180°
6~M :	211°04′ ·························· (검산)

에 따라 결정된다.

표 4-5

관 측 선	방 위 각
1~2	7° 13.7′
2~3	25° 46.3′
3~4	300° 13.0′
4~5	354° 0.6′
5~6	295° 14.3′

② 방위계산

각 관측선(觀測線)의 방위각이 결정된 후 각 관측선이 자오선(NS선)과 이루는 각인 방위(bearing)를 계산하며, 방위는 NS선에서 E, W 방향으로 90°이내의 각도로 표시한 값이다.

표 4-6 방위의 계산

방위각(α)	방위의 값(θ)	방 위
Ⅰ 상한(0°~90°)	$\theta=\alpha$	N θ E
Ⅱ 상한(90°~180°)	$\theta=180°-\alpha$	S θ E
Ⅲ 상한(180°~270°)	$\theta=\alpha-180°$	S θ W
Ⅳ 상한(270°~360°)	$\theta=360°-\alpha$	N θ W

예제 4-5

예제 4-3의 계산된 방위각에서 방위를 계산하시오(〈그림 4-9 참조〉).

풀이 〈표 4-6〉을 이용하면 다음과 같이 된다.

표 4-7

관 측 선	방 위 각	방 위	거 리
A~B	40° 18′ 30″	N40° 18′ 30″E	73.61m
B~C	334° 22′ 37″	N25° 37′ 23″W	111.20m
C~D	240° 23′ 15″	S60° 23′ 15″W	126.18m
D~A	130° 38′ 23″	S49° 21′ 37″E	145.01m

예제 4-6

예제 4-4의 결합 다각형에 대한 방위를 결정하시오(〈그림 4-10 참조〉).

풀이 〈표 4-6〉을 이용하여 방위각에서 방위를 계산한다.

표 4-8

관 측 선	방 위 각	방 위
1~2	7° 13.7′	N 7° 13.7′E
2~3	25° 46.3′	N25° 46.3′E
3~4	300° 13.0′	N59° 47.0′W
4~5	354° 0.6′	N 5° 59.4′W
5~6	295° 14.3′	N64° 45.7′W

③ 위거 및 경거의 계산

위거(緯距, latitude, L)는 어느 관측선을 자오선(NS선)에 대해 정사투영(正射投影)한 것이며, 북쪽(N)을 (+), 남쪽(S)을 (−)로 한다.

$$L = \mathrm{AB}\cos\theta \tag{4-4}$$

경거(經距, departure, D)는 어느 관측선을 자오선에 수직인 선(EW선)에 대해 정사투영(正射投影)한 것으로서 동쪽(E)을 (+), 서쪽(W)을 (−)로 한다.

$$D = \mathrm{AB}\sin\theta \tag{4-5}$$

예제 4-7

〈그림 4-11〉의 폐다각형 $ABCDEF$에 있어서 관측선의 방위, 변의 길이가 〈표 4-9〉와 같다고 하고 각 변의 위거·경거를 계산하기오.

표 4-9

관측선	방 위	변의 길이(m)	관측선	방 위	변의 길이(m)
A~B	S44° 00′00″E	91.320	D~E	N36° 11′40″E	32.860
B~C	N48° 36′40″E	39.445	E~F	N41° 50′40″W	56.385
C~D	N32° 40′00″W	27.530	F~A	S49° 02′10″W	79.460

풀이 AB, CD, ⋯, FA의 위거 · 경거를 각각 L_1, L_2, ⋯, L_6 및 D_1, D_2, ⋯, D_6이라 하면

$$\begin{cases} L_1 = -91.320\ \cos 44°00'00'' = -65.690 \\ D_1 = +91.320\ \sin 44°00'00'' = +63.436 \end{cases}$$

$$\begin{cases} L_2 = +39.445\ \cos 48°36'40'' = +26.080 \\ D_2 = +39.445\ \sin 48°36'40'' = +29.593 \end{cases}$$

$$\begin{cases} L_3 = +27.530\ \cos 32°40'00'' = +23.175 \\ D_3 = -27.530\ \sin 32°40'00'' = -14.859 \end{cases}$$

$$\begin{cases} L_4 = +32.860\ \cos 36°11'40'' = +26.519 \\ D_4 = +32.860\ \sin 36°11'40'' = +19.405 \end{cases}$$

$$\begin{cases} L_5 = +56.385\ \cos 41°50'40'' = +42.004 \\ D_5 = -56.385\ \sin 41°50'40'' = -37.615 \end{cases}$$

$$\begin{cases} L_1 = -79.460\ \cos 49°02'10'' = -52.093 \\ D_1 = -79.460\ \sin 49°02'10'' = -60.002 \end{cases}$$

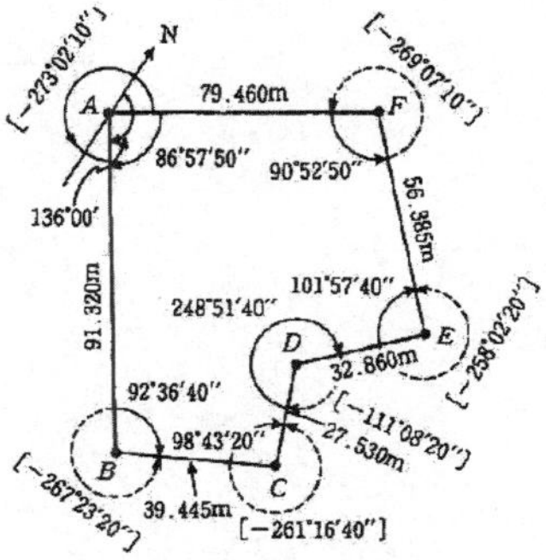

그림 4-11 폐다각형

④ 폐합오차 및 폐합비

다각측량(多角測量)을 출발점에서 거리와 각을 관측하여 처음의 출발점에 돌아왔을 경우와, 다른 기지점에 도달했을 때 거리와 각의 관측오차에 의해 폐합(閉合)되지 못하고 ε 만큼의 오차가 발생하므로, 폐합오차 ε 의 위거성분(緯距成分)을 ε_l, 경거성분(經距成分)을 ε_d 라 하면

$$\varepsilon_l = \Sigma L, \quad \varepsilon_d = \Sigma D \tag{4-6}$$

로 구할 수 있으며, 이 때의 폐합오차(error of closure)는 아래와 같다.

$$\varepsilon = \sqrt{\varepsilon_l^2 + \varepsilon_d^2} \tag{4-7}$$

각 변의 거리 관측값의 총합을 ΣS 라 하면 폐합비(ratio of closure)는 폐합오차 ε 을 ΣS 로 나눈 값이 된다.

$$\text{폐합비} = \frac{\varepsilon}{\Sigma S} \tag{4-8}$$

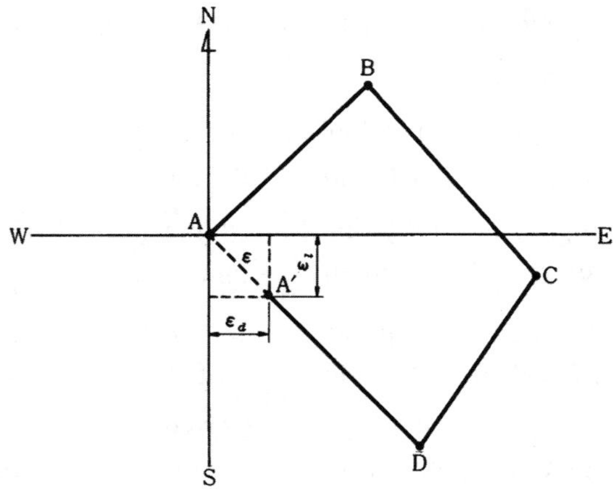

그림 4-12 폐합오차

폐합비는 $\frac{1}{m}$ 형태로 나타내며 다각측량의 가부판정에 이용된다.

예제 4-8

〈그림 4-9〉에 표시된 폐다각형 ABCD의 위거, 경거변의 길이가 다음과 같을 때 폐합오차와 폐합비를 계산하시오.

표 4-10

관 측 선	변의 길이	위 거	경 거
A~B	73.61	56.13	47.62
B~C	111.20	100.26	−48.09
C~D	126.18	−62.35	−109.70
D~A	145.01	−94.45	110.03
계	456.00	$\Sigma L=-0.41$	$\Sigma D=-0.14$

풀이 〈표 4-10〉에 의해 폐합오차 ε 은

$$\varepsilon = \sqrt{\varepsilon_l^2 + \varepsilon_d^2}$$

$$= \sqrt{0.41^2 + 0.14^2} = 0.43$$

이 되며, 폐합비는

$$\text{폐합비} = \frac{\varepsilon}{\Sigma S} = \frac{0.43}{456} \fallingdotseq \frac{1}{1{,}060}$$

이 된다.

예제 4-9

〈그림 4-10〉에 표시된 결합 다각형의 변의 길이와 위거, 경거가 다음과 같을 때 폐합오차와 폐합비를 구하시오. 단, 1관측점과 6관측점의 좌표는 x_1=100.00m, x_6=410.16m, y_1=50.00m, y_6=−41.42m이다.

표 4-11

관 측 선	거리[m]	위 거	경 거
1~2	62.34	61.84	7.84
2~3	89.12	80.26	38.75
3~4	74.63	37.56	−64.49
4~5	101.35	100.80	−10.58
5~6	69.47	29.62	−62.84
계	396.91	ΣL=310.08	ΣD=−91.32

풀이 식 (4-7)에 의해 폐합오차는

$$x_6 = x_1 + \Sigma L = 100 + 310.08 = 410.08$$

$$y_6 = y_1 + \Sigma D = 50 + (-91.32) = -41.32$$

이므로

$$\varepsilon_l = 410.08 - 410.16 = -0.08$$

$$\varepsilon_d = 41.32 - (-41.42) = 0.10$$

이 된다. 따라서

$$\varepsilon = \sqrt{\varepsilon_l^2 + \varepsilon_d^2} = \sqrt{(0.08)^2 + (0.10)^2} = 0.13$$

이 되며, 폐합비는

$$\text{폐합비} = \frac{\varepsilon}{\Sigma S} = \frac{0.13}{396.91} \fallingdotseq \frac{1}{3,053}$$

⑤ 폐합오차의 조정

폐합오차와 폐합비(閉合比)를 계산한 후, 폐합오차가 허용오차 범위 내에 있을 경우에는 각 변의 방위 또는 각과 변의 길이 관측시 발생되는 오차를 각 변에 배분하여 다각형을 폐합 및 결합시킨다. 이 조정방법으로는 다음과 같은 방법이 있다.

가) 간략법(arbitrary method)

간략법은 외업시(外業時)에 현장상태를 고려해서 오차를 배분하며, 평지보다는 기복이 심한 산지에 오차가 많이 포함될 것으로 추측되므로, 산지지역에 더 큰 오차 보정량을 분배하여 경거(經距)의 합과 위거(緯距)의 합이 0이 되도록 보정하는 방법이다.

나) 컴퍼스 법칙

각관측과 거리관측의 정확도가 같을 때 조정하는 방법으로 각 관측선(觀測線) 길이(다각변의 길이)에 비례하여 폐합오차(閉合誤差)를 배분한다.

$$\text{위거의 조정량} : \Sigma l = \frac{-\Sigma L}{\Sigma S} S$$

$$\text{경거의 조정량} : \Sigma d = \frac{-\Sigma D}{\Sigma S} S \qquad (4\text{-}9)$$

단, Σl, Σd ; 위거 및 경거의 조정량, ΣL, ΣD ; 위거 및 경거의 폐합오차, ΣS ; 관측선 길이의 총합, S ; 어떤 관측선의 길이이다. 컴퍼스 법칙은 2등다각(二等多角) 측량에서 이용되는 방법으로 다각점간의 거리가 같을 경우는 오차를 등분하여서 배분한다.

다) 트랜싯 법칙

다각측의 정확도가 거리관측의 정확도보다 높을 때 조정하는 방법으로, 위거(L)와 경거(D)의 크기에 비례하여 폐합오차를 배분한다.

$$\text{위거의 조정량} : \Sigma l = \frac{-\Sigma L}{\Sigma |L|} \cdot |L_i|$$

$$\text{경거의 조정량} : \Sigma d = \frac{-\Sigma D}{\Sigma |D|} \cdot |D_i| \qquad (4\text{-}10)$$

단, $\Sigma|L|$, $\Sigma|D|$는 위거 및 경거의 절대값의 총합, L_i D_i 는 어떤 관측선(觀測線)의 위거 및 경거이다.

예제 4-10

〈그림 4-9〉에 표시된 폐다각형 ABCD의 폐합오차를 컴퍼스 법칙과 트랜싯 법칙으로 조정하여 조정위거와 조정경거를 결정하시오.

풀이 (a) 컴퍼스 법칙에의 조정계산

표 4-12

관측선	거리	위거		경거		조정위거		조정경거	
		+	−	+	−	+	−	+	−
A~B	73.61	56.13		47.62		56.20		47.64	
B~C	111.20	100.26			48.09	100.36			48.06
C~D	126.18		62.35		109.70		62.24		109.66
D~A	145.01		94.45	110.03			94.32	110.08	
계	456.00	156.39	156.80	157.65	157.79	156.56	156.56	157.72	157.72
오차	$\varepsilon_l=-0.41$, $\varepsilon_d=-0.14$					0		0	

$$\frac{\varepsilon_l}{\sum S} = \frac{0.41}{456} = 0.00090 \qquad \frac{\varepsilon_d}{\sum S} = \frac{0.14}{456} = 0.00031$$

73.6×0.00090=0.07	73.6×0.00031=0.02
111.2×0.00090=0.10	111.2×0.00031=0.03
126.2×0.00090=0.11	126.2×0.00031=0.04
145.0×0.00090=0.13	145.0×0.00031=0.05
0.41	0.14

(b) 트랜싯 법칙에 의한 조정계산

표 4-13

관 측 선	조 정 위 거		조 정 경 거	
	+	−	+	−
A~B	56.20		47.64	
B~C	100.39			48.07
C~D		62.27		109.65
D~A		94.32	110.08	
계	156.59	156.59	157.72	152.72
오 차	0		0	

$[L]$=156.39+156.80=313.19

$[D]$=157.66+157.79=315.45

$$\frac{\varepsilon_l}{[L]} = \frac{0.41}{313} = 0.00131 \qquad \frac{\varepsilon_d}{[D]} = \frac{0.14}{315} = 0.00044$$

56.1×0.00131=0.07	47.6×0.00044=0.02
100.3×0.00131=0.13	48.1×0.00044=0.02
62.4×0.00131=0.08	109.7×0.00044=0.05
94.5×0.00131=0.13	110.0×0.00044=0.05
0.41	0.14

⑥ 좌표 및 면적계산

가) 좌표의 계산

임의의 관측점에 대한 좌표(N, E)는 그 관측점(觀測點)까지의 합위거($\sum L$)와 합경거($\sum D$)로 구한다.

$$N = \sum L = (L_1 + L_2 - L_3)$$

$$E = \sum D = (D_1 + D_2 - D_3) \qquad (4\text{-}11)$$

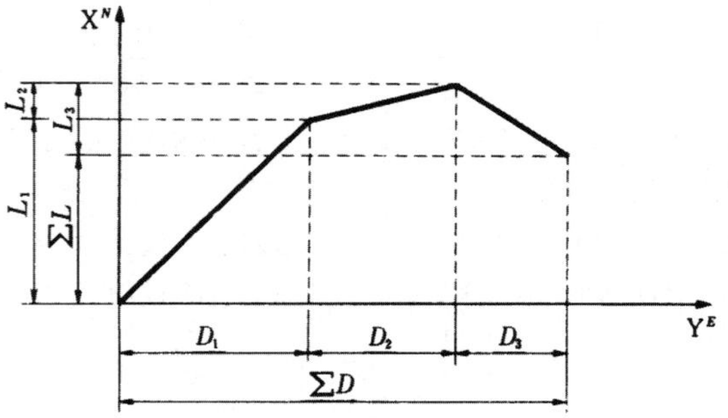

그림 4-13 좌표계산

예제 4-11

〈표 4-12〉와 〈표 4-13〉의 폐다각형 ABCD에서 A의 좌표가 (N=100, E=50)일 때 각 점의 좌표를 계산하시오.

풀이 〈표 4-12〉의 컴퍼스 법칙으로 조정한 조정위거, 조정경거를 이용하여 식 (4-11)에 의해 계산하면 다음과 같다.

A…N_1=100 　 E_1=50
L_1=56.20 　 D_1=47.64
B…N_2=156.20 　 E_2=97.64
L_2=100.36 　 D_2=−48.06
C…N_3=256.56 　 E_3=49.58
L_3=−62.24 　 D_3=−109.66
D…N_4=194.32 　 E_4=−60.08
L_4=−94.32 　 D_4=+110.08
A…N_1=100 　 E_1=50(검산)

표 4-14 좌표

합위거	합경거	좌 표
100	50	A
156.20	97.64	B
256.56	49.58	C
194.32	−60.08	D
100	50	A

〈표 4-13〉의 트랜싯 법칙으로 조정한 조정위거와 조정경거를 이용하면

A…N_1=100 　 E_1=50
L_1=56.20 　 D_1=47.64
B…N_2=156.20 　 E_2=97.64
L_2=100.39 　 D_2=−48.07
C…N_3=256.59 　 E_3=49.57
L_3=−62.27 　 D_3=−109.65
D…N_4=194.32 　 E_4=−60.08
L_4=−94.32 　 D_4=110.08
A…N_1=100 　 E_1=50(검산)

표 4-15 좌표

합위거	합경거	좌 표
100	50	A
156.20	97.64	B
256.59	49.57	C
194.32	−60.08	D
100	50	A

나) 면적계산

다각측량(多角測量)에서의 면적계산은 위거(緯距)와 횡거(橫距)를 이용하여 이루어지며, 횡거란 어떤 관측선의 중앙점에서 자오선(子午線)에 내린 수선(垂線)의 길이로서 면적계산에서는 편의상 횡거의 2배인 배횡거(倍橫距)를 사용한다. 임의의 관측선의 배횡거(倍橫距)는

(임의의 관측선의 배횡거)=(하나 앞관측선의 배횡거)+
(하나 앞관측선의 경거)+(그 관측선의 경거) (4-12)

로 결정되며, 따라서 다각형의 면적은 다음과 같이 된다.

$$(\text{다각형의 면적})=\frac{1}{2}\times\Sigma(\text{배횡거}\times\text{위거}) \quad (4\text{-}13)$$

계산된 면적은 부호와 관계없이 절대값을 이용한다.

예제 4-12

〈표 4-12〉의 조정위거와 조정경거를 이용하여 〈그림 4-9〉에 나타난 폐다각형 ABCD의 면적을 배횡거법으로 계산하시오.

표 4-16

관 측 선	조 정 위 거		조 정 경 거	
	+	−	+	−
A~B	56.20		47.64	
B~C	100.36			48.06
C~D		62.24		109.66
D~A		94.32	110.08	

풀이 각 관측선의 배횡거는 식 (4-12)에 의해 구하면 다음과 같다.

관측선 A~B의 배횡거 : 47.64

관측선 B~C의 배횡거 : 47.64+47.64−48.06=47.22

관측선 C~D의 배횡거 : 47.22−48.06−109.66=−110.50

관측선 D~A의 배횡거 : −110.50−109.66+110.08=−110.08

표 4-17

관측선	조정위거[m]		조정경거[m]		배횡거[m]	배면적[m²]
	+	−	+	−		+
A~B	56.20		47.64		47.64	2,677.3680
B~C	100.36		48.06		47.22	4,738.9992
C~D		62.24	109.66		−110.50	6,877.5200
D~A		94.32	110.08		−110.08	10,382.7456
계						24,676.6328

배면적 $47.64\times56.20=2677.3680$

$47.22\times100.36=4738.9992$

$-62.24\times(-110.50)=6877.5200$

$-94.32\times(-110.08)=10,382.7456$

$24,676.6328$

$\therefore$ 면적$=\frac{1}{2}\times24,676.6328=12,338.3164\ [m^2]$

예제 4-13

〈그림 4-14〉와 같은 폐합 트래버스의 면적을 배횡거법으로 구하시오.

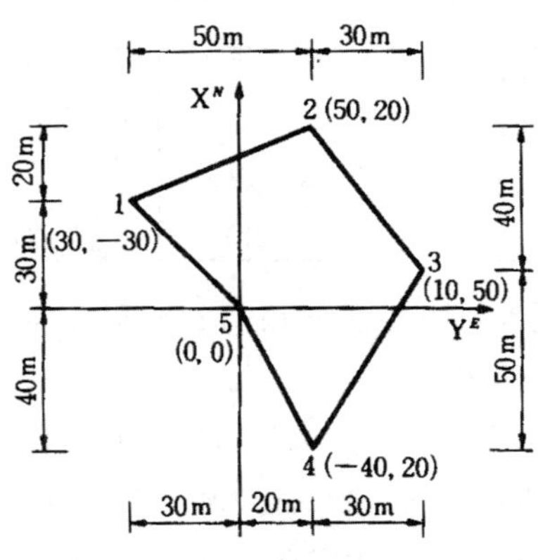

그림 4-14 배횡거법에 의한 면적계산 예

풀이

표 4-18

관 측 선	위거(L)	경거(D)	배횡거(M)	배면적(LM)	
				+	−
5~1	30	−30	−30		900
1~2	20	50	−10		200
2~3	−40	30	70		2,800
3~4	−50	−30	70		3,500
4~5	40	−20	20	800	
Σ	0	0		800	7,400

∴ 면적$=\frac{1}{2}\Sigma LM=\frac{1}{2}(7,400-800)=3,300\ [m^2]$

(8) 다각측량의 적용범위

다각측량은 삼각측량과 마찬가지로 건설, 농림, 지적(地籍) 및 기초공사와 시공용 지도의 기준점 설치에 널리 이용되고 있다. 일반적으로 장애물이 많아서 시통이 어려운 지역이나, 선형(線形) 또는 띠 모양(帶狀)의 측량지역 또는 간격 300m 이하 정도의 고밀도인 기준점이 요구되는 경우에는 다각측량이 삼각측량보다 유리하다.

① 노선측량에서의 응용

노선측량은 도로, 철도 등 좁고 긴 지역에 설치되는 시설의 계획 또는 시공을 위한 측량으로, 이미 만들어진 지형도(地形圖)에 의한 기본계획에 이용된다. 또한, 예정 노선지역의 대축척(大縮尺) 지형도(1/5,000~1/2,500)의 작성 및 노선 중심선의 현지설정 그리고 시공용 종횡단면의 측량과 토공량(土工量) 등의 계산 등에 이용된다.

② 터널측량에서의 응용

터널의 양예정(兩豫定) 갱구(坑口)를 잇는 중심선의 거리와 방위각을 구할 경우, 지형의 악조건에 의해 중심선 측량이나 삼각측량이 불가능하면 다각측량에 의한다.

③ 지적측량에서의 응용

지적의 기준점 및 보조 기준점을 다각측량으로 결정한 경우를 지적용 기준 다각점(多角點)이라고 하며, 지적기준 다각점 측량의 한도는 〈표 4-19〉와 같다.

또한, 지적도(地籍圖)의 도근점(圖根點)을 다각측량으로 결정할 때를 도근 다각측량(圖根多角測量)이라 하며, 국가 삼각점, 지적용 기준점(또는 삼각점, 다각점), 지적용 도근 삼각점을 기지점으로 하고 다각점은 사용할 수 없다.

다각노선의 차수(次數)는 3차까지로 하며, 1차 노선은 도근 삼각점(圖根三角點) 또는 2등 다각점(多角點) 이상을 기지점으로 하는 노선으로, 그 연장이 1.5km 이내를 표준으로 한다.

2차 노선은 1차의 다각점 이상을 기지점으로 하고, 3차 노선은 2차의 다각점 이상을 기지점으로 하는 노선으로, 그 연장은 1km 이내를 표준으로 한다. 지적(地籍)의 도근 다각측량(圖根多角測量)에서 관측값의 허용오차는 〈표 4-20〉에, 계산의 단위 및 계산값의 제한조건은 〈표 4-21〉에 나타나 있으며, 실제의 작업에 있어서는 작업규정 준칙에 따라야만 한다.

④ 산림측량에서의 응용

산림측량에 필요한 제1차 도근주점(圖根主點) 및 제2차 도근주점을 다각측량으로 구하는 경우는 다음 기준에 따른다. 제1차 주점(主點)은 국가 삼각점을 주어진 점으로 하는 1관측계(觀測系) 10점을 한도로 결합 다각측량으로 결정하며, 이 규격은 2등 다각측량과 같은 정확도로 해야 한다.

표 4-19 지적용 기준점 측량의 허용오차

구 분		수평위치의 오차				수직위치의 오차	
		좌표의 오 차	변 길이의 오차합비	각의 폐합차	거리관측의 오차	출합차(出合差)	폐합차(閉合差)
지적용 기준점	삼각점	±10cm	1/10,000	20″	1/10,000	30cm	
	다각점	±10cm	1/5,000	$30\sqrt{n}''$			10cm+
	수준점					1.5cm/2km	$3\sqrt{n}$ cm
							$1.0\sqrt{S}$ cm
지적용 보 조 기준점	삼각점	±20cm	1/7,000	40″		45cm	
	다각점	±20cm	1/3,000	$40\sqrt{n}''$	1/5,000		15cm+
	수준점					1.5cm/1km	$5\sqrt{n}$ cm
							$1.5\sqrt{S}$ cm

1) 좌표의 오차라 함은, 기지점(既知點)에서 산출한 해당점의 좌표값의 평균 제곱근 오차(표준편차를 말함)
2) 각의 폐합차라 함은, 삼각점에 있어서는 삼각형의 폐합차를, 다각점에 있어서는 기지방향(既知方向)에 대한 방향의 폐합차를 말함.
3) n 은 다각노선의 변수(邊數), S 는 고저측량 노선의 전체 길이를 km 단위로 표시한 수

표 4-20 지적용 도근 다각측량에 있어서 관측값의 허용오차

구분		정확도 구분	갑 1	갑 2 ~ 을 3 (가)	갑 2 ~ 을 3 (나)
수평각	방향각법	대 횟 수(對 回 數)	2	2	2
		관 측 차	45″	60″	…
		교 차(較 差)	…	…	60″
		배 각 차(倍 角 差)	60″	120″	…
	배각법	배 각 차(倍 角 差)	2	2	…
		정반(正反)의 관측값의 차	60″	120″	…
연직각(鉛直角)		대 횟 수(對 回 數)	1	1	1
		정 수 차(定 數 差)	60″	60″	60″
		동일구간에 대한 전후 시차	90″	90″	90″

[비고] 정확도 구분 갑 2~을 3란 중 (나)는 다음의 각 호에 게재한 지적용(地籍用) 도근 다각측량을 말하고, (가)는 (나) 이외의 지적용 도근 다각측량을 말한다.

(1) 그 노선이 갑 2 이하의 정확도 구분에 속하는 2차 노선이고, 그 노선에 3차 노선의 출발점 또는 폐합점(閉合點)을 포함하지 않는 지적용 도근 다각측량

(2) 그 노선이 갑 2 이하의 정확도 구분에 속하는 2차 노선인 지적용 도근 다각측량

표 4-21 지적용 도근 다각측량에 있어서 계산값의 허용오차

정확도 구분	계산단위: 각값	계산단위: 변의 길이 진수	계산단위: 변의 길이 대수	계산단위: 좌표값 및 표고값	계산값의 허용요차: 방향각의 폐합차	계산값의 허용요차: 좌표의 폐합차	표고의 폐합차: 직접법	표고의 폐합차: 간접법
갑1	10″	cm	5	cm	$30''\sqrt{n}+10''$	$0.005\mathrm{m}\sqrt{S}+0.05\mathrm{m}$	$15\,\mathrm{cm}+30\,\mathrm{cm}\sqrt{\frac{S}{1000}}$	$15\,\mathrm{cm}+30\,\mathrm{cm}\sqrt{N}$
갑2	〃	〃	〃	〃	$45''\sqrt{n}+20''$	$0.01\mathrm{m}\sqrt{S}+0.10\mathrm{m}$		
갑3	〃	〃	〃	〃	$60''\sqrt{n}+30''$	$0.02\mathrm{m}\sqrt{S}+0.20\mathrm{m}$		
을1	〃	〃	〃	〃	$90''\sqrt{n}+30''$	$0.03\mathrm{m}\sqrt{S}+0.20\mathrm{m}$		
을2	〃	10cm	〃	10cm	$90''\sqrt{n}+45''$	$0.04\mathrm{m}\sqrt{S}+0.20\mathrm{m}$		
을3	〃	〃	〃	〃	$120''\sqrt{n}+45''$	$0.06\mathrm{m}\sqrt{S}+0.02\mathrm{m}$		

[주] n : 관측점수, N : 변수, S : 전길이 [m]

제2차 주점은 제1차 주점 이상의 정확도를 갖는 기준점을 주어진 점으로 하는 결합 다각측량으로 결정하며, 제1차, 제2차 보점(補點)은 삼각측량에 의한 경우와 마찬가지로 생각해도 좋으나, 제1차 보점을 위한 다각노선의 1측계의 점수는 20점 이하로 한다.

〈표 4-22〉는 이상의 주점(主點) 및 보점(補點)을 결정하기 위한 다각측량에서 관측방향과 그 허용오차(또는 제한조건, 표에는 공차로 표현하고 있다)를 나타낸 것으로, 일반적인 주의사

항은 다각점간의 거리를 30m 이내로 하고 수평각은 원칙적으로 방향각법에 의할 것, 거리는 쇠줄자 또는 대자로 2회 측량을 하여야 한다.

표 4-22 다각측량에 산림 도근점의 관측과 공차(公差)

도 근 점 의 종 류			제1차 및 제2차 주점	제1차 및 제2차 주점
수평각	관 측 대 횟 수		2	2
	공차	정 반 의 교 차	50″	50″
		각 대 회 의 교차	30″	30″
		관 측 차	45″	45″
		배 각 차	60″	60″
		각 규 약 에 대 한 교 차	$30'' \sqrt{n}$	$40'' \sqrt{n}$
		기 정 각 에 대 한 교 차	$30'' \sqrt{n}$	$40'' \sqrt{n}$
수직각	관 측 대 횟 수		1	1
	공차	상 수 차	60″	60″
거 리	관 측 횟 수		2	2
	공차	읽 음 값 의 차	1cm	1cm
종횡선 계 산	공차	폐 합 비(閉 合 比)	1/3000	1/2000
고 저 계 산	공차	폐합오차(閉合誤差)	$10\sqrt{n}$ cm	$10\sqrt{n}$ cm

n : 관측점수

2 삼각측량

(1) 개설

삼각측량은 지도작성, 국토조사, 도로, 철도, 하천 등에 필요한 기준점인 삼각점의 위치 $(x,\ y)$를 기선(基線)을 관측한 다음 각(角)만을 관측하여 삼각법으로 정밀하게 결정하는 측량방법이다.

삼각측량은 측량구역의 넓이에 따라 크게 대지(大地) 삼각측량과 소지(小地) 삼각측량으로 나눌 수 있다. 대지 삼각측량은 지구의 곡률을 고려하여 정확한 결과를 구하려는 것이고 소지 삼각측량은 지구의 표면을 평면으로 간주하고 실시하는 측량으로, 100만분의 1의 정확도를 바라는 경우에는 반경 11㎞ 이내의 범위와 면적 약 400㎢ 이내의 범위를 평면으로 취급한다.

(2) 삼각측량의 원리 및 삼각망의 종류

① 삼각측량의 원리

〈그림 4-15〉와 같이 기선(base line)의 길이 AB=C는 정확하게 관측하고, 삼각점 A, B, C, …를 잇는 그 밖의 변(邊) 길이는 삼각형의 내각(內角)을 관측하여 삼각법으로 결정한다.

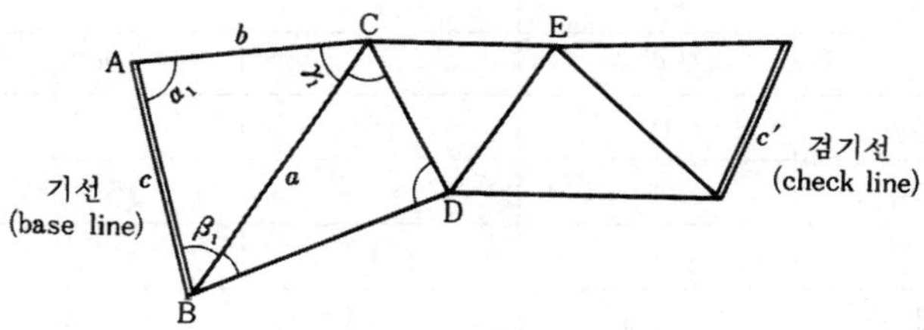

그림 4-15 삼각측량의 원리

즉, sine 법칙

$$\frac{a}{\sin A}=\frac{b}{\sin B}=\frac{c}{\sin C} \qquad (4-14)$$

로부터 변 길이 a, b는

$$a=\frac{\sin A}{\sin C}c, \qquad b=\frac{\sin B}{\sin C}=c \qquad (4-15)$$

로 하며, 이와 같은 방법으로 점점 확대하여 전체 변 길이를 모두 구할 수 있고, 검기선(檢基線)은 다시 실제 관측하여 계산값과 비교한다. 또한, 삼각점의 고도는 직접 고저측량이나 삼각 고저측량으로 구한다.

② 삼각점

국토교통부 국토지리정보원(國土地理情報員)이 실시한 기본측량에 의하여 설치된 삼각점, 다각점, 수준점(水準點 또는 고저 기준점) 등을 국가 기준점이라 말한다.

삼각점은 각관측 정밀도에 의하여 1등 삼각점, 2등 삼각점, 3등 삼각점, 4등 삼각점의 4등급으로 나누어진다.

이 삼각점들은 경위도 원점(經緯度原點)을 기준으로 경위도를 정하고 수준원점(또는 고저기준원점)을 기준으로 하여 그 표고를 정한다. 〈표 4-23〉은 삼각점의 정확도를 나타내고, 축척 1/50,000 정도의 지형도를 작성할 때는 3등 삼각점, 축척 1/10,000 정도에서는 4등 삼각점의 설치가 필요하게 된다.

표 4-23 삼각점의 허용오차

구 분		대 삼 각		소 삼 각	
		1 등	2 등	3 등	4 등
평균변의길이		30km	10km	5km	2.5km
교 각(交 角)		약 60°	30~120°	25~130°	15° 이상
최소읽음값		0.1″	0.1″	1″	1″
관측법		각관측	〃	〃	〃
수평각의 제한	대회수	12	12	3	2
	배각차			15″	20″
	관측차	1.5″	2.0″	8″	10″
	삼각형의 폐합차	1.0″	5.0″	15.0″	20.0″
조정법		조건식에의한 망조정	좌표조정(3차까지)	좌표조정(6차까지)	간략좌표조정(5차)
변길이의계산단위		대수 8자리	대수 7자리	대수 6자리	대수 6자리
각의계산단위		0.001″	0.01″	0.1″	1.0″
수평각의평균제곱근오차		1방향±0.5″	〃 ±1.0″	〃 ±2.0″	수평위치 ±5cm

그 외의 1등, 3등 삼각점 및 4등 삼각점 또는 기설(旣設)의 기준 삼각점에서 실시한 삼각측량을 기준 삼각측량, 이에 의하여 얻은 점을 기준 삼각점이라 말한다. 또, 기준 삼각점으로도 정확도가 낮은 경우에는 보조 삼각측량을 하여 보조 삼각점을 구한다. 기준 삼각점 및 보조 삼각점의 점간 거리는 각각 약 1.5km, 0.7km를 표준으로 한다.

③ 삼각망의 종류

삼각망의 종류는 단열삼각망(單列三角網), 유심다각망(有心多角網), 사변형망(網) 및 이들이 혼합된 복합삼각망 등으로 분류된다. 단열삼각망은 원거리 2점의 위치관계를 결정할 경우, 좁고 긴 지역에 사용하여 하천측량, 노선측량 등에 이용되며, 거리에 비하여 관측수가 적으므로 신속하며 경제적이지만 조건식이 적어서 정밀도가 낮다. 유심다각망은 넓은 지역의 측량에 적합하고, 동일 관측점수에 비하여 포함면적이 가장 넓으며, 정밀도는 단열삼각망보다 높고 사변형망보다 낮다. 사변형망은 조건식의 수가 가장 많아 정밀도가 높으나 조정이 복잡하고 포함면적이 적으며, 시간과 비용이 많이 드는 단점이 있다. 또한, 복합삼각망은 이들 삼각망이 복합되어 하나의 망을 형성한 것이다. 삼각망의 종류는 〈그림 4-16〉과 같다.

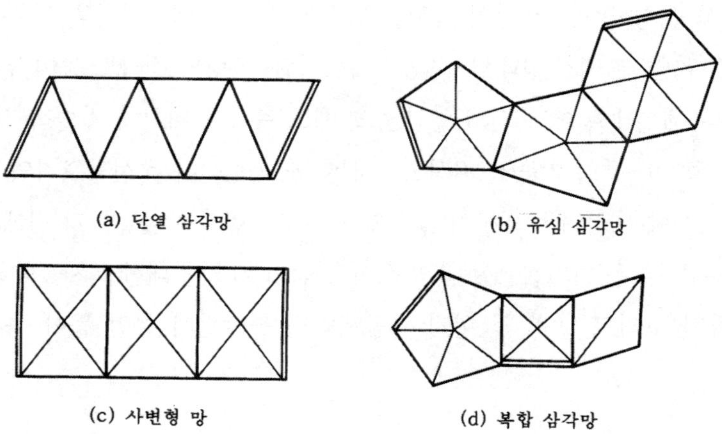

그림 4-16 삼각망의 종류

(3) 삼각측량의 특징

① 삼각측량은 삼각점간의 거리를 비교적 길게 취할 수 있고, 또 한 점의 위치를 정확하게 결정할 수 있으므로 넓은 지역에 똑같은 정확도의 기준점을 배치하는 것이 편리하다. 우리나라의 1등삼각측량은 변의 평균 길이가 30㎞ 정도이다.

② 삼각측량은 넓은 면적의 측량에 적합하다.

③ 삼각점은 서로 시통이 잘 되어야 하고, 또 후속 측량에 이용되므로 일반적으로 전망이 좋은 곳에 설치한다. 따라서 삼각측량은 산지 등 기복이 많은 곳에 알맞고, 평야지역과 삼림지대 등에서는 시통을 위하여 많은 벌목과 높은 관측표 등을 필요로 하므로 작업이 곤란하다.

④ 조건식이 많아 계산 및 조정방법이 복잡하다.

⑤ 각 단계에서 정확도를 점검할 수 있다. 즉, 삼각형의 폐합차, 좌표 및 표고의 계산결과

로부터 측량의 양부를 조사할 수 있다.

(4) 삼각측량의 작업순서

삼각측량은 일반적으로 계획과 준비, 답사 및 선점, 표지의 설치, 관측, 그리고 계산과 정리의 순서에 따라 실시된다.

① 계획과 준비

측량을 실시하는 데 있어서 최소의 경비를 가지고 능률적이고 완전하게 하려면, 충분한 계획과 준비에서 실행하여야 소기의 목적을 달성할 수가 있다. 계획을 세우는 데는 측량의 목적, 측량지역, 작업량, 기간(성과 납입기일), 측량경비, 측량의 정확도 등이 명확하여야 한다.

전체 계획이나 세부계획 어느 것의 입안(立案)에도 측량에 대하여 기술적 지식과 부수적인 사회상식이 필요하며, 특히 기술적 지식으로서는 후술(後述)하는 선점표지의 설치, 관측, 계산, 정리의 각 사항에 대하여 주의하지 않으면 안 된다. 현지로 출발하기 전에 준비를 완전히 하여야 하며, 준비사항은 기지점(旣知點)의 성과와 점의 기록에 대한 복사, 휴대기기의 종류와 수량 및 기능확인 그리고 날씨 및 현지 관공서와의 연락관계 확인 등이 이루어져야 한다.

② 답사 및 선점

현지답사는 측량지역 전반에 걸쳐 현장에 도착해서 계획대로 작업이 될 수 있는가를 조사하는 것이다. 이 결과 필요에 따라 계획을 다소 수정하지 않으면 안 되는 경우가 생긴다. 답사에서 조사하는 사항은 기지점(旣知點)의 상황, 도로교통의 상황, 인부고용의 편리여부, 재료의 구입 및 운반방법, 수목의 상황 등으로서, 필요한 작업을 계획에 따라 진행하기 위하여 필요한 사항 및 작업실시에 장애가 되는 사항 등에 대해서 조사하는 것이다.

선점(選點)은 신설하는 삼각점의 위치를 현지에서 선정하는 작업인데, 일반적으로 현지답사와 동시에 한다. 선점에서 유의하여야 할 일반적인 사항(선점요건)은 다음과 같다.

삼각점은 측량구역 내에 고른 밀도로 분포되고, 삼각형은 가능한 한 정삼각형에 가까운 형태가 되도록 하며, 지반이 견고하고 보존이 양호하여, 이후에 실시되는 측량에 유효하게 이용될 수 있도록 하여야 한다.

③ 표지의 설치

가) 삼각점 표석

삼각점 표석은 〈그림 4-17(a)〉와 같이 반석(盤石)과 주석(柱石)으로 이루어지고, 석재

(石材)로는 화강암을 쓴다. 주석두부(柱石頭部) 상면 및 반석 상면 중앙에는 각각 십자선이 새겨져 있고, 양쪽 십자선의 중심은 동일 연직선상(鉛直線上)에 있다. 표석을 보호하기 위하여 보호석을 주위에 묻는다. 표석두부(標石頭部)의 측면에는 측량표(測量標)의 종류, 측량계획 기관명, 기본측량이나 공공측량의 구분, 측량표의 번호 등을 새겨 둔다.

나) 관측표

관측표는 주로 시준표(視準標)가 되는 것으로 〈그림 4-17(b)〉에 표시한 것과 같은 구조이나 평야지(平野地)와 산림 등에서는 고측표(高測標)를 세울 때가 있다. 고측표는 기계(器械)를 얹는 관측기가(觀測器架)를 사용하고, 조표재료(造標材料)는 우리나라에서는 일반적으로 목재를 쓰며, 관측노(觀測櫓)와 관측기가는 접촉하지 않도록 만들어졌다. 관측표의 크기는 일반적으로 지상으로부터 궤판(机板)까지의 높이로 한다.

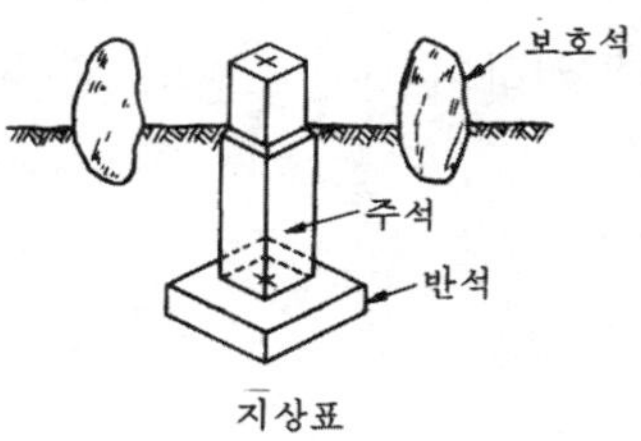

(a) 표 석

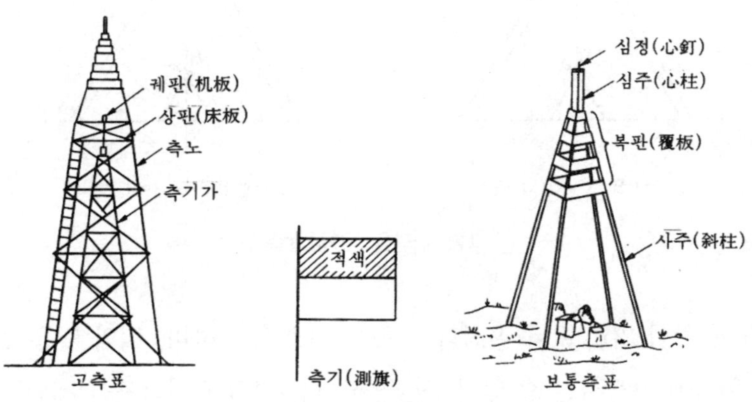

(b) 측 표

그림 4-17 표석 및 관측표

(5) 삼각망의 관측

삼각측량을 하려면 각관측 및 기선관측을 해야 한다. 우선 기선을 정하고 기선을 확대하여 삼각망을 구성하여야 한다. 기선은 거리관측에서 다루었기에 여기서는 각관측을 할 경우 종종 편심관측을 해야 하는 경우가 있기에 편심관측에 대해 설명하기로 한다. 삼각측량에서 삼각점의 표석, 관측표 및 기계의 중심이 연직선으로 일치되어 있는 것이 이상적이나 현지의 상황에 따라 이 세 가지의 중심이 일치될 수 없는 조건하에서 부득이 측량하여야 할 때에는 편심시켜서 관측을 하여야 하며, 이것을 편심(또는 귀심)관측이라 한다.

① 편심의 종류

표석중심(標石中心)을 C, 관측점을 B, 관측표중심을 P라 할 때 관측표의 설치 당시에는 관측표중심(觀測標中心)과 표석중심이 일치하나, 시일의 경과에 따라 편심이 일어나 P ≠ C의 상태가 되며, 특히 시가지에는 빌딩의 건설로 그 옥상에 기계를 고정하여 각 관측을 하는 등의 필요성이 생긴다. 이와 같이 하여 표석중심과 관측점이 일치한 상태로 관측하고, P ≠ C의 관측표를 건설한 경우에는 B 및 P의 C에 대한 편심량 e를 관측하고, B=C=P의 조건에 의해 각관측 값을 구하기 위하여 편심조정의 계산을 실시한다.

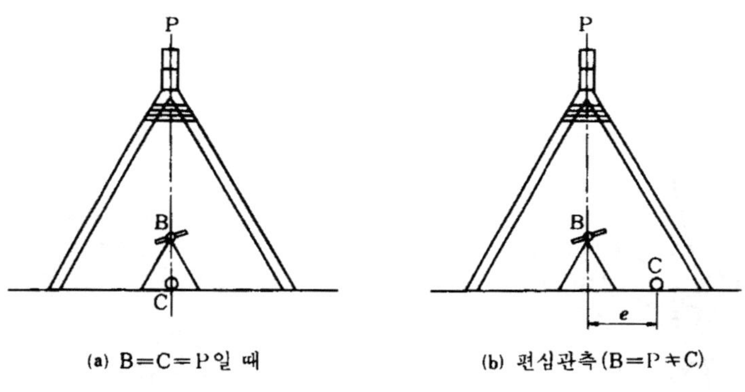

그림 4-18 편심관측

계산에 필요한 편심 거리 e 와 편심각 φ 를 편심요소라 하며, 이와 같은 편심의 종류는 첫째, 표석의 위치에 고정시킬 수 없어 e만큼 떨어진 지점에 관측표를 세워 관측하는 경우 (B = P ≠ C)와, 둘째, 관측표의 설치가 정확하게 되며 관측표가 오래된 경우로서 편심량이 작고 편심관측 중에는 가장 많은 경우(B = C ≠ P)이고, 셋째, 말뚝의 삼각점을 시준할 때 이 하나의 시준이 불가능한 경우(B ≠ C = P)로, 이러한 경우는 거의 없다. 넷째, 관측점, 표석중심, 관측표중심이 흩어지는 경우(B ≠ C ≠ P)로서 1관측점에서 2개의 편심보정(偏心補正)을 계산할 필요가 있다. 상기의 편심관측에 따르는 편심조정량 x의 부호를 표시하면

〈표 4-24〉와 같다.

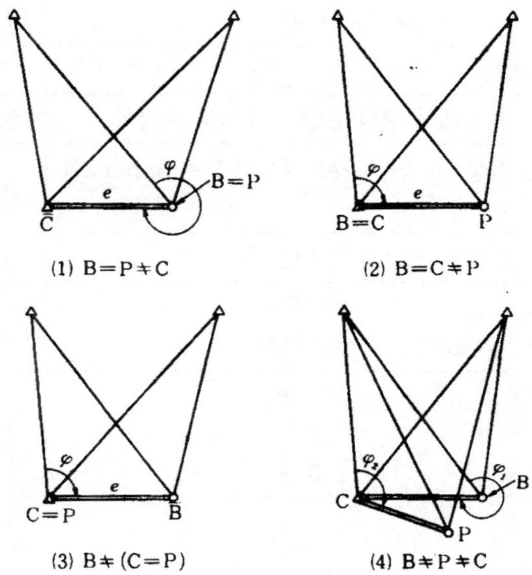

그림 4-19 편심의 종류

표 4-24 편심관측과 조정량 x의 부호

편심	B에서 관측한 경우	C에서 관측한 경우	P에서 관측한 경우
(B = P) ≠ C	정방향 $+x$ 반방향 $+x$	정방향 $-x$ 반방향 $-x$	정방향 $+x$ 반방향 $+x$
(B = C) ≠ P	반방향 $-x$	반방향 $-x$	반방향 $+x$
B ≠ (C = P)	정방향 $+x$	정방향 $-x$	정방향 $-x$
B ≠ C ≠ P	정방향 $+x$ (C ≠ P 의 조정)	정방향 $-x$ (B ≠ C 의 조정) 반방향 $-x$ (C ≠ P 의 조정)	반방향 $+x$ (C ≠ B 의 조정)

② 편심요소의 관측

편심조정 계산에 필요한 편심요소에는 편심 거리 e 및 편심각 φ가 있으며, 관측점과 표석 중심간의 거리인 편심 거리는 ㎜까지 관측하고, 편심각의 관측은 편심 거리에 따라 30′단위에서 1″단위까지 5단계로 구분을 해서 실시한다. 편심 거리에 따른 편심요소의 관측기준은 〈표 4-25〉와 같다.

표 4-25 편심 거리에 따른 편심요소의 관측기준

편심 거리	편심각		편심 거리	
	관측방법	단위	관측방법	단위
1cm 미만	관측 불필요		mm자	mm
10cm 미만	편심관측은 지상에서 전원(全圓) 분도기로 관측	30′	mm자	〃
1m 미만	편심관측은 지상에서 전원(全圓) 분도기 또는 Sehnen표로 관측	10′	쇠줄자	〃
10cm 미만	데오돌라이트(또는 트랜싯)로 2대회	1′	쇠줄자	〃
100m 미만	트랜싯 3대회 데오돌라이트(1초독) 2대회	10″	쇠줄자 또는 간접관측	〃
100m 이상	트랜싯(20″) 4 〃 트랜싯(12″) 3 〃 데오돌라이트 3 〃	1″	쇠줄자 또는 간접관측	〃

(관측 거리 1~2km)

(6) 조정계산

삼각측량의 각 삼각점에 있어 모든 각의 관측은 다음 세 조건이 만족되어야 한다.

ⓐ 하나의 관측점 주위에 있는 모든 각의 합은 360°가 될 것.

ⓑ 삼각망 중에서 임의의 한 변의 길이는 계산의 순서에 관계없이 동일할 것.

ⓒ 삼각망 중 각각 삼각형 내각의 합은 180°가 될 것(n각형 내각의 합은 $(n-2)\times 180°$가 된다).

ⓐ를 점조건식, ⓑ를 변조건식, ⓒ를 각조건식이라 한다. 그러나 신중히 관측하여도 항상 오차가 포함되어 이 조건이 만족되지 않으므로 위의 조건이 만족되도록 모든 관측각을 조정한다. 이 조정에 필요한 계산을 조정계산 또는 평균계산이라 말한다. 만약 관측값의 오차가 제한값 이상일 경우는 다시 관측한다.

① 조정에 필요한 조건식 수

삼각망의 조정에 필요한 조건에는 관측점조건과 도형조건이 있다. 관측점조건은 한 관측점의 둘레각의 합은 360°가 되어야 한다는 것이고, 도형조건은 삼각망의 도형이 폐합(閉合)하는 까닭에 삼각형의 내각(內角)의 합은 180°라는 조건인 각 조건식과 삼각망 중 임의의 한 변의 길이는 계산순서에 무관하여 어느 변에서 계산하여도 같다는 변조건으로 나누어진다.

삼각점의 총수가 p, 관측각의 수가 a, 기선 및 검기선(檢基線)의 수를 B, 삼각망의 변수 l, 편측관측 변의 수 l'인 삼각망에서 조건식의 총수(k_1)는 $k_1 = a-2(p-2)+(B-1) = a-2p+3+B$로 표시되며 $a-2(p-2)$는 나머지에서 관측한 각수(角數)인 조건식의 총수로써, 검기선의 수 $(B-1)$만큼 $a-2(p-2)$보다 조건식 수가 증가한다.

각 조건식의 수(k_2)는 $k_2 = l-l'-(p-1) = l-l'-p+1$이며, 양측 관측변의 수는 $(l-l')$이다.

변 조건식의 수(k_3)는 $k_3 = l-\{2(p-2)+1\}+(B-1) = l-2p+2+B$이고, 관측점 조건식의 수($k_4$)는 $k_4 = k_1-(k_2+k_3)$로서, 관측점 조건식의 수가 조건식 총수 k_1에서 각 조건식 수 k_2와 변 조건식 수 k_3를 각각 빼면 구해진다.

예제 4-14

〈그림 4-20〉과 같이 기선(基線) 1~2에서 검기선(檢基線) 6~7까지 삼각측량을 실시했을 때 필요한 조건식의 수는 각각 몇 개인가?

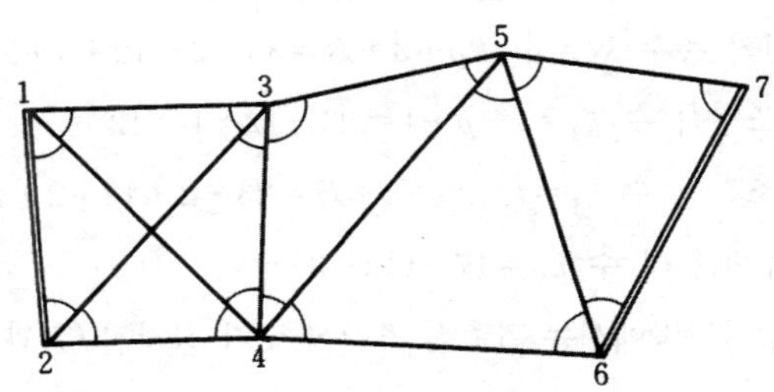

그림 4-20 복합 삼각망

풀이 그림에서 삼각점의 총수 p=7, 관측각의 수 a=17, 기선수 B=2, 변의 총수 l=12, 편측관측(片側觀測) 변수 l'=0이다.

따라서, 조건식 총수 k_1 은 $k_1 = a-2p+3+B$

$= 17-2\times7+3+2 = 8$

각 조건식 수 k_2 는 $k_2 = l-p+1 = 12-7+1 = 6$

변 조건식 수 k_3 는 $k_3 = l-2p+2+B = 12-14+2+2 = 2$

관측점 조건식 수 k_4 는 $k_4 = k_1-(k_2+k_3) = 8-(6+2) = 0$으로 결정된다.

예제 4-15

〈그림 4-21〉과 같은 유심 다각망의 필요한 조건식 수는?

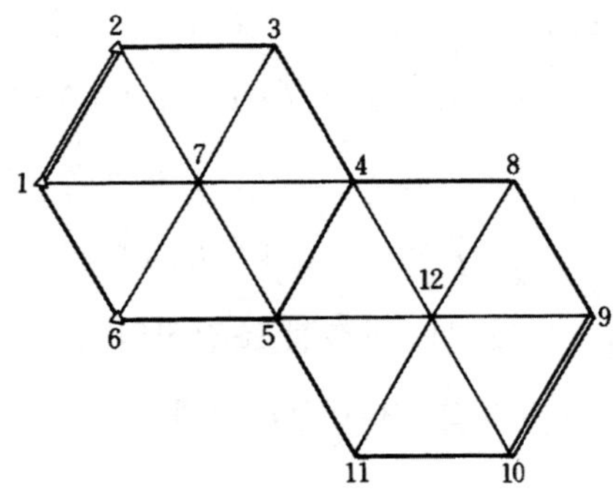

그림 4-21 유심 다각망

풀이 〈그림 4-21〉에서 삼각점의 총수 p=12, 관측각의 총수 a=36, 기선 및 검기선 수 B=2, 삼각망의 변수 l=23, 편관측 변수 l'=0이므로

① 조건식 총수 $k_1 = a - 2p + 3 + B = 36 - 2 \times 12 + 3 + 2 = 17$

② 각 조건식 수 $k_2 = l - p + 1 = 23 - 12 + 1 = 12$

③ 변 조건식 수 $k_3 = l - 2p + 2 + B = 23 - 2 \times 12 + 2 + 2 = 3$

④ 측점 조건식 수 $k_4 = 17 - (12 + 3) = 2$

즉, 유심다각망에서는 관측점 조건식 수가 삼각점 (7)과 (12)에서 2개 생긴다.

② 단삼각형의 조정과 변길이 계산

가) 단삼각형의 조정

독립된 하나의 삼각형을 단삼각형이라 말한다. 〈그림 4-22〉에 있어서 관측각을 α, β, γ, 조정량을 v_1, v_2, v_3, 조정각을 α', β', γ', 기선을 S_c라 하면 다음의 각조건식이 성립된다.

$$(\alpha + v_1) + (\beta + v_2) + (\gamma + v_3) = 180°$$

여기서 폐합오차를 ε이라 하면,

$$(\alpha + \beta + \gamma) - 180° = -(v_1 + v_2 + v_3) = \varepsilon$$

각 각이 같은 정밀도로 관측된다고 하면 최소제곱법에 의하여

$$v_1 = v_2 = v_3$$

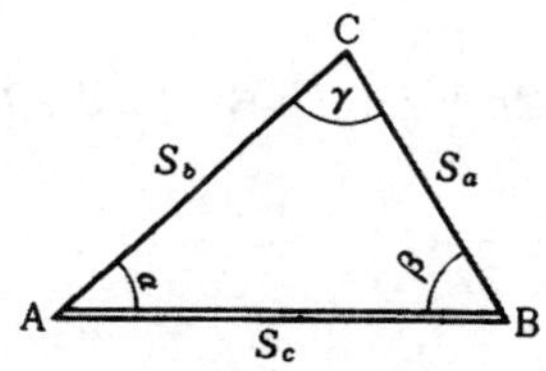

그림 4-22 단삼각형

로 된다. 그러므로,

$$v_1 = v_2 = v_3 = -\frac{\varepsilon}{3}$$

이 결과 동조정각 α', β', γ'는 다음 식으로 된다.

$$\alpha' = \alpha \mp \frac{\varepsilon}{3} \qquad (4\text{-}16)$$

$$\beta' = \beta \mp \frac{\varepsilon}{3}$$

$$\gamma' = \gamma \mp \frac{\varepsilon}{3}$$

나) 변 길이의 계산

조정내각 α', β', γ'와 기선길이 S_c에서 다른 2변 S_a, S_b를 sine법칙에 의하여 구한다.

$$\left.\begin{aligned} S_a &= \frac{\sin\alpha'}{\sin\gamma'} S_c \\ S_b &= \frac{\sin\beta'}{\sin\gamma'} S_c \end{aligned}\right\} \qquad (4\text{-}17)$$

③ 사변형의 조정계산

〈그림 4-23〉에 있어서 기선 AB와 8개의 내각을 관측한 경우의 조정법에는 엄밀법과 근사법이 있다. 엄밀법은 각조건과 변조건을 동시에 고려한 방법이고, 근사법은 각조건에 의하여 조정한 후, 변조건조정을 하는 조정법이다.

최근 컴퓨터의 발달로 근사법은 잘 사용하지 않으므로 엄밀법에 관하여 기술한다.

조건식의 총수$=a-2p+3+B=8-2\times4+3+1=4$

각조건식의 수$=l-p+1=6-4+1=3$

변조건식의 수$=l-2p+2+B=6-2\times4+2+1=1$

가) 엄밀법에 의한 조정

〈그림 4-23〉에 있어서 각 각의 조정량을 v_1, v_2, …, v_g라 하면,

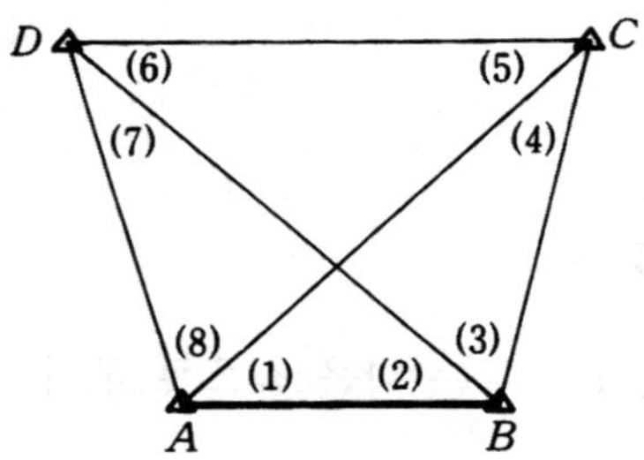

그림 4-23 사변형의 조정

$$\begin{aligned}&\{(1)+v_1\}+\{(2)+v_2\}+\{(3)+v_3\}+\ldots+\{(8)+v_8\}=360^\circ\\&\{(1)+v_1\}+\{(2)+v_2\}=\{(5)+v_5\}+\{(6)+v_6\}\\&\{(3)+v_3\}+\{(4)+v_4\}=\{(7)+v_7\}+\{(8)+v_8\}\end{aligned}\tag{4-18a}$$

위 식에 있어서

$$\begin{aligned}&\{(1)+(2)+(3)+(4)+\ldots+(8)\}-360^\circ\\&\{(1)+(2)\}-\{(5)+(6)\}=\varepsilon_1\\&\{(3)+(4)\}-\{(7)+(8)\}=\varepsilon_2\end{aligned}\tag{4-18b}$$

라 하면,

$$\left.\begin{aligned}&v_1+v_2+\cdots+v_8-\varepsilon_3=0\\&v_1+v_2-(v_5+v_6)-\varepsilon_1=0\\&v_3+v_4-(v_7+v_8)-\varepsilon_2=0\end{aligned}\right\}\tag{4-18c}$$

다음에 $\triangle ABC$, $\triangle BCD$, $\triangle CDA$, $\triangle DAB$에서 sine법칙으로 다음의 변조건식이 성립한다.

$$\frac{\sin\{(2)+v_2\}\cdot\sin\{(4)+v_4\}\cdot\sin\{(6)+v_6\}\cdot\sin\{(8)+v_8\}}{\sin\{(1)+v_1\}\cdot\sin\{(3)+v_3\}\cdot\sin\{(5)+v_5\}\cdot\sin\{(7)+v_7\}}=1 \quad (4\text{-}18d)$$

④ 삼각형의 조정계산

도시한 두 기선 사이에 끼인 단열삼각망의 조정계산은 다음 순서에 의한다. 이 경우 기지변에 대한 각을 β로 하고 삼각형의 순서에 따라서 β_1, β_2, β_3, β_4의 기호를 붙인다. 또 미지변(求邊)에 대한 각을 α_1, α_2, α_3, α_4로 한다.

가) 각조건에 대한 조정(제1조정)

158면 ②가)에서 말한 바와 같이 각각의 삼각형에 있어서

$$(\alpha_1+\beta_1+\gamma_1)-180°=\varepsilon_1$$
$$(\alpha_2+\beta_2+\gamma_2)-180°=\varepsilon_2$$
$$(\alpha_3+\beta_3+\gamma_3)-180°=\varepsilon_3$$
$$(\alpha_1+\beta_4+\gamma_4)-180°=\varepsilon_4$$

그러므로, 조정각은 삼각형 ①의 경우

$$\left.\begin{aligned}\alpha'_1&=\alpha_1\mp\frac{\varepsilon_1}{3}\\ \beta'_1&=\beta_1\mp\frac{\varepsilon_2}{3}\\ \gamma'_1&=\gamma_1\mp\frac{\varepsilon_3}{3}\end{aligned}\right\} \quad (4\text{-}19)$$

로 구하게 된다. 이하 삼각형 ②, ③, ④에 있어서도 마찬가지다.

나) 방향각에 대한 조정(제2조정)

이 조정은 관측점 A에 있어서 관측선 AC의 방향각 T_0로부터 시작하여 계산한 관측선 EF의 방향각 T_b'가 관측선 EF의 기지방향각 T_b와 같지 않은 경우에 실시한다. 생긴 오차는 각각에 조정하여 배분한다.

〈그림 4-24〉에 있어서

CB의 방향각 $T_1=T_0+180°+\gamma_1'$

BD의 방향각 $T_2 = T_1 + 180° - \gamma_2{}'$

DE의 방향각 $T_3 = T_2 + 180° + \gamma_3{}'$

....

일반적으로 최종방향각 T_b'는 방향각수를 n으로 하면,

$$T_b' = T_0 + 180° \times n - [\gamma' \text{짝수}] + [\gamma' \text{홀수}] \tag{4-20}$$

$T_b' - T_b = \varepsilon_2$로 하면 각 방향각의 조정량 v_2는 식 (4-21)에 의하여 구하여진다.

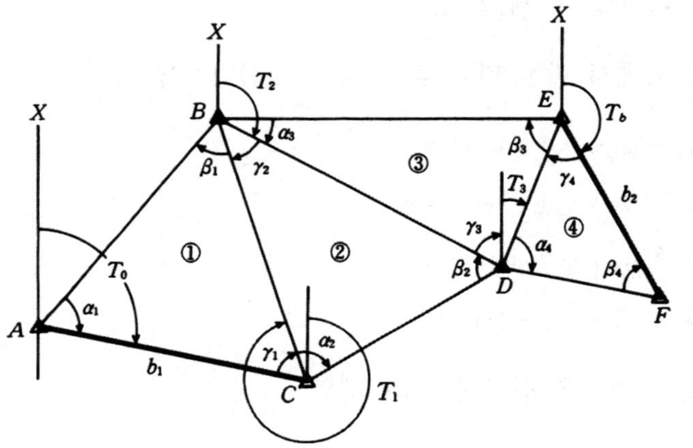

그림 4-24 삼각망의 조정

$$\left.\begin{aligned} &\gamma \text{에 대하여} : v_2 = -\frac{\varepsilon_2}{n} \\ &\alpha, \beta \text{에 대하여} : v_2 = +\frac{\varepsilon_2}{2n} \end{aligned}\right\} \tag{4-21}$$

다) 변조건에 대한 조정(제3조정)

이 조정은 삼각망의 실측값 b_2가 기선 b_1에서 시작하여 구한 계산값과 같지 않은 경우에 실시한다.

〈그림 4-25〉에 있어서

$$S_1 = \frac{b_1 \sin \alpha_1{}''}{\sin \beta_1{}''}, \qquad S_2 = \frac{S_1 \sin \alpha_2{}''}{\sin \beta_2{}''}$$

로 되므로,

$$b_2 = b_1 \frac{\sin \alpha_1'' \sin \alpha_2'' \sin \alpha_3'' \sin \alpha_4''}{\sin \beta_1'' \sin \beta_2'' \sin \beta_3'' \sin \beta_4''} \tag{4-22}$$

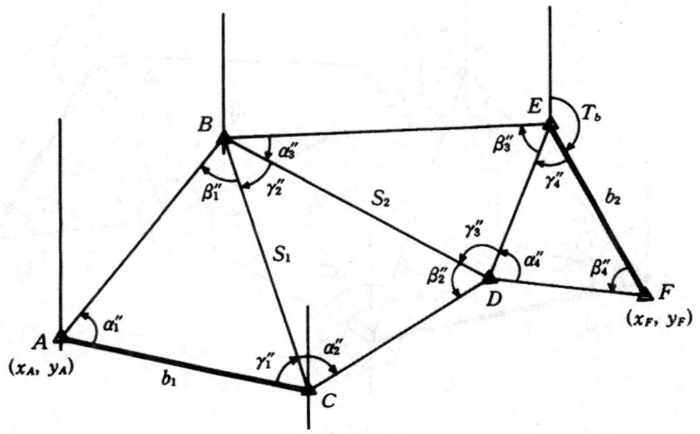

그림 4-25

라) 좌표조건에 대한 조정

삼각망 내의 기지삼각점에서 조정된 방향각과 변의 길이를 사용하여 각 삼각점의 좌표를 계산하고 다른 기지삼각점에 이을 때에 계산된 좌표와 기지의 좌표와는 반드시 일치하며 좌표의 폐합오차가 생긴다. 이 같은 경우에 조정된 방향각 및 변의 길이를 사용한다. 다음과 같이 하여 각 점의 좌표를 조정한다.

변의 길이 S_1, S_2, S_3, b_2는

$$S_1 = \frac{b_1 \sin \alpha_1'''}{\sin \beta_1'''}, \qquad S_2 = \frac{S_1 \sin \alpha_2'''}{\sin \beta_2'''}$$

$$S_3 = \frac{S_2 \sin \alpha_3'''}{\sin \beta_3'''}, \qquad b_2 = \frac{S_3 \sin \alpha_4'''}{\sin \beta_4'''}$$

각 변의 방향각 T_1, T_2, T_3, T_b는

$$T_1 = T_0 + 108^\circ + \gamma_1''' \qquad T_2 = T_1 + 108^\circ - \gamma_2'''$$

$$T_3 = T_2 + 108^\circ + \gamma_3''' \qquad T_b = T_3 + 108^\circ - \gamma_4'''$$

A점의 좌표를 $(x_A,\ y_A)$로 표시할 때 각 점의 좌표를 나타내면,

$$x_C' = x_A + b_1 \cos T_0 \qquad y_C' = y_A + b_1 \sin T_0$$

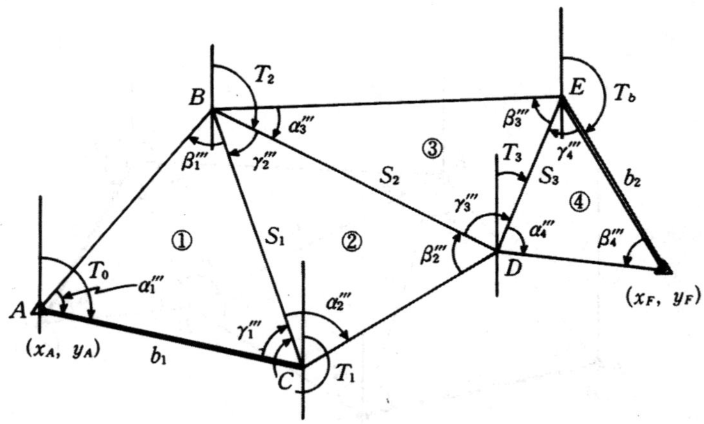

그림 4-26

$$x_B' = x_C' + S_1 \cos T_1 \qquad y_B' = y_C' + S_1 \sin T_1$$

$$x_D' = x_B' + S_2 \cos T_2 \qquad y_D' = y_B' + S_2 \sin T_2$$

$$x_E' = x_D' + S_3 \cos T_3 \qquad y_E' = y_D' + S_3 \sin T_3$$

$$x_F' = x_E' + b_2 \cos T_b \qquad y_F' = y_E' + b_2 \sin T_b$$

여기서

$$x_F' - x_F = e_x \qquad y_F' - y_F = e_y$$

로 두고 삼각점을 n이라 하면,

$$e_x = (x_A - x_F) + \Sigma S \cos T + b_1 \cos T_0 + b_2 \cos T_b$$

$$e_y = (y_A - y_F) + \Sigma S \sin T + b_1 \sin T_0 + b_2 \sin T_b$$

여기서

$$d_x = \frac{-e_x}{n-1} \qquad d_y = \frac{-e_y}{n-1}$$

로 하면 각 점의 좌표는 각각

$$x_C = x_C{}' + d_x \qquad y_C = y_C{}' + d_y$$
$$x_B = x_B{}' + 2d_x \qquad y_B = y_B{}' + 2d_y$$
$$x_D = x_D{}' + 3d_x \qquad y_D = y_D{}' + 3d_y$$
$$x_E = x_E{}' + 4d_x \qquad y_E = y_E{}' + 4d_y$$
$$x_F = x_F{}' + 5d_x \qquad y_F = y_F{}' + 5d_y$$

로 된다.

⑤ 두 삼각형의 조정

〈그림 4-27〉과 같이 삼각점 A, B, C를 신설하고 삼각점 D를 증설할 경우의 조정법에 대해서 기술한다. 그림 중에 α, β, γ는 관측각, θ는 기지각, S_1, S_2는 기지변이다.

가) 각조건에 대한 조정(제1조정)

단삼각형의 조정과 똑같이 하면 된다. 삼각형 ABD, 삼각형 BCD의 폐합오차를 각각 ε_1, ε_2라 하면 조정각은 ε_1, ε_2를 3등분하여 각 각에 부호를 바꾸어 놓는다. 즉,

$$\begin{aligned} \alpha_1' &= \alpha_1 \mp \frac{\varepsilon_1}{3} \qquad & \alpha_2' &= \alpha_2 \mp \frac{\varepsilon_2}{3} \\ \beta_1' &= \beta_1 \mp \frac{\varepsilon_1}{3} \qquad & \beta_2' &= \beta_2 \mp \frac{\varepsilon_2}{3} \\ \gamma_1' &= \gamma_1 \mp \frac{\varepsilon_1}{3} \qquad & \gamma_2' &= \gamma_2 \mp \frac{\varepsilon_2}{3} \end{aligned} \tag{4-23}$$

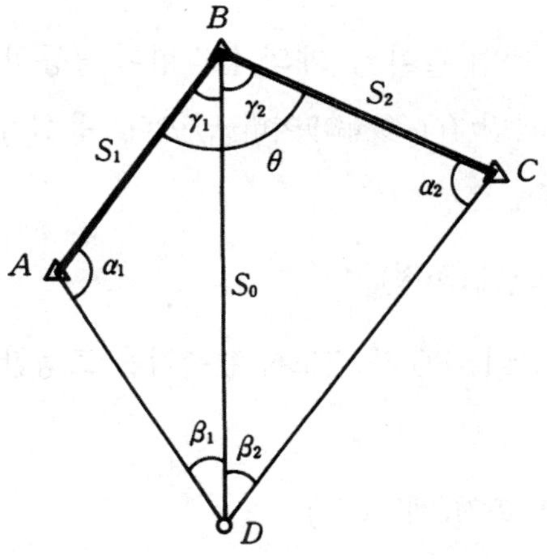

그림 4-27

로 된다.

나) 관측점조건에 대한 조정(제2조정)

$$(\gamma_1'+\gamma_2')-\theta_2=\pm\varepsilon_3$$

로 하면,

$$\gamma_1''=\gamma_1'\mp\frac{\varepsilon_3}{2}\qquad \gamma_2''=\gamma_2'\mp\frac{\varepsilon_3}{2} \tag{4-24}$$

이 결과 각각의 삼각형내각의 합은 180°가 되지 않으므로 γ를 조정한 양의 1/2을 다른 2각에서 뺀다. 즉,

$$\left.\begin{array}{ll}\alpha_1''=\alpha_1'\pm\dfrac{\varepsilon_3}{4} & \alpha_2''=\alpha_2'\pm\dfrac{\varepsilon_3}{4}\\[2ex] \beta_1''=\beta_1'\pm\dfrac{\varepsilon_3}{4} & \beta_2''=\beta_2'\pm\dfrac{\varepsilon_3}{4}\end{array}\right\} \tag{4-25}$$

다) 변조건에 대한 조정(제3조정)

α_1'', α_2'', β_1'', β_2''및 S_1, S_2의 사이에는 식 (4-26)와 같은 식이 성립된다.

$$\frac{\sin\alpha_2''\cdot\sin\beta_1''}{\sin\alpha_1''\cdot\sin\beta_2''}=\frac{S_1}{S_2} \tag{4-26}$$

⑥ 유심다각망의 조정

〈그림 4-28〉에 표시된 바와 같이 수 개의 삼각형이 공통의 중심을 가지며 인접한 변이 공통인 이 도형을 유심다각망(有心多角網)이라 말한다. 유심다각망의 조정은 각조건 또는 변조건에 대하여 실시한다.

가) 각조건에 대한 조정(제1조정)

각 삼각형 내각의 합이 180°가 되도록 관측각을 조정한다. 이것은 단삼각형의 경우와 똑같다.

나) 각관측조건에 대한 조정(제2조정)

각조건에 대한 조정은 각도에 대하여 유심점 주위에 있는 각의 합이 360°가 되도록

조정한다.

〈그림 4-28(a)〉의 경우

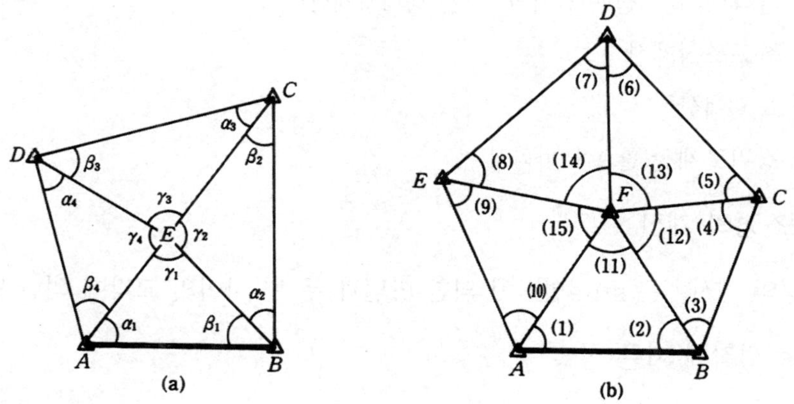

그림 4-28

$$\gamma_1+\gamma_2+\gamma_3+\gamma_4-360^\circ=\pm\varepsilon_2$$

$$\therefore v_2=\mp\frac{\varepsilon_2}{4}$$

〈그림 4-28(b)〉의 경우

$$(11)+(12)+(13)+(14)+(15)-360^\circ=\pm\varepsilon_2$$

$$\therefore v_2=\mp\frac{\varepsilon_2}{5}$$

다) 변조건에 대한 조정(제3조정)

〈그림 4-28(a)〉에 있어서 각 각의 사이에는 다음 식이 성립된다.

$$\frac{\sin\alpha_1\sin\alpha_2\sin\alpha_3\sin\alpha_4}{\sin\beta_1\sin\beta_2\sin\beta_3\sin\beta_4}=1$$

(7) 관측조정값의 계산과 정리

① 계산정리의 순서

조정계산이 완료된 조정각 및 기선으로부터 처음 신설하는 삼각점의 위치를 구하는 순서는 다음과 같다.

가) 편심조정계산

나) 삼각형의 계산(변길이의 계산, 방향각계산)

다) 좌표조정계산

라) 표고계산

마) 경위도계산(필요에 따라서)

② 편심조정의 계산

편심조정의 계산에는 sine법칙에 의한 방법과 두 변 사이의 교각에 의한 방법이 있다.

가) sine 법칙에 따른 방법

〈그림 4-29(a)〉에서와 같이 P＝C ≠ B인 관측에 적당한 방법으로, 기계를 e만큼 떨어진 점 B에 설치하고 t, φ, e를 관측할 때 삼각점 C에 의하여 T는 다음과 같이 계산된다.

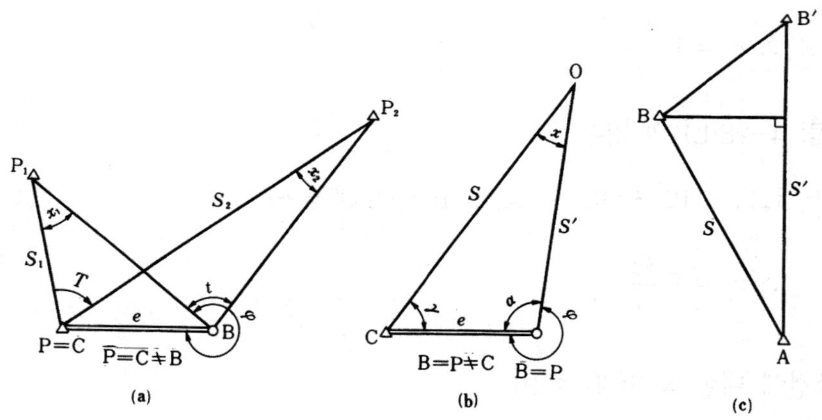

그림 4-29 편심조정의 계산

$$T = t + x_2 - x_1 \qquad (4\text{-}27)$$

위 식에 sine법칙을 적용하면 x_1과 x_2는 미소하므로

$$x_1 = \frac{e}{S_1} sin(360° - \varphi)\rho'' \qquad (4\text{-}28)$$

$$x_2 = \frac{e}{S_2} sin(360° - \varphi + t)\rho'' \qquad (4\text{-}29)$$

로 된다. 식 (4-28)와 (4-29)에서 x_1, x_2를 구하여 식 (4-27)에 대입하면 각 T가 계산된다.

예제 4-16

삼각점 C와 관측점 B가 일치하지 않는 〈그림 4-30〉과 같은 상태에서 $T'=42°15'40''$를 얻었다. $e=2.5$m, $\varphi=295°20'$, $S_1=1.5$km, $S_2=2.0$km일 때 각 T는 얼마인가?

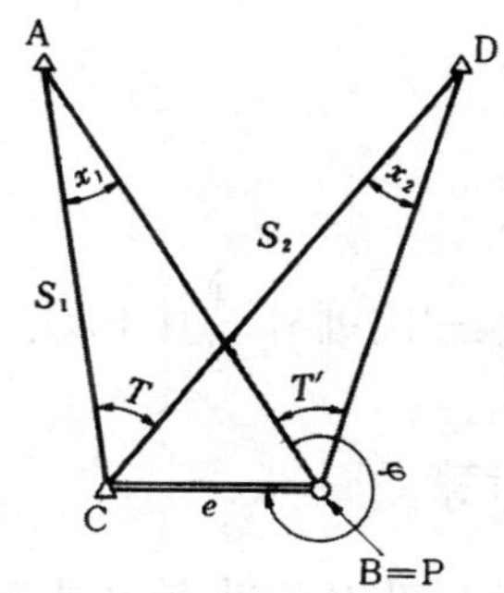

그림 4-30 편심조정 계산 예

풀이 식 (4-27)와 식 (4-28), 식 (4-29)를 이용하면

$$x_1''=\psi''\frac{e}{S_1}sin(360°-\varphi)$$

$$=206,265''\times\frac{2.5}{1,500}\ \sin(360°-295°20')$$

$$=310.7''=5'10.7''$$

$$x_2''=\psi''\frac{e}{S_2}sin(360°-\varphi+t)$$

$$=206,265''\times\frac{2.5}{2,000}\ \sin(360°-295°20'+42°15'40'')$$

$$=246.7''=4'06.7''$$

가 되며

$$T=42°15'40''+4'07''-5'11''=42°14'36''$$

나) 2변 교각에 의한 방법

〈그림 4-29(b)〉에 나타낸 바와 같이 γ 및 $OC=S$인 관측에 적당한 방법으로, $S=S'$로 되지 않는 경우에는 sine법칙에 의하여 조정계산을 하지 않고 2변 교각에 의한 방법을 사용한다. 〈그림 4-29(b)〉에서 $\angle OBC=\alpha$ 라 하면,

$$\frac{1}{2}(\gamma+x)=90° - \frac{\alpha}{2} \quad (4\text{-}30)$$

$$\tan\frac{1}{2}(\gamma-x)=\frac{\tan\lambda-1}{\tan\lambda+1}tan\left(90° - \frac{\alpha}{2}\right)$$

$$=\tan(\lambda-45°)\tan\left(90° - \frac{\alpha}{2}\right) \quad (4\text{-}31)$$

여기서

$$\tan\lambda=\frac{S'}{e}$$

이다. 이 결과 식 (4-30), (4-31)에서 $\frac{1}{2}(r+x)$, $\frac{1}{2}(r-x)$를 계산하여 x를 구한다.

다) 편심조정계산상의 주의사항

(ㄱ) 편심각은 관측부분에 따라 180°가 틀리게 된다. 따라서 어디에서 관측하는가를 명확히 하여 놓을 것.

(ㄴ) 서로 마주 본 관측점이 모두 큰 편심을 갖게 되면 계산이 복잡하게 되므로 동시에 편심이 되지 않도록 한다.

(ㄷ) 4등삼각측량(삼각점간의 평균거리 1.5㎞)에서는 편심거리가 2m 정도까지는 편심각을 어떤 점에서 관측하여도 sine법칙의 방법에 의하여 계산된다.

(ㄹ) 편심거리 e가 커서 $S=S'$로 볼 수 없는 경우는 S를 안다고 가정하고 편심각의 관측을 한다.

(ㅁ) 편심조정계산을 한 후 삼각형의 내각의 합을 구하면 계산결과의 점검을 행하게 된다.

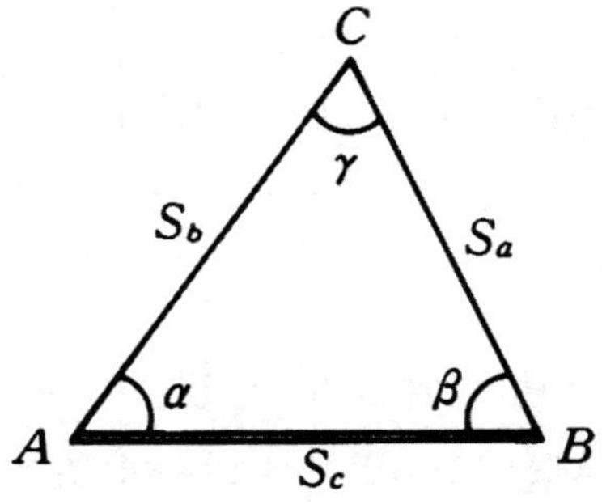

그림 4-31

③ 삼각형의 계산

가) 변 길이의 계산

삼각망에서 조정계산의 종료 후 그 조정각을 사용하여 변길이를 계산한다. 변길이의 계산에는 식 (4-32)을 사용한다.

$$S_a = \frac{\sin\alpha}{\sin\gamma}S_c \qquad S_b = \frac{\sin\beta}{\sin\gamma}S_c \tag{4-32}$$

나) 방향각계산

변 길이의 계산을 한 다음 삼각점의 좌표값을 구하기 위해서 기지방향 및 조정각을 사용하여 각 관측선의 방향각을 계산한다. 소규모인 삼각측량에는 삼각망을 하나의 다각형으로 생각하여 외측관측선의 방향각을 계산하여 좌표계산의 기초로 한다. 〈그림 4-32〉에 있어서 관관측선 AB에 대한 방향각을 T_0로 하면,

BD의 방향각 $T_1 = T_0 + 180° - (\gamma_1 + \alpha_2)$

DF의 방향각 $T_2 = T_1 + 180° - (\beta_2 + \gamma_3 + \alpha_4)$

FG의 방향각 $T_3 = T_2 + 180° - (\beta_4 + \gamma_5)$

………………………………

일반적으로 우회(右回)의 경우 이 점의 방향각 T_n은

$$T_n = T_{n-1} + 180° - (\text{방향각 계산에 이용된 각}(\gamma)\text{의 합}) \tag{4-33}$$

좌회(左回)의 경우는

$$T_n = T_{n-1} + 180° + (\text{방향각 계산에 이용된 각}(\gamma)\text{의 합}) \tag{4-34}$$

이다.

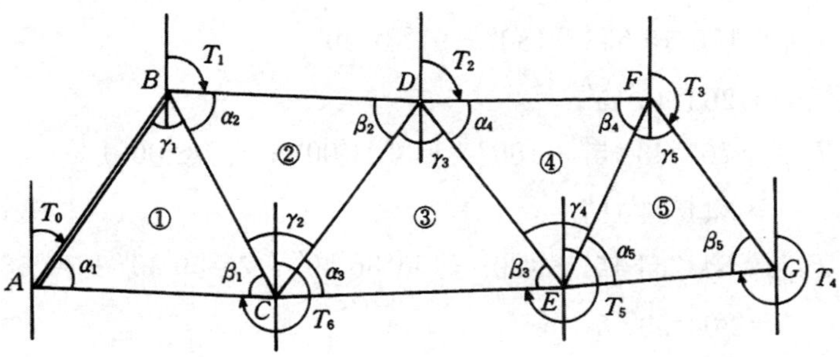

그림 4-32

예제 4-17

〈그림 4-33〉에 있어서 AC의 방향각 T_{AC}가 주어지게 될 때 각 관측선의 방향각을 구하시오.

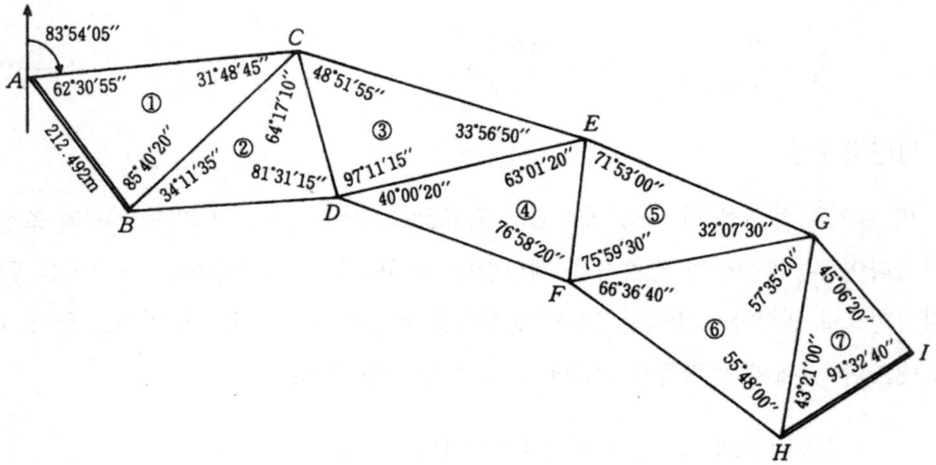

그림 4-33 (측량공학 221)

풀이 식 (4-33)에 여러 값을 대입하여 각각의 방향각을 구한다.

$T_{AC} = 83°54'05''$

$T_{CE} = T_{AC} + 180°$ -(방향각 계산에 이용된 각(γ)의 합)

$= 83°54'05'' + 180° - (31°48'45'' + 64°17'10'' + 48°51'55'')$

$= 118°56'15''$

$T_{EG} = 118°56'15'' + 180° - (33°56'50'' + 63°01'20'' + 71°53'00'')$

$= 130°05'05''$

$T_{GI} = 130°05'05'' + 180° - (32°07'30'' + 57°35'20'' + 45°06'20'')$

$= 175°15'55''$

$T_{IH} = 175°15'55'' + 180° - 91°32'40''$

$= 263°43'15''$

$T_{HF} = 263°43'15'' + 180° - (43°21'00'' + 55°48'00'')$

$= 344°34'15''$

$T_{FD} = 344°34'15'' + 180° - (66°36'40'' + 75°59'30'' + 76°58'20'')$

$= 304°59'45''$

$$T_{DB} = 304°59'45'' + 180° - (40°01'20'' + 97°11'15'' + 81°31'15'')$$
$$= 266°16'55''$$
$$T_{BA} = 266°16'55'' + 180° - (34°11'35'' + 85°40'20'')$$
$$= 326°25'00''$$
$$T_{AC} = 326°25'00'' + 180° - 62°30'55''$$
$$= 83°54'05'' \text{ —— (검산 OK)}$$

다) 좌표계산

〈그림 4-34(a)〉에 있어서 기지점 P_1의 평면직교좌표를 x_1, y_1, P_1, P_2 사이의 수평거리를 S라 하고, P_1에서 P_2에의 방향각을 T로 할 때 미지점의 좌표값 x_2, y_2는 다음 식으로 구하여진다.

$$\left.\begin{aligned} x_2 &= x_1 + S\cos T \\ y_2 &= y_1 + S\sin T \end{aligned}\right\}$$

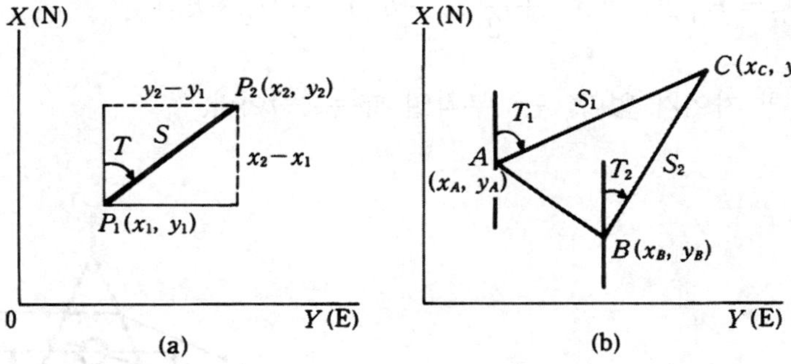

그림 4-34

또, 〈그림 4-34(b)〉와 같이 기지점 A, B에서 미지점 C의 좌표를 구할 경우는

$$\left.\begin{aligned} x_{A\to C} &= x_A + S_1\cos T_1, \quad y_{A\to C} = y_A + S_1\sin T_1 \\ x_{B\to C} &= x_B + S_2\cos T_2, \quad y_{B\to C} = y_B + S_2\sin T_2 \end{aligned}\right\} \qquad (4\text{-}35)$$

을 사용한다. 두 식에서 얻은 좌표값의 평균값을 점 C의 좌표로 한다.

라) 표고(수직위치, 고도)계산

삼각점간의 고저차는 고저각을 관측하고 간접적인 계산으로 구하는 경우가 많다.

〈그림 4-35〉에 있어서 A, B 양점의 표고, 기기고, 관측표고를 각각 H_A, i_A, h_A 및 H_B, i_B, h_B, 양차[양차는 곡률 및 굴절오차로써 식 (3.50) 참조]를 K로 하면 기지점 A에 의하여 미지점 B를 관측할 때(정방향관측 또는 직시)

$$H_B = H_A + i_A + S\tan\alpha_A - h_B + K \qquad (4-36)$$

또 미지점 B에 의하여 기지점 A를 관측할 때(반방향관측 또는 반시)

$$H_B = H_A + h_A + S\tan\alpha_B - i_B - K \qquad (4-37)$$

정 · 반 양방향관측을 한 경우 식 (4-36), (4-37)에서

$$H_B = H_A + \frac{S}{2}(\tan\alpha_A + \tan\alpha_B) + \frac{1}{2}(i_A + h_A) - \frac{1}{2}(i_B + h_B) \qquad (4-38)$$

위 식의 계산을 간략히 하기 위하여 고저각이 20°까지 될 때는 $\dfrac{(\alpha_A + \alpha_B)}{2} = \alpha$라 하여

$$H_B = H_A \pm S\tan\alpha + \frac{1}{2}(i_A + h_A) - \frac{1}{2}(i_B + h_B) \qquad (4-39)$$

로 하여도 별 차이가 없다. 단, 부각일 때는 (-)이다.

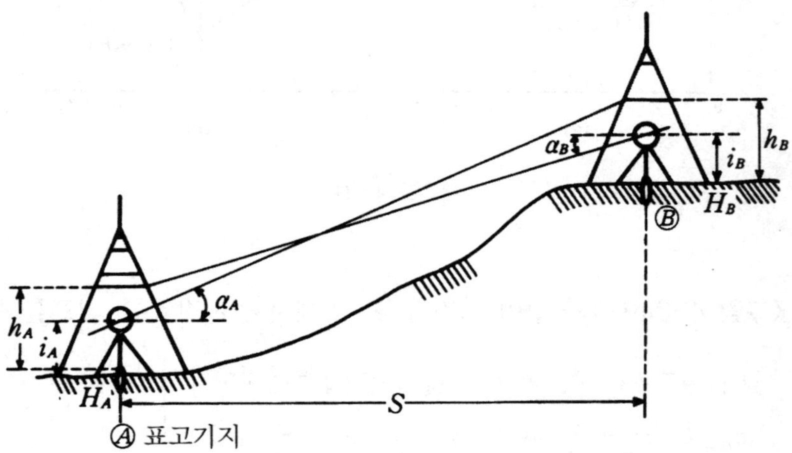

그림 4-35

식 (4-39)에서 아는 바와 같이 정 · 반 양측을 실시하면 양차 K에 의한 보정은 필요치 않다.

예제 4-18

〈그림 4-36 〉과 같이 삼각점 A에서 삼각점 B의 표고를 구하기 위하여 직시의 고저각 α_A, 반시의 고저각 α_B를 관측하였다. 삼각점 A이 표고 H_A=325.63m라 하면 삼각점 B의 표고 H_B는 얼마로 되는가? 단, S=1,580m로 한다.

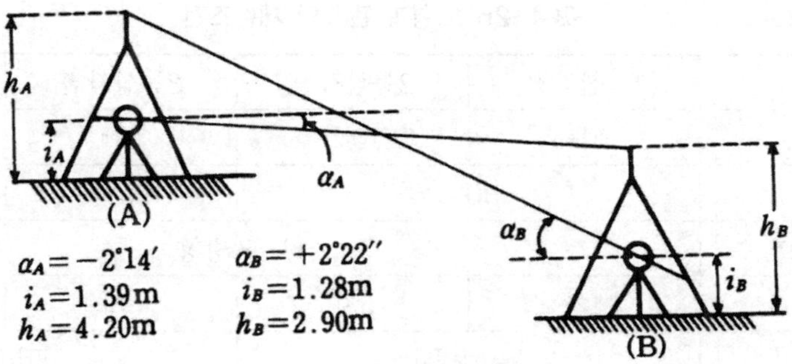

그림 4-36(측량공학 226)

풀이 α=(2° 14′ +2° 22′)/2=2° 18′

식 (4-39)에 여러 값을 대입하면,

$$H_B = 325.63 - (1{,}580 \times \tan 2°18') + \frac{1}{2}(1.39 + 4.20) - \frac{1}{2}(1.28 + 2.90)$$

$$= 262.876(m)$$

(8) 삼각측량의 정확도

삼각점의 수평위치의 정확도는 주로 삼각망의 형상, 각관측의 정확도 및 기지점의 정확도에 따라 좌우된다. 각 등삼각점의 수평위치는 일반적으로 3~5개의 기지점을 이용하여 1개씩 점차 좌표조정법에 의하여 계산한다. 따라서, 그 위치의 정확도는 등급에 관계없이 같은 방법으로 구할 수가 있다.

삼각망의 형상, 관측법 및 관측의 모든 제한조건은 〈표 4-26〉에 표시되어 있는데 등급의 저하에 따라서 각관측의 정확도도 낮아진다. 기지점에 대한 상대적인 위치의 정확도는 등급에 관계없이 대개 하나의 꼴로 되는 것으로 생각하고 있다.

① 각관측의 정밀도

각관측의 정밀도는 같은 등급의 삼각측량에서도 사용기계나 작업지역 등에 따라 차이가 있다. 신 · 구 삼각측량 수백 점의 자료에서 평균값을 구한 것이 〈표 4-27〉에 표시되고 있다.

이 표에서 $m_\triangle$는 삼각형 폐합차에서 산출한 방향1의 평균제곱근오차, m_δ는 조정계산의 결과에 의한 것이다. $m_\triangle$와 m_δ와의 차이는 주로 기지점오차에서 기인되는 수가 많다.

표 4-26 도형과 관측의 제한조건

	1등삼각점	2등삼각점	3등삼각점	4등삼각점
평균변의길이	30km	10km	5km	2.5km
삼각형내각	30°		25°	15°
조정계산의 방향수	3~5 방향			
조정차수	4차	5차	6차	5차
경위의	Wild T3		Wild T2	
관측법	각관측	방향관측		
대회수	방향관측6대회 상당	6	3	2
배각차	-	10″	15″	20″
관측차	2″	4″	8″	10″
삼각형폐합차	2″	5″	10″	20″

표 4-27 1방향관측의 평균제곱근오차

	1등삼각점	2등삼각점	3등삼각점	4등삼각점
$m_\triangle$	0.7″	0.8″	1.6″	2.2″
m_δ	0.9″	1.3″	2.3″	3.2″

② 수평위치의 정밀도

구점의 수평위치의 정밀도는 오차타원에 의한 표현법이 있는데, 이것은 장축 · 단축의 두 양으로 표시하는 경우이다. 한편, 한 개의 양에 의한 표현법으로 다음의 식으로 구해지는 평균제곱근오차 M이 있다.

$$M = \sqrt{m_x^2 + m_y^2} \tag{4-40}$$

여기서 m_x, m_y는 오차전파의 법칙을 적용하여 구한 평균제곱근오차이다.

위의 식은 위치정확도의 표현으로는 정확하지는 못하지만, 한 개의 양으로 표현하였기 때문에 간편하다. 또, 도형의 회전에 대하여 불변의 양을 가지고 있으므로 편리하다.

M은 도형과 관측의 정확도와의 관계인데, 기지점에 대한 구점의 상대적 정확도를 표시하는 것이라 할 수 있다. 따라서, 좌표원점에 대한 구점의 정확도를 표시할 필요는 없고, 또 고차삼각점의 오차에 의한 삼각망 전체의 비틀림이나 신축에 있어서 아무런 의미도 없다.

③ 2기선간 삼각망의 정밀도

계산에 의하여 구한 검기선의 길이와 실측한 검기선의 길이를 비교하여 정밀도를 나타낸다. 기선의 길이를 b_1, 검기선의 길이를 b_2, 계산에 의한 검기선의 길이를 b'라 하면

$$\log b_2' = \log b_1 + \Sigma \log \sin \alpha - \Sigma \log \sin \beta \text{(단, } \alpha, \beta \text{는 변의 사이 각)} \quad (4-41)$$

이 결과

$$\text{정밀도} = \frac{b_2' - b_2}{b_2}$$

로 된다. 이 정밀도는 대삼각측량에서 1/100,000 이상, 소삼각측량에서 1/5,000~1/10,000 이상, 하천측량에는 1/6,000, 일반적으로 소규모인 삼각측량에도 1/3,000 이상이 요구된다.

(9) 측량과정에 관한 기록정리

수평각, 수직각의 관측야장 및 관측기록을 각각 구분하여 정리한다. 조정(평균)계산, 편심계산, 삼각형의 계산, 좌표계산, 표고계산 등은 계산장부로 구분하여 정리한다.

(10) 삼각 및 수준(또는 고저)측량 성과표

① 성과표 이용의 의의

대지측량에 의하여 대한민국전역에 대한 삼각측량의 결과와 고저측량의 결과를 종합 기록하여 놓은 것을 삼각 및 고저측량 성과표(또는 삼각 및 수준측량 성과표)라 한다.

삼각 및 고저측량 성과표는 삼각측량에서 산지 혹은 기선을 관측하기 곤란한 경우 과거 실제관측 계산에 의한 삼각 및 고저측량 성과표를 이용하여 단시일 내에 경비를 절감시켜 측량할 수 있도록 작성된 성과표이다.

② 삼각측량 성과표의 이용

삼각측량의 성과표를 이용하는 방법은 다음과 같다. 즉 점의 등급, 경위도, 직교좌표점의 표고, 진북방향각 등을 알 수 있으므로 기설점간의 방위와 거리를 산출할 수 있다. 이것을 기선 및 검기선으로 잡아 신설삼각망을 구성하고 삼각망의 수평관측각으로 각 변의 방위 및 변장을 산출할 수 있다. 따라서 직교좌표를 계산할 수 있으며 진북방향각을 각 변의 방향각에 가감하여 방위각을 산출할 수 있고 또한 경위도좌표도 구할 수 있다. 기지점의 표고를 기준으로 하여 고저각에 의한 간접고저측량으로 점차 전삼각점의 표고를 구할 수 있다.

삼각점 및 고저기준 성과표

고양	의정부	청평천
서울		마석우군
군포장	광주	양평

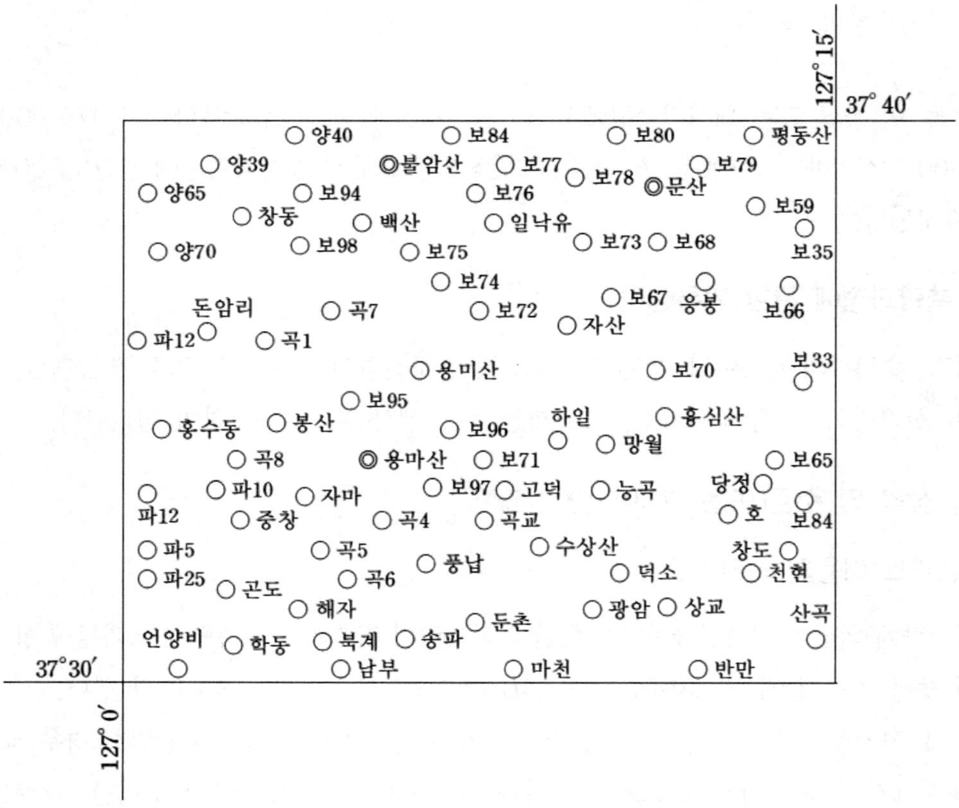

표 4-28 삼각점 성과표

시준점의 명칭	조정방향각	거리의 대수	시준점의 명칭	조정방향각	거리의 대수
○ 슬비산 (동) B=35° 42′ 45″.426 X=-253,710.16m L=128 31 22. 436 Y=-43,17.76 H=1,083.58					
진북방학각	α=+0° 16′ 42″.61		효굴산	218 04 06.14	4.676 4360
팔공산	25° 09′ 15″.39	4.566 0227	국 1 미타산	224 01 36.80	4.486 8503
심21칠리봉	30 32 51.70	4.082 5686	″ 19용소산	227 43 20.60	4.005 9543
석두산	75 19 39.43	4.673 0130	″ 3 소학산	246 03 10.50	4.296 1113
서16학일산	90 37 42.20	4.490 8827	오도산	263 54 35.26	4.611 1561
운문산	103 50 26.12	4.650 0509	평 3 법수봉	263 13 16.50	4.357 1292
서12화악산	131 57 53.70	4.306 4436	성 산	317 26 38.47	4.446 8173
덕대산	166 50 50.05	4.479 1872	심 3 와룡산	356 23 39.80	4.231 5785
서13증룡산	177 42 21.50	4.272 5307			

3 삼변측량

장거리를 정확하게 관측한다는 것은 매우 어려운 일이었으므로 거리관측을 최소로 하는 삼각측량이 수평위치결정에 널리 이용되어 왔다. 그러나 전자기파거리측량기(EDM)의 출현으로 장거리 관측의 정확도가 높아짐에 따라 변만을 관측하여 수평위치를 결정하는 삼변측량방식이 선용되기에 이르렀다. 삼변측량(三邊測量)은 cosine 제2법칙, 반각공식을 이용하여 변으로부터 각을 구하고 구한 각과 변에 의하여 수평위치가 구하여진다. 관측값에 비하여 조건식이 적은 것이 단점이나 최근 한 점에 대하여 복수변길이를 연속 관측하여 조건식의 수를 늘리고 기상보정을 하여 정확도를 높이고 있다.

삼변측량은 관측요소가 변길이뿐이므로 삼각형의 내각을 구하기 위해 다음과 같은 방법이 이용되고 있다. cosine 제2법칙에서

$$\cos \mathrm{A} = \frac{b^2 + c^2 - a^2}{2bc}, \qquad \cos \mathrm{B} = \frac{a^2 + c^2 - b^2}{2ac}$$

$$\cos C = \frac{a^2 + b^2 - c^2}{2ab} \tag{4-42}$$

이 되며, 반각공식으로부터

$$\sin\frac{A}{2} = \sqrt{\frac{(s-b)(s-c)}{bc}}$$

$$\cos\frac{A}{2} = \sqrt{\frac{s(s-a)}{bc}}$$

$$\tan\frac{A}{2} = \sqrt{\frac{(s-b)(s-c)}{s(s-a)}} \tag{4-43}$$

이 되고, 면적조건으로부터

$$\sin A = \frac{2}{bc}\sqrt{s(s-a)(s-b)(s-c)} \tag{4-44}$$

단, $s = \frac{1}{2}(a+b+c)$

이 된다. 삼변측량에 의한 좌표계산은 기지점(既知點)이 2개 이상인 경우는 두 좌표로부터 방향각이 결정되기 때문에 좌표계산에는 편리하다. 삼변측량의 조정방법에는 조건 방정식에 의한 조정과 관측 방정식에 의한 조정 방법이 있다(참조: 부록[4]).

예제 4-19

다음과 같은 삼변삼각형의 거리와 좌표 관측값을 얻었다. C점의 좌표값은 얼마인가?

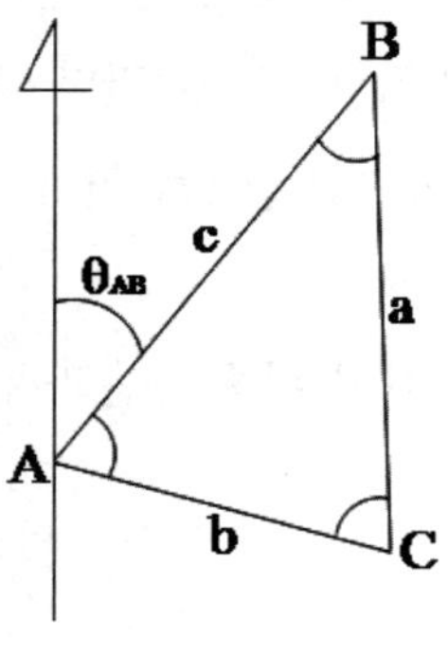

관측선	거리값(m)	관측점	좌표(m)	
			E	N
a	1,360.53	A	112.5	1,875.0
b	1,097.90	B	2,404.12	2,534.35

풀이 $\overline{AB} = \sqrt{(2,404.12-1,125.0)^2+(2,534.35-1,875.0)^2} = 1,439.06m$

$$\theta_{AB} = \tan^{-1}\left(\frac{2,404.12-1,125.0}{2,534.35-1,875.0}\right) = \tan^{-1}\left(\frac{1,279.12}{659.35}\right) = 62°43'49''$$

$$\angle A = \cos^{-1}\left(\frac{b^2+c^2-a^2}{2bc}\right) = \cos^{-1}\left(\frac{1,097.9^2+1,439.06^2-1,360.53^2}{2\times1,097.9\times1,439.06}\right) = 63°11'22''$$

$$\theta_{AC} = \theta_{AB} + \angle A = 62°43'49'' + 63°43'49'' = 126°27'38''$$

$$X_C = X_A + b\cos\theta_{AC} = 1,125.0 + 1,097.9\cos 126°27'38'' = 472.55m$$

$$Y_C = Y_A + b\sin\theta_{AC} = 1,875.0 + 1,097.9\sin 126°27'38'' = 2,758.00m$$

4 천문측량

(1) 개요

천문측량은 태양이나 별을 이용하여 미지점의 경도, 위도 및 방위각을 구하는 것으로 국가의 경위도원점의 위치를 결정할 경우 정밀천문측량에 의하여 이루어진다.

이미 정확한 위치나 방위를 알고 잇는 지점에 대해서는 반드시 천문측량을 할 필요는 없지만, 대규모의 측지측량망에서의 오차누적을 피하기 위해 또는 연직선편차를 구하고자 할 때는 삼각점에서 천문관측을 실시한다.

또한, 경위도는 지도상에서 어느 정도 정확하게 찾을 수 있으나, 방위각은 지상에 기점의 방위각선들이 없으면 지도상에서 구할 수 없다. 진방위각을 얻기 위해서는 대략의 위도와 관측시각을 알아야 한다.

위도의 근사값과 관측시각은 지도와 라디오 시보를 통해 얻을 수 있으나, 이것이 불가능할 경우 천문측량에 의해 결정해야만 한다.

관측대상은 주간에는 태양을, 야간에는 별을 관측하지만 태양관측은 별관측에 의한 것보다 정확도가 떨어진다.

태양이나 별의 위치는 천측력에 그리니치시로 나와 있으므로 지방시로 바꾸어 사용한다.

관측장비로는 애스트로레이브(astrolabe), 데오돌라이트, 크로노미터와 보정을 위한 온도계, 기압계 등이 필요하며, 간역법(簡易法)으로는 트랜싯과 일반 손목시계를 이용한다. 육분의는 정밀을 요하지 않는 항해에서 사용된다. 시각을 알기 위해서는 라디오 시보를 이용한다. 태양을 관측할 때는 눈을 보호하기 위해 검은 색 필터를 꼭 사용해야만 한다.

천문측량을 하기 위해서는 첫째, 천체 및 시간에 관한 기본지식과, 둘째, 구면삼각법을 포함한 제반 수학적 개념을 알고 있어야 하며, 마지막으로 관측자의 경험과 숙련도가 요구된다.

천문측량의 목적은 다음과 같다.

① 경위도원점(측지측량원점)의 결정

국가의 측량좌표계를 동일한 경위도원점으로부터 출발하기 위해, 지오이드면의 연직선상에서 항성을 이용한 천문측량에 의하여 측지측량원점의 위치관측 및 진북방향으로부터 원방위점의 방위각을 관측한다.

② 도서 및 측지측량망과 독립된 지역의 위치결정

한 국가의 국토는 동일한 경위도원점을 이용하여 측지측량망을 연결하는 것이 가장 이상적이지만 육지에서 멀리 떨어진 도서 등과 같이 독립된 지역에서는 천문측량에 의해 위치를 결정하게 된다.

③ 측지측량망의 방위각조정

삼각망이 확대 연결됨에 따라 오차가 누적되어 변의 방위각은 진방위각과 차이가 발생하게 된다. 따라서 정밀삼각망(1등, 2등삼각점) 중의 $\frac{2}{3}$ 또는 점간 50㎞마다 라플라스점(Laplace station)을 설치하고 천문관측에 의해 이를 조정한다.

④ 연직선편차의 결정

측지측량위치는 준거타원체를 기준을 하는 반면, 천문관측은 지오이드면을 기준으로 하므로 양자는 연직선편차만큼의 차이가 발생한다. 각 지점에서의 연직선편차를 이용하여 지오이드면과 거의 일치하는 새로운 기준타원체를 구할 수 있다. 현재, 우리나라의 연직선편차의 벡타방향은 태백산맥을 경계로 하여 동해안부분을 제외하고는 북서방향으로 거의 일정하게 기울어져 있다.

또한, 다각측량 등에서 천문방위각과 측지측량방위각과의 차이가 각오차의 허용범위 내에 들어오므로 천문방위각을 그대로 사용할 경우가 있으며, 또한 점들간의 시통이 어려운 경우, 천문방위각을 관측함으로써 능률적이고 경제적인 측량을 할 수 있다.

(2) 천문경도의 결정

경도는 바로 시간과 대비된다. 즉, 어느 두 지점 사이의 경도차는 그들의 지방시차와 같다. 천문경도는 〈그림 4-37〉과 같이 다음 식으로 나타낼 수 있다.

$$\begin{aligned}\lambda_a &= LST - GST \\ &= LHA - GHT \\ &= LMT - GMT \qquad (4\text{-}45)\end{aligned}$$

여기에서 LST는 지방시(또는 지방항성시), GST는 그리니치항성시, LHA는 지방시각, GHT는 그리니치시각, LMT는 평균태양시(또는 지방평시), GMT는 그리니치 표준시이다.

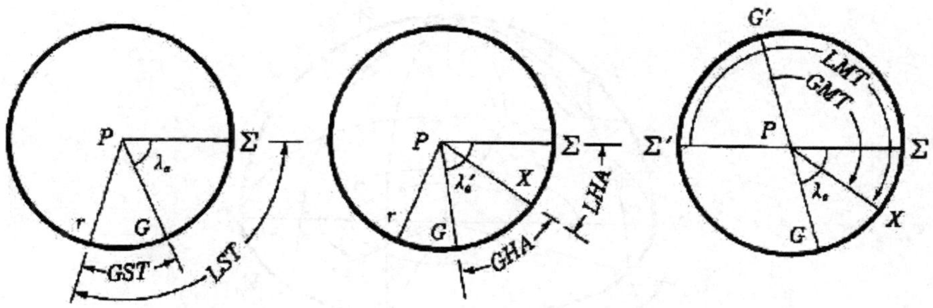

그림 4-37 경도와 시의 관계(측량원론II, 421)

자오선상에 있는 별의 적경은 지방항성시와 같으므로 별이 자오선을 통과하는 순간의 그리니치항성시를 결정함으로써 천문경도를 얻을 수 있다. 별의 적경은 역표(曆表)에 나와 있다. 또한, 관측지점의 위도와 별의 적위를 알고 있으면 별의 고도를 관측하여 천문삼각형에 의해 관측순간의 지방시각 및 지방평시를 구할 수 있으며, 관측순간의 그리니치시는 라디오 시보를 이용하여 얻을 수 있으므로 천문경도를 결정할 수 있다.

경도결정에서 오차의 주요인은 시각관측으로서 시각 1초가 경도 15초에 해당된다는 것으로부터 그 중요성을 알 수 있다.

관측시는 일주광행차(diurnal aberration)에 대해 보정해야 한다.

경도결정방법에는 자오선법(子午線法, method by meridian transits), 등고도법(等高度法, method by equal altitudes), 단고도법(單高度法, method by single altitudes) 등이 있다.

(3) 천문위도의 결정

천문위도는 관측지점에서의 연직선방향과 적도면 사이의 각을 말하며, 천극(天極)의 고도와 일치한다.

따라서, 천문위도는 북극성에 의해 단순하게 결정할 수도 있으나, 정확성을 요하는 경우 별의 자오선고도 또는 자오선천정각거리를 관측하고 별의 적위를 이용하여 결정한다.

(4) 천문방위각의 결정

일반적으로 방위각의 관측은 첫째, 지상에 설정된 방위표에 이르는 방위선과 천체 사이의 수평각관측과 둘째, 천체의 방위각을 관측하는 것으로 이루어진다. 〈그림 4-38〉에서 방위선 OM_a의 방위각을 구하는 경우를 고려한 것이다.

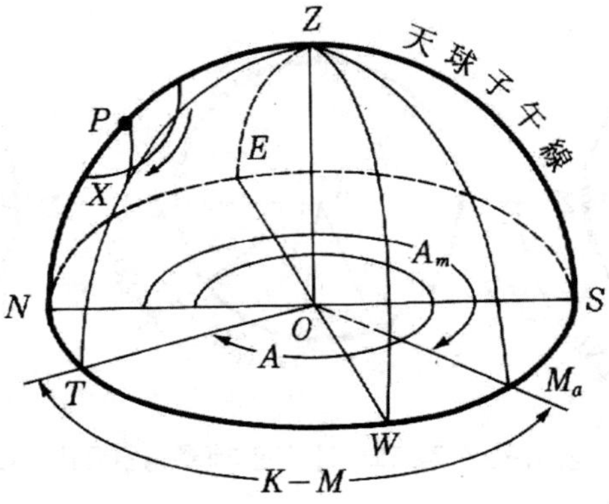

그림 4-38 천문방위각의 결정

천체 X의 방위각 A는 다음 식으로 얻어진다.

$$A = A_m + (K - M) \tag{4-46}$$

즉, 방위각은 방위표(M_a)의 방위각(A_m)에 방위표와 천체 사이의 수평각($K-M$)을 더함으로써 얻어진다.

정밀한 천문방위각의 관측은 주극성을 여러 번 관측하여 결정하며 주극성으로는 북극성을 선택하는 경우가 많다.

천문방위각 결정방법에는 시각관측에 의한 방법, 고도관측에 의한 방법, 최대 이격(離隔)에 있는 주극성(周極星)관측에 의한 방법 등이 있다.

천문측량에 대한 자세한 내용은 측량학원론(Ⅱ)(박영사 간)을 참고하기 바란다.

연 습 문 제

다음 각 사항에 대하여 답하시오.

01. 다각측량

1) 다각측량의 특징 및 다각형의 종류별 정확도
2) 다각측량에서 각관측방법
3) 폐합오차의 조정(간략법, 트랜싯법, 컴퍼스법)
4) 다각측량의 적용범위

02. 삼각측량

1) 삼각측량의 의의 및 삼각망종류별 특징
2) 삼각조정에 필요한 조건식수와 도형의 강도
3) 편심(귀심)관측 및 편심의 종류
4) 삼각측량의 정확도
5) 삼각 및 수준(고저)측량성과표 의의 및 내용

03. 삼변측량

1) 삼변측량의 의의 및 위치관측

04. 천문측량

1) 천문측량의 의의 및 목적
2) 천문경도, 위도 및 방위각결정방법

Chapter 05 3차원 위치해석

Introduction to surveying

1 영상탐측

영상면과 기준점성과를 이용하여 기계적, 해석적 및 수치적 방법으로 3차원좌표를 구한다. 기계적(analogue) 방법은 중복촬영된 투명영상면을 정밀입체도화기에 장치한 다음 내부, 상호표정을 마친 후, 기준점성과를 이용하여 절대표정을 하면 3차원좌표를 구할 수 있다.

해석적(analysis) 방법은 중복촬영된 영상면으로부터 좌표를 관측한 다음, 기준점성과를 이용하는 수치적 방법으로 표정을 마치면 3차원좌표를 구할 수 있다.

수치적(digital) 방법은 중복촬영한 영상면으로부터 좌표를 관측한 다음 기준점 측량성과를 이용하여 수치적 방법으로 표정을 마치면 3차원 좌표를 구할 수 있다. 해석적 조정방법에는 독립모형법(IMT)이나 광속조정법(bundle adjustment) 등이 있으며 일반적으로 영상탐측에서는 다음과 같은 표정식을 이용한다.

$$\begin{bmatrix} X_G \\ Y_G \\ Z_G \end{bmatrix} = SR \begin{bmatrix} X_m \\ Y_m \\ Z_m \end{bmatrix} + \begin{bmatrix} X_0 \\ Y_0 \\ Z_0 \end{bmatrix} \qquad (5-1)$$

X_G, Y_G, Z_G는 구하려는 3차원 좌표, S는 축척, R은 κ, φ, ω로 구성되는 회전행렬, X_m, Y_m, Z_m은 입체모형(model)좌표, X_0, Y_0, Z_0는 평행변위이다.

2 광파종합관측

(1) 개요

광파종합관측기(TS : Total Station)는 광파거리관측기, theodolite(각관측기)와 computer가 합쳐진 관측 장비로서 각(수평각, 수직각)과 거리(수평거리, 수직거리, 경사거리)를 관측하여 삼각 및 다각측량원리를 이용하여 3차원좌표값을 구할 수 있다. 관측범위는 3㎞ 정도이며 높은 정확도를 요할시(1~1.5초 독취로 각관측)는 (1㎜~2㎜)+1ppm[1)]이고 일반적인 경우(3~5초 독취로 각관측)는 (3㎜~5㎜)+3ppm의 정확도를 확보할 수 있다. TS는 관측 시 공간적(지상, 지하, 좁은 지역, 건물, 숲속, 가로수 아래, 복잡한 도심 등) 제한을 안 받고 관측값을 구할 수 있으며 관측장비도 저렴하고 휴대도 가능하다. TS관측 시 시준선이 확보되어야 하며 기상조건에 영향이 큰 것이 단점이다. 거리관측 시 광파가 대기 중을 통과하여 반사경에 반사된 후 다시 관측장비로 되돌아 올 때까지의 시간을 계산하여 거리를 산출하여야 하므로 대기의 온도와 기압에 따라 관측값이 다르게 나타나므로 반드시 이를 보정해야 하는 번거로움이 있다.

(2) TS의 종류

TS는 반사경을 수동으로 시준하는 일반형 측설점을 자동 시준하는 모터 구동형, 반사경 없이 측량이 가능(기종에 따라 50m ~ 600m 무반사경 측량 가능)한 무타겟형, 반사경 없이 측량이 가능하며 측설점을 자동으로 시준할 수 있는 무타겟 모터 구동형, 이동 중이라도 반사경이 자동으로 추적하여 시준하는 반사경 추적형 등이 있다.

(3) TS관측의 체계

TS관측의 체계는 다음 〈그림 5-1〉과 같다.

1) ppm(part per million)은 1/1,000,000을 뜻하며 1ppm은 거리에 따른 오차량으로 1㎞의 거리관측시 1㎜의 오차가 더 생긴다는 것을 의미한다.

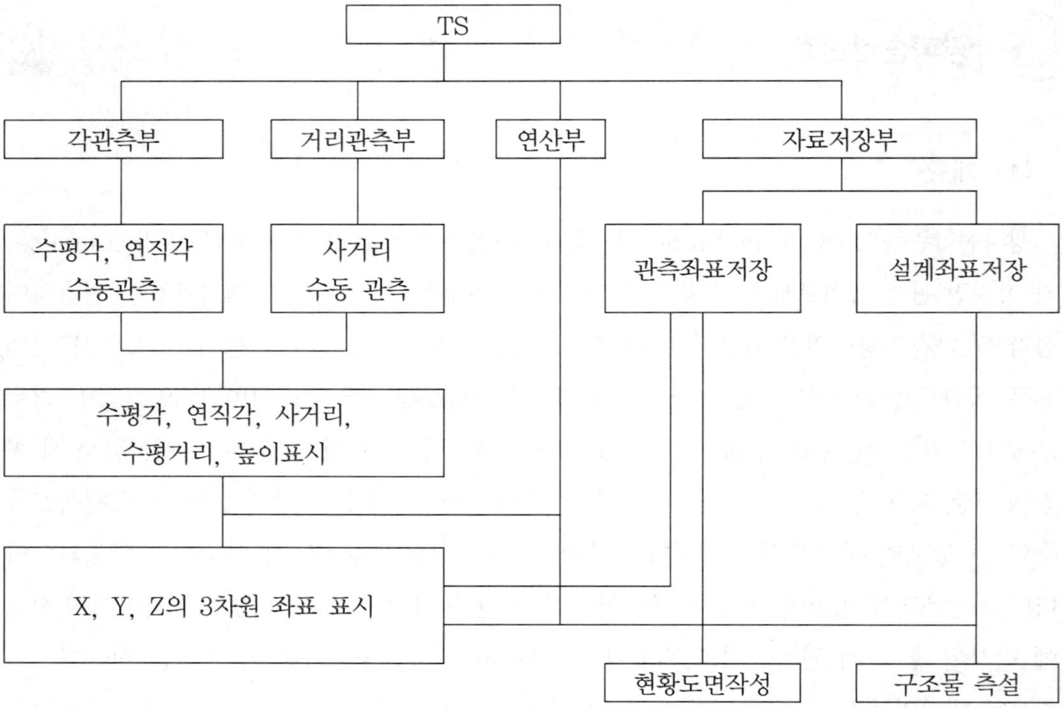

그림 5-1 관측의 흐름도

(4) TS의 정확도

① 각 관측의 경우

독취각의 초독에 따른 정확도의 경우, 1초~1.5초 정확도는 정밀시공 및 관측업무에, 2초 정확도는 정밀시공 및 정밀설계에, 3초~5초 정확도는 일반시공 및 일반설계에 사용하고 있다.

② 거리 관측의 경우

독취단위가 모두 1㎜ 일 때, (1㎜~2㎜)+1ppm일 경우는 정밀시공 및 관측에, (3㎜~5㎜)+3ppm인 경우는 일반시공 및 설계에 이용되고 있다.

따라서 (5㎜+3ppm)의 거리 정확도를 가진 TS를 이용하여 1㎞의 거리 관측시에는 기계오차 5㎜와 거리에 따른 오차 3㎜가 더해지는데, 이때 서로 성질이 다른 두 가지의 오차에 대한 합이므로 평균제곱근 오차를 적용하면 $\sqrt{(5)^2+(3)^2}$ ㎜ = $\sqrt{34}$ ㎜ = 5.83㎜의 오차가 발생하게 된다.

(5) TS 사용시 주의사항

TS로 거리 관측시는 적외선 광경이 대기 중을 통과하여 반사경에 반사된 후 다시 장비로 되돌아 올 때까지의 시간을 관측하여 거리를 관측하게 되므로 대기의 온도와 기압에 따라 관측값이 달라지기 때문에 반드시 이를 보정하여야 한다.

① TS 제작시 설계 온도 및 기압 : 15℃ 에서의 표준기압(1,013hPa=1,013mbar)

② 측량시 온도 및 기압을 관측하거나 기상청 자료를 입수하여 장비에 입력을 하여야 한다.

③ TS의 각종 부속품의 제원이 정상인가를 점검한다.

3 라이다(LiDAR)에 의한 위치관측

LiDAR는 Laser Scanner, GPS, 관성항법체계(INS)로 구성되어 있으므로 위치는 GPS가, 센서의 자세는 INS(Inertial Navigation System)가 바로잡고 레이저 스캐너가 센서를 지표면과의 거리를 관측하여 지표면상의 3차원좌표(X, Y, Z)를 구할 수 있는 위치결정체계이다. 자세한 내용은 영상탐측과 원격탐측에서 설명하기로 한다.

4 관성측량체계

관성측량체계(ISS : Inertial Survey System 또는 INS : Inertial Navigation System)는 세 가속도계를 서로 수직으로 설치하여 여기에 각각 자동평형기인 자이로(gyro)를 부착한 후 탑재기(platform)에 장착하여 물체의 거동으로부터 회전각과 이동거리의 변화를 계산하는 자주적(autonomous)인 위치결정체계이다. 관성측량체계는 원래 공중 및 해상에서의 비행을 목적으로 개발된 관성항법체계로부터 출발하여 최근 측지측량에 활용되고 있다. 관성측량의 특징은 기후조건과 관측지역에 완전히 무관하게 신속히 관측이 가능하며 또한 위치, 속도, 방향 및 가속도를 동시에 결정할 수 있는 장점을 지니고 있다. 〈그림 5-2〉는 이러한 관성항법체계의 기타 다른 항법체계와 비교한 장점을 도시한 것이다.

관성측량체계는 현재 위치결정에 관한 한 단독체계(stand alone)로서는 GPS에 반하여 그 중요성이 점차 적어지고 있는 실정이며, 단지 산악이나 산림지역과 같이 GPS의 적용이 불가능한 곳에서 그 활용도가 인정되고 있다. 관성측량체계는 회전각의 결정에서는 기본센서로서 계속 주된 역할을 하고 있다. 이는 GPS에 의한 회전각 결정의 정확도가 아직도 매우 낮기 때문이다.

관성측량체계는 최근 레이저 스캐너와 GPS/INS 구성에 의한 LIDAR, GPS/INS 통합체계와 두 대의 Video 혹은 CCD Camera를 사용한 이동식도면화체계(MMS) 등 다양한 관측분야에 활용되고 있다.

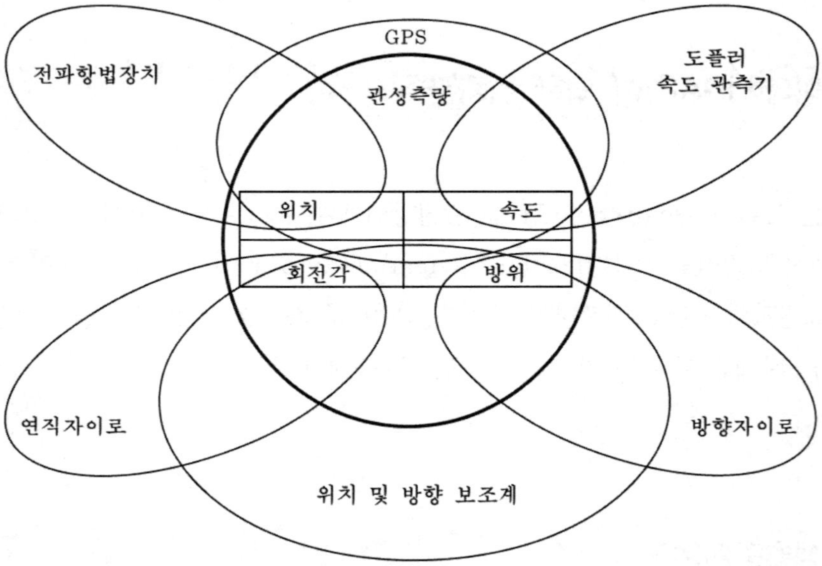

그림 5-2 관성항법체계의 장점

5 위성측지

위성측지(satellite geodesy)는 GPS와 같은 위성위치관측체계를 말하며 이는 현대 사회의 전반에 걸쳐 활용되고 있다. 기초 산업분야에서는 생산성 향상에 기여하며 GPS 위성의 원자시계로부터의 정밀시각은 정보화시대의 기반이 되는 통신망 동기화, 전력계통 관리, 전자상거래 인증과 같은 경제활동에 중요한 역할을 담당하고 있다. 이와 같은 민간 및 상업적인 응용분야의 증가 외에도 다양한 종류의 군 장비에 활용되고 있으며, 국가 안보확보에도 필수적인 체계(system)로 인식되고 있다.

현재 위성측지분야는 미국의 GPS, 러시아의 GLONASS, 유럽연합의 Galileo 등이 활용중이거나 계획 중에 있다. 현재 우주기반 위치결정, 항법 그리고 시각동기를 위해 전 세계에서 가장 많이 사용되는 체계는 GPS라 알려진 NAVSTAR[2)]이다. 본래 군사적 목적으로 개발되었고 미 국방부가 운영하고 있는 장비이나 현재는 95% 이상이 민간분야에 활용되고 있다.

6 GPS(Global Positioning System)

(1) GPS의 기본

GPS는 정확한 위치를 알고 있는 위성에서 발사한 전파가 지상의 수신기까지 도달하는 소요시간을 관측함으로써 미지점의 위치를 구하는 인공위성의 범지구 위치결정체계이다. GPS는 1978년 첫 발사된 이래 62기였으나 현재에는 31개(예비용 7기포함)가 약 20,200㎞의 고도에서 6개의 궤도에 적도면과 55°각도로 원에 가까운 궤도를 그리면서 11시간 58분 주기로 지구를 공전한다. GPS 수신기는 31개의 인공위성 중 최소 4개, 최대 9개의 위성을 이용하여 지구상 어느 곳(육, 해, 공)에서 날씨(기상)에 관계없이 24시간 그 위치를 몇 m의 범위 안으로 정확하게 수평성분(x, y)과 수직성분(z or h)을 제공함으로써 3차원 정보를 얻을 수 있다. GPS의 보강 및 보정체계를 사용할 경우 몇 ㎝내지 몇 ㎜수준의 높은 정확도를 얻을 수 있다. GPS는 세계측지기준계(WGS84)를 사용함으로 이용자는 그 지역의 측지기준계로 환산하여 관측값을 사용하여야 한다. GPS의 관측법은 의사거리를 이용한 단독위치관측방법[또는 절대위치관측, point or absolute positioning, 또는 의사거리위치관측 및 코드상관기법(pseudo-ranging positioning, code correlation)]과 상대위치관측방법[또는 정밀위치관측, relative or differential positioning, 또는 방송파위상관측기법(carrier phase measurement)]으로 위치를 결정한다.

GPS 영상탐측학은 기존의 영상탐측기법에 GPS 측량기술을 접목시킨 새로운 학문으로

2) NAVSTAR : NAVigation Satellite Timing And Ranging

서 발전 속도가 빠르고 활용분야도 점차 넓어지고 있다. 그 응용분야를 대별하여 보면 지형도 작성을 위한 항공영상탐측분야와 GPS Van에 의한 도면화체계, 자원 및 생태계 관측 및 분석 등에 기여하고 있다.

GPS 항공영상탐측의 기본원리는 항공영상탐측기에 GPS 수신기를 장치하여 수신된 위성의 신호를 분석하여, 영상의 취득과 동시에 사진기의 노출위치, 즉 영상면의 외부표정요소를 직접구하는 기법이다. 사진기의 노출위치는 촬영구역 내에 설치된 기준국(reference station)과 연계한 반송파 관측에 의한 이동식 GPS(kinematic mode GPS) 기법으로, 높은 정확도의 위치결정이 이루어지고 있다. 이러한 정확도로 관측된 GPS 노출위치는 항공삼각측량의 블록조정 시 부가의 변수로 도입되어 미지점의 정밀위치결정에 활용되고 있다.

GPS 항측기술은 재래식 방법에 비해 특히 두 가지 장점이 있다. 첫째, 확실한 비행경로를 유지하여 정밀촬영이 가능하므로 계획된 중복도의 실현이 간편하다. 둘째, 정확한 노출위치의결정은 항공기에 탑재된 GPS 수신기가 대신하므로 항공삼각측량에 필요한 지상기준점의 수를 대폭 줄일 수 있다. 따라서 GPS 항공삼각측량이 성공적으로 활용되면 지형도 제작에 소요되는 시간과 경비를 크게 절약할 수 있다.

또한, GPS 영상탐측 분야는 현재 GPS의 단점을 보완하기 위해서 관성항법체계(INS : Inertial Navigation System)와 결합하여 새로운 연구 분야로 발전하고 있다.

(2) GPS의 역할 및 기능에 따른 구성

GPS는 위성체 연구, 좌표계와 GPS 신호, 위성제도의 향상 및 수신기술개발 등이 접목되어 다양한 응용분야로 급속히 확산되고 있다. 물론 GPS 이전의 항행 및 위치결정체계인 미해군의 도플러 방식에 의한 TRANSIT(NNSS[3])도 존재하였으나, 그 활용범위나 정확도 면에서 GPS와 비교할 바가 아니다.

다른 위성항행체계와 마찬가지로 GPS도 그 역할과 기능에 따라서 세 분야로 구분되는데, 위성의 배치와 관련된 우주부문(space segment)과 이를 통제하고 시간을 조정하며 궤도를 추정하는 제어부문(control segment) 및 수신기와 관련된 사용자부문(user segment)이다.

① 우주부문

GPS의 우주부문은 실시간(real time) 군사비행을 목적으로 개발되어 지구상에서 언제 어디서나 관측이 가능하도록 설계되었다. 위성은 3.9㎞/s의 속도로 회전하며, 주기는 항성

3) NNSS: Navy Navigation Satellite System

시(sidereal time, 23시간56분4초/1항성일)를 기준으로 12시간으로 태양시(또는 세계시: solar time or universal time)보다 하루 4분 빠르며, 매일 반복된 위성형상을 이룬다. 각 위성은 매우 정확한 시간정보의 제공을 위해서 세슘(Cs)과 루비듐(Rb) 원자시계를 탑재하고 있다. 현재 총 31개의 GPS 위성(Block ⅡA 10기 및 Block ⅢR 12기, Block ⅡR-M 7기, Block ⅡF 2기)이 완전 작동 중에 있다. 향후 계획된 새로운 위성들은 보다 정밀한 원자시계 등을 탑재하여 GPS에 의한 위치결정의 정확도를 한층 더 높여 줄 것으로 기대된다.

GPS 위성의 번호표기는 위성의 발사순서에 따른 SVN(Space Vehicle Number)과 궤도의 배열에 관련된 PRN(Pseudo Random Noise)으로 나눈다. Block I 위성에서는 그 번호의 명명이 SVN과 PRN에서 같지 않으나 Block Ⅱ의 SVN 14부터는 번호표기가 일치하며, 일반적으로 수신기에는 PRN 번호가 나타난다.

② 제어부문

제어부문은 그 위치가 매우 정확한 Colorado Springs의 주제어국(master control station), 적도상에 균등 배치된 5개의 조정국(monitor station) 및 3개의 지상송신소(ground antenna)로 구성되어 있다. 정밀한 세슘(Cs) 시계를 장착한 5개 조정국에서는 모든 위성들로부터 신호를 수신하여 각 위성의 작동상태, 궤도 및 시간에 대한 정보를 주제어국으로 보낸다. 주제어국에서는 이 정보들을 이용하여 궤도요소를 추정하고, 시간을 수정한 후 다른 필요한 위성정보와 함께 지상 안테나를 통하여 다시 각 위성으로 발송한다. 이러한 작업은 하루에도 몇 차례 반복되므로 이용자는 위성에 대한 생생한 정보를 얻을 수 있다.

③ 사용자부문

사용자부문은 위성신호의 취득에 필요한 하드웨어 분야인 수신기와 자료처리를 위한 소프트웨어로 구성되며, 앞의 두 부문과는 달리 사용자 자신의 최소한의 선택권이 주어진다. GPS 수신은 기본적으로 수동, 즉 수신된 신호 수신기의 개발경향은 현재 매우 빠른 속도로 진행 중이고 전자동 처리가 가능하며, 저가의 소형품 특히 신호차단(AS : Anti Spoofing)에 대비한 새로운 수신기들이 등장하고 있다.

한편, GPS 이용자의 편의를 제공하고 신속한 정보를 제공하기 위한 민간 GPS 정보안내소(GPS information service)들이 전 세계적으로 건립되고 있는데, 현재 IGS(International GPS Geodynamics Service), GIBS, CBB, GPSIC 등이 운영되고 있다.

(3) GPS 위성신호의 구성요소

위성에서 발사하는 모든 신호는 반송파(carrier : L_1, L_2) , 코드(cod : P-code, C/A code), 항법메시지(navigation message), 자료신호(data signal) 등으로 구성되어 있다. 위성에 탑재된 발신기에서 기본주파수 f_0(10.23㎒)에 154배인, 154f_0(1,575.42㎒)인 반송파 L_1과 120배인 120f_0(1,227.60㎒)인 반송파 L_2를 연속적으로 발사하고 있다. L_1파로 전송되는 SPS(Standard Positioning Service)는 일반이 사용할 수 있는 것(예 : 핸드폰으로 이용)이며 L_1과 L_2파로 전송되는 PPS(Precise Positioning Service)는 암호키를 가진자만이 사용할 수 있다. L_1과 L_2를 동시에 조합시키면 전리층효과(ionospheric effect)를 보정할 수 있다. C/A코드(clear/access code or coarse acquisition code)는 f_0/10(1.013㎒) 주파수로 1ms[4]주기로 변조시켜 일반인이 자유로이 사용할 수 있으나 P코드(Precise code)는 f_0(10.23㎒) 주파수로 일반인의 사용에 제한을 받는다. L_1은 C/A와 P-코드를 다 가지고 있으나 L_2는 P-코드만 가지고 있다(〈그림 5-3〉).

1990년 3월 25일부터 2000년 5월1일까지 C/A-코드에 인위적으로 궤도오차 및 시계오차를 첨가시킨 SA(Selective Availability : 선택적가용성)를 실시한 적이 있었다. 반송파 L_1과 L_2는 수신기에 위성시각, 궤도매개변수(Parameter) 등의 정보를 송신하기 위해 코드값을 변조[이진이중위상변조(binary biphase modulation) : 반송파 위상을 180° 이동시킴]시킨다. 항법메시지는 GPS신호에 포함된 37,500비트의 메시지를 초당 50비트로 송신한다. 여기에는 위성의 궤도력(ephemeris), 시계(clock)자료, 위성력(almanac), 위성들과 그 신호에 대한 정보들이 포함된다. 자료신호는 2진위상(binary biphase)기법으로 변조(modulation)된다.

4) ms: mili second, 1/1,000초

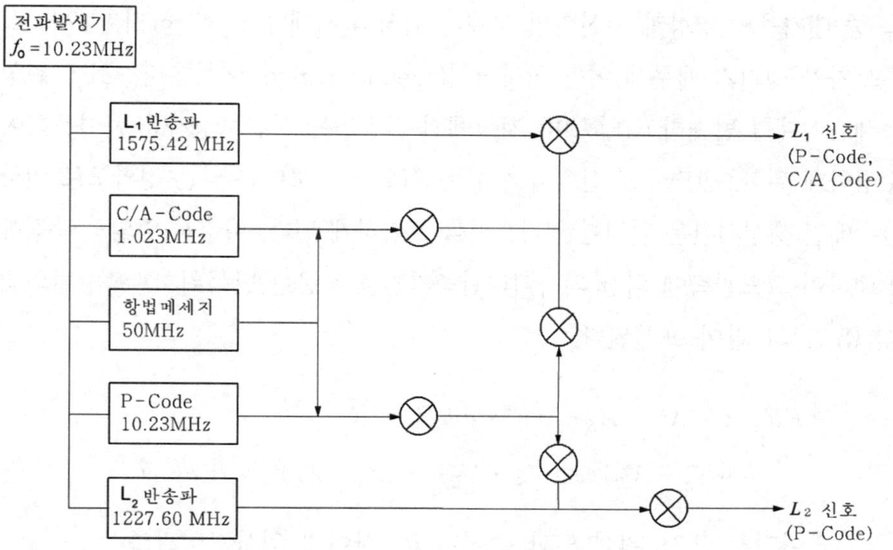

그림 5-3 GPS 신호의 발생과 그 구성

(4) GPS 위치결정방법

GPS는 위성에서 발사한 전파가 지상의 수신기에 도달하는 데 소요되는 시간을 관측한 후 전파의 전달속도를 곱하여 거리를 환산하는 일방향 거리관측체계(one-way ranging system)이다.

GPS에 의한 3차원 위치관측에는 단독위치관측방법과 상대위치관측방법으로 대별되고 있는데 단독위치관측방법은 수신기 한 대로 4개 이상의 위성을 관측하여 수신기에서 PRN 코드신호의 시간차에 의하여 계산된 의사거리를 이용한다. 상대위치관측방법은 수신기 2대로 4개 이상의 위성을 관측하며 위성으로부터 송신된 수신기자체의 발진기에서 발생한 동기신호(同期信號 : synchronized code)의 반송파의 변위(위상차)를 이용한다. 이 경우 두 측점 중 한 점은 기지점을 이용한다. 상대위치관측방법이 단독위치관측방법에 비해 정확도가 높다.

① 단독위치관측방법(또는 코드상관기법)

단독위치관측에서는 한 개의 수신기에서 4개 또는 4개 이상의 위성에 의한 의사거리를 이용하여 후방교선법(resection)으로 위치를 구한다. 단독위치관측시 코드관측에서는 위성에서 발사한 코드와 수신기에서 미리 복사된 코드(replica)를 비교하여 두 코드가 완전히 일치할 때까지 걸리는 시간을 관측하므로 코드상관기법(code correlation)이라 한다. 그러나 관측 중 대기층의 영향과 수신기의 시계가 위성의 시계만큼 정확하지 않으므로 인하여, 약간의 오차가 생기기 때문에 이를 의사거리(pseudo-range)라 부른다. GPS 위성은 아주 정밀한 세슘시계를 탑재하고 있으며, 지상에서 전송되는 시간보정자료를 이용하여 시계를 계속 수정하게 된다. 반면에 수신기의 시계는 GPS 시계보다는 낮은 정확도로 인하여 수신기의 난수배열 생성시간은 일정한 시각오차를 포함하게 된다. 따라서 임의의 측점에서 단일 위성에 대하여 코드관측에 의한 의사거리관측기법을 적용한 단독위치관측방법의 기본방정식은 식 (5-2)와 같이 표현된다.

$$\begin{aligned} PR &= c \cdot \Delta t = |X_S - X_R| + c \cdot \delta t \\ &= [(X_S - X_R)^2 + (Y_S - Y_R)^2 + (Z_S - Z_R)^2]^{1/2} + c \cdot \delta t \end{aligned} \qquad (5-2)$$

여기서 PR : 위성(S)과 수신기(R) 사이의 의사거리관측값,

(X_s, Y_s, Z_s) : 위성의 위치

(X_R, Y_R, Z_R) : 수신기의 위치

Δt : 위성과 수신기간 신호의 도달시간

c : 신호의 전파속도

δt : 수신시 시계오차(GPS와 수신기간의 시각동기오차)

식 (5-2)에서 Δt는 관측 가능하므로 4개의 미지수 X_R, Y_R, Z_R, δt가 존재한다. 따라서 의사범위를 이용한 위치결정은 〈그림 5-4〉와 같이 4개의 위성을 관측하게 되면 원하는 수신기의 위치와 시간오차를 구할 수 있다. 또한 관측시 발생하는 각종 오차를 고려하여 코드관측에 의한 의사거리관측기법의 함수모형은 식 (5-2)로부터 식 (5-3)와 같이 표시된다.

$$PR_{CD}(t) = R(t) + c \cdot \delta t_{sym} + c \cdot \delta t_a + c \cdot \delta_S + n_R \qquad (5-3)$$

여기서 $R(t)$ 임의의 시점에서 위성과 수신기간의 거리

δt_{sym} : 위성과 수신기간의 시각동기오차,

δt_a : 대기의 영향에 의한 오차(이온층 및 대류층)

δt_S : 위 성시계의 오차

n_R : 관측의 잡음(noise)

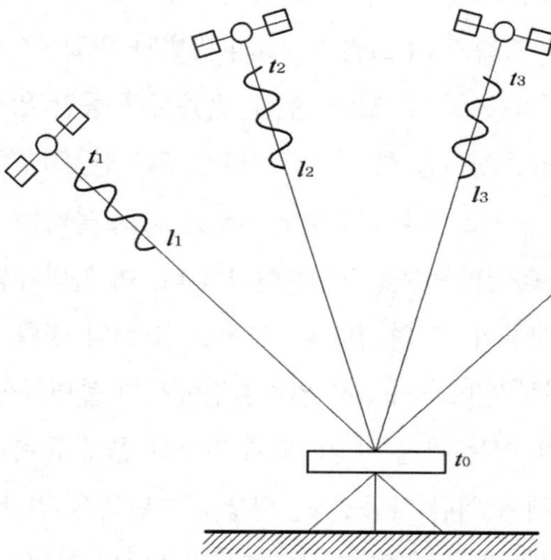

그림 5-4 의사거리에 의한 단독위치관측 방법

② 상대위치관측방법(또는 반송파위상관측기법)

〈그림 5-5〉와 같이 수신기 두 개(또는 두 개 이상)에서 동일한 위성을 동시에 관측하여 수신기의 3차원위치를 결정하는 방법으로 두 개의 측점 중 하나는 기지점으로 하고 다른 한점을 기지점과 관련시켜 위치를 구한다. 반송파의 위상차(또는 위상변위 : phase difference)를 사용하는데 파장의 크기가 작을수록 더 정밀한 관측값을 얻을 수 있다.

비행이나 저정밀도 목적을 위한 코드를 관측, 전파의 도달시간을 계산하여 위치를 결정하는 의사거리관측기법(pseudo-ranging)을 이용한 단독위치관측방법과는 달리 정밀위치결정을 위한 GPS의 이용은 반송파 관측에 의한 상대위치결정방법이 많이 이용되고 있다. 반송파 위상관측기법(carrier phase measurement)을 이용한 상대위치관측방법에서는 위성에서 보낸 파장과 지상에서 수신된 파장의 위상차를 관측하므로 단독위치관측방법보다 높은 정확도의 유지가 가능하므로 현재 거의 모든 측지위치결정에 이용되고 있다.

반송파위상관측에서 대기의 영향에 의한 오차와 관측잡음(noise)을 고려한 기본방정식은 식 (5-4)와 같다.

$$PR_{CR}(t) = R(t) + c \cdot \delta t_{sym} + c \cdot \delta t_{ta} + c \cdot \delta t_S + N \cdot \lambda + n_R \qquad (5\text{-}4)$$

여기서 N : 파장의 불명확 상수값(또는 파장의 모호성)

λ : 파장

위 식에서 각 항목에 대한 설명은 앞의 세 식과 동일하다.

반송파 관측방정식은 의사거리관측기법(〈그림 5-4〉)의 방법과 비교하여 단지 파장의 불명확상수 N이 하나 더 추가되었음을 알 수 있다. 전체 관측시간 동안 위성신호의 차단이 일어나지 않으면 최초에 발생한 모호상수를 한 번만 결정하면 되지만, 신호의 차단과 더불어 하드웨어 또는 소프트웨어 문제 등으로 주파수 단절(cycle slips)로 불리는 신호의 불연속이 종종 일어나는데, 이때는 새로운 불명확상수를 해결해야만 한다. 이 불명확상수 문제는 GPS 활용에서 가장 큰 중심테마를 이루며, 이의 정확한 결정이 GPS의 정확도를 좌우한다.

GPS 항공영상탐측을 위한 이동식(kinematic) 위치결정에서의 불명확상수 문제는 지상에서 보다 더 큰 어려움이 있는데 이는 빠른 비행속도에 기인한 공기 동력학(aerodynamic)에 따른 안테나의 거동, 비행동체에 의한 다중경로, 비행시간 단축을 위한 곡선(curve)에서의 급선회 등이다. 현재 이의 해결을 위해 가장 많이 이용되는 방법은 비행과 동시에 짧은 순간에 불명확상수를 결정하는 on-the-fly 기법이다.

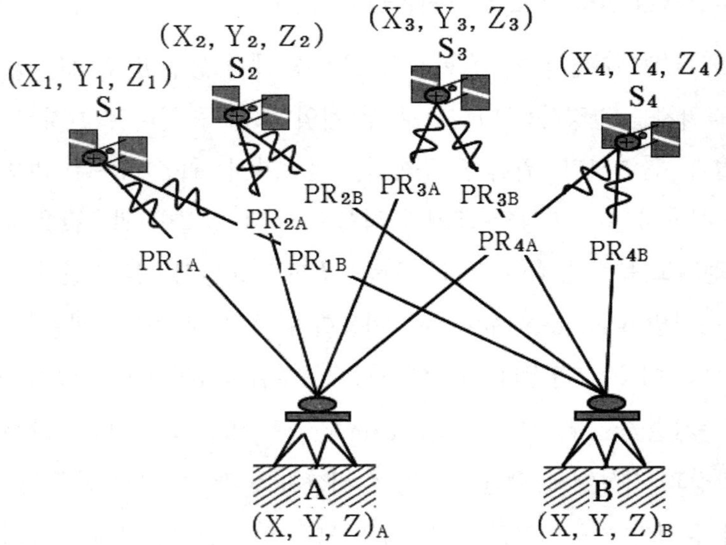

그림 5-5 상대위치관측 방법

가) 불명확 상수값(또는 파장의 모호성)

위성관측에서 시계의 불완전성(위성과 수신기에 있는 시계가 불일치)으로 인한 문제점 이외에 수신기까지 전달되는 경로에서 파장의 총수를 정확히 알 수 없는데 이를 GPS 관측에서는 불명확 상수값[또는 파장의 모호성(N_{SR}) : ambiguity or integer ambiguity]이라 한다. 이는 한 파장 내에서의 위상차만 관측하므로 전체 파장의 숫자는 정확히 알려져 있지 않기 때문이다.

반송파 위상관측기법의 원리와 모호성의 개념은 〈그림 5-6〉과 같다.

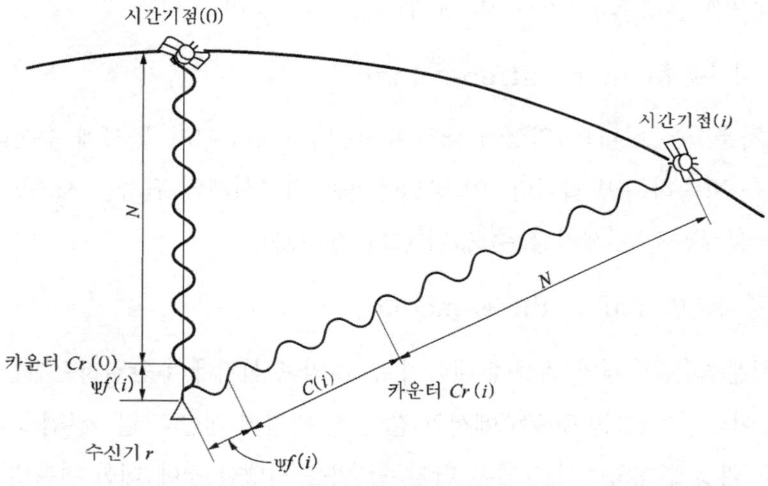

그림 5-6 반송파 위상관측과 모호성(ambiguity)의 개념도

〈그림 5-6〉에 나타낸 바와 같이 일정한 시간 기점[epoch(0)]에서 관측이 시작되면 수신기 r에서는 위상변이량 $\Psi_f(0)$를 관측함과 동시에 내부의 파장의 수를 세는 카운터(counter)는 0의 상태가 된다. 다음 기점(i)에서는 이에 해당하는 위상변이량 $\Psi_f(i)$와 단지 기점(0)에 대한파장의 증가값 $C(i)$만을 관측한다.

따라서 파장의 불명확상수인 전체 파장의 숫자 N은 미지수로 남게 된다. 위의 과정을 토대로 임의의 기점(t)에서의 반송파의 위상관측은 식 (5-5)으로 표시된다.

$$\Psi_f(t) = \frac{2\pi}{\lambda}(|X_S - X_r| - N \cdot \lambda + c \cdot \delta t) \tag{5-5}$$

여기서 $\Psi_f(t)$: 시간기점 t에서 관측된 위상값

N : 파장의 불명확 상수값

λ 파장

나) 위상차분법(phase differencing)

상대위치관측법에서 불명확 상수값을 소거하기 위해서는 다수의 수신기와 위성관측으로 인하여 생성되는 많은 방정식을 동시에 처리해야 하는 번거로움이 있다. 이러한 번거로움을 단순화하여 미지값을 해석하기 위하여 하나의 관측방정식에서 다른 관측방정식을 차감(差減 : differencing)하는 차분방법을 이용한다. 위상차분에는 단일차분법(또는 단순차법 : single differencing), 2중차분법(또는 2중차법 : double differencing), 3중차분법(또는 3중차법 : triple differencing) 등이 있다.

(ㄱ) 단일차분법(single differencing)

단일차분법은 하나의 위성에 대하여 두 대의 수신기가 동시에 수신하여 순간적인 위상차를 관측하는 방법이다. 이 방법에서는 위성시계의 편차는 제거할 수 있으나 수신기의 시계편차는 제거할 수 없다(〈그림 5-7a〉).

(ㄴ) 2중차분법(double differencing)

2중차분법은 두 개의 위성에 대하여 두 대의 수신기에서 단일차분법을 두 번 반복하는 방법이다. 즉 〈그림 5-7b〉에서와 같이 한 위성에 대한 단일차분법을 시행함과 동시에 다른 위성에 대하여서도 같은 단일차분법을 시행한 것에 대한 관측방정식을 구성한 다음 서로 차감하는 방식이다. 이 방법에서는 위성시계와 수신기 시계편차는 제거될 수 있으나 다중파장경로에 대한 오차는 제거할 수 없다.

(ㄷ) 3중차분법(triple differencing)

3중차분법은 〈그림 5-7c〉에서와 같이 2중차분법을 동시에 두 번 수행한 것에 대한 관측방정식을 구성한 다음 서로 차감하는 방식이다. 이 방법에서는 각 수신기에서 4개 이상의 위성을 동시에 관측할 뿐만 아니라 많은 잉여관측값 등(예, 순간적위상변위)을 관측하기 때문에 최소제곱법을 이용하여 관측값을 처리한다. 이 방법을 활용하면 시계편차, 위상에 대한 변위 및 불명확값(예, 불명확 상수)들을 제거할 수 있다.

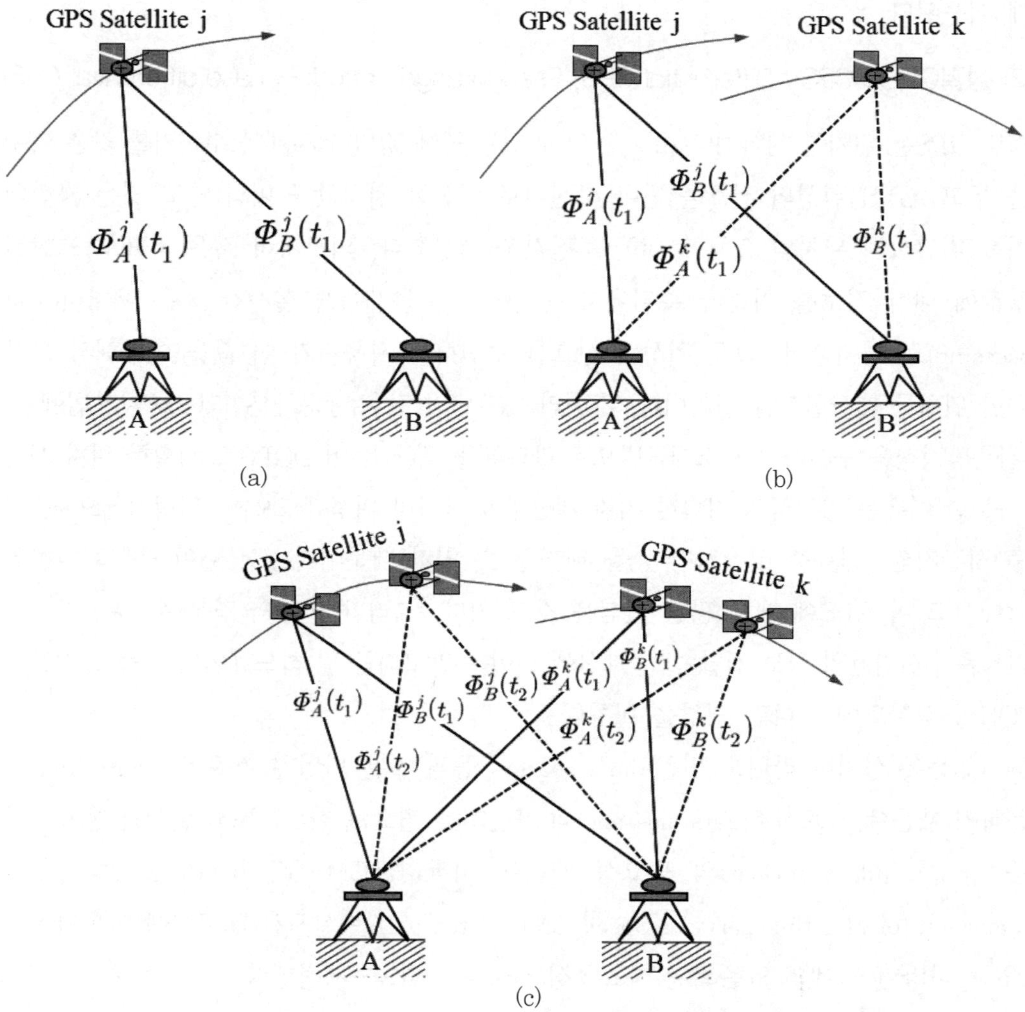

그림 5-7 차분별(differencing)에 관한 위성 및 수신기

(5) GPS 관측기법

GPS 관측기법에는 정지식관측(static GPS), 정밀식관측(DGPS), 정지・이동식관측(SGK GPS), 연속이동식관측(CK GPS), 실시간이동관측(RTK GPS) GPS 등이 있다.

① 정지식관측(static-GPS)

정확도가 높은 측지측량 등에 이용한다. 기선길이가 20㎞ 이상인 경우 많은 시간을 요하는 관측으로 SA나 멀티패스영향을 소거할 수 있으나 천공각을 충분히 확보하고 전파방해

지역을 피해야 한다. 정확도가 ±(5mm+1ppm)이므로 기준점측량, 지구물리분야 등 측지분야에 이용된다.

② 정밀GPS(DGPS : Differential GPS, Pseudorange or code-phase differential GPS)

정밀 GPS는 위치를 정확히(수 cm 이내) 알고 있는 곳에 정밀한 시계와 수신기를 갖춘 기준국을 두고, GPS 위성의 신호를 받아 수신기로 계산한 위치값과 미리 알고 있는 자신의 위치를 비교하여 위치의 오차에 대한 보정값을 계산한다. 의사거리 혹은 좌표로 표현된 보정값에 대한 정보를 기준국 주위에서 움직이는 사용자에게 실시간 혹은 후처리(post processing)로 넘겨주어, 같은 위성의 신호를 수신하는 사용자가 이 값을 이용해서 보다 정확한 위치를 계산한다는 원리이다. 후처리 DGPS인 경우 단순차분법과 2중차분법에 의한 관측방정식을 구성하여 최소제곱법으로 관측값을 구한다. 이 DGPS로 정확한 위치 계산이 가능한 이유는 기준국의 정확한 위치 계산뿐만 아니라 위성궤도오차, 위성시계오차, 전리층 시간지연, 대류층 시간지연 등을 제거할 수 있기 때문이다. GPS 이용에 회의적인 분야에서도 이 GPS에 대해 많은 관심을 갖고 있다. 그러나 실제의 경우 두 수신기간의 거리, 두 수신기간의 정보 전달속도, 계산에 쓰이는 알고리즘 및 하드웨어의 성능 요인들이 DPGS의 정확도에 커다란 영향을 미친다.

DGPS는 위성이나 라디오 비콘(radio beacon) 등과 같은 다양한 자료연결(data link)을 이용하기 때문에 자료신호(data message)의 표준화를 필요로 한다. 특히 실시간 응용에서 표준 자료형식(data format)의 필요성 때문에 미국 RTCM-SC 104(Radio Technical Commission for Maritime services Special Committee 104)는 실시간 DGPS에 이용되어질 수 있는 다양한 형태의 표준화된 자료형식(data format)을 제정했다.

특히 두 수신기간의 거리가 문제시되는 것은 거리가 멀면 한 위성과 두 수신기 사이에 놓여있는 전리층과 대류권의 성질이 다를 수 있으므로, 이들에 의한 시간지연값이 두 수신기에 다르게 나타나기 때문이다. 그러므로 일반적으로 DGPS를 구성할 때 기준국과 사용자 간의 거리가 100km를 넘지 않도록 기준국을 배열해야 한다.

한편, 특정한 목적의 측량과 같은 분야에서는 절대위치 관측보다는 두 점간의 상대위치 정보가 필요할 수도 있다. 이런 경우는 주변의 임의의 위치에 한 수신기를 놓아 기준국으로 하고, 두 수신기간의 상대적 위치를 매우 정확히 관측할 수 있다. 현재 미국 해안경비대(coast quard)와 연방항공국(FAA)을 비롯한 여러 단체를 중심으로 C/A 코드 위치 관측에 대한 정밀도를 높이기 위해 가장 활발하게 연구되고 있는 방법이 DGPS이다. 위성에서의 항법신호는 사용자의 수신기에 도달하면서 위성시계와 수신기 시계의 불일치, 전리층이나 대류권에서 전파의 지연으로 생기는 시간차, 주파수 단절(cycle slip) 등으로 인해 정확도가 떨어지게 된다. 이러한 문제점을 해결하기 위해서 정밀 GPS 기법이 개발되었다. 이러한 DGPS 기법을 사용하면 정확도는 고정점과 기선거리에 따라 다르나 일반적으로 0.1~0.3m 정도이다.

③ 정지 · 이동식 GPS(SGK GPS : Stop & Go Kinematic GPS)

연속적인 미지점 관측시에 이용되며 라디오모뎀을 통한 실시간 처리 및 후 처리를 선택할 수 있으며 초기 기지점 또는 다른 기지점에 연결하여 오차점검을 해야 한다. 정확도는 2cm +1ppm이므로 정확도가 낮은 기준점측량, 지형측량, 시공측량, 경계측량, 영상면기준점 및 항공영상면의 위치측량 등에 사용된다.

④ 연속이동식GPS(CK GPS : Continuous Kinematic GPS)

도로나 수로의 중심선관측에 이용되며 Stop & Go Kinematic GPS와 비슷한 정확도로 이용되며 완공된 도로선형의 수치지도갱신 및 동체의 궤적 등을 추적할 경우 등에 많이 사용된다.

⑤ 실시간 이동GPS(RTK GPS : Real-Time Kinematic GPS)

실시간 이동GPS인 경우 기준국의 보정값을 무선으로 이동국에 송신하여 의사거리를 보정한 후 위치를 계산한다. 후처리(post processing)방식에서는 양국에서 수신한 자료를 컴퓨터에서 보정하여 위치를 해석한다. 〈그림 5-8〉은 정밀GPS(DGPS)를 이용한 위치해석 방법으로 현장에서 즉시 관측결과를 사용할 수 있어 차량 및 항공기의 실시간 항법용으로 이용, 지질학연구, 해양시추선에 활용, 댐의 변형연구 등에 수 cm정도 이내의 정밀도를 요구하는 분야에 응용, 이동점의 위치좌표를 실시간으로 수신할 수 있어 실시간현황측량, 절토 및 구조물결합의 확인 등 시공측량에 편리하게 이용되고 있다.

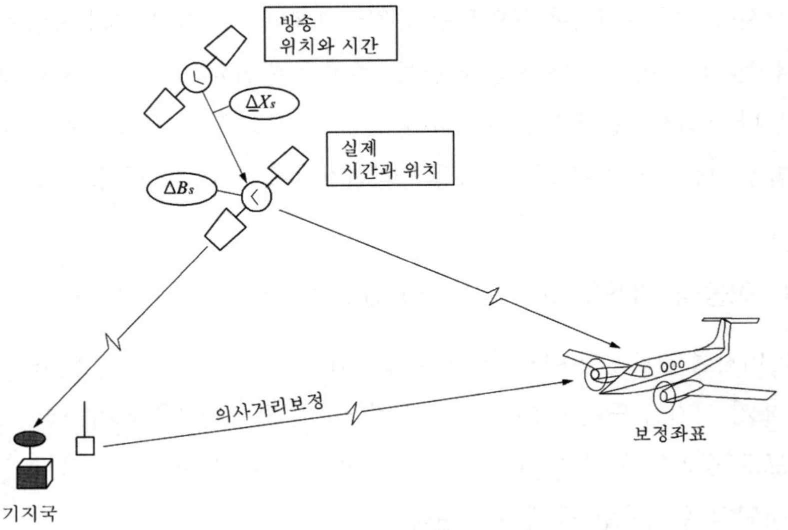

그림 5-8 DGPS에 의한 위치해석

(6) 조직망 RTK GPS(Network RTK GPS)

조직망 RTK는 복수의 상시관측소에서 취득한 위성자료로부터 계통적 오차를 분리, 모형화하여 생성한 보정자료를 사용자에게 실시간 전송함으로써 수신기 1대만으로도 높은 정확도의 RTK측량을 가능하도록 하는 기술로써 단일조직망, 다중조직망, VRS, FKP 방식 등이 있다.

① 단일조직망(단일 기준점 위치관측)

하나의 기준점을 이용하여 이동국의 위치를 관측하는 방법으로 기준국에서 위치보정데이터를 생성하여 이동국으로 직접 전송한다. 또한 기준국과 이동국간 거리의 증가에 따라 오차가 증가하므로, 관측지점에서의 현장 검증(calibration) 과정이 필요하다.

② 다중조직망(다중기준점 위치관측)

여러 개의 기준점망을 이용하여 이동국의 위치를 관측하는 방법으로 기준점망에서 주요 오차원의 보정값을 추정하여 면보정 매개변수(parameter)를 생성하거나, 가상기준점에 대한 위치보정값을 생성하여 이동국으로 전송한다. 또한 연결 망내에서는 거리에 따른 오차가 없고 신뢰성이 높다.

표 5-1 단일 및 다중 RTK 특징 비교

구분	단일 RTK	다중 RTK
장점	• 장비의 설치 및 사용이 간편 • 위치보정신호 오류의 발견과 조치가 신속함	• 기준국 장비가 필요 없이 1대의 이동국 장비만으로도 측량가능 • 다수의 기준점 관측자료를 모두 사용하므로 위치관측의 신뢰성이 높음
단점	• 기준국과 이동국 등 2대의 RTK-GPS 장비가 필요함 • 기준국과 이동국간 거리 증가에 따라 오차가 증가하므로 관측지역에서의 현장검증이 필요	• 시설 및 시스템 구축에 고가의 비용이 소요 • 시스템 유지관리의 어려움 • 위치보정신호의 무결성 판단이 어려움 • 공공측량 등의 실용화에 시간이 필요함

③ VRS 방식(Virtual Reference Station)

가) 의의

VRS(Virtual Reference Station)방식은 기준국(GPS 상시관측소) 3점 이상을 이용하여, 이동국(관측점) 주변에 가상의 기준점을 설정하고, 관측오차보정 요소(전리층, 대류권 및 위성궤도 오차, 다중경로 오차 등)를 제거한 자료를 이동국에 전송함으로써, 관측위치 정확도나 초기화 시간이 기준국(GPS 상시관측소)간 거리에 좌우되지 않는 RTK GPS 체계이다. 이때 만들어진 오차모형은 가상기준점망을 형성하는 모든 기준국에서 관측한 값으로 만들게 되므로 한 점을 기준으로 만드는 보정값보다 정밀하고 신뢰성이 높다.

VRS 관측방법은 이동국의 개략위치를 제어센터로 송신하고, 제어센터는 수신된 자료를 가지고 이에 맞는 위상보정값을 RTCM(Radio Technical Commission for Maritime Services)형식으로 이동국에 송신한다. 이동국은 보정값을 수신하고 수신기 위치를 DGPS 방식으로 계산하여 이를 다시 제어센터로 송신한다. 제어센터는 다시 새로운 RTCM 보정값을 계산하여 전송하고 이때 보정값은 이동국 바로 옆에 위치한 가상의 기준국에 대한 값이다.

나) VRS 위치관측의 장점

(ㄱ) 종래의 RTK 또는 DGPS 위치관측시의 문제점을 해결할 수 있다.

i) 기지국 GPS가 필요 없음(경제적임)

ii) 위치보정자료 송수신을 위한 무선 모뎀 장치가 필요 없음

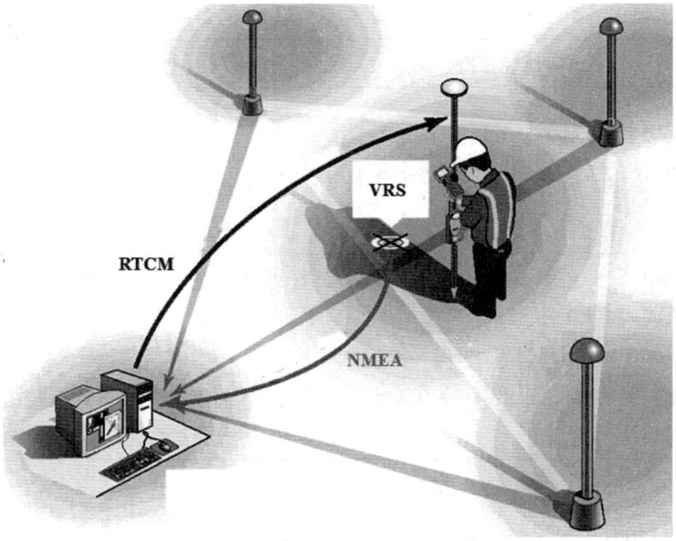

그림 5-9 VRS 관측 개요도

iii) 휴대전화의 사용으로 통신거리에 제약이 없음

iv) 실시간 측량을 위한 장비의 초기화가 필요 없음

(ㄴ) 다양한 종류의 GPS 위치관측 서비스를 제공할 수 있다.

i) 정밀 위치관측 : cm 단위의 RTK-VRS 서비스

ii) 일반 위치관측 : Sub meter 단위의 DGPS-VRS서비스

iii) Static 위치관측 : 후처리 방식의 정지식 측량 VRS 서비스

(ㄷ) Static VRS인 경우 기지점에 GPS 수신기를 설치할 필요 없이 상시관측소간의 기선을 세션관측시 그대로 이용하므로 적은 GPS장비로 많은 양의 관측이 가능해진다.

다) VRS 위치관측의 단점

(ㄱ) GPS 상시 관측망에 근거한 VRS망 외부 지역에서는 위치관측 불가능

(ㄴ) 휴대전화 가청 범위로 위치관측 제한

(ㄷ) 휴대 전화 요금의 문제

(ㄹ) 상시 관측소 설치, VRS서비스 센터 구축, 휴대전화 기지국 망의 확충 및 통화 품질 등 전체적인 VRS 시스템 구축에 막대한 비용 소요

라) 해석방법

(ㄱ) VRS 방식의 원리

i) VRS 서비스센터에서 상시관측소의 GPS 관측자료를 24시간 수신하고, 가상기준점에 설치한 이동국 수신기의 GPS관측 자료를 수신한다. 이때 NMEA형식으로 이동통신망 등을 이용한다.

ii) 상시관측소와 가상기준점의 관측자료를 이용, 정적간섭 위치관측 방식으로 순간 처리하여 가상 기준점의 위치보정자료를 생성하고 이에 맞는 위상보정값을 RTCM형식을 이용하여 이를 휴대전화 또는 무선 인터넷모뎀으로 이동국 GPS 사용자에게 송신한다. 이동국은 보정값을 수신하여 수신기 위치를 DGPS방식으로 계산하며 이동국 수신기는 다시 새로운 위치를 VRS 서비스센터로 보낸다.

iii) 네트워크서버는 다시 새로운 RTCM 보정값을 계산하여 이동통신망을 이용하여 전송한다. 여기서 보정값은 이동국 옆에 위치한 가상의 기준국에 대한 것으로, 전리층과 대류권 지연효과를 전체 기준망의 관측값을 이용하여 모형화하므로 보다 정확한 값을 갖게 된다. 이 기법은 자료가 가시화되지도 않으며, 실제로 관측하지도 않은 가상의 기준점의 개념을 도입하였으므로 '가상기준점' 기법이라 한다.

(ㄴ) VRS 위치관측의 조건

i) 국가의 측지 기준점 체계 확보

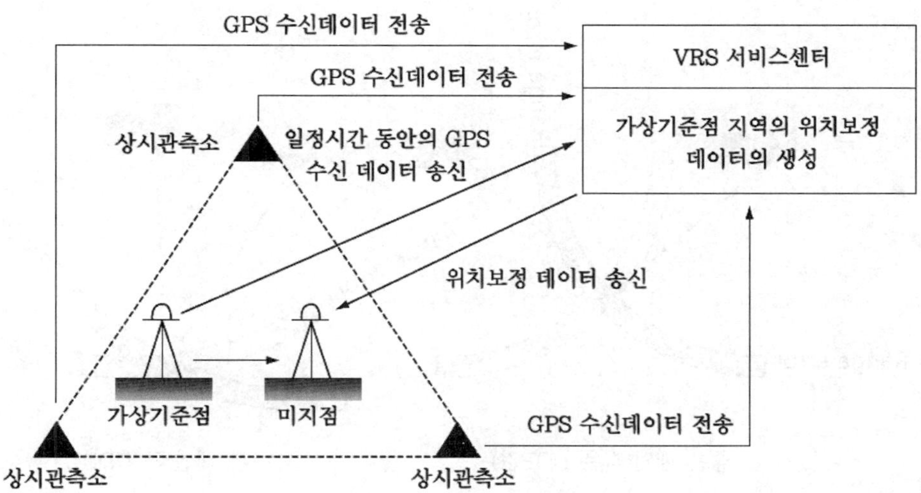

그림 5-10 VRS 운영체계도

ii) 상시 관측소가 최소 30~50㎞ 간격으로 균등하게 배치

iii) 위치보정자료를 순간 생성할 수 있는 GPS 기선 해석 및 망조정 기술 능력의 확보

iv) 제공되는 위치보정자료에 대하여 측지 성과로서의 공신력 확보

v) 위치보정자료의 통신 매체인 휴대전화나 인터넷모뎀 등의 통신 품질의 확보

vi) 이동국 GPS 사용자의 GPS 측량에 대한 기초지식이 필요

(7) GPS의 위치 결정에 영향을 주는 오차의 종류 및 오차처리

GPS를 이용하여 위치를 결정할 때 발생하는 중요한 오차요인은 위성(기하학적 분포, 궤도, 시계), 위성신호전달(전리층, 대륙권, 다중경로), 수신기(시계, 주파수)에 의한 오차 등이 있다.

① 위성에 관한 오차

가) 위성의 기하학적 분포에 따른 오차

수신기 주위로 위성이 적당히 고르게 배치되어 있는 경우에 위치의 오차가 작아진다. 이때 보이는 위성배치의 고른 정밀도를 DOP(Dilution Of Precision)라고 하며 일반적으로 위성들 간의 공간이 더 많으면 많을수록 수신기에서 결정하는 위치정밀도는 높다고 할 수 있다. DOP에는 기하학적 DOP(GDOP: Geometric DOP), 3차원위치 DOP(PDOP: Positional DOP), 수직위치 DOP(VDOP: Vertical DOP), 평면위치 DOP(HDOP: Horizontal DOP), 시간 DOP(TDOP: Time DOP) 등이 있다.

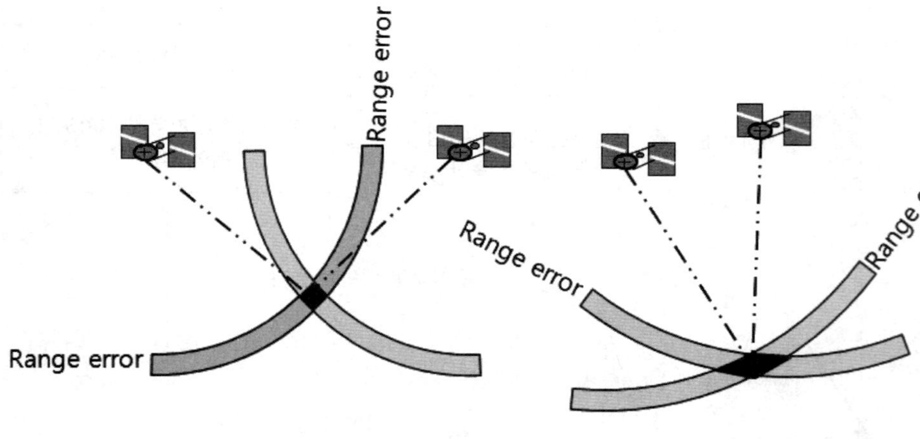

좋은 배열(작은 DOP값) 나쁜 배열(큰 DOP값)

그림 5-11 위성의 기하학적 배열 관계

DOP는 모든 위성의 항법메세지를 해석하여 예측할 수 있다. 수신가능한 위성수와 DOP의 관계를 이용해 GPS 관측이 가장 양호한 시간대를 정하여 관측하면 보다 정확한 결과값을 얻을 수 있다. 관측정확도, 위치정확도, DOP의 관계는 다음과 같다.

$$\sigma_P = DOP\ \sigma_{UERE} \tag{5-6}$$

여기서 σ_{UERE}: 관측정확도(measurement accuracy, User Equivalent Range Error)

σ_P: 위치정확도(position accuracy)

DOP는 다음과 같이 구분하여 계산할 수 있다.

$$\text{기하학적 DOP(GDOP)} = \frac{\sqrt{\sigma_E^2 + \sigma_N^2 + \sigma_U^2 + \sigma_T^2}}{\sigma} \tag{5-7}$$

$$\text{위치 DOP(PDOP)} = \frac{\sqrt{\sigma_E^2 + \sigma_N^2 + \sigma_U^2}}{\sigma} \tag{5-8}$$

$$\text{평면위치 DOP(HDOP)} = \frac{\sqrt{\sigma_E^2 + \sigma_N^2}}{\sigma} \tag{5-9}$$

$$\text{수직위치 DOP(VDOP)} = \frac{\sqrt{\sigma_U^2}}{\sigma} = \frac{\sigma_U}{\sigma} \tag{5-10}$$

$$\text{시간 DOP(TDOP)} = \frac{\sqrt{\sigma_T^2}}{\sigma} = \frac{\sigma_T}{\sigma} \tag{5-11}$$

여기서 σ_E^2, σ_N^2, σ_U^2은 수신기 위치 추정변동량을 동쪽(East), 북쪽(North), 위쪽(Up) 성분으로 표시한 것이고, σ_T^2은 수신기 시계오차 추정변동량을, σ는 거리에 대한 표준편차를 나타낸 것이다. 참고로 $PDOP^2 = HDOP^2 + VDOP^2$, $GDOP^2 = PDOP^2 + TDOP^2$과 같다. 그리고 비행계획 수립 시 PDOP는 3~5, HDOP는 2.5이하로 하는 것이 좋다.

표 5-2 DOP값의 의미

DOP 값	양호한 정도	비 고
<1	이상적	가장 높은 신뢰도, 항상 높은 정확도를 가짐
1-2	매우 좋음	충분히 높은 신뢰도, 민감한 정확도가 요구되는 분야에 사용 가능
2-5	좋음	경로 안내를 위한 요구사항을 만족시키는 신뢰도
10-10	보통	위치관측 결과를 사용 가능하나 좀 더 열린 시야각에서의 관측을 요함
10-20	불량	낮은 신뢰도, 위치관측 결과는 대략적인 위치를 파악할 때만 사용
>20	매우 불량	매우 낮은 신뢰도(6m의 오차를 가지는 기기가 약 300m 정도 발생)

나) 위성의 궤도에 의한 오차

위성에 작용하는 여러 힘들[예: 부정확한 모형화인 선택적 가용성(SA: Selective Availability)에 의한 인위적인 위성정보 적용]에 의하여 정해진 궤도로 위성이 진행하지 않아서 수신기에 틀린 정보를 제공으로 함으로써 생기는 오차가 궤도에 대한 오차이다. 수신기 두 대 이상을 설치하여 관측하거나 차분법을 사용하면 오차를 많이 줄일 수 있다.

다) 시계오차

GPS위성들은 시간유지와 신호동기(synchronizing)를 위해 고도의 정밀도를 가진 세슘(Cs) 또는 루비듐(Rb) 원자시계를 이용한다. 위성시계의 오차는 정확하게 교정될 수 있다.

② 위성신호전달에 의한 오차

가) 전리층오차

지표면으로부터 80~1,000km 사이의 전리층을 신호전파가 통과 시 분산이 일어나고 전압의 변화가 생기므로 발생되는 오차이다. 고주파(L_1)신호에 비해 저주파(L_2)신호가 전리층에서 속도가 느리므로 두 신호의 지연차를 비교하여 지연효과를 계산하고 소거하는 과정에 오차모형화를 이용하면 오차를 감소시킬 수 있다.

나) 대류권 오차

지표면으로부터 평균 12km 사이의 대류권 통과 시 구름과 같은 수증기에 의한 굴절로 오차가 발생한다. 대류권오차는 표준보정식(예: Hopfield model)에 의해 소거될 수 있으나 오차모형화에 의한 오차감소방법을 수행하기도 한다.

다) 다중경로에 의한 오차

바다표면이나 빌딩 등에서 반사신호에 의해 직접 신호의 간섭으로 오차가 발생한다. 특별히 제작된 안테나(예 : choke ring 안테나)를 사용하든가 적절한 위치선정(예: 수신기 안테나 근처에 사물로 인한 굴절이 안 되는 곳)을 해야 오차를 소거할 수 있다.

③ 수신기에 의한 오차

가) 수신기 시계의 오차

수신기에는 위성의 원자시계보다 저가의 시계를 사용하므로 GPS시각의 동기오차가 발생한다. 이를 해결하기 위해 시계오차를 미지수로 다루는 3개의 의사거리 방정식을 이용하여 수신기위치(X, Y, Z)와 시계오차(t)를 구하여 수신기 시계오차를 소거한다.

나) 주파수 오차

주파수 모호성(cycle ambiguity)과 주파수단절(cycle slip 예: 수신을 방해하는 건축물, 나무, 비행기, 조류 등에 의한 관측환경 불량으로 갑자기 신호가 끊김)로 생기는 오차이다.

(8) GPS 관측값의 측지학적 고도와 지오이드 고도차의 개념차이

GPS에서 관측의 높이(고도)값은 타원체의 수학적표면을 기준으로 하였기 때문에 물리적인 지오이드고와 차이가 있다

$$H = h + N \tag{5-12}$$

H : 측지학적고도(정표고 : orthometic height)

h : 평균해수면으로부터의 고도(타원체고 ellipsoidal height)

N : 지오이드고도(geoidal height)

GPS의 수평위치의(X, Y)의 값은 정확도가 좋으나 수직위치(고도)의 값(h)의 정확도는 수평위치의 정확도에 비해 낮다(종래의 Level 측량성과보다 정확도가 떨어진다).

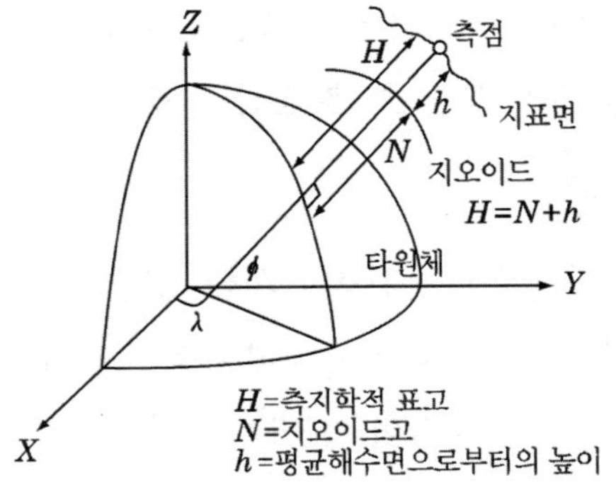

그림 5-12 측지학적고도와 지오이드 고도차

(9) GPS관측성과의 좌표변환

GPS측량에서는 지구중심좌표계 WGS84(World Geodetic System 1984)를 기준좌표계를 사용하고 있지만 각 나라마다 각기 다른 좌표계를 사용하기 때문에 좌표계 사이에 변환관계가 명확하게 정립되어야 한다. 향후 GPS관측에 의한 측지망의 구성 및 지도제작의 신뢰성, 자료의 균질성 및 통일성을 확보하기 위하여서는 각 나라가 국가적 차원에서 정확한 좌표전환요소를 산출하여 공시할 필요가 있다. 우리나라에서는 일반적으로 TM좌표계를 사용하고 군사적 목적으로는 UTM좌표계를 사용한다. 즉 GPS관측성과를 사용자의 지역에 맞게끔 좌표를 환산하여 이용한다. 좌표변환 방법에는 매개변수변환, molodensky변환, 회귀다항식변환 방법이 있으나 일반적으로 이용되고 있는 매개변수(parameter) 방법만을 소개한다.

① 매개변수(parameter)에 의한 변환 방법

매개변수에 의한 방법에는 3-매개변수변환(3-parameter transformation)과 7-매개변수변환(7-parameter transformation)이 있다.

가) 3-매개변수변환

두 기준계(Ⅰ, Ⅱ)의 좌표 (X, Y ,Z)축이 평행이며 그 크기가 동일한 경우로 평행변위(translation: △X, △Y, △Z)요소만을 고려하여 보정한다.

$$X_2 = X_1 + \Delta X, \quad Y_2 = Y_1 + \Delta Y, \quad Z_2 = Z_1 + \Delta Z \tag{5-13}$$

$X_1,\ Y_1,\ Z_1$: 기준계 Ⅰ 의 직교좌표

X_2, Y_2, Z_2 : 기준계Ⅱ의 직교좌표

ΔX, ΔY, ΔZ : 두 타원체 간의 평행변위(translation)

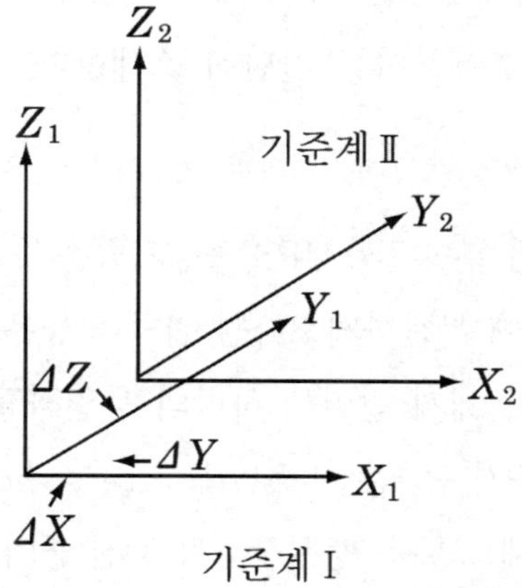

그림 5-13 3-매개변수 변환

나) 7-매개변수변환

두 기준계(Ⅰ,Ⅱ)의 좌표(X, Y, Z)축의 크기와 변형이 다르므로 평행변위(translation: △X, △Y, △Z), 회전변위(rotation: R_X X축의 쌍곡선형 변형, R_Y Y축의 포물선형 변형, R_Z Z축의 타원형 변형), 축척인자(scale factor: S)를 고려하여 보정해야 한다.

$$\begin{bmatrix} X_Z \\ Y_Z \\ Z_Z \end{bmatrix} = S_1 \begin{bmatrix} 1 & R_Z & -R_Z \\ -R_Z & 1 & R_X \\ R_Y & -R_X & 1 \end{bmatrix} \begin{bmatrix} X_1 \\ Y_1 \\ Z_1 \end{bmatrix} + \begin{bmatrix} \Delta X \\ \Delta Y \\ \Delta Z \end{bmatrix} \tag{5-14}$$

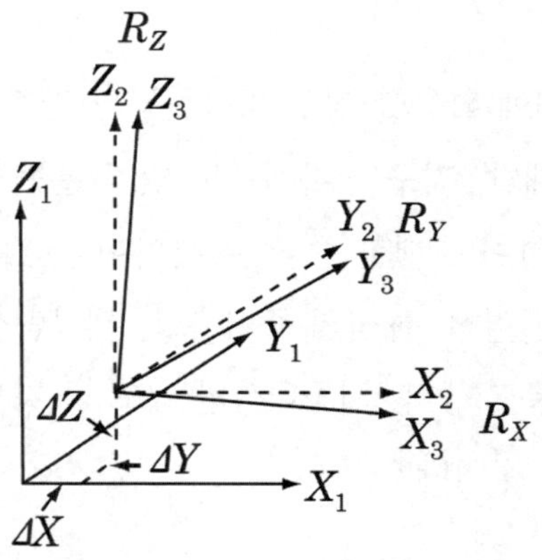

그림 5-14 7-매개변수 변환

(10) GPS의 활용분야

현재 GPS의 활용분야는 거의 제한이 없을 정도로 매우 광범위하며, GPS 측량기법의 우수성과 수신기의 가격하락으로 나날이 새로운 적용분야가 생겨나고 있다. 다음에서는 위치결정과 관련된 GPS의 활용분야를 간단히 소개한다.

① 측지측량기준망 설정

GPS 활용의 가장 대표적인 분야로서 GPS 측량기법은 재래식 삼각 또는 삼변측량으로는 불가능하였던 날씨와 기선장에 무관하게 3차원 위치를 높은 정확도로 결정할 수 있게 되었다. 따라서 1980년대 말부터 세계 전역을 하나의 동일좌표계를 바탕으로 대륙간을 ㎝의 정확도로 연결하는 세계측지측량망인 ITRF(International Terrestrial Reference Frame)가 설정되었으며, 현재도 계속 갱신작업이 추진 중이다. 이를 위하여 지구상에 균등배치된 VLBI, SLR 등을 이용하여 관측소에서 준성, 위성 등을 목표물로 장기간 관측한 자료들을 분석하여, 현재 망의 정확도를 ±1㎝로 유지하고 있다.

각 대륙은 이를 바탕으로 기선장 300~500㎞ 내외의 대륙측량망을 구축하였으며, 대표적인 예로 유럽의 EUREF(European REferencing), 북미의 ACS(Active Control System) 등을 들 수 있다. 또한 각국은 이 대륙측량망을 기본으로 기선장 50~100㎞의 국가 GPS 기준망을 설정하여, 지역별로 20~50㎞의 밀도로 배치하여 고밀화 측지측량망으로 정확도 갱신, 수준측량 및 지적측량 등에 활용하고 있다. 그러나 이러한 성공적인 GPS 활용을 위해서는 세계좌표계와 지역좌표계간의 정확한 변환요소 결정과 지오이드기복고도에 대한 정밀모형이 우선적으로 해결되어야만 한다.

② 지구물리학적인 측면

GPS를 지구물리학적 측면에 활용할 경우 지각변동을 관측하는 작업이나 지질의 구조를 해석하는 일, 지오이드모형개발, 지구의 자전속도 및 극운동 변화량 검출, 지각변동, 항공지구물리 등이 GPS를 응용하여 수행할 수 있는 분야이다. GPS를 이용한 기상학, 해수면감시, 시추공의 위치 확인 및 결정, 해상의 중력측량, 해상탐색 및 구조, 준설작업, 해저지도 작성, 해양자원탐사에 활용도 증가, 인공위성의 궤도 및 자세의 결정 등을 위한 기술수단으로 큰 역할을 할 수 있을 것이다.

③ 국토개발

국토재정비 및 이용계획, 환경보존 등에 필요한 지형공간정보의 근간이 되는 기준점 설정을 GPS로 정확하게 처리할 수 있다. GPS 활용으로 해상구조물측설, 수심측량시 수평위치 결정, 해양탐사, 천연자원(미네랄, 석유, 석탄 등) 탐사지역의 위치확인 및 영역설정, 습지, 숲, 목재 등의 천연자원관리를 저렴하고 정확한 처리, 야생동물을 관찰하는 동물학자, 생태학자, 해양생물학자 등이 행하는 야생동물보호 및 동물들로부터 위협을 받는 자들이 자신을 지키기 위하여 위치확인 수단 등으로도 GPS가 이용될 수 있다.

④ 지적 측량

GPS의 지적측량에는 실시간이동식 관측기법(realtime kinematic)과 보정자료전송의 편리성 및 상시관측소의 설치 등으로 앞으로 이 분야에의 활용이 크게 기대된다. 위성시계의 확보가 가능한 지역에서는 별 어려움 없이 현장에서 직접 도근점 설치, 지적경계선의 분할과 합병 등이 가능하며, 위성시계가 불량한 지역이라 할지라도 광파종합관측기(total station) 등과 연계하여 상기의 목적을 매우 효율적으로 수행할 수 있다.

⑤ 고저(수준) 측량

GPS는 3차원 정보를 제공하는 기술체계이므로 수평위치는 물론 높이의 결정도 가능하나, GPS 위치결정의 특성상 높이 좌표는 평면에 비해 항상 그 정확도가 떨어지는 단점도 있다. 또한 GPS에 의한 고도값은 기하학적으로 정의된 타원체고도이므로, 이를 실제에 활용하기 위해서는 중력이 기준이 되는 정표고로의 환산을 위한 지오이드고도가 필요하다. 지오이드고가 cm 정도인 선진국에서는 이미 GPS에 의한 고저측량망(수준망) 조정, 검조위 관측 등이 보편화되고 있다. 현재 정밀중력측량을 실시하고 있으며, 각종 위성관측으로부터 유도된 중력자료의 정확도가 현저히 증가하여, 머지않은 장래에 GPS 측량은 삼각고저(수준)측량이나 레벨측량기법으로 대체 될 것이다.

⑥ 지형공간정보(지도, 자원 및 시설물유지관리 등)에 활용

3차원지형공간 자료취득 및 지도제작 과정은 GPS 측량과 밀접한 관계에 있다. 지도를 제작하거나 주제도를 분류하여 제작하는 일, 수자원 관리, 삼림관리 등에도 유용하게 이용될 수 있다. 정적 및 동적 관측대상에 대하여 GPS와 각종 센서(CCD나 video 등)를 결합하여, 각종 시설물(지상, 지하)에 대한 위치정보와 특성정보를 신속히 취득하여 지형공간정보

의 자료기반(DB)을 구축한다. 예로서, 도로의 현황이나 전력선, 상수도관 · 하수도관, 가스관 등, 광범위하게 분포된 시설물의 위치와 상태를 GPS와 PenMap 등으로 현장에서 직접 독취하여 저장한 후, 유지보수와 관련된 모든 정보를 자동으로 관리한다.

또한, 동적인 관측(이동하면서 관측하거나 움직이는 대상이나 화재현장조사 등)의 경우 비디오로 촬영한 자료에 위치를 표시하거나, 이동물체나 현장의 변화상태를 실시간으로 감시할 수 있는 원격제어체계를 구축할 수 있다.

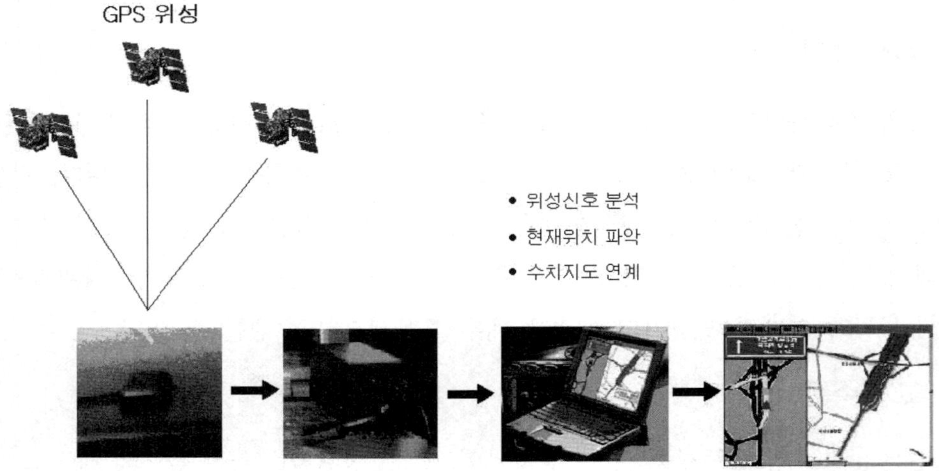

그림 5-15 차량항법체계

⑦ 차량항법체계(CNS)와 이동식도로정보화체계(GPS Van) 및 군사적 응용

GPS를 이용한 차량항법체계(CNS : Car Navigation System)를 구축하여 차 내에 장착된 액정영상면을 통해 격자형 및 벡터형 자료로 구성된 수치자료로 차량의 현재 위치를 파악하며, 미리 입력된 자료기반을 이용하여 목적지를 검색할 수 있다. 또한, 차량의 최적경로를 안내하며 지형(지모, 지물) 정보를 제공한다. 운송분야에서는 택시, 버스, 상업용 차량을 운영하는 회사들이 각 차량을 추적할 수 있으며, 특히 혼잡한 주차장이나 철도 선로구역에서 효과적으로 차의 위치를 확인할 수 있고, 물류분야에서는 택배나 화물운반 회사에서 보다 나은 물자의 실시간추적과 관리가 가능하며, 해양수산분야에서는 어업 경계선의 침범, 경계구역의 문제들을 효과적으로 해결할 수 있다. 고속도로 및 수로의 조사 및 유지관리에 필요한 자료를 GPS Van으로 처리한다. GPS Van은 일반차량에 GPS 수신기, 디지털 사진기, 자이로스코프, 가속도계 및 휠탐측기 등을 탑재하여 주행과 동시에 도로와 관련된 각종 시설물 현황이나 기타 특성정보를 실시간으로 자동 취득하는 차량기반 이동도면화체계(MMS : Mobile Mapping System)이다. GPS Van은 GPS 측량기술, 차량항법 및 수치영상 처리기술 등이 복합된 최신의 측량기법으로서, 도로와 관련된 효율적인 GIS 자료취득에 가장 큰 주목을 받고 있는 점에 있어서도 유망한 GPS 영상탐측에 의한 분야이다. 지능형교통체계(ITS : Intelligent Transport System), 선박의 항법, 항공기 항법체계, 고속철도 등의 항법 및 교통 분야에서도 GPS의 정확도 향상으로 인하여 필요성이 확대될 것이다. 위성신호수신기와 무선통신을 통합시킴으로써 높은 정확도를 얻을 수 있으며, 위성신호 및 무선통신신호 수신 즉시 수신기의 위치를 계산할 수 있다. 높은 정확도의 위치관측값을 얻으므로 선박, 항공기나 미사일의 공격목표선정 및 최대공격효과 예측 등 항법장치에 이용되며, 군사 작전에 필요한 각종 정보를 사전 또는 실시간으로 취득할 수 있다.

⑧ 긴급구조 및 방재

소방대원, 경찰, 구급차를 급파하여 화재, 범죄현장, 사고피해자, 구급대원의 위치를 신속하고 정확하게 스크린에 나타낼 수 있다. 또한 긴급구조 119 휴대전화에 GPS 위치결정기술을 장착하여 간단하고 경제적인 구조활동을 할 수 있다. GPS 활용으로 조난 구조팀이 바다, 산, 스키장, 사막, 황무지 등에서 조난자들을 조사하고 구조할 수 있다. GPS 수신기를 차량에 장착하면 차량이 고장이 났을 경우 자신의 위치를 정확히 전달시킬 수 있으며, 견인차가 신속하게 도착할 수 있다. 방재를 위한 GPS 활용으로 기상, 예보, 홍수피해지역, 제방, 배수로와 같은 대상을 확인하고 영역을 결정하여 지형공간정보를 형성할 수 있다.

⑨ 여가선용

하이킹, 캠핑, 사냥을 할 경우 길을 잃었거나, 잃어버린 대상들을 찾는데 GPS를 활용하면, 안전하고 손쉽게 원하는 바를 마무리 지을 수 있다. 보트를 타거나 낚시의 경우 모래톱, 바위 및 여타 장애물 주위를 좀 더 안전하게 항해할 수 있고, 즐겨 찾는 지점을 정확하게 찾을 수 있으며, 낚시꾼들은 빠르고 효율적으로 안내할 수 있고 덫을 찾거나 설치하는데 도움을 줄 수 있다.

⑩ 우주개발

위성궤도 추적을 위하여 GPS 수신기를 이용하면 정확하게 궤도 위치를 결정할 수 있으며, 엘리뇨 기상지도를 신속하고 경제적으로 제작하려면 DGPS 기술을 이용한다. 우주정거장 개발을 위하여 랑데부 운영을 쉽게 할 수 있고, 궤도 수정을 하는 동안 상호 GPS 운영을 효율적으로 할 수 있다.

⑪ 고응용체

항공산업, 항구 내에서의 배의 운항, 정교한 기차의 운영을 수행하는 철로, 농업과 광업에서 요구하는 소요 정확도와 활용 등에서 높은 정확도를 요구하는 사용자에게는 DGPS에 의한 오차수정과정을 연구하여 보다 정확한 관측값을 제공하여야 할 것이다.

6 GLONASS

러시아의 GLONASS 개발은 미 · 소 냉전시대인 1970년대부터 시작되었고 1982년에 첫 번째 위성의 발사가 이루어졌다. 초기에는 24기의 위성으로 이루어진 체계를 계획하고 있었으나 위성의 너무 짧은 수명과 구소련의 붕괴 이후 러시아의 재정적 어려움으로 인해 계획은 현실화 되지 못하였다. 1991년 가동 중인 7기의 위성으로 1단계 GLONASS 체계가 완성되고 이후 93~94년 사이에 발사된 Block IIv(평균수명 3년)와 1995년부터 발사를 계획한 GLONASS-M(평균수명 7년)을 이용하여 3개의 궤도면에 24개 위성(각 궤도면에 8기)을 45° 간격으로 배치하고 이웃하는 궤도면의 위성과는 15° 간격을 가지는 2단계 GLONASS 체계를 완성할 계획이었으나 재정부족으로 2003년 말에 첫 GLONASS-M 위성이 발사되었다.

재정적 어려움으로 제 기능을 수행하지 못했지만 최근 주변국가의 재정협조로 2004년 말에 3대의 위성을 발사하여 14대의 위성이 활동 중이며 7대의 GLONASS-M 위성을 생산 중에 있으며 이후 GLONASS-K 위성을 배치할 계획에 있다. K 위성은 제3의 민간신호가 첨가됨으로 신뢰도와 정확도의 향상을 달성할 수 있고, 수명이 10년 이상 증가할 것으로 전망된다.

7 GALILEO

유럽연합과 유럽 우주국의 Galileo 프로젝트는 유럽 독자의 GNSS(Global Naviagtion Satellite System)계획으로 1990년대 말 GPS 유료화 움직임 및 미국의 독점적 위치에 대응하고자 시작되어진 프로젝트이다. Galileo 프로젝트는 완전한 민간 체계로서 추진되고 있으며, 3개의 궤도 평면에 9개의 위성과 1개의 여유분을 가지도록 설계되어 총 30기의 위성으로 구성되어진다. 궤도평면 경사각은 GPS와 거의 동일하게 56°를 유지한다. Galileo위성의 정확도는 현재 GPS 위치관측 정확도의 90% 이상 수준으로 향상될 것으로 예상된다. Galileo 프로젝트에 대한 내용은 〈표 5-3〉과 같다.

표 5-3 갈릴레오 프로젝트의 내용

단 계	내 용
초기(1999. 10~2000. 12)	갈릴레오 체계 설계(장비 발전 model 등)
개발(2001. 01~2001. 12)	위성 설계 검증
준비(2002. 01~2004. 12)	3개의 위성제작 발사. 지상국 일부개발장비와 위성의 개발 가능성 증명
발전(2005. 01~2007. 12)	궤도결정. 수정위성 제작발사. 지상국 완성. 위성배치 완성 및 체계시험 운영
공급(~2008)	유럽 및 각 국가에 공급 개시

Galileo는 GPS나 GLONASS와는 달리 유료 서비스를 제공할 계획이므로 정확한 위치관측정보를 위해서는 일정수준의 사용료를 제공하여야 하나 중저급 정밀도의 위치관측정보는 GPS와 마찬가지로 무료로 제공할 계획이다.

현재 추진 중인 Galileo 프로젝트에는 공식협정을 맺은 중국을 비롯하여 우리나라, 러시아, 인도, 호주, 브라질, 아르헨티나, 모로코, 우크라이나 등의 국가들이 참가할 의사를 표명한 것으로 알려졌다.

이러한 위성위치관측 체계의 주체국들은 상호협력을 통하여 향상된 서비스를 제공하고자 2004년에 러시아와 미국은 IGS(International GNSS Service)와의 협의를 통해 위성을 공동으로 사용하고 있으며 최근에는 미국과 EU와의 협의를 통해서 GPS와 Galileo 위성간의 상호 호환이 가능하도록 시도하고 있다. 미국의 GPS 의존으로 유럽주권의 종속 우려로 2005년 12월 28일 30개의 위성을 24,000㎞상공에 발사할 계획으로 초기위성

GIOV-A(Galileo In Orbit Validution Element) 위성을 발사하여 2006년 1월 12일부터 항법메세지가 방송되었다 사업비와 공동사업의 차질로 2010년~2013년으로 연기된 상태이다. GPS의 도심지장애물로 55%만 측량할 수 있으나 Galileo와 공동 활용한다면 95% 이상의 지역에 대한 위치값 취득이 가능 할 것으로 추정하고 있다.

8 위성 레이저와 달 레이저 측량

[SLR or LLR : Satellite (or Lunna) Laser Ranging]

위성 측량방법으로 영상에 의해 위성의 방향을 관측하는 광학적 방향관측법이 일찍부터 실시되었으나 대기의 영향에 의해 정확도 면에서 만족할 만한 값을 얻지 못하였다. 따라서 지상측량에서 삼각측량이 삼변측량으로 대체되는 것과 같이 위성이나 달측량에 있어서도 방향관측에 대신하여 거리관측이 등장하게 되었다. 인공위성이나 달까지 거리를 관측하는 방법에는 전파를 사용하는 방법이 있으나 대출력의 레이저펄스를 이용하는 방법이 정확도 면에서 유리하므로 현재는 레이저 거리측량방식이 주류를 이루고 있다. 위성 또는 달 레이저 거리측량은 위성 또는 달을 향해 레이저 펄스를 발사하고 위성 또는 달로부터 반사되어 돌아오는 왕복시간으로부터 위성 또는 달까지의 거리를 관측하는 방법이다.

(1) SLR

SLR(Satellite Laser Ranging)은 지상관측소와 인공위성사이에 레이저파의 소요시간을 관측하여 두 점간의 거리를 산정할 수 있는 체계이다. 이는 지상관측소에서 단파장($\lambda = 10\ 150ps$)의 레이저를 인공위성을 향해 발사하게 되면 정밀한 시간관측장치(TIC : Time Interval Counter)를 작동시킨 후 레이저파가 인공위성의 역발사체(retroreflector)에 의해 발사되어 지상의 관측소로 복귀하면서 시간관측장치를 중단시킨다. 이때 관측된 소요시간에 속도를 곱하여 얻은 거리를 이등분하면 지상관측소와 인공위성사이의 거리를 산정 할 수 있다. 현재 전 세계적으로 약 58개의 SLR지상관측소가 운영되고 있다.

SLR의 활용분야와 기술현황은 ①지구회전 및 지심변동량관측, ②해수면과 빙하면을 관측, ③지형 및 평균해수면의 높이를 직접관측, ④지각변동연구 및 기초물리학의 연구자료 제공, ⑤지구중력장에서 시간에 따른 변화량의 관측, 지구의 수직운동 등을 감시(monitor) 할 수 있어 SLR관측망을 통하여 지구중심의 움직임을 ㎜단위로 감시하는 데 이용, ⑥일반

상대성이론을 실험 할 수 있는 유일한 기술로 이용, ⑦ SLR관측소는 VLBI, GPS 시스템을 포함하여 국제적 우주측지관측망을 형성하는데 중요한 역할을 한다. 이로써 SLR은 지상과 위성간의 거리관측, 지구중심의 변동량모니터, 표면의 관측, 해수면의 관측, 일반상대성이론의 실험 등 지구물리학분야에 중요한 관측방법으로 이용되고 있으며 국제지구기준좌표계(ITRF : International Terrestrial Reference Frame)의 유지에도 크게 기여하고 있다.

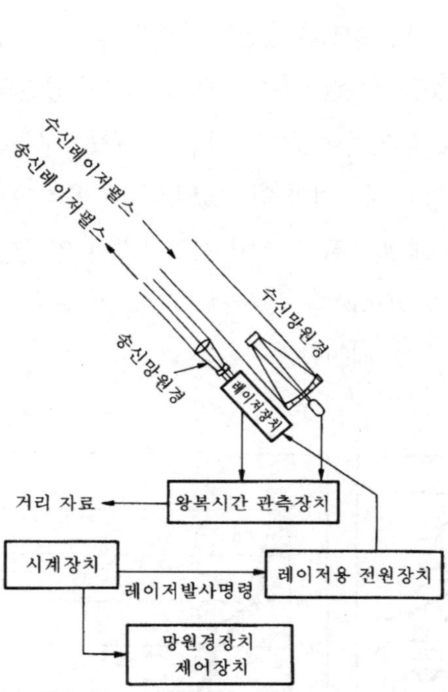

그림 5-16 SLR(Satellite Laser Ranging)의 원리

(2) LLR(Lunar Laser Ranging)

LLR는 1969년 아폴로Ⅱ호의 달 착륙이 성공되면서 이때 설치한 달 역반사체를 이용하여 달까지의 거리를 관측할 수 있다.

9 4차원 위치해석

두 점 사이의 거리를 재는 데 있어서 시간은 두 점에서 동일하다고 생각하였으나 정확히 말한다면 떨어져 있는 두 점에서 시간은 동일하지 않다. 특수상대성이론이 생긴 후 3차원 입체기하학은 시간의 인자를 도입하여 텐서해석학(tensor analysis)으로 발전하였다. 따라서 4차원 공간에서 두 점 사이의 거리(r)는 광속도(c)와 시간(t)이 첨가된 $r = \sqrt{x^2 + y^2 + z^2 - (ct)^2}$으로 표시된다.

$$r = \sqrt{x^2 + y^2 + z^2 - (ct)^2} \tag{5-15}$$

3차원공간의 점 $P(X,\ Y,\ Z)$를 2차원평면상의 점 $P(x,\ y)$로 투영하여 $P(x,\ y)$로부터 $P(X,\ Y,\ Z)$를 구하는 것을 3차원 측량이라 하면, 4차원공간의 점 $P(X,\ Y,\ Z,\ T)$를 3차원 공간의 점 $P(x,\ y,\ t)$로 투영하여 $P(X,\ Y,\ Z,\ T)$를 구하는 것을 4차원 측량이라 한다. 측량방법은 영상탐측의 경우 사진기와 영화촬영기를 사용하여 일반영상탐측과 같은 방법으로 측량하지만 시간을 정확히 관측하기 위해 시간간격이 일정한 스트로보방전관을 사용한다. 〈그림 5-18〉은 높이가 70m이고 경사가 약 60°인 절벽 위에서 돌을 떨어뜨린 경우 이 낙석이 그리는 궤적을 구한 예이다.

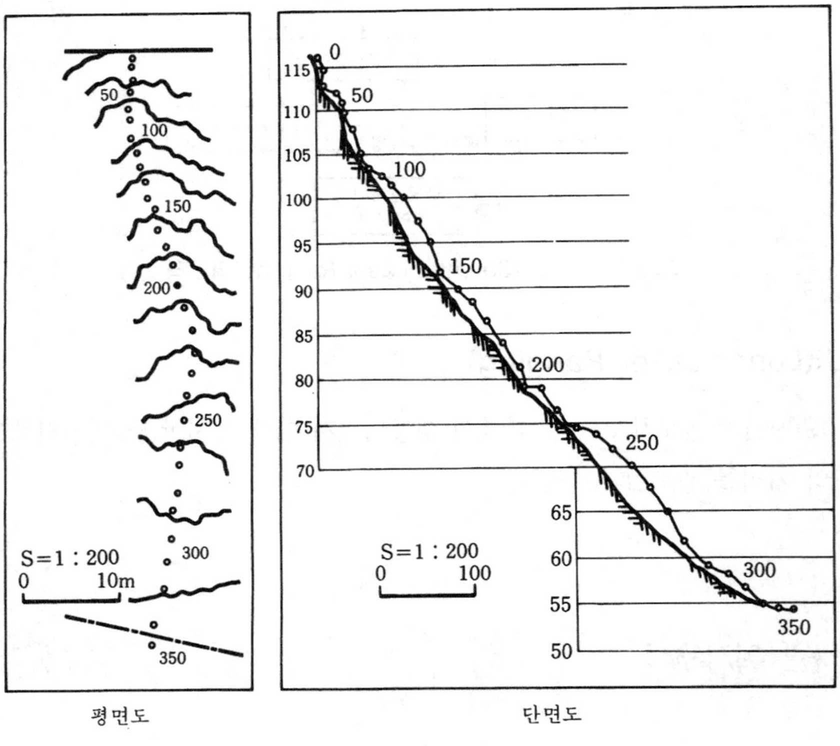

그림 5-17 낙석의 4차원 측량

연 습 문 제

다음 각 사항에 대하여 답하시오.

01. 광파종합관측기(TS)의 종별 및 정확도

02. GPS의 위치결정방법(의사거리관측, 반송파위상위치관측)

03. GPS위치관측기법[정지식, 정밀GPS, 이동식GPS〈정지, 연속이동, 실시간이동〉]

04. GPS측량의 오차

05. GPS의 활용분야

06. 가상기준점측량(VRS)

07. GLONASS

08. GALILEO

09. 위성레이저측량(SLR)

10. 4차원위치해석

Chapter 06

영상탐측

Introduction to surveying

1 개 요

영상(image)은 대상물이 센서(sensor)에 의하여 비쳐서 나타나는(가시화) 형상이다. 영상탐측학(映像探測學: imagematics)은 전자기파를 이용하여 대상물(토지, 자원 및 환경 등)에 대한 크기, 위치, 형상을 알아내는 정량적(定量的) 해석과 특성 및 현상변화를 도출하는 정성적(定性的) 해석을 하는 학문이다. 여기서 matics는 라틴어로 exploration[살펴서 찾음(探)]과 search[특성이나 형상을 헤아려 알아냄(測)]의 뜻을 내포하고 있다.

개개의 대상이 비쳐서 단순히 나타낸 상태가 협의의 영상(image)이고 개개의 영상에 처리과정을 거쳐 대상이 집합적으로 가시화된 상태를 광의의 영상(imagery)이라고 한다. 영상의 가장 작은 단위(cell)는 영상소(映像素: pixel or picture element)이며 영상을 면상(面狀 : screen)으로 가시화시킨 상태를 영상면(映像面: image plane or imagery), 정지된 영상면을 정지영상명(靜止映像面: static imagery), 움직이는 영상면을 동영상면(動映像面: dynamic imagery), 영상을 이용한 회의를 영상회의(映像會議: imagery conference or video conference)라 한다. 영상면을 정제(精製)하여 종이(paper)나 판상의 물체에 나타낸 것이 사진(寫眞: photograph)이다. 일반적으로 사용되는 사진은 비스캐닝(non-scanniing) 센서체계인 광학카메라 영상이고, 인공위성 영상은 스캐닝 센서체계의 수치영상이다.

일반적으로 사진측량(photogrammetry)은 카메라에 의하여 취득된 영상을 정제하여 사진을 만든 다음 행하는 탐측방법이며 원격탐측(remote sensing)은 관측대상물에 직접 접근하지 않고 센서를 이용하여 멀리 떨어진 거리에서 관측한 정보를 추출해내는 탐측방법이다. 또한 영상면판독(imagery interpretation)은 영상의 정성적 정보를 판별해 내는 기법이다.

과거에는 사진을 제작하여 각종 관측과 연구가 이루어졌지만 최근에는 각종 센서(수동적 센서, 능동적 센서 등)가 개발됨에 따라 사진이 이루어지기 전인 영상을 직접 처리하여 정성적 및 정량적 해석을 하고 있다. 사진은 일반생활에서 가시화가 필요한 사항(지도제작, 대상물형상 표현 등)에 주로 활용되어 왔지만 최근 영상은 지도제작은 물론, 토지, 자원, 환경, 의료, 통신, 디자인, 우주개발 및 각종 대상의 다자인 등에 관하여 정성적 및 정량적 해석을 할 수 있는 기법으로 급성장하고 있다. 이에 영상이 사진의 기본요소일 뿐만 아니라 대상물에 대한 탐측(matics : 살피고 찾음(探-exploration), 헤아려서 알아냄(測-search)이 사진보다 더 포괄적으로 활용되어가는 추세이므로 영상탐측학(imagematics)이라는 용어가 제안되었다.

2 영상탐측 및 영상면의 해상도

영상면에 관한 촬영방향, 관측방법 등에 의해 분류하면 다음과 같다.
촬영방향에 따라 〈그림 6-1〉과 같은 영상면을 얻을 수 있다.

(1) 영상탐측의 분류

① 촬영방향에 의한 영상면분류

가) 수직영상면(vertical imagery)

광축이 연직선과 거의 일치하도록 공중에서 촬영한 영상면(경사각 3°이내)이다.

나) 경사영상면(oblique imagery)

광축이 연직선 또는 수평선에 경사지도록 촬영한 영상면(경사각 3°이상)이며 경사영상면에는 지평선이 영상면에 나타나는 고각도경사영상면과 지평선이 영상면에 찍히지 않는 저각도경사영상면이 있다.

다) 수평영상면(horizontal imagery)

광축이 수평선과 거의 일치하도록 지상에서 촬영한 영상면이다.

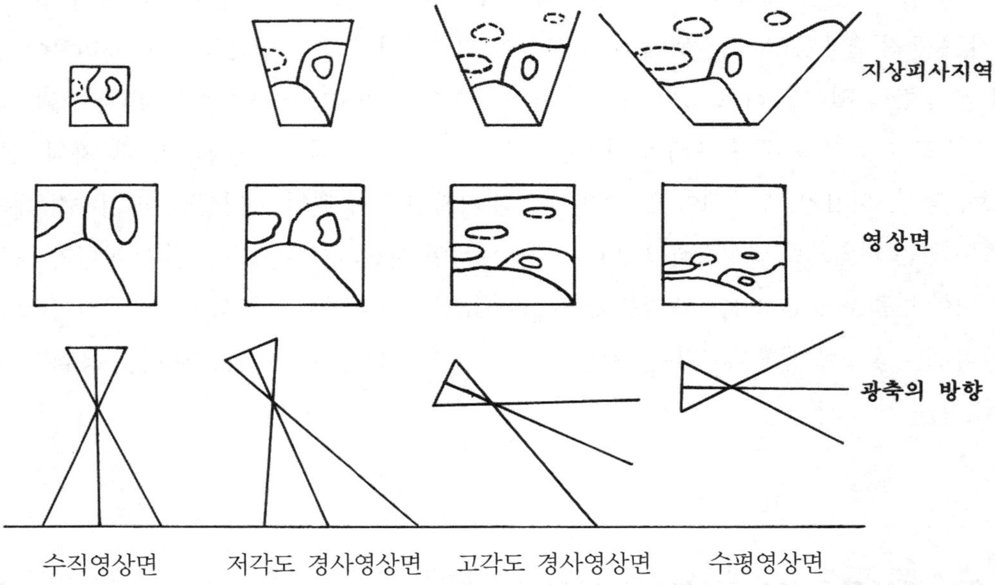

그림 6-1 촬영방향에 의한 영상면의 분류

② 관측위치 및 방법에 의한 영상탐측의 분류

가) 항공영상탐측(aerial imagematics)

항공기 및 기구 등에 탑재된 측량용 카메라로 연속촬영된 중복영상면을 정성적 분석(판독에 의한 환경 및 자원조사) 및 정량적으로 해석(지상위치 및 형상해석)하는 관측방법이다.

나) 지상영상탐측(terrestrial imagematics)

지상에서 촬영한 영상면을 이용하여 건조물 및 시설물의 형태 및 변위관측 등을 위한 측량방법으로 대략 300m 이내에서 이루어진다. 촬영거리가 짧은 경우 근거리영상탐측(close-range imagematics)이라 하며, 공학적으로 널리 이용되고 있다.

다) 수중영상탐측(underwater imagematics)

수중영상탐측은 해저영상탐측이라고도 한다. 이는 수중카메라에 의해 얻어진 영상을 해석함으로써 수중자원 및 환경을 조사하는 것으로 플랑크톤의 양 및 수질조사,

해저의 기복상황, 수중식물의 활력도, 분포량 등을 조사한다.

라) 원격탐측(remote sensing)

지상에서 반사 또는 방사하는 각종 파장의 전자기파를 센서로 수집 · 처리하여 토지, 환경 및 자원문제에 이용하는 영상탐측의 새로운 기법 중의 하나이다.

마) 비지형영상탐측(non-topographic imagematics)

지도작성 이외의 목적으로 X선, 모아레(moire)영상, 홀로그래피(holograph) 영상면 등을 이용하여 의학, 고고학, 문화재조사, 변형조사 등에 이용된다.

바) 디지털영상탐측(digital imagematics)

수치영상을 이용하여 대상물을 처리하는 기법으로 디지털 센서(digital sensor)를 이용하여 대상물 공간을 디지타이징(digitizing)이나 스캐닝(scanning)하여 직접적으로 수치영상을 취득하거나 기존의 항공 및 지상영상을 디지타이징이나 스캐닝하여 간접적으로 수치영상을 취득할 수 있다.

(2) 영상면의 해상도 분류

영상면의 해상도(imagery resolution)는 관측 및 해석과정에서 대상물의 세부묘사를 분별할 수 있는 능력을 뜻하는 것으로 표현장비를 이용하여 출력 가능한 영상소 수로써 나타낸다. 위성영상면에서는 공간해상도(spatial resolution), 분광해상도(spectral resolution), 방사해상도(radiometric resolution), 주기해상도(temporal resolution) 등으로 나누어 다루고 있다.

① 공간해상도

영상면 내에서 영상소(pixel)가 표현가능한 대상의 크기(예, 지상의 면적)를 표현하는 것으로 일반적으로 해상도라면 이 공간해상도를 뜻한다. 예로 1m급 공간해상도라면 대상물의 크기가 가로, 세로 1m 이상인 물체이면 판단이 가능한 것이다.

② 분광해상도

센서가 수집할 수 있는 다양한 분광파장을 표현하는 것으로 영상면의 질적 성능을 판별할 수 있는 중요한 기준이 된다. 예로 가시광선 영역의 영상면(Red, Green, Blue 영역 해당) 취득, 근적외, 중적외, 열적외 등 다양한 분광영역의 영상면을 수집하는 것으로 분광해상도가 좋을수록 영상면 분석 결과의 이용가능성이 증대된다.

③ 방사해상도

센서가 수집한 영상면에서 얼마나 다양한 결과값을 도출할 수 있는가를 표시하는 것으로 영상면 분석정밀도를 분별할 수 있다. 예로 영상소의 표현에 따라 만일 한 영상소를 8bit로 표현할 경우 그 영상소가 포함하고 있는 정보(대상물체가 건축물, 나무, 물 등인지에 관한 정보)를 256(2^8)개의 성질로 분류할 수 있고, 또한 영상소를 11bit로 표현할 경우 그 영상소가 포함하고 있는 정보(대상물체가 나무로 구분된 분류 중에서도 건강한지, 병충해가 있는지, 활엽수인지, 침엽수인지 등)를 2,048(2^{11})개로 자세하게 분류할 수 있다.

④ 주기해상도

특정지역을 어느 주기로 자주 촬영 가능한지를 표현하는 것으로 대상물 변화양상을 파악할 수 있다. 예로 건설공사의 진척사항, 재해지역의 변화사항 등을 파악할 수 있는데 이 경우 위성에 탑재된 하드웨어의 성능에 많은 영향을 받는다.

3 영상의 취득체계

(1) 전자기파장대

파장대(波長帶)는 전자기파(광파 및 전파)의 진동수에 따라 나눌 수 있다. 진동수가 아주 높은 전자기파는 우주선(宇宙線)과 방사성물질로부터 발생하는 γ선, X선 등이 있으며 각각의 파장은 0.03nm(1nm=10^{-9}m), 0.03~3nm 정도로 아주 짧다. 사람의 눈은 일곱 가지 색의 색채감으로 물체를 판별할 수 있으나 가시광선(0.4~0.7㎛) 파장대에서만 육안으로 식별된다. 전체 파장역은 10^{-10}㎛의 짧은 것에서부터 10^{11}㎛(100㎞) 이상의 긴 파장을 포함한다. 각 파장역은 명칭이 정해져 있으며 특징에 따라서 넓이가 달라지지만 파장대 명칭에 의해 명확하게 구분되지는 않고 어느 정도 중복되어 있다.

예를 들면, 극초단파의 가장 짧은 파장대는 적외선영역과 엄밀히 구분하기 어렵다. 일반적으로 전자기파를 파장대로 나누면 〈그림 6-2〉와 같고 파장대별 특성을 요약하면 〈표 6-1〉과 같다.

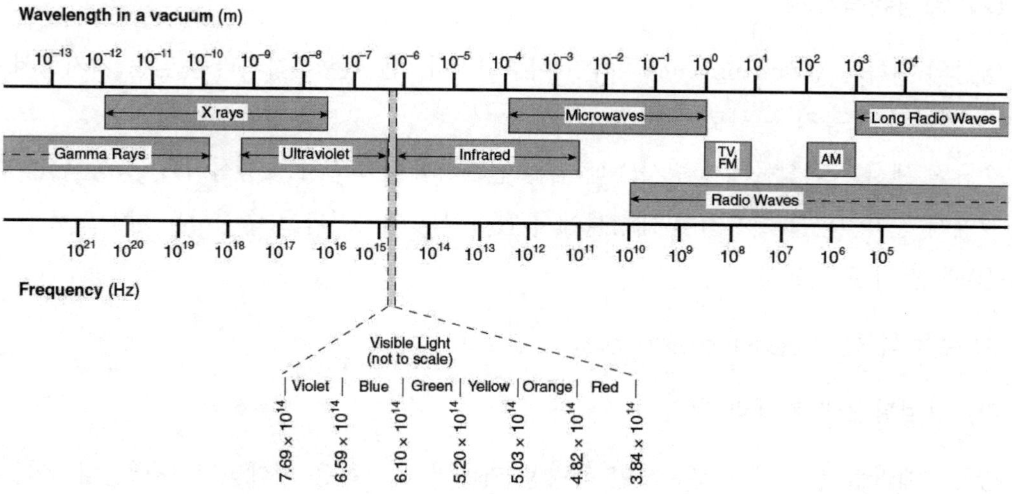

그림 6-2 전자기파장대

표 6-1 전자기파의 파장별 특징

밴 드	파 장	비 고
감마선 (Gamma ray)	<0.03nm	방사성물질의 감마방사는 저고도 항공기에 의해 탐측된다. (태양으로부터의 입사광은 공기에 흡수)
X-선	0.03~3nm	입사광은 공기에 의해 흡수되어 원격탐측에 이용되지 않는다.
자 외 선 (UV)	3nm~0.4㎛	입사되는 0.3lm보다 작은 파장의 자외선은 공기상층부 오존에 흡수된다.
영상면자외선	0.3~0.4㎛	필름의 광전변환기에 탐지되나 공기산란이 심하다.
가시광선	0.4~0.7㎛	필름과 광전변환기에 탐지된다.
적외선(IR)	0.7~1,000㎛	물질의 상호작용으로 파장이 변화한다.
반사적외선	0.7~3㎛	이것은 주로 태양광반사이다. 물질의 열적 특성은 포함되지 않는다.
열적외선 (Thermal IR)	3~5㎛ 8~14㎛	이 파장대의 영상은 광학적인 감지기를 이용하여 얻어진다.
극초단파	0.01~1,000 cm	구름이나 안개를 투과하며 영상은 수동이나 능동적 형태로 얻어진다.
레이더	0.1~100cm	극초단파 원격탐측의 능동적 형태.

(2) 영상취득체계

영상의 취득은 센서(sensor)에 의하여 이루어진다. 센서는 전자기파를 담는 기기로서 수동적 센서와 능동적 센서로 대별된다.

수동적 센서는 대상물에서 방사(放射)되는 전자기파를 수집하는 방식이며, 능동적 센서는 센서에서 전자기파를 발사하여 대상물에서 반사되는 전자기파를 수집하는 방식으로 〈그림 6-3〉과 같이 구분된다.

① 수동적 센서(passive sensor)

가) 단일파장대 카메라 체계

항공카메라를 용도별로 분류하면 측량용 카메라와 판독용 카메라로 대별된다. 이들을 구조의 차이에 따라 분류하면 다음과 같다.

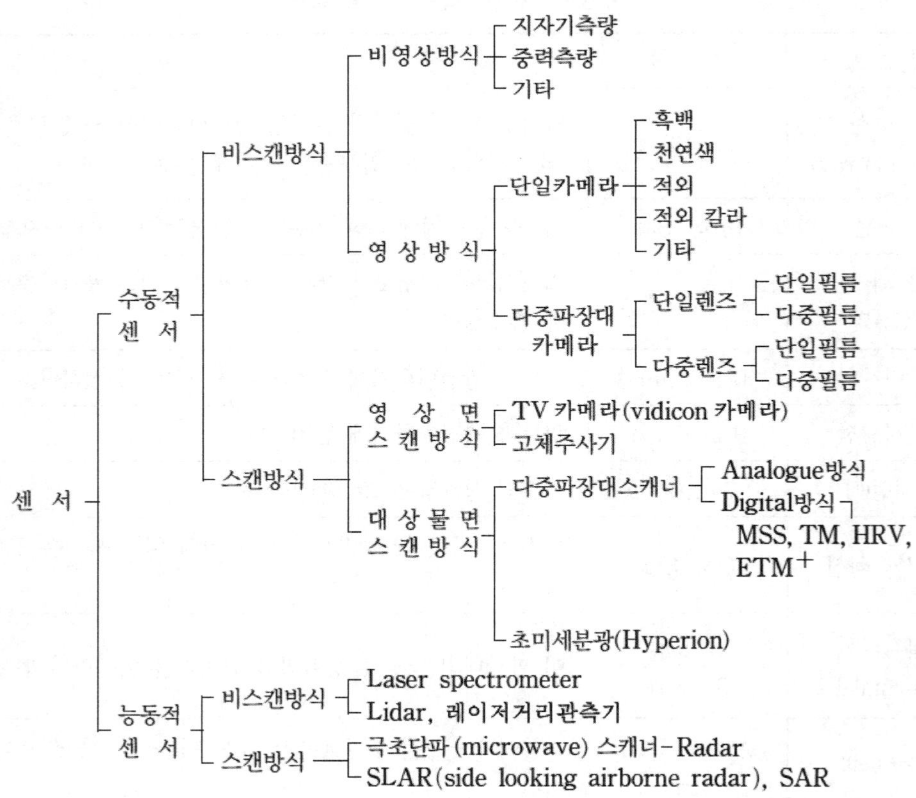

그림 6-3

(ㄱ) 프레임 카메라(frame camera)

프레임 카메라에는 단일렌즈방식과 다중렌즈방식이 있다. 단일렌즈방식 중에서 가장 많이 사용되고 있는 항공카메라에는 Wild의 RC-10이나 Zeiss의 RMK 등이 있다.

다중렌즈방식은 여러 개의 렌즈로 되어 있으며, 렌즈의 앞부분에 각각 다른 필터를 장치하여 동일지역을 동일시각에 각기 다른 파장역의 영상면으로써 기록하는 방식이다.

(ㄴ) 파노라마 카메라(panoramic camera)

이 카메라는 약 120도의 피사각을 가진 초광각렌즈와 렌즈 앞에 장치한 프리즘이 회전하거나 렌즈 자체의 회전에 의하여 비행방향에 직각방향으로 넓은 피사각을 촬영한다. 1회의 비행으로 광범위한 지역을 기록할 수 있는 장점이 있으며 판독용으로 사용된다.

(ㄷ) 스트립 카메라(strip camera)

이 카메라는 항공기의 진행과 동시에 연속적으로 미소폭(微小幅)을 통하여 얻어진 영상을 롤(roll) 필름에 종접합으로 기록하는 카메라이다.

촬영의 원리는 항공기상에서 바라본 지형의 이동속도에 맞추어 필름을 움직이고 렌즈를 통한 영상을 가는 흠(slit)을 통하여 필름에 감광하도록 하는 것이다.

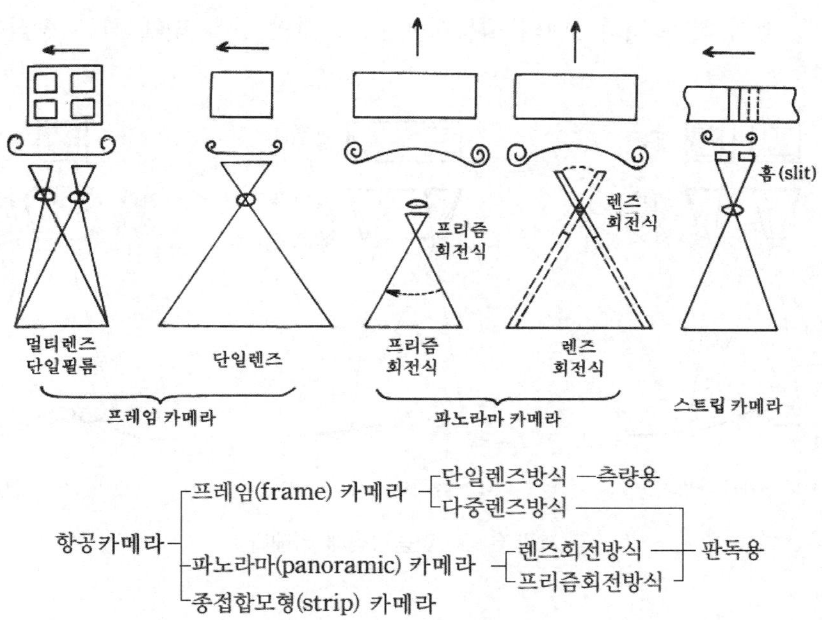

그림 6-4 구조에 의한 카메라의 분류

나) 다중파장대 카메라(MSC : MultiSpectral Camera)

다중파장대 카메라는 필터와 필름을 이용하여 여러 개의 파장영역에 분광하여 여러 밴드의 흑백영상을 촬영하는 카메라이다.

(ㄱ) 다중카메라방식

여러 대의 카메라를 사용하는 방법으로 각각의 카메라에는 각각 다른 필터와 필름이 구비되어 있다. 이 방식은 카메라의 수, 필터와 필름을 목적에 따라 선택할 수 있는 이점이 있다.

(ㄴ) 다중렌즈(multilens)방식

이 방법은 단일카메라에 여러 개의 렌즈와 필터를 조합시키고 1대의 큰 필름상에 각각 다른 밴드의 흑백영상을 촬영하는 것이다. 이 방식의 이점은 1매의 필름에 동시에 다른 밴드의 영상이 촬영되어 있으므로 현상처리를 동시에 할 수 있다는 것과 보존에 편리하다.

(ㄷ) 빔 스플릿(beam split)방식

이 방식은 1개의 렌즈를 통한 빛을 카메라의 내부에서 2중거울(dichroic mirror)을 사용하여 여러 밴드로 나누어 흑백영상을 촬영하는 것이다. 이 경우 여러 필름에 상을 맺게 하는 것과 1매의 필름상에 여러 개의 상을 맺게 하는 방식이 있다.

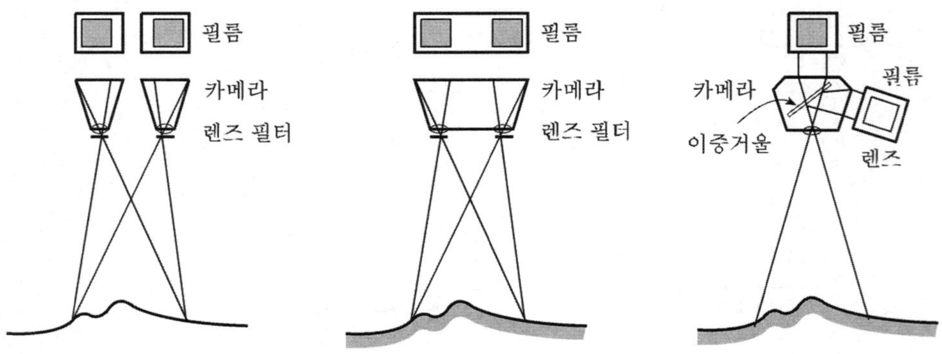

(a) 다중카메라방식 (b) 다중렌즈방식 (c) 빔 스플릿방식

그림 6-5 다중파장대 카메라

다) 비디콘 카메라(vidicon camera)

사진필름 대신 비디콘(vidicon)과 같은 축적형의 촬상관(撮像管)을 사용한 광전(光電, flaming) 방식의 센서이다. 광학계의 구성은 사진방식과 비슷하며 다중밴드로 만들기 위해서는 다중카메라 배열방식이 사용된다. 광전변환면(光電變換面)에 기록된 상은 전자빔(beam)에 의하여 주사(走査)되며 영상신호로 변환된다. 전자적인 영상신호는 직접 지상에 무선신호로 전송되며 수치적으로 컴퓨터에 입력할 수 있는 점 등이 영상필름과 기능적으로 다른 특징이다.

RBV(Return Beam Vidicon)는 광전면에 축적된 상을 읽어내는 것으로 읽는 데 사용한 전자빔을 굴절시켜 2차전자증폭기에서 고감도의 신호검출을 하는 방식의 비디콘이다. 공간해상력은 40×40m이다.

라) 다중파장대 스캐너(MSS : MultiSpectral Scanner)

다중파장대 스캐너(MSS)는 지표로부터 방사되는 전자기파를 렌즈와 반사경으로 집광하여 필터를 통해 분광한 다음 파장별로 구분하여 각각 영상을 테이프에 기록하는 것으로 관측도는 〈그림 6-6〉과 같다.

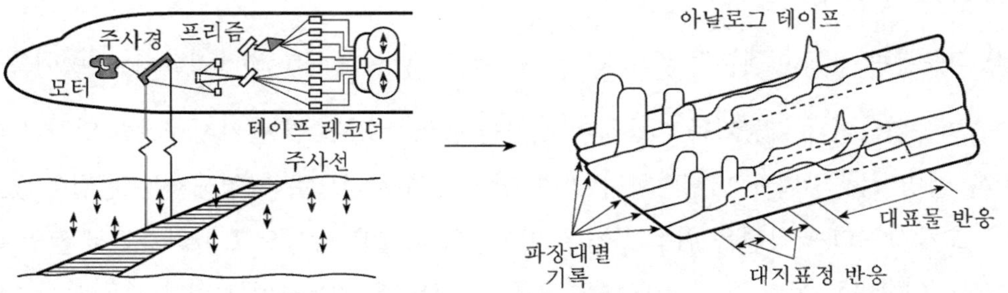

그림 6-6 MSS 관측도

비행방향에 직각으로 회전하는 반사경을 이용하여 지표면을 대상으로 관측한다. 이것을 스캔(走査)이라고 하며 자료를 기록하는 최소 관측시야단위를 순간시야(IFOV : Instantaneous Field of View)라 하며 밀리라디안(milli-radian)으로 표시한다. 이것에 대응하는 지표의 관측최소 단위면적을 영상소라 하며 이것은 광학카메라의 분해능에 상당한다. 항공기에 탑재하는 MSS는 일반적으로 4밴드[MSS-4: 0.4~0.5㎛(청), MSS-5: 0.5~0.6㎛(녹), MSS-6: 0.7㎛(근적외), MSS-7: 0.7~0.9㎛(적외)]가 많으나 가시근적외역(可視近赤外域)을 10밴드 정도로 나누고 열적외역(熱赤外域)을 1~2밴드 더 추가한 것이 많다. 영상소는 80×80m이다.

마) 전자스캐너

실리콘 등의 전자(solid-state)광감응소자 여러 개를 선상 또는 면상으로 매우 고밀도로 배열하고 그 위에 맺어진 광학적 상을 전자신호로 변경하도록 하는 형식의 스캐너이다. 전자스캐너는 대상물의 면을 주사하지 않고 대상물에서 광학계를 통과해 얻어진 영상을 여러 개의 전자감광소자로 광전 변환한다. 이와 같은 방법을 푸시-브룸(push-broom)스캐너라고 한다. 따라서 1개의 검지소자(檢知素子)에 입력되는 자료가 1영상소에 대응하므로 분해능은 검지소자의 수에 따라 결정된다.

전자스캐너는 기계적인 가동부가 없고 전자빔(beam)을 사용하지 않으므로 신뢰도와 기구상의 정확도가 비디콘영상면보다 우수하다.

바) 방사계(radiometer)

방사계는 시야 내에 있는 물체로부터 방사 또는 반사되는 것을 입력하여 정해진 파장역의 전자기파강도를 관측하는 장치이다. MSS나 TM 등도 넓은 의미에서는 방사계로 볼 수 있으나 주로 기상위성에 탑재되는 가시 · 적외영역의 주사형 복사계를 복사계로 호칭하고 있다.

사) 다중분광 및 초미세분광영상(multispectral & hyperspectral band imagery) 취득체계

인공위성이나 항공기를 이용하여 지구를 촬영할 경우 일반 카메라처럼 일정한 대상을 촬영하는 방법과 비행방향과 같은 방향에 순차적으로 촬영해가는 방법이 있다.

고해상도의 영상면을 취득할 경우 비행방향과 같은 방향으로 따라가면서 촬영 폭이 좁은 영상면을 여러 개를 모아 넓은 구역의 영상면을 취득하여야 되기 때문에 다중분광 및 초미세분광 방법을 이용하고 있다. 이 방법에는 휘스크브룸 방식과 푸쉬브룸 방식을 이용하여 영상면을 취득하고 있다.

(ㄱ) 자료취득 방법

i) 휘스크브룸(whiskbroom) 방식

탑재체의 비행방향 축에 직각방향으로 회전가능한 반사경(scanning mirror)을 이용하여 일정한 촬영폭(swath width)을 유지하며 넓은 폭의 영상면을 취득한다. 반사경이 회전하는데 따른 복잡한 기하구조를 가지므로 기하보정이 쉽지 않다. 영상

면취득 시간이 짧으며 영상면의 해상력은 반사경의 각도에 따라 달라지며 영상면왜곡도 크다(〈그림 6-7(a)〉).

LANDSAT의 ETM^+, NOAA의 AVIRIS 등이 이용하고 있다.

ii) **푸쉬브룸(push broom) 방식**

카메라 본체는 움직이지 않고 선형센서를 이용하여 띠 모양의 영상을 취득하는 방식이다. 휘스크브룸에 비해 영상폭이 좁으며 기하구조도 단순하여 기하보정이 쉽다. CCD 배열로 영상을 취득하므로 휘스크브룸에 비해 영상왜곡이 적은 긴 영상을 취득할 수 있다(〈그림 6-7(b)〉). SPOT의 HRV, 아리랑위성의 EOC, Quickbird 등이 이용하고 있다.

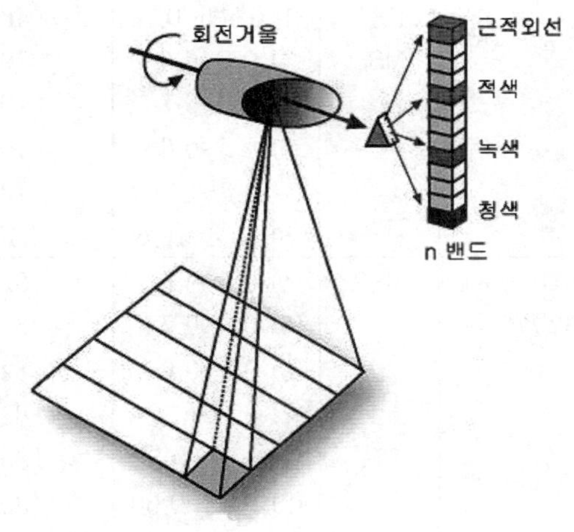

(a) whisk broom

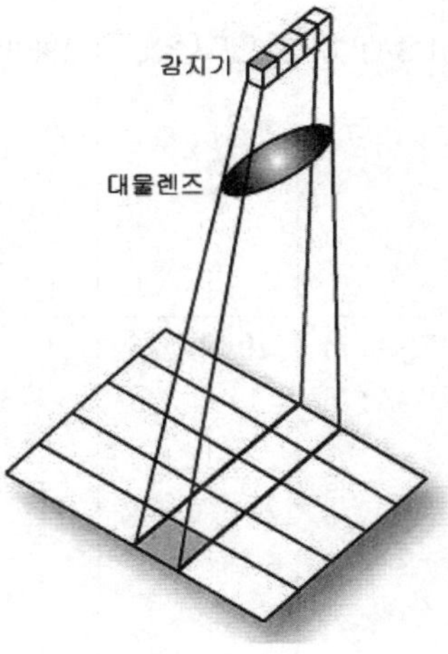

(b) push broom

그림 6-7 whisk broom과 push broom 방식

(ㄴ) 다중분광 영상

LANDSAT의 TM(Thematic Mapper)나 SPOT의 XS와 같은 다중분광(multispectral band) 영상은 3~10개의 분광밴드로 형성되어 있다. 〈표 6-2〉와 〈표 6-3〉에서 표시한 바와 같이 LANDSAT의 MSS, TM과 SPOT의 HRV 등과 같다.

i) TM과 ETM^+

지표면의 고분해능 관측을 목적으로 LANDSAT-4호와 5호에는 TM이, LANDSAT-7에는 ETM^+(Enhanced Thematic Mapper plus)가 탑재되었다. TM

과 ETM⁺의 지상스캔밴드는 기본적으로 MSS와 동일하지만 밴드수와 검출기수가 더 많으며 위성고도가 낮다. LANDSAT 1-7 특성은 〈표 6-2〉와 같다.

표 6-2 LANDSAT의 특성

Satellite	Launch	회수시기	궤 도	Sensor	Bandwidth(㎛)	Resolution[m]
LANDSAT 1	1972.7.23	1978.1.6	18일/900㎞	RBV	(1) 0.18~0.57	80
LANDSAT 2	1975.1.22	1985.2.15	18일/900㎞		(2) 0.58~0.68	80
					(3) 0.70~0.83	80
				MSS	(4) 0.5~0.6	79
					(5) 0.6~0.7	79
					(6) 0.7~0.8	79
					(7) 0.8~1.1	79
LANDSAT 3	1978.3.5	1983.3.31	18일/900㎞	RBV	(1) 0.505~0.75	40
				MSS	(4) 0.5~0.6	79
					(5) 0.6~0.7	79
					(6) 0.5~0.6	79
					(7) 0.8~1.1	79
					(8) 10.4~12.6	240
LANDSAT 4	1982.7.16	-	16일/705㎞	MSS	(4) 0.5~0.6	82
LANDSAT 5	1984.3.1	-	16일/705㎞		(5) 0.6~0.7	82
					(6) 0.5~0.6	82
					(7) 0.8~1.1	82
				TM	(1) 0.45~0.52	30
					(2) 0.52~0.60	30
					(3) 0.63~0.69	30
					(4) 0.76~0.90	30
					(5) 1.55~1.57	30
					(6) 10.4~12.5	120
					(7) 2.08~2.35	30
LANDSAT 7	1999.4.15	-	16일/705㎞	*ETM⁺*	(1) 0.45~0.52	30
					(2) 0.52~0.60	30
					(3) 0.63~0.69	30
					(4) 0.76~0.90	30
					(5) 1.55~1.57	30
					(6) 10.4~12.5	60
					(7) 2.08~2.35	30
					PAN 0.50~0.90	15

ii) HRV(High Resolution Visible)

HRV센서의 제원은 〈표 6-3〉과 같으며 다중파장대형(multispectral code : XS형)과 흑백형(또는 전정색 panchromatic code : P형)으로 분류되며 각각에 따라 파장대, 영상소의 크기 및 수가 다르게 된다.

표 6-3 HRV 센서의 제원(초점거리 : 1,082mm)

항목 \ 형	다중분광대형 (XS)	흑백 (전정색)형(P)
파장대	녹색(0.50~0.59㎛) 적색(0.61~0.68㎛) 근적외(near~infrared)(0.79~0.89㎛)	0.51~0.73㎛
시야범위	4.13°	4.13°
영상소 크기(위성직하)	20m×20m	10m×10m
line당 영상소수	3,000	6,000
관측폭(위성직하)	60㎞	60㎞

(ㄷ) 초미세분광(hyperion)

i) **위성 및 항공기에 탑재된 초미세 분광센서**

하이퍼스펙트럴(hyperspectral)영상은 일반적으로 5~10㎚에 해당하는 좁은 대역폭(bandwidth)을 가지며 36~288 정도의 밴드수로 대략 0.4~14.52㎛ 영역의 파장대를 관측하여 자료취득 방식에 따라 pushbroom센서와 wiskbroom센서가 있다.

표 6-4(a) 위성에 탑재된 초미세 분광센서

소유국	위성명	센서명	밴드수	밴드폭(㎛)	해상도(m)	촬영폭(㎞)	발사연도
미국	EO-1	Hyperion	220	0.43~2.4	30	7.6	2001
미국	Terra(EOS-AM)	MODIS	36	0.405~14.385	250~1,000	2,330	1999
미국	Aqua(EOS-PM)						2002
미국	NEMO	COIS	210	0.4~2.5	30~60	30	2002

표 6-4(b) 항공기에 탑재된 초미세 분광센서(pushbroom 방식 센서)

센서명	밴드수	밴드폭	파장범위	탑재방식	분광 해상도	관련 기관
CASI	228개	1.8nm	0.43~0.87㎛	항공기	12bit	캐나다 ITRES
HYDICE	210개	10nm	0.4~2.5㎛	항공기	12bit	미국 Hughes Danbury Optical Systems, Inc.
AISA	186개	1.6nm	0.45~0.9㎛	항공기	12bit	핀란드 Spectral Imaging Ltd.
AAHIS	288개	2.5nm	0.39~0.84㎛	항공기	12bit	미국 SETS Technology Inc.

표 6-4(C) 항공기에 탑재된 초미세 분광센서(whiskbroom 방식 센서)

센서명	밴드수	밴드폭	파장범위	탑재방식	분광 해상도	관련 기관
AVIRIS	224개	9.6nm	0.4~2.5㎛	항공기	12bit	미국 NASA JPL
DAIS	79개	0.9~45nm	04~12.6㎛	항공기	15bit	독일 GER & DLR
HyMap	126개	10~20nm	0.45~2.5㎛	항공기	12bit	호주 Integrated Spectronics
MAS	50개	20~1,500nm	0.52~14.52㎛	항공기	12bit	미국 NASA GSFC
Probe-1	128개	20nm	0.44~2.5㎛	항공기	12bit	미국 ESSI

ii) 초미세분광 영상 특성

초미세분광 영상은 가시광선, 근적외선, 열적외선(0.4㎛ 에서 2.5㎛) 파장대에 해당하는 범위에서 좁은 분광밴드 폭을 가지면서 수십에서 수백(36~288)에 이르는 분광밴드의 수를 가진다.

초미세분광 영상은 많은 분광밴드를 가지고 있어 물체 특유의 반사 특정을 잘 반영하여 물체를 식별하거나 구분하는 것이 용이하다. 여러 기관(USGS, NASA JPL, Johns Hopkins, the Australian government)에서 다양한 물질의 분광특성을 정리한 초미세분광 라이브러리(hyperspectral library)를 제공하고 있다.

한 영상소의 분광은 순수한 물질의 분광특성의 경중률(weight)을 고려한 선형 결합으로 나타난다. 여기서 경중률은 순수한 물질의 한 영상소 안의 영역의 비율과 정확히 일치한다고 간주하고 영상소보다 작은 크기의 분류가 가능하다. 가령 경중률이 0.9가 나왔다는 것은 경중률에 해당하는 물질의 함유량이 영상소에 차지하는 비율이 90%라는 것을 의미한다.

서로 인접한 파장대의 분광은 높은 상관관계를 가지고 있다. 그러므로 정보의 손실을 최소로 하면서 영상처리하는 과정에서 밴드수를 줄이는 연구가 시도되고 있다. 이와 더불어 연구목적에 맞는 밴드 조합을 찾는 연구도 진행되고 있다.

② 능동적 센서

극초단파(microwave)는 능동적이고 전천후 형으로 시간과 지점을 중요하게 여기는 정보수집에 이용되며 가시 · 적외역의 영상취득이 가능한 장점을 갖고 있다.

극초단파 중 레이더 파를 대상면에 스캐닝해 그 반사파로부터 2차원 영상면을 얻는 감지기로 SLR은 일반적으로 항공기에 탑재되어 사용되므로 SLAR(Side Looking Airborne Radar)라고도 한다. SLAR에는 실개구(實開口)레이더(RAR : Real Aperture Radar)와 합성개구(合成開口)레이더(SAR : Synthetic Aperture Radar)가 있다. SLAR는 실개구레이더를 주로 사용하며 항공기의 진행방향에 직각으로 전파를 발사하며 안테나빔(antenna beam)은 진행방향으로는 폭이 좁고 직각방향으로는 폭이 넓은 부채꼴모양을 이룬다. 대상지역에서 반사되는 반사파의 시간차를 정밀하게 관측해 대상지역의 형태를 판독하여 빔폭(beam width)을 작게 하면 해상도를 높일 수 있다.

고해상영상 레이더는 해상도가 높은 영상면을 얻기 위한 것으로 저해상영상 레이더와 다른 것은 반사파강도 이외의 위상도 관측하며 위상조정 후에 해상도가 높은 2차원영상면을 작성한다. 고해상영상 레이더는 해상도가 높은 영상면을 얻기 위해 수신신호를 비행방향과 비행방향에 직각인 방향으로 분해하여 처리하는 방법을 사용하고 있다.

(3) 항공영상자료취득

① 항공영상탐측용 카메라

항공영상탐측용 카메라를 일반카메라와 비교하면 다음과 같은 특징이 있다.

가) 초점거리가 길다(80, 150, 210, 300㎜ 등).

나) 렌즈의 지름이 크다.

다) 왜곡이 극히 적으며, 왜곡이 있더라도 역의 왜곡을 가진 보정판을 이용함으로써 왜곡을 없앨 수 있다.

라) 피사각이 크다.

마) 거대하고 중량이 크다(카메라의 중량 80kg의 것이 있다).

바) 셔터의 속도는 1/100~1/1,000초이다.

사) 필름은 폭 24cm(또는 19cm), 길이 60m, 90m, 120m의 것을 이용한다.

아) 파인더(finder)로 영상면의 중복도를 조정한다.

자) 주변부라도 입사하는 광량의 감소가 거의 없다.

항공영상탐측용 카메라를 렌즈의 피사각에 따라 분류하면 〈표 6-5〉와 같다.

표 6-5 항공영상탐측용 카메라의 종류

종 류	렌즈의 피사각	초점거리 [mm]	영상면의 크기 [cm]	필름의 길이 [m]	최단 셔터간격 [초]	사용목적
보통카메라(NA) (Normal Angle)	60° (50°)	210 (300)	18 × 18 (23 × 23)	120 (120)	2 (2.5)	산림조사용 (도시지역조사 및 측량)
광각카메라(WA) (Wide Angle)	90°	152~153	23 × 23	120	2	일반도화, 판독용
초광각카메라(SWA) (Super Wide Angle)	120°	88	23 × 23	80	3.5	소축척 도화용

② 촬영 보조기재

가) 수평선카메라(horizontal camera)

주된 카메라의 광축에 직각방향으로 광축이 향하도록 부착시킨 소형카메라이다.

나) 고도차계(statoscope)

U자관을 이용하여 촬영점간의 기압차관측에 의해 촬영점간의 고도차를 환산기록하는 것이다.

다) APR(airborne profile recorder)

APR은 비행고도자동기록계라고도 하며, 항공기에서 바로 밑으로 전파를 보내고 지상에서 반사되어 돌아오는 전파를 수신하면서 촬영비행 중의 대지촬영고도를 연속적으로 기록하는 것이다.

라) 자동평형경(gyroscope)

회전하는 자이로(자동평형, gyro)의 원리를 이용해 항공기의 동요 등이 카메라에 주는 영향을 막고 영상면상에 연직방향을 촬영과 동시에 찍히도록 함으로써 카메라의 경사를 구해 보정하는 데 이용된다.

마) 항공망원경(navigation telescope)

접안 격자판에 비행방향, 횡중복도가 30 %인 경우의 유효폭 및 인접촬영경로, 연직점 위치 등이 새겨져 있어서 예정촬영경로에서 항공기가 이탈되지 않고 항로를 유지하는 데 이용된다.

③ 중심투영(central projection)

영상면은 피사체로부터 반사된 빛이 렌즈중심을 직진하여 평면인 필름 면에 투영되어 축소 또는 확대대어 나타난다. 이와 같은 투영을 중심투영이라 하며, 영상면은 중심투영상이다. 센서에 의한 영상면의 정사투영(ortho projection)은 지도투영과 같이 기준면에 대하여 일정한 축척으로 재현된다.

항공영상의 원리 및 수직영상면에 있어서 지표면과의 상관관계를 나타내면 〈그림 6-8〉과 같다.

영상면원판(음화면, negative film)은 도입실상(倒立實像)이므로, 영상탐측에서는 이를 밀착 인화시켜 정입실상(正立實像)인 투명영상면(透明映像面 : diapositive : glass diapositive, film diapositive)로 만들어 사용한다. 이 투명양화를 확대해 〈그림 6-8(c)〉와 같이 대상물의 크기와 같도록 했다고 가정하면, 지형도상에서 a로 나타나 있는 A 점의 중심투영상이 a'로 나타남을 알 수 있다.

이와 같이 지표면이 평탄한 경우는 지도와 영상면이 같으나, 기복이 있는 지형에서는 정사투영인 지도와 중심투영(中心投影, central projection)인 영상면에 차이가 생긴다.

정사투영(正射投影, ortho projection)은 기준면으로 일정한 축척으로 재현되나 카메라인 경우 중심투영은 중심투영점을 지나 투영중심 뒤쪽에 축소 또는 확대되어 음화(또는 양화)가 재현된다.

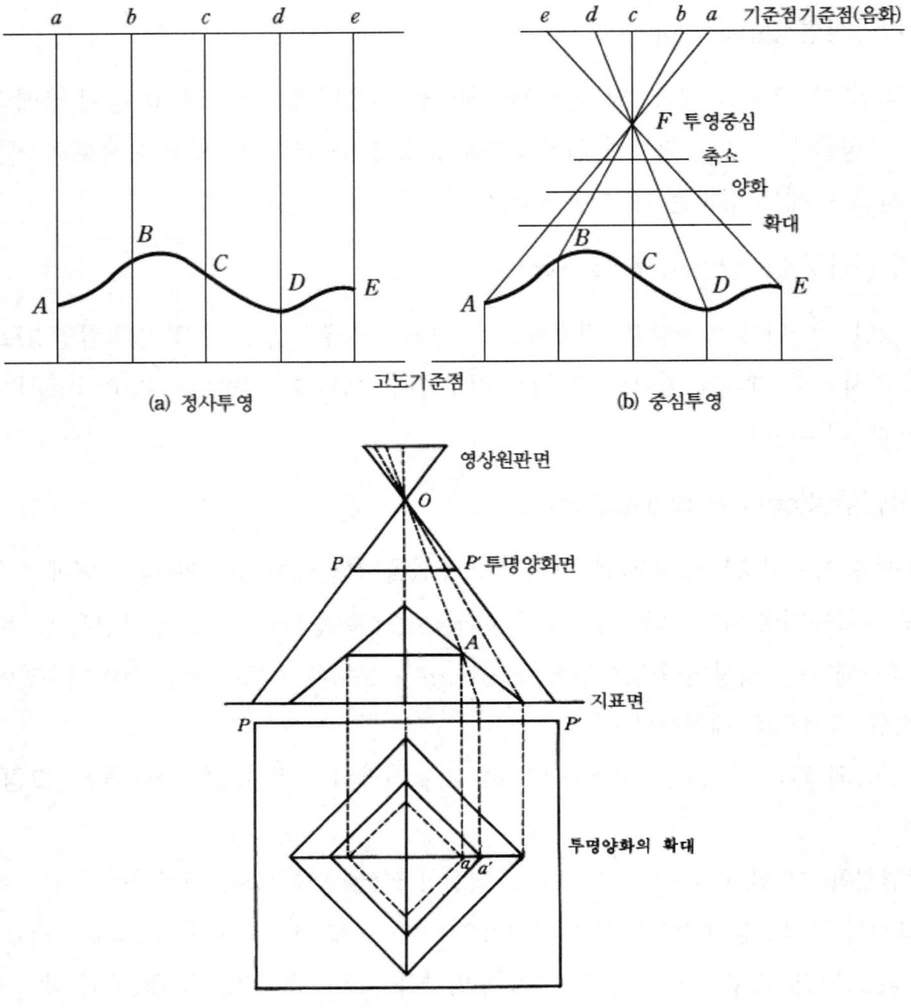

(c)

그림 6-8 정사투영과 중심투영

④ 항공영상면의 특수 3점

영상면의 특수 3점(specific 3-point)이란 주점, 연직점, 등각점을 말하며, 영상면의 성질을 설명하는데 중요한 점이다. 수직영상면에서는 주점을, 고저차가 큰 지형의 수직 및 경사영상면에서는 연직점을, 평탄한 지역의 경사영상면에서는 등각점을 각 관측의 중심점으로 사용한다.

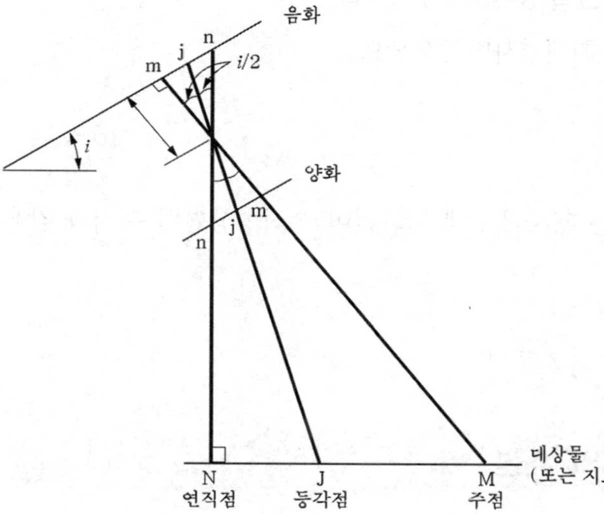

그림 6-9 특수3점

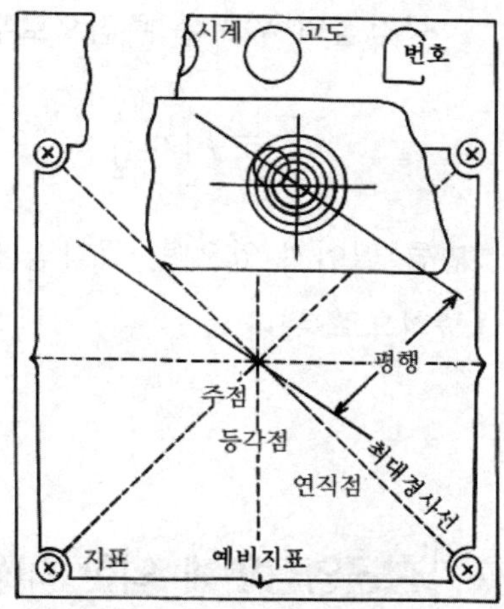

그림 6-10 최대경사선 방향

가) 주점

주점(principal point, m)은 영상면의 중심점으로서, 투영중심으로부터 영상면에 내린 수직선이 만나는 점, 즉 렌즈의 광축과 영상면이 교차하는 점으로 〈그림 6-9〉의 m 점이다. 일반적으로 항공영상에서는 마주보는 영상면지표의 대각선이 서로 만나는 점이 주점의 위치가 된다(〈그림 6-9 참조〉).

나) 연직점

〈그림 6-9〉와 같이 렌즈중심으로부터 지표면에 내린 연직선이 만나는 점 N을 지상 연직점이라 하며, 그 선을 연장하여 영상면과 만나는 n 점, 즉 렌즈중심을 통한 연직축과 영상면과의 교점을 연직점(nadir point, n)이라 한다.

연직점의 위치는 〈그림 6-9〉와 같이 주점으로부터 최대경사선상에서 만큼 떨어져 있으며, 영상면상의 비고점은 연직점을 중심으로 한 방사선 상에 있다.

$$\overline{mn} = f \tan i \qquad (6-1)$$

다) 등각점

등각점(isocenter point, j)은 영상면과 직교하는 광선과 연직선이 이루는 각을 2등분하는 광선이 교차하는 점, 즉 〈그림 6-9〉의 j 점이다.

등각점의 위치는 주점으로부터 최대경사방향선상으로

$$\overline{mj} = f\tan\frac{i}{2} \tag{6-2}$$

만큼 떨어져 있으며, 등각점에서는 경사각 i 에 관계없이 수직영상면의 축척과 같은 축척으로 된다.

4 항공영상면에 의한 대상물의 재현

공간상에 존재하는 임의의 점 P로부터 출발한 빛은 앞 ③에서 설명한 바와 같이 투영중심 O를 통과하여 필름면상의 p에 상이 기록된다. 따라서 이 상점 p의 위치나, 역의 p로부터 P점의 위치를 구하는 방법은 p점, O점 및 P점이 동일 직선상에 있어야 한다는 조건을 이용한다. 이 조건을 공선조건(共線條件, collinearity condition)이라 하며 영상탐측의 기본원리이다. 영상탐측에 쓰이는 다른 조건들도 이 공선조건의 조합에 의해 얻어진다.

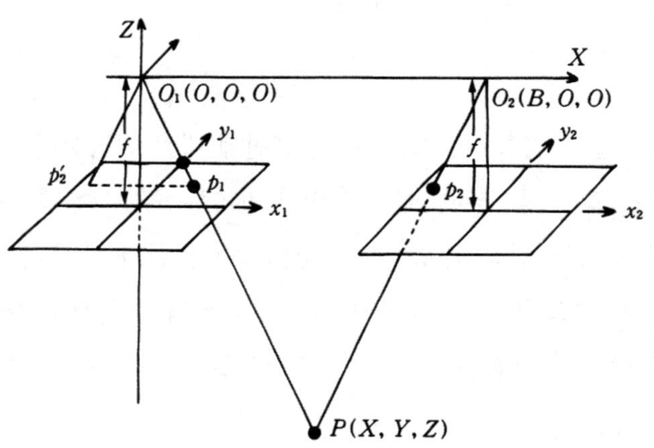

그림 6-11 수직영상면에서의 좌표계

공선조건을 이용하는 데 있어 얻어진 영상면이 1매인 경우와 2매인 경우와는 큰 차이가 있다. 즉, 영상면 1매인 단영상탐측에서는 다른 별도의 조건이 주어지지 않는 한 2차원정보밖에 없는 영상면 1매로써 피사체의 3차원좌표를 결정하기 어렵지만, 피사체를 서로 다른 위치에서 촬영한 2매 이상의 영상면을 이용하는 입체영상탐측에서는 2개 이상의 공선조건이 얻어지므로 피사체의 3차원좌표를 2개 이상의 광선의 교점으로 결정할 수 있다.

〈그림 6-11〉에 나타낸 것 같이 각각의 영상면상에서 주점을 원점으로 하고 비행방향을 x축으로 갖는 평면 직교좌표계 (x_1, y_1), (x_2, y_2)를 영상면좌표계라 한다. 또한 왼쪽 영상면의 투영중심 O_1을 원점으로 하여 O_2에 향한 방향을 X축, 연직방향을 Z축, 이에 직교하는 Y축을 갖도록 3차원좌표계를 가정하면 임의의 점 $P(X, Y, Z)$는 두 영상면상에 $p_1(x_1, y_1)$과 $p_2(x_2, y_2)$로 나타난다. O_2p_2에 평행한 O_1p_2'를 왼쪽 영상면에 취하면 $\triangle O_1p_1p_2'$와 $\triangle O_1O_2P$와의 비례관계에서 다음 식을 얻을 수 있다.

$$X = \frac{x_1}{x_1 - x_2}B$$

$$Y = \frac{y_1}{x_1 - x_2}B = \frac{y_2}{x_1 - x_2}B \qquad (6\text{-}3)$$

$$Z = \frac{f}{x_1 - x_2}B \qquad (6\text{-}4)$$

여기서 $x_1 - x_2$는 시차차(視差差)이다.

따라서 f와 B의 값을 알면 p_1, p_2의 영상면좌표를 관측하여 위의 식으로부터 P의 공간좌표 X, Y, Z를 구할 수 있다. 영상면좌표는 렌즈왜곡 등을 제거한 상태로 관측된 좌표 또는 정밀좌표관측기(comparator)를 이용하여 관측한다.

5 영상면의 기하학적 성질

(1) 기복변위(relief displacement)

지표면에 기복이 있을 경우, 연직으로 촬영하여도 축척은 동일하지 않으며, 영상면에서 연직점을 중심으로 방사상의 변위가 생기는데 이를 기복변위(起伏變位)라 한다. 〈그림 6-12〉에서 P점은 정사투영인 지도상에 A점으로 나타나지만 중심투영에 의한 영상면에서는 a점에서 기복 h에 의한 변위 Δr만큼 떨어져 P점으로 나타난다. 따라서 P점의 위치를 영상면상에서 찾기 위해서는 기복변위량 Δr을 계산하여야 한다.

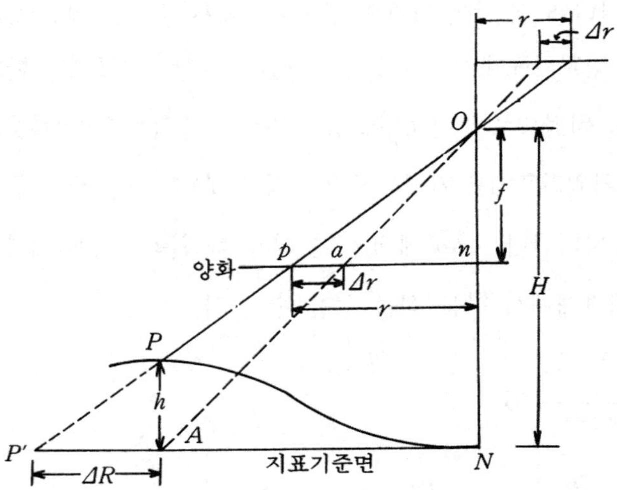

그림 6-12 기복변위

〈그림 6-12〉에서 $\Delta r : \Delta R$의 축척관계와 $\triangle PP'A \backsim \triangle Opn$의 관계로부터

$$\Delta r = \frac{f}{H} \cdot \Delta R = \frac{f}{H} \cdot \frac{r}{f} \cdot h = \frac{h}{H} \cdot r \tag{6-5}$$

여기서 Δr: 기본변위량, h: 비고, H: 촬영고도,
r: 연직점(또는 주점)으로부터의 거리

과 같은 기복변위공식을 얻을 수 있다. 기복변위공식을 응용하여 영상면에 나타난 탑, 굴뚝 및 건물 등의 높이를 구할 수 있다.

예제 6-1

촬영고도 750 m에 촬영한 영상면상에 굴뚝의 윗부분이 연직점으로부터 80 ㎜ 떨어져 나타나 있고, 굴뚝의 변위가 7.1 ㎜일 때, 굴뚝의 높이는 얼마인가?

풀이 $h = \dfrac{\Delta r}{r} H = \dfrac{7.15}{80} \times 750 = 67.03\,\text{m}$

(2) 영상면의 공간상에서 회전

영상면의 공간상에서 회전을 2차원 및 3차원 공간으로 분류하면 다음과 같다.

① 2차원 공간에서의 회전

기본좌표축을 X, Y 변환된 좌표축을 x', y' 라 할 때 식 (6-6)과 같이 표현할 수 있다. 점 P의 좌표(X, Y)는

$$X = \overline{Od} - \overline{cd} = x'\cos\theta - y'\sin\theta$$

$$Y = \overline{Oa} + \overline{ab} = x'\sin\theta + y'\cos\theta \tag{6-6}$$

행렬에 의해 표시하면 식 (6-6)은 기준좌표계로의 표현으로 식 (6-7)과 같다.

$$\begin{bmatrix} X \\ Y \end{bmatrix} = \begin{bmatrix} \cos\theta & -\sin\theta \\ \sin\theta & \cos\theta \end{bmatrix} \begin{bmatrix} x' \\ y' \end{bmatrix} \tag{6-7}$$

$$X = Rx' \tag{6-8}$$

이 된다.

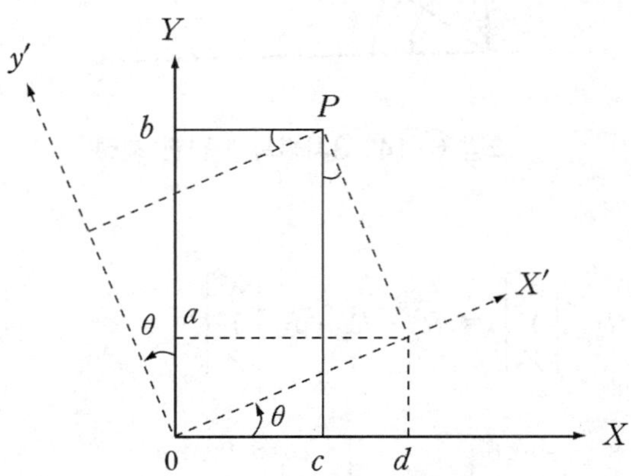

그림 6-13 2차원 좌표계

행렬 R을 회전행렬(rotation matrix)이라 하며, 이 회전행렬은 좌표의 벡터의 곱으로써 직교좌표상의 좌표는 다른 좌표로 회전된다. 회전행렬은 직교행렬(orthogonal matrix)이며 직교행렬의 역행렬(R^{-1})은 전치행렬(R^T)과 같게 되므로 (X, Y)에서 (x', y')로의 변환은 다음과 같다. 즉 변환된 좌표계로의 표현은 식 (6-9)와 같이 표현된다.

$$x' = X\cos\theta + Y\sin\theta$$

$$y' = -X\sin\theta + Y\cos\theta \qquad (6\text{-}9)$$

$$\begin{bmatrix} x' \\ y' \end{bmatrix} = \begin{bmatrix} \cos\theta & \sin\theta \\ -\sin\theta & \cos\theta \end{bmatrix} \begin{bmatrix} X \\ Y \end{bmatrix} \qquad (6\text{-}10)$$

② 3차원공간에서의 회전

X, Y, Z 좌표를 축 x', y', z' 좌표축으로 회전할 때 회전각을 ω, ϕ, κ로 표시하며 각 회전각을 나타내면 〈그림 6-14〉와 같다.

연속적으로 3축에 대해 회전시킬 경우 X축에 대해 ω 만큼 회전한 후 Y_ω 축에 대해 ϕ 만큼 회전하고 마지막으로 $Z_{\omega\phi}$ 축에 대해 κ 만큼 순차적으로 회전한다고 생각하면 〈그림 6-14〉에서 회전에 의한 카메라 좌표계의 변환식은 다음과 같이 표시할 수 있다.

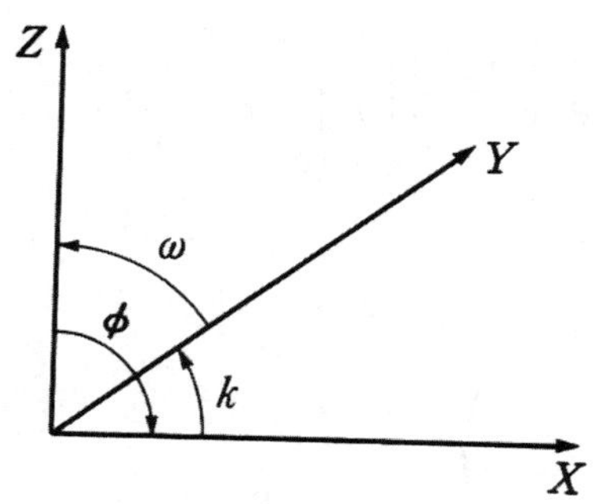

그림 6-14 3차원축에 관한 회전

$$\begin{bmatrix} X' \\ Y' \\ Z' \end{bmatrix} = R_{\omega\phi\kappa} \begin{bmatrix} X \\ Y \\ Z \end{bmatrix} = R_\omega \cdot R_\phi \cdot R_\kappa \begin{bmatrix} X \\ Y \\ Z \end{bmatrix} \qquad (6\text{-}11)$$

$$R_\kappa = \begin{bmatrix} \cos\kappa & -\sin\kappa & 0 \\ \sin\kappa & \cos\kappa & 0 \\ 0 & 0 & 1 \end{bmatrix}, \quad R_\phi = \begin{bmatrix} \cos\phi & 0 & \sin\phi \\ 0 & 1 & 0 \\ -\sin\phi & 0 & \cos\phi \end{bmatrix}, \quad R_\omega = \begin{bmatrix} 1 & 0 & 0 \\ 0 & \cos\omega & -\sin\omega \\ 0 & \sin\omega & \cos\omega \end{bmatrix}$$

κ는 Z축을 중심으로 회전하는 타원변형(수평요동, yawing)이고, ϕ는 Y축을 중심으로 회전하는 포물선변현(좌우요동, rolling)을 하며, ω는 X축을 중심으로 회전하는 쌍곡선변형(전후요동, pitching)을 한다. (R_κ, R_ϕ, R_ω에 관한 사항은 부록 참조)

(3) 공간상에서 영상면이 이루어내는 기하학적 3가지 조건

① 공선조건

공간상의 임의의 점(X_P, Y_P, Z_P)과 그에 대응하는 영상면상의 점 (x, y) 및 카메라의 촬영중심(X_O, Y_O, Z_O)이 동일직선상에 있어야 하는 조건을 공선조건(collinearity condition)이라 한다(공선조건식 전개는 부록 참조).

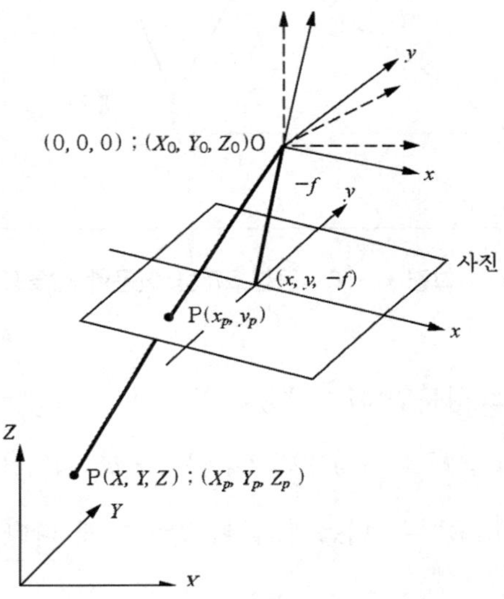

그림 6-15 공선조건

② 공면조건

3차원공간상에서 평면의 일반식은 $AX+BY+CZ+D=0$이다. 다음 〈그림 6-16〉과 같이 2개의 투영중심 $O_1(X_{O_1}, Y_{O_1}, Z_{O_1})$, $O_2(X_{O_2}, Y_{O_2}, Z_{O_2})$와 공간상의 임의의 점 P의 상점 $p_1(X_{p_1}, Y_{p_1}, Z_{p_1})$, $p_2(X_{p_2}, Y_{p_2}, Z_{p_2})$가 동일평면에 있기 위한 조건이다.

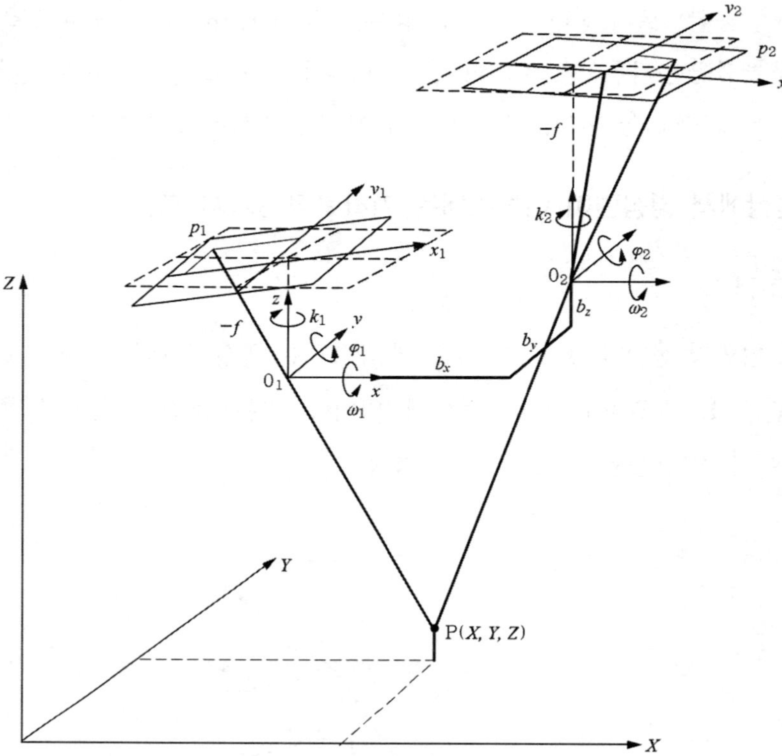

그림 6-16 공면조건을 이용한 상호표정

기선(基線) b의 x, y, z 성분인 $bx = X_{O_2} - X_{O_1}$, $by = Y_{O_2} - Y_{O_1}$, $bz = Z_{O_2} - Z_{O_1}$과 O_1의 좌표를 이용하여 O_2의 좌표를 나타내면 O_2 $(X_{O_1} + bx,\ Y_{O_1} + by,\ Z_{O_1} + bz)$이라면 공면조건(co-planarity condition)식은 다음과 같이 간략하게 나타낼 수 있다.

$$\begin{vmatrix} bx & by & bz \\ X_1 & Y_1 & Z_1 \\ X_2 & Y_2 & Z_2 \end{vmatrix} = 0 \tag{6-12}$$

즉, 3차원공간에서 한 쌍의 중복된 영상면이 동일면상에서 일치(영상면상의 점 및 투영중심이 일치)해야 하는 조건을 공면조건이라 한다. (공면조건식 전개는 부록 참조)

③ 공액 조건

〈그림 6-17〉은 공액 기하(epipolar geometry)를 이루고 있는 각각의 투영중심이 C', C''인 입체쌍을 나타내고 있다. 공액면(共軛面, epipolar plane)은 2개의 투영중심(C', C'')과 대상점 P에 의해 정의된다. 공액선(共軛線, epipolar line)은 공액면과 영상면의

교선(intersection)인 e', e''이고, 공액은 영상면과 모든 가능한 공액면과의 교선인 공액들의 수렴중심이다.

실제 적용을 위해서는 수치영상의 행(row)과 공액선이 평행하도록 만드는데, 이러한 입체쌍(stereo pairs)을 정규화 영상(normalized images)이라 한다.

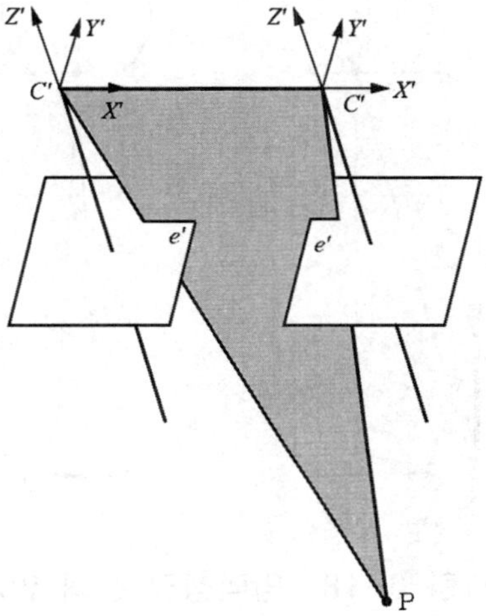

그림 6-17 공액 기하

6 입체시

(1) 입체시의 원리

〈그림 6-18 (a)〉는 사람이 물체 $\overline{PQ}$ 를 위에서 보고 있는 것으로 이 경우 P 쪽이 Q 쪽보다 가깝게 보일 것이다. 이것은 수렴각(또는 시차각) r_1 과 r_2 의 값이 다르기 때문이다. 또한 P와 Q는 각각 안구에 있는 렌즈의 중심 O_1, O_2 를 통하여 망막상의 p_1', p_2' 와 q_1', q_2' 에 사상되는데 이 $\overline{p_1'p_2'}$ 와 $\overline{q_1'q_2'}$ 를 각각 점 P 및 점 Q의 시차(parallax)라 한다. 따라서 원근을 느끼는 것은 점 P와 Q의 시차의 차이며 이것을 시차차(parallax difference)라 한다.

〈그림 6-18 (a)〉를 항공기에서 중복영상면촬영하여 O_1, O_2 를 카메라 렌즈의 중심이라면 굴뚝 PQ는 필름상에 각각 $\overline{p_1'q_1'}$ 와 $\overline{p_2'q_2'}$ 의 길이로 찍힌다. 지금 이와 같이 찍힌 영상면을 〈그림 6-18 (b)〉처럼 두고(영상면상의 굴뚝의 꼭대기와 밑을 각각 P_1Q_1, P_2Q_2 라 한다) 왼

쪽 눈으로 왼쪽 영상면, 오른쪽 눈으로 오른쪽 영상면을 바라보면 그 상은 망막상에 $\overline{p_1''q_1''}$ 와 $\overline{p_2''q_2''}$ 로 나타나므로 원근감을 얻을 수 있다.

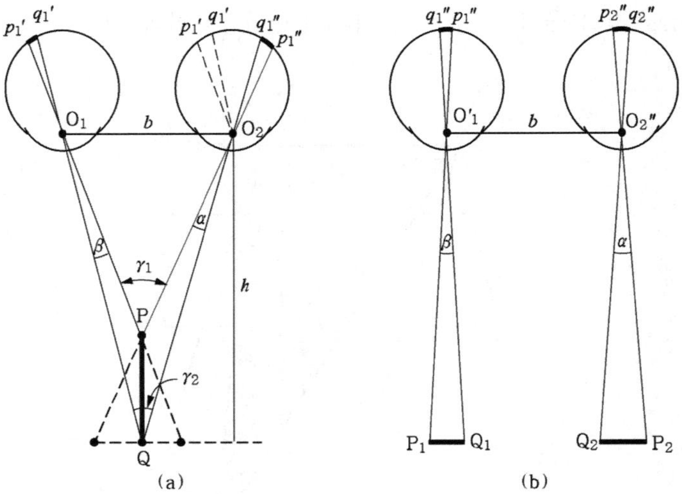

그림 6-18 망막상의 상과 입체감

입체감을 얻기 위한 입체영상면의 조건은 다음과 같다.

① 1쌍의 영상면을 촬영한 카메라의 광축은 거의 동일평면 내에 있어야 한다.

② B를 촬영기선길이라 하고, H를 기선으로부터 피사체까지의 거리라 할 때 기선고도비 B/H가 적당한 값이어야 하며 그 값은 약 0.25 정도이다. 영상탐측에서는 대상에 따라 다르지만 대략 1/4~1/2값이 이용된다.

③ 2매의 영상면축척은 거의 같아야 한다. 축척차가 15%까지는 어느 정도 입체시될 수 있지만 장시간 동안 입체시할 경우에는 5% 이상의 축척차는 좋지 않다.

(2) 입체시의 방법

입체시(stereoscopic vision)에서 정입체시(orthoscopic vision : 고저가 있는 그대로 보임)와 역입체시(pseudoscopic vision: 고저가 반대로 보임)가 있으며 정입체시방법에는 자연입체시와 인공입체시(육안식, 렌즈식, 반사식, 여색식, 편광식, 순동식), 컴퓨터상에서의 입체시, 컬러입체시 등이 있다.

① 육안입체시

중복영상면을 명시거리(약 25㎝ 정도)에서 영상면상에 대응하는 점들이 안기선(眼基線)의 길이보다 조금 짧은 약 6㎝(일반적으로 중복도가 60%인 경우이나 중복도에 따라 약간의 차이가 있음)가 되도록 떨어뜨려 안기선과 평행하게 놓는다.

왼쪽 눈으로 왼쪽 영상면을, 오른쪽 눈으로 오른쪽 영상면을 보면 좌우의 영상면 상이 하나로 융합되면서 입체감을 얻게 된다. 이를 입체시(立體視)라 하며 눈의 훈련만으로 기구 없이 입체시하는 것을 육안입체시라 한다.

② 기구에 의한 입체시

가) 입체경(stereoscope)

(ㄱ) 렌즈식 입체경(lens stereoscope)

〈그림 6-19(a)〉는 2개의 볼록렌즈를 사람의 안기선(eye base)의 평균값인 65㎜ 간격으로 놓고 조립한 것이다. 이와 같은 렌즈를 통하여 영상면을 볼 때에는 렌즈의 초점이 영상면에 닿아 광각(光角)이 자연상태에 가깝기 때문에 입체시가 평상입체시에 가까워져 쉽게 입체감을 얻을 수가 있다. 더구나 렌즈의 배율로 영상면의 세부까지도 알 수 있다. 그러나 렌즈수차 때문에 상이 기울어져 수평면은 완곡면으로 보이며 또는 시야가 좁기 때문에 일부분은 잘 보이나 그 이외의 부분은 굴절되어 보이는 단점이 있다.

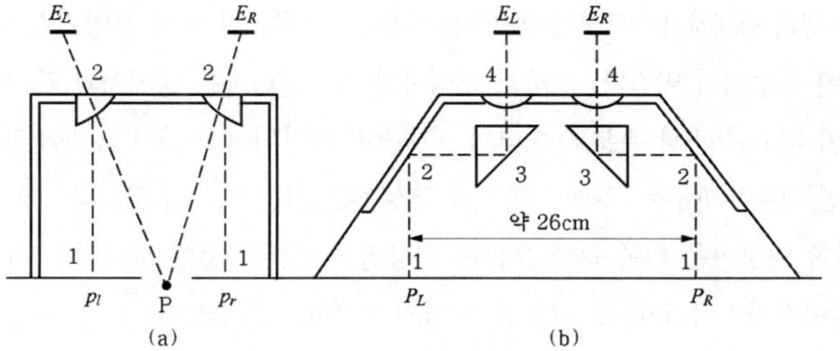

그림 6-19 입체경에 의한 입체시

(ㄴ) 반사식 입체경(mirror stereoscope)

이 형식은 영상면의 시야가 넓어 렌즈수차에 의한 완곡감도 적게 느껴진다. 렌즈식 입체경의 결점을 보완한 것이며 영상면에서 눈에 이른 광로가 길기 때문에 그만큼 입체시가 좋게 된다. 〈그림 6-19(b)〉에서 명백히 알 수 있듯이 영상면상의 기선이 안기선의 수배인 25㎝~30㎝ 정도로 되므로 입체시가 한 번에 넓은 범위에서 이루어진다.

나) 여색입체시(anaglyph)

여색(餘色)입체시법에는 두 종류의 방법이 있는데 하나는 여색인쇄법이고 다른 하나는 여색투영광법이다.

(ㄱ) 여색인쇄법(餘色印刷法)

1쌍의 입체영상면의 오른쪽은 적색으로 왼쪽은 청색으로 현상하여 이것을 겹쳐 인쇄한 것으로 이 영상면의 오른쪽에 청색, 왼쪽에 적색 즉, 여색의 안경으로 보면 입체감을 얻는다. 이것을 애너글리프(anaglyph)에 의한 입체감이라 하며 일반적으로 여색입체시라 하면 이것을 뜻한다.

(ㄴ) 여색투영광법(餘色投影光法)

암실 내에서 여색필터를 끼운 투영렌즈에 입사된 빛을 좌우의 투영대에 얹어진 흑백투명양화를 통하여 백색판상에 투영시키면 적색광과 청색광의 중첩효과가 나타난다. 한쌍의 투명양화를 좌우의 투영대에 장착시키고 여색관계가 있는 필터를 통하여 백색광을 투영시키면 착색영상면이 생긴다. 이때 적색광영상면은 청색안경으로 청색광영상면은 적색안경으로 보면 착색영상면은 명확히 흑색이 되고, 영상 이외의 투과부(여색인쇄법의 인쇄지의 백색부에 해당하는 부분)는 착색광이 되어 투영되기 때문에 같은 색안경에 흡수되어 버린다. 그래서 투영광과 반사필터쪽은 앞에서와 같이 영상면부분이 흑색이 되고 투과광 부분도 필터의 여색광이 차단되어 똑같이 흑색이 된다. 이 때문에 영상면부나 투과부는 흑색이 되므로 영상면은 전혀 보이지 않는다. 이상과 같은 이유로 왼쪽 영상면은 왼쪽 눈에 오른쪽 영상면은 오른쪽 눈에 보여지게 되어 정상입체감이 얻어진다. 이 원리를 이용한 도화기가 켈쉬 플로터(Kelsh plotter)이다.

다) 편광입체시

여색입체시는 지금까지 널리 이용되고 있으나, 여색을 이용하기 때문에 컬러영상면에는 불리한 큰 결점이 있다. 편광입체시법은 서로 직교하는 진동면을 갖는 두 개의 편광광선이 한 개의 편광면을 통과할 때 그 편광면의 진동방향과 일치하는 진행방향이 광선만 통과하고 여기에 직교하는 광선은 통과 못하는 편광의 성질을 이용하는 방법이다.

라) 순동법

순동법(瞬動法)은 영화와 같이 막망상의 잔상을 이용하여 입체시각을 얻는 방법이다.

투영광선도 중간에 격판을 설치하여 좌우영상면의 광로를 교대로 보내고, 이에 대응하게 좌우의 눈앞에도 동일한 격판을 설치하여 왼쪽 영상면이 투영될 때는 왼쪽격판을 열고 다음 오른쪽 영상면이 투영될 때는 왼쪽격판은 닫히고 오른쪽격판이 열리게 한다. 이 개폐를 초 정도로 급속히 진행하면 입체 시각을 얻을 수 있다.

이 방법의 결점은 다른 방법에 비해 기구적인 문제점, 급속개폐에 따른 진동 때문에 관측의 불안정성 및 진동음에 의한 장시간관측의 곤란 등이 있다.

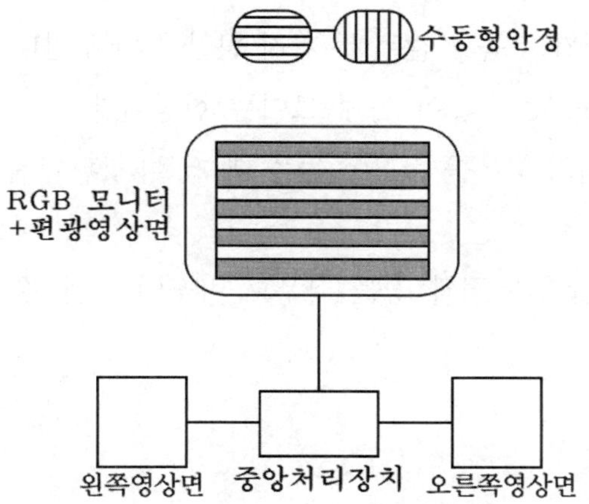

그림 6-20 수동편광에 의한 입체시

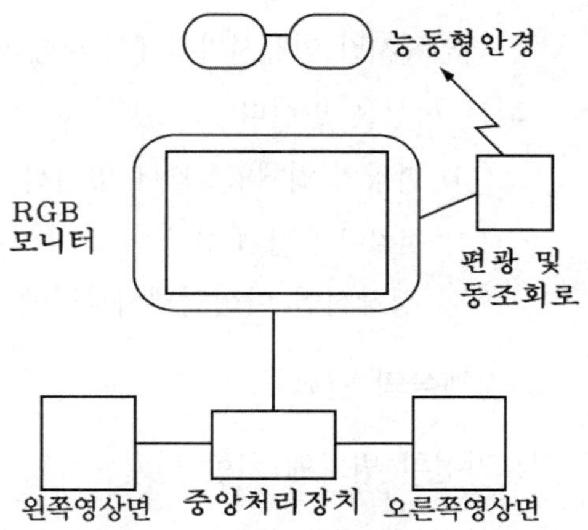

그림 6-21 능동편광에 의한 입체시

마) 컴퓨터상에서의 입체시

현재 가장 일반적인 방법은 수동 또는 능동 형식에 의한 일시적 분리와 편광의 조합이다. 수동적 편광의 경우에서 편광영상면(polarization)이 모니터의 앞에 탑재된다. 영상면들이 120Hz의 간격으로 연속적으로 출력이 되며 편광영상면은 출력되는 영상면과 동조되어 편광을 바꾸게 된다. 사용자들은 수직 또는 수평적으로 편광화된 관측안경을 사용한다. 능동편광의 경우에서는 편광영상면은 〈그림 6-21〉에서 보는 바와 같이 조망경(viewing glasses)과 결합된다.

바) 컬러입체시

컬러입체시(chromostereoscopy)로 알려진 효과를 이용하여 컬러심도의 3차원(Chromodepth 3-D) 처리에 기본을 두고 있다. 기본개념은 색상(color)에 의해 심도(depth)를 영상면에 부여한 다음 심도지각(depth perception)을 생성하는 광학에 의해 다시 색상을 얻는 것이다.

전방에 위치한 물체는 붉은색을 띠게 되고 후방의 물체는 파란색을 나타내며 그 사이에 있는 물체는 전자기파분광(spectrum)의 위치에 따라 색을 나타내게 된다. 그러므로 오렌지색 물체는 붉은색보다 뒤에, 초록색보다 앞에 위치하게 된다. 이러한 과정은 안경을 사용하지 않을 때에는 편평한 표준 정규 컬러 영상면으로 보이지만 컬러심도 3차원 안경을 사용하면 3차원 영상면으로 보인다.

사) 역입체시(pseudoscopic vision)

역입체시란 입체시과정에서 본래의 고저가 다음과 같은 두 가지 원인에 의해 반대가 되는 현상을 말한다. 즉, 높은 것이 낮게, 낮은 것이 높게 보이는 현상이다.

(ㄱ) 한쌍의 입체영상면에 있어서 영상면의 좌우를 바꾸어 놓을 때(단, 이 경우 주점기선길이는 같게 한다.)

(ㄴ) 정상적인 여색입체시과정에서 색안경의 적과 청을 좌우로 바꾸어서 볼 경우

③ 입체상의 변화

가) 기선의 변화에 의한 변화

입체상(立體像)은 촬영기선이 긴 경우가 촬영기선이 짧은 경우보다 더 높게 보인다.

나) 초점거리의 변화에 의한 변화

렌즈의 초점거리가 긴 쪽의 영상면이 짧은 쪽의 영상면보다 더 낮게 보인다.

다) 촬영고도의 차에 의한 변화

같은 카메라로 촬영고도를 변경하며 같은 촬영기선에서 촬영할 때 낮은 촬영고도로 촬영한 영상면이 촬영고도가 높은 경우보다 더 높게 보인다.

라) 눈의 높이에 따른 변화

눈의 위치가 약간 높아짐에 따라 입체상은 더 높게 보인다.

마) 눈을 옆으로 돌렸을 때의 변화

눈을 좌우로 움직여 옆에서 바라볼 때에 항공기의 방향선상에서 움직이면 눈이 움직이는 쪽으로 비스듬히 기울어져 보인다.

④ 입체시에 의한 과고감

과고감(過高感, vertical exaggeration)이란 인공입체시하는 경우 과장되어 보이는 정도를 뜻한다. 항공영상면을 입체시해 보면 평면축척에 대해 수직축척이 크게 되기 때문에 실제도형보다 산이 더 높게 보인다.

〈그림 6-22〉에서 사람의 양쪽 눈 간격 $\overline{AB}=b=65\,\mathrm{mm}$에 대해 촬영고도 H는 매우 크므로 수렴각 γ_p, γ_q가 대단히 작아 P와 Q는 고도감 없이 평평하게 보인다. 일반적으로 사람 눈의 수렴각 차($\Delta\gamma=\gamma_p-\gamma-q$)의 분해능력은 10″~25″(거리 500~1,300m에 해당) 정도이므로 아주 먼 거리의 물체는 수렴각이 거의 0°에 가까워지므로 고저 및 원근을 구별할 수 없다. 그러나 Ⅰ의 상공에서 A에서 촬영하고, 촬영기선 B만큼 떨어진 Ⅱ의 상공 C점에서 촬영한 두 장의 영상면을 입체시하면 수렴각 γ_P, γ_Q가 커지므로 항공기상에서 내려다 본 감각보다 더 명료한 고도감, 즉 과고감을 느낄 수 있다.

촬영기선길이 B와 안기선 b(52~78㎜ 정도)의 비를 부상비(浮上比) n이라 할 때 다음과 같이 표시된다.

$$n=\frac{B}{b} \tag{6-13}$$

과고감은 촬영고도 H에 대한 촬영기선길이 B와의 비(比)인 기선고도비 B/H에 비례한다.

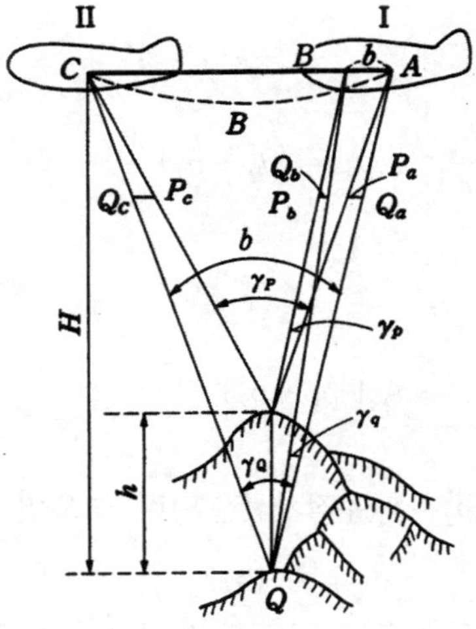

그림 6-22 과고감

⑤ 시차와 시차공식

두 투영중심 O_1과 O_2에서 나온 대응하는 광선이 평면 r과 만나는 점 A'와 A''가 〈그림 6-23〉과 같이 일치하지 않는 경우 평면 r 상의 벡터 $\overline{A''A'}$를 시차(parallax) p라 하며, 시차 p의 X성분을 횡시차(橫視差, x-parallax) p_x, Y성분을 종시차(縱視差, y-parallax) p_y라 한다.

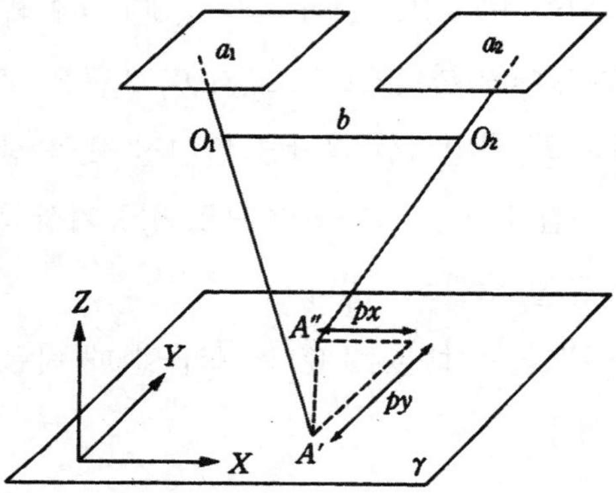

그림 6-23 시차

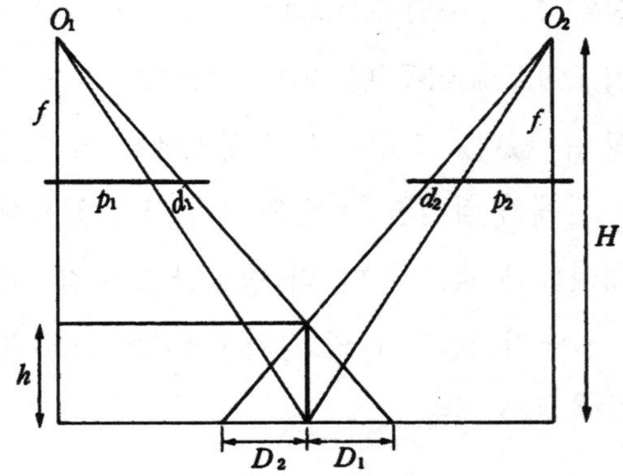

그림 6-24 수직영상면의 기하학적 관계

〈그림 6-24〉는 정확하게 연직인 2매의 영상면이 같은 고도에서 h인 탑을 촬영한 관계를 나타내고 있다.

이때

$$D_1 = (d_1 + p_1)\frac{h}{f}, \quad D_2 = (d_2 + p_2)\frac{h}{f}$$

이므로

$$D_1 + D_2 = \frac{h}{f}(d_1 + d_2 + p_1 + p_2) \qquad (6\text{-}14)$$

$d_1 + d_2 = \Delta p$ (시차차), $p_1 + p_2 = b$ (주점기선길이)라 놓으면

$$h = \frac{f(D_1 + D_2)}{\Delta p + b} = \frac{f}{\Delta p + b}\cdot\frac{H}{f}(d_1 + d_2) = \frac{\Delta p}{\Delta p + b}H \qquad (6\text{-}15)$$

의 시차공식(parallax formula)을 얻을 수 있다. Δp가 b에 비해 무시할 정도로 작을 경우

다음과 같은 간략식을 쓸 수 있다.

$$h = \frac{\Delta p}{b} H \tag{6-16}$$

예제 6-2

촬영고도 6,000 m 영상면 I 을 기준으로 입체모형(model, 한 쌍의 중복된 영상면으로 입체시 되는 부분)화한 주점기선길이가 80㎜, 영상면 II 를 기준으로 입체모형화한 주점기선길이=81㎜일 때, 시차차 1.0㎜ 그림자의 고저차는 얼마인가?

풀이 $h = \frac{\Delta p}{b} H = \frac{6{,}000}{\frac{80+81}{2}} \times 1.0 = 74.5\,\text{m}$

7 항공영상면의 표정

표정(標定, orientation)은 영상취득시 기하학적 조건에서 가상값(초기관측값)으로부터 최적의 값을 구하는 단계적인 작업이다. 기존의 영상탐측학에서는 내부표정(inner orientation)과 외부표정(outer orientation)으로 대별하고 있다. 최근에는 내부표정에 상응하는 기초자료 취득과정에서 각종 보완장치(예: Laser Scanner, GPS, INS 센서의 조합으로 영상의 위치와 자세를 구함)에 의하여 지상기준점을 이용하지 않고 실시간으로 최확값을 직접 구하는 과정을 직접표정(DO : Direct Orientation)이라 한다. 직접표정인 경우 GPS와 INS에 의하여 외부표정이 이루어지기 때문에 내부표정의 오차가 있을 경우 지상좌표결정시 오차가 전파되어 정확한 지상좌표값(최확값)을 얻을 수 없으므로 반드시 정확한 내부표정을 하여야 한다. 지상기준점을 이용하여 외부표정요소를 구하여 최확값을 구하는 과정을 간접표정(IO : Indirect Orientation)이라 한다. 영상탐측에서는 카메라와 영상촬영시의 주위사정으로 엄밀 수직영상을 얻을 수 없으므로 촬영점의 위치나 카메라의 경사 및 영상면축척 등을 구하여 촬영시의 카메라와 대상물좌표계와의 관계를 재현하는 것을 영상면의 표정이라 하며 영상면의 단위에 따라 한 장의 영상면만을 이용하여 좌표를 해석하기 위한 단영상면표정

(orientation of single imagery)과 2장 이상의 영상면을 중복 촬영하여 3차원좌표(X, Y, Z)를 얻기 위한 입체영상면표정(또는 중복영상면표정: orientation of stereo imagery)으로 대별된다. 표정의 해석방법에는 기계적 방법(analogue method)과 해석적 및 수치적 방법(analytical or digital method)이 있으며 표정의 종별은 내부표정(inner orientation)과 외부표정(exterior orientation)이 있다.

내부표정에서 영상면주점을 도화기의 촬영중심에 일치시키고 초점거리를 도화기의 눈금에 맞추는 작업이 기계적 내부표정방법이고 기계좌표(machine coordinate)로부터 영상면좌표(imagery coordinate)를 구하는 수치처리를 해석적 내부표정방법이라 한다.

외부표정은 다시 상호표정(relative orientation), 접합표정(successive orientation)과 절대표정(또는 대지표정: absolute orientation)으로 세분된다.

기계적 상호표정은 입체도화기에서 내부표정을 거친 후 상호표정인자(b_y, b_z, κ, φ, w)에 의하여 종시차(P_y : y-parallax)를 소거한 입체시를 통하여 3차원가상좌표인 입체모형좌표(model coordinate)를 구할 수 있는 작업이다. 해석적 상호표정은 영상면좌표(imagery coordinate: 좌우영상면좌표)로부터 수치적으로 입체모형좌표를 얻는 작업이다. 상호표정의 경우 최소한 영상면상에서 5점의 표정점이 필요하다. 접합표정은 입체모형간, 스트립간을 접합하여 좌표계를 통일시키는 작업으로 기계적 접합표정은 만능도화기(base in과 base out이 되는 입체도화기: universal instrument. 예: A-7, C-8 등)에 의한 스트립좌표계(strip coordinate system)를 구하는 것을 뜻하며 해석적 접합표정은 입체모형(model)을 종방향으로 접합시켜 스트립좌표계(종접합모형, strip coordinate system)나, 스트립을 횡방향으로 접합시켜 블럭좌표계(종횡접합모형, block coordinate system)로 만드는 수치작업으로 이때 표정인자는 λ, κ, φ, ω, S_x, S_y, S_z 이다. 절대표정은 가상좌표(2차원 및 3차원 가상좌표)를 대상물의 절대좌표로 환산하는 작업이다. 기계적 절대표정은 입체도화기상에서 내부, 상호표정을 마친 후 대상물의 좌표값[한 입체모형당 수평위치(X, Y) 기준점 2개, 수직위치(Z) 기준점 3개]을 이용하여 경사와 축척을 조정하여 대상물과 상사(相似)가 되게 하는 작업이고 해석적 절대표정은 2차원(X, Y)이나 3차원(X, Y, Z) 가상좌표를 대상물절대좌표계로 환산하기 위한 λ, κ, ϕ, ω, C_x, C_y, C_z 인자의 수치적 처리이다.

- 내부표정
  - 영상면주점을 투영기의 중심에 일치
  - 초점거리(f)의 조정
  - 건판신축 및 대기굴절, 지구곡률, 렌즈왜곡의 보정
- 외부표정
  - 상호표정
    - 5개의 표정인자($b_y, b_z, x, \varphi, \omega$) 사용
    - P_y(종시차)소거
  - 접합표정 : 단입체모형인 경우는 생략, 좌표변환시에만 필요
    - 7개의 표정인자($\lambda, x, \varphi, \omega, S_x, S_y, S_z$) 사용
    - 입체모형간, 스트립간의 접합요소 (축적, 미소변위, 위치 및 방위)
  - 절대표정
    - 7개의 표정인자($\lambda, x, \phi, \Omega, C_x, C_y, C_z$) 사용
    - 축척의 조정 ┐ 위치결정
    - 경사의 조정 ┘

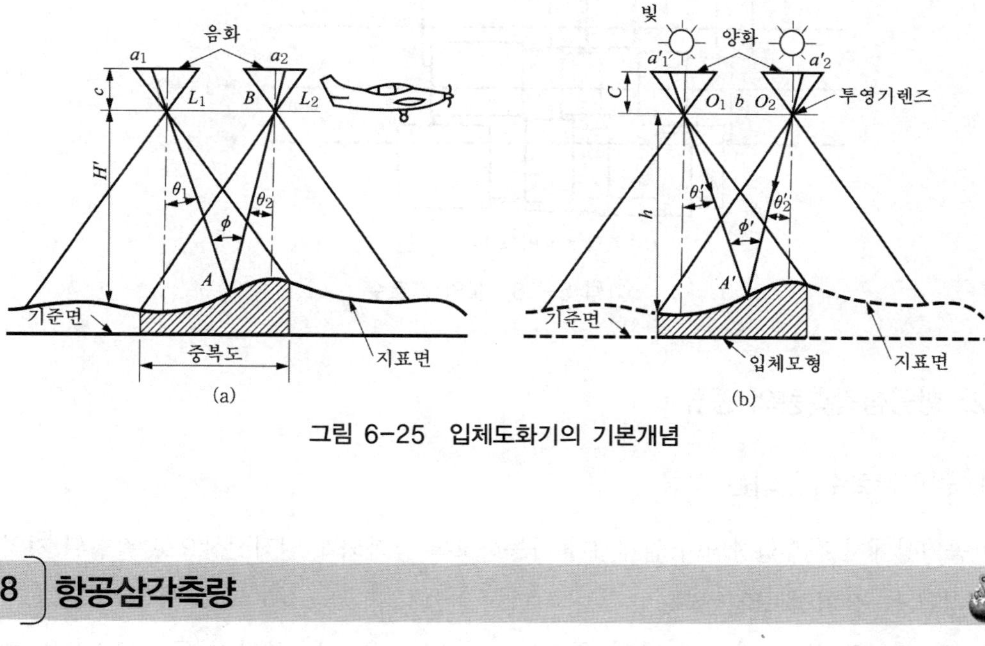

그림 6-25 입체도화기의 기본개념

8 항공삼각측량

(1) 개요

항공삼각측량(aerial triangulation)은 입체도화기 및 정밀좌표관측기에 의하여 영상면 상에서 무수한 점들의 좌표를 관측한 다음, 소수의 지상기준점의 성과를 이용하여 관측된 무수한 점들의 좌표를 조정기법에 의하여 절대(또는 측지)좌표로 환산하여 내는 기법이다.

입체영상탐측에서 하나의 입체모형의 절대표정을 위해서는 최소한 3점[(x, y, z)좌표성과 2점, (z)좌표성과 1점 또는 (x, y) 2점, (z) 3점]의 지상기준점, 즉 표정점의 좌표를 알아야 하며, 소요되는 점수는 입체모형수에 비례하여 증가하게 된다. 이 점들을 증설하는 데 드는 시간과 경비를 대폭 절감시켜 높은 정확도와 경제성을 도모할 수 있는 것이 항공삼각측량이다.

항공삼각측량은 영상면단위(광속조정법), 입체모형단위(독립모형법), 스트립단위(다항식법)에 의해 형성된 블럭(block)에 의한 조정 등이 있다.

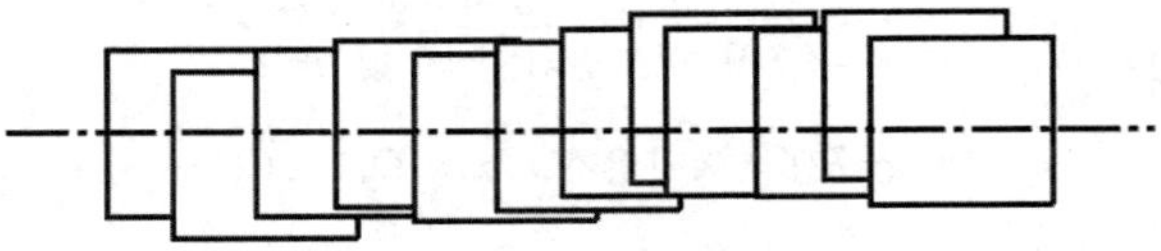

(a) 단촬영경로 또는 스트립(strip) 조성

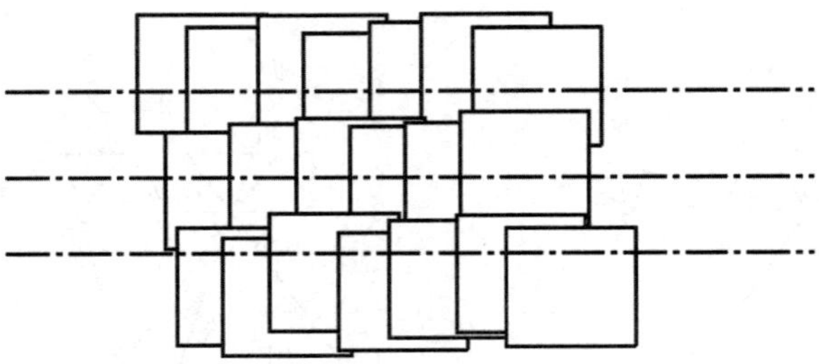

(b) 블럭(block) 조정

그림 6-26 촬영 경로수

(2) 항공삼각측량의 종류

① 촬영경로수에 의한 분류

항공영상에서 전후영상면이 입체시가 가능하도록 중복되게 일직선상으로 촬영된 지역(또는 영상면)을 촬영경로라 한다.

〈그림 6-26(a)〉와 같이 하나의 촬영경로영상면들을 이용하여 항공삼각측량을 하는 경우는 단촬영경로조정(또는)이라 하며, (b)와 같이 여러 촬영경로의 영상면을 이용하여 항공삼각측량을 하는 경우를 블럭 조정법(block adjustment)이라 한다.

② 조정기본단위의 종류에 의한 분류

항공삼각측량에는 조정의 기본단위로서 영상면좌표, 입체모형(model)좌표 및 스트립(strip)

좌표가있으며, 이것을기본단위로하는항공삼각측량방법을 광속조정법(bundle adjustment), 독립모형조정법(IMT: independent model triangulation) 및 다항식조정법(polynomial adjustment)이라 한다. 번들은 광속을 의미하며, 각 영상면의 촬영시 렌즈중심을 통하는 일군의 광속을 나타낸다. 독립모형은 각 입체모형의 입체모형좌표계가 서로 독립적임을 의미한다.

스트립(strip)은 한 촬영경로의 입체모형들을 종방으로 접합시켜 연결시킨 것을 의미한다. 일반적으로 스트립조정법(strip adjustment)은 다항식을 이용하여 조정하므로 관용적으로 다항식조정법이라고도 한다(〈그림 6-27〉).

해석법은 정밀좌표관측기에 의하여 기계좌표를 얻은 다음 점의 수평위치 및 수직위치를 좌표값으로 표현하고, 수치계산에 의해 조정하는 방법으로 현재 많이 사용되고 있다.

도화기를 이용하여 내부 · 상호표정(경우에 따라 접합표정)에 의한 좌표를 관측한 다음 입체모형, 스트립 및 블럭에 관한 좌표조정으로 절대좌표를 구하는 경우를 기계법(機械法: analogue method)이라 하며, 정밀좌표관측기를 사용해서 기계좌표를 얻고 해석적 표정(내부, 상호, 접합표정 등)을 거쳐 입체모형, 스트립 및 블럭 조정을 하여 절대좌표를 구하는 경우를 해석법(解析法: analytical method)이라 하며, 수치영상을 취득한 후 제반 표정(내부, 상호, 절대표정 등)을 수치처리하는 방법을 수치법(數值法: digital method)이라 한다.

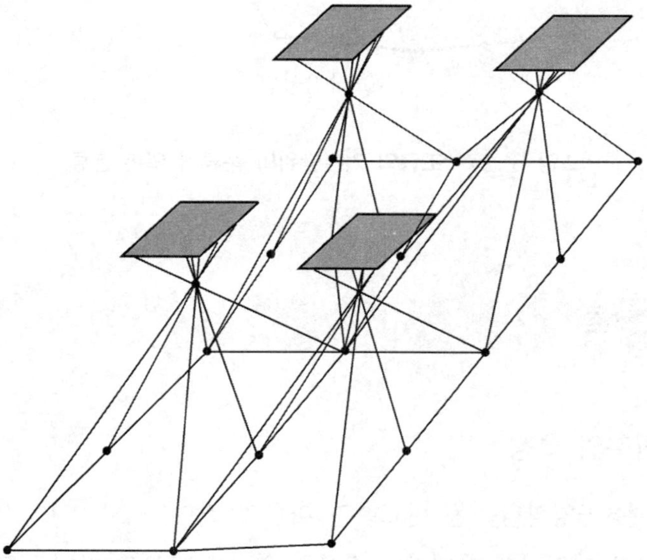

(a) 광속조정법

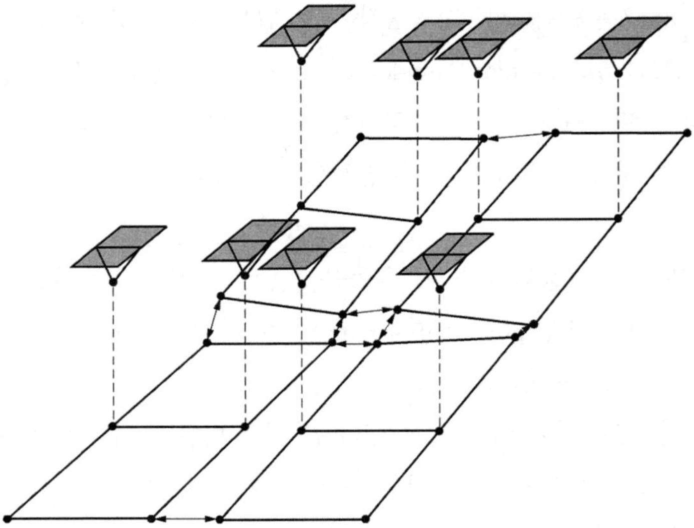

(b) 독립입체모형법

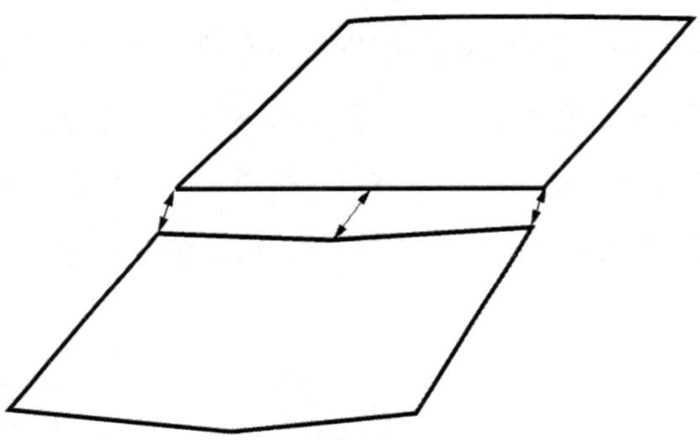

(c) 다항식법

그림 6-27 조정의 기본단위의 종류에 의한 분류

9 지상영상탐측

(1) 지상영상탐측의 특징

지상영상탐측과 항공영상탐측을 비교하면 다음과 같다.

① 항공영상탐측은 촬영당시 카메라의 정확한 위치를 모르고 촬영된 영상면에서 촬영점을 구하는 후방교선법이지만 지상영상탐측은 촬영카메라의 위치 및 촬영방향을 미리

알고 있는 전방교선법이다.

② 항공영상면이 감광도에 중점을 두는 데 비하여 지상영상은 렌즈왜곡에 많은 고려를 하고 있다.

③ 항공영상면은 한번에 넓은 면적을 촬영하기 때문에 광각영상면이 바람직하나 지상영상면은 여러 번 찍을 수 있으므로 보통각이 좋다.

④ 항공영상면에 비하여 기상변화의 영향이 적다.

⑤ 지상영상면은 시계가 전개된 적당한 촬영지점이 필요하다.

⑥ 지상영상면은 축척변경이 용이하지 않다.

⑦ 항공영상면은 지상 전역에 걸쳐 찍을 수 있으나 지상영상면에서는 삼림, 산 등의 배후는 찍히지 않아 보충촬영을 할 필요가 있다.

⑧ 항공영상면에 비하여 평면 정확도는 떨어지나 높이의 정확도는 좋다.

⑨ 작업지역이 좁은 곳에서는 지상영상탐측이 경제적이고 능률적이다.

⑩ 소규모 지물의 판독은 지상영상면쪽이 유리하다.

(2) 지상영상탐측의 방법

지상영상탐측은 그 촬영방법에 따라 다음의 세 가지로 나누어진다(〈그림 6-28〉).

① 직각수평촬영

양카메라의 촬영축이 촬영기선에 대하여 직각방향으로 향하게 하여 평면촬영을 하는 방법으로, 도화계측의 절단면은 촬영기선과 평행인 평면으로 결정된다.

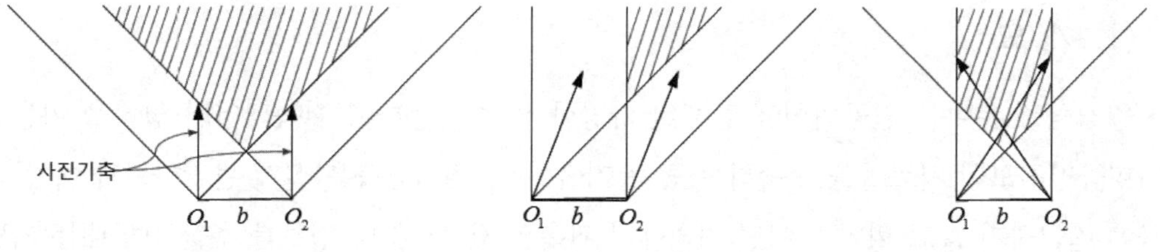

(a) 직각수평촬영법　　(b) 편각수평촬영법　　(c) 수렴촬영법

그림 6-28 지상영상면의 촬영방법

② 편각수평촬영

양카메라의 촬영축이 촬영기선에 대하여 일정한 각도만큼 좌 또는 우로 수평편각하여

촬영하는 방법으로, 이 경우에 쓰이는 카메라에는 각도를 정확히 읽을 수 있는 장치가 달려 있다.

③ 수렴수평촬영

양카메라의 촬영축을 촬영기선에 대하여 어느 각도만큼 내측으로 향해, 즉 수평수렴상태에서 촬영하는 방법으로, 카메라의 광축은 서로 교차한다. 이와 같이 하면 촬영기선이 길어진 것과 같은 결과가 되므로 높은 정확도가 얻어진다.

이 경우 기선에 대한 광축방향은 정확히 관측해 두어야 한다.

직각수평촬영인 경우, 절대좌표의 정확도와 영상면좌표의 정확도와의 관계식은 다음과 같다.

$$\sigma X = \frac{H}{f} \cdot \sigma x \qquad (6\text{-}17)$$
$$\sigma Y = \frac{H}{f} \cdot \sigma y$$
$$\sigma Z = \sqrt{2}\,\frac{H}{f} \cdot \frac{H}{B} \cdot \sigma x$$

여기서 σX, σY, σZ는 절대좌표의 정확도, σx, σy는 영상면좌표의 정확도, H는 촬영거리, f는 초점거리, 그리고 B는 촬영기선길이

10 원격탐측(RS : Remote Sensing)

(1) 개 요

원격탐측 분야는 인공위성에 탑재된 다양한 센서를 통하여 취득되어진 영상을 이용하여 지형공간정보의 자료들을 구축하는 탐측 기술이다. 원격탐측은 실제 관찰하고자 하는 목적물에 접근하지 않고 멀리 떨어진 거리에서 관측된 값으로부터 정보를 추출하여 내는 기법이나 학문을 포괄적으로 의미한다. 인공위성이나 항공기 등의 관측 대에 탑재된 관측기기를 사용하여 여러 가지 파장에서 반사 또는 복사되는 전자기파 에너지 등의 매개체를 통하여 대상물을 관측 기록한 후 이를 분석하여 필요한 자료를 추출하여 내는 기술로 관찰되는 대상이 관측자와 직접적인 접근이 없이도 관찰 대상에 대한 정보를 보다 신속하고 광역적으로 취득할 수 있으며, 이러한 자료를 활용, 분석하여 토지, 환경, 도시 및 자원에 대해 필요

한 정보를 얻을 수 있다.

(2) 이용 현황

원격탐측은 과거에 위성센서의 한계로 인하여 측량분야에서의 활용도가 매우 낮았으나 현재 고해상도 인공위성의 등장으로 각광받고 있는 측량 기술이다. 위성측량을 이용한 3차원 공간정보 취득에 대한 연구는 현재까지도 지속적으로 이루어지고 있으며, 최근 우리나라에서 해상도가 1m급의 고해상도 인공위성인 아리랑 2호의 발사에 성공하여 앞으로 위성측량분야가 더욱 발전할 것으로 기대되고 있다.

원격탐측은 동일한 지역을 서로 다른 기하학적 조건에서 촬영한 두 장 이상의 고해상도 영상을 이용하여 입체모형을 구성함으로써 항공영상을 이용하는 경우와 유사하게 입체도화나 DEM 추출, 정사영상 제작 등을 수행할 수 있고 이를 통해 보다 현실감이 뛰어난 3차원 공간정보를 취득할 수 있게 되었다. 원격탐측은 기본적으로 디지털 센서를 사용하여 영상을 취득하므로 필름기반의 항공영상에 비해 디지털 영상은 영상 자체의 기하학적, 분광학적 정밀도가 낮으나, 다양한 스펙트럼 밴드에 대한 정보취득이 가능하며, 항공기나 사람이 접근하기 어려운 비접근 지역 또는 대규모 지역 또는 대규모 지역에 대한 신속한 자료취득이 용이하다는 특징을 가지고 있다. 그러나 항공영상과 마찬가지로 구름이나 기상상태 등 대기의 영향에 민감하고, 제한된 궤도상에서만 관측이 가능하다는 점에서 양질의 위성영상의 취득에 많은 어려움을 내포하고 있다. 또한 항공영상에 비하여 넓은 지역을 포함하지만 상대적으로 낮은 공간 해상도로 인하여 지형(지모와 지물)에 대한 엄밀한 판독과 정확도 유지가 어려운 실정이며, 정확한 자료처리를 위해 높은 기술력과 고해상영상 등이 소요된다. 입체영상을 이용하는 경우에도 대상물의 옆면에 대한 정보는 사실상 취득이 불가능하며, 고해상도 위성영상에 대한 제반 기술에 대한 정보 부족으로 정확한 입체모형 구성 및 3차원 공간정보취득에 상대적으로 어려움을 내포하고 있는 실정이다. 이런 원격탐측의 기법에는 원격탐측에서 얻어진 영상의 영상질 개선, 특징 추출을 위한 특수처리 등을 수행한 영상처리 기술이 사용되어 왔으며, 1960년대 이전에는 항공영상이 원격탐측 활동에 주로 사용되었고, 그 후 Mercury 계획에 의해 위성영상이 나옴으로써 급격한 발전과 함께 위성영상이 원격탐측 활동의 중요한 자료 취득기법으로 대두하게 되었다. 고정밀 위성영상(HPSI: High Precision Satellite Image)은 인공위성 탑재센서(sensor)에 의해 취득된 영상을 처리한 후, 지상해상도(ground resolution)가 대체로 1m보다 작은 영상소(pixel: picture element)의 범위 안에서 지형적 오차를 갖도록 형성된 영상이다. 미국의 상업위성

IKONOS가 1999년에 발사되어, 지상해상도 1m급인 영상들이 2000년부터 민간에 보급되기 시작하면서, 고정밀 위성영상의 활용이 각광을 받고 있다. 이로 인해 이들 고해상도의 영상을 처리하여 고부가가치의 위성영상 결과물의 도출연구가 활발해지고 있다. 이전까지는 미국의 안보기관에서 10m보다 정밀한 해상도의 위성영상이 민간에 보급되는 것을 극도로 제한해 왔기 때문에 고해상도의 위성영상을 처리하거나 활용하는 기술개발이 민간에게는 한계가 있었다.

최근 위성영상 처리기술의 발전 추세는 크게 네 가지 측면으로 나누어 볼 수 있다. 첫째는 영상소의 지상 분해능의 고도화, 둘째는 관측 파장대역의 다중화, 셋째는 관측 파장대역이 긴 파장 쪽으로의 확장, 넷째는 자료의 높은 비트(high bit)화이다. 위성궤도와 같이 지표면 상공 수백 ㎞ 이상의 높은 고도에서 사용되는 센서체계기술은 고도의 첨단 우주기술에 속하는 분야이기 때문에 선진국을 필두로 극소수의 나라에서만 기술개발이 진척되어 왔다. 특히 1m급의 고해상도 위성영상은 각 영상소에 포함된 지상 면적이 1㎡ 정도로 작아, 지상의 건물이나 유사한 표적물들이 여러 조각으로 나누어지기 때문에 기존의 분류방법에 의한 분석으로는 컴퓨터에 의한 자동분류 시 만족스런 결과를 얻을 수 없기 때문에 고해상도 영상들에 대한 새로운 분류방법론이 제기되고 있다.

(3) 영상 취득

최근에 개발되고 있는 위성들에 의해 취득되는 영상은 고해상도화와 더불어, 관측파장대의 다중화로 인해 많아지는 분석 밴드(band) 수와 기술의 첨단화로 인한 디지털(digital)영상의 높은 샘플링(sampling) 수(high bit data rate per channel per pixel) 때문에 대상 목표물의 관측 자료량이 폭증되고 있다. 기존의 영상 처리방법으로는 다량 자료의 전산 처리효율이 급격히 떨어지므로, 이와 같은 고해상도의 영상을 적시에 분석하고 유용한 결과를 도출하기 위해서는 자료처리의 효율 극대화 기술이 필요하다. 또한 관측 파장대역이 광파에서 긴 파장쪽으로 확장되어 초단파까지 가게 되면서, 분석 영역이 가시광 영역 밖으로 전개되었기 때문에 보이지 않는 파장 영역의 분석기술이 요구되고 있다. 최근에는 지구관위치관측성의 증가와 함께 다양한 사양을 갖춘 위성영상자료의 취득이 가능하게 되었고, 센서에 따라 서로 다른 공간해상도(spatial resolution)와 파장영역을 가진 영상들의 장점을 함께 활용하고자 하는 관심이 증가하고 있다. 일반적으로 센서에서 감지되는 신호는 공간해상도, 파장 폭, 감지 시간 등의 인자에 의하여 제한을 받게 되므로, 어느 하나의 인자에 우선하여 영상을 촬영하면 다른 인자는 그만큼 희생되어야 한다. 즉 공간해상도가 높은 영상을 얻기 위해서는 파장 폭을 상대적으로 넓게 해야 하고, 반대로 파장 폭을 좁게 하여 여러 파장대의 영상을 얻기 위해서는 공간해상도를 낮추어야 한다. SPOT 위성영상에서 10m 해상도 자료는 광역의 파장 폭으로 흑백영상을 얻는 데 반하여, 공간해상도를 20m로 낮추면 여러 파장대의 영상을 얻을 수 있다. 이와 같이 공간해상도와 분광 영역을 달리하는 영상 자료를 융합하는 연구가 활발히 진행되고 있다.

원격탐측의 영상융합에서 동시에 또는 서로 다른 시간에 두 개 또는 그 이상의 센서들에 의해 얻어지거나 서로 다른 시간대에 얻어지는 특정 지역의 지표면 정보는 단일 센서에서 취득할 수 없는 그 지역에 대한 특성을 분석하기 위해 결합된다. 다음으로 중요한 과정은 적절한 융합수준을 결정하는 것이다. 융합수준에 따라 필요한 전 처리과정이 달라진다. 다른 센서들로부터의 영상융합은 몇 가지 추가적인 전 처리 과장을 요구하고 일반적인 영상분류 기법에서는 해결할 수 없는 여러 어려움들이 제기된다. 개개의 센서는 자신의 고유의 특성을 가지고 있고 영상 수집과정은 수정되거나 삭제되어야만 하는 다양한 인공적인 요소들을 포함한다. 또한 원격탐측 영상들은 기하학적 보정이 필요하고 영상융합을 위해서 서로 다른 센서로 관측된 영상들 간의 공간적 연결성을 보여 줄 공통 공간 참조(common spatial reference)가 필요하다. 예를 들어 영상소별 정보의 결합에 근거한 영상융합에서는 영상들이 같은 공간해상도를 갖고 있지 않으면 그들이 같은 크기의 영상소 크기를 가지도록 재표본추출을 하여야 하며 정확한 영상간의 상호등록(co-registration)이 필요하다.

영상융합은 발달된 영상처리기술을 이용하여 다양한 소스의 영상을 결합하는 도구이며 영상면에 분명히 존재하는 정보를 개선시키고 영상면으로부터 얻을 수 있는 정보에 대한 해석의 신뢰성을 증가시키기 위하여 서로 별개이면서 상호보완적인 자료를 통합하는 것이 목적이다. 영상융합을 통하여 자료는 더욱 정확한 정보를 가지게 되고 자료의 유틸리티는 증가되므로 융합자료는 매우 효과적인 운영상 성능, 즉 확신의 증가, 모호함의 감소, 신뢰의 개선, 분류의 개선을 제공할 수 있다.

(4) 원격탐측의 분류

원격탐측은 이용하는 대상분야에 의한 분류, 자료취득방법에 의한 분류, 탑재기에 의한 분류, 관측파장영역에 의한 분류 등으로 나눌 수 있다.

원격탐측을 이용하는 대상분야는 지구상에 존재하는 모든 것이라고 해도 과언이 아닐 정도로 다양하다. 식물의 분광특성을 이용한 농업 · 삼림 · 초지 등의 원격탐측, 지상자원탐사에 이용되는 지질판독에 의한 원격탐측, 해양상의 수온, 해류분포, 어족조사 및 수질오염

조사 등을 위한 해양원격탐측, 대기오염, 도시환경 변화 등에 대한 환경원격탐측, 그리고 기상원격탐측, 군사정보수집을 위한 군사원격탐측 등 많은 분야가 있다.

자료취득방법에 의한 분류는 정보를 수집하는 센서(sensor)에 의해 크게 수동적 센서(passive sensor)에 의한 것과 능동적 센서(active sensor)에 의한 것으로 나뉜다.

그리고 탑재기에 의한 분류는 지상탑재기, 기구, 항공기 및 인공위성으로 나누어지는데 이들을 높이에 따라 분류하면 다음과 같다. 정지위성, 궤도위성, 고고도항공기(고도 20~40㎞), 저고도항공기(고도 5~10㎞), 헬리콥터(고도 0.2~2㎞) 및 지상관측기로 나뉘며, 위성은 고도에 따라 다시 저고도(150~200㎞)인 단기간(1~3주)위성, 중고도(350~1,500㎞)인 장기간(7년 이상)위성, 정지궤도(35,800㎞)위성으로 나뉜다.

원격탐측은 정보를 취득할 수 있는 파장영역이 매우 넓으며 각 파장대에 따라 자외선, 가시광선, 적외선 및 극초단파 등으로 나누어진다. 또한 원격탐측은 각 파장을 관측하는 장소에 따라 지상관측과 항공기관측 및 인공위성관측으로 나뉘며 그 특성을 보면 다음과 같다.

지상관측에 의한 정보수집방법은 정량적인 관측이 가능할 뿐만 아니라 정성적인 정확도가 높지만 넓은 지역을 대상으로 하거나 동시자료를 얻는 것은 거의 불가능하다. 항공기관측에 의한 정보수집방법의 특성은 정성적인 해상력이 우수하고 지상관측보다는 신속하게 정보를 얻을 수 있지만 주기관측이나 수량적 정확도를 높이는 데는 너무 많은 경비를 요한다. 인공위성에 의한 원격탐측은 짧은 시간 내에 넓은 지역을 동시에 관측할 수 있으며 반복관측이 가능하다. 또한 일반적으로 다중파장에 의하여 자료를 수집하므로 원하는 목적에 적합한 정보취득이 용이하고 관측자료가 수치적으로 기억되며 판독이 자동적이며 정량화가 가능하다. 관측은 매우 먼 거리에서 행해지고 관측시각(view angle)이 좁아서 얻어진 영상은 정사투영상에 가깝고 탐사된 자료가 즉시 이용될 수 있다.

즉, 자료수집의 광역성 및 광역동시성 · 주기성 · 수량적인 정확도 등이 가장 큰 장점이며 정성적이나 정량적인 해석능력도 보조자료를 이용하면 더욱 높일 수 있다. 단 회전주기가 일정하므로 원하는 지점 및 시기에 관측하기 어렵다. 따라서 이런 결점을 보완하기 위하여 LANDSAT-4, 5는 원하는 시기와 지점에 즉시 이용할 수 있는 가변궤도를 채택하려고 시도하였으며, 극지방은 극궤도위성을 이용하여 자료를 수집한다.

(5) 지구관측위성

토지, 자원 및 환경관측을 위한 인공위성은 수없이 많으나 대표적인 것만 열거하면 다음과 같으며 좀 더 자세한 것은 부록에 수록하였다.

① LANDSAT

미국 NASA에서 1972년 7월 23일 1호(발사 당시는 ERTS), 2호(1975. 1.22), 3호(1978. 3. 5), 4호(1982. 7. 16), 5호(1984. 2. 1) 발사하였으며 센서로는 해상력 80m인 MSS, 30m인 TM 등이 있다. 1999년 4월 15일에 발사된 LANDSAT-7의 ETM^+는 15m(P)와 30m(XS)가 있다.

② SPOT

프랑스에서 1호는 1986년 2 월 22일, 2호는 1990년 1월 22일에 발사하였으며 센서로는 해상력 10m인 P형(전정색 또는 흑백영상) HRV, 20m인 XS형(다중파장대영상)이며 2002년 5월 3일에 발사된 SPOT-5는 P형이 5m, XS형이 10, 20m이다.

③ RADARSAT

캐나다 우주국에서 발사된 SAR 탑재위성으로 Fine 형식은 10m, 표준형식은 30m의 해상력이 있다.

④ SPIN-2에 장착한 KVR

소련의 위성으로 2m 해상도의 panchro-matic 영상을 제공한다.

⑤ IKONOS

미국위성으로 1999년 9월 24일 발사되어 해상도 1m(전정색: P), 4m 다중파장대의 영상을 제공한다.

⑥ 아리랑위성(KOMPSAT)

KOMPSAT-1은 한국위성으로 1999년 12월 21일 발사되어 해상도 6.6m의 영상을 제공하였으며, 2006년 7월 28일에 발사된 KOMPSAT-2는 1m 해상력의 영상을 얻을 수 있으며, 2012년 5월 18일에 발사된 KOMPSAT-3는 0.7m의 해상력을 가진 영상을 취득할 수 있다. KOMPSAT는 KOrea Multi-Purpose SATellite의 약자로 다목적 관측위성인 아리랑 위성을 뜻한다.

⑦ 천리안위성(COMS; Communication Ocean and Meteorological Satellite)

한국위성으로 2010년 6월 27일 발사되어 가시 및 적외선탑재기가 적재되었고 기상, 해양, 통신 등에 활용된다.

⑧ IRS-IC

인도에서 1995년 12월에 발사한 위성으로 고도 917㎞, 해상도 5m(Pan)의 영상을 제공한다.

⑨ QuickBird-2

미국 지구관측 위성으로 2001년 10월 18일에 발사되어 해상도 0.61m(P형), 2.44m(XS형)의 영상을 얻을 수 있다.

(6) 자료처리체계와 자료처리

① 자료처리체계

원격탐측자료를 처리하여 이용하려면 먼저 조사지역과 탐측목적을 설정하고 이에 따른 판별항목, 실험지역, 표본추출, 지상검증(ground truth) 등의 기본작업을 행한다. 인공위성이나 항공기의 센서에서 얻은 자료를 자기테이프 등에 기억시켜 전처리하고 지상검증자료를 참고로 하여 공간적 해석처리, 다중파장대(multispectral)의 자료처리 등을 행한다. 이와 같이 처리된 자료를 영상면이나 프린터에 의해 출력하거나 필름에 기록한다.

② 원격탐측자료의 처리

가) 컬러표시방식

수치원격탐측자료는 RGB(Red, Green, Blue: 적색, 녹색, 청색)컬러좌표체계를 사용하여 가법컬러이론으로 색소혼합에 의해 표현된다. 8비트 영상인 경우가법컬러이론에서 255, 0, 0의 RGB밝기값은 밝은 적색영상소로, 255, 255, 255의 RGB값을 가진 영상소는 밝은 백색영상소로, 0, 0, 0의 RGB값은 흑색영상소를 만든다. 이와 같은 방법으로 총 $2^{24} = 16,777,216$가지의 컬러조합을 표현할 수 있다.

나) 수치영상자료포맷

수치영상자료는 BIP(Band Interleved by Pixel), BIL(Band Interleaved by Line), BSQ(Band SeQuential)와 같은 다양한 형태로 제공된다. BIP자료는 각각의 영상소의 밝기값을 밴드순서에 따라 순차적으로 정렬한 자료형태이며, BIL자료는 각각의 열과 관련된 밴드의 밝기값을 순차적으로 정열한 자료형태이며, BSQ자료는 각각의 밴드 안의 모든 개별적인 영상소의 분리된 파일에 위치시킨 자료형태이다.

다) 대기의 방사보정

원격탐측자료의 대기보정하는 방법으로 절대보정과 상대보정이 있다. 절대보정은 원격탐측에서 기록된 밝기값을 비율표면 반사도로 바꾸는 것이며, 상대보정은 단일원격탐측영상 내의 밴드들 사이의 강도를 정규화하는 데 이용하거나 다중시기 원격탐측자료의 강도를 분석기에 의해 선택된 표준영상에 맞춰 정규하는데 이용된다.

라) 기하보정

기하보정에는 영상대지도보정과 영상대영상등록이 일반적으로 이용되고 있다. 영상대지도보정은 영상면의 기하학적 조건을 평면으로 만드는 과정이고, 영상대영상등록은 동일한 지역의 비슷한 기하학적 조건을 가진 두 영상면에서 동일한 물체들이 서로 같은 위치에 표현되도록 두 영상면을 변환 및 회전시키는 처리과정이다.

마) 영상강조

영상강조 알고리즘은 사람의 시각적 분석을 용이하게 하거나 기계를 이용한 일련의 분석을 하기 위해 이용한다. 원격탐측자료의 시각적 분석 및 일련의 기계 분석에 필요하다고 알려진 다양한 영상강조 방법들 중 점연산(point operation)은 영상면에서 이웃하는 영상소의 특성에 관계없이 각각의 영상소 밝기값을 수정하는 과정이며, 지역연산(local operation)은 한 영상소를 둘러싸고 있는 영상소들의 밝기값을 참조하여 영상소 밝기값을 하나씩 수정하는 과정이다.

바) 자료추출방법

자료를 분석하여 주제정보를 추출하기 위한 방법 중 패턴인식기법(pattern recognition)이 널리 쓰인다. 자료추출은 감독분류(supervised classification), 무감독분류(unsupervised classification)방법으로 나뉜다. 일반적으로 산림, 농지 등과 같은 이산적인 항목으로 분류된 지도를 만들기 위해 범주형 분류(hard classification)논리를 사용하며 이질적이며 불균일한 자료의 경우 퍼지분류(Fuzzy classification)가 쓰이기도 한다. 감독분류는 도심지, 농경지, 습지 등의 토지피복 형태와 현장확인, 항공영상면의 판독, 지도분석, 개인의 경험 등 기존 자료의 조합이 가능한 경우에 적용되며, 무감독분류는 지상의 참조정보가 부족하거나 영상면상의 표면구조물들이 정상적으로 정리되어 있지 않아 토지피복 형태를 선험적으로 알 수 없을 경우 이용한다.

11 라이다와 레이더 영상

(1) 개 요

라이다(LiDAR: Light Detection And Ranging)는 RADAR와 동일한 원리를 이용하는 관측방법으로 레이저(LASER: Light Amplification by Stimu-lated Emission of Radiation) 단면 관측을 뜻한다. LiDAR 장비는 목표물을 향하여 레이저 파를 발사한다. 발사된 레이저 파는 목표점에서 일부는 반사되고 일부는 흡수되고 흩어질 것이다. 이러한 반사특성을 이용하여 목표물의 특성을 알아내고 레이저 파가 돌아오는 시간을 이용하여 목표지점까지의 거리를 관측하게 된다. 라이다는 크게 3가지 종류가 있다.

① Range Finders

가장 간단한 LiDAR로 거리 관측을 위한 장비이다.

② DIAL(DIfferential Absorption Lidar)

대기 중의 오존, 증기, 오염물 등의 화학적 밀도를 관측하기 위한 장비이다.

③ Doppler Lidars

도플러 원리를 이용하여 움직이는 물체의 속도를 관측하기 위한 장비이다.

일반적인 항공레이저관측에 사용되는 LiDAR 체계는 Laser Scanner, GPS, 관성항법체계(INS: Inertial Navigation System)로 구성되어 있으며 GPS가 센서의 위치를, INS가 센서의 자세를, 레이저스캐너가 센서와 지표면과의 거리를 관측하여 지표면 상의 고도점에 대한 X, Y, Z 좌표를 구하는 것이 LiDAR의 위치결정의 기본원리이다.

레이저에 의한 라이다관측은 정밀하고 빠르게 물체의 3차원 형상을 관측할 수 있는 기법이다. 기본적으로 종전의 레이저 관측의 기능을 갖고 있으며, 초당 최대 5,000~500,000점까지 레이저를 대상체 표면에 발사하여 대상체 표면의 지형공간위치정보(x, y, z)를 갖는 무수한 관측점군(point-cloud)으로서 표현하게 된다.

(2) 지상 LiDAR

지상 LiDAR는 대상체면에 투사한 laser의 간섭이나 반사를 이용하여 대상체면상의 관측점의 지형공간정보를 취득하는 관측방식으로서, 3차원 정밀 관측은 대상체의 표면으로부터 상대적인 3차원(X, Y, Z) 지형공간좌표를 각각의 점 자료(point data)로 기록하며, 관측방법에 따라 일정량의 굴절각 증분을 주기 위해 하나 또는 두 개의 거울(mirror)을 사용하거나, 장비 전체가 회전하여 3차원 지형공간좌표를 얻는다. 이와 함께 디지털 카메라를 이용하여 스캐닝과 동시에 디지털 영상을 확보하여 3차원 모형의 구축 시 텍스처(texture) 자료로 활용이 가능하므로 3차원 지형공간 정보 구축에 큰 편리성을 확보할 수 있다.

현재 레이저 스캐닝 체계는 지형 및 일반 구조물 관측, 윤곽 및 용적 계산, 구조물의 변형량 계산, 가상공간 및 건축 모의관측, 역사적인 건물의 3차원 자료 기록보관, 영화배경세트의 시각효과 등에 활용성이 증대되고 있다. 레이저 스캐닝 체계를 이용하여 대상물의 3차원 위치를 구하는 과정은 다음과 같다.

① 대상물의 표면에 레이저를 발진한다.

② 대상물의 표면에서 일부의 레이저가 반사되어 스캐너로 되돌아온다.

③ 반사되어 온 레이저를 스캐너가 감지한다.

④ 발사된 레이저가 반사되어 되돌아오는 시간을 관측하여 대상물의 거리를 계산한다.

빛의 속도를 알고 발사된 레이저가 되돌아오는 시간을 알면 대상물의 거리를 구할 수 있으며 발사된 레이저의 각은 매우 정밀하고 빠른 속도의 servo 모터가 달린 거울을 이용하여 구할 수 있다. 이렇게 하여 구해진 거리와 각을 이용하여 대상물의 직교좌표(x, y, z)를 구할 수 있다.

지상 LiDAR 탐측을 해석하는 방법으로는 시간차(time-of-flight)방식, 위상차(phase shift)방식, 삼각측량법(triangulation)방식 등이 있다.

TOF(Time-Of Flight)방식은 레이저를 발사하여 반사되어 오는 시간적인 차이로 거리를 계산하며 레이저 송신부, 수신부, 처리부로 구성되어 있다. 레이저가 반사되어 돌아오는 시간을 계산하여 거리를 결정하고 각도만큼 수평, 수직으로 회전하여 관측한 점 위치를 결정하는 방법이다. 이 방법은 삼각법에 비하여 근거리에는 정밀도가 다소 떨어지나 중 · 장거리 거리 관측에는 많이 사용하는 방법이다.

최근에는 사용의 편리성 및 정확도가 확보되는 시간차방식이 주로 사용되어지고 있다.

위상차(phase shift)방식은 주파수가 다른 파를 동시에 발산하여 생성된 두 파의 위상변위는 거리와 시간에 따라 점진적으로 큰 위상변위를 생성한다. 동일한 거리에서 두 신호를 검출하고 두 파의 출발시간을 알면 위상변위를 알 수 있다. 관측된 위상변위를 발생하기 위해 생성된 파일의 수와 일정한 속도가 주어진다면, 관측거리는 계산될 수 있다.

삼각측량법(triangulation) 방식은 일반적으로 근거리에 대한 지형공간자료 취득을 위하여 사용되는 기술이며, 지도 제작법이나 GPS 위치관측에 사용된다. 간단한 삼각측량법(tringulation)원리를 이용한 방법이며, 레이저가 점이나 선으로 대상 물체 표면에 투영되는 것으로 하나 또는 그 이상의 광전소자(CCD: Charge Coupled Device) 카메라로 물체의 위치를 기록한다. 레이저 빔의 각도는 스캐너가 내부적으로 기록하고, 고정된 기선(base) 길이로부터 기하학적으로 대상 물체와 장비의 거리가 결정되는 정밀한 측량방법으로서, 특히 가까운 거리에서의 정밀도가 높다.

정확도는 스캐너의 기선길이와 물체와의 거리에 의존하며, 정밀도가 높은 반면에 시간이 오래 걸린다는 것과 실물에 주사된 레이저가 CCD 카메라로 구분이 가능해야 하므로 직사광선이 있는 곳에서는 자료의 오류가 많이 발생하므로 보다 좋은 자료를 얻기 위해서는 야간에 관측해야 하는 불편함을 가지고 있다. 레이저 스캐너 내부에서의 관측각을 사용하여 기지점을 근거로 미지점의 위치를 개별적으로 구하는 방법으로서, 주로 전방교선법(intersection)이 적용된다.

기지점(레이저 스캐너에 의해 인식된 임의의 기계좌표)에 기기를 설치하여 미지점의 방향을 관측한 후 그들 방향선의 교점으로서 미지점의 위치를 결정하게 된다.

(3) 항공 LiDAR

항공 LiDAR 관측은 Laser 스캐너, GPS, 관성항법장치(GPS/INS) 등으로 구성되어 있고 레이저 스캐너는 거리관측부와 스캐닝부로 다시 구분되어 상호보완적으로 정밀한 위치정보를 갖는 점 자료를 확보할 수 있는 측량기술이다.

LiDAR 체계는 움직이는 비행기에 탑재되어 사용되어지며 정지상태가 아닌 항공기에서 관측하기 때문에 지상좌표를 나타낼 항공기의 정확한 위치를 알기 위하여 항공기의 초기 위치값은 GPS/INS로부터 제공받고, 레이저 스캐너에 의해 레이저펄스를 지표면에 주사하여 반사된 레이저파의 도달시간을 이용하여 물체의 3차원 위치좌표를 계산한다. 항공 LiDAR 관측은 광범위한 지역의 DEM을 적은 비용으로 효율적으로 구축하기 위해서 개발되었다.

항공 LiDAR 탐측의 관측점 밀도는 단위시간당 송신할 수 있는 펄스의 수, 촬영각도, 항공기의 고도, 비행속도 등에 따라 결정된다. INS의 우연오차로 인해 수직방향 오차보다 수평방향 오차가 약 2~3배 정도 크다. 일반적으로 LiDAR의 수직정확도는 15cm, 수평정

확도는 30cm로 보고 있으며 사용되는

레이저펄스의 파장대는 1㎛ 이상의 적외선 영역이다.

LiDAR를 이용해 취득되는 자료로 첫 번째는 지표면의 3차원 좌표이다.

좌표계는 UTM, WGS84로 국지좌표계로의 변환이 필요하며, 고도는 GPS를 이용하는 다른 방법들과 같이 타원체고이므로 지오이드(geoid)를 고려한 고도값 환산이 필요하다. 그리고 저장방식은 ASCII 혹은 binary 형태의 포맷으로 다른 매체와의 호환가능성이 매우 높다. 두 번째로, 입사하는 레이저펄스와 반사되는 레이저펄스의 강도비를 나타내는 반사강도(intensity) 자료는 토지피복분류와 지표상 건물추출 등에 이용되고 있다. 또한 레이저펄스가 수관층을 투과하는 성질을 이용하여 식물과 지표면의 상태를 모두 기록한 다중반사(multiple return) 자료가 LiDAR 자료에 포함된다. 다중반사는 빔이 물체에 도달하면서 지름이 팽창할 때 빔의 일부는 지붕의 끝부분에 부딪히고 나머지는 지상에 도달하게 된다면, 이 장비는 지붕에서의 반사와 지상에서의 반사를 기록하여, 단일 펄스에 대한 두 개의 다른 고도를 제공한다는 것을 의미한다. 지붕에서 계산된 고도를 "선 반사(first return)", 지상에서 계산된 고도를 "후 반사(last return)"라고 부른다. 만약 레이저펄스가 나무에 충돌한다면, 첫 번째 반사는 나무의 고도를 제공할 것이고 두 번째 또는 세 번째 반사는 중간에 있는 나뭇가지의 고도를, 마지막 반사는 나무 아래 지상의 고도를 제공하게 된다. 이것은 LiDAR의 표면 거칠기 정보와 수관층의 두께 · 생체량(biomass) 등을 추정하는 자료로 활용될 수 있으며, 지표면의 정보와 지상물의 정보를 동시에 취득할 수 있다는 점에서 중요한 가치를 지닌다.

LiDAR 체계의 장단점으로는 첫째, 기상조건, 주야, 계절 등에 관계없이 관측이 가능하다(단, 구름이 비행고도보다 위에 있을 경우에만 관측이 가능하다). 둘째, 지형 · 고도자료를 신속 · 정확하고 저렴하게 취득할 수 있다. 한 번의 측량으로 X, Y, Z좌표를 모두 취득하게 되며, 광범위한 기준점 망 없이 30km의 지역에 단지 1개의 지상 기준국만이 필요하다. 셋째, LiDAR는 좁고 긴 지역의 지도제작에 이상적이며, 연안선에 대한 정확한 정보를 제공한다. 넷째, 밀집한 숲을 투과할 수 있는 LiDAR점 자료를 이용하여 순수한 지상의 지형을 제작할 수 있다.

단점으로는 첫째, LiDAR 센서는 비, 안개, 연무, 스모그, 눈보라 등 상황에서는 사용이 불가능하다. 둘째, 수체에 반사된 자료는 신뢰할 수 없다. 적외선 파장은 물에 잘 흡수되기 때문이다. 셋째, LiDAR 자료는 점밀도에 따라 경계선의 관측이 용이하지 못하다. 넷째,

수직오차에 비해 수평오차가 약 3배 가량 크다. 다섯째, 과밀한 식생지역에서는 레이저펄스가 지면까지 투과할 수 없다.

요구되는 점의 밀도에 따라 비행기의 속도, 고도 및 스트립간의 폭이 결정되는 단점을 보완하기 위해서 면적단위로 등고선을 관측하는 레이저 스캐닝 방법이 단면측량 방법으로 대체되고 있다.

항공 LiDAR 측량이 기술을 개선시킨다면 지금까지의 평면적인 분석에서 3차원적인 입체분석이 가능해지며, 더욱 빠르고 정밀한 고도모형을 저비용으로 생산할 수 있게 될 것이다. 이를 통해 국가 DEM 제작, 3D 모형화, 수치 영상지도 제작 등의 지형공간정보 취득은 물론 해마다 반복되고 있는 각종 재난재해의 사전 대비와 관리를 위한 하천 및 해안조사, 홍수지도, 재해지도 제작이 간편해지며 토목설계, 전력선 및 철도측량, 불법건축물판독 등의 다양한 분야에 활용될 수 있을 것이다.

(4) 오 차

LiDAR 관측에서 대상물의 좌표를 계산하기 위한 관측값으로 레이저 스캐너의 위치(X, Y, Z), 레이저 광선의 순간주사각을 포함한 자세(ω, ϕ, κ), 목표물까지의 거리(D)가 있다. 레이저 주사기(scanner)의 순간주사각(scan angle)에 발생하는 오차는 장비 제작과정의 검정과정을 통하여 최소화되었다고 가정하면 실제 LiDAR 관측시 관측에서 발생하는 오차는 기준점 위치관측기의 관측오차[항공기의 활용시는 GPS 관측의 오차, 관성관측기(IMU: Inertial Measurement Unit) 관측의 오차], 레이저 거리관측의 오차 및 이들 센서의 통합을 위한 좌표계 변환 등으로 나누어 고려할 수 있다.

(5) 활용분야

LiDAR 체계의 등장으로 이전에는 할 수 없었던 지형공간정보분야에 다양한 응용이 가능해졌다. 지상 및 항공 LiDAR에 의하여 정확하고 정밀한 수치고도자료를 이용한 3차원 도시 모형이 가능해져 도시계획, 건물객체추출, 건물변화, 경관, 문화재 및 각종 구조물해석, 무선통신 분야의 기지국 설치 및 전파확산모형분석 등에 응용되고 있다. 또한 홍수피해 예측, 해안선 관리, 산림정보(산림분포 및 산림량, 수고, 흉고직경, 산림의 탄소흡수량 조사 등)추출, 송전탑 위치 분석, 전선 위치 모형화, 철도 및 도로의 관리, 군사전략사업, 환경분석 및 계획 등 다양한 분야에서 활용되고 있다.

(6) 레이더 영상탐측

① 의 의

1950년 Carl Wiley가 Doppler Beam Sharpening 이론을 개발하였으며, 이를 발전시켜 1970년대에 항공기에 SLAR를 탑재하여 영상을 취득함으로써 민간 및 국방 분야 등에 걸쳐 다양한 응용분야가 개발되었다. 저해상 영상 레이더인 RAR와 고해상 영상 레이더인 SAR는 극초단파중 레이더(RADAR: RAdio Detection And Ranging)파를 지표면에 발사하여 돌아오는 반사파를 이용하여 2차원 영상을 취득하는 센서이다. 대부분의 광학영상 체계가 수직(Nadir) 영상을 취득하는 반면 레이더 영상(radar imagery)의 경우 파의 왕복시간으로만 거리(위치)를 파악하는 특성으로 측면촬영(side-looking)방식을 취하고 있다. 이는 레이더로 수직영상을 얻기 위한 수직촬영(down-looking)방식을 택할 경우 수직축을 중심으로 좌 · 우의 레이더파 왕복시간값을 구할 수 없기 때문이다. RAR의 경우 촬영고도가 고정되어 있을 때 레이더의 특성상 입사각(incidence angle)이 클수록 측면방향 해상도가 증가하지만 센서의 진행방향의 해상도는 감소하게 되는 특성이 있다. 그러나 입사각에 따른 센서 진행방향의 해상도의 문제점을 해소시킨 SAR를 사용함으로써 해결할 수 있다. RAR는 물리적으로 매우 큰 안테나 배열을 사용하며 SAR는 이러한 RAR의 안테나 배열을 수신파의 특성을 이용함으로써 물리적으로 매우 작은 안테나를 이용하여 고해상의 2차원(X, Y) 영상을 취득할 수 있도록 신호를 합성하여 처리하므로 합성개구레이더로 명명되었다.

② 자료취득 기하(幾何)에 의한 왜곡

측면촬영방식으로 인한 SAR 영상의 왜곡은 크게 음영(陰影, shadow), 단축(短縮, foreshortening), 전도(顚倒, layover)로 나타낼 수 있다. 음영은 지형의 특성으로 인하여 센서에서 발사한 극초단파가 도달하지 못하여 영상면에서 그 지역이 매우 어둡게 나타나는 현상이다. 단축은 레이더 방향으로 기울어진 면이 영상면에 짧게 나타나게 되는 왜곡을 의미하며 전도는 고도가 높은 대상물의 신호가 먼저 들어옴으로써 수평위치가 뒤바뀌는 현상을 의미한다(〈그림 6-29〉).

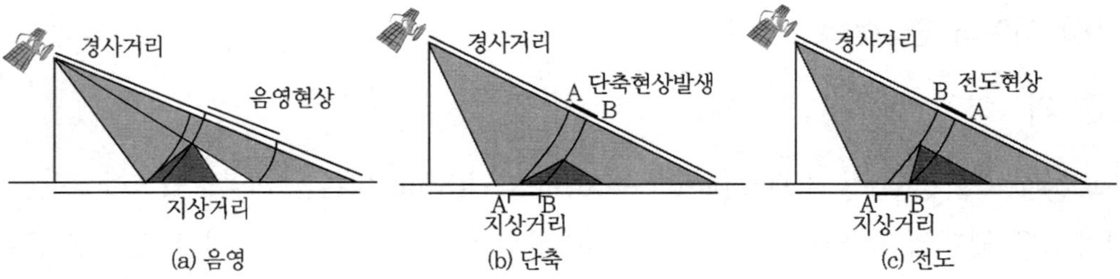

그림 6-29 SAR 영상면의 왜곡

③ 활용분야

해상의 기름유출시 오염을 관측 및 감시(monitoring), 능동센서(active sensor)의 특징을 이용한 홍수 모니터링, 간섭기법(interferometry)을 이용한 정밀한 수치고도모형(DEM) 생성, 빙하의 이동경로 관측, 지표의 붕괴 및 변이 관측, 화산활동의 관측 등에 이용되고 있다.

12 수치영상탐측

(1) 수치영상탐측의 의의

수치영상탐측(digital imagematics)은 필름 대신 수치영상을 이용하여 수치영상처리에 의해 이루어진다. 수치센서(digital sensors)를 이용하여 대상물공간을 디지타이징(digitizing)이나 스캐닝(scanning)하여 직접적으로 수치영상을 취득하거나 기존의 항공영상을 디지타이징이나 스캐닝하여 간접적으로 수치영상을 취득할 수 있다. 또한 수치영상, 수치영상탐측의 이용은 새로운 처리기법을 적용하는 것이 특징이다.

수치영상탐측이 이용되는 이유는 첫째, 다양한 수치영상의 이용이 가능, 둘째, 하드웨어와 소프트웨어가 발전, 셋째, 실시간처리의 필요성, 넷째, 비용 절감, 다섯째, 작업속도 증가, 여섯째, 자동화, 일곱째, 일관된 결과물 산출이 가능하기 때문이다.

(2) 수치영상의 처리과정

여기서는 수치영상처리 중 영상정합과 영상융합만 간단히 기술할 것이므로 수치영상표정의 자동화에 관한 내용은 영상탐측학개관(동명사 간)을 참고하기 바란다.

① 영상정합

가) 개 요

영상에서 가장 기본적인 처리과정 중의 하나는 둘 또는 그 이상의 영상면상에서 공액점(conjugate point)을 찾고 관측하는 것이다. 기계적(analog or analogue), 해석적(analytical) 영상탐측학에서 공액점의 식별은 인간에 의해서 직접 수행되었다. 그러나 수치영상탐측체계에서는 영상정합(imagematching)에 의한 자동처리로 그 문제를 해결하려고 시도하고 있다. 이 장에서는 영상정합의 여러 가지 양상에 대해서 기술한다. 그리고 대부분의 예제는 중심투영을 하는 항공영상면에 대해서 언급되고 있다.

영상탐측학에서 가장 기본적인 과정은 입체영상면의 중복영역에서 공액점을 찾는 것이라 할 수 있으며, 기계적이거나 해석적 영상탐측에서는 이러한 공액점을 수작업으로 식별하였으나, 수치영상탐측(digital imagematics) 기술이 발달함에 따라 이러한 공정은 점차 자동화되고 있다.

영상접합은 입체영상 중 한 영상면의 한 위치에 해당하는 실제의 대상물이 다른 영상면의 어느 위치에 형성되었는가를 발견하는 작업으로서, 상응하는 위치를 발견하기 위해 유사성 관측을 이용한다. 이는 영상탐측학이나 로봇시각(robot vision) 등에서 3차원 정보를 추출하기 위해 필요한 주요기술이며, 수치영상탐측학에서는 입체영상면에서 수치고도모형을 생성하거나, 항공삼각측량에서 점이사(point transfer)를 위해 적용된다.

나) 영상정합의 분류 및 작업

영상정합은 정합의 대상기준에 따라 다음과 같이 분류한다.

- 영역기준정합(또는 단순정합)(area based matching or single matching): 영상소의 밝기값 이용
- 형상기준정합(feature based matching): 경계정보(edge information) 이용
- 관계형정합(대상물 또는 기호정합)(relational matching, structural matching or symbolic matching): 대상물(structure)의 점, 선, 면의 밝기값 등을 이용한 정합처리 방법은 영상정합문제의 해결을 위한 전반적인 기술을 말하며, 처리방법에는 계층적 방법(hierarchical approach), 신경망적 방법(neural networks

approach)을 들 수 있다. 〈표 6-6〉은 이들 용어가 어떻게 연관되어 있는지를 보여 주고 있으며, 첫 번째 열은 세 가지의 가장 잘 알려진 정합방법을 나타내고 있다.

표 6-6 정합방법과 정합요소와의 관계

영상접합방법	유사성 관측	영상정합요소
영역기준정합	상관성, 최소제곱	밝기값
형상기준정합	비용함수	경계
관계형 또는 기호정합	비용함수	기호특성 : 대상물의 점, 선, 면 밝기 값

(ㄱ) 영역기준정합

영역기준정합에서는 왼쪽 영상면의 일정한 구역을 기준영역(template area)으로 설정한 후, 이에 해당하는 오른쪽 영상면의 동일구역을 일정한 범위 내에서 이동시키면서 찾아내는 원리를 이용하는 기법이다. 사전정보가 필요 없으며 평균제곱근오차가 최소가 되도록 점진적으로 정합을 시행한다. 최근에는 상관정합기법에 의해서 영상면정보 취득의 효율을 크게 높이고 있다. 영역기준정합에는 밝기값상관법(GVC: Gray Value Correlation)과 최소제곱정합법(LSM: Least Square Matching)을 이용하는 정합방법이 있다.

i) 밝기값 상관법

간단한 방법으로 〈그림 6-30〉과 같이 왼쪽 영상면에서 정의된 기준영역을 오른쪽 영상면의 탐색영역(search area)상에서 한 점씩 이동하면서 모든 점들에 대해 통계적 유사성 관측값(상관계수)을 계산하는 것이다. 계산된 관측값 중에서 가장 큰 유사성을 보이는 점을 정합점으로 선택할 수 있다. 탐색영역의 크기는 외부표정요소의 정확성과 허용 가능한 값의 차에 따라 달라지며, 입체정합을 수행하기 전에 두 영상에 대해 공액 정렬을 수행하여 탐색영역 크기를 줄임으로써 정합의 효율성을 높일 수 있다.

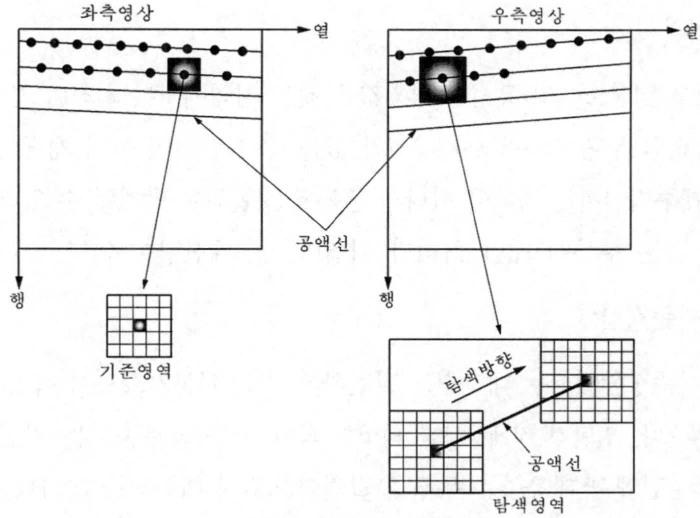

그림 6-30 영역기준 영상정합의 개념

ii) 최소제곱정합법

최소제곱정합법은 탐색영상면에서의 탐색점의 위치(x_s, y_s)를 기준영상 G_i,와 탐색영역 G_s의 밝기값들의 함수로 정의한다.

$$g_t(x_t,\ y_t) = g_s(x_s,\ y_s) + n(x,\ y)$$

$(x_t,\ y_t)$는 기준영역에서 주어진 좌표이고, $(x_s,\ y_s)$는 찾고자 하는 탐색점의 좌표이며, n은 잡영(noise)이다. 위식을 최소제곱해로 풀면 이동량(Δ_x, Δ_y)을 구할 수 있다.

$$\begin{bmatrix} \Delta_x \\ \Delta_y \end{bmatrix} = \begin{bmatrix} \sum g_x^2 & \sum g_x g_y \\ \sum g_x g_y & \sum g_y^2 \end{bmatrix}^{-1} \begin{bmatrix} \sum g_x \Delta_g \\ \sum g_y \Delta_g \end{bmatrix} \tag{6-18}$$

여기서 $(g_x,\ g_y) = (dg_s/dx,\ dg_s/dy)$이며 $\Delta g = g_t(x,\ y) - g_s(x,\ y)$, 즉 기준영상의 영상소와 탐색영상의 영상소의 밝기값 차이를 말한다.

초기값(x_0, y_0)을 이 식에 대입하여 이동량을 계산하고, 계산된 이동량을 적용하여 다음 식과 같이 근사위치를 구한다.

$$(x_{n+1},\ y_{n+1}) = (x_n + \Delta x,\ y_n + \Delta y) \tag{6-19}$$

이동량이 매우 작아질 때까지 이러한 과정을 계속 반복하면 원하는 탐색점의 위치로 수렴하게 된다.

iii) 문제점

ⓐ 이웃 영상소끼리 유사한 밝기값을 갖는 지역에서는 최적의 영상정합이 어렵다. ⓑ 반복적인 부형태(sub pattern)가 있을 때 정합점이 여러 개 발견될 수 있다. ⓒ 선형경계주변에서는 경계를 따라서 중복된 정합점이 발견될 수 있다. ⓓ 불연속적인 표면을 갖는 부분에 대한 처리가 어렵다. ⓔ 계산량이 많다.

(ㄴ) 형상기준정합

형상기준정합에서는 대응점을 발견하기 위한 기본자료로서 특징(점, 선, 영역 등이 될 수 있으나, 일반적 경계정보를 의미함)적인 인자를 추출하는 기법이다.

두 영상면에서 대응하는 특징을 발견함으로써 대응점을 찾아내는데, 이 경우 각 점에 대한 평균값이나 분산과 같은 대표값을 계산하여 두 영상면의 값을 서로 비교한 후 공액점을 이용한다. 특징정보를 추출하는 연산자(operator)는 이미 컴퓨터 시각분야에서 많이 연구되어 있으며, 대개 이러한 연산자들을 사용하거나 변경하여 사용한다.

형상기준정합을 수행하기 위해서는, 먼저 두 영상면에서 모두 특징을 추출해야 한다. 이러한 특징정보는 영상면의 형태로 이루어지며, 대응하는 특징을 찾기 위한 탐색영역을 줄이기 위하여 공액 정렬을 수행해야 한다. 특징검출자로는 LoG(Laplacian of Gaussian) 연산자, Sobel 연산자, Moravec 연산자, Forstner 연산자 등이 있다. 이러한 검출자들은 경계의 강도나, 방향 등을 고려하여 특징을 추출한다.

한 정합점이 있을 때 주변의 정합점과의 모순이 발생하지 않으려면 유사성만을 이용해서 해결할 수 없다. 전역적인 정합점을 구하기 위해 완화법(relaxation) 동적 프로그래밍에 의한 최소경로계산(minimal path computation), 모의관측단련(simulated annealing) 기법 등이 이용될 수 있다. 정합의 정확도는 영상면의 질에 많은 영향을 받으나, 일반적으로 부영상소(subpixel) 범위 내로 얻을 수 있다.

(ㄷ) 관계형정합(또는 기호정합)

영역기준정합과 형상기준정합은 여전히 전역적인 정합점을 구하기에는 역부족이다. 관계형 정합은 영상면에 나타나는 특징들을 선이나 영역 등의 부호적 표현을 이용하여 묘사하고, 이러한 관계대상들뿐만 아니라 관계대상들끼리의 관계까지도 포함하여 정합을 수행한다.

점(points), 무의(둥그스름한 작은 덩이: blobs), 선(line), 면 또는 영역(region) 등과 같은 구성요소들은 길이, 면적, 형상, 평균밝기값 등의 특성을 이용하여 표현된다. 이러한 구성요소들은 지형공간적 관계에 의해 도형으로 구성되며, 두 영상면에서 구성되는 도형(graph)의 구성요소들의 특성들을 이용하여 두 영상면을 정합한다. 입체영상면의 시야각이 다르기 때문에 구성요소들의 차이가 발생할 수 있으며, 정합 과정에서 이러한 차이를 보정할 수 있는 방법이 필요하다.

관계형정합은 아직 연구개발 단계에 있으며, 상호표정인자를 결정하거나 인공지물의 복원에 활용되고 있으나, 앞으로 많은 발전이 있어야만 실제상황에서의 적용이 가능할 것이다.

다) 정합의 특성비교

이미 설명한 바와 같이 세 가지 정합(영역, 형상 및 관계형)은 하나의 계층적 구조로 잘 설명할 수 있다. 즉, 관계형 정합은 전역적인 개략 정합점들을 구하는 데 유리하며, 이러한 정합결과는 형상기준정합이 국부적이며, 정밀한 정합점들을 구하는 데 이용될 수 있다. 또한, 형상기준정합의 결과는 매우 정밀한 정합점을 계산하기 위해서 영역기준정합의 근사초기값으로 사용될 수 있다. 영역기준정합과 형상기준정합은 이미 영상면측량분야에서 많이 연구되었으며, 관계형정합은 현재 활발하게 연구되고 있다.

라) 영상정합의 수행과정

영상정합은 다음과 같은 과정에 의해 수행될 수 있다.

(ㄱ) 하나의 영상면에서 정합요소(점이나 특징)를 선택한다.
(ㄴ) 나머지 영상면에서 대응되는 공액요소를 찾는다.
(ㄷ) 대상공간(object space)에서 정합된 요소의 3차원 위치를 계산한다.
(ㄹ) 영상정합의 품질을 평가한다.

명백하게 두 번째 단계가 가장 해결하기가 어렵다. 나머지 단계는 다소 사소하게 생각할 수 있으나, 여전히 관심 있는 문제를 포함하고 있다. 예로서 전형적인 입체쌍(stereopair)을 선택한다. 두 영상면에서 어느 영상면의 정합요소를 선택해야 하는가? 어떤 실체요소(entity)가 선택되어야 하고, 어떻게 그것을 결정할 것인가? 능한 공액점이 없다고 한다면 어떻게 대상공간(object space)에서 위치를 계산해야 하는가? 등의 문제를 고려해야 한다.

② 영상융합(image fusion)

가) 영상융합의 의의

영상융합은 일반적으로 둘 혹은 그 이상의 서로 다른 영상들을 이용하여 새로운 영상면을 생성함으로써 영상면의 효과를 극대화시켜 영상분류(classification)의 정확도를 향상시키는 데 사용되는 기법이다. 영상융합을 통해 개선된 영상면으로부터 영상에 존재하는 정보를 최대한으로 얻음으로써 자료의 모호함을 감소, 신뢰성확보 및 분류의 개선을 할 수 있다. 영상융합의 유형은 크게 두 가지 이다.

case1: 광학영상 간의 융합으로 고해상영상(예: panchromatic 영상)과 저해상영상(예: multispectral 영상)을 융합하여 공간해상도와 분광해상도를 향상시킨다(예: Landsat TM이나 SPOT Phanchromatic 영상 또는 SPOT XS와 SPOT Phanchromatic 영상과의 융합).

case2: 광학영상과 레이더영상 간의 융합으로 레이더위성영상의 정밀한 지형공간정보에 의한 지형의 기복을 상세히 표현하거나 DEM의 정확도 향상에 효과적으로 기여한다(예: 광학영상인 Landsat TM과 Radasat의 레이더영상과의 융합).

나) 영상융합의 기법

영상융합에 많이 이용되는 기법들은 다음과 같다.

(ㄱ) Wavelet 융합기법

고해상영상(예: phanchromatic 영상)을 저해상영상(예: multispectral 영상)의 공간해상도와 일치하는 단계까지 다해상도 Wavelet 변환을 적용하여 근사영상면과 세부영상면으로 나뉜 후 근사영상면을 저해상도 영상면의 각 분광밴드로 대체한 뒤 역변환함으로써 영상면을 융합하는 기법이다. 신호처리 및 영상면처리분야에서 다양하게 적용되고 있다. 특히 영상압축, 경계선추출, 물체인식 등에 많이 이용되고 있다.

(ㄴ) HPF(High Pass Filter) 융합기법

제1단계로 저해상도 영상면의 각 분광밴드에 low pass filter를 적용시켜 분광해상도를 유지하면서 저주파성분을 추출하고 고해상도 영상면에는 high pass filter를 적용시켜 고해상도 정보를 강조하면서 고주파성분을 추출한다.

제2단계로 두 영상면에 경중률(weight ratio)을 적용시켜 영상면을 융합한다.

이때 영상의 질을 향상시키기 위해 공간해상도와 분광정보가 유사한 비율로 융합되도록 필터의 경중률과 필터의 크기를 결정해야 한다.

(ㄷ) CN(Color Normalized)융합기법

첫 단계로 융합하고자 하는 저해상도 영상면의 영상소(pixel)와 고해상도 영상면의 영상소에 각각 1을 더한 후 그 결과에 3을 곱한다. 둘째 단계로 모든 저해상도 영상면에 대해 영상소값의 합을 구하고 3을 더한 후 이 값을 이용해서 나눈다. 셋째 단계도 나누어진 값에 1을 빼면 새로운 융합영상의 영상소값이 계산된다. 수식은 다음과 같다.

$$CN_i = \left\{ \frac{(MS_i + 1.0) \times (PAN + 1.0) \times 3.0}{\Sigma MS_i + 3.0} \right\} - 1.0 \qquad (6\text{-}20)$$

여기서 CN_i: i번째 저해상도와 고해상영상의 융합

MS_i: 저해상영상(multispectral)의 i

PAN: 고해상영상(panchromatic)

분모 3.0을 더한 이유는 0으로 나누어지는 것을 피하기 위함이다. 이 방법은 PCA융합기법과 유사한 결과를 기대하는 저해상도 영상면을 한꺼번에 사용해서 영상을 융합 할 수 있다.

(ㄹ) PCA(Principal Component Analysis)융합기법

영상부호와 영상압축, 영상향상에 사용되는 기법으로 변량사이의 상관관계를 고려하여 가능한 정보를 상실하지 않고 많은 변량의 관측값을 적은 개수의 종합지표로 집약시켜 나타낼 수 있다. 3개 이상의 분광밴드(명암, 색조, 채도)로 구성된 영상에 적용할 수 있는 장점이 있다.

13 영상면판독

영상면판독은 영상면상의 정성적 정보를 판별하는 것을 말한다. 영상면판독(imagery interpretation)은 색조(tone or color), 형태(pattern), 질감(texture), 형상(shape), 크기

(size), 음영(shadow) 등의 6가지 기본요소와 위치상호관계(location or situation), 과고감(vertical exaggeration)의 보조요소에 의하여 영상면상에서 정성적 요소를 추출해 내는 것으로 피사체 또는 지표상의 형상, 상태, 식생, 지질 등의 연구수단으로 이용되고 있다.

(1) 영상면판독의 요소

① 색조(tone or color)

대상물이 갖는 빛의 반사에 의한 것으로 인간의 육안으로 10~15단계의 구별이 가능하다. 색조는 명도, 색상, 채도의 3가지 성질로 나타낼 수 있다.

② 형태(pattern)

대상물의 배열상황에 의하여 판별되는 것으로 영상면 상에서 볼 수 있는 식생, 지형 또는 지표상의 색조 등을 말한다.

③ 질감(texture)

색조, 형상, 크기, 음영 등의 여러 요소의 조합으로 구성된 조밀, 거칠음, 세밀함 등으로 표현된다.

④ 형상(shape)

개체나 목표물의 윤곽, 구성배치 및 일반적인 형태를 말한다.

⑤ 크기(size)

어느 대상물이 갖는 입체적 및 평면적인 길이와 넓이를 뜻하며, 영상면 상에 나타나는 촬영이 갖는 가장 기본적인 요소가 된다.

⑥ 음영(shadow)

어떤 대상물의 형태를 읽기 위해서는 그 자체가 갖는 색조 이외에도 대상물의 윤곽을 주는 음영이 큰 역할을 하고 있다. 영상면 판독시 빛의 방향과 촬영시의 빛의 방향을 일치시키는 것이 입체감을 얻기 쉽다. 따라서 음영이 자기 앞에 오도록 하여 관찰하는 것이 좋다.

⑦ 위치상호관계(location or situation)

어떤 영상면에 나타난 대상이 주위의 대상과 어떠한 관계가 있는가를 파악하는 것이다. 영상면에 나타난 형태를 주변환경의 특성과 관련시켜 대상을 식별할 수 있다.

⑧ 과고감(vertical exaggeration)

과고감(過高感)은 지표면의 기복이 과장되어 나타낸 것으로 낮고 평탄한 지역에서의 지형 판독에 도움이 되는 반면, 사면의 경사는 실제보다 급하게 보이므로 오판에 주의할 필요가 있다.

(2) 판독의 순서

항공영상에 의한 영상면의 판독은 일반적으로 다음과 같은 순서로 한다.

① 촬영계획, 촬영 및 영상면 제작

목적설정, 영상면축척의 결정, 영상면의 종류, 촬영일시, 범위, 렌즈 및 센서 등을 고려해 촬영계획을 하여 촬영한 다음 영상면을 제작한다.

② 판독기준의 작성

판독항목에 따라 영상면의 특성을 고려하여 판독요소를 설정한다.

③ 판독

판독기준을 기초로 광역의 판독과 부분적 · 중심적인 판독을 행한다. 필요에 따라 현지조사의 계획도 함께 행한다.

④ 현지조사

판독결과의 확인, 보정, 정정 등을 한다.

⑤ 판독

현지조사의 자료를 기초로 하여 다시 판독하고 결과를 정리한다.

연 습 문 제

다음 각 사항에 대하여 답하시오.

01. 영상, 영상소, 영상면, 영상회의

02. 촬영방향에 따른 영상면, 관측위치 및 방법에 의한 영상탐측의 분류

03. 영상면의 해상도 분류

04. 영상의 취득체계(센서체계)

05. 다중파장카메라(MSC)와 다중분광스케너(MSS)

06. 다중분광 및 초미세분광 영상자료 취득 시 휘스크브룸방식과 푸쉬브룸방식

07. TM(Thematic Happer), ETM^+(Enhanced Thematic Mapper Plus), HRV

08. 항공기에 탑재하여 이용하는 능동적센서의 종별 및 관측방법

09. 중심투영, 정사투영, 기복변위

10. 공간상에서 영상면이 이루어내는 3가지 기하학적 조건

11. 입체시 방법의 종별 및 입체상의 변화

12. 영상면표정의 의의, 내부표정, 외부표정, 직접표정, 간접표정

13. 촬영된 영상면에서 고려할 지구곡률 및 필름변형

14. 수치적 내부, 상호 및 절대표정

15. 항공삼각측량의 의의 및 조정방법

16. 원격탐측의 의의, 분류, 자료처리 및 지구관측현황

17. 지상 LiDAR와 항공LiDAR 특성 및 활용

18. 레이더영상의 취득 및 기하학적왜곡

19. 영상정합 및 영상융합

20. 영상면 판독의 요소 및 순서

Chapter 07 도면 제작

Introduction to surveying

1 개 요

도면 제작(mapping)은 절대좌표계(또는 기준좌표계: 경도, 위도, 표고 등)에 특성정보를 점 · 선 · 면의 집합으로 표현한 지도와 임의의 좌표계(또는 상대좌표계)에 특성정보를 점 · 선 · 면의 집합으로 표현한 뇌도면, 심장도면, 비지형 설계도면 등이 있다. 여기서 다루고자 하는 도면 제작은 일반지형도, 특수지형도(사진지형도, 수치모형도, 수치형상도 등), 지적도 등이다.

일반적으로 지형(지모와 지물)을 표시한 지형도를 지도라고도 한다.

2 도면 제작 방법

(1) 종래의 지상측량방법

① 기준점 측량(수평위치: 삼각, 다각, GPS 측량 등/수직위치: 고저측량)

② 보조기준점(또는 도근점) 측량(다각, 고저측량 등)

③ 세부측량(세부도화: 평판, 시거, 지형측량 등)을 통하여 지형도를 작성한다.

(2) 영상에 의한 영상탐측 방법

① 촬영에 의한 영상면과 투명양화 제작, ② 영상면에 필요한 기준점 측량, ③ ①에서 얻은 영상면이나 투명양화를 표정(내부 및 상호표정)한 다음 ②에서 얻은 기준점 성과를 이용하여 절대표정을 마치면 세부사항을 도면화할 수 있다. 또한 이때 절대좌표도 얻을 수 있다.

(3) 수치지도 작성에 의한 방법

종래의 지도제작 방법으로 완성된 지도를 digitizer 또는 scanner를 사용하여 수치화하는 방법이 있고 또 다른 방법으로는 항공영상의 도화작업에 이용되는 해석도화기를 사용하여 자료를 취득하는 방법이 있다.

◆ **수치지도화체계의 3단계**

① 입력체계

도면이나 영상의 지형공간 정보를 수치화하여 자기테이프나 하드디스크에 기록한다.

② 편집체계

입력된 수치자료(digital data)를 영상면상에 표시하여 대화적으로 영상면이나 도형의 가공편집 수정을 행한다.

③ 출력체계

수치화된 지형공간 정보를 X－Y plotter, laser plotter 등의 출력장치를 이용하여 직접 제도판용 필름(scribbing sheet)에 그려 내거나 자기테이프(M/T)에서 hard copier 등의 기기를 통해 출력한다.

(4) 고해상도 위성영상에 의한 방법

인공위성에 탑제된 scanner에 의하여 취득된 고해상 영상면에 대하여 기하보정을 거친 후 기준점 성과를 이용하여 2차원 및 3차원 위치를 결정함으로써 도면을 제작한다.

(5) 3차원 레이저 스캐너(scanner)에 의한 방법

대상물의 표면을 스캐닝하여 대상물의 형상을 도면화하는 관측장비로 수평방향으로

360°, 연직방향으로 150° 범위를 회전하면서 1초당 2,000개의 레이저빔을 발사한다. 관측대상물에 대하여 관측점의 정밀도를 높게 하여 취득된 3차원 좌표를 이용하여 모형화(modeling)함으로써 실제 물체의 형상과 거의 동일한 도면을 작성할 수 있다.

3 지도분류

(1) 표현내용에 따른 분류

① 일반도(一般圖, general map)

일반인을 위한 다목적 지도로서, 국가기본도(1/5,000), 토지이용도(1/25,000), 대한민국전도(1/1,000,000) 등이 있다.

② 주제도(主題圖, thematic map)

어느 특정한 주제를 강조한 지도로서, 지질도, 토양도, 관광도, 교통도, 도시계획도, 산림도 등이 있다.

③ 특수도(特殊圖, specific map)

특수한 목적에 따라 사용되는 지도로서, 항공도, 해도, 천기도, 점자지도, 입체모형지도, 지적도 등이 있다.

(2) 제작방법에 따른 구분

① 실측도(實測圖)

실제 측량한 성과를 이용하여 제작하는 도면으로서, 1/5,000 및 1/25,000 국가지형도, 지적도, 공사용 대축척지도 등이 이에 속한다.

② 편집도(編輯圖)

기존의 지도를 이용하여 편집하여 제작하며 대축척도면으로부터 소축척도면으로 편집하는 것을 원칙으로 한다. 1/50,000 지형도 및 1/250,000 지세도는 각각 1/25,000 및

1/50,000 지형도를 모체로 하는 편집도이다.

③ 집성도(集成圖)

기존의 지도, 도면 또는 영상면 등을 이어 붙여서 만든 것으로 항공영상을 집성한 사진집성도가 대표적인 예이다.

(3) 축척에 따른 구분

축척은 도상거리와 지상거리의 비를 말하는 것으로, 항상 분자를 1로 분모는 정수로 표시하며 분모가 작을수록 대축척이 된다.

① 대축척도: 1/500~1/3,000

② 중축척도: 1/5,000~1/10,000

③ 소축척도: 1/10,000~1/100,000 이하

(4) 대상물 표현에 따른 분류

① 지형도(地形圖, topographic map)

지형[지모(地貌: 계곡, 산정 등)과 지물(地物: 건물, 철도 등의 인공물과 암석, 수목 등의 자연물 등)]에 대하여 3차원 기준점[수평위치(x, y)와 수직위치(z)]성과를 이용하여 도면을 제작한 것이다. 우리나라의 국가지형도는 1/50,000(1910~1918: 종래 지상측량방법으로 남북한 전 지역 제작), 1/25,000(1966~1974), 1/10,000, 1/5,000 등으로 영상탐측방법으로 남한만을 제작, 영상면축척(1/37,500~1/40,000), 또한 1975년부터 2001년 사이에 1/5,000 국가기본도 16,561도엽이 영상면축척 1/20,000에 의해 제작되었다.

② 기본도(基本圖, base map)

전국을 대상으로 하여 제작된 지형도 중 규격이 일정하고 정확도가 통일된 것으로 축척이 최대인 것이어야 한다(측량·수로조사 및 지적에 관한 법률 시행규칙 제15조 참조). 우리나라의 경우 육지에서는 축척이 가장 큰 1/5,000 국가기본도(national base map)가 있다. 해양에서는 국가해양기본도로 축척 1/250,000인 해저지형도, 중력이상도, 지자기 전자력도, 천부(淺部) 지층분포도가 1996년부터 제작되고 있다.

③ 지적도(地籍圖, cadastral map)

토지에 대한 물권(物權)이 미치는 한계(위치, 크기, 모양, 경계 등)를 알기 위하여 2차원

기준점[수평위치(x, y)만 필요함]성과를 이용하여 도면을 제작한 것이다. 우리나라의 지적도에는 대지(垈地)나 전답(田畓)은 1/600(또는 1/500), 1/1,200(또는 1/1,000), 1/2,400, 임야는 1/3,000, 1/6,000로 표현된 임야도가 있다.

④ 선분도(線分圖, line map)

대상물의 특성을 선추적 방식(vector)으로 표현(직선이나 곡선으로 표현)한 도면이다. 지형도, 기본도, 지적도, 관광도, 교통도 등 일반도면으로서 vector map이라고 한다.

⑤ 영상지도(映像地圖, imagery map)

대상물의 특성을 격자형 방식(raster)으로 표현한 도면이다. 집성영상도면, 정사투영영상도면 등으로서 raster map이라고도 한다.

⑥ 부호도(符號圖, signal map)

대상물의 특성을 일정한 기호나 점 등으로 표현한 도면이다. 기호지도, 부호도면, 점도면 등이 있다.

⑦ 수치도면(數値圖面, digital map)

대상물의 위치 및 특성 정보를 수치화하여 저장하였다가 필요시 가시화하여 이용하는 도면이다.

4 지도 제작시 고려사항

(1) 도식

지도에서는 지상에 존재하는 대상물의 세부 상황을 총망라하여 도면을 제작하는 것이 이상적이지만 축척의 관계로 그것은 불가능하고 또 너무 상세히 하면 반대로 복잡하여 대상물의 읽기가 어려워진다. 도면 내용이 복잡한 것은 피하며 되도록 상세한 도면을 만들기 위하여 일정한 기호 및 표현상의 약속이 필요하게 된다. 이 기호 및 규정을 도식(圖式)이라 한다. 각종의 도면에서 동일한 도식을 사용할 수 있다면 대단히 편리하겠지만 지도의 사용 목적과 축척의 크기가 각각 다르므로 모든 도면을 동일하게 할 수는 없다. 도식과 기호는 다음과 같은 조건을 만족하는 것이 중요하다.

① 지물의 종류가 그 기호로써 명확히 판별될 수 있을 것.

② 도면이 깨끗이 만들어지며 도식의 의미를 잘 알 수 있을 것.

③ 간단하면서도 대상을 도면으로 제작하는 것이 용이할 것.

(2) 색채

도면 제작에 필요한 사항을 알기 쉽게 하기 위하여 색채를 이용할 경우가 있으나 도면의 색이 너무 짙으면 도면을 이용할 때, 필요한 사항을 도면 내에 표현하기가 불편하므로 색은 엷은 편이 좋다. 특히 주목해야 하는 지물이나 기호에는 짙은 홍색을 사용한다. 이 이외에는 원칙적으로 실제의 색에 따르도록 한다. 채색은 글자나 선을 쓰기 전에 하여야 한다.

측량한 도면을 청사진으로 할 때는 색을 낼 수가 없으나 이것을 인쇄할 때에는 각각의 색을 내는 다색인쇄가 가능하므로 자주 이용되고 있다.

(3) 정식(整飾)

도면이 다 이루어지면 표현하고자 하는 대상을 정리하고 체제를 정돈하여 내용의 설명 및 도면 제작에 필요한 사항 등을 남김없이 기재한다. 일반적으로 기입하는 사항은 다음과 같다.

① 표제, 도면의 종류 및 번호

② 인접도와의 관계, 도곽선에 있는 도로 및 철로의 경유지와 도착지명

③ 축척, 방위, 등고선 표고, 주요도식, 측량 및 제도연월일, 담당자명 등

5 지상측량 방법에 의한 지형도 제작

(1) 지형도의 개요

지표면상의 지형[地形: 자연 및 인공적 지물(地物) · 지모(地貌)]의 상호위치관계를 수평적(x, y) 또는 수직적(z)으로 관측하여 그 결과를 일정한 축척과 도식으로 도지에 도시한 것을 지형도(topographic map)라 하는데 이 지형도를 작성하기 위한 측량을 지형측량(地形測量, topographic survey)이라 한다.

지형도상에 표현되는 것에는 지물과 지모의 두 가지가 있는데 이 두 가지를 총칭하여

지형이라 한다. 지물(지상에 있는 도로 · 하천 · 철도 · 시가 · 암석 등으로 형상을 갖추고 있는 대상들)을 일정한 축척으로 표현한다. 이 경우 작은 물체나 지상물의 성질과 상태를 기호화한 것도 이에 포함된다. 지모[산정(山頂) · 구릉 · 계곡 · 평야 · 경사지, 토지의 기복 등]는 등고선으로 표시된다. 따라서 이 같은 내용을 가진 지형도는 다목적으로 이용되고 각종의 편집도, 토지이용도, 주제도작성 등의 기초가 된다.

(2) 지형의 표시방법

지형의 표시방법에는 자연적 도법과 부호적 도법이 있다. 자연적 도법은 태양광선이 지표면을 비칠 때에 생긴 명암의 상태를 이용하여 지표면의 입체감을 나타내는 방법이다.

부호적 도법은 일정한 부호를 사용하여 지형을 세부적으로 정확히 나타내는 방법이다. 널리 이용되는 국토해양부 국토지리정보원발행의 1/50,000, 1/25,000, 1/5,000의 지형도는 부호적 방법에 의한 것이다.

① 자연적 도법

자연적 도법에는 영선법(影線法)과 음영법(陰影法)이 있다.

가) 영선법(hachuring)

이 방법은 〈그림 7-1〉에 표시한 바와 같이 '게바'라 하는 단선상의 선으로 지표의 기복을 나타내는 것이다. 그러므로 이것은 일명 게바법이라고도 한다. 게바의 사이, 굵기, 길이 및 방법 등에 의하여 지표를 표시한다. 급경사는 굵고 짧게, 완경사는 가늘고 길게 표시한다. 그러므로 기복은 잘 판별되나 제도방법이 복잡 곤란하고 고저가 숫자로 표시되지 않으므로 토목공사에 별로 사용하지 않는 지형도이다.

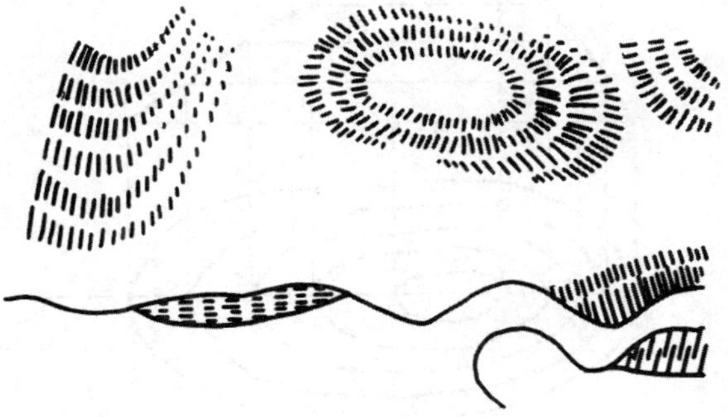

그림 7-1

나) 음영법(shading)

음영법은 태양광선이 서북쪽에서 경사 45°의 각도로 비친다고 가정하고 지표의 기복에 대하여 그 명암을 도상에 2~3색 이상으로 채색하여 지형을 표시하는 방법이다.

② 부호적 도법

부호적 도법에는 단채법(段彩法), 점고법(點高法)과 등고선법이 있다.

가) 단채법(layer system)

이 방법은 등고선간 대상(帶狀)의 부분을 색으로 구분하고 채색하여 높이의 변화를 나타나게 하는 것이다. 채색의 농도를 변화시켜서 지표면의 고저를 나타내는 것으로 지리관계의 지도에 사용된다.

나) 점고법(spot system)

지표면상 임의점의 표고를 도상에 있는 숫자에 의하여 지표를 나타내는 방법이며 해도, 하천, 호소, 항만의 심천(深淺)을 나타내는 경우에 사용된다.

③ 등고선법(contour system)

이 방법은 동일표고의 점을 연결한 곡선, 즉 등고선에 의하여 지표를 표시하는 비교적 정확한 지표의 표현방법이다. 여기에서 등고선은 〈그림 7-2〉와 같이 지표면을 일정한 높이의 수평면으로 자를 때에 이 자른 면의 둘레의 선이다. 등고선에 의하여 지표를 나타낸 경우는 등고선의 성질을 파악하지 않으면 안 된다.

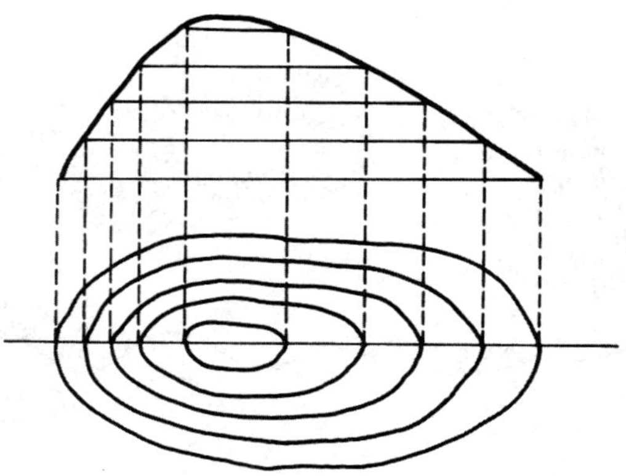

그림 7-2

(3) 등고선의 성질

등고선의 주요한 성질은 다음과 같이 도해하여 요약할 수 있다.

① 동일 등고선상에 있는 모든 점은 같은 높이이다(〈그림 7-3〉 참조).

② 등고선은 도면 내나 외에서 폐합하는 폐곡선이다. 단, 지도의 도면 내에서 폐합하는 경우와 폐합하지 않는 경우가 있는 것은 물론이다(〈그림 7-4〉 참조).

③ 지도의 도면 내에서 폐합하는 경우 등고선의 내부에는 산꼭대기(山頂) 또는 요지(凹地)가 있다. 요지에는 지소(池沼)가 있는데 물이 없는 경우에는 〈그림 7-5〉와 같은 방법으로 표시한다.

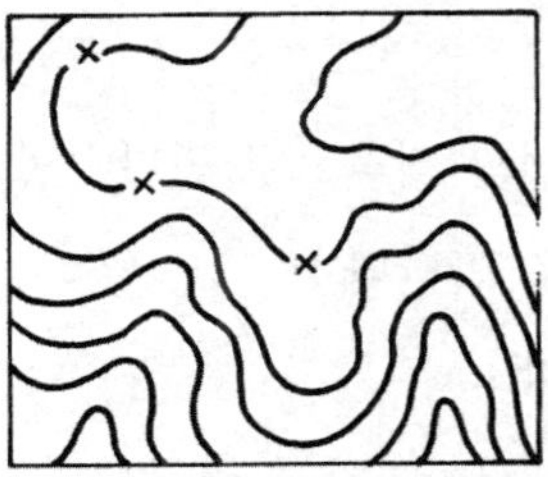

그림 7-3

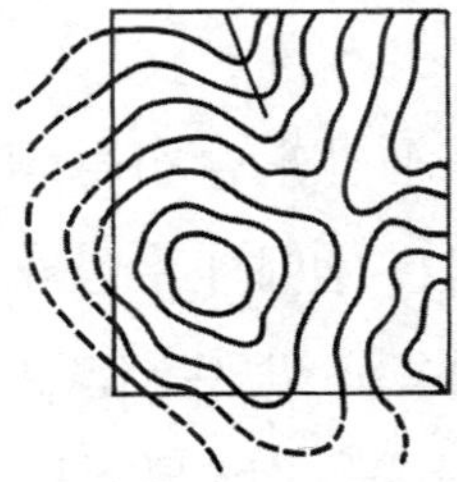

그림 7-4

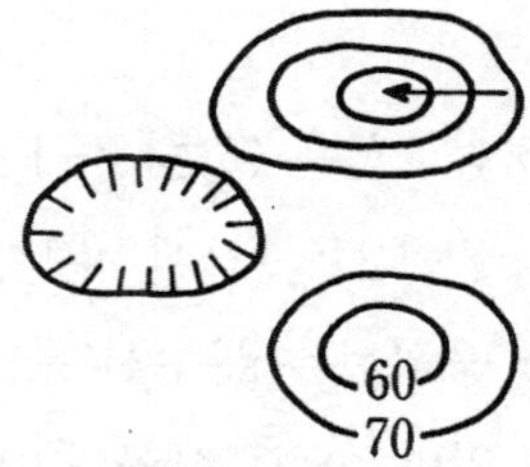

그림 7-5

④ 〈그림 7-6〉과 같이 2쌍의 등고선 볼록부가 상대하고 있고 다른 한쌍의 등고선의 바깥쪽으로 향하여 내려갈 때 그곳은 고개이다.

⑤ 일반적으로 솟아오른 절벽이 있는 곳 이외에는 등고선은 〈그림 7-7〉과 같이 서로 만나는 것이 없으며 또 〈그림 7-8〉, 〈그림 7-9〉와 같은 등고선은 없다.

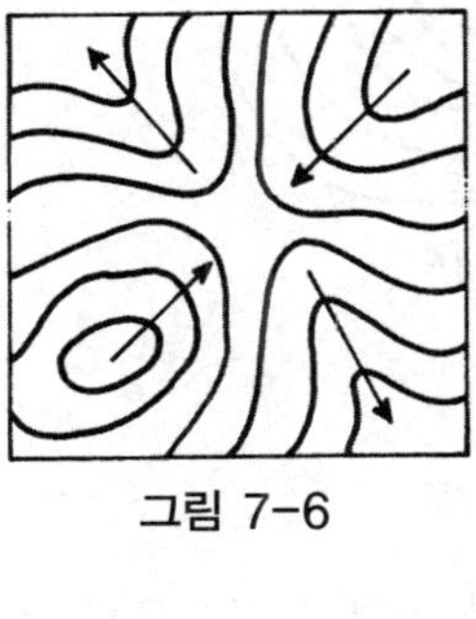

그림 7-6

그림 7-7

그림 7-8

그림 7-9

⑥ 동등한 경사의 지표에서 양등고선의 수평거리는 서로 같다(〈그림 7-10〉 참조).

⑦ 평면을 이루는 지표의 등고선은 서로 평행한 직선이다(〈그림 7-11〉 참조).

⑧ 등고선은 계곡을 횡단할 경우에는 〈그림 7-12〉에 나타난 것과 같이 그 한쪽을 따라 올라가서 유선(流線)을 가로질러 또다시 내려와 대안(對岸)에 이른다.

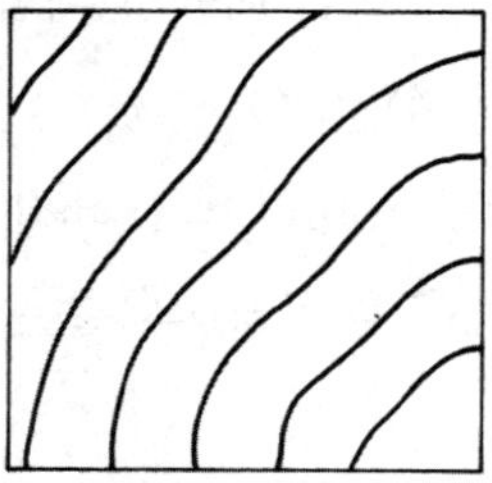

그림 7-10

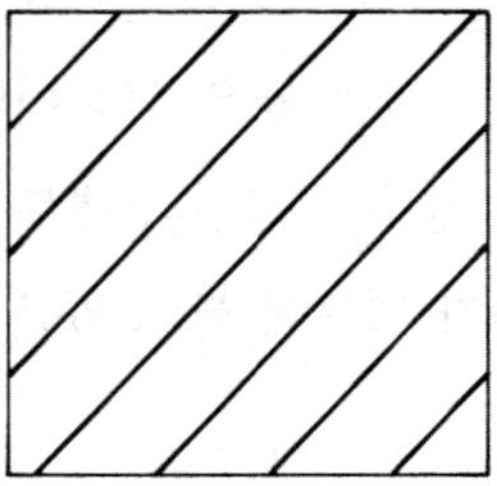

그림 7-11

그림 7-12

⑨ 등고선은 〈그림 7-13〉에 나타난 것과 같이 늘 최대 경사선과 직각으로 만나고 〈그림 7-12〉와 같이 유선을 횡단하는 점에서 유선과 직각으로 만난다.

⑩ 등고선은 분수선(능선)과 직각으로 만난다(〈그림 7-13〉 참조).

⑪ 일반적으로 산꼭대기와 산밑(산저)은 산중턱(산복)보다도 완경사이므로 등고선의 수평거리는 산꼭대기와 산밑에서는 크고, 산중턱에서는 작다(〈그림 7-14〉 참조).

⑫ 수원(水源)에 가까운 부분은 하류보다도 경사가 급하다. 따라서 등고선은 〈그림 7-12〉와 같이 수원에 가까운 부분에서는 가까워지고 하류에서는 떨어진다.

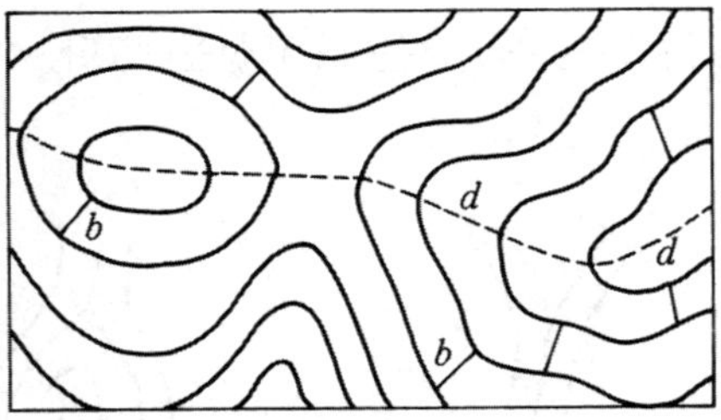

그림 7-13

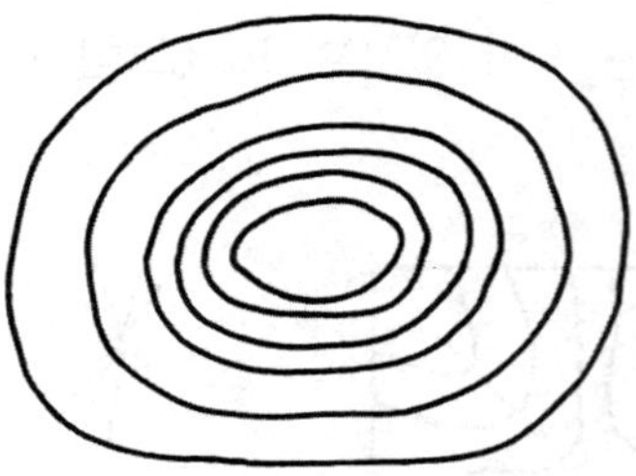

그림 7-14

(4) 등고선의 간격 및 종류

일반적으로 등고선 간격의 기준이 되는 곡선을 주곡선(主曲線)이라 말하고 실선으로 표시한다. 〈그림 7-15〉에 나타난 바와 같이 완만한 경사지에는 등고선의 평면거리가 길기 때문에 국부적으로 지형의 변화가 불분명하다. 그러므로 이 같은 경우에는 등고선 간격의 1/2 또는 1/4의 간격으로 보조적인 등고선을 사용한다. 지형에 있어서 안정될 수 있는 최대경사는 45°이며 이 경사 이내에서 근접한 2선의 육안식별 한계는 0.2㎜이고 곡선의 굵기는 0.1㎜로 두 곡선의 중심 간격은 0.3㎜로 되어 있으나 안전율을 고려하여 0.4㎜~0.5㎜를 택한다. 예로서 축척 1/10,000에서 0.4㎜~0.5㎜에 대한 실거리는 4m~5m, 이를 m 단위로 표시할 경우 4/10,000~5/10,000 즉, 소축척은 축척분모수의 1/2,500~1/2,000에 해당된다. 일반적으로 말하는 등고선은 주곡선으로 주곡선의 간격은 소축척은 축척분모수의 1/2,500~1/2,000이나 중축척이나 대축척은 1/500~1/1,000로 정하고 있다.

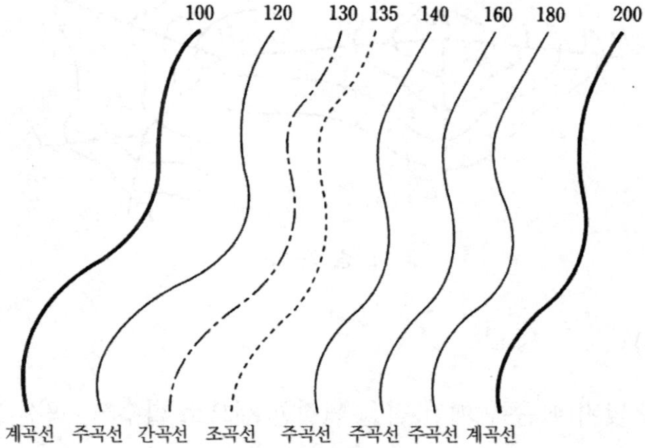

그림 7-15

주곡선(세실선으로 표시)의 간격은 1/50,000 지형도의 경우 20m이고 10m간격으로 나타낸 보조곡선을 간곡선(세파선 또는 할선으로 표시)으로 하고 20m의 1/4, 즉 5m간격으로 나타낸 간곡선의 역할을 보조하기 위하여 조곡선(세점선으로 표시)을 사용한다. 또 등고선 수의 읽기를 쉽게 하기 위하여 주곡선을 5개마다 굵게 하여 이것을 계곡선(計曲線, 2호실선으로 표시)이라 한다.

(5) 지성선(topographical line)

지형도는 얼핏보기에 복잡하여 지표면의 형상은 불규칙하게 된 것처럼 보인다. 그러나 자세히 보면 지표는 많은 철선(능선), 요선(곡선), 경사변환선 및 최대경사선으로 구성되어 있다. 이와 같이 지성선(地性線)은 지표면을 다수의 평면으로 이루어졌다고 생각할 때 이 평면의 접합부, 즉 접선(接線)을 말하며 지세선(地勢線)이라고도 한다.

① 철선(능선)

철선은 지표면이 높은 곳의 꼭대기 점을 연결한 선으로 빗물이 이것을 경계로 하며 좌우로 흐르게 되므로 분수선, 미근근(尾根筋) 또는 능선이라고 한다. 〈그림 7-16〉의 AD, AE, AB, BC, CG, CF, BH는 모두가 철선이다. 철선은 지표면상에서 중요한 선으로 등고선을 그릴 때에 그 위치, 방향, 분기점(BC 등)을 정확히 그려야 한다. 철선은 일반적으로 직선이며 산꼭대기 이외에서는 1점에서 동시에 3방향으로 분리되지 않으며 구부러질 때는 반드시 지선이 다시 만들어진다.

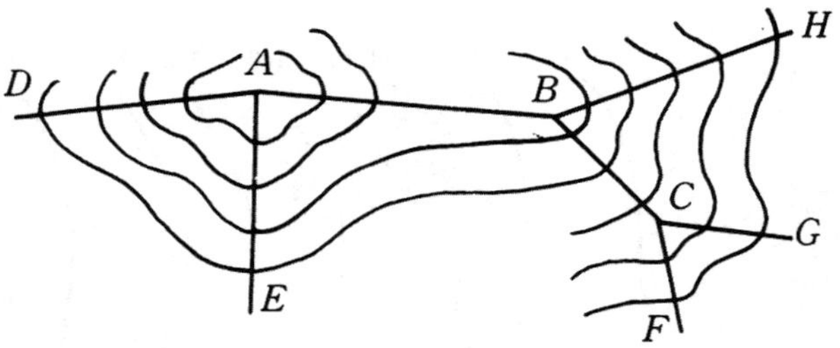

그림 7-16

② 요선(계곡선)

요선은 지표면이 낮거나 움푹 패인 점을 연결한 선으로 합수선, 곡선 또는 합곡선(合谷線)이라고 한다.

곡저나 하천은 모두 요선으로서 사면을 흐른 물은 이 요선을 향하여 모이게 되므로 합수선이라 한다. 〈그림 7-17〉의 AB, AC, AD는 요선이다. 요선은 철선의 사이에 있으며 Y형으로 변화하는 경우가 많으며 곡선을 이룬다.

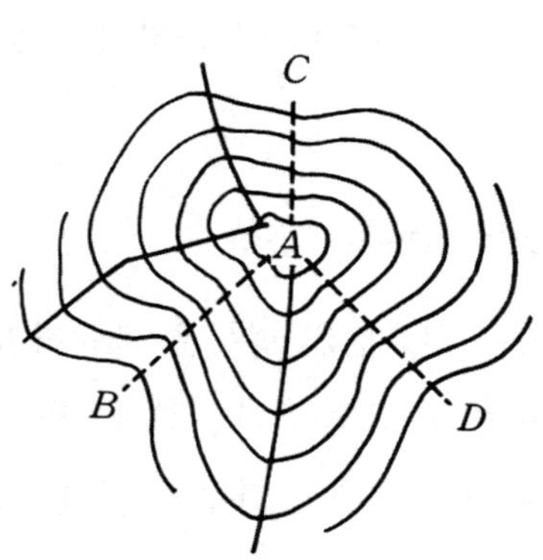

그림 7-17

③ 경사변환선

동일방향의 경사면에서 경사의 크기가 다른 두 면의 접합선(평면교선)을 경사변환선이라 말한다.

〈그림 7-18(a)〉의 CD는 완경사에서 급경사로, EF는 급경사에서 완경사로 변화한 경사 변환선이 된다. 또 그림 (b), (c) 중에서 쇄선은 모두 경사변환점이다.

철선 및 요선상에서 경사가 변화한 점을 경사변환점이라 말한다. 〈그림 7-18(a)〉의 C, E, G, I의 각 점은 이 예이다.

주요점의 표고를 알면 지성선을 기준으로 하여 등고선을 그릴 수 있다.

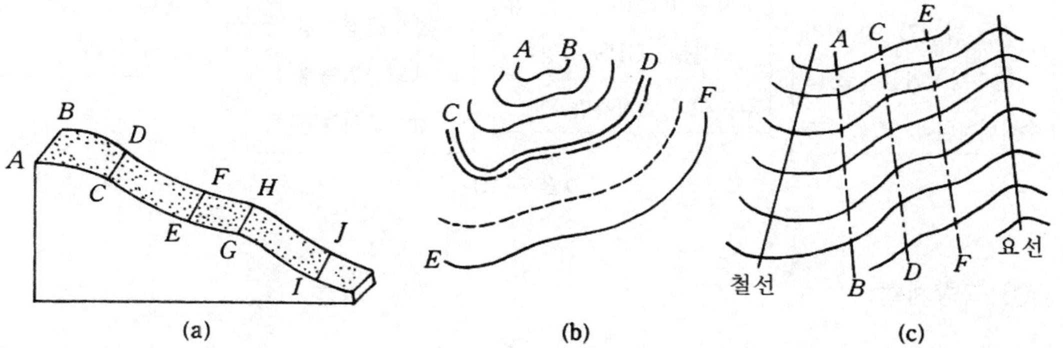

그림 7-18

④ 최대경사선

지표의 임의의 1점에 있어서 그 경사가 최대로 되는 방향을 표시한 선을 말하며 등고선과 직각으로 교차한다. 이것을 물이 흐르는 방향이라는 의미에서 유하선(流下線)이라고도 한다.

(6) 지형도 작성방법

지형도 작성방법은 종래의 지상측량에 의한 방법과 항공영상과 지상영상에 의한 방법 및 인공위성 측량방법으로 대별되는데, 항공영상 · 지상영상 및 인공위성영상 등에 의한 방법은 정밀입체도화기를 이용한 지형도작성, 영상집성에 의한 영상면지도(제14장 영상탐측 참조), 정사투영영상면지도, 영상면판독에 의한 지형분석 방법 등이 있다.

또한, 최근에 전산기가 급속히 발전함에 따라 지형을 수치화하여 전산기를 이용, 지형을 분석 및 처리하는 수치지도제작 방법이 활발히 연구되고 있다.

삼각측량, 삼변측량, GPS 측량, 또는 고저측량 등을 이용하여 기준점 측량을 실시하여 기준점을 정하고, 삼각측량, 고저측량, 다각측량 등에 의해 도근점 측량을 하여 일정한 간격의 도근점을 설치한 다음, 이 도근점을 기준으로 평판측량, 시거측량, 지형측량 등을 이용하여 세부측량을 실시하여 측량 원도를 작성한다.

지형도작성의 기본적인 순서는 〈그림 7-19〉와 같다.

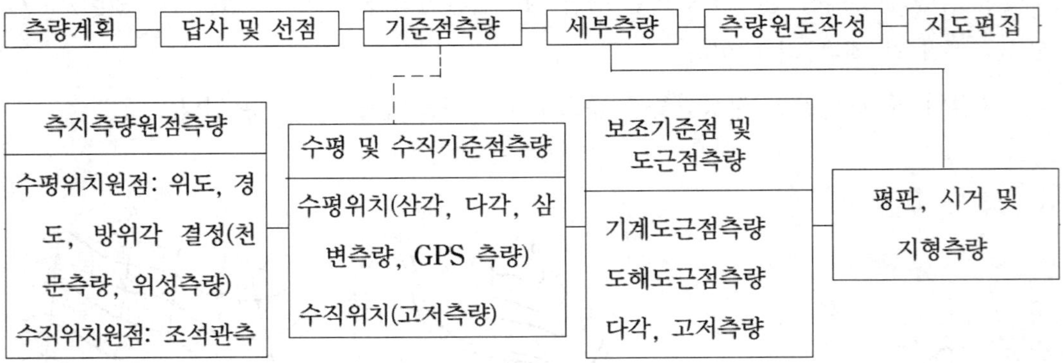

그림 7-19

① 측량계획

지형도작성을 위한 측량계획 작성에 있어서는 다음 사항을 검토하여 결정한다.

가) 지형도작성의 목적에 적합한 측량범위, 축척, 도식, 정확도 등

나) 지형도의 작성을 위해서 이용 가능한 자료를 수집

가), 나)을 기초로 한 작업원 편성, 일수, 기계 등이며 주의할 점은 축척이다. 일반적으로 토목공사와 같은 공공사업에는 1/500 정도의 대축척 지형도가 필요하지만 지역계획의 입안을 위해서는 1/2,500~1/5,000이 적당하며 보다 넓은 지역을 대상으로 하는 경우에는 1/10,000~1/25,000이 적당하다.

〈표 7-1〉은 각 축척마다 실제 거리에 대응되는 도상의 길이를 표시한 것이다.

표 7-1 도상거리와 실거리의 관계

축척	도상 cm에 대응하는 실거리	도상 30cm에 대응하는 실거리	도상 50cm에 대응하는 실거리
1/100	1m	30m	
1/500	5m	150m	250m
1/1,000	10m	300m	500m
1/2,500	25m	750m	1,250m
1/3,000	30m	900m	1,500m
1/5,000	50m	1,500m	2,500m
1/10,000	100m	3,000m	5,000m
1/25,000	250m	7,500m	12,500m

② 도근점측량

가) 도근점측량의 종류

도근점(圖根點, supplementary control point)이라는 것은 기설의 기준만으로는 세부측량을 실시하기에 부족(단위 체적당의 수가 불충분)할 경우, 기설 기준점을 기준으로 하여 새로운 수평위치 및 수직위치를 관측(도근점측량)하여 결정되는 기준점을 말한다. 도근점의 설치에는 삼각·다각측량을 실시하여 도근점의 수평위치, 수직위치를 관측하고 이것을 평판상에 전개(위치를 평판 위에 옮기는 작업)하는 기계도근점측량과 평판측량에 의하여 직접 도해하여 전개하는 도해도근점측량이 쓰이게 된다. 기준점의 밀도가 낮은 경우는 기계도근점측량을, 높은 경우는 도해도근점측량을 이용한다. 도근삼각 및 다각측량방법은 이미 기술한 바 있는 삼각 및 다각측량요령과 같으므로 여기서는 도해도근점측량에 관하여서만 기술한다.

나) 답사 및 선점

현지에서 선점을 하기 전에 먼저 도상선점을 실시한다. 이를 위해서는 될 수 있는 한 많은 기준 자료를 이용하는 것이 바람직하다. 국토지리정보원에서 작성한 1/25,000 지형도나 국가기본도는 선점을 위한 자료로서 효과적이나, 국가기본도가 없는 경우에는 지방공공단체에서 작성한 것을 될 수 있는 한 참고로 한다. 또 항공영상을 입체시함으로써 시준선의 유무를 확인하는 경우가 있으므로 항공영상은 빼놓을 수 없는 좋은 자료가 된다. 도근점의 배점 및 밀도는 일반적으로 도상 5㎝당 한 점을 표준으로 한다. 도근점의 위치를 택하는 데 적당한 것은 기설의 기준점 분포와의 관계, 현지의 지형(지모 · 지물)의 분포상황을 충분히 고려할 필요가 있으며 표현하려는 대상이 많은 경우에는 배점 밀도를 약간 높게, 작은 부분은 약간 낮게 택한다. 도상선점 다음에 현지선점을 실시하는 데 현지에서는 특히 시준선의 유무에 주의하고 편심(偏心)은 될 수 있는 한 피하도록 한다.

평지부에 있어서 높은 탑, 굴뚝, 고압선 등 주위로부터 쉽게 시준할 수 있는 건축물은 세부측량을 실시하는 데 대단히 유효하므로 될 수 있는 대로 이용한다.

도근점의 선점에 있어서는 항상 후속의 세부측량에 어느 정도 이용되는가를 판단 기준으로 삼아야 한다.

다) 도해도근점측량

도해법(graphical method)에 따라 도근점측량을 실시하는 데는 일반적으로 교선법(交線法, intersection)과 전진법(前進法, traversing)이 이용된다. 이들의 특징은 다음과 같다.

교선법은 측량범위가 광대하고 기복이 심한 장소와 2점간의 거리를 직접관측이 곤란하거나 불가능한 경우에 쓰이게 된다. 특히 산악지에 적당하다.

전진법은 측량범위가 비교적 협소하여 2점간의 거리관측이 가능한 경우에 쓰이게 된다. 특히 평야에서 많이 쓰이게 된다. 교선법 · 전진법에 관하여서는 평판측량을 참고하기 바란다.

③ 세부측량

가) 계 획

세부측량은 표현할 지물의 위치, 형상, 지모의 형상을 정해진 도식을 이용하여 평판상에 작도하는 작업이다. 세부측량을 능률적으로 실시하려면 다음 사항에 주의하여야 한다.

(ㄱ) 작업에 중복이 없도록 면밀한 계획을 세울 것. 예를 들면 동일한 노선을 반복하지 않도록 관측순서를 정할 것.

(ㄴ) 기설의 기준점은 빠짐없이 사용할 것.

(ㄷ) 다른 측량구역과 접합부에서 어긋나지 않도록 할 것. 접합부에서는 인접 구역과 공통된 기준점을 이용하며 또 공통된 관측점을 설치할 것.

(ㄹ) 관측점수를 적게 하기 위해서는 될 수 있는 한 전망이 트인 장소에 관측점을 설치할 것.

이상 기술한 조건을 만족시키기 위해서는 먼저 도근점측량에서 기술한 것과 같은 이미 만들어진 지형도, 항공사진 등을 수집하는 것과 기설기준점의 유무에 따른 충분한 조사를 하는 것이 필요하다. 도식은 작업 전에 정해지므로 측량을 시작하기 전에 알아두면 효율적인 작업을 할 수 있다.

나) 세부측량의 작업방법

세부측량에 이용되는 방법은 평판측량(교선법, 전진법, 방사법)과 지거법 등이 있으나 각 장에서 설명하였으므로 여기서는 생략한다.

다) 지물측량의 진행방법

여기에서는 각 지물에 대한 위치관측의 진행방법에 관해서 간단히 설명한다.

(ㄱ) 도로, 철도

도로는 주요도로로부터 고속도로, 일반국도, 특별시도, 지방도, 시 · 군도 등의 순으로 측량한다. 주요도로의 중심선을 따라 전진법에 의하여 기준점을 설치하고 이것을 골격으로 하여 이 점으로부터 도로에 접한 부근의 지물을 방사법 등으로 결정한다. 대축척도의 경우는 도로표시로서 실제의 폭을 줄여 표시한 것(직폭도로)과 기호에 따라 나타낸 기호도로가 있다. 도로, 철도의 주요점은 곡선부의 변환점, 곡률반경 등이다.

(ㄴ) 시가지, 촌락

시가지, 촌락 등은 구조물이 많아 시야가 가려지는 것이 일반적인 경우이다. 따라서 먼저 전진법 · 교선법 등에 따라 굴뚝, 높은 탑, 고층 건축물의 위치를 결정하면 후속작업이 용이하게 된다.

시가지의 내부에서는 교선법, 전진법으로써 주요가로를 따라서 기준점을 설정하고 이 점을 기준으로 부근 지물의 위치를 방사선법, 지거법에 의하여 정한다.

(ㄷ) 하천

하천은 평수시(平水時)의 형상을, 그리고 합류점 · 만곡점 등 주요점은 교선법에 의해 결정한다. 특히 유의할 것은 절벽의 주요점을 정하는 경우에는 해안의 지물, 수애선의 주요물도 정해 놓으면 후속작업과의 연결이 용이하게 된다.

호수 · 항만 등에 관해서는 주위의 기준점으로부터 수애선의 주요점을 교선법에 의하여 정하고 수면의 표고를 주위의 기준점으로부터 구하여 설치한다.

(ㄹ) 해안

해안선을 따라서는 전진법에 의하여 결정된 점을 중심으로 하여 연안의 주요부를 주로 교선법으로 결정한다.

④ 지모의 측량

지모(地貌), 즉 토지의 기복 상황은 장소에 따라 현저히 다르다. 따라서 항상 일정한 표현법에 따라 기복상황을 표시하는 것은 어려운 일인데 최근에 이용되는 일반적인 표현법은 등고선(contour)법이다. 산악지와 같은 복잡한 지형에서는 지형의 상황을 상세히 측량하는 것이 곤란하므로 산악지형 상황의 골격이 되는 지평선을 도시한다. 이 선상의 대표점에 표고를 관측하여 연결한 등고선을 구하는 경우가 많다. 이와 같은 지모측량에 의하여 측량원도가 작성되어진다.

이 외에도 토목공사에 사용되는 대축척의 지형도에 대하여서는 〈표 7-3〉에 의한다(중 · 대축척이므로 주곡선 간격은 축척 분모의 1/500~1/1,000이다).

표 7-2 등고선간격(소축척이므로 주곡선간격은 1/2,000~1/2,500) (단위: m)

축척 \ 등고선 종별 / 표시법		주곡선 세실선	계곡선 2호 실선	간곡선 세파선	조곡선 세점선	2차조곡선
지형도	1/50,000	20	100	10	5	2.5
	1/25,000	10	50	5	2.5	1.25
	1/10,000	5	25	2.5	1.25	0.625
지세도	1/200,000	100	500	50	25	

표 7-3 토목공사용 등고선간격 (단위: m)

축척 \ 곡선종별	주곡선	계곡선	간곡선	조곡선
1/5,000	5	25	2.5	1.25
1/2,500	2	10	1.0	0.50
1/1,000	1	5	0.5	0.25
1/500	1	5	0.5	0.25

6 영상에 의한 지형도 제작

영상탐측에 이용되는 영상은 취득 방법에 따라 항공영상, 지상영상, 위성영상 등으로 분류되는데, 일반적으로 지형도 작성에는 항공영상이 주로 이용되고, 지상영상은 특수한 목적에 의해 소규모 지역에 대한 지형도를 작성하거나 또는, 항공영상에 의한 지형도 작성에 있어 세부적인 지역에 대해 보조자료로서 이용되고 있으며 수평촬영을 한다는 점에서 항공사진과 구분된다.

최근에는 인공위성의 기법이 발달함에 따라 광역에 대해 손쉽게 촬영을 할 수 있는 위성영상을 이용하여 지형도를 제작하는 방법이 연구되고 있다.

(1) 입체도화기에 의한 방법

항공영상에 의한 지형도제작은 일반적으로 다음과 같이 촬영, 기준점측량과 세부도화의 세 과정에 의한다. 먼저 촬영은 능률적이며 경제적으로 소요의 정확도에 의한 촬영기선길이, 촬영고도, 소요영상면축척 등을 고려하여 촬영계획을 세워 촬영하여 음화필름을 얻는다.

촬영에서 얻어진 음화로부터 세부도화에 필요한 투명영상면필름(양화필름)과 지상기준점측량에 필요한 밀착인화영상면 및 현지조사에 쓸 확대 인화영상면을 제작한다.

기준점측량은 세부도화에 필요한 수평위치기준점(planimetric control point: x, y) 및 수직위치기준점좌표(height control point h)를 얻기 위해 지상측량방법을 이용한다. 경우에 따라 항공삼각측량을 행하여 필요한 점의 좌표를 구한다. 세부도화는 투명양화를 정밀입체도화기에 장치한 다음 내부, 상호표정을 거쳐 기준점 성과를 이용하여 절대표정을 한다. 절대표정을 하면 영상면상의 상과 대응되는 대상물과 상사관계가 이루어진다. 절대표정이 끝난 후 대상의 지형을 입체도화에 의하여 최종도면축척으로 세부도화를 한다. 이로써 지형에 관한 측량원도가 작성된다. 또한 필요에 따라 현지지형조사 및 지상영상면 등에 의해 보완을 한 후 최종편집을 거쳐 색분리제도, 식자(植字) 등의 제반작업을 마친 후 인쇄하여 지도를 얻을 수 있다. 등고선지도의 제작방법은 사용 사진기와 도화기의 종류에 따라 약간의 차이가 있으나 지형도 제작과정의 흐름도에서 항공영상에 의한 기계적(analogue) 방법은 〈그림 7-20〉과 같으며 수치적(digital) 방법은 〈표 7-4〉와 같다.

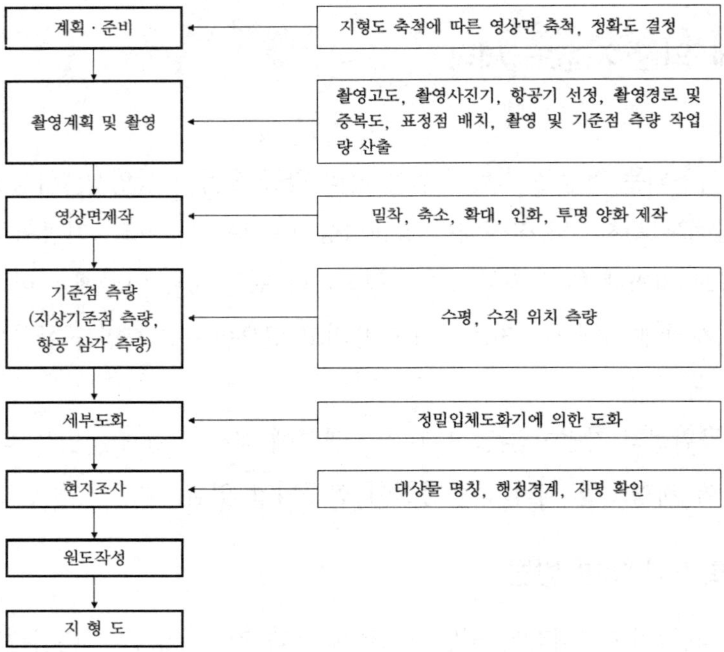

(a)

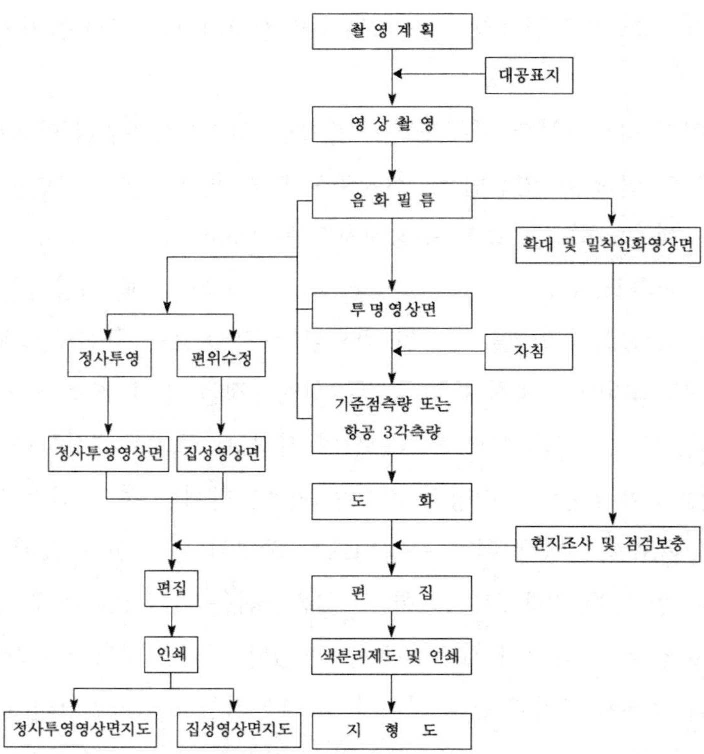

(b)

그림 7-20 항공영상탐측 방법에 의한 지형도 제작과정의 흐름도

(2) 위성영상에 의한 지형도 작성

1950년대 후반부터 인공위성 기법이 개발됨에 따라 지구, 달, 혹성 및 태양계에 대한 특성규명에 많은 공헌을 하였고, 특히 위성영상탐측의 활용적인 측면에서도 매우 큰 진전이 이루어져 왔다.

위성영상과 항공영상의 차이점은 항공영상이 중심투영체계에 의해 얻어지는 데 반하여 위성영상은 전파주사(scanning)방식에 의하여 수치화된 영상면을 얻는다. 위성영상처리기법으로 토양도, 산림도, 작물현황도 등의 주제도(主題圖, thematic map) 등을 작성하는 데 이용되고 있다.

위성영상은 그 자료형태 및 영상의 기하학적 조건이 개개의 위성에 따라 다르므로 이에 대한 해석방법도 다르게 이루어진다. 그러나 영상면의 형태를 취한다는 점에서는 근본적으로 영상탐측의 개념을 벗어나지 않는다.

(3) 수치지도 제작 방법

수치지도는 항공영상이나 위성영상의 중복촬영에 의하여 입체시된 정보의 내용을 해석도화기를 이용해서, 촬영 대상의 도형 정보를 점, 선, 면 및 기호(symbol)의 형태로 수치화하고, 각 위치에 관련된 속성자료와 연결하여 지형도를 제작하거나 목적에 맞는 주제별 지도를 작성하여 출력하는 것으로 영상면이나 지도의 위치정보를 찾아내어 수치자료로 처리할 수 있는 컴퓨터 체계가 개발되어 일정한 원칙하에 모든 자료를 수치화하여 지도를 그려낸다.

수치지도 자료취득 방법으로는 종래의 지도작성방법으로 완성된 지도를 반자동방식인 digitizer나 자동방식인 scanner 등의 좌표관측기를 사용하여 수치화하는 방법과 항공영상이나 인공위성영상을 해석도화기를 이용하여 수치지도 자료를 직접 취득하는 방법 등이 있다. 지도작업의 과정에서 영상지도 자료 취득은 후자의 방법(해석도화기)을 많이 이용하고 있다.

수치도면화 체계는 항공영상 및 인공위성영상의 해석도화에 의한 지도자료의 초기 입력부터 처리분석 및 출력에 이르기까지 전산기 도면 처리 체계에 의한 수치적 표현에 의하여 구성되고 있다.

수치지도 제작의 입력체계 설계에 있어서는 해석도화기에 의한 수치자료의 취득이 가장 중요한 요건이 되며, 지도제작을 위하여 현지조사 자료의 삽입 및 도식 규정에 의한 지도

편집의 과정에 있어서는 정확한 위치의 설정에 의하여 필요한 정보의 입력과 편집 원칙에 따라 대화적으로 컴퓨터에 의하여 이루어진다.

수치지도 제작 작업공정은 〈표 7-4〉와 같다.

표 7-4 수치지도 제작 작업공정

공 정	작업내용
1	계획준비: 작업방법 · 작업계획의 입안, 사용할 기기 소프트웨어의 정비, 인원의 배치
2	표정점의 설치: 기설점 이외, 항공영상의 표정이 필요한 기준점, 즉 수평(x, y) 및 수직(z)점을 설치
3	대공표지의 설치: 수평 및 수직 기준점, 표정점의 좌표를 관측하기 위해 영상면상에서 쉽게 알아볼 수 있도록 표지를 설정한다.
4	촬영: 측량용 항공영상면을 취득한다.
5	자침: 항공영상면에서 기준점 위치를 현지 확인하여 시행한다.
6	현지조사: 지형도를 작성할 때에 항공영상면에서 얻을 수 없는 건물 명칭 · 가옥명 등의 정보를 현지 조사에서 수집한다.
7	항공삼각측량: 조정기법에 의해 종접합점, 횡접합점 및 기준점의 평면위치 및 표고값을 결정한다.
8	수치도화: 표정을 통해서 지모와 지물의 위치자료(수치도화 자료)를 해독한다.
9	지형보완측량: 지도정보 level 1,000 이상의 자료를 작성하는 경우에 특정 지역을 대상으로 하여 등고선, 표고점에 관한 현지 측량을 한다.
10	지도자료편집: 수치도화 자료 및 현지조사에 의해 얻어진 정보를 편집체계에 입력하여 편집한다.
11	현지보측: 항공영상면에 있어 잘 드러나지 않아 명확하지 않은 부분과 중요 사항을 현지 관측에 의해 편집된 자료를 수정(또는 추가)한다. 이와 같이 하여 편집, 수정된 자료를 진위치 자료라 부른다.
12	진위치 자료파일의 작성: 보측편집시 진위치 자료를 작업순서에 따라 자기테이프들의 기록매체에 출력함으로써 진위치 자료 출력도, 정확도관리표, 진위치 자료파일의 설명서 등을 첨가하면 완성품이 된다.
13	작도 자료파일의 작성: 필요로 하는 제도 자료파일이 작성된다. 제도 자료파일의 진위치 내용을 지도표현기준에 따라 도식처리를 한다.
14	구조화 자료파일의 작성: 필요에 따라 구조화 자료파일이 작성된다.

7 항공영상에 의한 영상지도 제작

촬영당시 사진기나 센서의 자세에 따라 영상에 포함된 변위(경사 및 축척에 의한 변위)를 제거하는 편위수정(偏位修正, rectification) 과정을 거쳐 정사영상면(正射映像面, ortho imagery)을 만들고 이를 지도 규정에 의해 지도처럼 만든 것을 영상지도라 한다. 기계적인 방법에서 편위수정기를 이용할 경우, 일반적으로 X, Y를 알고 있는 최소한 3점의 기준점을 이용하나 정밀을 요하거나 해석적인 방법일 때는 4점의 기준점을 이용하여 편위수정을 거친 후 정사영상을 만든다. 수치적인 방법의 경우 수치형상모형[數値形象模形, DFM (Digital Feature Model: DEM, DTM, DSM)]을 이용하여 정밀 수치편위수정을 수행함으로써 정사영상을 만들 수 있다. 정사영상으로부터 지도의 제 규정을 참고하여 영상지도를 제작한다. 대상을 선(line) 단위인 선추적 방식으로 표현한 일반지도를 선지도(line map) 또는 vector map이라 하고 영상소(pixel) 단위인 raster 방식으로 표현한 지도를 영상지도(imagery map) 또는 raster map이라고 한다.

(1) 영상지도의 종류

① 집성영상지도

가) 약조집성영상지도(uncontrolled mosaic imagery map)

사진기의 경사에 의한 변위, 지표면의 비고에 의한 변위를 수정하지 않고 영상면을 그대로 모아 집성한 영상지도로 등고선이 삽입되어 있지 않다.

나) 반조정집성영상지도(semi controlled mosaic imagery map)

편위수정기에 의한 편위 중 일부만 수정해 집성한 영상지도로 등고선이 삽입되어 있지 않다.

다) 조정집성영상지도(controlled mosaic imagery map)

편위수정을 거친 영상면을 집성한 영상지도로 등고선이 삽입되어 있지 않다.

② 정사영상지도(ortho imagery map)

가) 기계적 방법

정밀입체도화기와 연동시킨 정사투영기(ortho projector)에 의하여 영상면의 경사 및 축척에 의한 변위를 수정하고 등고선을 삽입한 영상지도이다.

나) 수치적 방법

항공영상을 스캐너(scanner)에 의해 변환시킨 수치영상 혹은 수치영상과 수치형상모형(DFM)을 이용하여 상응하는 좌표에 영상면의 밝기값을 부여(또는 할당)함으로써 정사영상면을 얻는다. 정사영상에 요구되는 좌표계에 통일시킨 후 주석을 기입하여 알맞은 축척으로 인쇄 복사함으로써 정사영상지도를 제작할 수 있다.

(2) 정사영상지도의 활용

종래의 지도는 대상물을 기호로 표시하므로 일반인들이 판독하기가 쉽지 않았다. 정사영상지도는 대상물을 영상면의 형태로 표현하고 있으므로 일반지형도에서 표현할 수 없는 여러 가지 사항의 현실감을 높이고 판독을 용이하게 할 수 있으므로 향후 새로운 형태의 지도로써 조사 및 계획분야에서의 활용성이 증대될 것이다. 따라서 공학적인 용도의 지도는 물론 행정도, 관광안내도, 등반용 지도 등으로 활용될 경우 종래의 지도에 비해 보다 높은 유용성을 보인다.

정사영상지도는 최근 많이 활용되고 있는 지형공간정보 분야의 기본자료로 직접 이용할 수 있으며, 이를 처리하여 각종 정보를 추출할 수 있는 것은 물론 지형과 관련된 다양한 정보체계에서 응용이 가능하므로 정보화시대에 있어서 필수적인 자료로 활용될 것이다.

8 수치형상모형(Digital Feature Model)

(1) 개 요

3차원 좌표에 의하여 대상물의 형상(形象) 또는 지모, 지물 등에 관한 형상을 수치로 나타낸 자료를 통칭하여 수치형상모형(數値形象模形, DFM: Digital Feature Model)이라 한다.

수치형상모형(DFM)에는 수치지세모형(數値地勢模形, DTM: Digital Terrain Model), 수치고도모형(數値高度模形, DEM: Digital Elevation Model), 수치외관모형(數値外觀模形, DSM: Digital Surface Model) 등이 있다. DTM은 지상위에 아무것도 없는(수목도 제외시킴) 상태(bare-earth)인 지표면을 표현한 것으로 지표면에 일정간격으로 분포된 지점의 고도값을 수치로 기록함으로써 컴퓨터를 이용하여 분석이 용이하도록 만든 것이다. DEM은 대상물의 고도(또는 표고: H)를 수평위치좌표 X, Y의 함수로 표현한 자료로 수치고도자료의 유형으로는 여러 가지가 있으며, 지형을 일정 크기의 격자로 나누어 고도값을 격자형으로 표현한 Raster DEM과 불규칙 삼각형으로 나누어 지형을 표현한 TIN(Triangulated Irregular Network) DEM이 있다. DSM은 DEM 혹은 DTM과 유사하나, 지모뿐만 아니라 지물(건물의 꼭대기, 나무, 타워, 기타 지상표면에서 솟아오른 지물들)을 표현한 자료이다. 정사사진을 생성하기 위해서 DSM은 대단히 중요한 자료가 될 수 있다. 이외에도 DTD(Digital Terrain Data), DTED(Digital Terrain Elevation Data) 등이 있다.

(2) 수치형상모형의 제작

지상영상, 항공영상, 위성영상, 라이다(LIDAR) 및 SAR(Synthetic Aperture Radar) 위성영상 등을 이용한 수치영상탐측 방법에 의하여 생성한다.

① 항공영상 및 위성영상을 이용한 수치형상모형생성 방법

가) 항공영상의 스캐닝(영상의 디지털화)

나) 공선조건식에 의한 후방교선법으로 외부표정요소(ω, ϕ, κ, X_0, Y_0, Z_0)를 결정(영상좌표와 지상기준점 활용)

다) 외부표정요소와 내부표정요소(x, y, f)를 이용한 전방교선법으로 영상의 중복영역에 대해 지상좌표(X, Y, Z)를 결정한 후 보간법에 의해 정규격자형 DFM(DEM, DSM, DTM) 생성

② 라이다(LIDAR)를 이용한 수치형상모형생성 방법

LIDAR(LIght Detection And Ranging)는 레이저 스캐너와 GPS/INS로 구성되어 있으며 스캐너의 위치(X, Y, Z)와 자세(ω, ϕ, κ)는 GPS/INS로부터 제공받고 레이저 펄스를 지표면에 주사하여 반사된 레이저파의 도달시간을 이용하여 지표면까지의 거리(D)를 구하여 3차원 위치좌표를 계산함으로써 수치형상모형을 생성한다.

③ SAR(Synthetic Aperture Radar) 위성영상을 이용한 수치형상모형생성 방법

SAR 영상을 이용한 DEM 추출기법은 크게 입체시의 원리를 이용하는 기법과 레이더 간섭을 통한 두 영상의 위상 정보를 이용하는 기법이 있다. 입체시기법은 기존의 항공영상이나 광학 원격탐측 영상에 적용되었던 공선조건식에 기초하여 지상기준점과 위성 궤도에 대한 보조적인 정보를 이용하여 입체모형에 대한 변수를 최소제곱법에 의해 계산함으로써 모형식을 구성한다. 그런 다음 영상 매칭을 통해 DFM을 생성한다

레이더 간섭 기법(interferometry)의 경우는 동일한 지표면에 대하여 두 SAR 영상이 지니고 있는 위상정보의 차이값을 활용하는 것으로서, 공간적으로 떨어져 있는 두 개의 레이다 안테나들로부터 받은 신호를 연관시킴으로써 고도값을 추출하고 수치형상모형을 생성한다.

(3) 수치형상모형의 활용

수치형상모형은 각종 공학적인 활용이나 도시계획, 군사 분야 등에서 대단히 중요성이 크다. 대표적인 예로서 댐의 건설을 위하여 현장을 설계할 때나 도로 건설을 위한 굴착을 할 때 수치형상모형을 기초로 하여 필요한 토공량을 계산할 수 있다. 또한 임의의 위치에서 시야가 가능한 지역의 파악을 위한 가시지역 분석을 할 수도 있다. 이러한 가시지역 분석 기능은 전파의 중계를 위한 송신탑의 건설이나 레이더와 같은 중요 시설물의 적정 위치 선정을 위한 적지 분석과도 동일한 분석이다. 또한 가시지역 분석은 도로의 적정 경로 분석이나 철도의 적정노선 선정을 위하여 사용될 수도 있다.

9 이동식 도면화 체계

MMS(Mobile Mapping System)는 지형공간정보 자료기반을 구축, 유지, 다) 외부표정요소와 내부표정요소(x, y, f)를 이용한 전방교선법으로 영상의 중복영역에 대해 지상좌표(X, Y, Z)를 결정한 후 보간법에 의해 정규격자형 DFM(DEM, DSM, DTM) 생성관리하기 위해 요구되는 기존 측량방법을 보완하여 비용 및 시간 면에서 효율성을 높이고 향후 활용성을 높이기 위한 첨단정보 체계로 발전시켜 일반 차량에 CCD카메라, 레이저 스캐너,

비디오 카메라 등의 영상 취득장치(image acquisition device)와 GPS 수신기, INS(Inertial Navigation System), DMI(Distance, Measuring Indicator) 등의 네비게이션 정보 취득장치를 탑재하여 주행과 동시에 도로와 관련된 각종 시설물 현황이나 기타 특성정보를 실시간으로 자동 취득 및 갱신할 수 있는 체계이다. MMS에서 핵심적인 역할을 하는 GPS와 INS의 정보를 통합하여 영상 센서의 위치와 자세를 의미하는 외부표정요소(exterior orientation)를 직접적인 방식으로 결정할 수 있다.

(1) MMS의 구성

MMS의 구성은 GPS/INS 통합체계와 두 대의 Video 혹은 CCD 카메라를 사용하며 추가적으로 지상 LiDAR 장비를 설치할 수 있다. 수치영상탐측기법을 이용하여 두 대의 카메라에 모두 나타나는 모든 물체의 정확한 위치를 결정할 수 있다. MMS의 위치정보는 GPS 수신기에 의해서 결정되지만, 비교적 낮은 자료 수신율(1Hz)과 최소 위성이 4개 보여야 한다는 단점 때문에 GPS만 사용하는 것은 바람직하지 않다. 이와 같은 GPS의 단점을 보완하기 위해서 짧은 시간 동안 높은 정확도의 위치와 자세 정보를 고주파로 얻을 수 있는 관성항법체계(INS)를 사용한다. GPS와 관성항법체계를 통합함으로써 정확한 GPS 위치정보가 관성항법체계의 자료로 갱신되어 GPS 신호가 없는 사이에 관성항법센서가 자료를 제공한다. 관성항법체계의 경우 비교적 고가이므로 차속 휠 센서를 많이 이용하기도 한다. 휠 센서는 주로 차량의 두 바퀴에 부착하여 거리값 산정뿐만 아니라 차량 방향각 변화의 계산도 가능하다. 각종 센서와 GPS간 관측의 기점에 대한 시각동기화는 매초마다 발생하는 GPS 수신기의 신호를 이용하여 휠 센서와 고도차계의 관측값과 UTC 시간을 할당하기도 한다.

(2) MMS의 활용

영상탐측학적 측면에서 보면, MMS는 GPS/INS의 위치, 자세 정보를 이용하는 입체영상체계이다. 사람이 두 개의 눈으로 사물의 거리를 알아내는 것처럼, 두 영상면에 나타나는 모든 물체의 위치정보를 알 수 있다. 영상면은 GPS/INS 장치에 의해 결정되는 영상이 취득된 순간의 위치와 자세 정보를 갖고 있다. 취득된 영상의 처리를 위해서 우선 도로에 대한 실제 관측 작업 전 각종 센서들의 상태와 상호간의 편이벡터와 회전각을 실험실에서 관측한다. 정지상태의 3차원 측량 성과를 이용하여 카메라의 내부표정 요소(초점거리, 주점 및 렌즈의 왜곡 매개변수) 및 외부표정 요소(카메라 촬영 때의 위치와 자세)를 결정할 수 있으며,

이러한 카메라 보정은 카메라의 내부표정 요소를 구하기 위해서도 필요한 과정이지만 항공삼각측량과 같이 외부표정 요소를 산출할 수 있어 CCD/GPS/INS를 통합하기 위해서도 필요한 과정이다. 카메라 보정결과로 얻어지는 외부표정 요소와 동일 시간대의 GPS/INS 통합결과의 편이벡터와 회전 매트릭스를 계산하여 현장 측량에서 촬영된 모든 영상면에 대한 외부표정 요소를 지상기준점 없이 얻을 수 있다.

이 체계의 단점으로는 건물이 밀집되어 차량의 진입이 불가능한 지역에 대한 정보취득은 불가능하며, 체계 구축에 있어 초기 투자비용이 많이 소요된다.

또한 대상거리가 무한히 길고, 동일한 카메라로 사용하는 항공영상탐측과 달리 2대의 CCD 카메라가 탑재된 근거리 영상탐측체계로써 취득된 CCD 영상면으로부터 정밀한 3차원 위치정보를 얻기 위해서는 정확한 초점거리와 주점의 위치, 그리고 렌즈왜곡을 반드시 고려해야 하고 CCD 카메라의 위치 및 자세정보가 정확해야 한다. 이 체계는 복잡하고 정밀한 기기로 구성되어 개발 및 운용에 높은 기술력을 요구한다는 점도 단점이다.

10 지형도의 허용오차

(1) 개 요

지형도를 사용하여 지점의 위치를 결정하거나 계획, 설계에 이용할 경우, 지형도 자체에 포함된 오차가 문제가 된다. 지형도는 근본적으로 거리, 방향 및 면적에 오차가 발생할 수 있으며, 일반적으로 필요되는 중 · 대축척 지형도는 등각투영법을 주로 이용하므로 거리에 의한 오차가 더욱 문제될 수 있다.

지형도에서 위치오차는 측량, 제도 및 인쇄의 각 단계에서 발생하는 오차가 종합되어 나타나는 것이며, 또한 도지(圖紙)의 신축에 의해서도 오차가 발생할 수 있다. 전자에 의한 오차는 허용기준을 정하여 지형도의 사용목적에 적합한 최소오차한계 안에 들게 규정하며, 후자의 경우, 예를 들어 재산권에 관련되는 지적도 등에서는 알루미늄코팅도지 등을 사용하여 도지의 신축이 최소가 되도록 하는 방법이 사용된다. 종이지도인 경우 정밀하게 제도된 지형도에서 도지신축을 제외한 지물의 수평위치오차는 가능한 ±0.5㎜의 표준오차 이내가 되도록 한다. 또한, 수평 및 수직위치오차가 클 경우, 인접하는 등고선이 서로 겹치게 되므로 이를 방지하기 위하여 도면상에서 관측한 표고(또는 고저)오차의 최대값은 등고선 간격의 1/2을 초과하지 않도록 규정하고 있다. 수치지형도의 허용오차와 관련된 규정은 수치지형도작성작업규정의 제10조 벡터화의 정확도(정확도는 래스터자료와 최종 벡터자료를 영상면에서 비교하여 도상 0.2 ㎜ 이내이어야 하며, 확인용 출력도면은 지도원판과 비교하여 상대 최대오차가 도상 0.7㎜, 표준편차가 도상 0.4 ㎜ 이내이어야 한다)에 규정되어 있다.

표 7- 5 수치도화의 축척별 오차의 허용범위

도화축척	표 준 편 차			최 대 오 차		
	평면위치	등고선	표고점	평면위치	등고선	표고점
1/1,000	0.2m	0.3m	0.15m	0.4m	0.6m	0.3m
1/5,000	1.0m	1.0m	0.5m	2.0m	2.0m	1.0m
1/25,000	5.0m	3.0m	1.5m	10.0m	5.0m	2.5m

(2) 등고선의 위치오차

일반적으로 산악지나 산림이 우거진 지역에서는 등고선의 수직위치오차가 크게 되고, 완경사지에서는 등고선의 수직위치가 벗어나기 쉽다. 등고선을 작성하기 위한 세부측량에서 발생한 수평위치관측오차를 ΔH, 수직위치관측오차를 ΔV라고 하고, 지면의 경사가 θ라면 이로 인한 등고선의 최대 수평위치오차 δH와 최대수직위치오차 δV는 각각 다음 식으로 표시된다(〈그림 7-21〉).

$$\delta H = \Delta H + \Delta V \cot\theta \quad (7\text{-}1a)$$

$$\delta V = \Delta H \tan\theta + \Delta V \quad (7\text{-}1b)$$

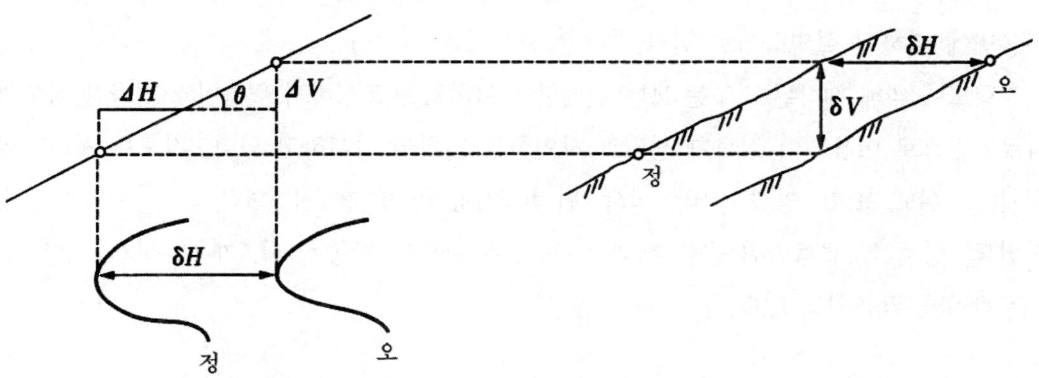

그림 7-21 등고선의 위치오차

예제 7-1

표고측량의 최대오차가 지면경사 10° 일 때 0.5m라고 한다. 1:50,000 지형도 등고선의 도상 수평위치변위의 최대허용값이 0.5㎜라면 도상에서 결정한 위치에 포함될 수 있는 수평 및 수직위치오차의 최대값은 얼마인가?

풀이 최대수평위치오차 $\delta H = \Delta H + DELTV \cot\theta$

$= \frac{0.5}{1,000} \times 50,000 + 0.5 \times \cot 10°$

$= 27,000m$ (지상거리오차)

$27,836 \times \frac{1,000}{5,000} = 0.557$㎜ (도상오차)

최대수평위치오차 $\delta V = \Delta H \tan\theta + \Delta V$

$= \frac{0.5}{1,000} \times 50,000 + \tan 10° + 0.5$

$= 4,908m$

11 지형도의 활용

지형도는 지점의 위치를 비롯하여 지점간 거리, 방향, 대상지역의 면적산정 등 위치관계의 확인에 널리 이용되며 이 밖에도 도로, 철도, 교량, 댐 등 각종 건설공사의 입지선정, 시설물의 규모결정, 공사량추정 등이 기본자료로 이용된다.

또한 각종 단지계획, 도시계획, 국토계획에 가장 기초적인 자료로 이용된다. 다음에 그 이용면에 대하여 설명하기로 한다.

지형도에 의해 제작된 지도는 보다 편리한 생활환경을 조성하기 위하여 지형공간 정보의 자료기반으로 이용되어 정보화 생활과 자연환경 친화에 기여하고 있다. 지도는 지표면의 위치(경 · 위도, 표고), 방향, 거리, 경사, 면적(경사평면면적, 경사곡면면적, 유역면면적), 체적, 단면도, 성토 및 절토범위 등을 해석할 수 있는 자료의 각종 조사, 계획, 설계, 개발 및 유지관리에 활용되고 있다.

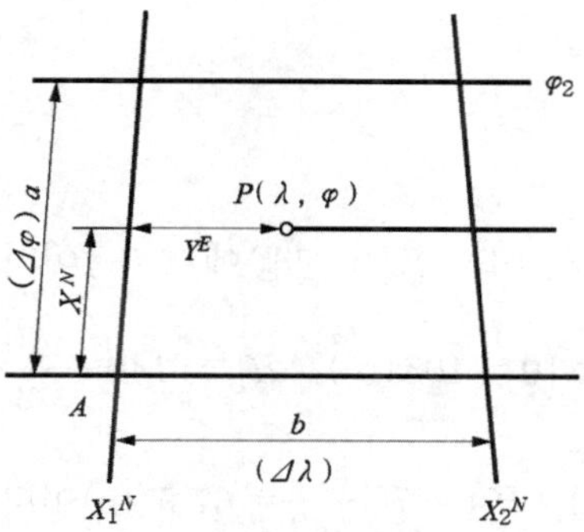

그림 7-22 지형도에 의한 경 · 위도 결정

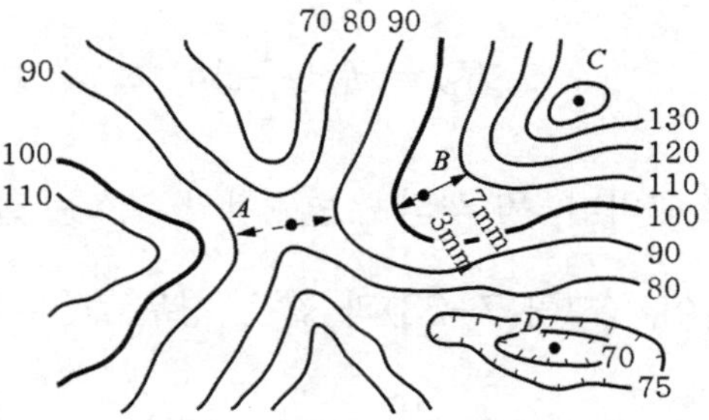

그림 7-23 지형도에 의한 표고결정의 예

(1) 경 · 위도 결정

지형도의 도곽과 경선, 위도에 표시된 경 · 위도를 기준으로 하여 도상 임의점의 경위도를 결정할 수 있다. 경도 λ_1 및 λ_2인 두 경선의 경도차를 $\Delta\lambda$, 도상거리를 b, 위도 φ_1 및 φ_2인 두 위선의 위도차를 $\Delta\varphi$, 도상거리를 a라 할 때 $A(\lambda_1,\ \varphi_1)$점에서 도상거리 x, y 만큼 떨어진 곳에 있는 한 점 $P(\lambda,\ \varphi)$의 경위도는 다음 식으로 구한다.

$$\left.\begin{aligned} \varphi &= \varphi_1 + \Delta\varphi \cdot \frac{x}{a} \\ \lambda &= \lambda_1 + \Delta\lambda \cdot \frac{y}{a} \end{aligned}\right\} \qquad (7\text{-}2)$$

(2) 표고결정

등고선상에 있지 않은 임의점의 표고(또는 고저)는 주위 등고선으로부터 추정할 수 있다. 등고선 간격 Δh(m)인 지형도에서 표고 H_1과 $H_2(=H_1+\Delta h)$인 등고선 사이에 있는 한 점 P의 표고 H_P는

$$H_P = H_1 + \frac{d_1}{d_1+d_2}\Delta h \qquad (7\text{-}3)$$

로 구한다. 여기서 d_1, d_2는 P점을 지나는 좌우 등고선 사이의 최단거리선상에서 잰 좌우 등고선까지의 도상거리이다. 또한 표고 H_1인 폐곡선으로 된 등고선 중심에 있는 지점의

표고는

$$H_P = H_1 \pm \frac{1}{2}\Delta h \tag{7-4}$$

로 구하며, 윗 식의 우변 2항의 부호는 철지(凸地)에서 (+), 요지(凹地)에서 (−)이다. 예를 들어, 〈그림 7-23〉과 같은 경우 $H_A = 100 + \frac{3}{10} \times 10 = 103\,(\text{m})$, $H_B = 140 + \frac{10}{2} = 145\,(\text{m})$, $H_C = 90 - \frac{10}{2} = 85\,(\text{m})$ 또는 $80 + \frac{10}{2} = 85\,(\text{m})$, $H_D = 70 - \frac{5}{2} = 67.5\,(\text{m})$이다.

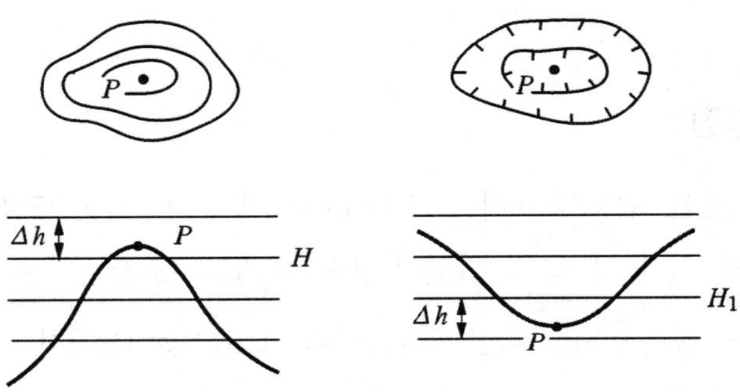

그림 7-24 지형도에 의한 표고결정

(3) 단면도의 제작

지형도상의 등고선을 이용하여 지형도상의 임의의 선상에 단면도를 제작하게 된다. 〈그림 7-25〉에 있어서 AB선의 단면도는 다음과 같이 제작한다.

처음에 기선으로 $A'B'$선을 취하고 AB선과 등고선과의 교점에서 $A'B'$선에 수선을 내려 소정의 축척에 의한 등고선의 높이를 $A'B'$선상에 취하여 단면도를 그린다. 이같은 방법으로 임의의 선의 종단방향 및 횡단방향의 단면도를 구하게 되나 등고선의 정도가 매우 낮아서 등고선도에 따라 얻게 된 단면도는 신뢰하기 힘들다.

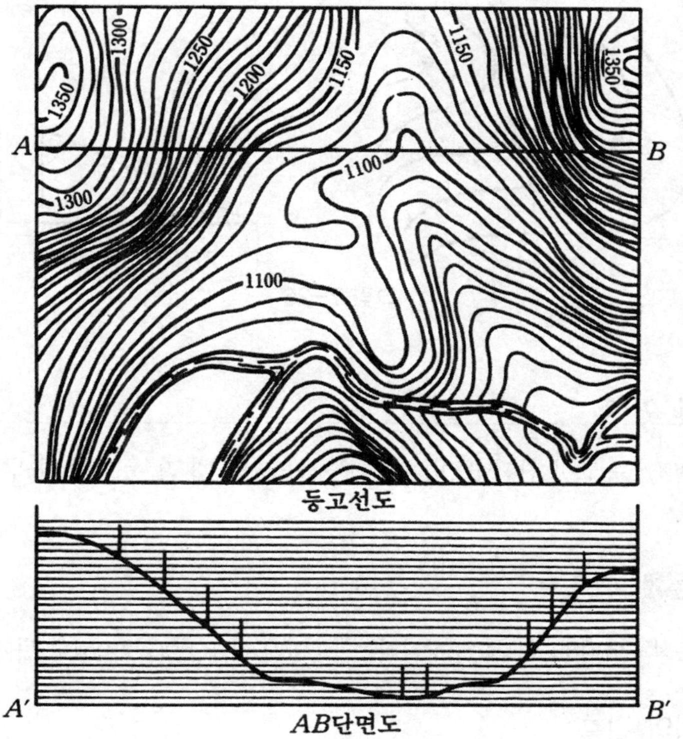

그림 7-25

(4) 등경사선의 관측

수평면에 대하여 일정의 경사를 가진 지표면상의 선을 등경사선이라 말한다. 등경사선을 구하면 곡선반지름 · 거리 · 지형 등을 그때그때 고려하여 이 등경사선에 가까이 부착하여 중심선을 결정한다.

지금 등고선의 간격을 h, 필요한 등경사선의 경사를 $i\%$, 수평거리를 L이라 하면,

$$L = \frac{100h}{i} \tag{7-5}$$

따라서 〈그림 7-26〉과 같이 점 A에서 지형도 축척에 따라서 수평거리 L로서 등고선을 1개씩 1, 2, 3…로 자르면 소정의 등경사선을 구하게 된다.

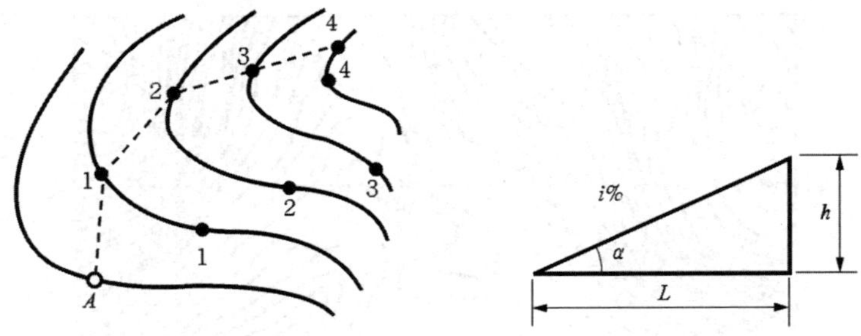

그림 7-26

예제 7-2

축척 1/5,000, 등고선 간격 5.0m, 제한경사 5%일 때 각 등고선 간의 수평거리 L을 구하여라.

풀이 $$L = \frac{5.0 \times 100}{5} = 100(m)$$

축척 1/5,000이므로 도상거리는 10,000×1/5,000=2.0㎝로 된다.

(5) 유역면적의 관측

댐에 의한 발전계획이나 용수 등의 이수(利水)계획을 세울 경우 그 지점에 대하여 하천유량을 결정할 필요가 있다. 그렇기 때문에 이용지점에 용수가 유하(流下)한 범위, 즉 유역면적을 구하지 않으면 안 된다.

〈그림 7-27〉에 있어서 산 능선 AA', BB'는 하나의 분수선이고 그 양측에서 빗물은 각각 다른 방향으로 최대경사선을 따라 흘러내린다. 〈그림 7-27〉에서 파선은 분수선을 표시하고 점 P에 대하여 유역면적은 점 P에서 등고선에 직각방향으로 PA, PB를 그리게 되면 점선 상부가 점 P에서의 유역면적이 된다. 면적의 관측은 구적기(planimeter)를 사용한다.

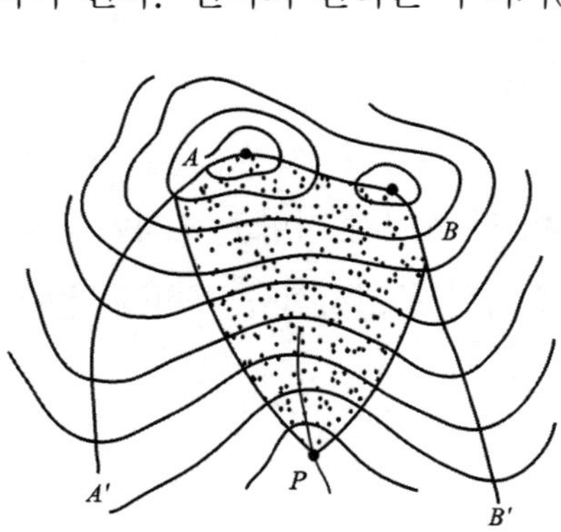

그림 7-27

(6) 성토 및 절토 범위의 관측

토공계획에서 필요한 공사용지의 범위를 구하는 것은 원지반 등고선의 성토(盛土) 및 절토(切土)에 의하여 공사완성 후의 지반의 등고선을 그리고, 양자의 높이가 같은 등고선의 교점을 구하여 이으면 필요한 용지의 평면적인 형을 구하게 된다.

① 흙댐(earth dam)의 경우

〈그림 7-28〉은 위 그림과 같은 횡단면형을 나타낸 흙댐을 지형도상에 나타낸 것이다.

댐의 등고선을 수평으로 자르면 경사면(傾斜面)의 어느 교점에서 지형도상에 수직을 내리고 같은 높이의 등고선과의 교점을 구한다. 이것들의 점을 이으면 현 지반과 댐의 경계를 나타낸 평면도가 얻어진다.

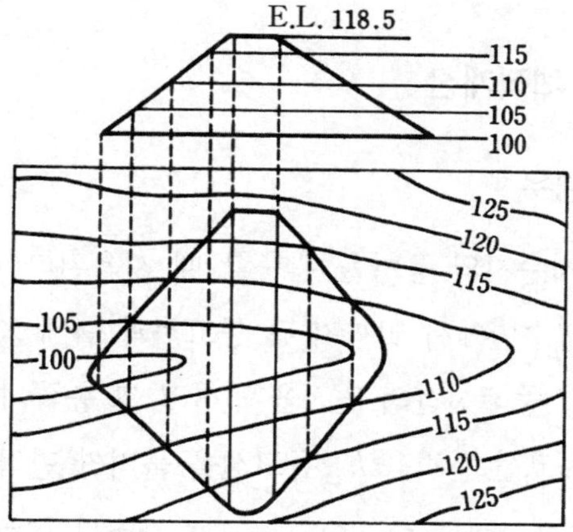

그림 7-28

② 도로계획의 경우

〈그림 7-29〉와 같은 지형도상에 No.10에서 5% 정도의 경사인 도로를 만들 경우 절취의 범위를 다음과 같이 구한다. 도시한 바와 같이 No.10의 계획고를 75m로 하고 중심 말뚝 사이의 거리를 20m로 하면 각 말뚝간의 계획고와의 고저차는 20m_0.05=1m이고 No.11, No.12, No.13의 계획고는 각각 76m, 77m, 78m로 된다. 도로의 양측 사면 경사를 1 : 1.5로 하고 노면은 평평한 것으로 한다.

처음에 No.10의 도로의 양단을 따라서 1.5m 떨어진 10, 10′를 구한다. 10, 10′의 표고는 76m가 되므로 No.11의 도로양단과 곡선을 이어 이 곡선과 표고 76m의 등고선과의 교점

A를 구한다.

똑같이 하여 점 B, C를 구하여 이것들의 점을 이으면 이 선의 내측을 구한 절취범위로 한다.

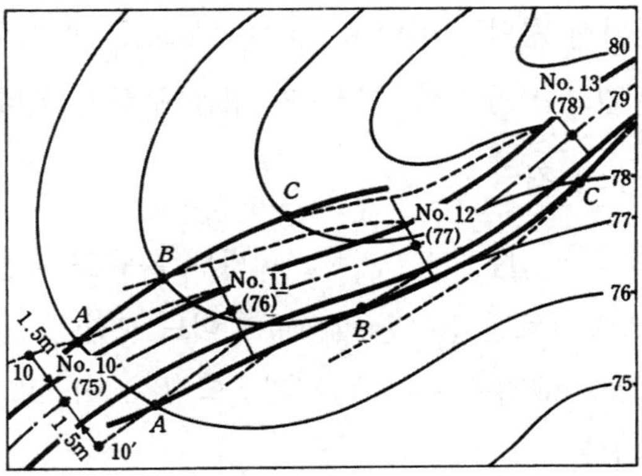

그림 7-29

(7) 등고선도에 의한 체적계산

① 계획면이 수평인 경우

부지의 정지작업이나 저수지의 용량을 관측할 때 사용된다.

댐의 저수량은 저수예정수면에서 밑까지 각 등고선과 댐에 의하여 둘러싸여 진 면적을 플라니메타로 관측하여 각 등고선간의 면적을 구하고 그 총합에 의하여 저수량을 구한다. 〈그림 7-30〉에 있어서 등고선 간격을 h, 등고선을 둘러싼 면적을 A_1, A_2, A_3…라 하면 구간의 저수량을 구하는 공식에는 다음의 세 가지 방법이 있다.

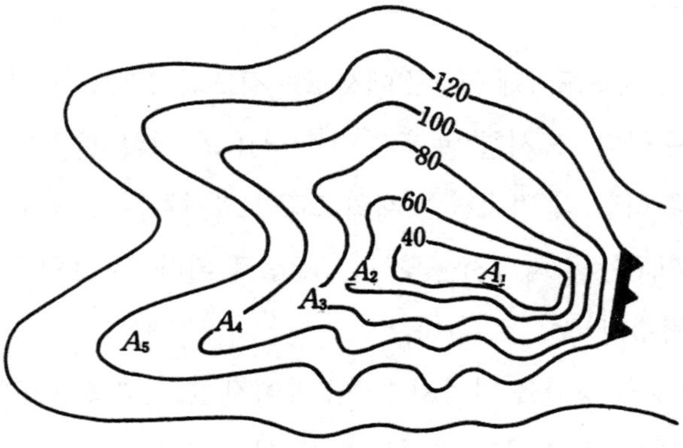

그림 7-30

가) 양단면 평균법

저수량 Vⅰ은 양단면 평균법을 사용하면,

$$V_1 = \left(\frac{A_1 + A_2}{2}\right)h$$

그러므로, 저수량은 V는

$$\begin{aligned} V &= V_1 + V_2 + V_3 + V_4 \\ &= \frac{h}{2}\{A_1 + A_5 + 2(A_2 + A_3 + A_4)\} \end{aligned} \tag{7-6}$$

로 되며, 여기서 식 (7-7)의 일반식이 얻어진다.

$$V = \frac{h}{2}\{A_1 + A_{n+1} + 2(A_2 + A_3 + \cdots + A_n)\} \tag{7-7}$$

〈그림 7-28〉에 표시된 흙댐의 축제(築堤)토량을 구할 때는 댐의 등고선과 지형도의 등고선에 둘러싸여진 면적을 구하여 식 (7-7)을 이용하면 된다.

나) 각주공식

각주(角柱)공식에 의하여 저수량 V를 구하면,

$$V_1 = \frac{h}{3}(A_0 + 4A_1 + A_2)$$

$$V_2 = \frac{h}{3}(A_2 + 4A_3 + A_4) \tag{7-8}$$

$$+)\ V_n = \frac{h}{3}(A_{n-2} + 4A_{n-1} + A_n)$$

$$\begin{aligned} \Sigma V &= \frac{h}{3}\{A_0 + A_n + 4(A_1 + A_3 + \cdots + A_{n-1}) + 2(A_2 + A_4 + \cdots + A_{n-2})\} \\ &= \frac{h}{3}\{A_0 + A_n + 4\Sigma A_{\text{홀수}} + 2\Sigma A_{\text{나머지짝수}}\} \end{aligned} \tag{7-9}$$

여기서 식 (7-8), (7-9)는 n이 짝수일 때만 사용하고 n이 홀수일 때는 최후의 한 구간은 양단면 평균법으로 구한다.

다) 비례중항법

이것은 1구간마다 추체(錐體)공식을 이용하여 계산하는 것으로

$$V_1 = \frac{h}{3}(A_0 + \sqrt{A_0 A_1} + A_1)$$

$$V_2 = \frac{h}{3}(A_1 + \sqrt{A_1 A_2} + A_2)$$

$$\cdots\cdots\cdots\cdots\cdots\cdots$$

$$+) \quad V_n = \frac{h}{3}(A_{n-1} + \sqrt{A_{n-1} A_n} + A_n)$$

$$\Sigma V = \frac{h}{3}\{A_0 + A_n + 2(A_1 + A_2 + \cdots + A_{n-1}) + (\sqrt{A_0 A_1} + \sqrt{A_1 A_2} + \cdots + \sqrt{A_{n-1} A_n})\} \qquad (7-10)$$

$$\frac{h}{3}\left\{A_0 + A_n + 2\sum_{r=0}^{n-1} A_r + \sum_{r=0}^{n-1}\sqrt{A_{r+1} \cdot A_r}\right\} \qquad (7-11)$$

② 계획면이 경사진 경우

절취, 성토 등의 체적계산에 이용된다. 〈그림 7-31〉에서 평면도 (a)의 실선 및 파선은 각각 원지반과 계획절취면의 등고선을 표시하기 때문에 동일높이의 양등고선의 교점을 연결한 굵은 실선을 그으면 원지반과 계획면과의 교선이 되고 그 내측에는 절취, 외측에는 성토가 필요하게 된다. 절취토량을 산정하는 데에는 우선, 단면도 (b)에 표시된 것처럼 각 등고선에 해당하는 수평면에 대해 많은 수평층으로 분할하여 생각한다. 이와 같이 하면 각 층의 양단면적은 평면도 (a)에서 높이가 같은 2조의 등고선에 둘러싸인 폐곡선 내의 면적이고 구적기(planimeter)에 의해 쉽게 구해지기 때문에 앞에서 유도한 공식을 적용하여 체적을 계산하면 된다.

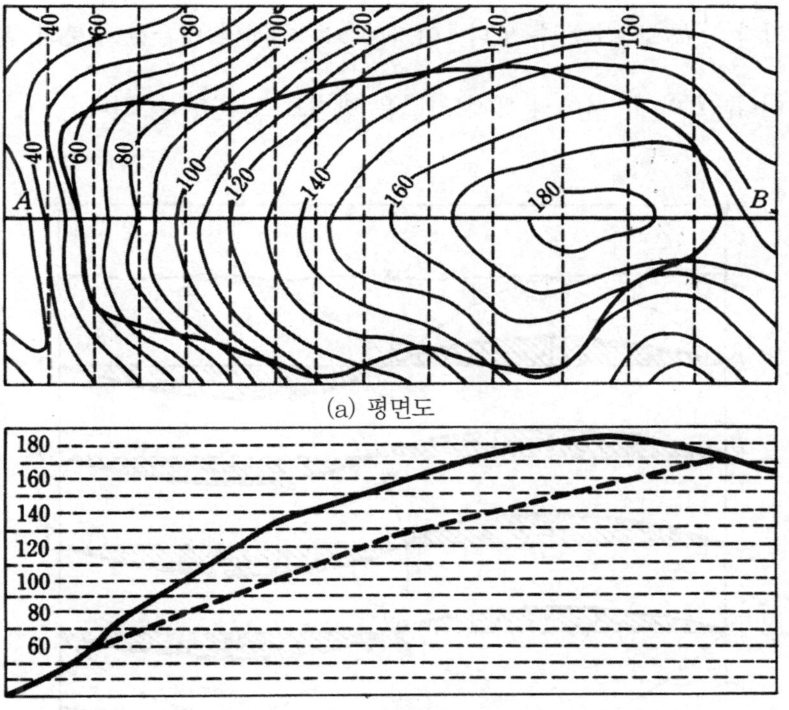

(a) 평면도

(b) AB단면도

그림 7-31

③ 등고선을 이용한 경우

계획등고선(grading contour)은 정지(整地)된 후의 실등고선을 나타내기 위해 지형도 위에 그린 일정한 높이의 선을 뜻한다. 정지를 하면 일정한 경사를 가진 매끈한 표면이 되므로 계획등고선은 등간격을 가지는 일련의 직선이거나 곡선이 된다. 간단한 예를 〈그림 7-32〉에 나타내면, 그림에서 본래의 등고선을 굵은선으로 1m 간격으로 그려 있다. 계획등고선은 지도 위에 점선으로 표시되어 있다.

불규칙한 점선은 성토 및 절토면적을 나타내기 위해 정지점(grade point)을 통과하여 그려져 있다. Ⅰ로 표시된 지역은 본래의 879m 등고선과 879m 계획등고선으로 둘러싸여 있다. 즉, 지반고가 879m 수평면이다. 마찬가지로 Ⅱ로 표시된 지역은 지반고가 878m인 수평면이다. 이 두 표면 사이에 필요한 성토량은 각 지역에 대해 구적기를 사용하며 면적을 재고 두 지역 면적의 평균값에 두 지역의 등고선간격(여기서는 1m)을 곱함으로써 구할 수 있다. Ⅱ와 Ⅲ 사이의 체적과 Ⅲ과 Ⅳ 사이의 체적도 같은 방법으로 구하면 된다(점 F와 Ⅰ지역 사이의 성토는 각추(角錐) 모양이며 점 A와 Ⅳ지역 사이의 성토도 마찬가지이다). 두 경우의 체적은 각각 $\frac{1}{3}bh$로 취할 수 있다. 여기서 b는 체적의 빗금친 부분의 밑면적이고 h 등고선간격이다. K와 P 사이의 체적도 같은 방법으로 구할 수 있다.

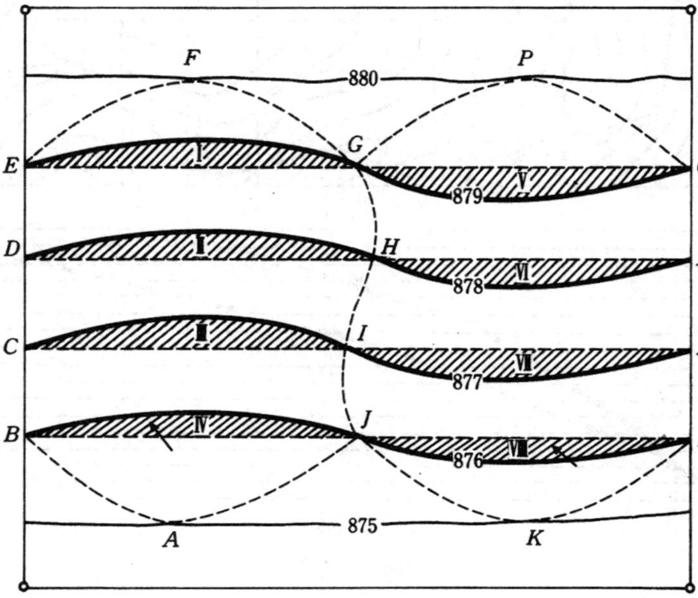

그림 7-32

④ 등심선(equal-depth contour)에 의한 방법

지형의 기복이 매우 불규칙한 지면의 성토량 또는 절토량을 구할 때 등심선을 이용하면 편리하다. 〈그림 7-33〉은 계곡에 성토사면을 조성하는 예이다. 가는 실선은 원지반의 등고선, 파선은 계획등고선(굵은선은 등심선이다), 원지반등고선과 계획등고선의 교점을 연결하면 등심선을 구할 수 있다. 예를 들어서, 100m 계획선과 98m 지반등고선의 교점을 연결한 곡선은 2m 등심선, 98m 계획선과 94m 지반선의 교점을 연결한 것은 4m 등심선, … 등과 같이 된다.

계획선 위쪽의 등심선은 성토윗면이 수평면일 경우에 원지반등고선과 일치하게 되며 여기서는 그림을 알아보기 쉽도록 0m 등심선만 표시하였다.

등심선 안의 면적을 재어서 체적공식을 적용하면 토공량을 구할 수 있다.

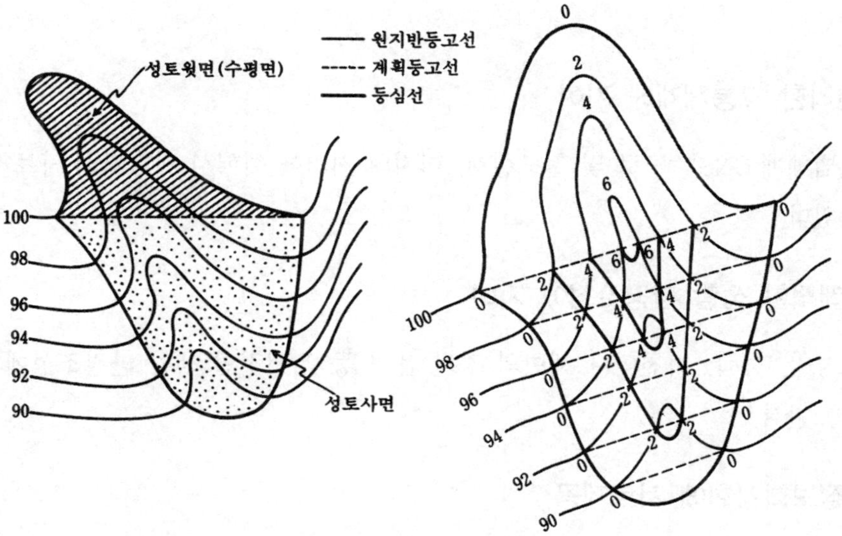

그림 7-33 등심선

예제 7-3

〈그림 7-33〉의 각 등심선 내의 면적을 구적기로 잰 결과 A_0=1,000㎡, A_2=600㎡, A_4=400㎡, A_6=100㎡ 이었다. 성토량을 구하시오.

풀이

성토깊이(m)	면적(㎡)	높이차(m)	체적(㎥)
0	1,000		
		2	$\frac{1}{2} \times 2 \times 1,600 = 1,600$
2	600		
		2	$\frac{1}{2} \times 2 \times 1,000 = 1,000$
4	400		
		2	$\frac{1}{2} \times 2 \times 500 = 500$
6	100		
		1	$\frac{1}{3} \times 2 \times 100 = 33$
7	0		

토공량=3,133㎥

(8) 토지이용개발

토지의 효율성을 높이기 위한 구획정리, 단지설계, 국토종합개발계획 등에 지형도가 이용되고 있다.

(9) 편리한 교통체계에 기여

차량항법체계(CNS), 도로 및 철도설계, 미지의 지역에 여행시 지형도의 자료가 큰 역할을 하고 있다.

(10) 쾌적한 생활 환경조성에 기여

공원, 정원, 등산, 하천이나 해변의 경관 음미 등 정서적인 생활 환경조성에 지형도가 큰 기여를 한다.

(11) 정보화사회에 자료제공

정보체계의 구성 요소로 도면 정보가 주된 자료로 이용되므로 정보화사회구현에 지형도는 필수적인 자료이다.

12 지적도 제작

기준점 및 도근점측량은 지형도 제작과 동일하게 수평위치만을 결정한 후 세부측량을 시행한다.

(1) 개요

지적측량(地籍測量: cadastral survey)은 토지를 필지 단위별로 등록하여, 토지에 대한 물권(物權)이 미치는 한계(위치, 크기, 모양, 경계 등)를 밝히기 위한 측량으로 2차원(x, y)위치만을 내포하고 있다.

우리나라 측량수로조사 및 지적에 관한 법률(제2조)상의 지적측량의 목적을 보면 다음과 같다. "지적측량은 토지를 지적공부에 등록하거나 지적공부에 등록된 경계점을 지상에 복원하기 위하여 제21호에 따른 필지의 경계 또는 좌표와 면적을 정하는 측량을 말한다."

이와 같이 지적측량은 토지의 등록단위인 1필지를 정량적으로 파악하여 (1필지의 경계, 좌표, 면적), 통일적으로 기록(지번지역, 지번, 지목)함으로써 토지자원의 효율적인 관리와 법적인 결정에 의해 소유권을 보호하기 위한 것이라 할 수 있다.

지적조사는 국토를 효율적으로 이용하기 위한 토지조사로서 토지에 대한 등록의 조사이다. 토지에 대한 등록은 1필지에 대한 지적측량 결과의 정량적인 것을 근거로 하기 때문에 지적측량은 국토관리의 기초가 된다.

등록의 단위인 1필지는 일반적으로 다각형인 폐곡선으로서 다각형을 이루는 경우는 그 절점들의 위치를 측량함으로써 1필지의 형상과 면적을 구할 수 있지만, 곡선인 경우는 소정의 정확도에 따라 근사적인 다각형으로 치환하여 측량한다.

각 필지의 경계를 표시하는 경계점은 어느 때라도 일정한 공인 오차 범위 내에 재현될 수 있는 기록으로서의 측량이 이루어져야 한다. 측량된 점은 그 필지의 주변에서 쉽게 측량될 수 있는 인조점(引照點)을 설치해 놓으면 이후에 정확도가 높으며, 경제적인 측량이 가능하게 된다.

지적측량에 앞서 지적의 이해를 돕기 위하여 사용되는 용어를 지적법상에 정의된 것을 근거로 소개하면 다음과 같다.

필지(筆地)는 하나의 지번(地番)이 붙는 토지의 등록단위를 말하며, 지번은 토지에 붙이는 번호이다. 필지는 토지에 대한 법률적인 단위구역이므로 필지가 성립하기 위해서는 몇 가지 조건이 갖추어져야 한다. 지번지역이 동일하고, 지목(地目)이 같으며, 지적도 또는 임야도의 축척이 같아야 하며, 지반이 도로 · 하천 · 제방 등의 토지에 의해 단절되지 않고 연속되어야 한다. 그리고 소유자가 동일하고, 소유권 이외의 권리관계가 같으며 등기 여부가 같아야 한다. 여기서 지번지역은 리 · 동 또는 이에 준하는 지역으로 지번을 설정하는 단위지역을 말하며, 지목은 토지의 주된 사용 목적에 따라서 토지의 종류를 구분 · 표시하는 명칭으로 전, 답, 과수원, 목장용지, 임야, 광천지, 염전, 대(垈), 공장용지, 학교용지, 주차장, 주유소용지, 창고용지, 도로, 철도용지, 하천, 제방, 구거, 유지, 수도용지, 공원, 체육용지, 유원지, 종교용지, 사적지, 묘지, 잡종지로 구분한다. 이중 임야는 수목지, 죽림지, 암석지, 사력지, 사지(砂地), 초생지, 황무지, 습지, 간석지 등을 합쳐서 말하며, 잡종지는 호전(芦田), 초평(草坪), 채석장, 토취장, 물건장(物乾場), 물치장(物置場), 공작장, 도급장, 수차장(水車場), 화장장, 도수장(屠獸場), 시장, 비행장, 공동우물, 비석부지, 방앗간, 상여집, 측량표부지 등을 포함한다.

지적도나 임야도의 정확도를 높이기 위하여 다른 축척으로 변경하는 것을 축척변경이라 하며, 지적공부에 등록된 1필지를 2필지 이상으로 나누어 등록하는 것을 분할, 2필지 이상을 1필지로 합하여 등록하는 것을 합병이라 한다. 지적공부는 지적도, 임야도 및 수치지적부 그리고 토지대장과 임야대장을 말한다.

토지를 새로 지적공부에 등록하는 신규등록할 토지가 생기거나, 기등록지의 지번, 지목, 경계, 좌표 또는 면적이 달라지는 것을 토지의 이동이라 한다.

지적측량의 기초가 되는 기초점은 지적측량용 삼각점과 보조삼각점 및 도근점을 가리킨다.

(2) 일반적인 지적의 분류

① 도해지적

도해지적(圖解地籍)은 지적도 또는 임야도에 토지의 경계를 도면화하여 등록하는 것이다. 평면측량이나 항공영상탐측 등으로 실시되는 도해지적은 수치지적에 비해 정확도가 낮지만, 토지의 경계가 도면으로 표시되어 있기 때문에 쉽게 볼 수 있고 이용하기에 편리하다.

② 수치지적

토지의 경계점을 도해적으로 표시하지 않고, 수학적인 좌표로 표시하는 것을 수치지적이라 하며, 일반적으로 데오돌라이트, 광파종합측량기(TS), GPS 등에 의한 측량이나 항공영상탐측 등으로 실시된다. 수치지적은 도해지적에 비해 정확도가 훨씬 높기 때문에 경제성이 높은 지역이나 정확을 요하는 지역에서 이용된다. 그러나 수치지적에서 도면은 전혀 만들지 않고, 좌표만을 사용할 경우 일반인이 사용하기에 불편하므로, 안내역할을 할 수 있는 도면을 따로 설치할 필요가 있다.

(3) 지적측량의 축척과 정확도

지적측량을 시작하기 전에 측량지역, 지역의 면적 및 측량기간 등의 계획과 함께 축척, 정확도 및 측량의 방법 등을 결정하여야 한다. 전국토를 동일한 정확도로 측량하는 것은 실용적이지 못하므로 지역에 맞는 정확도와 축척을 사용하는 것이 경제적이다.

우리 나라 지적도의 시행지역은 1/500, 1/600, 1/1,000, 1/1,200, 1/2,400이 있고 임야도 시행지역은 1/3,000, 1/6,000의 축척을 사용하고 있다. 1/1,200은 대부분 농촌지역에 적용되어 있으며, 시가 중심지에는 1/600이 사용되고 있다. 그리고 대부분의 산지는 1/6,000로 되어 있으나 시가지 주변의 산지는 1/3,000로 되어 있다. 그러나 최근에 실시하고 있는 1/500, 1/1,000 축척 등 1/500이 적용되는 곳은 구획정리, 도시계획에 의한 신시가지 등으로 수치측량에 의한 수치지적부(數値地籍簿)가 비치되도록 하고 있다.

1/1,000은 경지정리사업에 의한 농지의 새로운 축척으로 이용되며, 이때는 경우에 따라 수치지적부를 비치하지 않아도 된다.

(4) 지적측량의 순서

지적측량은 데오돌라이트, TS, GPS, 평판 등을 이용한 지상측량과 사진측량에 의한 방법으로 나누어진다. 기초측량은 데오돌라이트를 이용한 지상측량이나 영상탐측법에 의하여 실시하며 세부측량에서 확정측량은 데오돌라이트에 의하는 것을 원칙으로 하며, 그 외의 측량은 평판측량 또는 영상탐측에 의하여 실시한다. 영상탐측방법은 제14장에서 기술한 작업순서와 동일하므로, 여기서 는 지상법에 의한 순서를 설명한다.

① 작업계획과 준비

측량지역의 공부(公簿) 및 경계조사, 축척결정 등

② 1필지조사

조사도의 소도(素圖)작성, 지적조사표작성, 경계표시말뚝준비 등의 준비작업과 현지에서의 경계조사, 조사도작성

③ 기초측량

국가기본 삼각측량의 성과를 점검하고, 삼각측량, 삼각보조측량 및 다각측량(도근측량) 실시

④ 세부측량

필요에 따라 세부도근측량을 실시하고, 1필지측량 실시

⑤ 면적산정

필지의 수평면적을 좌표면적계산법이나 전자면적관측기(digital planimeter) 등을 이용하여 산정한다.

⑥ 지적도 정리

측량결과에 따라 새로운 지적도를 작성하거나, 지적도상의 등록사항을 정정한다.

(5) 지적측량의 좌표 표현

필지의 경계 위치를 복원하기 위한 위치표현 방법은 크게 대지(大地)측량적 표현과 소지

(小地)측량적 표현의 두 가지로 나눌 수 있다.

① 평면직교좌표

대지측량에서 위치의 표현은 구면좌표로서 경위도를 사용하지만, 지적측량에서 상세하게 소지적인 지역을 표현하는 데는 불편하므로 적용범위를 동서 200㎞ 정도(경도차 2°)로 구분하여 한 좌표계를 사용하는 평면직교좌표로 표현한다. 즉, 대지측량에서 이미 결정되어 있는 국가기본삼각점(1~4 등)의 경위도를 각각 평면좌표계의 X, Y 값으로 환산한 것을 기초로 삼각점, 도근점 등의 기초점 측량을 실시한다.

지적측량에 사용되는 평면직교좌표의 원점은 우리나라 평면직교좌표의 원점과 동일하다. 즉, 동해원점(북위 38°선과 동경 131°선의 교점), 동부원점(북위 38°선과 동경 129°의 교점), 중부원점(북위 38°선과 동경 127°선의 교점), 서부원점(북위 38°선과 동경 125°선의 교점)의 4대원점이다. 그러나 현재 우리나라에서는 이 원점 외에 구 소삼각측량지역, 특별 소삼각측량지역, 특별 도근측량지역 및 특별 세부측량지역은 기타의 원점을 사용하고 있으며 이 원점들은 〈표 7-6〉과 같다.

표 7-6 특별측량지역의 원점좌표(각 원점의 평면직교좌표(X, Y)=(0, 0))

위치 \ 원점명	망 산	계 양	도 본	가 리
북 위	37°43′7″.060	37°33′1″.124	37°26′35″.262	37°25′30″.532
동 경	126°22′24″.596	126°42′49″.685	127°14′7″.397	126°51′59″.430

위치 \ 원점명	등 경	고 초	율 곡	현 창
북 위	37°11′52″.885	37°9′3″.530	35°57′21″.322	35°51′46″.967
동 경	126°51′32″.845	127°14′41″.585	128°57′30″.916	128°46′3″.947

위치 \ 원점명	구 암	금 산	소 라	
북 위	35°51′30″.878	35°43′46″.532	45°39′58″.199	
동 경	128°35′46″.186	128°17′26″.070	128°43′36″.841	

4대원점 및 기타 원점의 경위도와 국가기본삼각점의 경위도좌표를 평면직교좌표로의 변환은 현재 가우스 이중투영에 의한 값을 사용하고 있다.

② 소지측량적 좌표표현

국지적인 좌표의 표현방법에는 극좌표방식과 삼변장방식의 두 가지가 있다.

가) 극좌표방식

극좌표방식은 〈그림 7-34〉와 같이 1필지의 경계점 또는 근처의 점 중에서 상호 시통(視通)이 되고, 거리측량이 가능한 두 점에 영구적이며 완전한 표지를 설치하여 이 두 점을 기준으로 하여 1필지 내의 각 지점까지의 방향각과 거리를 필요로 하는 정확도로 측량하여 기록해 놓는 방법이다. 이 방법은 기준이 되는 두 점이 부동으로 명확하게 표지가 유지 보존되면 다른 경제점의 위치는 요구되는 정확도로 쉽게 복원될 수 있다.

〈그림 7-34〉에서 (a)는 필지의 근처에 기준이 되는 두 점 A, B를 설정한 경우이며, (b)는 필지의 경계점에 기준점을 설치한 경우이다. 어느 것이나 두 점 중에서 한 점(A 또는 P_1)을 원점으로 하고 다른 한 점(B 또는 P_2)으로의 방향선을 원방향으로 하여, 즉 B 또는 P_2점을 방위점으로 하여 방향각과 거리로써 각 경계점의 위치를 표시한다.

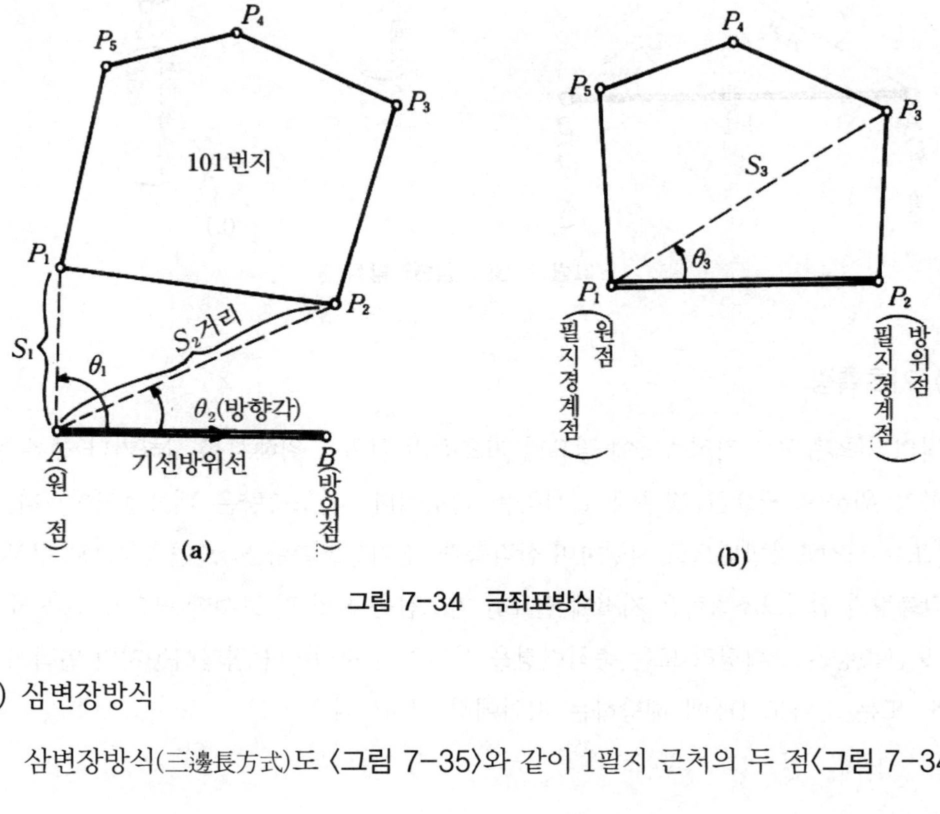

그림 7-34 극좌표방식

나) 삼변장방식

삼변장방식(三邊長方式)도 〈그림 7-35〉와 같이 1필지 근처의 두 점〈그림 7-34(a)〉

이나 경계점〈그림 7-34(b)〉 중에서 시통이 잘 되는 두 점을 선택하여 원점을 설치하고, 이 원점으로부터 각 경계점까지의 거리를 측량하여 각 점의 위치를 표현하는 방법이다.

이와 같은 국지적 좌표표현은 평면직교좌표로 변환하는 것이 가능하지만 이것은 어디까지나 아주 협소한 범위에 사용되는 것에 불과하므로 평면직교좌표와는 구별하여야 한다. 그리고 이 방법은 그 기준이 되는 두 점의 부동성에 의심이 생기는 경우는 그 복원은 무의미하게 되고 따라서 측량기록도 무의미하게 되므로 원점을 이동되지 않게 유지하여야 한다.

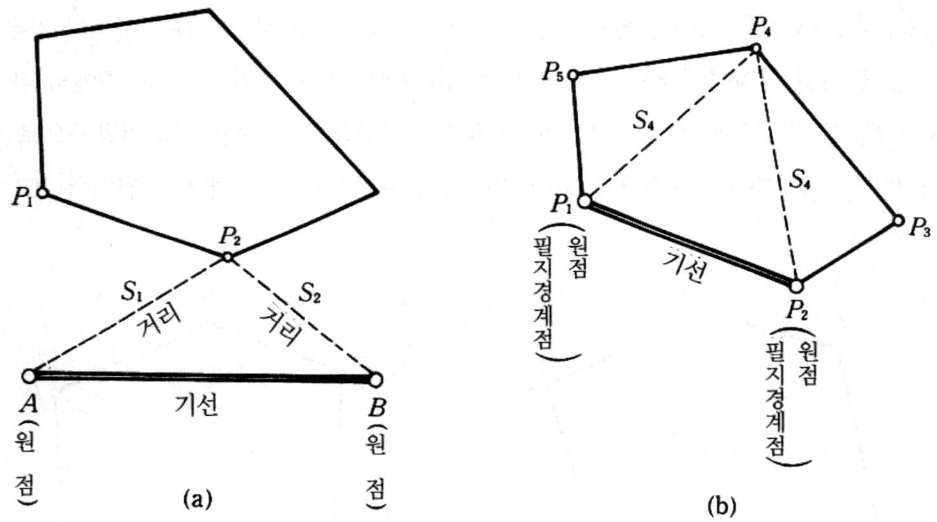

그림 7-35 삼변장방식

(6) 기초측량

지적의 기초측량은 지적측량에 필요한 기초점의 설치를 위해서 실시하거나 세부측량을 시행하기 위하여 필요한 경우에 실시하는 측량이다. 기초측량은 데오돌라이트나, TS, GPS 또는 사진측량방법으로 시행하며 삼각측량, 삼각보조측량 및 도근측량으로 구분한다.

삼각측량과 삼각보조측량은 지적에 필요한 기초점을 신설 및 보수할 필요가 있을 때 실시하며 도근측량은 구획정리 또는 축척변경을 시행하는 지역이나 집단이동지의 면적이 해당 지적도 또는 임야도 1매에 해당하는 지역에서 실시한다.]

① 삼각측량

지적의 삼각측량은 국가기본삼각점과 지적측량용삼각점을 기초로 시행하며 삼각점의 매설은 다음 사항을 고려하여야 한다. 첫째, 삼각점 사이의 거리는 2km~5km로 협각이 30°이상 120°이하로 설치하며, 둘째 영구적으로 보존할 수 있는 장소에 행정단위별로 일련번호를 부여하여 구성한다.

삼각측량의 수평각은 10″ 이상의 정밀데오돌라이트를 사용하여 3대회(윤곽도는 0°, 60°, 120°)의 방향관측법으로 방향각, 1관측회의 폐색 및 삼각형 내각합과 180°외의 차는 각각 30″ 이하, 기지각과의 차이는 40″ 이하로 측량하여야 한다.

이때 계산단위는 〈표 7-7〉에 의하여 실시하며, 삼각점의 표고를 등록할 때는 두 삼각점의 고저각을 관측하여 그 교차(較差)가 1관측점에서는 30″ 이하, 소구점에서 기지점을 관측한 수직각의 교차가 90″ 이하인 때는 그 평균값을 수직각으로 한다.

또 2개의 기지점에서 소구점의 표고를 산출한 결과 그 산출교차가 5cm+5cm(S_1+S_2) 이하인 때에는 그 평균값을 표고로 한다. 여기서 S_1, S_2는 기지점에서 소구점까지의 수평거리로서 km 단위이다.

표 7-7 삼각측량의 계산 단위

종별	각	변길이	대수	좌표	경위도	자오선 수차
단위	초	cm	6자리 이상	cm	초 아래 3자리	초 아래 1자리

② 보조삼각측량

삼각보조점은 도근측량을 시행할 때 기설의 삼각점과의 연결이 곤란한 경우에 설치하여 국가기본삼각점 및 지적측량용 삼각점에 의하여 시행하고, 지형상 부득이한 경우에 삼각보조점을 혼용할 수 있다. 삼각보조점의 평균거리는 1~3km로서 삼각형의 내각이 30° 이상 120° 이하로 설치한다. 점의 결정은 전방교선법 또는 측방교선법으로 하며 교선은 3방향 교선에 의한다. 다만, 2방향으로 결정해야 하는 지형에서는 삼각형의 내각의 차가 40″ 이하일 때 각 각에 배분하여 사용한다. 각관측은 20″ 이상의 데오돌라이트를 사용하며 2대회(윤곽도 0°와 90°)의 방향관측법으로 하며 1방향각 및 1관측회의 폐쇄는 40″ 이하, 삼각형의 내각의 차 및 기지점과의 차는 50″ 이하로 한다. 계산단위는 각, 변길이, 좌표 및 대수를

〈표 7-7〉의 삼각측량과 같이하며 2개의 삼각형으로부터 산출한 위치의 연결오차 $(=\sqrt{(종선차)^2+(횡선차)^2})$가 0.3m 이하인 때는 그 평균값을 삼각보조점의 위치로 결정한다.

③ 도근측량

도근점측량(圖根點測量)은 국가기본삼각점, 지적측량용 삼각점 및 삼각보조점을 기초로 하여 세부측량의 기준이 되는 도근점을 설치하기 위하여 실시하는 측량이다. 측량방법은 일반적으로 다각측량에 의하며, 경우에 따라 다각측량과 함께 교선법을 병행하기도 하여 결과를 평면직교좌표로 표시한다.

가) 다각측량

다각측량(또는 도선법)은 1등 다각점(또는 도선)과 2등 다각점으로 구분하며 1등 다각점은 기본삼각점, 지적측량용 삼각점 및 삼각보조점을 연결하여 가, 나, 다순의 고딕체로 표시하며 2등 다각점은 기본삼각점, 지적의 삼각점, 삼각보조점 및 도근점을 연결하는 것으로 ㄱ, ㄴ, ㄷ 순의 고딕체로 표기한다.

다각점은 기초점을 연결하는 결합다각측량으로 하는 것을 원칙으로 하지만, 지형상 폐합다각측량 또는 왕복측량을 하는 경우도 있다. 1다각측량의 다각점은 30점 이하로 하되 지형에 따라 10점을 증가시킬 수 있으며 점 사이의 거리는 해당지역의 축척 분모의 1/10m를 기준으로 하며 300m 이하로 한다. 거리관측은 2회로 하여 그 교차가 축척분모의 5/1,000cm 이하인 경우에 평균값으로 하며 거리와 좌표의 계산은 cm 단위까지로 한다. 경사거리는 수평거리로 환산하며 고저각이 1° 이하일 때는 수평거리로 간주한다. 그리고 임야도 작성시 지형상 부득이한 경우는 시거측량에 의하여 거리를 측량할 수도 있다.

다각측량 폐합오차의 제한은 다음과 같다.

1등다각: 해당지역 축척분모수의 $\dfrac{1}{100\sqrt{n}}$cm 이내(단, n은 관측선의 총거리를 100으로 나눈 수)

2등다각: 해당지역 축척분모수의 $\dfrac{1.5}{100\sqrt{n}}$cm 이내

축척 1/3,000 이하지역: 이 지역의 오차제한에 준용

각의 관측은 20″ 이상의 데오돌라이트를 이용하며 고저각은 상향각(앙각)과 하향각(부각)을 관측하여 평균하며, 수평각은 배각법이나 방위각법을 사용한다.

(ㄱ) 배각법

수평각 관측에서 배각법(倍角法)은 시가지에서 사용하며, 3배각으로 초단위까지 관측 계산을 한다. 각관측의 오차제한은 1배각과 3배각의 교차(較差)에 대하여 30초로 하고 1다각측량의 내각관측차는 1등도선이 $20\sqrt{n}''$, 2등도선이 $30\sqrt{n}''$(n은 관측변수)으로 한다. 각 관측오차가 이 오차제한 내에 든 경우에 오차배분은 다음 식에 의해 관측선길이에 반비례하여 각 각에 배분한다.

$$K_1 = \frac{R}{e} \times 0.5 \qquad (7\text{-}12)$$

$$K_2 = K_1 + \frac{R}{e}$$

$$\vdots$$

$$K_n = K_{n-1} + \frac{R}{e}$$

(단, K_1, K_2, …, K_n은 1″, 2″, …, n″를 배분하여야 할 관측선길이 반수(反數)(=1,000/관측선길이)의 최소한, e는 오차, R은 관측선길이 반수의 총합계)

다각측량 결과의 연결오차는 배분은 각 관측선의 종선차 또는 횡선차에 비례하여 배분한다.

$$T_1 = \frac{L}{e} \times 0.5 \qquad (7\text{-}13)$$

$$T_2 = T_1 + \frac{L}{e}$$

$$\vdots$$

$$T_n = T_{n-1} + \frac{L}{e}$$

(단, T_1, T_2, …, T_n은 1㎝, 2㎝, …, n㎝를 배분할 종선차(縱線差) 또는 횡선차(橫線差)의 최단거리, e는 종선 또는 횡선오차, L은 종선차 또는 횡선차의 절대값의 총합계)

(ㄴ) 방위각법

수평각관측에서 방위각법은 시가지를 제외한 기타지역에서 사용하며 각 관측점에서 1회씩 분단위까지 측량한다.

방위각법에서의 폐합오차는 1등다각점에서 $\sqrt{n}'$, 2등다각점에서 $1.5\sqrt{n}'$이 허용한계이다. 각 관측선에 대한 방위각의 배분은

$$K_1 = \frac{S}{e} \times 0.5 \qquad (7\text{-}14)$$
$$K_2 = K_1 + \frac{S}{e}$$
$$\vdots$$
$$K_n = K_{n-1} + \frac{S}{e}$$

(단, K_1, K_2, ⋯, K_n은 1분, 2분, ⋯, n분을 배분하여야 할 처음변, e는 오차량, S는 변수)

로 하며, 종횡선오차의 배분은 다음 식으로 한다.

$$C_1 = \frac{L}{e} \times 0.5 \qquad (7\text{-}15)$$
$$C_2 = C_1 + \frac{L}{e}$$
$$\vdots$$
$$C_n = C_{n-1} + \frac{L}{e}$$

(단, C_1, C_2, ⋯, C_n은 1cm, 2cm, 3cm를 배분하여야 할 관측선길이의 최단거리, e는 오차, L은 관측선길이의 합)

(ㄷ) 교선법

교선법(交線法)은 다각측량으로는 지형상 측량하기 곤란한 도근점을 전방 또는 측방 교선법으로 3방향교선에 의해 관측하는 것이다. 교선법에 의한 도근점은 교선의 길이가 평균 200m, 교각이 30˘이상 120˘이하가 되도록 설치하며, 각관측은 다각측량방법과 마찬가지로 시가지에서는 배각법(3배각, 초단위 관측)을 사용하고, 기타지역에서는 방위각법(1회, 분단위 관측)을 사용한다.

3방향교선에서 2개 삼각형으로부터 계산한 위치오차(= $\sqrt{(\text{종선교차})^2 + (\text{횡선교차})^2}$)의 제한은 0.3m 이내이다.

시가지: 0.5m　　기 타: 0.8m　　임야도시행: 1.0m

④ 도근점의 전개

도근점(圖根點)의 전개는 세부측량을 실시하기 위하여 기초측량의 성과를 측량원도에 표시하는 작업이다. 평판측량을 실시하게 되는 측량원도의 도곽(圖廓)은 종선길이(남북)

33.33㎝(1.1척), 횡선길이(동서) 41.67㎝(1.375척)이다. 단, 구획정리지구나 축척변경시행지역에서 새로 지적도를 만드는 곳은 도곽폭을 30㎝_40㎝로 하고 있다. 도근점의 좌표는 앞의 좌표계에서 설명한 측량의 4대원점과 기타원점을 이용한 평면직교좌계에 따른다. 따라서 도곽을 직사각형으로 도곽선을 작도하고 이 도곽선에 의해 도근점을 전개한다. 도곽선은 도곽판(도곽정규라고도 함)을 이용하거나 피타고라스 정리를 이용하여 도면의 축척과 동일한 축척으로 작도한다.

축척별 도곽의 크기와 실제거리는 〈표 7-8〉과 같다. 예를 들어, 축척 1/1,200인 지역에서 도근점 11(127377.10, 42812.60)과 12(127473.80, 42734.00)를 전개한다. 도곽선은 축척에 맞게 구획되므로 종선은 400m, 횡선은 500m이다. 11과 12의 종축(x)좌표를 보면 400m씩 구획될 때 가장 가까운 종선값은 127,200m이며, 횡축(y)좌표는 500m씩 구획되어서 가장 가까운 횡선값은 42,500m이므로 이 구역의 도곽은 〈그림 7-36〉과 같이 된다.

표 7-8 축척별 도곽의 크기

구분 \ 축척	$\frac{1}{500}$	$\frac{1}{1,000}$	$\frac{1}{600}$	$\frac{1}{1,200}$
도상길이 실제거리	30cm×40cm 150m×200m	30cm×40cm 30m×40m	33.33cm×41.67cm 200m×250m	33.33cm×41.67cm 400m×500m

구분 \ 축척	$\frac{1}{2,400}$	$\frac{1}{3,000}$	$\frac{1}{6,000}$
도상길이 실제거리	33.33cm×41.67cm 800m×1,000m	33.33cm×41.67cm 1,000m×1,250m	33.33cm×41.67cm 2,000m×2,500m

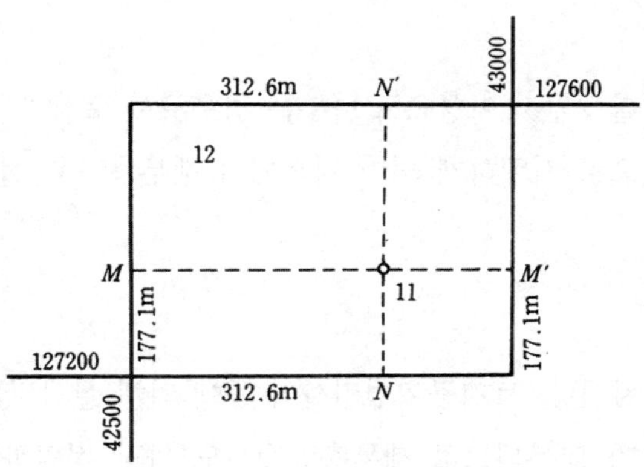

그림 7-36 도곽선과 도근점의 전개

그림에서처럼 11점과 12점의 전개는 도곽의 상하 및 좌우변에서 도곽선으로부터의 거리를 잡아서 점의 위치를 결정하며, 도상거리를 관측하여 정확하게 되었는지의 여부를 검사한다.

⑤ 세부측량

가) 세부측량의 종류

세부측량은 도근점을 기초로 하여 1필지마다의 형상을 측량하는 것, 즉 1필지의 경계점의 좌표를 결정하여 지적도(임야도를 포함)를 작성하는 측량으로, 1필지측량이라 할 수 있다.

세부측량을 시행하는 경우는 토지이동의 신청 등에 의한 것으로 다음과 같은 여덟 가지로 나누어진다.

(ㄱ) 신규등록측량

공유수면매립의 준공 등으로 새로운 토지가 생겼을 때 토지를 새로이 지적공부에 등록하는 측량이다.

(ㄴ) 등록전환측량

임야도의 토지를 지적도에 옮겨 등록하는 경우의 측량으로 이것은 지적공부의 정확도를 높이기 위한 것이다.

(ㄷ) 축척변경측량

지적도(임야도 포함)의 정확도를 높이기 위하여 소축척도를 대축척도로 축척을 변경하는 경우에 시행한다.

(ㄹ) 분할측량

1필지의 토지를 2필지 이상으로 나누는 경우로서 토지의 일부매매, 또는 공공시설물의 설치 등으로 시행하게 되며 지적에서 세부측량을 실시하는 대종을 이루는 측량이다.

(ㅁ) 확정측량

도시계획, 농지개량, 토지구획정리사업 등에 의해 실시되는 측량으로, 대부분의 경우 환지(換地)가 교부되므로 세부측량에서도 가장 정밀하게 실시된다.

(ㅂ) 경계정정측량

현지의 경계는 변동이 없지만 지적공부상에 경계가 잘못 기록되었을 때 공부를 정정하기 위한 측량이다.

(ㅅ) 복구측량

천재 · 지변 또는 인위 등으로 지적공부가 망실되었을 때 망실 전의 상태로 복구하기 위한 측량이다.

(ㅇ) 경계감정측량(또는 경계복원측량)

지적공부에 등록된 경계를 현지에 표시하는 행정처분으로 등록할 당시의 측량방법과 동일한 방법으로 시행하여야 한다. 이것은 최근에 지적측량으로 규정되었다(1976년).

1필지측량은 측량 전에 필지의 조사가 선행되어야 하며 필지의 조사는 해당지역의 지적도를 투사하여 조사도를 작성한다. 세부측량은 일반적으로 평판(측판)에 의한 도해법으로 실시되어 왔으나, 최근에는 데오돌라이트에 의한 수치지적이 이루어지고 있다.

나) 도해법

평판측량에서는 교선법, 전진법(또는 도선법), 방사법, 지거법, 비례법으로 실시하며 거리측량단위는 5㎝(임야도는 50㎝)로 한다. 측량원도는 해당지역의 지적도와 동일한 축척으로 작성하며, 경계위치는 지상경계선과 도상경계선의 일치상태를 현형법(現形法), 도상원호교선법, 지상원호교선법, 거리비교확인법 등으로 확인한다. 이때 도상길이가 15㎝ 미만인 경계는 그 차이가 1㎜ 이내, 도상길이가 15㎝ 이상 경계는 매 15㎝마다 1㎜를 더한 차이 이내일 때 경계의 이동은 없는 것으로 한다. 그리고 도상에 영향을 미치지 않는 지상거리의 축척별 한계는 $L=\frac{1}{10}M$㎜로 한다(L은 지상거리, M은 축척분모수).

다) 교선법

교선법은 전방교선법 또는 측방교선법에 의하여 3방향교선으로 실시한다.

방향각의 교각은 30° 이상 150° 이하로 하며, 방향선의 도상길이는 평판의 방위맞추기(또는 표정)에 사용한 방향선의 도상길이 이하로서 10㎝ 이내로 한다. 시오삼각형이 생겼을 때는 내접원의 지름이 1㎜ 이하일 때 그 중심점을 취한다.

라) 전진법(또는 도선법)

전진법에서의 관측선길이는 도상 8㎝ 이하로서 관측선(또는 도선)수는 20변 이하로 한다.

관측선연결오차의 제한은 $\sqrt{n}/3$㎜ 이내이며, 오차배분은

$$M_1=\frac{e}{n},\ M_2=M_1+\frac{e}{n},\ \cdots,\ M_n=M_{n-1}+\frac{e}{n} \qquad (7\text{-}16)$$

(n은 변수, e는 오차량)

으로 한다.

(7) 확정측량

① 가구(街區)확정측량의 순서

가) 작업준비

측량작업에 들어가기 전에 작업계획을 수립하고, 현지를 답사하여 작업방침을 결정한다.

나) 계획가로의 중심점 및 준거점의 측량과 계산

간선가로인 도시계획가로의 중심점위치가 정해져 있을 때는 그 중심점을, 그렇지 않을 때는 가로설정의 조건이 되는 준거점(건축물 또는 견고한 시설물)을 측량하고 그 좌표를 계산하여 가로 중심선을 조건에 맞춘다.

다) 중심점좌표, 중심점 사이의 거리, 방향각계산

각 가로의 교차중심점이나 절점이 되는 중심점의 좌표를 계산하고, 이 중심점 사이의 거리와 방향각을 구하여 이 성과를 확정원도에 기입한다.

라) 가구변의 길이, 가구점의 좌표, 가구면적의 계산

가구의 교차중심점의 좌표를 기준으로 하여 각 가구변의 길이, 가구점의 좌표, 가구의 면적을 계산한다.

마) 중심점, 가구점, 절점의 측설

좌표가 계산된 교차중심점, 가구점 및 절점을 근처의 다각점과 역계산을 하여 현지

에 측설한다.

바) 가구확정원도 작성

켄트지에 교차중심점, 가구점, 절점을 도화하여 각 가구를 작성하고 확정원도를 작성한다.

② 원곡선부의 가구점 처리

일반적으로, 시가지에서 도로선형은 완화곡선이 삽입되지 않은 단곡선으로 되어 그 선형계산은 노선측량방법에 의한 계산식에 따른다. 그러나 공공용지나 택지는 등기 또는 토지이용면에서 곡선경계로 하지 않고 외측에 외접하고, 내측에 내접하는 등변다각형으로 정한다(〈그림 7-37〉 참조).

이 등변다각형으로 도로곡선의 폭이 확보되고, 면적이 크게 변하지 않도록 하기 위해서는 곡선 중심각의 분할을 6° 이하로 하고 가구의 절선길이는 5m 이상으로 하지만, 분할된 호의 길이와 현의 길이의 차이가 5㎜ 이내가 되도록 한다.

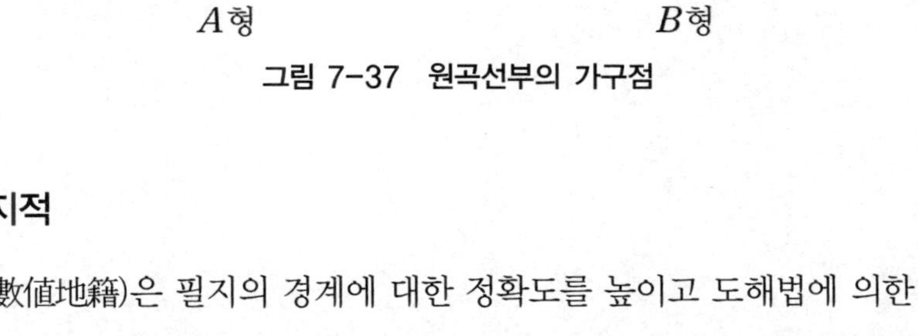

그림 7-37 원곡선부의 가구점

(8) 수치지적

수치지적(數値地籍)은 필지의 경계에 대한 정확도를 높이고 도해법에 의한 문제점을 보완하기 위하여 경계점을 수치(X, Y 좌표)로 표현하는 것이다. 2001년 지적법 개정으로 수치지적부는 경계점좌표등록부로 명칭이 변경되었다. 수치지적도는 도해도면보다 신도, 축도가 용이하며 다양한 축척으로 변환할 수 있으며 확대 재생산 등이 가능하다. 경계점좌표등록부를 설치한 지역에 있어서는 토지의 경계결정과 지표상의 복원은 좌표로 한다.

트랜시트에 의한 세부측량은 20″ 이상의 데오돌라이트를 사용하여 10″단위로 측량하며 방향관측법 또는 2대회 이상의 배각법에 의하여 시행한다. 거리측량은 수평거리 2회 관측하며 cm단위로 관측하고 좌표계산도 cm단위로 한다.

세부측량 중 도시계획사업, 토지구획정리사업, 농지개량사업 및 지역개발사업 등의 지적확정측량은 데오돌라이트에 의한 수치계산으로 경계점좌표등록부를 작성한다. 따라서 경계점의 좌표를 결정하기 위해서는 소정의 계산식을 사용하여야 한다. 그리고 필요에 따라 평판 및 사진측량을 사용할 수도 있다.

연 습 문 제

다음 각 사항에 대하여 답하시오.

01. 지형도제작에 있어서 종래지상측량방법, 영상면에 의한 방법, 수치지도작성방법, 고해상영상면 및 레이저스케너에 의한 방법 등에 관한 개요

02. 지도의 분류

03. 지도제작 시 고려사항

04. 영상지도의 제작 및 활용

05. 수치형상모형의 종별, 제작 및 활용

06. 지형도의 허용오차

07. 지형도의 활용범위

08. 지적도 제작을 위한 측량 순서

09. 지적측량의 축척과 정확도

10. 확정측량

Chapter 08 면적 및 체적 산정

Introduction to surveying

1 면적 산정(computation of area)

(1) 개 요

토지의 면적은 그 토지를 둘러싼 경계선을 기준면에 투영시켰을 때 그 선내의 넓이를 말하며 측량구역이 작은 경우에는 수평면으로 간주하여도 무관하나 넓은 경우에는 기준면을 평균해수면으로 잡는다.

면적의 관측법에는 직접법과 간접법이 있는데 전자는 현지에서 직접 거리를 관측하여 구하는 방법이고, 후자에는 도상에서 값을 구하여 계산하거나 구적기를 사용하여 구하는 방법과 기하학을 이용하여 구하는 방법 등이 있다. 간접관측법은 도상에서의 거리관측의 오차, 도지의 신축 등이 면적계산에 영향을 미치므로 직접관측법에 비하여 정확도가 낮다.

(2) 도상거리법

① 삼사법

밑변과 높이를 관측하여 면적을 구하는 방법

$$A = \frac{1}{2}ah \qquad (8-1)$$

각 각의 크기, 변의 길이가 기지인 경우에는

$$A = \frac{1}{2}ab \cdot \sin C = \frac{1}{2}ac \cdot \sin B = \frac{1}{2}bc \cdot \sin A \qquad (8\text{-}2)$$

여기서 삼각형의 밑변과 높이는 되도록 같게 하는 것이 이상적이다.

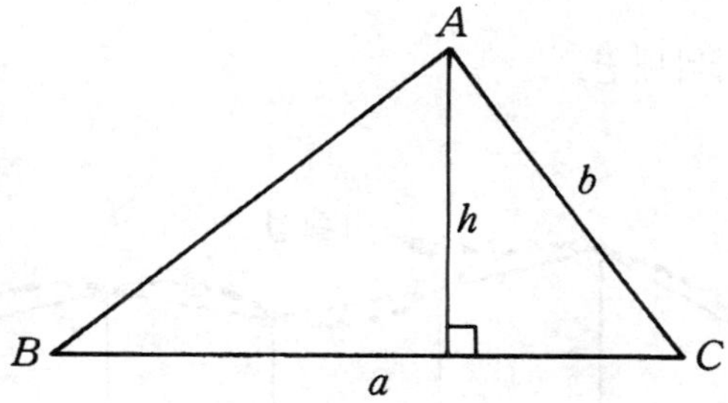

그림 8-1

② 삼변법

삼각형이 밀집된 경우에는 이 방법을 이용하여 삼각형의 3변 a, b, c를 관측하여 면적을 구한다. 이 경우 삼각형은 정삼각형에 가깝도록 나누는 것이 이상적이다.

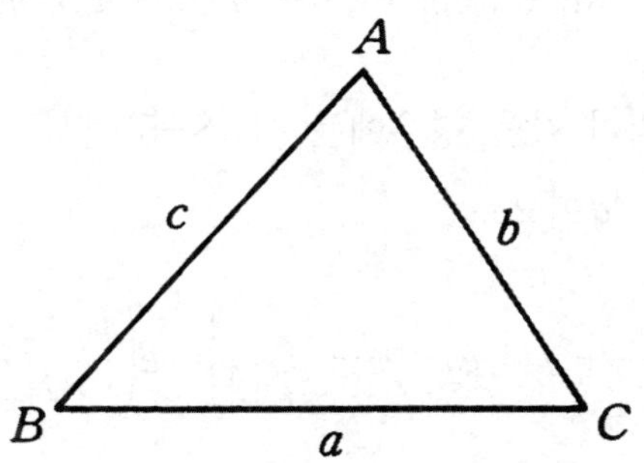

그림 8-2

$$A = \sqrt{s(s-a)(s-b)(s-c)} \qquad (8\text{-}3)$$

단, $s = \frac{1}{2}(a+b+b)$

③ 사다리꼴의 공식(臺形法)

경계선의 굴절이 심한 경우 〈그림 8-3〉처럼 경계선을 직선으로 간주하고, 구할 면적을 몇 개의 대형(臺形)으로 구분하여 식 (8-4)에 의하여 구한다.

$$A = \frac{1}{2}\{(y_0 + y_1)d_1 + (y_1 + y_2)d_2 + \cdots + (y_4 + y_5)d_5\} \qquad (8-4)$$

이 식을 일반식으로 나타내면,

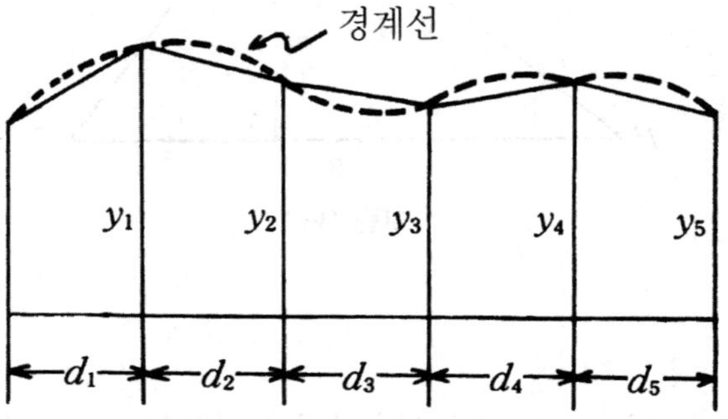

그림 8-3

$$A = \frac{1}{2}\{d_1 y_0 + (d_1 + d_2)y_1 + \cdots + (d_{n-1} + d_n)\cdot y_{n-1} + d_n y_n\} \qquad (8-5)$$

여기서 지거(支距)의 간격이 같을 경우에는 식 (8-5)에서
$d_1 = d_2 = d_3 = \ldots = d_n = d$이므로

$$A = d\left\{\frac{y_0 + y_n}{2} + y_1 + y_2 + \cdots + y_{n-1}\right\} = d\left(\frac{y_0 + y_n}{2} + \sum_{i=1}^{n-1} y_i\right) \qquad (8-6)$$

로 된다.

④ 투사지법

가) 격자법(grid method)

투사지에 일정한 간격으로 격자선을 그려서 도면상에 얹어놓고, 구하려는 면적에 둘러싸인 부분의 격자수를 센다. 경계선이 격자에 들어간 경우는 비례에 의하여 그 자리수를 읽는다(〈그림 8-4〉 참조).

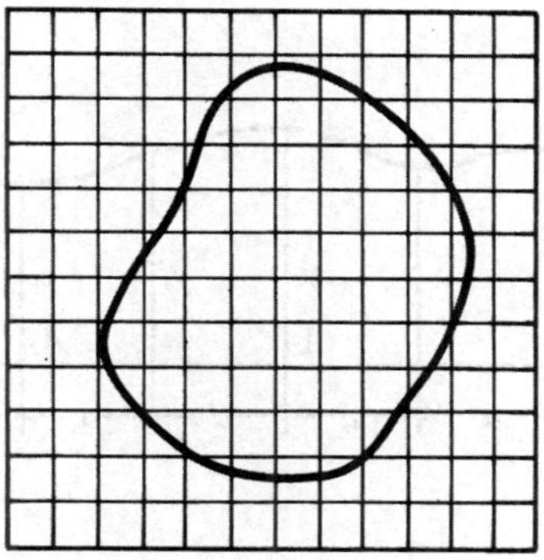

그림 8-4

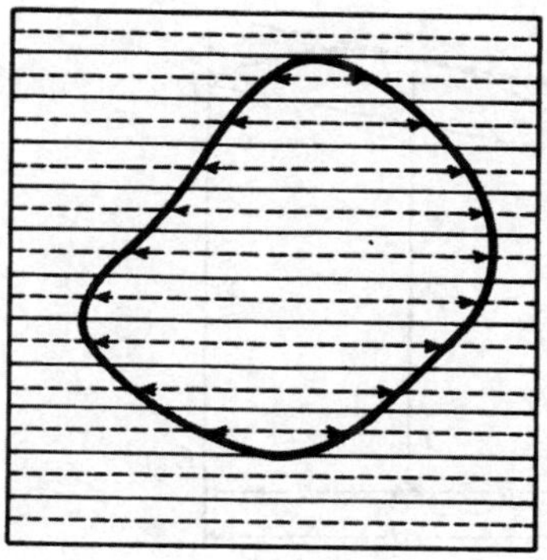

그림 8-5

나) 스트립법(strips method)

투사지에 일정간격 d로 횡선을 그려 두고 이것을 도면상에 두어 좌우의 경계선에 둘러싸인 각 스트립(종접합모형)의 중앙길이 l을 구한다. 각 스트립의 면적은 dl로써 구하게 되므로 이 총합을 구하면 된다(〈그림 8-5〉 참조).

(3) 지거방법

① 심프슨(Simpson)의 제 1 법칙

〈그림 8-6〉에서 2구간을 1조로 한 도형 ABCDE의 면적 A_1을 구하면,

$$A_1 = (\text{대형}ABCD) + (\text{포물선}BCD) = \left(2d \times \frac{y_0 + y_2}{2}\right) + \frac{2}{3}\left(y_1 - \frac{y_0 + y_2}{2}\right) \times 2d = \frac{d}{3}(y_0 + 4y_1 + y_2) \qquad (8\text{-}7)$$

또 〈그림 8-7〉으로부터

$$A_2 = \frac{d}{3}(y_2 + 4y_3 + y_4)$$

$$A_3 = \frac{d}{3}(y_4 + 4y_5 + y_6)$$

……………………

$$A_n = \frac{d}{3}(y_{2n-2} + 4y_{2n-1} + y_{2n})$$

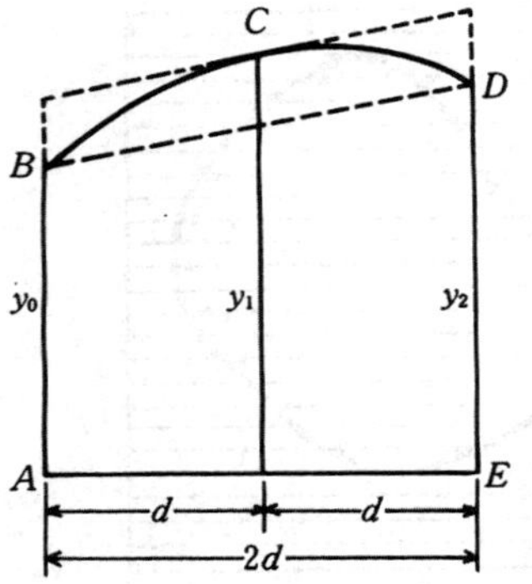

그림 8-6

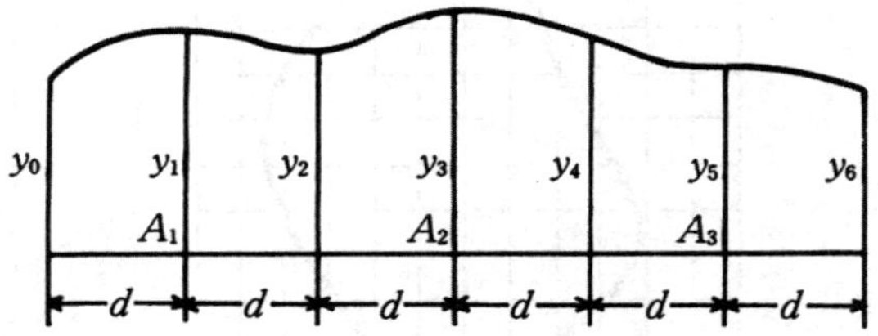

그림 8-7

으로 되어 전면적 A는 식 (8-8)로 표시된다.

$$A = \frac{d}{3}\{y_0 + y_n + 4(y_1 + y_3 + \cdots + y_{n-1}) + 2(y_2 + y_4 + \cdots + y_{n-2})\}$$

$$= \frac{d}{3}(y_0 + y_n + 4\sum y_{\text{홀수}} + 2\sum y_{\text{나머지짝수}}) \quad (8\text{-}8)$$

(단, n은 짝수이며 홀수인 경우는 끝의 것은 사다리꼴로 계산함.)

② 심프슨의 제 2 법칙

〈그림 8-8〉에서 3구간을 1조로 한 도형 $ABCDEFG$의 면적 A_1을 구하면,

$$A_1 = (\text{대형}ABCD) + (\text{포물선}BCD) = \left(3d \times \frac{y_0 + y_3}{2}\right)$$
$$+ \frac{3}{4}\left(\frac{y_1 + y_2}{2} - \frac{y_0 + y_3}{2}\right) \times 3d = \frac{3}{8}d(y_0 + 3y_1 + 3y_2 + y_3)$$

일반적인 경우

$$A_2 = \frac{3}{8}d(y_3 + 3y_4 + 3y_5 + y_6)$$
$$A_3 = \frac{3}{8}d(y_6 + 3y_7 + 3y_8 + y_9)$$
$$\cdots\cdots\cdots\cdots$$
$$A_n = \frac{3}{8}d(y_{3n-3} + 3y_{3n-2} + y_{3n})$$

로 되어 전면적 A는 식 (8-9)로 표시된다.

$$A = \frac{3}{8}d\{y_0 + y_n + 2(y_3 + y_6 + \cdots + y_{n-3}) + 3(y_1 + y_2 + y_4$$

$$+ y_5 + \cdots + y_{n-2} + y_{n-1})\}$$

$$\frac{3}{8}d\{y_0 + y_n + 2\Sigma y_{3\text{의 배수}} + 3\Sigma y_{\text{나머지수}}\} \qquad (8\text{–}9)$$

(단, n은 3의 배수)

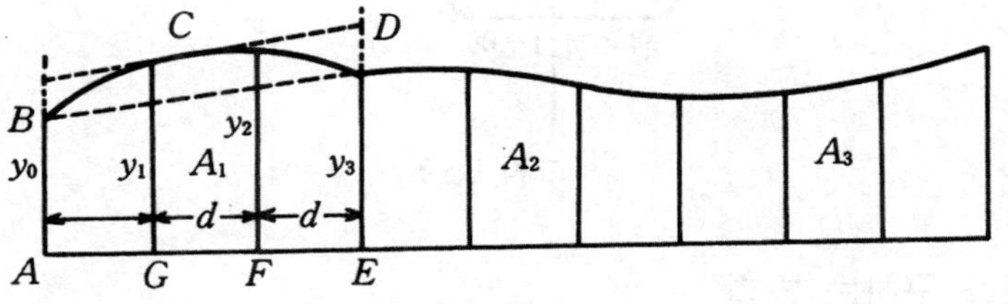

그림 8–8

(4) 자동구적기에 의한 방법

자동면적측량기 및 자동좌표독취기는 원도를 그대로 좌표 전개기에 고정하고 광학적으로 수배 확대한 도형 투명부에서 관측하므로 각 관측점의 각 각에 십자선을 맞추어 추적하면 변환기에 의하여 수치화하여 각 각점의 좌표를 기록하고 그 결과를 소형의 전산기에 연결하여 면적을 구하도록 되어 있다.

(5) 횡단면적을 구하는 방법

① 횡단면적의 기장법

토공량(土工量)을 알기 위하여 횡단면도를 만드는 데는 일반적으로 종횡의 축척을 같게 취하고 방안지상에 횡단측량의 결과 또는 지형도의 등고선으로부터 기준이 되는 점을 기입하고 이것을 직선으로 연결하여 만든다.

각 단면도에는 〈그림 8–9〉와 같이 각 단면도 밑에 관측점번호를, 단면도 내에는 그 단면적을, 단면을 쓰는 기준점에는 노반의 중심을 원점으로 한 좌표값을 (1.5)/(7.3)과 같이 표시한다. 이 경우 분모는 원점으로부터의 수평거리를, 분자는 노반면으로부터의 높이를 표시한다.

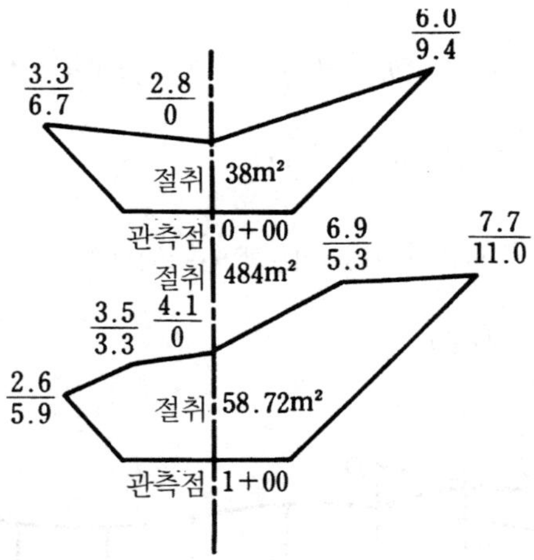

그림 8-9

② 횡단면적을 구하는 방법

도로나 철도 공사와 같이 토공량을 계산하기 위한 횡단면이 비교적 좁을 경우에 단면을 정하는 것으로 일반적으로 2~3점에서 거리와 높이를 관측하면 충분하다.

단면이 간단한 경우 단면적을 구하는 공식은 다음과 같다.

w: 노반의 저폭(底幅)

s: 사면의 기울기 (연직 1에 대하여 수평 s)

n: 원지반의 기울기

c: 중심선에서의 굴삭의 깊이

d_1, d_2: 중심선으로부터 양측의 사면말뚝까지의 거리

h_1, h_2: 사면말뚝의 노반면에서의 높이

A: 횡단면적

가) 수평단면(원지반이 수평인 경우)(〈그림 8-10〉 참조)

$$d_1 = d_2 = \frac{w}{2} + sh,\ A = c(w + sh) \tag{8-10}$$

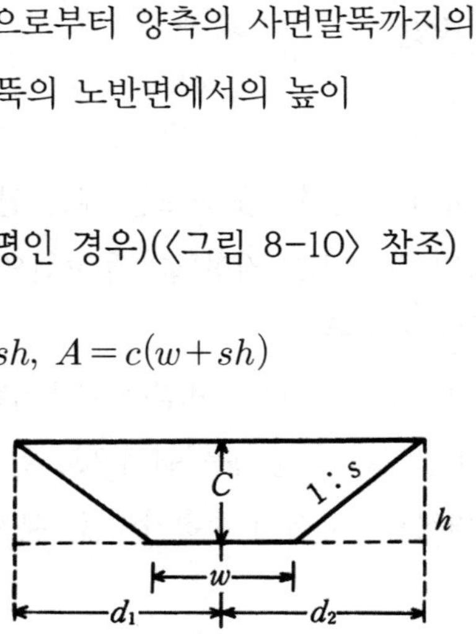

그림 8-10

나) 등경사단면(양측면의 높이가 다르고 그 사이가 일정한 경사로 되어 있는 경우)(〈그림 8-11〉 참조)

$$d_1 = \left(c + \frac{w}{2s}\right)\left(\frac{ns}{n+s}\right)$$

$$d_2 = \left(c + \frac{w}{2s}\right)\left(\frac{ns}{n-s}\right)$$

$$A = \frac{d_1 d_2}{s} - \frac{w^2}{4s} = sh_1 h_2 + \frac{w}{2}(h_1 + h_2) \qquad (8-11)$$

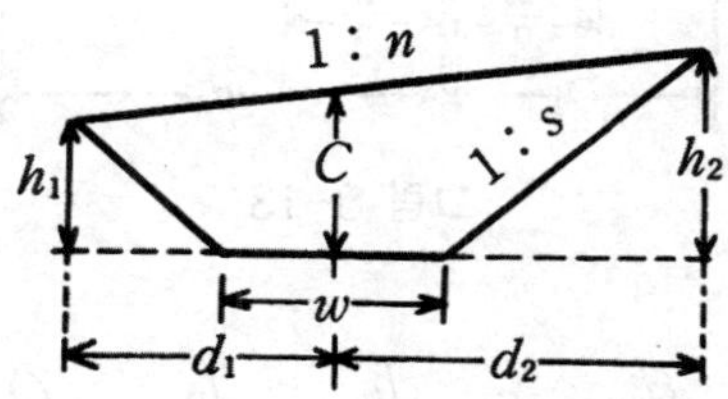

그림 8-11

다) 삼고도단면(3점의 높이가 기지인 경우)(〈그림 8-12〉 참조)

$$d_1 = \left(c + \frac{w}{2s}\right)\left(\frac{n_1 s}{n_1 + s}\right)$$

$$d_1 = \left(c + \frac{w}{2s}\right)\left(\frac{n_2 s}{n_2 - s}\right)$$

$$A = \frac{(d_1 + d_2)}{2}\left(c + \frac{w}{2s}\right) - \frac{w^2}{4s} = \frac{c(d_1 + d_2)}{2} + \frac{w}{4}(h_1 + h_2) \qquad (8-12)$$

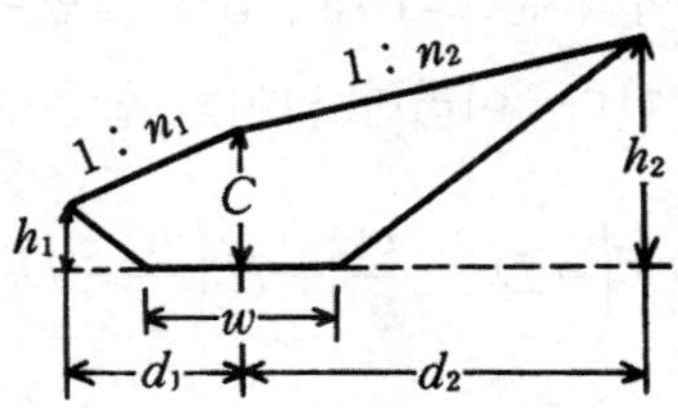

그림 8-12

라) 불규칙한 단면의 경우(〈그림 8-13〉 참조): 이 경우 야장에는 분모에 횡좌표, 분자에 종좌표를 다음과 같이 기입한다.

$$\frac{H_2}{D_2}\cdot\frac{H_1}{D_1}\cdot\frac{c}{O}\cdot\frac{h_1}{d_1}\cdot\frac{h_2}{d_2}$$

이것에 부호를 붙이고 M, N점의 좌표값도 가하여 다음과 같이 표시한다.

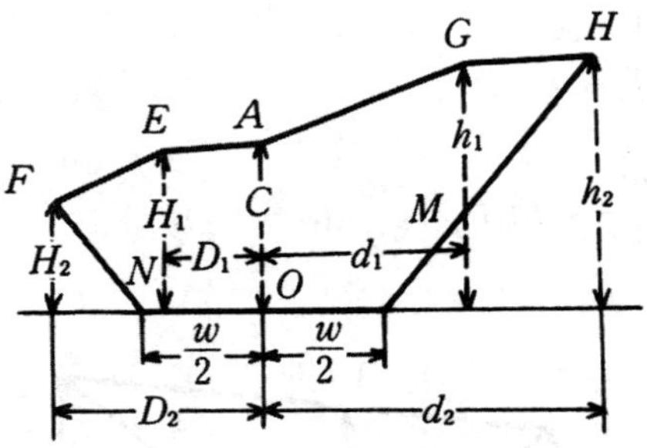

그림 8-13

$$\frac{O}{-\frac{w}{2}}\cdot\frac{H_2}{-D_2}\cdot\frac{H_1}{-D_1}\cdot\frac{c}{O}\cdot\frac{h_1}{+d_1}\cdot\frac{h_2}{+d_2}\cdot\frac{O}{+\frac{w}{2}}$$

면적을 계산하기 위하여 다음과 같이 사용한다. 즉, 각 항의 분모 우측에 그 부호와 반대의 부호를 기입한다.

$$\frac{O}{-\frac{w}{2}+}\times\frac{H_2}{-D_2+}\times\frac{H_1}{-D_1+}\times\frac{c}{O}\times\frac{h_1}{+d_1-}\times\frac{h_2}{+d_2-}\times\frac{O}{+\frac{w}{2}-}$$

면적은 다음 법칙에 의하여 구하여진다.

각 분자에 서로 인접한 항의 분모의 대수합을 곱한다. 이때 분모의 부호는 곱하는 분자의 측에 있는 부호로 한다. 이러한 넓이의 합은 횡단면적의 2배이다.

$$\text{면적}(A)=\frac{1}{2}\left[O\times\left(-D_2-\frac{w}{2}\right)+H_2\left(\frac{w}{2}-D_1\right)+H_1(D_2-O)\right.$$
$$+c(D_1+d_1)+h_1(O+d_2)+h_2\left(-d_1+\frac{w}{2}\right)$$
$$\left.+O\times\left(-d_1-\frac{w}{2}\right)\right] \tag{8-13}$$

예제 8-1

불규칙한 단면에 있어서 횡단면측량을 한 결과 다음 값을 얻었다. 횡단면 좌측 3.5m, 4.5m일 때 고도가 각각 1.4m, 0.8m이고 우측 5.0m, 8.4m일 때 고도가 각각 2.8m, 3.4m, 중앙점고도가 2.0m이고 노반의 폭은 7.0m일 때 이 단면적을 구하시오.

풀이

$$\frac{0}{-3.5+}\quad \frac{0.8}{-4.5+}\quad \frac{1.4}{-3.5+}\quad \frac{2.0}{0}\quad \frac{2.8}{+5.0-}\quad \frac{3.4}{+8.4-}\quad \frac{0}{+3.5-}$$

$0\times(-4.5-3.5)=0$
$0.8\times(+3.5-3.5)=0.0$
$1.4\times(+4.5-0)=6.3$
$2.0\times(+3.5+5.0)=17.0$
$2.8\times(0+8.4)=23.52$
$3.4\times(-5.0+3.5)=-5.1$
$0\times(-8.4-3.5)=0$

배면적 41.72m^2

$\therefore$ 면적=20.86m^2

(6) 면적의 분할

① 삼각형의 분할

가) 한 변에 평행한 직선에 의한 분할

〈그림 8-14(a)〉와 같이 삼각형면적을 $m : n$으로 분할할 경우 $\triangle ABC$의 높이를 h, 면적을 S, $\triangle ADE$의 높이를 h', 면적을 M이라 하면,

$$M=\frac{1}{2}h'\cdot DE,\qquad S=\frac{1}{2}h\cdot BC \tag{8-14}$$

$$\frac{M}{S}=\frac{m}{m+n}=\frac{h'}{h}\cdot\frac{DE}{BC}=\left(\frac{DE}{BC}\right)^2=\left(\frac{AD}{BC}\right)^2=\left(\frac{AE}{AC}\right)^2$$

$$\therefore AD=AB\sqrt{\frac{m}{m+n}},\qquad AE=AC\sqrt{\frac{m}{m+n}}$$

나) 한 꼭지점을 지나는 직선에 의한 분할(〈그림 8-14(b)〉 참조)

$$M=\frac{1}{2}h\cdot BD,\qquad N=\frac{1}{2}h\cdot CD,\qquad S=\frac{1}{2}h\cdot BC \tag{8-15}$$

$$\frac{M}{S}=\frac{m}{m+n}=\frac{BD}{BC},\qquad \frac{N}{S}=\frac{n}{m+n}=\frac{CD}{BC}$$

$$\therefore BD=\frac{m}{m+n}BC,\qquad CD=\frac{n}{m+n}BC$$

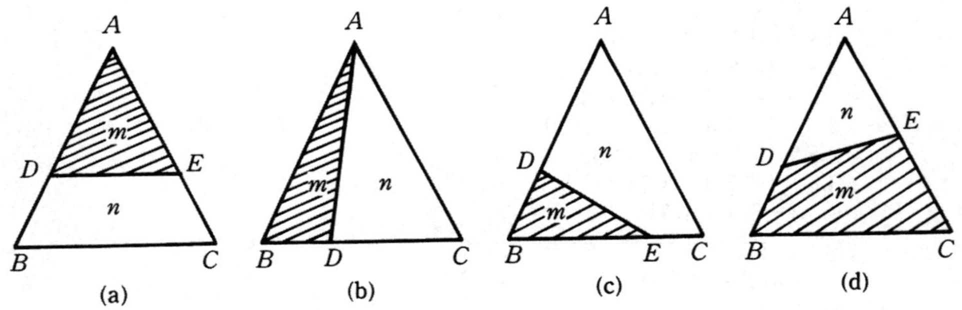

그림 8-14

다) 한 변상 고정점을 지나는 직선에 의한 분할

(ㄱ) $M<\triangle BCD$일 경우

$\triangle ABC$의 높이를 h, $\triangle BED$의 높이를 h'라 하면

$$h'=\frac{BD}{AB}h\text{이므로,}$$

$$\frac{h'}{2}\cdot BE=\frac{m}{m+n}\cdot\frac{h}{2}\cdot BC$$

$$\frac{h}{2}\frac{BD}{AB}\cdot BE=\frac{m}{m+n}\cdot\frac{h}{2}\cdot BC$$

$$\therefore BE=\frac{m}{m+n}\cdot\frac{AB}{BD}\cdot BC \tag{8-16}$$

(ㄴ) $M>\triangle BCD$일 경우

$\triangle ABC$와 $\triangle ADE$의 변 AC에 수직한 높이를 h 및 h'라 하면

$$h'=\frac{AD}{AB}h\text{이므로,}$$

$$\frac{h'}{2}\cdot AE=\frac{n}{m+n}\cdot\frac{h}{2}\cdot AC$$

$$\frac{h}{2}\cdot\frac{AD}{AB}\cdot AE=\frac{n}{m+n}\cdot\frac{h}{2}\cdot AC$$

$$\therefore AE=\frac{n}{m+n}\cdot\frac{AB}{AD}\cdot AC \tag{8-17}$$

② 사각형의 분할

〈그림 8-15〉와 같은 사다리꼴을 밑변에 평행한 직선으로 $m:n$으로 분할할 경우

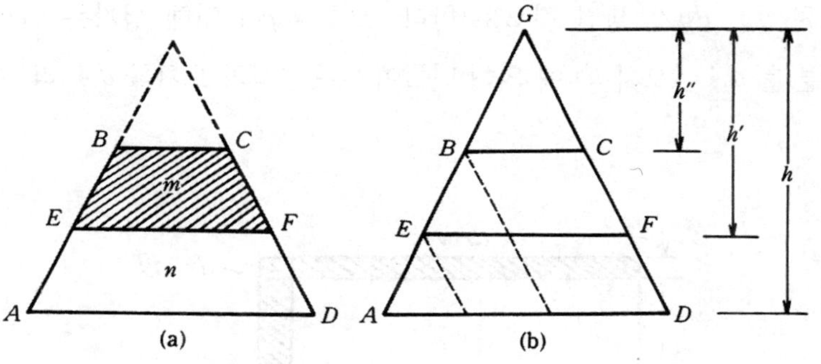

그림 8-15

$$\triangle BCG=\frac{h''}{2}\cdot BC,\quad \triangle EFG=\frac{h'}{2}\cdot EF,\quad \triangle ADG=\frac{h}{2}\cdot AD$$

$$\square BCFE=\frac{m}{m+n}(\triangle ADG-\triangle BCG)=\triangle EFG-\triangle BCG$$

$$\frac{m}{m+n}\left(\frac{h}{2}\cdot AD-\frac{h''}{2}\cdot BC\right)=\frac{h'}{2}\cdot EF-\frac{h''}{2}\cdot BC$$

$$\frac{m}{m+n}\cdot AD+\frac{m}{m+n}\cdot\frac{h''}{h}\cdot BC=\frac{h''}{h}\cdot EF$$

$\dfrac{h''}{h}=\dfrac{BC}{AD},\ \dfrac{h'}{h}=\dfrac{EF}{AD}$ 이므로

$$\frac{m}{m+n}\cdot AD+\frac{n}{m+n}\cdot\frac{BC^2}{AD}=\frac{EF^2}{AD}$$

$$\frac{1}{m+n}(mAD^2+nBC^2)=EF^2$$

$$\therefore EF = \sqrt{\frac{mAD^2 + nBC^2}{m+n}}$$

또한,

$$AE = \frac{AD - EF}{AD - BC} \cdot AB \tag{8-18}$$

(7) 관측면적의 정확도

〈그림 8-16〉에 표시한 것처럼 동일한 정밀도로 거리관측을 실시하여 관측값 x, y를 얻고, 각각에 오차 dx, dy가 생긴 것으로 한다. 오차 dy에 의해 생기는 면적의 오차(그림 중 사선을 친 부분)를 dA_y, 오차 dx에 의해 만들어지는 면적의 오차를 dA_x라 하면 식 (8-19)가 성립된다.

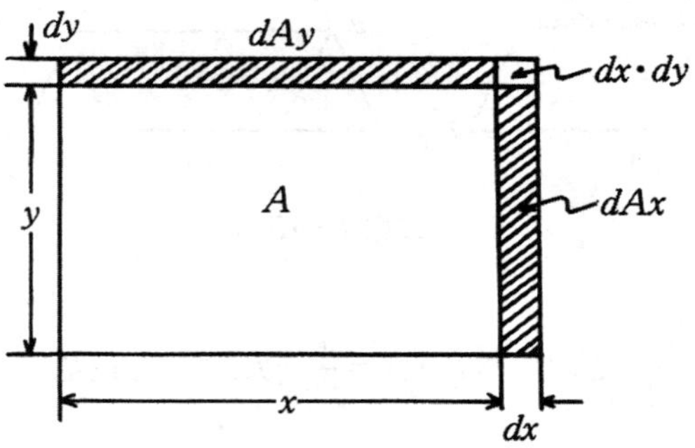

그림 8-16

$$\frac{dy}{y} = \frac{dA_y}{A}, \quad \frac{dx}{x} = \frac{dA_x}{A} \tag{8-19}$$

여기서 dx, dy는 미소(微少)이어서 생략하고, $dA = dA_x + dA_y$로 하면,

$$\frac{dA}{A} = \frac{dA_x}{A} + \frac{dA_y}{A} = \frac{dx}{x} + \frac{dy}{y} \tag{8-20}$$

거리관측은 동일정밀도로 행하여졌기 때문에

$$\frac{dx}{x} = \frac{dy}{y} = K \tag{8-21}$$

$$\therefore \frac{dA}{A} = 2K$$

로 되어

$$dA = dKA \tag{8-22}$$

예제 8-2

면적이 약 50㎡인 구역에서 다각측량을 하여, 그 면적을 0.1㎡까지 정확히 관측하였다. 각 관측선의 거리는 어느 정도 정확히 관측하면 좋은가?

단, 다각형의 최단변의 길이는 약 15m, 변수는 5이고, 수평각 관측에는 오차는 없는 것으로 한다.

풀이 측량구역을 ABCDE로 하여, 그림처럼 3개의 삼각형으로 나눈다고 하자. 변길이의 관측오차는, 거리가 동일정밀도로 관측된 것으로 하면 식(8-27)로부터

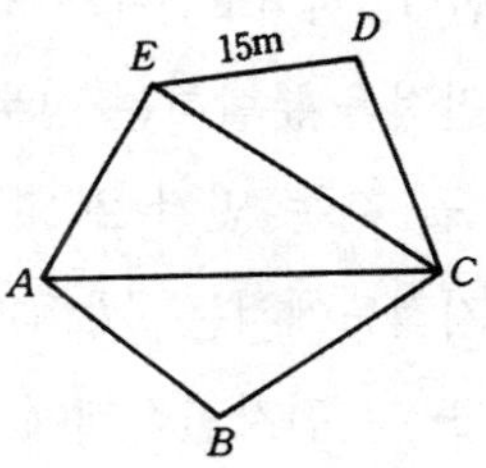

$$\frac{dA}{A} = 2\frac{dx}{x} = 2\frac{dy}{y}$$

이다. 여기서 삼각형의 수는 3개이므로, 전체에 대해서는

$$\frac{dA}{A} = \left(2 \times \frac{dx}{x}\right) \times 3 = \frac{6dx}{x}$$

$$\frac{dx}{x} = \frac{dA}{6A}$$

윗 식에 dA=0.1㎡ A=500㎡ 를 대입하면,

$$\frac{dx}{x} = \frac{0.1}{6 \times 500} = \frac{0.1}{3,000} = \frac{1}{30,000}$$

(8) 지적도의 면적산정

① 면적산정의 일반사항

지적측량에서 필지의 경계와 좌표를 결정하는 것과 함께 중요한 역할을 하는 것이 필지의 면적산정이다. 면적은 세부측량을 실시할 때에 필지마다 산정하여야 한다. 면적산정법은

크게 도상법과 지상법으로 나눌 수 있는데 지적측량의 축척은 거리 및 면적산정의 공차로 선정되기 때문에 도상법이 주로 이용된다. 도상법은 지적측량의 정확도에 따라 적당한 방법이 선택될 수 있지만 우리 나라의 규정에 의하면 세 가지로 나누어진다. 첫째, 세부측량이 데오돌라이트로 이루어져 좌표가 산출된 수치지적부가 있는 지역은 좌표법으로 산정된다. 둘째, 필지의 면적이 축적분모의 1/50㎡. 이하인 경우는 삼사법으로 산정한다. 셋째, 임야도에서는 구적기(求積器)에 의해 산정된다.

면적산정방법은 소개되었으므로 여기서는 생략한다. 면적의 표시는 1㎡.의 단위로 0.5㎡ 이상은 반올림하지만, 축척이 $\frac{1}{500}$ 또는 $\frac{1}{600}$ 인 지역은 0.1㎡를 단위로 0.05㎡ 이상을 반올림한다.

② 면적관측의 절차

면적관측은 각 필지마다 행하며 좌표법, 삼사법, 구적기(planimeter) 또는 전자면적계에 의한다. 지적도면에서 도곽선길이에 0.5mm 이상의 신축이 있을 때는 이를 보정하여야 한다.

면적을 분할하는 경우, 5,000㎡ 이상의 면적에 대하여 1필지의 면적이 그 중 80% 이상이 될 때는 먼저 20% 미만 필지의 면적을 재어서 원래 면적에서 뺀 값으로 한다.

지적도에서는 $M/50$(㎡) 이하(M은 축척분모), 임야도에서는 200㎡ 이하인 경우는 삼사법 또는 전자면적계에 의한다.

③ 지적도면의 면적계산 및 허용오차

가) 좌표면적계산법

필지별 면적관측은 경계점좌표에 의하며, 산출면적은 1/1,000(㎡)까지 계산하여 1/10(㎡) 단위로 정한다.

나) 전자면적관측기(digital planimeter)

도상에서 2회 관측하여 그 교차가 다음 산식에 의한 허용면적 이하인 때에는 그 평균값을 관측면적으로 하며, 관측면적은 1/1,000(㎡)까지 계산하여 1/10(㎡) 단위로 정한다.

$$A = 0.023^2 M\sqrt{F}$$

(A: 허용면적, M: 축척분모, F: 2회 관측한 면적의 합계를 2로 나눈 수)

다) 등록전환 및 분할에 따른 오차허용범위 및 배분

(ㄱ) 분할지

등록전환과 토지분할의 경우 오차의 허용범위 계산식

$$A = 0.026^2 M\sqrt{F} \tag{8-23}$$

(A: 오차허용면적, M: 등록전환시 임야도 축척분모, 토지분할시 축척분모, F: 등록전환시 등록전환될 면적, 토지분할시 원면적)

이 경우 1/3,000지역의 축척분모는 1/6,000로 한다.

면적오차 $e(\leq e_A)$는 다음 식에 따라 각 필지에 분배한다.

$$r = \frac{F}{A} \times a \tag{8-24}$$

여기서 r은 각 필지의 산출 면적, a는 각 필지의 관측 또는 보정면적, A는 a의 합계, F는 원면적(토지대장상의 면적)이다.

(ㄴ) 구획정리지

가구(街區)의 경우, 각 필지면적의 합계와 가구면적의 교차는 1/500 이내로 한다. 지구(地區)의 경우는 각 가구와 도로, 하천 및 기타의 면적의 합계와 지구총면적의 교차를 1/200 이내로 한다.

④ 도면의 조제

도면은 측량원도 또는 경계점 좌표에 의하여 조제 및 정리한다. 지적도의 도곽은 30cm×40cm, 도곽선수치는 원점을 기준으로 하여 정한다.

⑤ 측량성과의 인정한계

측량성과와 검사성과의 연결오차가 다음 각호의 1의 한계 이내인 때에는 성과에 관하여 다른 입증을 할 수 있는 경우를 제외하고 그 측량성과에 잘못이 없는 것으로 인정한다.

가) 지적삼각점 0.20m 이내

나) 지적삼각보조점 0.25m 이내

다) 도근점

(ㄱ) 수치지적부 시행지역 0.15m 이내

(ㄴ) 기타지역 0.25m 이내

라) 경계점

(ㄱ) 수치지적부 시행지역 0.10m 이내

(ㄴ) 기타지역 10분의 3M mm 이내(M은 축척분모)

2 체적의 산정

(1) 개 요

토목공사를 행하기 위하여는 자주 체적을 산정할 필요가 있는데, 여기에는 다음의 3가지 방법이 있다. 즉, ① 단면법, ② 점고법, ③ 등고선법 등이다.

철도 · 도로 및 수로 등을 축조할 때처럼 자세히 토지의 토공량을 산정하는 데는 ①이 사용되고, 정지작업을 행할 때와 같이 넓은 면적의 토공량 산정에는 ②, ③이 사용된다. 저수지용량의 산정은 특히 ③에 의하여 한다.

(2) 단면에 의한 방법(computation of volume by cross sections)

철도 · 도로와 같은 노선측량에서는 먼저 중심선을 따라서 종단측량을 하고, 그 중심선에 직각으로 어떤 간격으로 설치한 관측점에서 횡단을 관측한다.

다음으로 종단면도에 시공기준면(formation level)을 기입하여 각 관측점의 중심선상의 시공높이를 정하고 다음에 횡단면도에 시공단면을 기입한다. 이것에 의해 각 횡단면의 토공면적을 관측하여 단면과 단면과의 사이에서 이 토공면적이 직선적 비율로 변화한다고 가정하고, (2)에 기술한 기본공식을 적용하여 토공체량(土工體量)을 구하고, 이것들을 합계하여 그 노선의 전토공량이라 한다. 이 경우 횡단면간의 간격은 보통 같은 거리로 하고, 토지의 상태, 필요 정확도 등에 따라서 적당히 정할 수 있지만, 지형이 급변하는 곳에서는 꼭 횡단면을 추가 하여야 한다.

① 횡단면의 토공면적의 산정

횡단면형이 불규칙한 경우는 횡단면도에서부터 구적기를 이용하여 구할 때가 많은데, 비교적 규칙적인 단면형일 때는 〈그림 8-17〉과 〈그림 8-18〉에 표시한 공식에 의하여 면적을 구한다.

〈그림 8-17〉의 경우

$$A = bd + rd^2 = \frac{1}{2}(m+n+b)d \qquad (8\text{-}25)$$

단, $m = n,\ h = k = d$

〈그림 8-18〉의 경우

$$A = \frac{s^2 r}{s^2 - r^2}\left(d + \frac{b}{2r}\right)^2 - \frac{b^2}{4r} \qquad (8\text{-}26)$$

$$= \frac{b}{2}(h+k) + rhk = \frac{1}{2}bh + mk$$

$$= \frac{1}{2}bk + nh$$

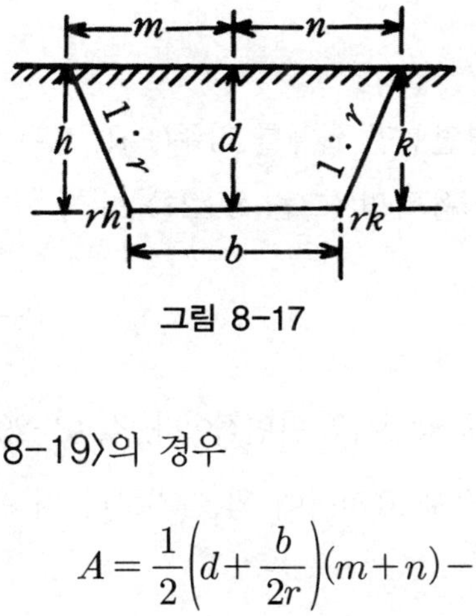

그림 8-17

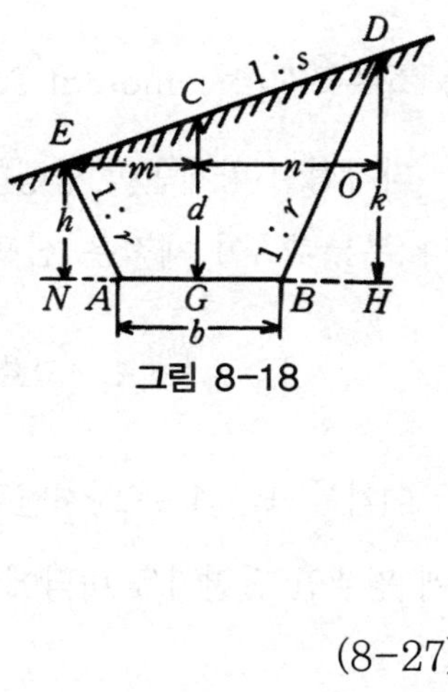

그림 8-18

〈그림 8-19〉의 경우

$$A = \frac{1}{2}\left(d + \frac{b}{2r}\right)(m+n) - \frac{b^2}{4r} \qquad (8\text{-}27)$$

$$= \frac{1}{2}d(m+n) + \frac{1}{4}b(h+k)$$

〈그림 8-20〉의 경우

$$A' = \triangle QEB = \left(\frac{b}{2} + sd\right)^2 / 2(s-r) \qquad (8\text{-}28)$$

$$A'' = \triangle QDA = \left(\frac{b}{2} - sd\right)^2 / 2(s-r)$$

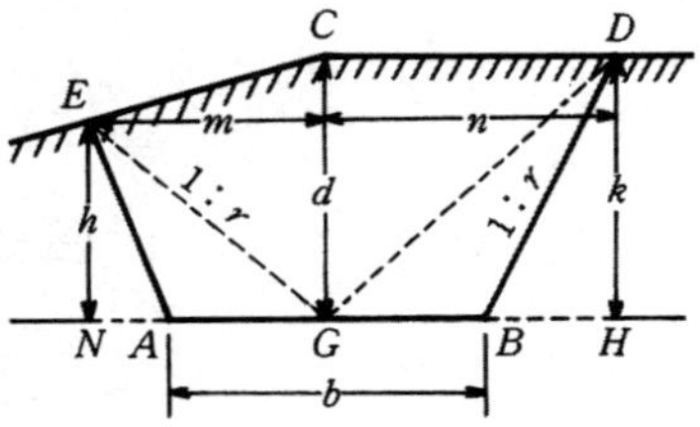

그림 8-19

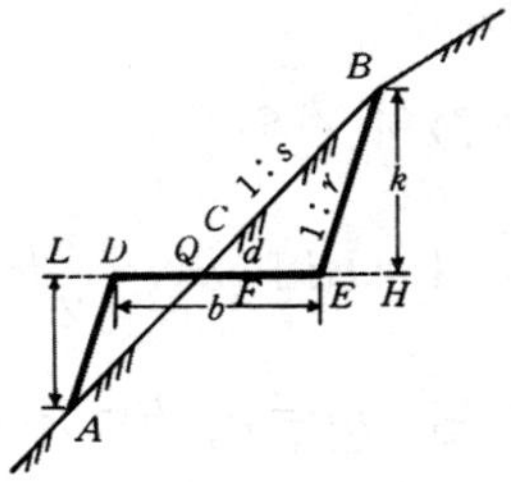

그림 8-20

실제 계산에 필요한 모든 양은 야장에서 직접 구하든지 또는 도상에서 그 길이를 관측하여 구하든지 하는데, 되도록이면 전자에 의하여 구하는 편이 정확하다. 또 위의 면적계산을 간단히 하기 위해 도표가 작성되어 있다. Trautwine, Goering Müller 등의 것이 유명하다.

② 토공량산정에 대한 기본공식

가) 각주공식(prismoidal formula)

다각형인 양저면이 평행이고 측면이 전부 평면형인 입체를 각주(角柱, 또는 의도〈擬〉) 라 부른다. 이 체적은 심프슨 제 1 법칙을 적용하면(〈그림 8-21〉 참조)

$$V_0 = \frac{h}{3}(A_1 + 4A_m + A_2) \qquad (8\text{-}29)$$

여기서 A_1, A_2는 양저면적, A_m은 높이 h의 중앙에서의 단면적이다. 식 (8-29)는 바닥에 평행인 단면적을 바닥에서의 거리의 2차식으로 표시하여 얻은 것보다 더 용이하다.

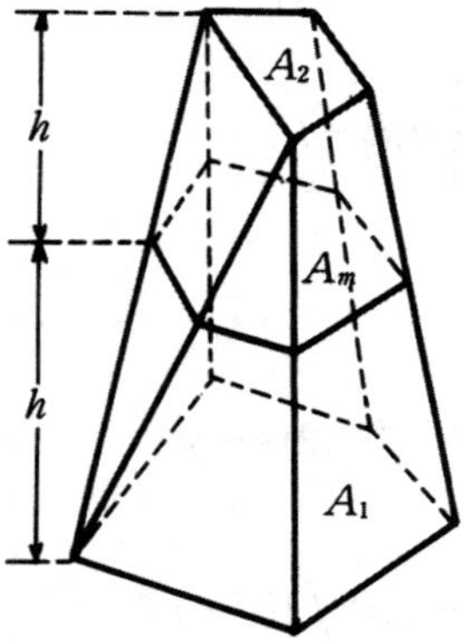

그림 8-21

각도(角) · 각추(角錐) 및 설형(楔型)은 모두 각주의 특별한 경우인데, 밑면적을 A, 높이를 h라 하면, 각각 다음의 식으로 얻어진다.

$$\left.\begin{aligned} \text{각도}: V_0 &: hA \\ \text{각추}: V_0 &= \frac{1}{3}hA \\ \text{설형}: V_0 &= \frac{1}{2}hA \end{aligned}\right\} \tag{8-30}$$

일반적으로 어떤 노선의 전토공량을 구할 때는, 중심선에 수직인 평행단면으로 절단하여, 각각을 각주로 가정하고 그 2개씩을 1조로 하여 위의 공식을 적용하면 된다. 지금 A_0, A_1, ⋯, A_n(단, n은 짝수) 을 같은 간격 l 마다에서 구한 토공량이라 하면, 전토공량은

$$V = \Sigma V_0 = \left\{\frac{h}{3}A_0 + A_n + 2(A_2 + A_4 + \cdots + A_{n-2}) + 4(A_1 + A_3 + \cdots + A_{n-1})\right\}$$

$$= \frac{h}{3}\{A_0 + A_n + 4\Sigma A_{\text{홀수}} + 2\Sigma A_{\text{나머지짝수}}\} \tag{8-31}$$

나) 양단면평균법(end area formula)

가)에 있어서 $A_m = \frac{1}{2}(A_1 + A_2)$로 가정할 때의 공식은

$$V_0 = \frac{l}{2}(A_1 + A_2) \tag{8-32}$$

$$V = l\left\{\frac{1}{2}(A_0 + A_n) + \sum_{r=1}^{n-1} A_r\right\} \tag{8-33}$$

이 식은 가)의 경우보다도 약간 큰 값을 갖는 경향이 있는데, 간단하므로 실제의 토공량 산정에는 널리 이용되고 있다.

다) 중앙단면법(middle area formula)

가)에 있어서 A_m을 A_1과 A_2의 중앙에 위치한 단면으로 가정할 때의 공식은

$$V_0 = A_m l, \quad V = l\Sigma A_m \tag{8-34}$$

이 식은 가)의 경우보다 약간 작은 값을 갖는 경향이 있지만, 매우 간단하여 실용상 자주

이용되는 것은 나)와 마찬가지이다. 체적산정결과는 나), 가), 다)의 크기로 나타난다.

③ 곡선부의 토공량산정

노선의 중심선이 곡선으로 되는 경우도, 간단히 직선부와 같이 ②에서처럼 계산을 하는 것이 보통이다. 그러나 엄밀히 말하면, 단면 중심이 노선중심선 상에 있는 경우에 한하여 직선부와 동일한 값이 되며, 그 이외의 경우에는 일반적으로 보정이 필요하다.

Pappus의 정리에 의하면, 1평면상의 폐곡선이 그 평면 내의 축의 주위로 회전하여 생긴 체적은 그 폐곡선의 중심이 그리는 길이에 그 폐곡선내의 면적을 곱한 것과 같다. 따라서 노선곡선부에서 중심선의 반경을 R, 길이를 l로 하고 단면적 A의 중심점과 중심선과의 수평거리(이것을 단면의 편심거리라 한다)를 e라 하면, 이 곡선부의 체적은(〈그림 8-22〉 참고)

$$V_0 = A\left(l\frac{R \pm e}{R}\right) = lA \pm lA\frac{e}{R} \tag{8-35}$$

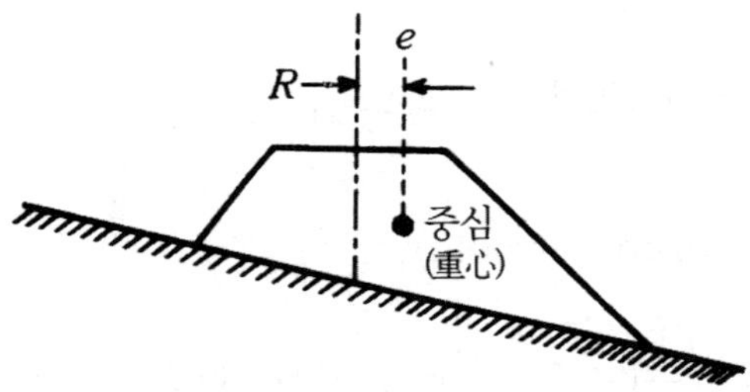

그림 8-22

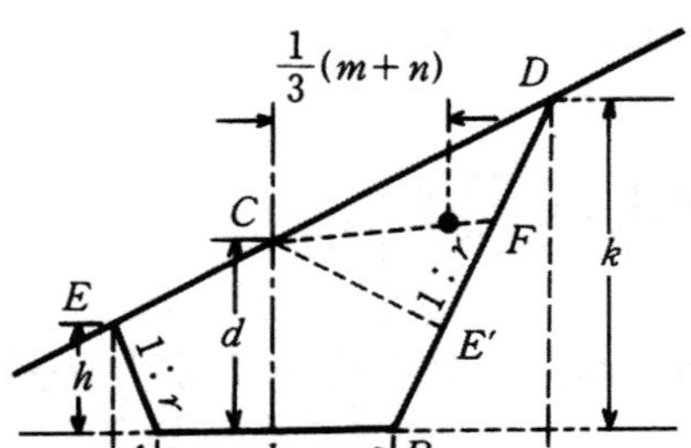

그림 8-23

식 중의 ±는 중심이 회전축에서, 생각하는 중심선보다 외측에 있을 때를 양(+), 내측에 있을 때를 음(−)으로 한다. 여기서 $\pm lA\frac{e}{R} \equiv \Delta_c$를 곡률보정(curvature correction)이라 부른다. 〈그림 8-23~24〉의 경우에는 각각 다음과 같이 표시된다.

〈그림 8-23〉의 경우

$$\left.\begin{aligned}\Delta_c &= \pm\frac{l(m+n)}{3R}\left\{\frac{1}{2}d(n-m)+\frac{1}{4}b(k-h)\right\} \\ &= \pm\frac{l}{6R}(n^2-m^2)\left(d+\frac{b}{2r}\right)\end{aligned}\right\} \qquad (8\text{-}36)$$

〈그림 8-24〉의 경우

$$\left.\begin{aligned}&\text{절토 } QBD\text{에 대하여 } \Delta_{c1} = \pm\frac{l(b+n-w)}{3R}\cdot\frac{wk}{2} \\ &\text{성토 } QAE\text{에 대하여 } \Delta_{c2} = \mp\frac{l(b+m-w')}{3R}\cdot\frac{w'k}{2}\end{aligned}\right\} \qquad (8\text{-}37)$$

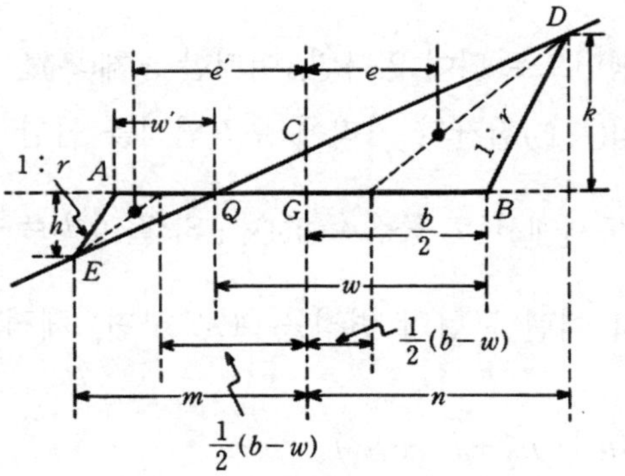

그림 8-24

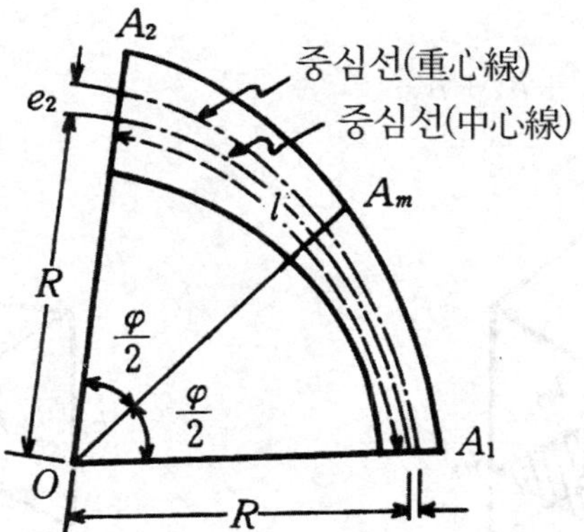

그림 8-25

만약 〈그림 8-25〉와 같이 단면적 A와 편심거리 e가 점변(漸變)한다면, 삼각형 단면에 대하여

$$V_0 = \frac{l}{6}(A_1 + 4A_m + A_2) + \frac{l}{6R}\{(A_1 + 2A_m)e_1 + (2A_m + A_2)e_2\} \quad (8\text{-}38)$$

이 된다. 식 중에서 우변의 제1항은 곡률을 고려하지 않는 경우의 각주공식에 의한 용적이므로, 제2항에는 곡률보정 Δ_C를 나타내고 있다. 삼각형 단면 이외의 경우에도 근사적으로 윗 식을 적용하면 차이는 없지만, 엄격히 하려면 적당히 고려를 해야 한다. 예를 들면 〈그림 8-23〉과 같은 경우에는, CE에 대칭인 CE'를 그린 단면을 $CEABE'$와 $CE'D$의 2부분으로 분할하면, 전자에 대해서는 중심(重心)과 중심선(中心線)이 일치하여서 Δ_C=0이 되고, 후자에 대해서는 삼각형 단면이므로 위 식이 때때로 적용된다.

(3) 점고법(computation of volume by spot levels)

일반적으로 양단면이 평면으로 되어 있다면, 어떠한 도체(壔體, cylinder or prism)에서도 그 체적은 양단면의 중심(重心)점간의 거리에 수직면적을 곱한 것과 같다. 따라서 〈그림 8-26〉과 같은 직사각형도체에서는, 중심축(重心軸)의 길이 $h = \frac{1}{4}A(h_1 + h_2 + h_3 + h_4)$로 되므로, 그 수직단면에서 어떤 구형의 면적을 A로 하면, 체적 V_0는

$$V_0 = \frac{1}{4}A(h_1 + h_2 + h_3 + h_4) \quad (8\text{-}39)$$

〈그림 8-27〉과 같은 삼각도체에서는 그 수직단면적을 A라 하면,

$$V_0 = \frac{1}{3}A(h_1 + h_2 + h_3) \quad (8\text{-}40)$$

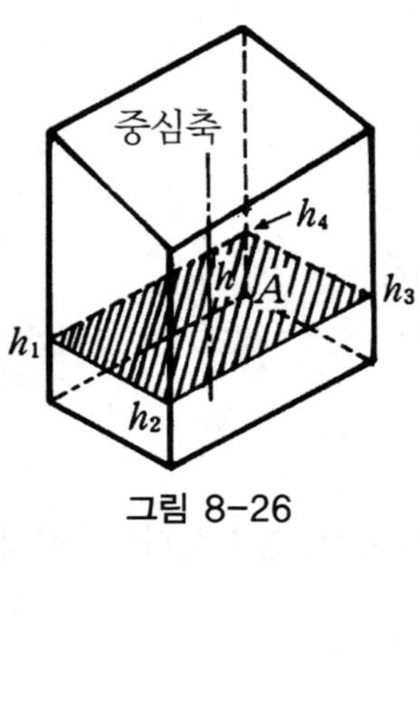

그림 8-26

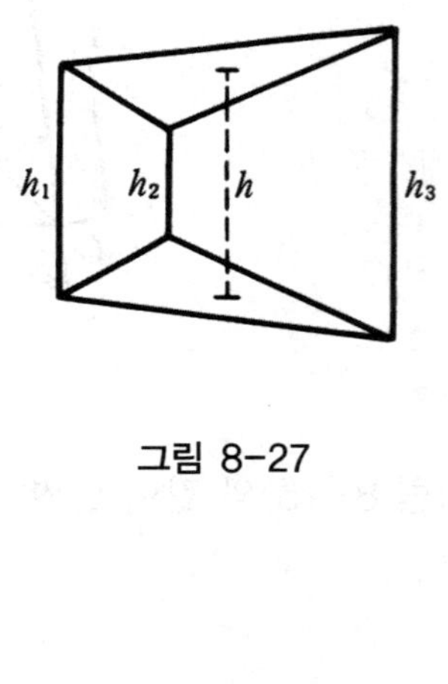

그림 8-27

건물부지의 정지, 토취장 및 토사장의 용량관측과 같이, 넓은 면적의 토공용적을 산정할 경우, 위의 기본정리를 이용하면 매우 적합하다. 그래서 전구역에 종횡 각 같은 거리에 말뚝을 박아 같은 면적으로 분할하고, 각 직사각형의 모서리의 지반고를 레벨과 표척으로 관측한다. 다음에 그 모서리의 시공기면을 결정하면, 이것들의 지반고와의 차에 의하여 절취 또는 성토의 토공고(土工高)가 구해진다. 지금 1개의 직사각형의 4모서리의 토공고의 합을 Σh로 표시하고, 직사각형면적을 A라 하면, 그 직사각형 내의 토공량은 $V_0 = \frac{1}{4}A\Sigma h$로 된다. 그 체적을 전체에 걸쳐서 총계하면 소요의 전토공용적 V를 알 수 있으므로, 〈그림 8-28〉처럼 우선 각 모서리에 집중되어 있는 직사각형의 수를 기입하고, 1로 쓰인 모서리의 지반고의 합을 Σh_1, 2로 쓰인 모서리 지반고의 합을 Σh_2, …로 하면,

$$V = \sum V_0 = \frac{1}{4}A(\sum h_1 + 2\sum h_2 + 3\sum h_3 + 4\sum h_4) \qquad (8\text{-}41)$$

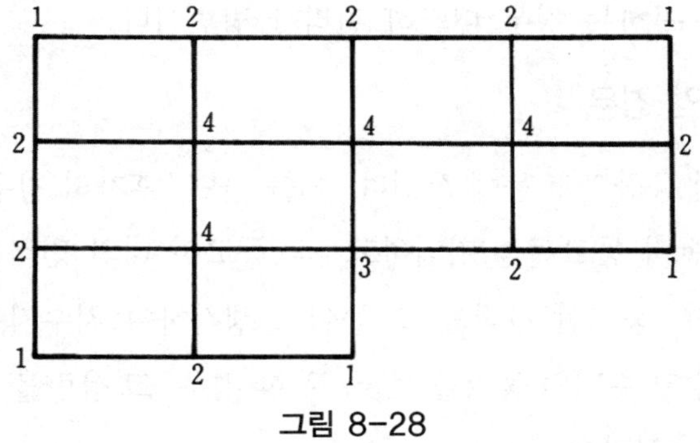

그림 8-28

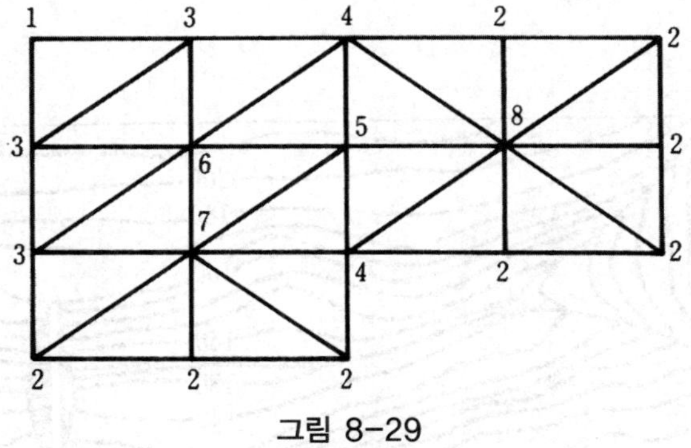

그림 8-29

이 경우 각 직사각형의 4 모서리가 되도록이면 1평면 내에 존재하고, 또 그 구형 내의 지반고가 평면이 되도록, 구형의 크기를 선택하여야 하므로 소요 정확도 및 토지의 상황에

대하여 구형의 크기를 적당히 변경하지 않으면 안 된다.

더욱 정밀을 요할 때는 〈그림 8-28〉을 다시 〈그림 8-29〉와 같이 삼각형으로 나누어 삼각도체의 공식을 적용하면 된다.

삼각형의 모서리는 꼭 한 평면 내에 존재하여야 하고 처음에 기술한 기본 정리의 가정을 더욱더 만족시켜야 되기 때문이다. 이 경우 전과 같이 각 모서리의 토공고를 산정하면, 모서리에 집중된 삼각형의 수를 기입하여 Σh_1, Σh_2, …를 계산하면, 전토공용적 V는

$$V = \Sigma V_0 = \frac{1}{3} A(\Sigma h_1 + 2\Sigma h_2 + \cdots + 7\Sigma h_7 + 8\Sigma h_8) \qquad (8\text{-}42)$$

여기서 A는 구형면적, 즉 삼각형 1개의 면적이고, 직사각형을 사각형으로 분할할 때는 각 삼각형 내의 지반고가 되도록이면 평면을 이루도록 주의해야 한다.

(4) 등고선법(computation of volume from contour lines)

체적을 근사적으로 구하는 경우 대단히 편리한 방법이다.

① 계획면이 평면인 경우

정지작업, 저수지의 용량관측 등에 쓰인다. 예를 들면, 후자의 경우는 대체로 저수지 평면도에 지저(池底)지반의 등고선을 기입하고, 각 등고선 내의 면적을 구한다. 다음에 이 면적을 각주의 저면적, 등고선 간격을 그 높이로 생각하여 저수지용량을 구한다.

〈그림 8-30〉은 저수지 수면의 높이를 165m로 한 경우, 그 용량을 구하기 위하여 지저지반의 등고선을 기입한 것이다.

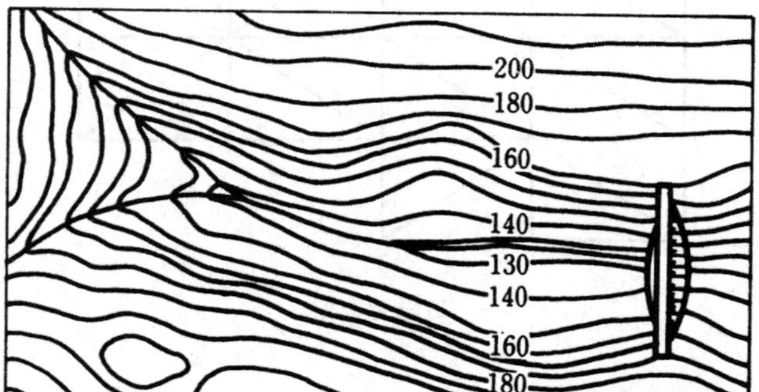

그림 8-30

② 계획면이 경사진 경우

큰 산의 절취 등의 체적산정에 이용되는 것으로 〈그림 8-31(a), (b)〉로 그 방법을 설명하겠다. 실선과 점선은 각각 원지반과 계획면의 등고선을 표시하고 있으므로 같은 높이의 양등고선의 교점을 연결한 굵은 실선을 그으면 계획면과 원지반과의 교선으로 되고, 그 내측에는 절토, 외측에는 성토가 필요하게 된다.

절토체적을 산정하는 데는, 먼저 그림 (b)에 나타난 것처럼 각 등고선에 해당하는 수평면에 의하여 많은 수평층으로 분할되는 것으로 생각한다. 각 층의 양단면적은 평면도 (a)에서 높이가 같은 2조의 등고선으로 둘러싸인 폐곡선을 따라 구적기를 사용하여 보다 용이하게 구할 수 있으므로, 각 등고선 간격을 각 수평층의 높이로 생각하고 식 (8-39)의 공식을 사용하여 그 체적을 산정하면 된다. 예를 들면 그림 (b)에서 빗금친 수평층의 양단면은 그림 (a)에서 빗금을 그은 75m와 80m의 2폐곡선으로 표시되고, 그 높이는 등고선 간격 5m로 된다.

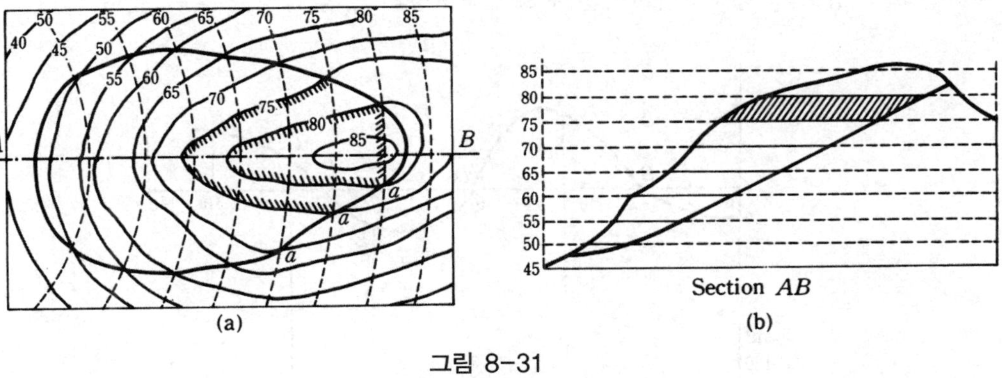

그림 8-31

또 위와 같은 수평층으로 분할한 대신에 계획면에 평행인 층으로 분할하고, 되도록이면 면적을 구하는 수고를 더는 경우도 있지만, 그만큼 새로운 등고선을 그릴 필요가 있어서 잘 이용되지 않는다.

(5) 유토(流土)곡선(mass curve)에 의한 토량계산

종단고저측량과 횡단고저측량에 의해 작성된 종횡단면도에서, 각 관측점의 단면적을 절토(흙깎기)는 (+), 성토(흙쌓기)는 (−)로 하여 각 관측점마다 토량을 구해 누가토량(累加土量)을 구한다. 이 누가토량을 종단면도의 축척과 동일하게 기준선을 설정하여 작도한 것을 유토곡선이라 한다. 이 곡선은 Brukner 곡선, 또는 토량곡선이라고도 한다.

종횡단고저측량에 의해 얻어진 각 관측점의 단면적에 의해 유토곡선을 작도하는 과정은 〈표 8-1〉, 〈그림 8-32〉와 같다.

〈그림 8-32〉에서 나타난 것과 같이 유토곡선은 다음과 같은 성질을 갖고 있다.

① 유토곡선이 하향인 구간은 성토구간이고 상향인 구간은 절토구간이다.

② 곡선의 저점은 성토에서 절토로, 정점은 절토에서 성토로 바뀌는 점이다.

③ 곡선과 평행선(기선)이 교차하는 점, 즉 c, e, g는 절토량과 성토량이 거의 같은 평형상태를 나타낸다.

〈그림 8-32〉에서 a~c구간, c~e구간, e~g구간의 절토와 성토량은 균형을 이룬다.

④ 평행선에서 곡선의 저점이나 정점까지 높이는 절토에서 성토로 운반되는 전토량을 나타낸다. 그림에서 a~c구간에서는 bb', c~e구간에서는 dd', e~g구간에서는 ff'가 전토량을 의미한다.

⑤ AH구간에서 사토량(捨土量)은 hh'가 된다.

⑥ 절토와 성토의 평균운반거리는 유토곡선토량의 $\frac{1}{2}$점간의 거리로 한다.

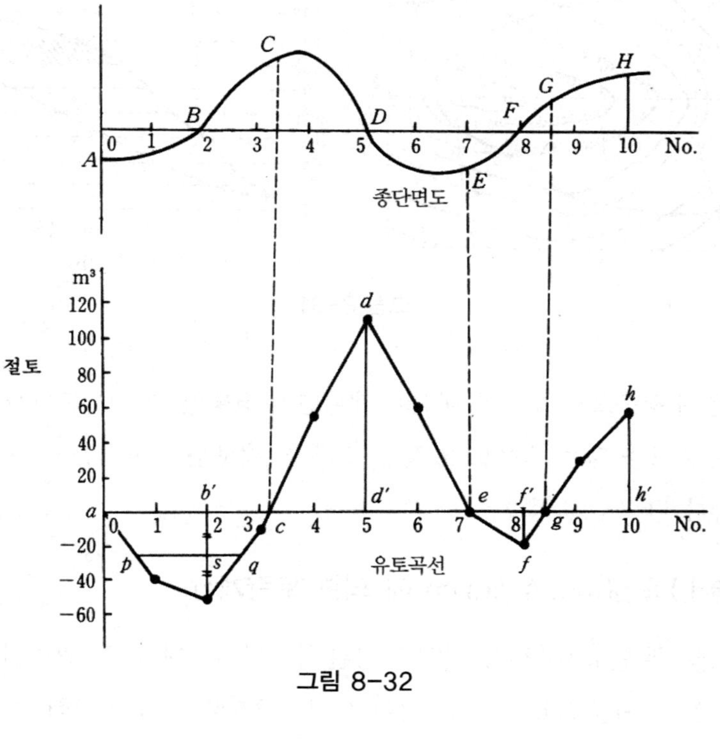

그림 8-32

표 8-1 토적계산표

관측점	거리	절 토			성 토					차인[*2] 토량	누가[*3] 토량	횡방[*4] 향토량
No.	m	단면	평균 단면	토량	단면	평균 단면	토량	토량환산 계 수	보정[*1] 토량			
No.0	0	0			0			0.9		0.0	0.0	
No.1	20	2.0	1.0	20.0	5.0	2.5	50.0	0.9	55.6	-35.6	-35.6	20.0
No.2	20	5.0	3.5	70.0	2.8	3.9	78.0	0.9	86.7	-16.7	-52.3	70.0
No.3	20	3.2	4.1	82.0	1.2	2.0	40.0	0.9	44.4	37.6	-14.7	44.4
No.4	20	6.2	4.7	94.0	0.8	1.0	20.0	0.9	22.2	71.8	57.1	22.2
No.5	20	5.8	6.0	120.0	5.3	3.1	62.0	0.9	68.9	51.1	108.2	68.9
No.6	20	3.1	4.5	90.0	6.7	6.0	120.0	0.9	133.3	-43.3	64.9	90.0
No.7	20	1.1	2.1	42.0	3.1	4.9	98.0	0.9	108.9	-66.9	-2.0	42.0
No.8	20	5.9	3.5	70.0	4.8	4.0	80.0	0.9	88.9	-18.9	-20.9	70.0
No.9	20	6.8	6.4	128.0	2.3	3.6	72.0	0.9	80.0	48.0	27.1	80.0
No.10	20	2.1	4.5	90.0	0.9	1.6	32.0	0.9	35.6	54.4	81.5	35.0
계	200			806.0					724.5	81.5		542.5

주) *1) 보정토량=토량/토량환산계수　　*2) 차인(差引)토량=절토량−성토량
*3) 누가토량=차인토량의 합　　*4) 횡방향토량=절토량과 성토량 중 적은 값

예로써, AC구간의 평균운반거리는 bb'의 $\frac{1}{2}$점인 s점을 통과하는 평행선의 길이 pq이다.

평균운반거리는 절토부분의 중심과 성토부분의 중심간의 거리를 의미한다.
따라서 총토공량은 총토량을 평균운반거리만큼 운반한 것을 뜻하므로,

$$\text{평균운반거리} = \frac{\text{총토공량}}{\text{총토량}} \tag{8-43}$$

이다. 총토공량은 유토곡선과 평행선으로 둘러싸인 부분의 면적에 해당하며 총토량은 유토곡선의 최대종거를 의미한다.

$$\text{평균운반거리} = \frac{\text{유토곡선과 평행선으로 둘러싸인 면적}}{\text{최대종거}} \tag{8-44}$$

(6) 체적측량의 정확도

관측된 수평 및 수직거리 x, y, z의 거리오차를 dx, dy, dz라 하고, 거리 관측의 정확도가

$$\frac{dx}{x} = \frac{dy}{y} = \frac{dz}{z} = K \qquad (8\text{–}45)$$

로 동일하다고 할 때 체적오차 dV는 미소항을 생각하면

$$\begin{aligned} dV &= (x+dx)(y+dy)(z+dz) - xyz \qquad (8\text{–}46) \\ &= xydz + yzdx + zxdy + xdydz + ydzdx + zdxdy + dxdydz \\ &\fallingdotseq xydz + yzdx + zxdy \end{aligned}$$

이고,

$$\frac{dV}{V} = \frac{dx}{x} + \frac{dy}{y} + \frac{dz}{z} = 3K \qquad (8\text{–}47)$$

이다. 이 경우 체적측량의 정확도는 거리측량의 정확도의 $\frac{1}{3}$이 된다.

예제 8-3

약 600m<의 체적을 정확하게 산출하려고 한다. 수평 및 수직 거리를 동일한 정확도로 관측하고 체적산정 오차를 0.2m<이내에 들게 하려면 거리관측의 허용 정확도는 얼마로 해야 하는가?

풀이 $\frac{dV}{V} = \frac{0.2}{600} \geqq 3K$

$\therefore\ K \leq \frac{0.2}{1{,}800} = \frac{1}{9{,}000}$

연 습 문 제

다음 각 사항에 대하여 답하시오.

01. 면적산정의 방법

02. 지적도의 면적산정

03. 체적산정의 방법

04. 면적측량의 정확도

05. 체적측량의 정확도

Chapter 09 지형공간정보학

Introduction to surveying

1 개 요

지형공간정보학(GIS: Geo-Spatial Informatics)은 지구 및 우주공간 등 인간생활 영역에 관련된 제반형상 및 현상에 관한 정보를 해석하여 신속성(迅速性), 정확성(正確性), 융통성(融通性), 완결성(完結性) 있게 함으로써 모든 상황에 관한 의사결정, 편의제공 등을 극대화시키는 학문이이다. 지형공간정보를 체계화시킨 것을 지형공간정보체계(地形空間情報體系, GIS: Geospatial Information System 또는 GSIS: GeoSpatial Information System)라 한다. 지형공간정보학을 이루는 지형공간자료는 지형자료와 공간자료로 구분할 수 있다.

정보(情報, information)는 자료를 처리하여 사용자에게 의미 있는 가치를 부여한 것이다. 이러한 정보는 체계의 개념을 떠나서는 과학적으로 분석될 수도 없기 때문에 기본적인 대상인 지형자료와 활용적 대상인 공간자료를 고려한 체계와 연결시켜야만 효율적으로 설명되어질 수 있는 것이다.

정보의 주요한 특성은 다음과 같다. 정보는 시간의 차원을 가지고 있기 때문에 미래에 유용하게 사용될 수 있고, 복사가 가능하기 때문에 대량생산이 가능하며, 정보의 소비자는 이를 이용하여 새로운 분야에 대한 정보의 생산자가 될 수 있으며, 정보는 아무리 분배를 해도 줄어들지 않고 오히려 새로운 사용자에 의해서 그 가치는 더욱 증대하게 된다.

정보는 대상물의 특성을 일정한 기준에 따라 처리, 규격화함으로써 의미를 가지며, 정보의 가치는 정보의 시기적절함, 정보가 적용되는 내용, 그리고 정보의 수집, 저장, 조작과 표현에 소요되는 비용에 달려 있다. 오늘날 정보는 가치있는 자산이며, 높은 가격으로 사고 팔 수 있는 상품이다.

체계(體系, system)는 지형과 공간상에 존재하는 대상물들의 형상과 현상을 관측함으로써 자료가 취득되며, 이러한 자료를 통합하여 특별한 의미를 부여하게 될 때 생성되는 것이 정보이다. 이러한 다양한 정보들의 상관관계를 규정함으로써 여러 종류의 정보들에 대한 연결을 시도하고 이에 대한 자체적인 제어능력을 가진 개별 요소들의 집합체를 체계라고 한다.

정보체계(情報體系, information system)는 다양한 이질적 관측량들을 적절히 가공하여 자료화하고, 이들 자료를 보다 이용하기 쉽도록 자료기반(DB: Database)을 구축하고 이를 바탕으로 하여, 일정한 목적에 부합하는 의미와 기능을 갖는 정보를 생산하며, 이들 자료와 정보를 효율적으로 결합 · 운영하여 통합된 기능을 발휘할 수 있도록 하는 체계이다.

위의 정의들을 토대로 하여 지형공간정보체계(Geospatial Information System: GIS)를 정의하면 지형공간정보체계는 제반 지구상에 존재하는 대상의 기본적인 형상의 특성 및 형체(지형정보: geo information)와 생활공간에 존재하는 대상의 활용적인 현상에 관한 발생의 위치, 영역 및 시간에 관한 모형화나 위상관계(공간정보: spatial information)를 처리 · 해석하는 정보체계라 할 수 있다. 즉 지구 및 우주공간에 관련된 제반 과학적 정보(GSI: Geo-Scientific Information)에 중점을 둔 정보체계라고 정의할 수 있다.

2 지형공간정보체계(GIS)의 용어변천

지형공간정보체계는 1950년 미국 워싱턴대학의 지리학과에서 GIS(Geographic Information System)를 제안한 이래 1988년 Ubiquitous(Mark Weiser 제시), 1991년 SIS[Spatial Information System(Cracknell 제시-LIS, UIS, GIS등을 총칭]이어 GSIS[Geo-Scientific Information System(Tuner와 Kolm 제시-GIS, UIS, LIS등을 총칭] 이란 정보체계용어가 지속적으로 등장되면서 발전해가고 있었다. 이러한 정보체계의 통합용어 제안 추세에 따라 우리나라에서도1992년 2월 3일 본인에 의해 GSIS[Geo-Spatial Information System(Yeu, B.M제시-GIS, UIS, LIS, SIS, AM/FM Ubiquitous 등을 총칭)]

을 제창하게 되었다. 이는 인간의 총체적인 영역인 Geo(地 또는 地形 : 삶을 영위하는 영역)와 Space(空間: 변화 또는 시간과 위치가 관련되어 변화하는 현상들의 영역)를 결합한 Geospace라는 신종 용어를 제작한 후 이의 형용사인 Geospatial을 활용한 Geo-Spatial Information System(초기에는 GSIS 였으나 시간이 경과됨에 따라 GIS라고도 칭했음)이 모든 정보체계를 연계 및 융·복합하여 가장 적절하고 포괄적으로 표현 할 수 있다고 주장한 것이다. 여기서 지형자료(地形資料 : Geo Data)는 지구(삶의 터전)상에 존재하는 천연적자연과 인공물이 물리화학적 측면에 의하여 모양새와 특성이 다르게 변형되어 나타나는 형상(形象 : appearance)인 지모(地貌 : 강, 산, 계곡, 바다 등)와 지물(地物 : 가옥, 도로, 교량, 광물, 나무 등) 등 모든 생명체들이 살아 갈 수 있도록 이미 마련되어 있는 것들로 국토 및 도시관리, 사회기반시설마련, 각종 삶의 요구에 필요한 대상의 형상 및 현상 등에 관한 계획, 설계, 제작 및 유지관리에 필수적으로 소요되는 기본적대상[(基本的對象 : Basic Object, 또는 정적대상(靜的對象 : Static Object)]이고 공간자료(空間資料 : Spatial Data)는 지구상에 존재하는 대상이 시(時 또는 시간 : time)와 위(位 또는 위치 : position)에 관련되어 물리화학적 및 인문사회 적 측면에 의하여 변화되어 나타나는 현상(現象 : Phenomena)이 각종 수요에 따라 다양하게 나타나는 것으로 살아가면서 이루어지는 환경조성, 교통, 재난, 각종생활양식 변화 등에 필연적으로 대비하여야 하는 활용적대상[活用的對象 : Applicable Object, 또는 (動的對象 : Dynamic Object)]을 뜻하는 것이다. 즉, 인간이 삶을 영위하기 위하여 필수요소의 기본적인 면을 다루는 기본자료(지형자료)와 활용적인면을 다루는 활용자료(공간자료)를 다함께 수용할 수 있는 정보체계용어로 Geospatial Information System을 제창하게 된 것이다. 어느 한 자료만을 중시해서는 선진화된 정보화를 이룰 수 가 없는 것이다. Geospatial Information이라는 용어를 창출하여 국제사회에 처음으로 제시하면서 정보화 사회에 기여할 수 있도록 한국에서는 1993년 4월 24일에 한국지형공간정보학회(KOGSIS : Korean Society Geo-Spatial Information System)가 창립되었고, 1년 후인 1994년 3월 5일~12일에 개최된 국제측량사연맹[FIG : International Federation of Surveyors - FIGXXInternational Congress Melbourne, AUSTRALIA, March 5-12 1994] 총회에 A Study in Geo-Spatial Information System for Urban Change Detection by Digital Processing of Aerial Photographs[FIG Congress.1994.3 (Yeu Bock_Mo-Korea)]라는 논문이 발표된 후 1994년 4월부터 미국 지리학회를 비롯한 GIS관련 분야에서 Geographic 보다 포괄적이고 완성도 높게 이루어진 용어가 Geospatial이란 것이 인정되고 사용됨에 따라 우리나라에서 처음으로 제창한 Geospatial

Information이 국제적 정보용어로 자리 잡게 되었다. 이로써 미국, 캐나다, 중국, 일본 등 선진국에서 GIS에서 이용되는 G는 “Geographic” 대신에 “Geospatial”로 사용하는 것이 일반화 되었다. 미국 사진측량 및 원격탐측 학회인 PE&RS(Photogrammetric Engineering & Remote Sensing)에서도 학회지명을 “The official journal for imaging and geospatial information science and technology” 로 표기하고 있다. 또한 1992년에 제안하여 1994년 국제정보체계용어로 정착된 Geospatial Information 의 발전적인 GGIM(Global Geospatial Information Managemend)에 관한 UN 첫 Forum 이 UN산하 NGII(National Geographic Information Institute)의 주최로 2011년 10월 24일~27일에 87개국 지리원장, 24개 국제기구의 장, 국내 · 외 정보분야 관련 전문가 등이 참석한 가운데 Geospatial Information 을 처음으로 제창한 한국(Coex Convention Center, Grand Ball Room, Seoul Korea)에서 개최되었다.

3 국내 · 외의 동향

정보의 다양성, 고유성, 정확성을 최대화시킬 수 있는 양질의 정보환경으로 변화되어 감에 따라 GIS의 몫이 민간차원에서는 한계가 있어 국가 전체의 지형공간정보체계와 기관과의 협력체계로 발전하게 되었다. 이에 우리나라의 국가GIS구축사업의 제1단계는 1995~2000년으로 GIS기반조성, 제2단계는 2000~2005년으로 GIS활용의 확산, 제3단계는 2005~2010년으로 GIS연계통합으로 추진되어 왔으며 장차 제4단계는 2010~2015년으로 GIS연계, 통합, 활용으로 제5단계는 2015~2020년으로 GIS의 국내뿐만 아니라 전 세계의 GIS의 활용이 가능해짐에 따라 Global GIS 공유 및 활용을 확대할 계획을 추진하고 있다.

(1) 국내의 발전 동향

① 제1단계(1995~2000년)

국가적으로 IMF를 맞고 대구지하철 가스폭발, 삼풍백화점 및 성수대교 붕괴, 지방자치 시대개막 등으로 인한 환경, 방재 등 사회 전반적으로 GIS에 대한 인식이 높아짐에 따라 제 1 차 GIS구축사업이 시작되기에 이르렀다. 이에 지형도, 공동주택도, 지하시설물도 및 지적도 등 수치지도제작과 지형공간정보를 활용한 근로사업을 통하여 인력양성 등을 시행하였다.

② 제2단계(2000~2005)

모바일폰 등장과 밀레니엄버그, 세계무역센터 테러, 보안기술개발 등으로 인한 국가정보보안기술에 대한 인식이 요구되어 국가 GIS유통망을 구축하고 기구축한 자료기반(database)을 응용체계로 발전시키게 되었다.

③ 제3단계(2005~2010)

휴대폰(인터넷)원스톱, 홈뱅킹온라인민원업무, 3차원 국토GIS연계 및 활용, GIS를 이용한 내비게이션의 사용자 확대, 유비쿼터스의 사회로의 진입을 위한 지능형 기술개발이 진행되었다.

④ 제4단계(2010~2015)

수요자중심의 지형공간정보 맞춤형 서비스를 위해 다각화된 지형공간정보의 제공과 효율적 관리를 위해 지형공간정보의 연계, 통합, 활용 및 저탄소녹색성장(GG: Green Growth)의 기반인 정밀한 실내·외 지형공간정보 생산을 통한 U-City(Ubiquitous-City) 등 다양한 활용분야적용을 시도하고 있다. 이로써 국경 없는 새로운 지역사회형성 및 친환경 지속가능한 녹색도시공간을 이루는 데 목적을 두고 있다.

⑤ 제5단계(2015~2020)

모든 대상들이 지능화됨에 따라 현실공간과 가상공간의 상호작용이 이루어 지면서 개인별 지형공간정보의 자동갱신이 요구되어 고정밀 지형공간정보를 탑재한 로봇이 다양한 분야에서 활용할 수 있고, 재난·재해·범죄에 대처한 능동적 안정망을 구축할 계획이다. 이러한 제반기술을 한반도뿐만 아니라 전 세계의 지형공간정보활용이 가능하게끔 Global 지형공간정보를 공유하고 활용할 계획을 구상하고 있다.

(2) 국외의 발전 동향

① 미 국

GOS(Geospatial One-Stop)사업을 중심으로 국가지형공간정보기반을 추진하고 있으며 자료정비의 효율화를 도모하기 위한 표준을 정하였다. 포털사이트 운영을 통해 분산된 자료에 대한 통합적 접근이 가능하도록 연방정부의 모든 지형공간정보의 서비스가 등록된 GOS1 포털사이트 'http://gos2.geodata.gov/wps/portal/gos'를 개설하여 각종 지형공간정보를 검색 및 서비스를 제공하고 있다. 또한 민간분야 인식증대 및 적극적인 참여유도를 위해 공간기술산업협회(STIA: Spatial Technologies Industry Association)에 관련과제들을 연구하고 있다.

② 캐나다

각종 기관이 소유한 다양한 자료와의 통합 및 활용개발, 부가가치창출이 가능한 캐나다 지형공간정보기반(CGDI: Canadian Geospatial Data Infrastructure)을 구축하였다. 지형공간정보표준을 국가표준(CANOGSB)을 운용하고 있으며 미국과 함께 북미지역표준화 공동추진 및 국제표준기구활동에 적극참여하고 있다. 또한 민간의 경비부담을 최소화시키기 위해 인터넷을 통해 정부의 지형공간정보를 찾을 수 있도록 제공하고 있다. 지오매틱스(geomatics) 전문가 양성 및 성장산업지원, 지오매틱스 교육 홍보로 캐나다의 지오매틱스 부분의 경쟁력 및 능력강화를 시도하고 있으며 고도의 지형공간정보기술개발을 가속시키기 위해 프로그램[자료활용, 지도제작, 기본지형공간정보구축 및 혁신(Geo lnnovations) 파트너십, 기술개발, 지속가능위원회 운용, 산업협력체계 등)]을 구상하고 있다.

③ 유 럽

유럽 전역의 지형공간자료기반정비를 목적으로 INSPIRE(INfrastructure for SPatial InfoRmation in Europe) 프로젝트를 추진하고 있다. 또한 지형공간정보의 접근 및 활용, 온라인 서비스를 위한 개방적이고 협력적인 기반구축, 유럽 국가들의 INSPIRE 참가와 동시에 국가차원에서의 지형공간자료정비를 추진하고 있다. 독일은 국가연방정부, 민간의 협력하에 German SDI를 구축하고 핀란드는 시민을 위해 중앙 · 지방정부 · 산업 · 유저가 함께 Finnish SDI를 구축하여 지형공간정보를 공급하고 있다.

④ 일 본

지형공간정보활용추진기본법(2007년 8월)을 제정하고 기본적이며 기반이 되는 3종류(기본지형공간자료, 지형공간자료기반, 디지털영상)를 기반으로 구축한 국가지형공간자료를 기준으로 국가 GIS산업을 체계적으로 추진하고 있다. 기반지도정보정비 관련업무의 기반지도정보 상호활용 및 원활한 유통, 인터넷을 통한 기본지형공간정보의 제공, 클리어링하우스 확충을 통한 유통환경정비, 지형공간정보체계와 관련된 위성의 활용, 파트너십 등에 관하여 연구개발을 활발히 함으로써 실무활용을 확대시켜 나가고 있다.

4 우리나라 지형공간정보체계의 추진방향

(1) 국가지형공간정보정책의 방향설정

'국가지형공간정보정책'이라는 용어의 등장은 단순한 용어 변화 이상의 의미를 가지게 된다. 국가지형공간정보에 관한 법률에 정의된 바와 같이 지형공간정보를 활용할 수 있는 제반 환경을 포괄하는 정책[1]이라고 볼 수 있다.

본 저서에서는 국가공간정보를 국가지형공간정보로 표기하기로 한다.

국가지형공간정보정책은 〈그림 9-1〉과 같이 기본지형공간정보, 지형공간정보 관련 표준, 지형공간정보 유통(메타자료 포함), 지형공간정보 기술, 지형공간정보 인적자원, 파트너십, 법제도, 조직 등의 요소로 구성된 국가지형공간정보기반(NSDI)과 이를 활용하기 위한 공공 부문과 민간 부문의 활용체계 및 지형공간정보산업을 포괄하는 것을 말한다.

국가지형공간정보정책을 체계적이고 합리적으로 수행하기 위해서는 새로운 패러다임에 부합하는 방향을 설정할 필요가 있다. 새로운 국가지형공간정보정책의 방향 설정을 위해 새로운 분석틀인 ERRC(Eliminate, Reduce, Raise, Create)를 활용하였다. 첫째, 지금까지 관행처럼 추진된 요소 가운데 시대의 변화에 맞지 않아 제거해야 할 요소는 무엇인가? 둘째, 점차 그 기능과 역할 또는 중요도를 감소시켜야 할 요소는 무엇인가? 셋째, 미래의 발전을 위해서 증가시켜야 할 요소는 무엇인가? 넷째, 앞으로 새롭게 창조해야 할 요소는 무엇인가? 이러한 고민을 토대로 〈그림 9-2〉와 같은 국가지형공간정보정책 방향의 설정요소를 도출하였다.

1) 정책은 국가기관이 당위성에 입각하여 사회문제의 해결 및 공익달성을 위한 정책의 목표와 수단에 대해서 공식적인 정치 · 행정적 과정을 거쳐 의도적으로 선택한 장래의 행동지침(박석복 · 이종렬, 2000)으로 정의됨.

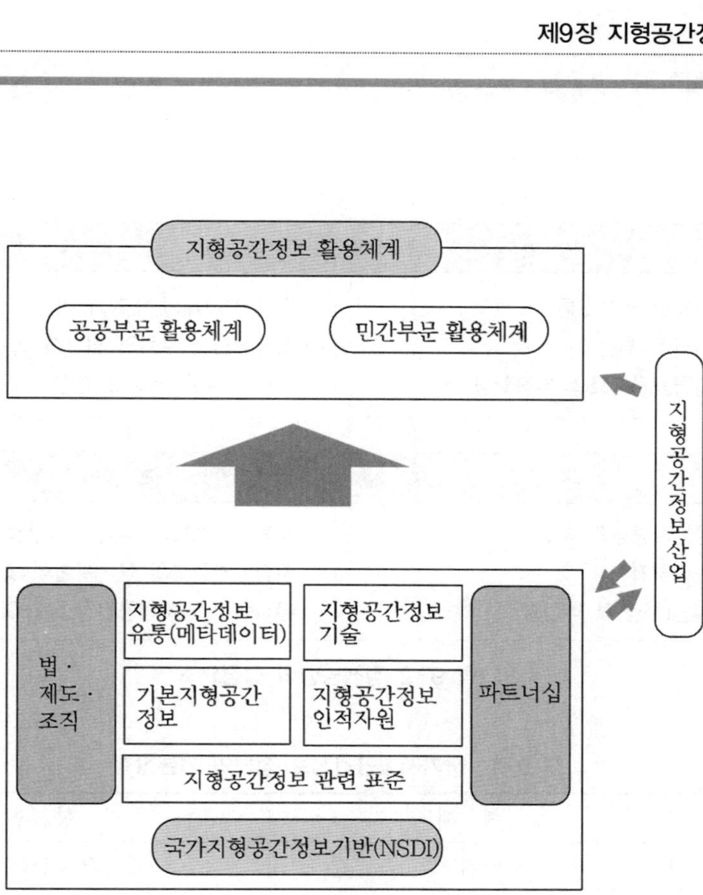

자료: 국토해양부, '제4차 국가지형공간정보정책 기본계획(2010~2015)', 2010.3. 인용

그림 9-1 국가지형공간정보정책의 구성

〈그림 9-2〉와 같은 ERRC 방법론에 근거해 설정된 요소들을 토대로 향후 국가지형공간정보정책이 추구해야 할 기본방향을 결정하였다. 기본방향은 정보환경, 정보형태, 활용대상, 업무수행방식, 정보공개, 정보영역의 부문에서의 변화를 수용하는 방향으로 설정되었다. 디지털(digital) 환경에서 유비쿼터스(ubiquitous) 환경에 부합하는 국가지형공간정보체계 구축이 필요하고, 2차원지리정보에서 이동객체에 적합한 3차원지형공간정보의 수요에 부응할 필요가 있다. 지자체, 산업체, 시민 등 사용자의 파워와 기능이 커짐에 따라 공급자 중심에서 사용자 중심의 국가지형공간정보체계를 구축해야 한다. 중앙부처, 지자체, 민간의 협력체계 구축을 통한 국가지형공간정보정책이 추진되어야 한다. 폐쇄적이고 제한적인 정보공개에서 수요자 층에 맞는 맞춤형 지형공간정보의 개방적이고 비제한적인 지형공간정보 제공이 이루어져야 한다. 각 분야별/부처별 등으로 구분되어 구축 · 관리되었던 정보영역에서 활용성을 높이는 지형공간정보의 연계 · 통합이 필요하다(〈표 9-1〉 참조).

제 거	증 가
‣ 단방향 의사소통 ‣ 배타적 추진 ‣ 지형공간자료의 부정확성	‣ 민간/지자체의 역할과 기능 ‣ 적극적인 업무처리 정보화 의지 ‣ 구글과 같은 서비스 환경

감 소	창 조
‣ 공급자중심의 사고 ‣ 중복투자 ‣ 일방(하향)적 추진방식	‣ 지형공간정보의 부가가치(산업) ‣ 지형공간정보의 융·복합적 활용 ‣ 유비쿼터스 지형공간정보(u-GIS)

그림 9-2 정책방향의 설정요소

표 9-1 국가지형공간정보 정책의 기본방향

구 분	현 재	향 후
정보환경	디지털	유비쿼터스
정보형태	2차원지리정보	3차원지형공간정보
활용대상	공급자(supply) 중심	사용자(demand) 중심
업무수행	독립적	협력적
정보제공	폐쇄적, 제한적 공개(보안)	개방적, 공개
정보영역	개별분야	연계·통합

(2) 제4차 국가지형공간정보정책 기본계획의 기조

새로운 조직과 새로운 법률에 근거한 국가지형공간정보정책을 시행하기 위해 기존에 수행되던 '제3차 국가지리정보체계 기본계획(2006~2009)'에 이어 '제4차 국가지형공간정보정책 기본계획(2010~2015)'을 2010년 3월에 수립하였다.

제4차 국가지형공간정보정책 기본계획은 〈그림 9-3〉과 같이 '녹색성장을 위한 그린(GREEN)[2] 지형공간정보사회 실현'이라는 비전을 설정하였다. 또한 '녹색성장의 기반이 되는 지형공간정보', '어디서나 누구라도 활용 가능한 지형공간정보', '개방·연계·융합 활용 지형공간정보'의 3대 목표 및 '상호협력적거버넌스', '쉽고 편리한 지형공간정보접근', '지형

---

2) 그린(GREEN)이란 GR(GReen Growth), EE(Everywhere Everybody), N(New deal)의 약자를 결합한 것으로 GREEN의 의미를 구현할 수 있는 사회를 그린(GREEN) 지형공간정보사회라 한다.

공간정보 상호 운영', '지형공간정보기반 통합', '지형공간정보기술 지능화'의 5대 추진전략을 정책기조로 추진하고 있다.

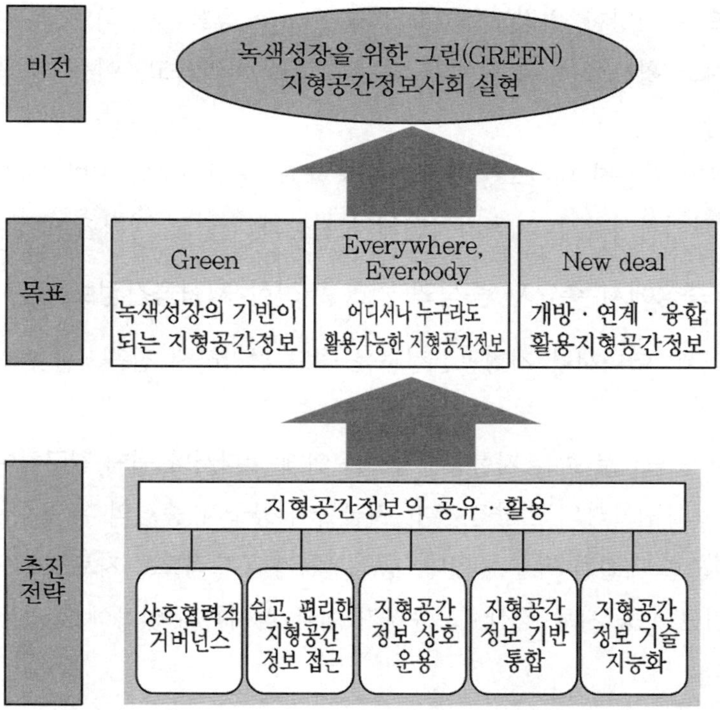

자료: 국토해양부, '제4차 국가지형공간정보정책 기본계획(2010~2015)', 2010.3. 인용

그림 9-3 제 4 차 국가지형공간정보정책 정책기조

(3) 국가지형공간정보정책의 추진전략

① 일방적 지시체제(goverment)에서 상호협력체제(governance)로

상호협력적 측면에서는 지형공간정보 생산자, 사용자, 서비스 제공자 그리고 중앙정부, 지방자치단체, 산업체, 학술기관 등 이해관계자가 참여하는 협력적인 지형공간정보 운용체계의 구축을 목표로 하였다.

국가차원에서 다양한 정보를 함께 공유하기 위해 지형공간정보인프라가 구축될 것이며, 이를 효율적으로 구축하기 위해 이해관계자가 모두 참여하는 추진체계가 필요하다. 향후 지방자치단체의 역할과 기능 확대, 지형공간정보산업 성장에 따라 중앙정부와 지방자치단체 그리고 산업체, 학술기관 간에 수평적·수직적으로 합리적인 수행체계를 갖추어야 한다.

이를 위한 추진방향으로는 중앙정부, 지방자치단체, 산업체, 학술기관이 함께 참여하여 파트너십(partnership) 관계를 유지할 수 있는 운영조직을 구축할 예정이다. 실무적인 협력방안으로 다양한 워킹그룹(working group) 등을 구성하여 운용하고, 지형공간정보를 공유하고 활용하는 데 장애가 되는 요소를 파악하고, 이를 제거하는 제도적 장치를 마련한다.

정보의 공유가 가능한 의사소통체계를 구축하고, 중앙정부와 지방자치단체간의 상생협력을 위하여 광역자치단체, 기초자치단체의 기능과 역할도 정립할 예정이다.

② 공급자 중심에서 수요자 중심의 쉽고 편리한 지형공간정보 접근으로

사용자가 언제, 어디서나 지형공간정보를 쉽고 편리하게 접근·활용하는 것을 목표로 한다.

모든 사용자가 필요로 하는 지형공간정보를 언제 어디서나 쉽게 접근하여 활용하는 것이 국가지형공간정보인프라의 지향점이며, 지금까지 공급자 중심의 "유통"은 사용자 중심의 "접근"의 개념으로 개선될 필요가 있다. 중앙부처가 주도적으로 자료를 수집·공급하고 있으나 지방자치단체 등 자료 생산·보유자가 적극 참여하지 않음에 따라 활용실적이 낮게 나타나고 있다.

이를 해결하기 위한 추진방향은 지형공간정보를 생산·관리하고 있는 기관과 개인들이 정보공유의 필요성을 인식하고 자발적으로 참여할 수 있는 운영체계를 구축하고, 필요한 경우 관계 중앙부처와 지방자치단체가 함께 자료를 모으고 공유할 수 있는 방안(법제화 등)을 공동으로 추진하는 것이다. 공공부문과 민간부문이 생산·관리하고 있는 지형공간정보를 서로 제공·공유·활용할 수 있는 개방적 지형공간정보 접근방안을 모색하고, 사용자가 자료의 특성과 내용을 용이하게 파악할 수 있도록 자료의 생산과 함께 메타자료의 작성을 의무화한다.

사용자들이 지형공간정보와 서비스에 용이하게 접근할 수 있는 활용기술을 개발 및 지원하고, 지형공간정보의 접근에 어려움을 초래하는 규제 및 행정적 장애를 최소화할 수 있는 일관된 정책과 모범적인 실행절차를 마련한다.

사용자들이 자료 이용의 필요성에 대하여 이해할 수 있는 소통 체제를 구축하고, 사용자의 편의를 위해 국가차원에서 지형공간정보 목록을 작성하고, 사용자가 피드백할 수 있는 체계를 개발하며, 지형공간정보 및 서비스의 접근성 향상을 위한 지형공간정보통합포털로 발전시킨다.

③ 개별적 운용에서 지형공간정보 상호운용으로

국가지형공간정보 상호운용성(표준)을 확보하여 지형공간정보의 공유결합을 위한 적시성(適時性) 확보 및 첨단 기술 적용을 가능하게 하여 기술적 가치가 증대될 수 있도록 한다.

제1 · 2 · 3차 국가GIS사업을 통해서 구축된 자료와 응용체계의 연계에 대한 요구가 증가하고 있으며, ITS, U-City, 전자정부 등 타 부처 정보화 산출물과 지형공간정보 연계를 통한 효율성이 증대되고 있다.

또한 지형공간정보와 첨단기술을 결합시키는 융 · 복합 지형공간정보 표준의 중요성이 증대되어 모바일 위치기술과 차량 제어기술의 결합, 지형공간마이닝 기술과 로봇기술의 결합, 건설기술과 지형공간정보기술의 결합 등이 이루어지고 있다. '세계 로봇시장 규모는'2013년 300억 달러[3], 초고층 빌딩시장 규모 약 40조 원으로 전망[4]된다.

GIS표준을 시장확보 및 시장선점을 위한 전략적 도구로서 활용하는 추세이다. 웹 기술 등장 이후 특정기관이 국제표준을 주도적으로 독점 개발하는 사례가 증가하고 있다. ESRI사에서 ISO 메타자료 표준을 개발하고, 유럽 Spacebel사가 소형인공위성시장을 겨냥한 해결책(solution)인 프로바(Proba)와 연계된 OGC표준을 개발하는 등 다수 사례가 조사되었다.

향후 지형공간정보참조체계 부여 및 지형공간정보 사업간 상호운용성의 시험 · 인증체계를 상시 운영함으로써 사업간 연계를 보장하고, 실무적으로 사용할 수 있는 국가지형공간정보 표준을 개발한다. 또한 지형공간정보 표준과 첨단 기술 결합을 통한 융 · 복합 표준개발 및 기술 지적재산권과 결합한 전략적 국제표준을 개발함으로써 국제 · 지역 표준협력체계 확대를 통한 국내지형공간정보기술의 해외 시장진출 장벽을 해소하고, 지형공간정보 표준 기초역량을 강화하여 다각적으로 활용한다.

④ 분산형에서 지형공간정보기반 통합으로

다양한 지형공간정보의 원활한 통합 · 활용을 통해 사용자가 문제를 보다 효과적으로 해결할 수 있는 능력을 제고하는 것을 목표로 한다.

상호운용성과 마찬가지로 자료의 통합능력은 지형공간정보의 활용성을 높이는 매우 중

3) 교육과학기술부 외, 2009, 제1차 지능형로봇 기본계획, p.4.
4) 국토해양부, 2008년도 국가GIS지원연구－국가GIS표준체계확립 및 표준관리, p.33.

요한 요소이며, 다양한 자료의 실질적인 가치는 유관한 자료 셋을 서로 통합하여 지형공간 분석의 효율성을 높이는 데 있다.

향후 추진방향은 우선순위가 높고 사용자의 필요성에 부합하는 기본지형공간정보 셋을 개발하고, 이를 활용하도록 함으로써 지형공간정보의 통합성을 확보한다. 국가기본지형공간정보 셋의 공유 및 활용을 용이하게 하는 공통 분류체계, 지형공간적 참조 및 표준 목록, 자료 모형 등을 개발하고 이를 지속적으로 개선한다. 지형공간정보 생산에 대한 표준과 기준을 제시하고, 이를 준수하도록 함으로써 지형공간정보의 통합성을 확보한다. 지형공간 정보 통합의 장애요인을 파악하고, 이를 해소할 수 있는 기술적 행정적 방안을 모색하며, 유비쿼터스시대를 선도하기 위한 핵심지형공간정보를 구축한다.

◆ **개별 · 폐쇄적 활용기술 중심에서 지형공간정보기술 지능화로**

센서기술, 네트워크 기술 등 지능화 관련기술과 결합한 지형공간정보를 생산 · 활용함으로써 유비쿼터스 정보환경에 능동적으로 대응하는 것을 목표로 한다.

RFID(Radio Frequency IDentification), 센서, 센서네트워크 등 스스로 인식하고 능동적으로 자료를 수집하는 유비쿼터스 관련기술이 발전함에 따라 지형공간정보도 점차 지능화 추세로 진화하고 있다. 또한 U-City 등 첨단정보도시 건설이 본격화됨에 따라 지형공간정보의 지능화에 대한 수요도 점차 커지고 있으며, 로봇산업이 활성화되고, 각종 모바일 장비에 위치인식 기능이 부착됨에 따라 능동적인 지형공간정보의 수요가 늘어나고 있다.

향후 추진방향은 지형공간정보와 유비쿼터스 관련기술을 연계하는 R&D사업을 지속적으로 추진하여 지형공간정보의 지능화를 세계적으로 선도하며, 지능형 지형공간정보의 유용성을 실험할 수 있는 검정장(test bed)을 설치하고 실험과 검증을 실시한다. 지능형 지형공간정보를 활용하는 실험프로젝트를 수행하고, 활용의 범용화를 모색하며, 지형공간정보 지능화의 기반이 되는 3차원 지형공간정보, 실내위치관측, 시간개념을 포함하는 자료기반(DB) 등에 대한 지속적인 연구개발을 추진한다.

(4) 지형공간정보산업 진흥

세계적으로 지형공간정보 서비스가 빠르게 발전되고 확산됨에 따라 지형공간정보산업을 육성하려는 선진국의 움직임이 활발한 가운데 우리나라도 지형공간정보산업진흥법을 2009년 2월에 제정하였다. 우리나라의 지형공간정보산업을 육성하기 위해 정부의 다양한 시책을 제시할 필요가 있으며, 한국의 지형공간정보산업을 국가성장동력산업으로 자리매

김할 수 있도록 하기 위해 지형공간정보산업 진흥 기본계획을 별도로 수립하였다.

① 변화전망

세계 지형공간정보산업의 규모는 급속하게 팽창 중이며 특히, 2000년대 초부터 시작된 지형공간정보 응용기술들의 본격적인 활용과 산업간 융·복합 등 지형공간정보 활용범위가 지속적으로 확산되고 있어 그 성장세가 폭발적으로 증가하고 있다.

또한 지형공간정보산업의 급격한 성장과 변화에 기업들의 신속한 대응이 이루어짐에 따라 고도화된 IT기술에 지형공간정보가 결합된 신기술 배양에 중점을 두고 있다. 또한 지형공간정보의 활용으로 새로운 수익모형 창출과 소비자의 다양한 요구충족을 위해 기업 간 M&A를 추진하여 기술과 서비스의 융·복합 활성화를 추진하고 있다. 구글, MS 등 대형 포털 및 IT기업의 지형공간정보산업으로의 진출과 영향력 확대를 위한 노력이 지속되고 있다.

각국 정부는 지형공간정보산업을 위한 정책, 제도, 예산지원 등을 통해 지형공간정보산업 활성화에 대한 지원을 강화하고 있다.

② 목표 및 추진전략

지형공간정보산업진흥 기본계획(2010~2015)은 지형공간정보산업 성장기반조성 및 국가성장 동력 산업화라는 목표를 설정하였다. 추진전략으로는 공공부문의 선도적 활용으로 시장 조기 창출, 지형공간정보 유통·공유 촉진 및 규제완화로 민간주도 산업발전 유도, 튼튼한 산업기반 조성을 통한 지속적 고도성장실현을 설정하였다.

위의 목표와 추진전략을 달성하기 위한 추진과제로는 첫째, 지형공간정보산업 수요기반 확충이다. 이를 위해 선도적 수요 발굴 및 인식 제고, 지형공간정보 시범사업 실시, 지형공간정보 서비스 확산 등의 세부과제를 도출하였다.

둘째, 지형공간정보의 원활한 생산, 유통, 공유 촉진이다. 이를 위해 공공지형공간정보의 제공 및 유통 확대, 민간 지형공간정보 생산·유통 활성화, 지형공간정보의 생산·유통 활성화를 위한 제도개선 등의 세부과제를 도출하였다.

셋째, 지형공간정보산업 성장기반 구축이다. 이를 위해 품질인증 및 표준화 체계 확립, 종합적인 산업지원체계 구축, 건전한 산업생태계 조성 등의 세부과제를 도출하였다.

넷째, 기술개발 및 국제경쟁력 강화이다. 이를 위해 기술경쟁력 제고, 전문인력 양성, 국제협력 및 해외진출 지원 등의 세부과제를 도출하였다.

5 GIS에 관한 국내여건 조성 및 전망

(1) 계획수립 여건 및 환경

정보환경을 digital에서 Ubiquitous로 정보형태는 1차원 및 정적(static)인 정보를 3차원 및 동적(dynamic)인 정보로 할 것이다. 활용대상은 공급자(supply) 중심에서 사용자(demand) 중심으로 한다. 업무수행은 독립적인 체제에서 협력적인 체제로 전환하며 정보제공은 폐쇄적이며 제한적 공개(보안)가 아닌 개방적인 공개로 유도할 것이다. 또한 정보영역은 개별분야에서 연계 및 통합분야로 발전시킬 계획이다.

(2) 정책기조의 추진방향

녹색성장을 위한 그린(green)지형공간정보사회의 실현을 위하여 첫째, 녹색성장(green growth)기반이 되는 지형공간정보, 둘째, 언제 어디서나 누구(every where & every body)라도 활용 가능한 지형공간정보로, 셋째, 새로운 개발 연계 융합활용(new deal)을 할 수 있는 지형공간정보를 확보하는 것이다.

(3) 추진전략

지형공간정보의 공유 및 활용을 위하여 상호 협력적 환경을 조성하고 쉽고 편리한 지형공간정보접근을 유도하며 지형공간정보 상호운용, 지형공간정보의 기반통합 및 기술의 지능화를 도모하는 추진전략을 실행한다.

(4) 국가지형공간정보정책의 구성

국가지형공간정보기반과 이를 활용하기 위한 공공부분과 민간부분의 활용체계를 구성하여 관련법, 제도 및 조직과 관련된 표준화체계를 확립하고 종합적인 산업지원시스템 구축 및 건전한 산업생태계 조성을 위하여 기술경쟁력 제고, 전문인력양성, 기술개발, 국제협력 및 해외진출의 적극적 지원을 통해 국제경쟁력 강화에 최선을 다한다.

(5) 미래 지형공간정보사회의 모습

2000년 이후 모바일폰 등장과 밀레니엄버그 등으로 인해 국가정보보안기술개발에 대한 수요가 요구되었으며, 기 구축한 자료기반을 기반으로 응용체계 및 국가지형공간정보유통망이 구축되었다.

2005년부터 Web2.0, UCC(User Created Contents)의 활성화와 지형공간정보를 활용한 내비게이션의 사용자 확대와 RFID, USN(Ubiquitous Sensor Network) 등 유비쿼터스 사회로의 진입을 위한 지능형 기술개발이 진행되고 있다.

향후 지형공간정보를 자유자재로 활용하는 사회가 도래할 것이다. 이를 위해서는 수요자 중심의 지형공간정보 맞춤형 서비스를 위한 다각화된 지형공간정보의 제공과 효율적 관리가 가능한 지형공간정보의 연계 · 통합 · 활용이 이루어져야 한다. 또한 저탄소 녹색성장의 기반인 정밀한 실내외 지형공간정보 생산을 통해서 지형공간정보를 활용한 U-City 등 다양한 활용분야에 적용될 것이다.

사물이 지능화됨에 따라 현실지형공간과 가상지형공간의 상호작용이 이루어지면서 개인별 지형공간정보 자동갱신이 가능해질 것이며, 고정밀 지형공간정보를 탑재한 로봇이 다양한 분야에서 활동할 것이다. 한반도뿐만 아니라 전 세계의 지형공간정보 활용이 가능해짐에 따라 글로벌 지형공간정보의 공유와 활용이 대세를 이루게 될 것이다. 또한 재난 · 재해 · 범죄 등에 대처한 사회적 안전망이 보다 세밀하게 구성되어 최근에 자주 발생하고 있는 사건 · 사고의 발생빈도가 상당히 줄어들게 될 것이다.

(6) 향후 발전방안

국가지형공간정보정책과 관련된 사업을 추진함에 있어 많은 분야와의 결합을 통한 컨버전스가 이루어질 것이다. 국민생활을 편리하게 하는 교통, 보건 · 의료 · 복지, 환경, 방범 · 방재, 시설물관리, 교육, 문화 · 관광 · 스포츠, 물류서비스 등 다양한 분야에 활용될 수 있는 정보 및 정보체계가 국가지형공간정보정책에 의해 제시될 것이다. 이를 토대로 우리 국민들은 보다 더 편리하고 쾌적한 생활을 누릴 수 있으며, 우리의 도시들은 스마트하고 지속 가능한 미래 도시로 성장해 나갈 것이다.

언제 어디서나 인터넷을 통해 원하는 지형공간정보를 쉽게 취득하고 활용할 수 있는 '지형공간정보사회'가 실현될 것이다. 이러한 지형공간정보사회는 앞으로 10년 후의 우리생활을 지형공간과 관련된 모든 사항을 의식하지 않아도 활용할 수 있는 사람과 지형공간이 완벽하게 결합된 형태로 변화시킬 것이라고 생각된다.

이러한 변화를 유도하는 방향성을 제시하는 것이 바로 제4차 국가지형공간정보정책 기본계획이며, 이 기본계획에 근거하여 내용들이 추진됨으로써 우리 생활에 많은 변화가 이루어질 것이다.

	기반조성	활용확산	연계통합	의사결정지원	지능형 공간
공간정보 관련 추진 업무	◆ 도면전산화 - 지형도, 공통주제도, 지하시설물도 및 지적도 등 수치지도화 ◆ 정보화 근로사업을 통한 인력양성	◆ 데이터베이스 유통 및 응용시스템 구축 ◆ 국가지리정보유통망 구축 - 총 139억 약 70만건 유통	◆ 데이터베이스와 응용 시스템의 연계·통합 ◆ KOPSS, UPIS, 3차원 국토공간정보 등 연계 및 활용	◆ 수요자 중심의 공간정보 맞춤형 서비스 ◆ 실내외 공간정보 구축 및 제공	◆ 물리공간과 가상 공간의 상호작용 ◆ 고정밀 공간정보 적용분야 도출
산업·기술적 이슈	Modem IPv4 Homepage E-mail Pager → City phone	Web portal PDA LAN, WAN T1, Cable Mobile Phone	Web 2.0, Blog Smart Phone Wireless, Fiberglass CNS, PNS, ITS, GPS Google map/Earth Cyber world, Convergence RFID, USN	Twiter Wearable computing Intelligent CNS, D-GPS Mirror world, Metaverse Second Life Space Intelligence Social Network, U-City	Semantic web Invisible Devices Calm technology Grid computing Cloud computing Disposable computing Robot
			Our GIS Professional GIS	MY GIS Geospatial Web	
사회·문화적 이슈	대구 지하철 가스폭발 삼풍백화점·성수대교 붕괴 지방자치 시대 개막 IMF	세계무역센터 테러 밀레니엄버그 보안기술개발	UCC 휴대폰(인터넷) 원스톱, 홈뱅킹 온라인 민원 업무	국경 없는 새로운 지역사회 형성 친환경 지속가능 녹색 도시공간	가상현실의 디지털 정체성 시·공간 개념의 변화 재난·재해·범죄에 대처한 능동형 안전망
	1995–2000	2000–2005	2005–2010	2010–2015	2015–2020

그림 9-4 1995년부터 2020년까지 지형공간정보 관련 주요이슈

6 지형공간정보체계의 자료구성요소

지형공간정보체계의 자료기반(資料基盤: DB, Database)을 효율적으로 형성하기 위해서 많은 종류의 자료를 필요로 하나 크게 자료구조를 지형자료의 기본인 특성자료와 공간자료의 기본인 위치자료로 구분하여 처리하고 있다. 특성자료(特性資料: descriptive data)는 도형 및 속성자료(圖形및 屬性資料: graphic & attribute data)와 영상 및 속성자료(映像및 屬性資料: image & attribute data)로 세분된다. 위치자료(位置資料: positional data)는 절대위치자료(絕對位置資料: absolute positional data)와 상대위치자료(相對位置資料: relative positional data)로, 또는 절대위치 및 시간, 상대위치 및 시간으로 세분된다.

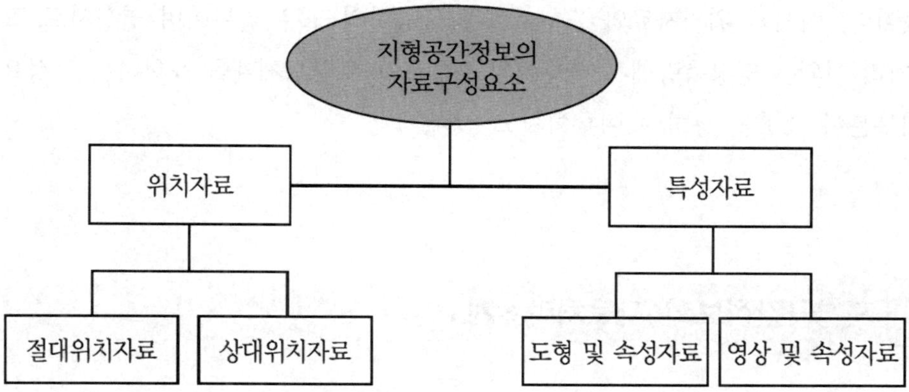

그림 9-5 지형공간정보체계를 표현하는 구성체계

절대위치는 현실(現實) 또는 실제공간(實際空間, reality space)이나 측지학적 공간(測地學的空間, geodetic space)에서의 위치이고 상대위치는 모형공간(模形空間, model space)이나 가상공간(假想空間, virtual space)에서의 위치이다.

위치에는 1차원, 2차원, 3차원 위치로 분류할 수 있다.

1차원 위치는 거리(距離, distance)와 고도(高度, height)가 있다. 고도는 일반적인 높이와 측지학적 높이(測地學的, geodetic height)로 평균해수면(平均海水面, MSL-Mean Sea Level)으로부터의 고도인 표고(標高, elevation, Z)가 있다.

2차원 위치는 일반적인 직교좌표상에서의 수평위치(水平位置, plane position, x, y)와 측지학상의 직교좌표에서 수평위치인 경도(經度: longitude-λ or Länge-L)와 위도(緯度: latitude-Ψ or Breite-B)가 있다.

3차원 위치는 일반적인 직교좌표상의 수평 및 수직(垂直)위치인 x, y, z와 측지학상의 경도, 위도 및 표고인 λ, Ψ, z가 있다.

영상자료(映像資料: image data)는 일반필름사진(지상 또는 항공카메라 사진, X-ray 사진 등), 스캐닝(scanning)체계(인공위성, 레이저, 레이더 등)에 의한 영상, 비디오 및 각종 영상 취득 장치에 의한 영상이 있다.

도형자료(圖形資料, graphic data)는 대상의 형상을 가시화한 것으로 도면(계획 및 설계도면, 구조물도면, 각종 대상의 도면), 지형도, 지도 등이 있다.

속성자료(屬性資料, attribute data)는 대상물의 자연, 인문, 사회, 행정, 경제, 환경 등에 관한 특징을 나타내는 자료로서 지형공간정보 분석이 가능하도록 문자나 숫자로 되어 있다.

정보의 생활화를 위한 정보체계의 정량화 과정에서 정보체계 구성요소취득이 가장 중요한 몫이다. 여기서 위치자료와 도형자료는 측량학의 고유 업무이며 영상자료 또한 일부 신호처리 이외는 영상측량에서 다루어지고 있으므로 정보체계를 표현하는 구성요소 취득의 대부분이 측량을 통하여 이루어지고 있다.

7 지형공간정보의 자료처리체계

지형공간정보체계의 자료처리체계는 자료입력, 자료처리, 출력의 3단계로 구분할 수 있으며, 보다 세부적으로는 ① 부호화, ② 자료입력, ③ 자료정비, ④ 조작처리, ⑤ 출력의 다섯 단계로 구분할 수 있다.

(1) 자료입력(data input)

자료입력 과정은 지형공간자료인 위치자료, 도형자료, 영상자료 및 특성자료에 따라 방법이 다르지만 주로 키보드로 입력되는 특성자료를 제외하고는 기존의 자료 활용측면과 새로운 자료취득 측면으로 나눌 수 있다. 기존의 자료활용 측면에서 가장 많이 이용되는 것이 지도의 디지타이징과 스캐닝이며, 이는 반자동방식(디지타이저), 자동방식(스캐너)으로 구분된다. 점, 선, 면 또는 다각형 등에 포함된 지형공간적 변량을 부호화하는 데는 ① 격자형 방식(raster 방식)과 ② 선추적방식(vecter 방식)의 두 가지가 사용된다.

(2) 지형공간자료의 변량을 부호화 및 표현하는 방식

점, 선, 면 또는 다각형 등에 포함된 지형공간적 변량을 부호화나 표현하는 데는 격자(raster)방식, 선추적(vector)방식, 메타자료(meta data)방식, 세밀도(LOD)방식, 자료기반(DB)방식 등이 있다.

① 격자형방식(raster 방식)

자료의 표현을 격자형(또는 작은 방: cell)들의 집합으로 형성된다. 또한 각 격자형은 속성값을 지니고 있으며 X, Y축을 이루어 존재 한다.

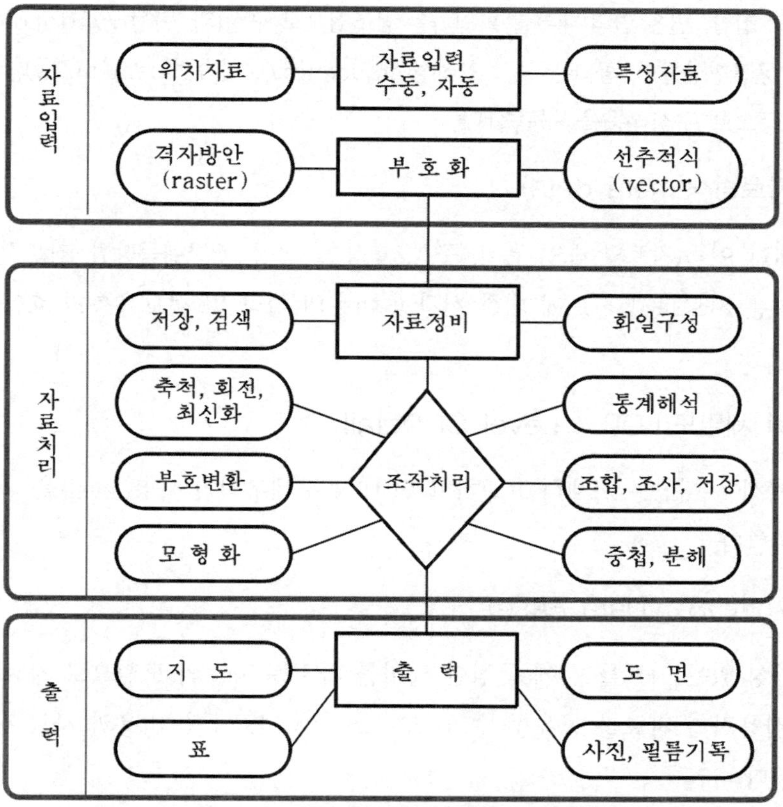

그림 9-6 자료처리체계

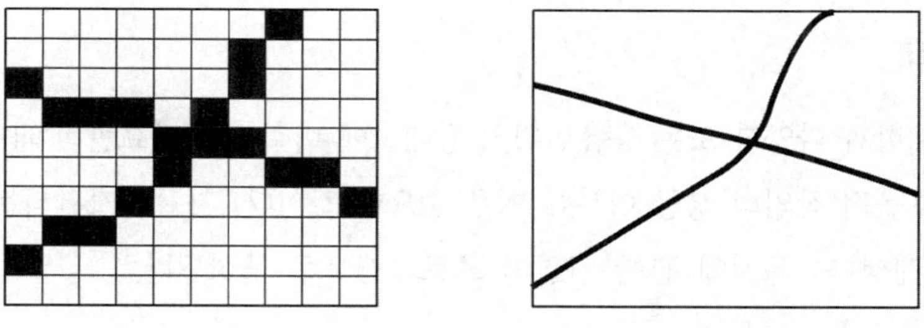

(a) 격자형 방식 (b) 선추적 방식

그림 9-7 부호화

② 선추적방식(vector방식)

자료의 표현을 마디(또는 고리: mode)로 구성된다. 점(點)은 하나의 마디, 선(線)은 두 마디 이상이나 수 개의 절점(vertex)으로 연결, 면(面)은 하나의 마디와 수 개의 절점으로 구성된 연결로 표현된다. 또한 벡터자료는 기하학(geometric)정보[점(x, y)은 하나로 저장, 선은 연결된 점들의 집합, 면은 면의 내부를 확인하는 참조점으로 구성]와 위상구조(topology)정보[점, 선, 면들의 공간형상들의 공간관계를 인접성(adjacency), 연속성(continuity), 영역성(area definition)등으로 구성] 등을 구축한다.

③ 메타자료방식(meta data)

자료의 대한 이력(자료의 개요, 품질, 구성, 형상 및 속성, 정보취득방법, 참조정보 등이 저장됨)을 설명하는 자료로서 정보에 대한 시간과 비용의 절약 및 정보유통의 효율성을 증대시킬 수 있다.

④ 자료의 세밀도(LOD : Level Of Detail)

자료 중 가까운 대상은 자세히 표현하고 먼 대상은 세부적인 사항(level)을 축약하여 개략적으로 표현한다.

⑤ 자료기반(DB : Data Base)

서로 연관성 있는 자료들 간에 특정한 의미를 가지는 자료의 모임으로 자료의 표준화가 되어 많은 사용자가 자료를 공유할 수 있으나 초기에 자료구축 비용과 자료 유지관리비가 많이 소요된다.

(3) 자료처리(data processing)

① 자료정비

자료의 방대함과 다양함 또는 응용범위의 광대함에 비추어서 자료관리 과정은 지형공간정보체계의 효율적 작업의 성공 여부에 매우 중요한 것이다. 자료유지관리는 모든 자료의 등록, 저장, 재생 및 유지에 관한 일련의 프로그램으로 구성된다.

② 자료처리

지형공간정보체계의 자료처리에는 표면분석과 중첩분석의 두 가지 자동분석이 가능하다. 표면분석은 하나의 자료층 상에 있는 변량들 간의 관계분석에 적용하며, 중첩분석은 둘 이상의 자료층에 있는 변량들 간의 관계분석에 적용된다.

중첩에 의한 정량적 분석은 각각의 정성적 변량에 관한 수치지표를 부여하여 수행되며, 변량들의 상대적 중요도에 따라 경중률을 부가함으로써 보다 정밀한 중첩분석을 행할 수 있다.

정량적 해석과 경중률 부여기법에 의한 자료은행(data bank)은 두 가지 형태의 예측모형에 이용될 수 있다. 예를 들어서 평가모형은 산불 가능성, 지하수 오염, 교통체계 등의 환경 특성평가에 적용될 수 있으며, 배치모형은 도시개발, 교통노선, 관개농경개발 등의 특정한 토지이용에 가장 적합한 지역결정에 적용될 수 있다.

③ 출 력

지형공간정보체계는 도면이나 도표의 형태로 검색 및 출력할 수 있다. 대부분의 체계에서는 인쇄도면, 그림, 표 및 지도 등을 여러 가지 형태와 크기로 제작할 수 있으며, 관찰 및 감시(monitor screen)를 통해서 자료기반의 한 구역 또는 다중 자료기반에 관한 도형 및 도형정보를 표시해 볼 수 있다.

8 지형공간정보체계의 자료 기반의 발전 동향

(1) 자료의 형태와 자료기반

① 자료의 형태

지형공간정보의 메타자료는 지형공간정보에 대한 내용, 품질, 용도, 판매가격, 조건 및 기타 특성 등의 상세한 정보를 사전에 제공함으로써 사용자의 요구에 맞는 정보의 접근을 용이하게 하는 자료 설명서이다.

메타자료의 핵심요소는 자료품질정보, 지형공간자료 구성정보, 지형공간참조정보, 실체 및 특성정보, 배포정보, 메타자료 참조정보가 있다. 메타자료의 생성은 내부미디어(intra-media)나 미디어 내간(inter-media) 정보를 근거로 한다. 내부미디어 메타자료는 미디어 내부의 정보를 설명한다. 반면에 미디어내간 메타자료는 여러 개의 미디어와 그들 간의 관계에 대한 설명을 다룬다. 추출 함수의 종류에 따라서 내용–종속 메타자료(content-dependent metadata), 내용–특성 메타자료(content-descriptive metadata), 내용–독립 메타자료(content independent metadata)로 메타자료를 분류할 수 있다. 메타자료의 생성방법에 있어서 메타자료는 미디어 개체에 추출 함수를 적용함으로써 생성된다. 메타자료를 추출하기 위해서 미디어 종속(media dependent), 미디어 독립(media independent), 메타상관관계(meta correlations)가 사용된다.

② 자료기반관리체계의 변천

가) 관계형 자료기반관리체계(RDBMS: Relational Data Base Management System)

RDBMS는 관계형 자료기반을 만들거나, 수정하고 관리할 수 있게 해주는 정보체계이다. 또한, 2차원의 행과 열로서 자료를 조직하고 접근하는 자료기반체계로서 전형적으로 관계되는 정보들을 구조화 질의 언어를 이용하여 접근되도록 한다. 또한 다른 파일들로부터 자료 항목을 다시 결합할 수 있고 자료 이용에 효율적인 체계를 제공한다. RDBMS는 사용자가 입력하거나, 또는 응용프로그램 내에 포함된 SQL 문장을 이용하여 자료기반의 생성, 수정 및 검색 등의 서비스를 제공한다. 잘 알려진 RDBMS로는 마이크로소프트의 액세스, 오라클의 오라클11g, Ardent의 UniData 등이 있다.

RDBMS는 기업이 다양하게 변하는 업무 형태와 요구에 대해 빠른 대응을 위해서 개발되었다. 자료기반에서 가장 중요한 것은 자료기반 설계이다. 일반적으로 자료기반 설계를 하는데 전체 개발기간의 70% 이상을 소요하고 특히 실행과 밀접한 관계가 있다. RDBMS 설계에서 가장 중요한 것은 자료의 중복성을 제거하는 것이다.

나) 객체지향 자료기반관리체계(OO-DBMS: Object Oriented Data Base Management System)

객체지향 자료모형을 사용하여 자료기반에 표현되어 있는 대량의 자료를 보관, 관리하고 실세계를 표현, 모형화하는 체계를 의미한다. 사용자로부터 자료처리 요청을 받아 자료기반에 접근하여 작업을 수행하며 프로그램 내에서 처리절차보다는 조작의 대상이 되는 자료의 기능과 의미를 중요시하여 취급하는 사고방식을 말하며 이 개념을 사용하면 소프트웨어가 보다 사용자 중심이 되어 사용하기 편리하다.

다) 객체관계형 자료기반관리체계(OR-DBMS: Object Relational Data Base Management System)

관계형 DBMS 기술과 객체 DBMS 기술의 결합을 사용자가 자료 형식과 완성된 프로그램(routine: 자료 형식을 처리하기 위한 저장 프로시저와 기능) 그리고 자신만의 접근 방법(access method)을 정의해서 자료 형식을 효율적으로 저장하고 접근이 가능하도록 되어 있다.

라) 멀티미디어 자료기반관리체계(M-DBMS: Multimedia Data Base Management System)

여러 명의 사용자가 동시에 대용량의 멀티미디어 자료기반을 구축, 검색, 삽입 · 삭

제 · 갱신 등의 편집과 관리(보완, 회복 등)할 수 있게 하는 것이 소프트웨어 체계이다. 또한 멀티미디어 DBMS는 각 자료형태에 속한 모든 자료를 자료 형식에 독립적으로 다룰 수 있다. M-DBMS는 기존의 DBMS 기능에 내용 검색체계 기능, 대용량 저장체계 지원, 인터넷 지원 등의 기능을 향상시킨 체계이다.

(2) 자료기반 체계의 동향

① 개방형 GIS(OpenGIS)

OpenGIS는 GIS구축환경이 점점 다양하고 복잡해짐으로써 지형공간정보자료 공유의 필요성이 대두됨에 따라, GIS 소프트웨어들 간의 공통표준으로서, 사용자들의 자신이 가지고 있는 다양한 형태의 저장자료에 대한 사용자의 접근 및 자료 처리 기능을 제공할 수 있는 지형공간정보 체계이다. openGIS를 실현하기 위한 상호가동성(interoperability)은 복잡하고 다양한 자료원과 자료형태를 지니고 있는 지형공간정보체계 관련분야를 효율적이고 경제적인 자료처리가 가능하도록 한다.

② 기업형 GIS(Enterprise GIS)

Enterprise GIS는 분산되어 사용되고 있는 각 부서의 지형공간정보를 자료기반 관리기술과 사용자/서버(client/server) 기술로 통합관리하는 GIS, 즉 기업형 GIS를 의미하고, 경영정보체계(MIS: Management Information System)와 GIS체계를 통합하여 공동자료기반을 이용하는 것을 말한다. 이러한 기술이 가장 활발하게 운영되고 있는 예로는 은행, 대리점을 가진 업체 등을 들 수 있다.

③ 컴포넌트 GIS(Component GIS)

컴포넌트 GIS란 정의된 인터페이스를 통해 특정서비스를 제공할 수 있는 소프트웨어의 최소단위라 할 수 있다. 컴포넌트 GIS는 응용프로그램, 네트워크, 언어, 도구와 운영체제를 넘어 플러그 앤 플레이(plug and play)가 가능한 독립적인 객체이다. 특정 목적의 자료기반을 개발하거나 기존의 응용을 더욱 확장시킬 수 있는 컴포넌트(component)를 요구하는 추세에 따라 구성요소를 중요시하는 기술이 등장하면서 객체(object)기술이 OLD(Object Linking Embedding), COM(Component Object Model), DCOM(Distributed Component Object Model), CORBA(Common Object Request Broker Architecture) 등으로 발전되어 가고 있다. 컴포넌트(component)는 하드웨어, 소프트웨어, 언어, 생산자, 전산환경 등에 종속되지 않고 컴포넌트별 전문적 생산으로 개발비 및 유지비를 감소시키고, GIS의 주요 client/server 개발 도구의 통합 작업형태를 제공한다. componentGIS의 등장으로 기술의 범용화가 가능해졌고, 분산환경에 적합한 통합 작업형태를 제공하게 되었다. componentGIS는 GIS 정보를 확장시킬 수 있는 새로운 도구가 될 것이다.

④ 인터넷/웹 GIS

인터넷/웹 GIS는 인터넷의 기술을 GIS와 접목하여 지형공간정보의 입력, 수정, 조작, 분석, 출력 등 GIS자료와 서비스 제공이 인터넷 환경에서 가능하도록 구축된 것이다. internet GIS 구축과 관련 있는 표준 및 규약에는 openGIS, 하이퍼텍스트통신규약(HTTP: Hyper Text Transfer Protocol), JAVA, CORBA, Z39.50 등이 있고, internetGIS의 구현기법은 CGI(Common Gateway Interface), ActiveX컨트롤방식, JAVA 애플릿(applet: 작은 응용프로그램) 방식 등을 이용한다. 그리고 익스플로러(explorer)와 같은 브라우저(browser)를 이용하여 GIS자료를 볼 수 있도록 하는 것이다. 또한 인터넷/웹GIS는 대용량의 지형공간자료처리 및 GIS 애플리케이션 서버 요청과 web 서버 요청 사이의 트랜잭션 분산과 다중 사용자 처리가 중요하고 자료 근원(source) 접근을 효율적으로 분산시키므로 대량의 온라인 트랜잭션 처리와 트랜잭선의 집중을 여러 대의 서버에 분산하는 데 적합하다.

⑤ 비즈니스 GIS(Business GIS)

비즈니스 GIS는 복잡한 분석을 필요로 하지 않고 단순히 주어진 자료를 쉽게 지도로 생성하여 사용자들이 직관적으로 그 공간적 분포를 이해할 수 있도록 도와주는 기능을 갖추고 있다. 비즈니스 GIS 제품에는 지형공간 연산 및 질의 등이 포함되지 않으며 업무에서 그 사용이 빈번하고 동작을 단순화시킬 수 있는 특징이 있다.

⑥ 데스크탑 GIS(Desktop GIS)

데스크탑(desktop) GIS란 전문적(professional) GIS 성능에는 미치지 못하지만 최근 그 성능면에서 급속히 발전하는 탁상 PC(데스크탑 PC)상에서 사용자들이 손쉽게 지형공간정보의 도면화와 지형공간분석을 수행할 수 있는 소프트웨어를 말한다. desktop GIS의 활용으로는 고객관리 및 분석, 입지선정분석, 자연보호에 활용, 교통사고 위험지역 분석 등 다양한 지형공간분석이 이루어지고 있다.]

⑦ 전문적 GIS(Professional GIS)

전문적 GIS는 각 분야의 전문성과 특정목적에 적용시킬 수 있는 GIS이다.

전문적 GIS에서는 특성자료를 RDBMS와 연동할 수 있으며 각 제품에 따른 다양한 지형공간자료모형으로 위상관계를 형성할 수 있는 기능을 제공한다. 또한 데스크탑(desktop)이나 워크스테이션 이상의 설치영역(platform)에서 운영되어 효율적인 지형공간분석 기능과 지도작성 기능을 제공한다.

⑧ 가상 GIS(Virtual GIS)

가상(virtual) GIS는 지형공간 세계를 3차원적인 가상공간으로 모형화하여 사용자로 하여금 고도의 현실감 속에서 가상 세계를 통해 각종 GIS 분석을 가능하게 해주는 정보체계를 말한다. 즉 2차원으로 입력되어 있는 지형공간자료를 실제와 같은 3차원의 지형공간자료로 보여주는 정보체계로 다양한 종류의 3차원 지상 및 지하 시설물을 모형화하고 분석처리할 수 있는 기능을 제공한다.

⑨ 모바일 GIS(Mobile GIS)

모바일 GIS는 언제, 어느 장소에서나 지형공간정보에 기반을 둔 유무선환경의 통신망을 통해 현재 위치 기반의 필요 정보를 제공할 수 있도록 구현된 GIS로써 위치기반 서비스, 텔레매틱스, 지형공간정보기반 고객관계체계(g-CRM) 및 무선 판매관리시점(POS: Point of Sales)을 이용한 유통관리 체계 등의 현장 지원 체계에 활용되고 있다. 모바일 GIS 기술은 사용자의 요청에 의해 서버에서 보유한 위치정보 및 특성정보를 검색, 처리한 결과 값을 유/무선통신망을 통해 사용자가 원하는 클라이언트(client)로 보내주는 것을 기본으로 하고 있으므로 웹 GIS의 개념에 이동통신망 등의 무선 통신망과 휴대용 단말기(PDA, Pocket PC, Cellular Phone 등)가 결합된 형태이다.

⑩ 3차원 GIS

가) 개요

1980년대 지형분석 위주로 시작된 GIS(Geo-Spatial Information System)는 정보통신 기능의 발달 및 다양한 신기술과 접목되어 3차원 GIS로 발전하면서 유비쿼터스(Ubiquitous City), 위치기반 서비스(LBS), 도시계획 및 개발, 재난예측과 복구, 교통제어, 환경감시 등 공공분야는 물론 관련 산업과 밀접한 연관을 맺어가며 발전하고 있는 추세이다.

기존의 2차원 GIS는 실세계의 지형공간요소를 2차원적인 점, 선, 면의 객체로 추상화, 일반화함으로써 많은 정보의 손실을 가져온다는 단점이 있다. 3차원 GIS(지형공간정보체계)는 이러한 2차원 GIS(지리정보체계)의 한계를 극복하여, 현실세계를 사실적으로 표현해 줌으로써 좀 더 가시적이고 정량적 분석이 가능한 장점이 있다. 또한 3차원 지형 및 시설물의 연동 관리, 3차원 지형공간정보가 위상학적인 자료구조를 다양하게 관리하여 3차원 지형공간정보의 검색, 편집, 분석이 가능하고 사용자 질의처리 및 몰입적 상호작용을 지원한다. 3차원 GIS는 사용자가 가시적이고 정량적 분석을 신속하게 할 수 있어 현실 같은 가상세계에서 쉽게 정보를 이해하고 의사 결정을 할 수 있게 하는 체계이다.

3차원 전자지도에 관련되는 속성정보를 추가하여 공공분야(도시계획, 재난, 교통, 환경 등)는 물론 모바일과 유비쿼터스 환경에서 온라인 전자지도를 제공하는 추세로 활용되고 있다.

나) 현황

3차원 GIS는 5단계로 구분하고 있다.

제 1단계는 개발된 3차원 지형을 분석하는 알고리즘으로 3차원 지형을 2차원 평면에 표현하는 단계이다.

제 2단계는 3차원 지형으로 가시화시키는 단계이다. 영상처리 기술의 발달로 3차원 수치지형모형에 영상자료를 가공하여 가시화가 가능해짐으로써 비행 모의관측 같은 처리가 가능하게 되었다.

제 3단계는 지형고도모형을 생성한 후 3차원 지형분석을 수행하는 단계로서 조망권 분석과 가시권 분석 등에 이용하고 있다.

제 4단계는 3차원 가상도시 구축단계다. 웹 기반의 응용 처리기술이 발달함에 따라 3차원 가상도시가 구축이 되고 있지만 이는 3차원 GIS와는 차이가 있다. 3차원 가상도시에는 3차원 객체의 검색이 가능하지만 객체간의 위상관계의 미설정으로 3차원 지형공간자료의 편집, 분석, 가공이 제공되지 않으므로 이를 3차원 GIS라고 하나 3차원 GIS로써의 기능을 완전히 수행하는데 한계가 있다.

5단계는 능동적 3차원 가상세계 구축 단계다. 위상구조를 지닌 지형공간 자료로 3차원 지형 및 시설물이 연동되어 관리되므로 3차원 지형공간자료의 검색, 편집, 분석이 가능해진다. 이를 이용하여 신속하고 정확한 현상파악 및 의사결정 도구로 활용되어지고 있다.

다) 활용

국내의 지자체, 기업체 및 외국의 3차원 도시공간모형 구축에 관한 실례는 다음과 같다.

대전광역시의 사이버대전은 3차원 가상도시 구축을 통하여 일차적으로 지자체 행정업무에 활용할 뿐만 아니라 관광, 교육, 부동산, 기타 지형공간정보 등의 대민 서비스를 통해 시민생활의 질을 향상시키고 있다.

부산광역시에서는 3차원 자료기반을 이용한 항법(navigation), 위치검색 및 모의관측(simulation) 등의 서비스가 가능하도록 한 해운대구 사이버도시를 구축하였다. 이 사업의 주요내용은 도로, 지형, 건축물 등에 대한 3차원 자료 수집 및 3차원 자료기반의 구축이다.

한국공간정보통신에서 3차원 시각화 기능 및 다양한 분석기능을 가진 3차원 GIS 엔진 IntraMap3D를 개발하였다. 이 엔진은 사용자편의의 사용자 인터페이스, 3차원 시각화, 시설물 정보조회, 공간검색 및 분석 등의 기능을 가지고 있다. 주요 기능으로는 3차원 시각화, 공간객체 찾기, 속성질의, 거리연산, 모의관측, 및 항법 등 다양한 분야에 이용하고 있는 기능 등이다.

아주대학교에서는 학교홍보를 위해 구축한 사이버 클래스와 농수산물 유통센처에서 방문하지 않고도 현실감 있는 정보를 제공하기 위해 가상입체 체험관을 구축하였다.

핀란드의 헬싱키의 아레나 2000는 도시 곳곳에 설치된 카메라를 이용하여 도시의 현상황과 정보를 사이버 상에 그대로 옮겨놓았다. 카메라에서 시시각각 변화하는 도시 전체의 모습을 실시간으로 사이버 상에서 확인이 가능하므로 신속하고 효과적인 대책을 수립 및 시행에 적용할 수 있다.

미국 보스톤시는 최근 도시의 3차원 지형공간정보를 구축하고 있으며, 사용자의 요구에 맞는 다양한 정보를 제공하는 미래의 보스톤을 계획하고 있다. 보스톤시의 재개발국(Boston Redevelopment Authority)은 홈페이지에서 The Boston Atlas라는 웹서비스를 제공하고 있으며, 다양한 부서에서 구축한 GIS 정보를 통합관리하고 있다. 또한 일반인들이 쉽게 지형공간정보를 접근할 수 있도록 웹서비스를 제공하고 있으며, 사용자의 목적에 맞는 유용한 정보를 제공하는데 목적을 두고 있다.

라) 전망

전통적인 2차원 GIS에 표출할 수 있는 지형공간정보 외에 3차원 GIS에서는 동영상, 식당정보, 개별체험기 등 다양한 속성정보를 연관시킨 정보통신 서비스의 발달로 서비스의 질이 날로 향상되고 있다.

고품질의 지형공간정보를 효율적으로 구축하기 위하여 고해상도 센서 개발과 센서 간의 융합 기술에 관한 연구가 수행됨에 따라 고성능 센서를 유 · 무인 항공기나 차량에 탑재하여 3차원 지형공간모형을 자동으로 생성하는 기술이 개발되고 있다. 또한 무인 항공기와 실시간 송수신이 가능한 체계를 이용한 공중모니터링 체계도 개발되고 있다.

3차원 GIS 기술은 영상탐측학과 GPS와 접목되어 U-City구축에 중요한 역할을 수행할 수 있게 되었다. 또한 역할수행 중에 발생하는 오차와 시행착오를 줄이기 위하여 모의관측을 통한 자료구축을 시도하고 있다.

⑪ 비디오 GIS(Video GIS)

비디오 GIS(Video GIS: Video Geospatial Information System)란 비디오 영상을 기반으로 하여 직접 사용자와 상호작용이 가능하고 지형공간자료를 분석 · 가공하는 것으로 지형공간정보 자료가 실제로 어떠한 모습으로 존재하고 있는지에 대한 정보를 얻을 수 있는 체계다. 이러한 영상 정보를 통해서 사용자는 현실 세계와 컴퓨터상으로 표현되는 지형공간정보 자료의 관계성을 더 정확하고 빠르게 알아볼 수 있다. 비디오 GIS를 구축하기 위하여 요구되는 기술들을 비디오 자료 취득 및 위치관측을 위한 기술, 영상 처리 및 지형공간 객체 추출을 위한 기술, 연계정보 구축을 위한 기술 등이 있다. 텔레매틱스 기술과 연계하여 실시간으로 취득되는 영상정보와 항법자료를 기반으로, 운전자에게 현실감과 인지력, 편의를 제공할 수 있는 차량항법 기술 개발이 이루어져 가고 있다.

⑫ 지능형 교통체계

지능형 교통체계(ITS: Intelligent Transportation System)는 고도의 정보처리 기술(전자, 제어, 통신 등)을 교통운용에 적용시킨 것으로 도로, 운전자, 차량, 신호체계, 대중교통 이용자들에게 매순간의 교통상황에 따른 적절한 대응책을 제시함으로써 원활한 교통소통과 교통시설의 효율적 운영, 운전자의 편의성과 안전성을 극대화하는 첨단의 도로교통체계이다. 지능형 교통체계의 구성으로는 첨단교통관리, 첨단교통정보, 첨단대중교통, 상용차량운행, 첨단차량제어체계로 크게 5개 분야로 구분할 수 있다.

가) 첨단교통관리체계(ATMS: Advanced Traffic Management System)

도심 및 교통수요의 통제와 조정을 통하여 교통량을 노선별로 적절히 분산시키고 지체시간을 줄여 도로의 효율성을 증대시키는 체계이다.

나) 첨단교통정보체계(ATIS: Advanced Traffic Information System)

차량 내외부 표시장치 및 단말기를 통하여 각종 교통정보를 제공하여 안전하고 쾌적한 이동을 지원하는 체계이다.

다) 첨단대중교통체계(APTS: Advanced Public Transportation System)

버스, 지하철, 다인승 차량 등 대중교통을 효율적으로 운행관리하며, 현재 도로상에서 운행되는 버스, 지하철 등의 위치를 식별하여 운행상태를 파악하는 등 대중교통 운영정보와 요금징수를 자동으로 관리할 수 있는 체계이다.

라) 상용차량운행체계(CVO: Commercial Vehicle Operations)

운행 중인 트럭, 택시, 버스 등 상업용 차량의 위치를 파악하고 고객과 화물을 효율적으로 연결시켜 빈 차량의 운행이나 교통지체를 줄이고 통행속도를 높여 운행비용을 절감시키기 위한 체계이다.

마) 첨단차량제어체계(AVCS: Advanced Vehicle Control System)

이 체계는 운전자의 운전행위를 도와주는 것으로 차량 내·외부에 송수신 장치를 장착하여 주행 중 차량간격, 차선위반여부, 속도 등의 안전운행에 관한 체계이다.

⑬ 위치기반서비스

가) 의 의

LBS(Location Based Services)란 위치기반(位置基盤)서비스로 필요한 장소, 필요한 시간에 위치기반 정보를 전달하는 응용분야로 정의할 수 있다. 위치기반 서비스는 이동식 사용자가 그들의 지리학적 위치, 소재 또는 알려진 존재에 대한 서비스를 받도록 하는 것[미국의 연방통신위원회(FCC: Federal Communications Committee)의 정의]으로 사용자는 이러한 서비스를 컴퓨터, 휴대폰, PDA(Personal Digital Assistant), 무선호출기 등의 장비를 이용하여 접근할 수 있다. LBS에서 사용자의 위치를 결정하는 방법으로는 크게 기존 이동통신 기지국망을 이용하는 방법과 GPS를 이용한 방법으로 구분되고 있다.

나) 위치 결정

(ㄱ) 기존의 이동통신망을 이용한 사용자의 위치 결정

AOA(Angle Of Arrival) 방식: 2개 이상의 기지국에서 단말기로부터 오는 신호의 방향을 관측하여 방위각을 이용한 단말기의 위치를 결정한다.

TOA(Time Of Arrival): 3개 이상의 기지국으로부터의 전파전달 시간을 이용하여 거리를 기반으로 위치를 결정한다.

(ㄴ) GPS 및 Galileo를 이용하여 사용자의 위치를 결정

(ㄷ) 이동객체자료기반(DBMS: Data Based Mobile System)를 이용하여 위치정보 취득

(ㄹ) Cell ID 방식

이용자가 속한 기지국의 서비스 셀ID를 통해 이용자의 위치를 결정한다.

다) 문제점

LBS의 그 활용성이 방대하고 많은 이점을 지니고 있지만 개인정보유출 및 사생활보호, 무선광고 등의 범람에 관한 문제가 해결되어야 한다. 이러한 문제는 법적으로 규제가 되어야 하며 기술적 해결방안에는 통지, 동의, 보안 그리고 기술적 중립성 등이 반드시 포함되어야 한다.

라) 응용분야

지형공간정보를 활용한 유비쿼터스 시대의 가장 중요한 서비스로 위치기반서비스(LBS)가 주목을 받고 있다. LBS은 대부분의 통신 회사들이 자신들의 망내에서 유선 또는 휴대전화 기반의 위치 추적 기술을 추구할 계획을 가지고 있다. 현재 LBS는 엔터테인먼트 위주로 '친구찾기'와 같은 형태로 발전하고 있으나 향후에는 사람뿐만 아니라 자동차나 화물, 물체의 위치정보를 바탕으로 다양한 부가 서비스를 제공하게 될 것으로 예상된다. 주로 항법장치, 응급수송, 고객의 위치를 이용한 광고 및 마케팅, 도난차량 회수 등에 사용되고 있다.

⑭ 유비쿼터스(Ubiquitous)

가) 의 의

유비쿼터스(Ubiquitous)는 라틴어 어원으로 '동시 · 도처에 존재하는(being or seeming

to be everywhere at the same time), 편재(遍在)하는(omnipresent)' 등의 뜻 즉, 시간과 장소에 구애받지 않고 언제 어디에서나 원하는 정보에 접근할 수 있는 기술이나 환경을 의미하는 것으로 1988년 Xerox의 PARC(Palo Alto Research Center)의 Mark Weiser가 처음으로 주장하였다. 실세계의 각종 제품들과 환경 전반에 걸쳐 컴퓨터들이 존재하게 하되, 이들이 사용자에게는 컴퓨터로서의 겉모습을 드러내지 않도록 환경 내에 효과적으로 내재시키는 기술을 의미한다. 세분화시키면 물리공간을 지능화하는 유비쿼터스 컴퓨팅(ubiquitous computing)과 물리공간에 펼쳐진 각종 사물들을 언제(anytime), 어디서(anywhere, anyplace), 어떤 장치(anymedia)임에 구애받지 않고 망으로 연결하는 유비쿼터스 망(UN: Ubiquitous Network)으로 구분할 수 있다.

(ㄱ) 유비쿼터스 환경에서 정보를 교환하는 상대는 '사람과 사람'중심에서 '사람과 기계'로 바뀌고 있으며, '기계와 기계'간의 통신도 증가하고 있다.

(ㄴ) 유비쿼터스의 특징은 기기가 눈에 보이지 않아야 하고 유비쿼터스 망은 언제 어디서나 사용이 가능해야 하며, 반드시 망에 연결되어 있어야 한다.

(ㄷ) 유비쿼터스 정보기술을 활용한 차세대 전자정부의 서비스 모형은 빠른 접속(fast), 상시접속(always on), 모든 곳(everywhere)에서 접속, 쉽고 편리한(easy & convenient) 이용, 온 · 오프라인 연계(on-off line connection), 지능화(intelligent) 그리고 자연스러운 사용(natural)이 가능한 서비스를 지향한다.

나) 기술의 문제점

(ㄱ) 모든 사물에 편재된 컴퓨터의 소유 및 설치 문제

- 소유자에 따라 설치, 컴퓨터의 목적 및 사양이 달라질 수 있음
- 유비쿼터스 환경은 오랜 시간에 걸쳐 광범위하게 진행되므로 시간에 따라 또는 지역에 따라 설치 체계가 달라질 수 있음

(ㄴ) 공공시설에 설치된 컴퓨터의 보안성 문제

- 현재로서는 공공시설로의 접근은 용이한 편으로 컴퓨터의 조작 가능성이 존재한다.
- 개인보안장치를 이용한 체계 접근도 공공시설의 접근포인트(access point)에서는 보안성을 보장받지 못함 → 광범위하게 설치되는 컴퓨터에 대한 관리 및 법규 문제가 있다.

(ㄷ) 필요 시 사용할 수 있는 보편성 및 신뢰성 문제

- 언제, 어디서나 사용자가 원할 때 사용할 수 있기 위해서는 access point에 대한 보편성 및 신뢰성이 필수적이다.
- 사용자가 지금이라도 불편을 느낀다면 자신만의 정보기기를 휴대할 것이다(공중전화도 유비쿼터스의 한 형태로 생각할 수 있으며 사용자는 이를 외면하고 무선기기를 휴대함).

다) 활용분야

개인이 살기 좋은 최적의 상태를 유지하기 위해 주위에 산재한 '위험요소'를 제거하는 서비스로 노부모 모니터링, 필요한 지원을 제공하는 조직(병원, 경찰서, 의사, 공공건강센터, 관련 커뮤니티 등)과의 연결한다. 유비쿼터스를 활용한 전자정부 서비스는 다음과 같다.

(ㄱ) 조세부문

상품 스캔과 동시에 조세담당 행정기관에 정보가 전달되어 과세 및 세금징수 등이 가능하다.

(ㄴ) 환경부문

부품이나 폐기물에 RFID 장착으로 리사이클 등을 효율적으로 관리 가능하다. RFID(Radio Frequency IDentification : 무선전파식별자)는 전자 tag를 대상물에 부착하여 대상물의 주위환경을 인지하고 기존 정보기술(IT)체계와 실기간으로 정보를 교환 및 처리할 수 있는 기술이다.

(ㄷ) 보건의료부문

복지를 위한 인적자원의 고갈문제와 새로운 서비스기대수준에 대응하는 서비스 제공이 가능하다.

(ㄹ) 교통부문

향상된 내비게이션 서비스가 가능하다.

(ㅁ) 방재 및 방범

산불, 홍수, 가뭄 등 자연재해 등을 자동 감지하여 대책 서비스 제공이 가능하다.

(ㅂ) 유지 · 보수 부문

수도, 전기, 가스 등의 공공시설에 대한 효과적인 보수로 인한 비용 절감이 가능하

다. 향후 기술 발전 가능성과 발전 속도를 감안할 때, 신기술인 유비쿼터스 정보기술이 공공 서비스에 이식되어 서비스 제공 방식과 서비스의 파급효과를 혁신적으로 변화시킬 차세대 전자정부서비스로의 실현가능성은 매우 높다.

(ㅅ) U-City

첨단 정보통신기반과 유비쿼터스 정보서비스를 도시지형공간에 융합하여 생활의 편의증대와 삶의 질을 향상, 체계적 도시 관리에 의한 안전과 주민복지증대, 신산업 창출 등 도시기반기능을 혁신시킬 수 있는 첨단도시가 U-city이다.

(ㅇ) U-생태도시(U-Eco City)

생태도시(Eco-city)는 자연환경의 변화 및 지구환경문제에 대한 위기의식에 의해 자원, 에너지기술, 자원복원기술 등을 기반으로 이루어진 도시를 뜻한다. 생태도시 건설의 국면(paradigm) 변화와 미래도시에 대한 새로운 요구에 따라 차세대 도시환경인 U-City와 지속가능한 생태도시의 개념이 융·복합된 새로운 형태의 도시가 U-생태도시(U-Eco City)이다.

⑮ 환경GIS(Environmental GIS)

가) 의의

생활개선 과정에서 나타나는 다양한 형태의 환경정보를 지형공간정보체계에 의한 입력, 저장, 분석 및 평가를 통하여 최적의 실행계획(scenario)을 찾기 위한 분석기술이 환경GIS의 몫이다. 다양한 환경분야에서 우리들 생활과 관련이 가장 큰 수질개선을 위한 GIS기반의 수질관리에 대하여 약술하기로 한다.

나) 수질관리의 수행절차

(ㄱ) 수질관리대상유역의 선정

(ㄴ) 대상유역의 경계확정

대상유역의 경계를 확정하기 위해 이미 구축된 수치지도(1/5,000, 1/25,000)를 기반으로 제작되고 있는 수자원단위지도(전국토를 12개 대권역, 117개 중권역, 840개 소구역의 표준유역으로 분할하여 1999년부터 제작)와 수치고도모형(DEM)을 이용한다.

(ㄷ) 오염원 자료기반설계 및 구축

수자원단위지도나 DEM에 의해 선정된 지역에 대하여 인구, 가축, 산업, 토지이용, 양식 등의 주요 오염원자료를 이용하여 오염원 데이터베이스(DB: Data Base, 자료기반)을 설계 및 구축을 한다. 데이터베이스구축 시 위치자료는 수평 및 수직위치(경도, 위도, 표고: x, y, z)와 특성자료로는 도형 및 영상자료와 속성자료가 이용된다. 도형 및 영상자료에는 도로, 등고선, 하천, 철도, 건물, 지류, 각종 시설물, 행정 및 지역경계 등이 포함되며 속성자료에는 분요처리, 형태별 인구현황, 가축현황, 토지이용현황, 폐수배출소현황, 온천현황, 양식장현황, 하수처리현황, 상수도현황, 수질관측현황 등을 포함시킨 자료를 구축한다.

(ㄹ) 오염발생부하량 및 배출부하량의 산정

오염된 데이터베이스설계 및 구축을 마련한 후 오염발생, 배출 및 유달부하량을 산출한다. 유역에 존재하는 수질오염은 점오염원과 비점오염원으로 대별된다.

i) **점오염원과 비점오염원**

점오염원은 한 지점에 오염원이 집중되어 배출점이 일정함으로 오염부하량의 판별이 쉽게 될 수 있다. 비점오염원은 넓은 영역에 오염원이 분포되어 정확한 배출지점을 결정하기 어려운 특징이 있는 오염원이다. 즉, 지역과 시기에 따라 오염물의 배출양이 다르고 기상조건, 지질, 지형 등에 영향을 받는 경우, 강우 시 지표면유출수와 함께 배출되는 오염물질(농지에 살포된 비료 및 농약, 토양침식물, 축산유출물, 교통에 관련된 오염물질, 도시지역의 먼지와 쓰레기 등)등이 비점오염원이 될 수 있다.

ii) **발생, 배출 및 유달부하량과 유달계수**

발생부하량은 인간의 활동과 자연으로부터 발생하는 오염부하량으로 각 오염원규모에 오염발생원 단위를 곱하여 부하량을 산정한다. 배출부하량은 각 오염원으로부터 정화방법에 의한 제거를 거친 다음 배출되는 부하량이다. 유달부하량은 지천에서의 유하과정을 거쳐 본류지점까지 도달하는 부하량으로 실제수역에 유입되는 오염부하량이다. 유달계수는 오염물질이 발생원에서 배출되어 대상유역까지 도달하는 전과정으로 유달부하량과 배출부하량의 비율이다.

(ㅁ) 수질모형화

수질모형(model)은 오염물질이 물로 유입되어 물리적, 화학적, 생물학적인 과정(하천, 호소, 바다 등으로 운송 중 생성 또는 소멸되는 것들)과 상호작용 및 환경변화 등을 수치적으로 추정할 수 있는 모형이다. 수질모형은 처리수준, 적용대상, 수문순환에 따라 구분된다. 수질모형선정 시 기술적 측면에서 합리적, 이용효과, 사용목적이 지역여건에 적절하고 검증이 가능한 것으로 고려해야 한다. 하천수질모형화(modelling)는 수질모형을 이용하여 소요목적에 부응하는 수질을 유지 및 관리할 수 있도록 오염부하량의 규제나 분배를 합리적으로 수행하기 위한 도구이다. 하천수질모형에는 여러 종류(Vollenweider, QUAL 2E, CE-QUAL-RI, QUALKO 모형 등)가 있다. 이 중 QUALKO 모형은 QUAL 2E 모형을 근간으로 WASP5 장점들을 결부시켜 bottle BOD반응기작, 조류의 생산에 의한 유기물증가, 탈질화반응 등 정체수역이 많은 하천에서 발생할 수 있는 반응기작을 시뮬레이션 할 수 있도록 국립환경과학원에서 보완한 모형이다.

(ㅂ) 오염원저감방법 및 의사결정체계구축

오염원저감을 위하여 목표수질의 설정, 오염총량관리계획, 오염저감방식(저감량 산정 및 배분, 처리대상소유역의 우선순위결정, 적절한 처리공법 선정 등)을 결정하고 오염저감의사결정체계를 구축해야 한다.

i) 목표수질의 설정

목표수질은 인구, 경제, 국토이용계획, 도시형태, 산업배치, 이수현황 등 대상유역의 자연적 및 사회적 특성에 부합되도록 다음과 같은 사항들을 고려하여 설정한다.

- 생태계(인간, 동·식물)의 보호와 보전
- 목표한 바의 수질향상을 위하여 수질기준 및 지역별 수질오염도에 따른 등급구분과 목표달성 단계별 등급을 지정
- 배출원 규제는 현재 적용 가능한 기술과 폐수처리기술능력을 감안하여 실행하되 절대 보전지역에 대해서는 엄격한 규제를 전제로 한다. 이상의 설정에는 수질환경 및 생활환경에 기준하여 유역의 물이용 상황을 고려하여 이루어져야 한다.

ii) 오염저감방식

목표한 바의 수질을 달성하기 위하여 오염물질의 저감방식에는 대상유역에서 산

정된 저감량을 하나의 소유역에서 집중적으로 저감시키는 방식과 저감량을 대상유역에 존재하는 전체 소유역에 분산하여 저감시키는 방식이 있다. 또한 오염저장방식에는 다음과 같은 사항을 고려한다.

• 저감량산정 및 배분

일반적으로 전체유역에 대한 저감량을 소유역별로 배분하는 방식으로 수행한다,

• 처리대상 소유역의 우선순위 결정

오염부하량, 분뇨처리형태, 상수원보호구역 현황, 재정상황, 종합판정 등이 주요 고려대상이다.

• 적정처리공법 선정

처리공법 선정은 처리성능, 건설비, 유지관리의 용이성 및 환경영향 등을 고려하여 가장 경제적이고 효율적인 공법을 선정해야 한다.

iii) **오염저감에 대한 의사결정지원체계의 구축**

제반 오염저감을 위한 환경GIS기반의 적용분석은 유역의 지형공간적 특성을 고려할 수 있음으로 효율적으로 적절한 의사결정을 지원할 수 있다. GIS기반의 편리한 사용자환경(interface)을 통한 의사결정지원모듈과 입력파일간의 연계를 통하여 보다 편리한 시나리오(scenario)의 수행은 물론 조건을 바꾸어 연속적인 실행계획의 분석이 가능하게 된다. 이에 GIS기반으로 구축된 의사결정지원체계는 오염저감을 경제적이고 효율적으로 수행하는데 크게 기여할 수 있을 것이다.

9 지형공간정보체계의 활용

지형공간정보학을 활용할 지형공간정보체계의 소체계는 다음과 같다.

(1) 토지정보체계(土地情報體系, LIS: Land Information System)

토지정보체계는 지형분석, 토지의 이용, 개발, 행정, 다목적 지적 등 토지자원 관련 문제해결을 위한 정보분석체계이다. 토지정보체계를 이용하여 다목적 국토정보체계 구축(표준좌표체계, 고정밀도 대축척 기본지도, 전국지적정보체계, 표준특성자료파일), 건설계획과 환경보

호의 조화를 이룬 최적계획수립, 발전소위치 설정계획(환경, 토지이용, 인접발전소 위치 등을 고려한 수력, 화력, 풍력 발전소 계획수립), 수치형상모형[(數値形象模型, DFM: Digital Feature Model-수치지형모형(DTM), 수치고도모형(DEM), 수치외관모형(DSM)]을 이용한 지형분석, 경관정보, 등기부의 자료기반화와 공정자산 정보관리를 할 수 있는 토지부동산 정보관리체계 및 다목적 지적정보체계도 구축할 수 있다.

(2) 지리정보체계(地理情報體系, GIS: Geographic Information System)

지리정보체계는 지리좌표에 관련된 도형 자료를 효율적으로 수집, 저장, 갱신, 분석하기 위한 정보체계이다. 즉, 지도, 통계자료 등 지리자료, 특성자료의 입력, 정비, 가공 DB 구축, 분석, 출력에 관련된 일련의 정보체계를 말하는 것이다.

지리정보체계를 이용하여 계획요소의 지리적 분포, 통계분석의 가시적 표시 및 변화추출을 할 수 있는 행정업무지원체계, 공중보건위생관리체계, 야생동식물보호관리체계, 교육 및 학제관리, 경영 및 판매전략수립을 효과적으로 할 수 있다.

(3) 도시 및 지역정보체계(都市 및 地域情報體系, UIS/RIS: Urban And Regional Information System)와 국토정보체계(國土情報體系, NLIS: National Land Information System)

도시정보체계는 도시계획 및 도시화 현상에서 발생하는 인구, 자원 및 교통의 관리, 건물면적, 지명, 환경변화 등에 관한 자료를 다루는 체계로서, 도시현황파악 및 도시계획, 도시정비, 도시기반시설관리를 효과적으로 할 수 있다.

지역 및 국토정보체계(RIS/NLIS)를 이용하여 국면소득-물가통계 인구, 토지, 자원 사회복지 국가총예산회계 등을 고려하여 국정기본 정보 수집에의 활용 및 조직망을 구성할 수 있다. 또한, 대규모 건설공사계획 수립을 위한 지질, 지형자료 체계 구축을 하기 위해 수치지형자료 및 지리, 지질, 토양 등의 특성자료, 도로망, 철도망 등 수송체계를 고려한다. 지역계획자료 체계를 구축하여 공업, 상업자료, 농어업 자료, 인구, 도시건설자료와 위치 및 지도자료를 결합 분석할 수 있으며, 교통망 · 공공설비망을 기본으로 국토정보체계 자료기반구축을 할 수 있다.

(4) 수치지도제작 및 지도정보체계(數値地圖製作 및 地圖情報體系, DM/MIS: Digital Mapping and Map Information System)

수치지도제작은 지상측량, 항공사진측량 또는 기존 지형도의 입력 등에 의하여 대상 지형(지모 · 지물)의 위치 및 특성자료를 수치형태로 입력하고, 편집 · 가공함으로써 도면 형태, 자기테이프 등의 소요형태로 지형도면 또는 수치정보를 얻는다. 측량체계에 의해 수치지도를 제작하는 것을 일반적으로 수치지도제작이라 한다.

수치지도제작은 위치, 지모, 지물, 기타 특성자료를 종합한 다목적 수치주제도 작성을 통하여 지형공간정보체계의 기준자료를 제공한다. 수치지도제작을 하는 방법에는 기존지도 스캐너에 의한 수치지도제작, 지상측량자료에 의한 수치지도제작, 항공사진, 지상사진을 이용한 수치지도제작, 인공위성(LANDSAT, SPOT, GPS 등)을 이용한 수치지도제작, 입체영상접합(stereo image matching)기법을 이용한 지형도작성의 자동화 등이 있다.

지도정보체계는 수치지도의 활용면에 중점을 둔 정보체계로서 생활편리정보, 관광 및 위락 정보, 판매 경영정보(area marketing and business information), 차량운행 및 보행자 안내정보, 부동산 유통정보, 토지평가 및 토지가옥 관리정보, 안전관리정보 등이 있다.

(5) 도면자동화 및 시설물관리(圖面自動化 및 施設物管理, AM/FM: Automated Mapping and Facility Management)

도면자동화는 전산 도형해석을 이용한 소프트웨어를 이용하여 지형정보를 생성, 수정 및 합성하여 시설물관리를 효과적으로 하기 위한 체계이다. 도면자동화는 지도자료, 지점 또는 축척 등의 다양한 도면에 대한 정보를 조합하여 출력할 수 있는 체계이다. 이 체계는 시설물 관리체계에서 이용되는 지도나 도면을 수치정보화한다.

도면자동화란 수치적 방법에 의한 지도제작공정 자동화에 중점을 두는 것으로서, 주로 관련시설물 관리를 위한 기본도 및 현황도 제작과 대축척 지도제작에 중점을 둔다. 이러한 도면자동화를 기본으로 하여 상수도시설 관리체계, 하수도시설 관리체계, 전화시설 관리체계, 전력시설 관리체계, 가스시설 관리체계, 도로시설관리, 철도시설관리, 유선방송(CATV) 시설관리, 공항시설관리, 항만시설관리 등을 효율적으로 관리할 수 있다.

(6) 측량정보체계(測量情報體系, SIS: Surveying Information System)

측량정보체계는 광파종합관측기(TS: Total Station)에 의한 수치지형도 작성 및 DTM 자료기반구축을 하는 측량 및 조사정보체계, GPS 위성측량에 의한 3차원 위치를 결정하는 측지정보체계, 항공사진을 이용한 정밀 지형도 작성을 할 수 있는 사진측량정보체계, 위성영상의 분석처리에 의한 자원탐사, 환경변화를 검출할 수 있는 원격탐측정보체계를 통틀어

측량정보체계라 한다.

(7) 도형 및 영상정보체계(圖形 및 映像情報體系, GIIS: Graphic and Image Information System)

도형 및 영상정보체계는 적·녹·청의 명도, 색상, 채도변환을 이용한 고해상도 천연색 인공위성 영상합성을 이용하는 수치영상처리를 기본으로 하여, 인공위성 영상의 수평위치 및 고도추출점 정확도를 향상시켜 2차원, 3차원 도형자료를 분석하는 체계를 말한다.

도형 및 영상정보체계를 이용하여 수치영상접합(DIM: Digital Image matching) 기법에 의하여 지형 추출점의 판별자동화 및 수치지형모형(DTM)을 생성할 수 있으며, 영상복원 및 입력부호화(encoding) 기법을 이용한 고속이동물체 영상의 선명도를 향상시켜, 핵자기 공명영상(NMRI) 처리에 의한 선명도 개선 및 3차원 입체영상을 재현할 수 있다.

(8) 교통정보체계(交通情報體系, TIS: Transportation Information System)

교통정보체계를 이용하여 육상교통관리, 해상교통관리, 항공교통관리, 교통계획 및 교통 영향평가를 할 수 있으며, 교통량·노선연장·운송업·화물수송량·도로보수공정·도로 완공일정 등을 효과적으로 관리할 수 있다. 교통정보체계에는 철도운송체계현황, 고속도로 교통현황, 국내선박여객 운송량, 운행시간표, 항만관리체계, 항만 및 항로시설물 조직망구성, 공항별 화물운송량, 운행 횟수, 공항창고 출입량, 적재량, 항공운송정책 조사자료 등이 들어 있다. 지능형교통체계(ITS: Intelligent Transportation System)의 활용성이 증대되고 있다.

(9) 환경정보체계(環境情報體系, EIS: Environmental Information System)

환경정보체계는 대기오염정보, 수질오염정보, 고형폐기물처리정보, 유해폐기물위치평가와 관련된 전산정보체계를 환경정보체계라 한다. 환경정보체계를 활용하여 산업체 입지분포, 풍향, 지형특성 등을 고려한 대기오염 예측 및 분석을 할 수 있으며, 하천수계별 수질오염분석, 화력 및 원자력 발전소의 냉각수의 온도확산 분포조사, 오염물 확산 평가, 산업쓰레기, 고형폐기물 처리를 위한 소각장, 매립장, 입지선정 및 영향평가, 원격탐측과 공간분석기법을 이용한 유해폐기물 위치평가, 골프장 건설에 의한 자연환경, 생활환경, 생태계, 경관변화 예측 및 영향평가, 고층건물 및 대형시설물 건설에 따른 일조량 변화, 경관변화, 교통흐름 및 교통량 변화 대책수립을 체계적으로 할 수 있다.

(10) 자원정보체계(資源情報體系, RIS: Resource Information System)

자원정보체계는 농산자원정보, 삼림자원정보, 수자원정보, 지하자원 정보 등과 관련된 정보체계를 자원정보체계라 한다. 자원정보체계를 활용하여 위성영상과 지형공간정보기법을 활용한 농산물 작황조사, 병충해 피해조사, 수확량예측, 수목성장도, 수종별분포, 토양 및 토질, 지표특성 등을 고려한 삼림자원경영 및 관리대책 수립, 수리, 강수량, 유량, 함수비, 증발량, 기상, 수질, 지하수 등을 고려한 수문자료기반구축, 수자원계획, 수리, 수문에 관한 정기간행물 등의 자료기반 구축, 농업용수, 저수지운용, 상수도, 강설량 등을 고려한 수자원 모형 수립, 석탄 · 석유 수급현황분석 및 비상시 공급체계 대책수립을 세울 수 있다.

(11) 조경 및 경관정보체계(造景 및 景觀情報體系, LIS/VIS: Landscape and Viewscape Information System)

조경 및 경관정보체계는 수치형상모형, 조경을 이용한 환경해석, 경관요소 및 계획대안을 고려한 다양한 모의관측이 가능하여, 최적 경관계획안 수립을 가능하게 한다. 조경 및 경관정보체계를 이용하여 수치지형자료와 계획요소의 조합에 의한 경관조사, 계획 및 평가를 할 수 있으며, 3차원 도형해석과 수목, 석재 등을 이용하여 조경설계를 하며, 도로경관, 교량경관, 터널경관, 도시경관, 하천 및 호수경관, 항만경관, 자연경관 및 경관개선대책수립을 할 수 있다. 또한, 산악도로건설에 따른 외부경관 변화예측 및 자연경관보존, 생태계 피해 최소화를 위한 시설물, 조경계획 수립시 전원도시의 아름다운 skyline 보존과 개선을 위한 건축물 형태, 크기, 규제, 지침수립시 고층건물, 전망탑 등 지상표지(Landmark) 건설계획에서의 경관평가시에도 이용된다.

(12) 재해정보체계(災害情報體系, DIS: Disaster Information System)

재해정보체계는 홍수방재체제 수립, 지진방재체제 수립, 민방공체제 구축, 산불방재대책 수립시 필요하다. 재해정보체계를 이용하여 수계특성, 유출특성 추출 및 강우빈도와 강우량을 고려해 홍수도달시간을 예측할 수 있고, 지진 빈발 지역의 정기적 탐측에 의한 이상징후, 수집체계 구축, 지구과학 정보의 종합해석을 통한 지진예측, C^4I(Command, Control, Communication, Computer and Intelligence) 체제에 의한 긴급출동 및 범죄예방체제 구축, 수종, 산악지형, 풍향, 토지경사, 주변지역 급수대책 등을 고려하여 적절한 산불방재대책을 수립할 수 있다.

강수량, 토질, 사면경사, 골프장 시설물 건설에 따른 지형변화 등을 고려한 산사태 방재대책, 인공위성 영상분석에 의한 핵누출사고 탐지 및 경보, 방사능물질 운송경로추적 및 영향평가, 원자력발전소 위치 선정 및 방사능 오염 모의관측 등도 할 수 있다.

(13) 해양정보체계(海洋情報體系, MIS: Marine Information System)

해양정보체계는 해저영상수집, 해저지형정보, 해저지질정보, 해수유동, 해상정보 등을 포함한다. 해양정보체계를 이용하여 측면주사측심기(side scan sonar)에 의한 해저영상수집 분석, 초음파탐측에 의한 해저지형 및 해양지질조사, 해석영상처리에 의한 해저지질구조 분석 및 해양지하자원탐측, 조류와 조석관측에 의한 파력 에너지 활용대책수립, 인공위성 영상자료결합분석에 의한 어로자원 이동상황 및 어장 현황예측을 할 수 있다. 또한, 인공위성 영상을 이용한 극지역 해양에서의 빙하유동 상황추적 및 이동경로예측, 항공방재대책 수립시나 해상관측자료와 시계열 분석을 이용한 조석예보, 해일 등에 의한 해안지역 피해예보를 하는 데 이용된다.

(14) 기상정보체계(氣象情報體系, MIS: Meteorological Information System)

기상정보체계는 지상 및 인공위성의 영상분석에 의한 기상변동예측 및 장기간 일기예보체계 구축, 기후 및 기상관측의 자료전송 조직망(network) 구성, 기상정보의 실시간처리체계 구축, 위성영상 자료해석과 기상예측 모형의 발전방안을 수립, 기상위성 관측자료와 지형특성을 고려한 태풍경로추적 및 피해예측 등을 할 수 있다. 또한, 농업기상정보, 어업기상정보, 등산, 낚시 등 여가활용(recreation) 기상정보, 야외행사 일정계획 수립 등도 기상정보체계를 이용하여 효과적으로 할 수 있다.

(15) 국방정보체계(國防情報體系, NDIS: National Defense Information System)

국방정보체계는 인공위성자료를 이용한 적 지역 지형도작성 및 지도 자료기반 구축, 시계열 영상분석(time-series analysis)에 의한 적정 변화 탐지 및 대응체제 수립을 할 수 있고, 위성영상 · GPS · 수치지형모형자료 조합해석에 의한 미사일 공격목표 선정 및 최대공격효과 예측, 항공사진 및 위성영상의 수치지형모형 중첩에 의한 작전지역의 3차원 영상생성 및 항공침투모의훈련, 지형특성분석에 의한 레이더탐색범위 추출 및 방공체계 구축, SLAR(Side-Looking Airborne Radar) 영상에 의한 적정탐지 및 수치영상지도작성, 위성영상분석에 의한 적 지역 농업, 삼림자원 현황조사 및 식량무기화 방안대책, 수치형상모형을 활용한 가시도(view shape analysis) 분석, 관측소 및 직사화기 발사점, 목표점간 은폐 · 엄폐분석 등을 효과적으로 할 수 있다.

국방행정정보 자료기반구축 및 활용을 통하여, 국군인사관리정보, 국군장비현황정보, 예비군정보, 군사과학기술 연구발전정보를 처리하고, 또한 작전정보체계 구축은 작전지휘통제 정보, 적정 상황보고, 치안정보 등을 다룬다.

(16) 지하정보체계(地下情報體系, UGIS: Under Ground Information System)

지하정보체계는 지하시설에 대한 정보를 의미하는 것으로 건축물, 도시시설, 교통시설, 도시공급처리시설 등의 기본도를 가지고 불가시, 불균질한 지형공간을 가시화시켜 시설물의 3차원 위치정보와 그 특성정보(지하상가, 지하철, 건축물 기초, 공동구 등)를 포함한다. 지하정보체계를 이용하여 지하지도를 작성할 수 있다. 여기서 말한 지하지도는 크게 도시계획도(지하도로 현황도, 주차장준공도, 지하도로 평면도 등), 지하도로도(지하도로 구조도, 각종 준공도, 건축도, 공사도, 지질도사도 등), 상하수도도(시설평면도, 관리도, 시공도, 배관도, 간선도 등), 통신도(관로 케이블도, 관로도, 평면도, 관로관리도, 관로매설도 등), 전기 · 가스도(평면도, 종단도, 계통도, 시설도 등), 소방도(지하도로도면, 소방활동자료 등), 도로 · 철도도(선로평면도, 선로종횡단도, 노선계획도, 출입로계획도) 등, 지하시설물과 이에 관련되는 지상정보와의 연계를 지하정보체계에서 다룬다. 또한, 지반지질정보와 지반자료기반과 결합하여 3차원 형상모형의 작성, 시추자료를 기초정보로 한 자료기반화, 지층의 구별 및 자갈층의 특성의 추적, 공내(空內) 재하시험, 탄성파측량을 통한 정보취득 등을 처리하는 데 중요한 몫을 한다.

연습문제

다음 각 사항에 대하여 답하시오.

01. 지형정보와 공간정보

02. 지형공간정보체계(GIS)의 용어변천

03. GIS에 관한 국외발전동향 및 우리나라의 추진방향

04. GIS의 자료구성요소 및 자료처리체계

05. 3차원 GIS

06. 유비쿼터스(Ubiquitous)

07. 환경 GIS

08. GIS의 자료기반발전동향 및 GIS의 활용범위

09. GIS의 활용범위

Chapter 10 단지조성측량

Introduction to surveying

1 개 요

단지(plant)조성은 토지의 이용도 및 효율성을 증대시키기 위하여 집단적이며 계획적으로 부지(주거, 업무, 상업, 여가 및 운동시설, 국가 및 지방산업단지, 농공, 유통, 관광 등 공용의 목적으로 개발되는 부지형태)를 마련하기 위한 작업이다. 단지조성에는 기준점관리, 지형 및 현황관리, 용지경계설정, 도로 및 관로관리, 종 · 횡단측량, 연약지반 및 호안관리, 확정 및 준공측량작업등을 수행하여야 한다.

2 단지조성 측량 사전준비작업

(1) 기준점관리

① 기준점 설정

일반적인 단지조성인 경우 국토지리정보원의 좌표체계를 이용하나 택지조성인 경우 지적공사의 좌표체계를 이용한다. 두 좌표의 제원은 다르나 좌표전환을 거치면 지형의 위치는 일치함을 알 수 있다.

② 시공전 기준점측량계획서 작성

시공 전 설계측량 시 수평기준점(X, Y) 및 수직(고도 또는 수준) 기준점(Z)을 확인 후 이 기준점을 이용한 용지경계측량, 공구경계측량, 종 · 횡단측량, 중요구조물의 위치에 관한 수량산출 및 문제점을 조사하여 공사가 원활히 이루어지도록 계획서를 작성한다.

(2) 지장물조사 및 처리

용지보상과 관련되는 사유재산 및 육상에 설치된 모든 시설물(건축물, 구조물, 농작물, 묘지, 전주, 가로등, 신호동, 표지판 등)을 지장물(또는 지상시설물)이라 한다. 지장물을 표시한 자료를 설계서 후면에 명기하고 있다.

측량사는 설계 시 누락된 지장물의 유 · 무를 점검하여 공사담당자에게 업무를 이관한다.

지하매설물은 도로(차도, 도보), 하천의 제방 및 고수부지, 교량의 상 · 하류부의 도강(渡江)한 부분의 개구(맨홀)부 등이 있다. 설계도에 있는 지하매설물도를 기준으로 개구부의 정확한 위치 및 종류를 정밀 답사하여 확인한 후 유관관계자의 업무협조요청과 현재 관련자료를 취득한다. 취득된 확인자료를 설계도와 비교검토 후 정비된 도면자료를 공사관계자에게 인계한다. 지하매설물의 이설 및 신설, 철거 및 폐기업무를 수행할 시는 관련관계자의 입회를 요청하여야 한다.

(3) 도로의 형상과 기준

도로는 도시의 골격을 이루는 주간선도로(광로, 대로)와 근린생활권 형성에 연결하는 보조간선도로(대로, 중로), 근린생활권 내 교통집산기능이나 근린생활외곽을 연결하는 집산도로(중로), 도로지역을 구획하는 국지도로(소로), 보행자나 자전거의 전용도로 등으로 분류하여 기준을 설정한다. 또한 보도와 차도의 경계선은 복합곡선이나 원호를 이용하고 교차지점의 곡선반경은 큰 도로의 곡선반경기준(주간선도로 15m, 보조간선 12m, 집산도로 10m, 국지도로 6m 이상)을 적용시켜 처리한다. 도로의 종류와 설계속도〈표 10-1〉과 같다.

표 10-1 도로의 종류 및 설계속도

구분	도로 폭(m)	설계속도(km/hr)	도로구분
광로	50	80(60)	주간선도로
광로	40	80(60)	
대로 1류	35	80(60)	
대로 2류	30	60	부조간선도로
대로 3류	25	60	
중로 1류	20	50	집산도로
중로 2류	15	50	
중로 3류	12	50	
소로 1류	10	40(30)	국지도로
소로 2류	8	40(30)	
소로 3류	6	40(30)	

( )는 부득이한 경우 적용 설계속도

(4) 관로

관로에는 우수관로와 오수관로로 대별된다.

① 우수관로

우수관로는 우수를 하수본관에 유입시키기 위해 우수받이의 심도는 800~1000mm, 내경의 크기는 300~500mm, 우수받이의 간격은 30m 이내로 하여 도로의 좌우측 L형 측구에 설치하는 관로이다. 또한 우수관로는 교통의 안전이나 토사 등의 유입을 방지하기 위하여 구멍이 있는 덮개나 연결관의 관거보다 15cm이상 높게 모래받이를 조성한다.

② 오수관로

오수관로에는 차집관로와 쓰레기압송관로가 있다. 차집관로는 단지 내 소하천에 구간경사와 완만하게 설치하는 것으로 구간 내 역류가 일어나지 않도록 정확한 고저측량을 요하는 관로이다. 쓰레기압송관로는 도로부지와 녹지공간을 이용하여 설치한다.

(5) 호안 및 연약지반

① 호안

호안은 유수에 의한 훼손 및 침식을 보호하기 위하여 제방 앞 또는 제외지 비탈에 설치하는 구조물이다.

② 연약지반

연약지반은 지질이 연약하거나 다양한 지질형성으로 인하여 부등침하, 유동, 국부전단파괴가 발생하여 기반의 수평상태유지가 곤란한 지반이다. 압밀수의 양이 많아서 샌드메트만으로 배수가 충분하지 않을 때 유공관을 이용하여 배수관의 경사는 1‰ 이상으로 한다. 또한 집수정 배공도나 침하판을 설치 후 주기적인 관측값을 분석할 때 성토 중에는 주위지반의 융기와 붕괴 등을 관찰하여 최종마무리높이의 허용오차가 $\pm 10cm$ 이내로 하고 후속작업을 진행하도록 한다.

3 단지조성 현지측량

(1) 착공 전 기준점측량

① 수평위치(X, Y)

측량의 팀(TS팀, GPS팀, 레벨팀, 종 · 횡단팀, 현황측량팀, 용지 및 공구경계측량팀, 중요구조물 확인팀)이 설계 시 설정된 수평기준점과 수준점을 인수하여 확인측량을 한다. 기준점측량은 국토지리정보원에서 발급하는 국가기준점을 원칙으로 하나 인접공구가 있을 시는 상호협약하되 공문으로 문서화한다. 지구경계(용지경계)는 대한지적공사에 의뢰하여 경계점을 측량한 다음 측량값을 현장좌표로 변경해야 한다. 공사에 필요하여 적합한 위치에 기준점을 설치할 경우 기반이 견고하고 후속측량 시 시통이 양호한 위치이어야 한다. 또한 교량이나 터널 등의 주요시설물의 시점과 종점 부근에는 반드시 기준점을 설치하여야 한다. 단지조성현장의 기준점측량은 일반적으로 결합트래버스측량을 원칙으로 한다. 각 관측값의 허용오차는 시가지: $0.3\sqrt{n}$ ~$0.5\sqrt{n}$ 분, 평지: $0.5\sqrt{n}$ ~$1\sqrt{n}$ 분, 산지: $1.5\sqrt{n}$ 분으로 하며 트래버스 폐합비 허용오차는 장애물이 적은 평지 또는 시가지 : 1/5,000~1/10,000, 평지 :

1/2,000~1/5,000, 장애물이 많은 지형이나 산지 : 1/1,000~1/2,000

② 수직(고저 또는 수준)위치(Z)

국토지리정보원에서 발급하는 국가수준점을 성과를 이용하여 왕복측량을 하되 〈표 10-2〉의 값을 초과 시 재관측을 하여 성과를 이용한다.

표 10-2 기점과 결합 시 폐합차의 허용범위

환폐합차	1등 고저측량	2등 고저측량	L : 환전장 단위 km
	$2.0mm\sqrt{L}$ 이하	$5.0mm\sqrt{L}$ 이하	

(2) 종 · 횡단측량 및 수량산정

① 종 · 횡측량

설계서를 기준으로 평지는 20m, 또는 굴곡부는 플러스체인으로 종단측량을 수행하고 중심접선의 직교방향으로 횡단측량을 하되 용지경계 밖으로 10~20m까지 횡단측량을 한다. 종 · 횡단측량에서 평지는 광파종합관측기(TS)로 중심선을 측설하고 레벨을 이용한 고저측량을 수행하며 아울러 구조물 설치점의 위치도 측량하여 성과표를 작성한 후 설계성과와 비교검토한다.

② 종 · 횡단 측량의 수량산출

종 · 횡단측량에 의한 횡단면도를 이용하여 수량 토적표작성, 공종별토공수량집계표 및 총괄수량집계표를 작성한다. 토공량계산에서는 흙깎이, 흙쌓기, 누가토량을 산정하고 흙깎기와 흙쌓기에 대한 값은 설계 시와 측량한 성과와의 비교값을 표로 작성하여 필요 시 이용할 수 있도록 한다.

(3) 용지경계측량

용지경계(지구계)측량은 토지소유자의 재산권 및 공사부지면적의 확정과 관련됨으로 고도의 정밀성을 요구하며 준공완료시까지 용지경계 측량값은 보존하고 관리하여야 한다. 경계측량이 대규모공사인 경우는 대한지적공사가 직접 측량하나 임야나 구릉지 등 민원의 문제가 별로 없는 구역은 시공사가 우선 측량하여 확인하는 방법과 대한지적공사가 직접 측량하는 방법을 병행하는 경우도 있다. 주택밀집지역이나 재산권 권리행사가 발생하는 지역은 반드시 대한지적공사의 측량에 의존해야 한다. 대한지적공사에서 측량한 경계는 반드시 측량하여 현장좌표로 변환하여 성과표로 보관하여야 한다.

(4) 도로 및 지하매설물 측량

① 도로

최신 지형공간정보를 토대로 도로의 교차점(I · P: Intersection Point) 제원을 토대로 원활하고 충분한 교통조건을 확보하도록 하며 광역도로에 관한 좌표전개도 및 편경사전개도를 이용하여 기능별 도로의 중심 및 경계좌표를 산출하여 단지측량 시 및 단조성완료 후 기본자료로 활용한다.

② 지하매설물

지하매설물은 상수도, 우수관로, 전선관로, 통신관로, 도시가스, 지역난방 등으로 계획고 및 위치를 검토하여 현장측량 및 변경 시공 할 경우 이용할 수 있도록 자료를 미련하여 둔다. 또한 우수받이는 노면포장 시 곡선부의 시점, 종점부에 설계고와 도로편경사도가 잘 유지되도록 정확한 측량작업으로 점검되어야 한다.

(5) 확정, 검사 및 준공측량

① 확정측량

확정측량은 측량대상지역을 현지에서 위치, 형상 및 면 · 체적을 확정하는 작업으로서 가구확정측량과 필지확정측량으로 대별된다.

가) 가구확정측량

가구확정측량은 공공용지(도로, 공원, 수로, 녹지 등)와 사유용지에 대한 좌표값을 이용하여 현지에 표시하는 작업이다.

나) 필지측량

필지측량은 환지설계된 자료를 이용하여 면적을 관측한 후 현지에서 필지의 한계에 대한 말뚝을 현지에 표시하는 작업이다. 확정측량은 공사 완료 후 공동 및 단독택지, 공공용지(공원, 도로, 철도, 도시지원시설, 하천 등)의 경계를 설정하고 기준점을 기준으로 이들에 관한 좌표 및 면적산출과 도면을 작성한다. 등기용 지적도는 등기소에 영구보존 된다.

② 검사측량

검사측량은 공사가 완료된 후 시설물(건축물, 도로, 공공시설물) 및 필지경계점의 위치를 관측하여 가구의 형상, 필지의 형상, 면적 등이 기본설계자료와 이상이 있을 경우 계획기관의 지시에 의해 수행하는 작업이다. 검사측량에는 가구의 면적과 형상을 검사하는 가구검사측량과 필지경계점의 위치를 검사하는 필지검사측량 등이 있다.

③ 준공측량

준공측량은 측량시행자가 측량작업을 완료하고 준공검사의 신청을 위한 측량작업의 제반사항[준공도서, 신 · 구 지적대조도, 공공시설의 귀속조서 및 도면, 조성자의 소유자별 면적조서, 토지의 용도별 면적조서 및 평면도, 시장 · 군수가 인정하는 실측평면도와 구적평면도, 기타 국토교통부(실시기관의 최고기관)령이 정하는 서류]을 제출하기 위한 작업이다. 준공검사는 택지개발사업이 실시계획대로 완료되었다고 인정되면 국토교통부장관(실시기관의 최고기관장)은 준공검사서를 시행자에게 교부하고 이를 관보에 공고한다. (참조 : 현장측량 실무지침서, (주)케이지에스테크, 구미서관, 2012)

Chapter 11

노선측량

Introduction to surveying

1 개 요

도로, 철도, 터널, 운하 등의 교통로의 측량, 수력발전의 도수로(導水路)의 측량, 상하수도(上下水道)의 도수관의 부설에 따른 측량 등, 어느 정도 폭이 좁고 길이가 긴 구역의 측량을 총칭하여 노선측량(route surveying)이라 한다. 따라서, 이 작업에서는 삼각측량 또는 다각측량, 고저측량 등에 의하여 골조(骨組)를 정하고, 이를 기본으로 하여 지형도(地形圖)를 만드는 작업과 종횡 단면도(縱橫斷面圖) 작성, 토공량(土工量), 교량의 경간(經間), 터널의 길이 등을 정하는 작업 등이 포함된다.

노선의 위치를 어디로 택하는지는 매우 많은 요소에 지배되므로, 여기에서는 다만, 노선을 설계하는 데 필요한 자료를 얻기 위한 측량작업만으로 한정한다.

2 노선측량의 순서

노선측량은 노선선정, 계획조사 측량, 실시설계 측량, 세부측량, 용지측량, 공사측량의 순서로 시행한다.

(1) 노선선정

도상선정(圖上選定)에 있어서 국토지리정보원 발행의 1/50,000 지형도를 사용하여 생각하는 노선은 전부 취하여 검토하고, 여러 개의 노선을 선정하여 종단면도(縱斷面圖) 작성에 있어서는 지형도로부터 종단면도를 작성하며, 현지답사를 하여 수정할 개소는 수정하고 비교검토하여 개략의 노선(route)을 결정한다.

(2) 계획조사 측량

계획선의 중심에서 약 300 m의 폭에 대하여 항공영상탐측이나 지상측량을 이용하여 만든 지형도나 1/5000(또는 1/10,000)의 지형도상에서 비교노선을 기입하고 평면선형을 검토한다. 그 후 지형도에서 종단면도를 작성하여 비교선의 각 측점의 횡단면도를 지형도에서 작성한다. 이상의 결과를 현지답사에 의하여 수정하여 개략적인 공사비를 산출해서 비교검토하고 계획 중심선을 결정한다.

(3) 실시설계 측량

계획선의 중심에서 약 100 m의 폭에 대하여 항공영상을 이용하여 만든 지형도나 지상측량에 의한 지형도를 이용한다. 일반적으로는 1/1000의 지형도상에 비교노선을 기입하여 종횡 단면도를 작성하고, 필요하면 현지답사를 실시하여 중심선을 결정한 뒤, 1/1000의 지형도상에서 다각형의 관측점의 위치를 결정하여 도해법으로 중심선을 정해서 보조말뚝 및 20 m마다의 중심말뚝 위치를 지형도에 기입한다. 용지폭(用地幅) 말뚝의 위치를 지형측량의 정확도로 얻기 위하여, 각 관측점위치의 좌표를 정확히 구하여 측량의 정확도 향상과 신속성을 기하기 위해서, I.P.점을 연결한 다음 다각측량 혹은 노선을 따라서 다각측량을 실시한다. 다각측량의 결과로 I.P.점에 있어서의 교각과 I.P.점간의 거리가 직접 혹은 간접으로 정확히 구해지므로, 이것을 기초로 하여 완화곡선과 단곡선을 계산하여 직접 지형도에 기입하고, 다시 현지에 중심말뚝을 설치한다. 이렇게 결정된 중심선을 따라서 고저측량을 실시하고(고저 기준점의 간격은 500 m, 1000 m) 종단측량과 횡단측량을 실시하여 종단면도와 횡단면도를 작성한다.

(4) 세부측량

구조물의 장소에 대해서 평면도(축척 중 1/500~1/100)와 종단면도(축척 종 1/100, 횡

1/500~1/100)를 작성한다.

(5) 용지측량

횡단면도에 계획단면을 기입하여 용지폭을 정하고, 축척 1/500 또는 1/600로 용지도(用地圖)를 작성한다. 용지폭 말뚝을 설치할 때는 중심선에 직각인 방향을 택하여 작업을 행한다. 구점(求點)의 요구 정확도에 따라 직각기(直角器) 혹은 트랜싯, 레벨을 이용하여 방향을 바꾸고, 관측에는 천줄자 또는 쇠줄자 등을 이용하든가 시거측량 등을 이용하는 방법을 취한다.

(6) 공사측량

중심말뚝의 검측 가(假) B.M.과 중심말뚝의 고도(높이)에 대한 검측을 실시하고, 필요하면 가 B.M.을 500 m 이내에 1개 정도로 설치한다. 또, 중요한 보조말뚝의 바깥쪽에 인조점(引照點)을 설치하고, 토공(土工)의 기준틀, 콘크리트 구조물의 형틀의 위치측량 등을 실시한다.

3 곡선의 종류

선상 구조물(選狀構造物)의 중심선이 굴절한 경우, 곡선에서 굴절부분을 연결하여 방향의 변화를 원활히 할 필요가 있다. 곡선은 굴절부분이 포함하는 면에 의해 2개로 구분된다. 그래서 이 수평면 내에 있으면 수평곡선, 수직면 내에 있으면 수직곡선이다. 굴절부분에는 종단곡선(縱斷曲線)과 횡단곡선(橫斷曲線)이 있다. 중심선은 직선, 완화곡선, 원곡선으로 구성된다.

또 철도에서도 종래 완화곡선으로 사용하던 3차 포물선 대신 최근에는 반파장(半波長) 정현곡선(正弦曲線)을 체감(遞減)으로 하는 반파장정현체감곡선을 사용하고 있다. 곡선을 그 형상과 성질에 의해 분류하면 〈표 11-1〉과 같다.

표 11-1 곡선의 분류

형상에 의한 분류		성질에 의한 분류
수평곡선	단곡선(單曲線) 복곡선(複曲線 ; 또는 복합곡선)	원곡선
	반향곡선 머리핀 곡선 완화곡선	3차 포물선(철도) 반파장 sine 체감곡선(고속철도) 렘니 스케이트(lemniscate)(시가지전철) 클로소이드(clothoid)(고속도로)
수직곡선	종단곡선	2차 포물선 원곡선
	횡단곡선	직선 쌍곡선 2차 포물선

4 원곡선의 설치

(1) 원곡선의 성질

① 원곡선의 술어와 기호

〈표 11-1〉에서와 같이 단곡선(單曲線)도 조합에 의해 여러 가지 형태로 생각할 수 있는데, 전부분을 몇 개의 단곡선으로 분할되므로 특수한 예를 제외하고, 여기에서는 1개의 단곡선에 관하여 그 성질과 설치법을 기술한다.

〈그림 11-1〉에서처럼 1개의 원호에 대하여 일반적으로 이용되는 용어와 술어와 기호는 〈표 11-2〉와 같다.

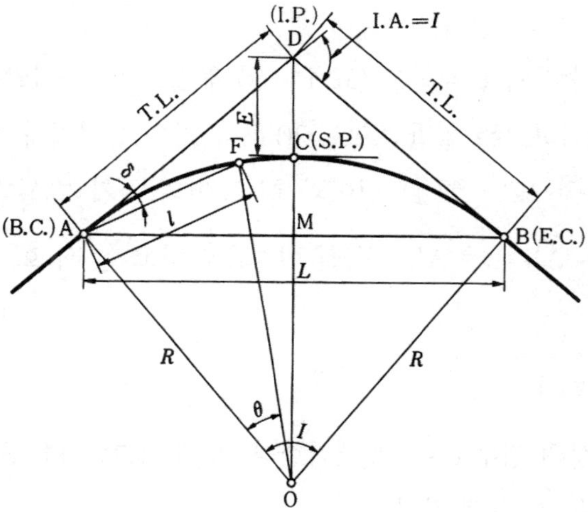

그림 11-1

표 11-2 원곡선의 술어와 기호

기 호	술 어	적 요
B.C.	원곡선 시점(beginning of curve)	A
E.C.	원곡선 종점(end of curve)	B
I.P.	교선점(intersection point)	D
R	반경(radius of curve)	OA=OB
T.L.(또는 T)	접선 길이(tangent length)	AD=BD
E	외할(外割, external secant)	CD
M	중앙종거(middle ordinate)	CM
S.P.	곡선중점(secant point)	C
C.L.	곡선 길이(curve length)	$\overset{\frown}{ACB}$
L	장현(長弦, long chord)	AB
l	현(弦) 길이(chord length)	AF
c	호(弧) 길이(arc length)	$\overset{\frown}{AF}$
I.A.(또는 I)	교각(交角, intersection angle)	=중심각
δ	편각(偏角, deflection angle)	∠DAF
θ	중심각(central angle)	∠AOF
$\frac{I}{2}$	총편각(total deflection angle)	∠DAB=∠DBA

② 원곡선의 공식

원곡선에서 매개 변수간의 관계식은 〈표 11-3〉과 같으며, 중심말뚝은 직선부와 곡선부에서는 추가말뚝을 제외하고는 일반적으로 20 m 간격으로 설치하나 원호상에서는 현(弦) 길이를 관측하여 사용하므로, 호(弧) 길이와 현 길이의 차가 발생하게 된다.

〈그림 11-2〉에서 $c=\widehat{AB}$, $l=\widehat{AB}$, 곡률 반경을 R라고 할 때 호 길이와 현 길이의 차는

$$c-l \fallingdotseq \frac{c^3}{24R^2} \tag{11-1}$$

이며, 반경 300 m 이상의 경우 $c=l$로 생각한다. 또한, 〈그림 11-3〉에서 중앙종거(M)와 곡선 반경(R)의 관계는 다음과 같다.

Δ BOm에서

$$R^2-(L/2)^2=(R-M)^2$$

$$\therefore R=\frac{L^2}{8M}+\frac{M}{2} \tag{11-2}$$

이다.

표 11-3 원곡선의 공식

관계사항	공 식
접선의 길이	$\text{T.L.}(\text{또는 } l)=R\tan\frac{I}{2}$
교각과 중심각	$\text{I.A.}=I=\angle\text{AOB}$
편각과 중심각	$\delta=\frac{2}{\theta}=\frac{l}{2R}$ (라디안)
곡선 길이와 중심각	$\text{C.L.}=RI.$ (I는 라디안)$=\frac{RI}{\rho}$ (I는 도)
호의 길이와 편각	$l=R\cdot\theta=2R\cdot\delta$
호 길이와 편각	$l=2R\sin\delta=2R\sin\frac{\theta}{2}$
	$L=2R\sin\frac{I}{2}$
secant(E)=외할	$E=R\left(\sec\frac{I}{2}-1\right)$
중앙종거(M)	$M=R\left(1-\cos\frac{I}{2}\right)$

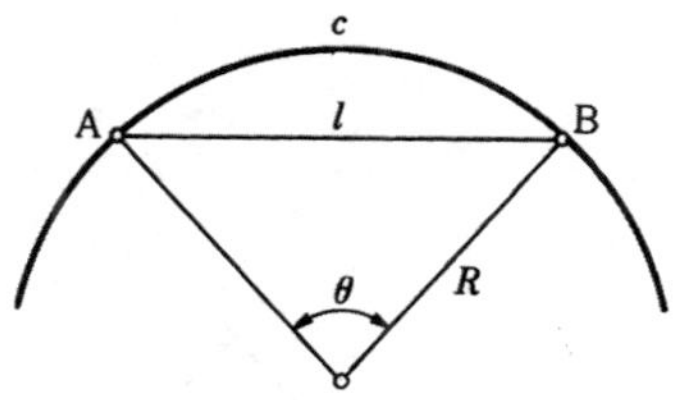

그림 11-2

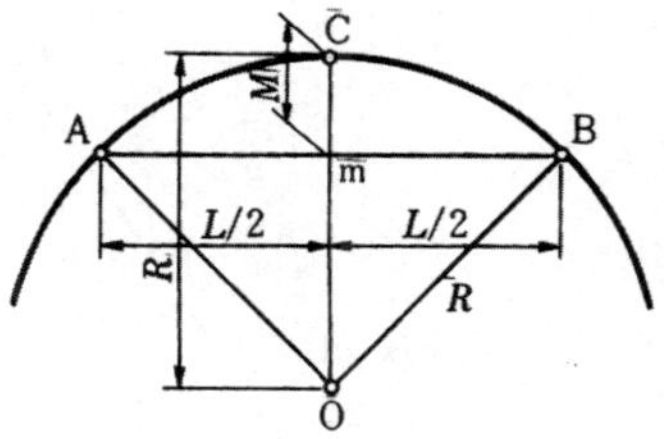

그림 11-3

③ 단곡선 설치

단곡선 설치과정은 방법에 따라 차이는 있으나 전반적인 설치과정을 서술하면 다음과 같다.

가) 단곡선의 반경(R), 접선(2방향), 교선점(D), 교각(I)을 정한다.

나) 단곡선의 반경(R)과 교각(I)으로부터 접선 길이(T.L.), 곡선길이(C.L.), 외할(E) 등을 계산하여 단곡선 시점(B.C.), 단곡선 종점(E.C.), 곡선중점(S.P.)의 위치를 결정한다.

다) 시단현(l_1)과 종단현(l_{n+1})의 길이를 구하고, 중심말뚝의 위치를 정한다.

이상의 순서에 따라서 계산을 하여 교선점(I.P.)말뚝, 역(役) 말뚝, 중심말뚝을 설치하면 된다.

여기서 각각의 원곡선(圓曲線) 중 단곡선(또는 단심곡선)의 선설치 방법에 대해 서술하면 다음과 같다.

④ 편각법에 의한 단곡법 설치

철도나 도로 등의 단곡선 설치에서 가장 일반적으로 이용하고 있는 방법이 〈그림 11-4〉에 표시한 편각법(偏角法)으로써 편의각법(偏倚角法)이라고도 한다. 편각법으로 시준하여 장애가 있는 경우에는 〈그림 11-4〉에 표시한 편각 현장법(偏角弦長法)을 병용하면 좋다.

편각 현장법(극각 현장법)은 트랜싯으로 편각(偏角)을 관측한 다음 거리를 관측하여 곡선을 측설하는 방법이다. 〈그림 11-4〉에서 시단현 $\overline{AP_1} = l_1$, 종단현 $\overline{P_nB} = l_{n+1}$과 $\overline{P_1P_2} = \overline{P_2P_3} = \cdots = l$에 대한 편각을 계산하여 각각 δ_1, δ_{n+1}, δ로 하면, AD 방향에 대한 각 점의 편각은 다음과 같이 된다.

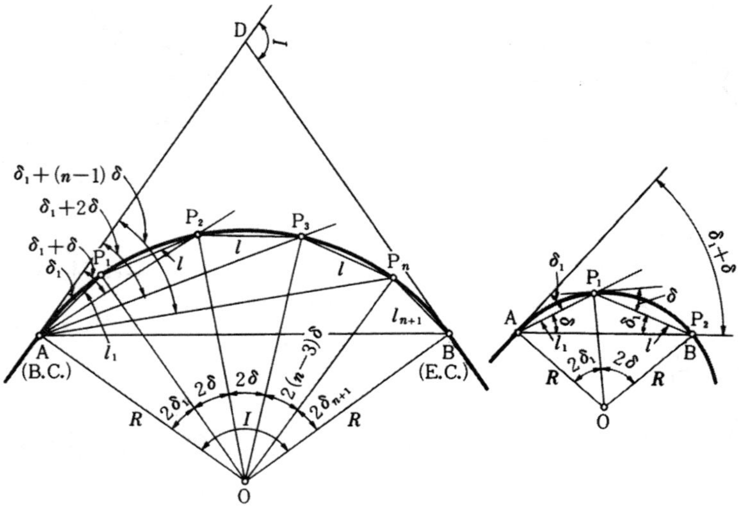

그림 11-4 편각법

점 P_1의 편각$=\delta_1$

점 P_2의 편각$=$점 P_1의 편각$+\delta=\delta_1+\delta$

점 P_3의 편각$=$점 P_2의 편각$+\delta=\delta_1+2\delta$

………………………………………………………………

점 P_n 의 편각$=$점 P_{n-1}의 편각$+\delta=\delta_1+(n-1)\delta$

점 B 의 편각$=$점 P_n 의 편각$+\delta_{n+1}\left(=\dfrac{I}{2}\text{로 된다}\right)$

이상과 같이 편각을 구하는데, 실제로는 δ 의 정수배(整數倍)의 값을 사용하여, 다음과 같은 순서로 중심말뚝을 측설(測設)한다.

가) 점 A(B.C.)에 트랜싯을 고정하고, 수평 분도원의 영점지표를 편각과 반대방향으로 δ_1만큼 회전한 위치에 교점 D(I.P.)를 시준한다. 시준을 한 다음에 영점 지표가 0°00'00'' 표시하는 곳까지 망원경을 움직여 이 시선(視線) 중에 $AP_1=l_1$의 거리를 취하면 점 P_1이 정해진다.

나) 점 P_2의 편각 $-\delta_1=\delta$ 의 값에 맞추어 망원경을 돌리고, 이 시선 가운데에서 P_1으로부터 20 m의 거리에 있는 점을 구하면 P_2가 정해진다.

다) 이와 같은 방법으로 P_3, P_4 … 에 대하여 대하여 2δ, 3δ, …의 값에 맞추어 망원경을 돌려 P_2, P_3 … 으로부터 20 m의 거리를 취하여 P_3, P_4,…, P_n 을 정한다.

라) 최후로, 종단현(終短弦) $\overline{P_nB} = l_{n+1}$ 및 점 B에 대한 각 $\{(n-1)\delta+\delta_{n+1}\}$을 써서 점 B를 정하고, E.C.와 일치하는가로 측량의 정확도를 판정한다.

큰 오차가 생길 때는 재관측(再觀測)해야 하나 오차가 작을 때는 각 점에 배분한다. 이 방법은 호(弧)의 길이와 현(弦)의 길이를 같은 것으로 간주하고 있지만, 일반적인 경우 실용상에는 큰 무리가 없다. 곡선의 반경이 작은 경우는 현의 길이를 보정(補正)하여 사용하면 된다. 현의 길이에 대하여 20 m의 정수배(整數倍)에 대한 δ의 정수배값은 일반적으로 측량법에 기재되어 있으므로, 상술(上述)한 방법으로 편리하게 곡선을 설치할 수 있다.

예제 11-1

I.P.의 위치가 기점(起點)으로부터 320.24 m, 곡선 반경 180 m, 교각(交角) 44°00'인 단곡선(單曲線)을 편각법(偏角法)에 대하여 측설하시오.

풀이 ① $\text{T.L.} = R\tan\dfrac{I}{2} = 180\times\tan(22°30') = 74.558\,[\text{m}]$

② $\text{C.L.} = R°/\rho° = 0.0174533RI° = 0.0174533\times180\times44$
$= 138.23\,[\text{m}]$

③ $\text{E} = \text{R}\left(\sec\dfrac{I}{2}-1\right) = 180(\sec 22°30'-1) = 14.831\,[\text{m}]$

④ B.C.의 위치 : 기점(起點)에서의 추가 거리는
$320.24 - \text{T.L.} = 320.24 - 74.558 = 245.68\,[\text{m}]$

그러므로

No. $12 + 5.68\,[\text{m}]$

⑤ 시단현(始短弦)의 길이 $l_1 = 20 - 5.68 = 14.32\,[\text{m}]$

⑥ E.C.의 위치 : 기점에서의 추가 거리는
$245.404 + \text{C.L.} = 245.68 + 141.37 = 387.05\,[\text{m}]$

그러므로

No. $19 + 7.05\,[\text{m}]$

⑦ 종단현(終短弦)의 길이 $l_{n+1} = 7.05\,[\text{m}]$

⑧ 편각의 계산

㉠ 20 m에 대한 편각 $\delta = 1718.87'\times\dfrac{20}{180} = 3°10'59''$

㉡ 시단현에 대한 편각 $\delta_1 = 1718.87'\times\dfrac{14.32}{180} = 2°16'45''$

㉢ 종단현에 대한 편각 $\delta_{n+1} = 1718.87'\times\dfrac{7.05}{180} = 1°07'20''$

⑨ 곡선상 중심말뚝에 대한 편각

$\overline{AD}$ $-\delta_1 = -2°16'45''$

No. 13 $-\delta_1 + \delta_1 = 0°00'00''$

No. 14 $\delta = 3°10'59''$

No. 15 $2\delta = 6°21'58''$

No. 16 $3\delta = 9°32'57''$

No. 17 $4\delta = 12°43'56''$

No. 18 $5\delta = 15°54'55''$

No. 19 $6\delta = 19°05'54''$

E.C. $6\delta + \delta_{n+1} = 20°13'14''$

$$\delta_1 + 6\delta + \delta_{n+1} = 22°29'59'' \fallingdotseq 22°30' = \frac{I}{2}$$

즉, 1초의 오차가 있지만 실용상 지장은 없다.

⑤ 중앙종거에 의한 단곡선 설치

이 방법은 〈그림 11-5〉에 있는 것처럼 최초에 중앙종거(中央縱距) M_1을 구하고, 다음에 M_2, M_3 … 으로 하여 작은 중앙종거를 구해서 적당한 간격마다 곡선의 중심말뚝을 박는 방법이다.

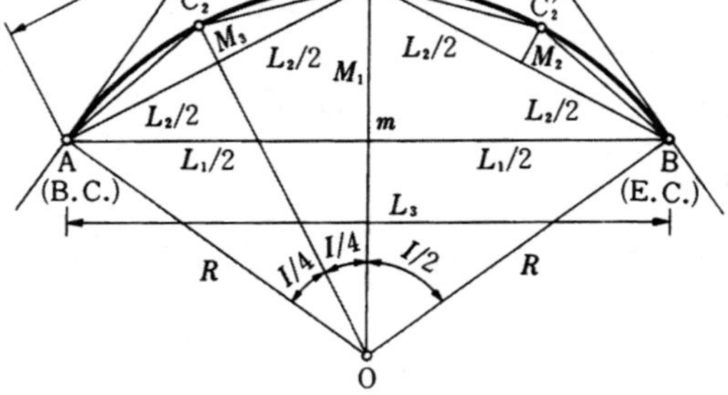

그림 11-5 중앙 종거법

이 방법은 1측쇄(測鎖)마다의 거리를 따라서 중심말뚝을 박는 것은 할 수 없지만 시가지의 곡선설치나 철도, 도로 등의 기설곡선(旣設曲線)의 검사 또는 정정(訂正)에 편리하게 사용된다. 계산식은

$$\left.\begin{aligned} M_1 &= R\left(1-\cos\frac{I}{2}\right) \\ M_2 &= R\left(1-\cos\frac{I}{4}\right) \\ M_3 &= R\left(1-\cos\frac{I}{8}\right) \\ &\cdots\cdots\cdots\cdots \\ M_n &= R\left(1-\cos\frac{I}{2^n}\right) \end{aligned}\right\} \quad \left.\begin{aligned} \frac{L_1}{2} &= R\sin\frac{I}{2} \\ \frac{L_2}{2} &= R\sin\frac{I}{4} \\ \frac{L_3}{2} &= R\sin\frac{I}{8} \\ &\cdots\cdots\cdots\cdots \\ \frac{L_n}{2} &= R\sin\frac{I}{2^n} \end{aligned}\right\} \qquad (11-3)$$

식 (11-3)은 일반적으로 $R=100\,\text{m}$의 경우에 대하여 I의 여러 종류값에 대한 M, $\frac{L}{2}$의 계산식으로 일반적인 측량표 중에 중앙 종거표가 수록되어 있으므로 주어진 교각 I 및 $\frac{I}{2}$, $\frac{I}{4}$, …에 대한 M의 값을 구하여 $\frac{R}{100}$배 하면 중앙종거를 구할 수 있다.

5 복곡선과 반향곡선

(1) 복곡선(compound curve)

반경이 다른 2개의 단곡선이 그 접속점에서 공통접선을 갖고 곡선들의 중심이 공통접선과 같은 방향에 있을 때 이것을 복곡선(複曲線)이라 하고 접속점을 복곡선 접속점(PCC : Point of Compound Curve)이라 한다. 철도나 도로에서 복곡선을 사용하면 그 접속점에서 곡률이 급격히 변화하기 때문에 차량에 동요를 일으켜 승객에게 불쾌감을 주므로, 될 수 있는 한 피하는 것이 좋다. 어쩔 수 없는 경우에는 접속점 전후에 걸쳐서 완화곡선을 넣어 곡선이 점차로 변하도록 해야 한다. 또, 산지의 특수한 도로나 산길 등에서는 곡률(曲率)

반경(半徑)과 경사, 건설비 등의 관계 및 복잡한 완화곡선을 설치할 경우에 자동차의 속도가 저감되기 때문에 복곡선을 설치하는 경우가 많다. '도로 기하구조 요강'에서는 같은 방향으로 굽은 복곡선의 경우, 큰 원과 작은 원의 관계를 규정하고 있다(〈그림 11-6〉).

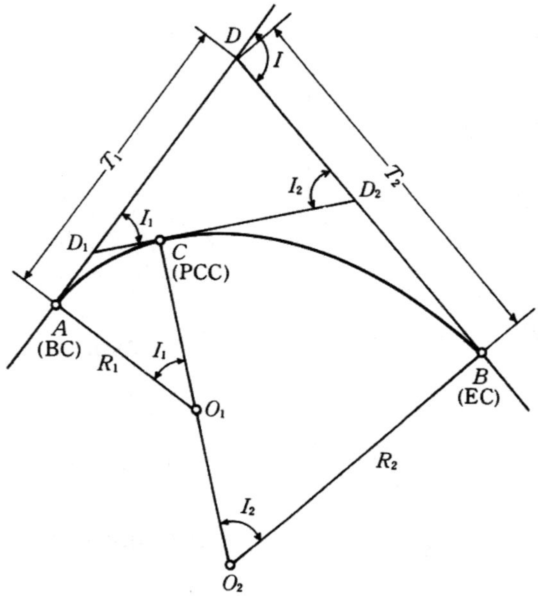

R_1: 작은 원의 반경
T_1: 작은 원의 접선길이
I_1: 작은 원의 중심각
D_1: 작은 원의 IP
O_1: 작은 원의 중심
D: 복곡선의 IP
A: BC
R_2: 큰 원의 반경
T_2: 큰 원의 접선길이
I_2: 큰 원의 중심각
D_2: 큰 원의 IP
Q_2: 큰 원의 중심
I: 복곡선의 교각 $I=I_1+I_2$
B: EC
C: PCC

그림 11-6 복곡선

(2) 반향곡선(reverse curve, S-curve)

반경이 똑같지 않은 2개의 원곡선(圓曲線)이 그 접속점에서 공통접선을 갖고, 곡선들의 중심이 공통접선(共通接線)의 반대쪽에 있을 때 이것을 반향곡선이라 하며, 접속점을 반향곡선 접속점(PRC : Point of Reverse Curve)이라고 한다. 반향곡선은 복곡선(複曲線)보다도 곡률의 변화가 심하므로, 적당한 길이의 완화곡선을 넣을 필요가 있고, 지형관계로 어쩔 수 없이 완화곡선을 넣어 사용하는 경우에서도 접속점의 장소에 적당한 길이의 직선부를 넣어 자동차 핸들의 급격한 회전을 피하도록 해야 한다(〈그림 11-7〉).

반향곡선은 일반적으로 〈그림 11-7〉과 같지만 그 기하학적 성질은 복곡선과 같고 복곡선의 모든 공식으로 R_2와 I_2의 부호를 반대로 하여 그대로 사용하며 설치법도 복곡선의 설치법과 같다.

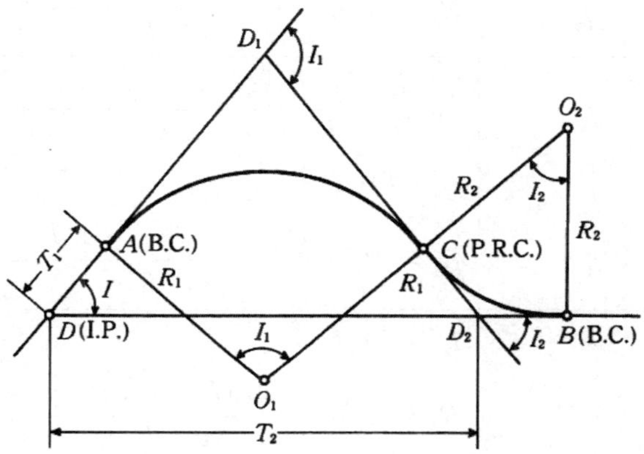

그림 11-7 반향곡선

표 11-4 복곡선의 공식

주어진 제원	구하는 제원	계 산 식
R_1, R_2, I_1, I_2	I	$I = I_1 + I_2$
	T_1	$T_1 = \dfrac{R_1 \text{ver} I + (R_2 - R_1)\text{vers } I_2}{\sin I}$
	T_2	$T_2 = \dfrac{R_2 \text{ver} I - (R_2 - R_1)\text{vers } I_1}{\sin I}$
R_1, R_2, T_1, I_2	I	$\text{vers } I_2 = \dfrac{T_1 \sin I - R_1 \text{ vers } I}{R_2 - R_1}$
	T_1	$I_1 = I - I_2$
	T_2	$T_2 = \dfrac{R_2 \text{ver} I - (R_2 - R_1)\text{vers } I_1}{\sin I}$
R_1, R_2, T_2, I	I_1	$\text{vers } I_1 = \dfrac{R_2 \text{vers } I - T_2 \sin I}{R_2 - R_1}$
	I_2	$I_2 = I - I_1$
	T_1	$T_1 = \dfrac{R_1 \text{vers } I + (R_2 - R_1)\text{vers } I_2}{\sin I}$

표 11-4 복곡선의 공식(계속)

주어진 제원	구하는 제원	계 산 식
R_1 T_1 T_2 I	I_2 I_1 R_2	$\tan\frac{I_2}{2}=\frac{T_1\sin I-R_1\text{vers}\,I}{T_2+T_1\cos I-R_1\sin I}$ $I_1=I-I_2$ $R_2=R_1+\frac{T_1\sin I-R_1\text{vers}\,I}{\text{vers}\,I_2}$
R_2 T_1 T_2 I	I_1 I_2 R_1	$\tan\frac{I_1}{2}=\frac{R_2\text{vers}\,I-T_2\sin I}{R_2\sin I-T_2\cos I-T_2}$ $I_2=I-I_1$ $R_1=R_2-\frac{R_2\text{vers}\,I-T_2\sin I}{\text{vers}\,I_1}$
R_1 T_2 I_1 I	I_2 R_2 T_2	$I_2=I-I_1$ $R_2=R_1+\frac{T_1\sin I-R_1\text{vers}\,I}{\text{vers}\,I_2}$ $T_2=\frac{R_2\text{vers}\,I-(R_2-R_1)\text{vers}\,I_1}{\sin I}$
R_2 T_2 I_2 I	I_1 R_1 T_1	$I_1=I-I_2$ $R_1=R_2-\frac{R_2\text{vers}\,I-T_2\sin I}{\text{vers}\,I_1}$ $T_1=\frac{R_1\text{vers}\,I+(R_2-R_1)\text{vers}\,I_2}{\sin I}$
T_1 T_2 I_1 I_2	I R_1 R_2	$I=I_1+I_2$ $R_1=\frac{T_1\sin I-(\text{vers}\,I-\text{vers}\,I_1)-T_2\sin I\cdot\text{vers}\,I_2}{\text{vers}\,I(\text{vers}\,I-\text{vers}\,I_1-\text{vers}\,I_2)}$ $R_2=\frac{T_2\sin I-(\text{vers}\,I-\text{vers}\,I_2)-T_1\sin I\cdot\text{vers}\,I_1}{\text{vers}\,I(\text{vers}\,I-\text{vers}\,I_1-\text{vers}\,I_2)}$

6 편경사(cant superelevation) 및 확폭(slack, widening)

차량이 곡선을 따라 주행(走行)할 경우 곡률과 차량의 주행속도에 의하여 원심력이 작용되는데, 이 때문에 다음과 같이 불리한 점이 있다.

(1) 철도의 경우

① 바깥쪽 레일이 큰 중량 및 횡압(橫壓)을 받아 일반적으로 바깥쪽 레일 및 차량의 마모가 매우 심하다.

② 원심력 때문에 열차저항이 증가하고 안쪽 레일에 가해지는 중량이 감소되어 약간의 지장에 의해서도 탈선을 일으키기 쉽다.

(2) 도로의 경우

① 바깥쪽의 차륜에 큰 하중이 걸리기 때문에 스프링이 압축되고, 바깥쪽으로 전복시키려는 힘이 작용한다.

② 노면이 평행한 원심력의 분력(分力)이 타이어의 마찰저항 및 노면에 평행한 자중(自重)의 분력의 합보다도 커지며 미끄러져(slip)되어 바깥쪽으로 밀려나간다.

이와 같은 것을 방지하기 위하여 안쪽·바깥 레일 사이에 높이의 차를 두거나 노면에 편경사(片傾斜)를 두거나 한다. 이 고도의 차나 편경사를 캔트(cant or kant)라 한다.

위와 같은 경우 〈그림 11-8〉에서 노면에 평행한 힘의 분력의 적응을 고려하면 미끄러지는(slip) 것을 방지하기 위한 조건은 식 (11-4)와 같다.

$$F\cos\theta \leqq W\sin\theta + (W\cos\theta + F\sin\theta)f \tag{11-4}$$

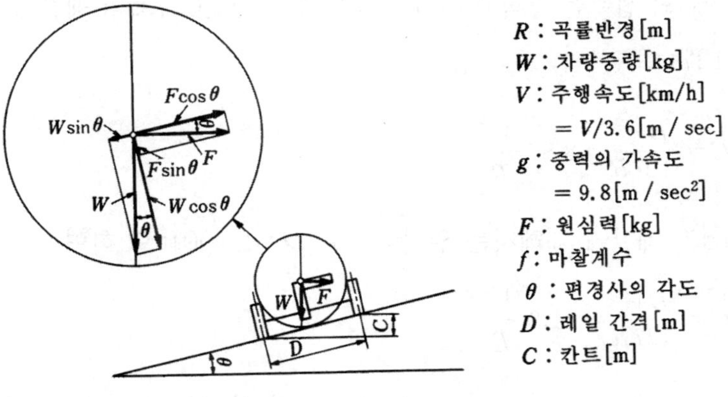

그림 11-8

우변의 제 2 항은 노면과 타이어 사이의 마찰저항이며, 궤도인 경우에는 바깥쪽 레일에 횡력(橫力)으로서 작용하는 힘이다.

여기서 F와 W의 합력(合力)이 노면에 수직인 경우, 즉 $f=0$인 경우를 생각하면

$$\frac{F}{W}=\tan\theta \tag{11-5}$$

그런데

$$F=W\cdot\frac{V^2}{127R} \tag{11-6}$$

$$\therefore\ \frac{F}{W}=\frac{V^2}{127R} \tag{11-7}$$

또한, θ가 적을 때는

$$\frac{C}{D}=\sin\Theta \fallingdotseq \tan\Theta \tag{11-8}$$

식 (11-5), (11-7), (11-8)에서

$$\frac{C}{D}\fallingdotseq\frac{V^2}{127R} \tag{11-9}$$

철도인 경우 D의 값으로서는 실제 궤간(軌間)보다도 오히려 좌우의 레일 두부(頭部)와 차량답면(車輛踏面)의 접촉점 간격을 취하는 것으로 하면 1,067㎜의 궤간에 대해서는 일반적으로 D=1,127㎜로 하여

$$C=\frac{DV^2}{127R}=8.87\frac{V^2}{R} \tag{11-10}$$

또한 1,345㎜의 궤간에 대해서는 일반적으로 D=1,500㎜로 하여

$$C=\frac{DV^2}{127R}=11.8\frac{V^2}{R} \tag{11-11}$$

가 된다. 속도 V[km/h]와 cant C[mm]와의 관계가 식 (11-10), (11-11)과 같은 관계에 있을 때, V를 cant C에 대한 '적응속도'라 하며, C를 V에 대한 '균형 cant'라 한다. 그런데 열차의 계획 최고속도를 고려한 경우는 다음과 같이 표시된다.

$$C = C_m + C_d = 8.87\frac{V^2}{R} \text{(궤간 1,067 mm)} \qquad (11\text{-}12)$$

$$C = C_m + C_d = 11.8\frac{V^2}{R} \text{(궤간 1,345 mm)} \qquad (11\text{-}13)$$

여기서 V : 열차의 계획 최고속도 [km/h]

C_m : 실 캔트(實 cant)의 양 [mm]

C_d : cant 부족량 [mm]

C_m 은 곡선 중에 열차가 정지하였을 경우나 저속 운행시 바람에 의한 열차의 횡전(橫轉)에 대한 안정성과 승차감에 의하여 결정되며, 그 한계는 $\frac{\text{cant}}{\text{궤간}} = 0.13$ 정도이다. C_d 는 곡선 중의 고속 운전시 바깥쪽으로의 전도(轉倒)나 원심력에 의한 승차감의 악화, 외력에 의한 궤도보수 작업의 증가 등에 제한을 받는다.

자동차가 곡선부를 주행할 경우는 〈그림 11-9 (a)〉에서와 같이 뒷바퀴는 앞바퀴보다도 항상 안쪽을 지난다. 그러므로 곡선부에서는 그 안쪽부분을 직선부에 비하여 넓게 할 필요가 있다. 이것을 곡선부의 확폭(slack widening)이라 한다(〈그림 11-9 (b)〉 참조). 곡선부의 확폭량(擴幅量) ε 은 다음 식으로 나타낸다.

$$\varepsilon = \frac{L^2}{2R}$$

여기서 R는 차선 중심선의 반경(차량 전면중심의 회전 반경)
L은 차량의 전면에서 뒷바퀴까지의 거리

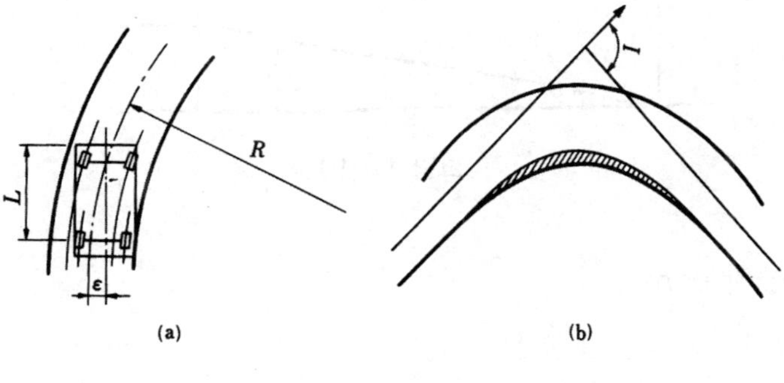

그림 11-9

(3) 편경사의 체감과 완화곡선

편경사를 체감하는 방법에는 곡선장의 동경(動徑), 횡거(橫距)에 따라 일정한 비율로 체감하는 직선체감법과 직선의 주위에 곡선(예: sin곡선)을 적용한 곡선체감법이 있다.

직선체감을 전제로 완화곡선은 평면에서만 적용할 뿐 입체면에서는 고려되지 않는다.

즉, 직선체감법에 의한 완화곡선의 양 끝에서는 cant(편경사) 때문에 외측 rail(외측노측)의 경사가 급변하게 되며 이 부분을 통과하는 차량에 동요나 충격을 주게 된다. 철도에서는 1960년경부터 반파장정현곡선을 cant의 원활체감곡선으로 하였고 도로에서는 편경사에 관하여 완충종단곡선을 삽입함으로써 크로소이드 곡선을 그대로 사용하고 있다.

지금 〈그림 11-10〉과 같이 완화곡선의 시점(BTC)을 직교좌표의 원점으로 하고 접선의 방향을 x축이라 하며 이것과 직각방향으로 y축을 잡는다. 또한,

C_0: 원곡선(반경=R)에서의 cant

사인반파장 곡선의 곡률은 곡선변화이며 캔트는 곡선체감이다.

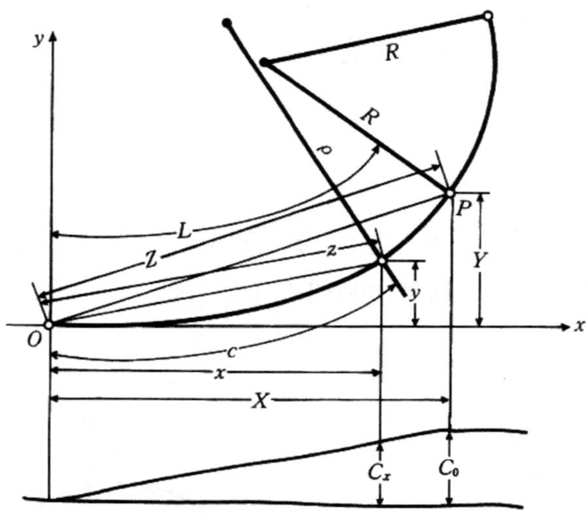

그림 11-10

C_x: 완화곡선중의 cant

L: 완화곡선길이

ρ: cant C_x인 점에서의 완화곡선의 곡률반경

으로 하여 cant를 직선체감법으로 체감하면,

$$C_x = C_0 \frac{x}{X} \tag{11-14}$$

그런데, cant와 곡률반경과의 일반적 관계는 식 (11-9)에서

$$C_0 = \frac{DV^2}{127R} \qquad C_x = \frac{DV^2}{127\rho}$$

$$\therefore \frac{C_x}{C_0} = \frac{\frac{1}{\rho}}{\frac{1}{R}} \tag{11-15}$$

식 (11-14), (11-15)에서

$$\frac{R}{\rho} = \frac{x}{X}$$

$$\therefore \frac{1}{\rho} = \frac{x}{RX} \tag{11-16}$$

식 (11-16)는 cant가 횡거 x에 직선적으로 비례하는 것으로 하여 구하였지만 만약 동경 z에 직선적으로 비례한다고 하면,

$$\frac{1}{\rho} = \frac{z}{RX} \tag{11-17}$$

가 되며, 또한 cant가 완화곡선길이 C에 직선적으로 비례한 경우에는

$$\frac{1}{\rho} = \frac{C}{RL} \tag{11-18}$$

가 된다. 이들은 상이한 곡선이며 식 (11-16)에는 3차포물선이 식 (11-17)에는 렘니스케이트 곡선이, 식 (11-18)에는 크로소이드 곡선이 각각 대응된다.

7 완화곡선(transition curve)

(1) 완화곡선 종별 및 의의

차량이 직선부에서 곡선부로 들어가거나 도로의 곡률(曲率)이 0에서 어떤 값으로 급격히 변화하는 경우 원심력이 작용하여 횡방향의 힘을 받게 된다. 이 원심력은 차량의 속도와 곡선부의 곡률에 의해 결정되며 차량을 불안정하게 하는 동시에 승객에게 불쾌감을 준다. 따라서 원심력에 의한 영향을 감소시키기 위해 직선부와 곡선부 사이에 완화곡선은 곡률반경을 ∞까지 점차 변화시키는 완만한 곡선을 설치하는데, 이 곡선을 완화곡선(transition curve)이라 한다.

완화곡선은 곡선반경이 시점에서 무한대이고 종점에서 원곡선으로 된다. 완화곡선의 접선은 시점에서 직선에, 종점에서 원호에 접하며 곡선반경의 감소율은 편경사의 증가율과 비례한다. 완화곡선은 특성에 따라 4가지로 나누어진다.

① 크로소이드(clothoid)

곡률(곡선반경의 역수)이 곡선길이에 비례하는 곡선을 크로소이드라 하며, 차가 일정한 속도로 주행하고 앞바퀴가 핸들에 의해 일정한 각속도로 회전될 때 자동차의 뒷바퀴 차축중심이 그리는 운동궤적이 크로소이드곡선이 된다. 일반적으로 도로의 완화곡선설치에 많이 이동되는 곡선이다.

② 램니스케이트(lemniscate)

곡률반경이 동경(ρ)에 반비례하여 변화하는 곡선을 렘니스케이트라 하며, 접선각(φ)이 135°까지 적용되므로 시가지철도나 지하철도와 같이 곡률이 급한 완화곡선에 이용된다.

③ 3차포물선

3차포물선은 곡률이 횡거에 비례하여 변화하는 곡선으로 캔트는 직선체감이다. 철도의 완화곡선설치에 많이 이용된다. 접선각(φ)이 약 24°에서 곡선반경이 최대가 되므로 그 이상에서는 사용하지 않으며 3개의 완화곡선 중 가장 곡률이 완만하다.

④ 반파장 sine 체감곡선

편경사(cant)의 체감(遞減)에 반파장정현(半波長正弦-sine) 곡선을 이용한 완화곡선으로 시점(BTC)에 접선(시접선)을 x축으로 하고 곡률 및 Cant의 체감형상을 $\sin(-\pi/2\sim\pi/2)$이 곡선으로 한 것이다. 반파장사인체감곡선은 곡률이 곡선변화를 하는 것으로 편경사는 곡선 체감이다. 이 곡선은 주로 고속전철에 이용된다.

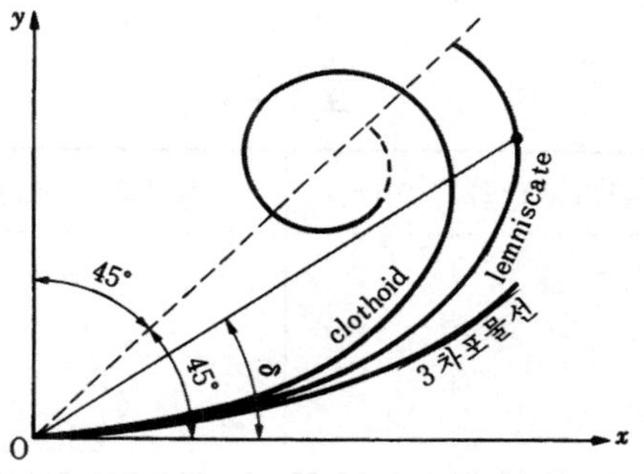

그림 11-11 완화곡선의 종류

(2) 완화곡선의 성질 및 길이

완화곡선이 가지고 있는 성질은 다음과 같다.

① 곡선반경은 완화곡선의 시점에서 무한대, 종점에서 원곡선 R로 된다.

② 완화곡선의 접선은 시점에서 직선에, 종점에서 원호에 접한다.

③ 완화곡선에 연한 곡선반경의 감소율은 캔트의 증가율과 동률(다른 부호)로 된다.

또 종점에 있는 캔트는 원곡선의 캔트와 같게 된다.

정률로 캔트를 증가시킨 것에 필요한 완화곡선길이(L)의 구하는 방법은 세 가지가 있다.

① 곡선길이 L(m)을 캔트 h(㎜)의 N배에 비례인 경우

$$L=\frac{N}{1{,}000}\cdot h=\frac{N}{1{,}000}\frac{v^2s}{gR}$$

여기서 L: 완화곡선길이 v: 속도 h: 캔트 R: 곡률반경 s: 레일간 거리

N의 값은 차량속도에 따라 300~800을 택한다.

② r을 캔트의 시간적 변화율(cm/sec)이라 하고 완화곡선(L)을 주행하는 데 필요한 시간을 t라 할 때 일정시간율로 경사시킨 경우

$$t = \frac{L}{v} = \frac{h}{r} = \frac{sv^2}{rgR} \qquad \therefore L = \frac{sv^3}{rgR} \tag{11-19}$$

③ 원심가속도의 시간적 변화율이 승객에게 불쾌감을 주기 때문에 P를 원심가속도의 허용변화율이라 할 경우

표 11-5

설계속도(km/h)	완화구간의 길이(m)	설계속도(km/h)	완화구간의 길이(m)
220	100	50	40
100	85	40	35
80	70	30	25
60	50	20	20

$$L = \frac{v^3}{PR} \tag{11-20}$$

허용값 P는 $0.5 \sim 0.75 \text{m/sec}^2$으로 한다.

도로구조령에서는 이것을 고려하면 완화구간의 길이를 〈표 11-5〉와 같이 규정했다.

(3) 완화곡선의 요소

일반적인 완화곡선의 요소를 나타내는 기호 및 그 설명을 〈그림 11-12〉와 〈표 11-6〉에 표시하였다.

또한 〈그림 11-13〉과 같이 clothoid 상에 임의의 현을 취하였을 때

B: 곡선길이

S: 현길이

ρ: 현각

F: 공시(拱矢)

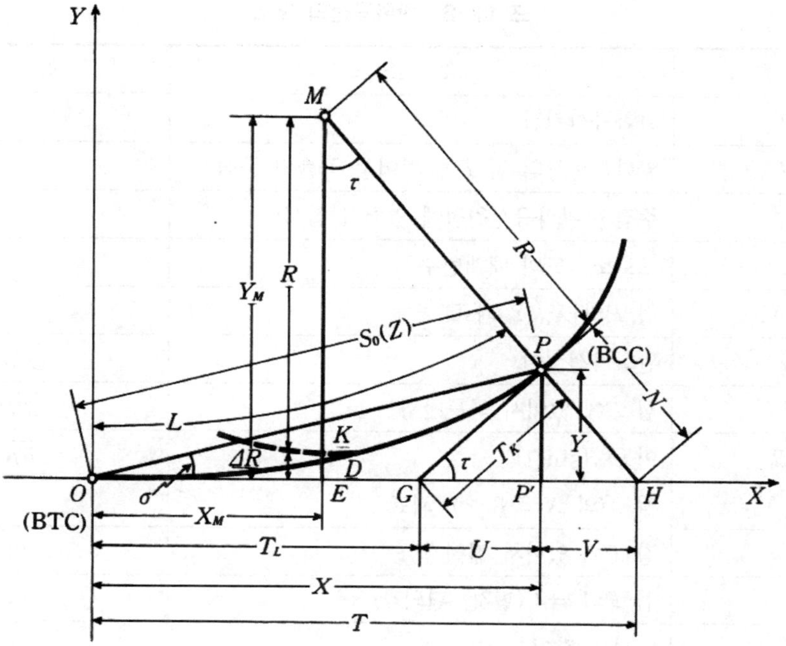

그림 11-12

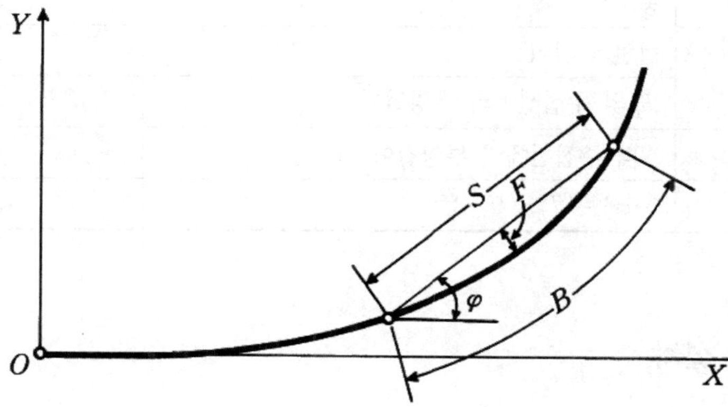

그림 11-13

가 된다.

표 11-6 완화곡선의 요소

기 호	요 소	적 요
O	완화곡선원점	
M	완화곡선상의 점 P에 있어서 곡률의 중심	
$\overline{OX}$	주접선(완화곡선원점에 있어서 접선)	
A	트로소이드의 매개변수	
X, Y	점 P의 X, Y 좌표	
L	완화곡선길이	$\overset{\frown}{ODP}$
R	점 P에 있어서 곡률반경	$\overline{MP}$
ΔR	이동량(shift)	$\overline{EK}$
X_M, Y_M	점 M의 X 좌표, Y 좌표	
τ	점 P에 있어서 접선각	$\angle PGH$
σ	점 P의 극각(편각, 편의각)	$\angle POG$
T_K	단접선 길이	$\overline{PG}$
T_L	장접선 길이	$\overline{OG}$
$S_O(Z)$	동 경	$\overline{OP}$
N	법선의 길이	$\overline{PH}$
U	T_K의 주접선에의 투영길이	$\overline{GP'}$
V	N의 주접선에의 투영길이	$\overline{HP'}$
T	$X+Y=T_L+U+V$	$\overline{OH}$

(4) 완화곡선 설치

① 3차포물선

일반적으로 직교좌표로 다음과 같은 방정식을 가진 곡선을 3차포물선이라 한다.

$$y=a^2x^3 \qquad (11\text{–}21)$$

그런데 일반적으로 곡선의 곡률 $1/\rho$은 직교좌표에 있어서

$$\frac{1}{\rho}=\frac{\dfrac{d^2y}{dx^2}}{\left\{1+\left(\dfrac{dy}{dx}\right)^2\right\}^{3/2}} \tag{11-22}$$

로 표시되지만 보통의 경우에서 $\left(\dfrac{dy}{dx}\right)^2$은 1에 비하여 매우 적으므로 근사적으로 다음과 같이 놓을 수 있다.

$$\frac{1}{\rho} \fallingdotseq \frac{d^2y}{dx^2} \tag{11-23}$$

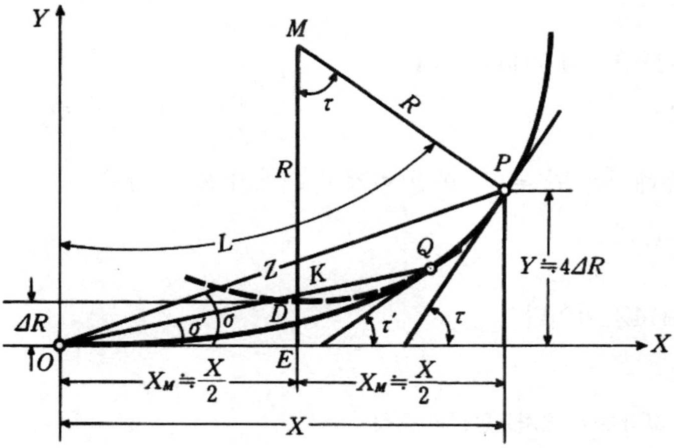

τ' : 완화곡선상의 임의의 점 Q의 접선이 X축과 이루는 각(접선각)
τ: 완화곡선의 종점 P에서의 접선각
σ': 완화곡선상의 임의의 점 Q 및 원점 O를 지나는 현이 X축과 이루는 각(극각, 편각, 편의각)
σ: 완화곡선의 종점 P에서의 극각
$X\,Y$: 완화곡선종점의 좌표
ΔR: 이동량(shift)$=\overline{EK}$

그림 11-14

식 (11-16)를 식 (11-23)에 적용하면,

$$\frac{d^2y}{dx^2}=\frac{x}{RX}$$

이것을 풀면,

$$y=\frac{x^3}{6RX} \tag{11-24}$$

$$a^2=\frac{1}{6RX}$$

이라 놓으면, 식 (11-22)과 식 (11-24)은 일치한다.

〈그림 11-14〉에서 접선각은 일반적인 경우 적으므로,

$$\left.\begin{aligned} \tau' &\fallingdotseq \tan\tau' = \frac{dy}{dx} = \frac{x^2}{2RX} \\ \tau &\fallingdotseq \tan\tau = \frac{X^2}{2RX} = \frac{X}{2R} \end{aligned}\right\} \tag{11-25}$$

a와 τ를 매개변수로 한 경우 〈표 11-7〉과 같은 공식이 구하여진다.

완화곡선으로서의 3차포물선은 곡률에 관한 근사식에서 얻어진 것이기 때문에 접선각 τ'가 증대함에 따라 오차가 증대한다. 또한 x가 커질수록 곡률반경 ρ가 적어지는 조건은 어떤 일정범위의 x에 대하여만 만족된다. 즉, $x = \sqrt[4]{0.8} \cdot \sqrt{RX}$에 있어서 반경이 최소가 된다. 그러므로,

$$x^2 = X^2 = \sqrt{0.8}\,R \cdot X = 0.89443R \cdot X$$

$$\therefore\ X = 0.89443R \tag{11-26}$$

이 X보다 긴 완화곡선을 사용해서는 안 된다. 또한 반경이 최소가 되는 점의 접선각은

$$\tau = 24°05'4.4'' \tag{11-27}$$

이며 이 최소반경의 값은 $1.31422R$이다.

표 11-7 3차표물선의 공식

사 항	공 식
접선각	$\tan\tau = 3a^2X^2$
X 좌표	$X = \frac{1}{a}\sqrt{\frac{\tan\tau}{3}}$
Y 좌표	$Y = \frac{1}{a}\left(\sqrt{\frac{\tan\tau}{3}}\right)^3$
곡선반경	$R = \frac{1}{a}\,\frac{1}{\sqrt{6\cdot\cos^2\tau\cdot\sqrt{\sin 2\tau}}}$
완화곡선길이	$L = \frac{1}{a}\int_0^{\tau}\frac{d\tau}{\sqrt{6\cdot\cos^2\tau\cdot\sqrt{\sin 2\tau}}}$
shift	$\varDelta R = \frac{1}{a}\left\{\sqrt{\frac{\tan\tau^3}{3}} - \frac{1-\cos\tau}{\sqrt{6\cdot\cos^2\tau\cdot\sqrt{\sin 2\tau}}}\right\}$ $= \frac{1}{a}\cdot\frac{(1-\cos\tau)(2\cos^2\tau+2\cos\tau-3)}{3\sqrt{6a\cdot\cos^2\tau\cdot\sqrt{\sin 2\tau}}}$

예제 11-2

R=400m, X=30m인 3차포물선을 설치하시오.

풀이 식 (11-24)으로부터

$$x_1 = \frac{1}{4}X = 7.5m$$

$$x_2 = \frac{2}{4}X = 15m$$

$$x_3 = \frac{3}{4}X = 22.5m$$

$$x_4 = \frac{4}{4}X = 30m$$

$$y_1 = \frac{x_1^3}{6RX} = \frac{7.5^3}{6 \times 400 \times 30} = 0.0059m$$

$$y_2 = \frac{x_2^3}{6RX} = \frac{15^3}{6 \times 400 \times 30} = 0.047m$$

$$y_3 = \frac{x_3^3}{6RX} = \frac{22.5^3}{6 \times 400 \times 30} = 0.158m$$

$$y_4 = \frac{x_4^3}{6RX} = \frac{30^3}{6 \times 400 \times 30} = 0.375m$$

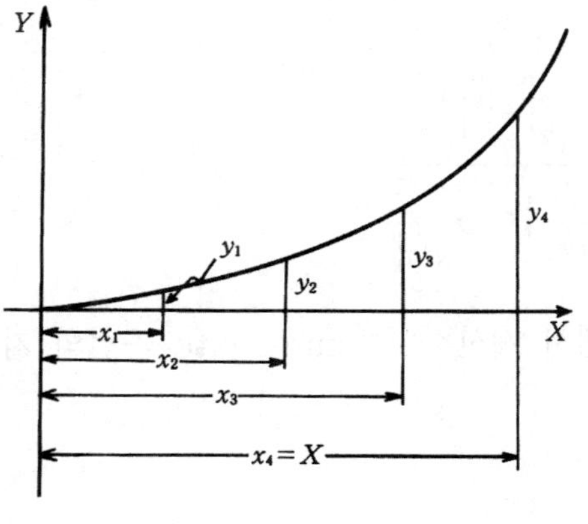

그림 11-15

② 렘니스케이트(연주형)곡선

직교좌표로 다음과 같은 방정식을 가진 곡선을 일반적으로 lemniscate 곡선이라 한다.

$$(x^2+y^2)^2=a^2(x^2-y^2) \tag{11-28}$$

〈그림 11-16〉과 같이 극좌표로 표시하면,

$$Z^2=a^2\sin 2\sigma \tag{11-29}$$

극좌표에 있어서 곡률반경 ρ는 일반적으로 다음과 같이 표시된다.

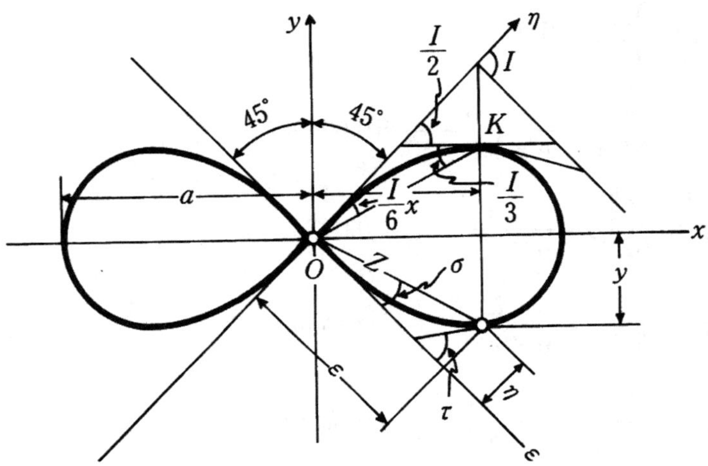

그림 11-16

$$\rho=\frac{\left\{z^2+\left(\dfrac{dz}{d\sigma}\right)^2\right\}^{3/2}}{z^2+2\left(\dfrac{dz}{d\sigma}\right)^2-z\dfrac{d^2z}{d\sigma^2}} \tag{11-30}$$

식 (11-29), (11-30)에서 계산하면 lemniscate 곡선의 기본식은

$$\rho=\frac{a^2}{3z} \tag{11-31}$$

이며, 여기서

$$\frac{3}{a^2} = \frac{1}{RZ}$$

즉,

$$a = \sqrt{3RZ} = 3R\sqrt{\sin 2\sigma}$$

여기서

$$\sigma = \frac{1}{2}\sin^{-1}(Z/3R) \tag{11-32}$$

식 (11-31)은

$$\frac{1}{\rho} = \frac{z}{RZ}$$

라 고쳐 쓸 수 있다.

lemniscate곡선길이는

$$L = a\int_0^{\sigma}\frac{d\sigma}{\sqrt{\sin 2\sigma}}$$

$$= \frac{C}{\sqrt{2}}\left\{2\sqrt{\tan\sigma} - \frac{1}{5}\sqrt{\tan^5\sigma} + \frac{1}{12}\sqrt{\tan^9\sigma}\ ...\right\} \tag{11-33}$$

이며, 여기서

$$C = \sqrt{2x} = 3R\sqrt{\sin\left(\frac{x}{3}\right)}$$

이다.

식 (11-34)과 (11-35)에 대입하면

표 11-8 lemniscate 공식

사 항	공 식
매개변수	$a^2=R_{S0} \quad a=\sqrt{3RZ}$
접선각	$\tau=3\sigma$
곡선길이	$L=a\int_0^\sigma \frac{d\sigma}{\sqrt{\sin 2\sigma}}$
X 좌표	$X=3R\sin 2\sigma\cdot\cos\sigma$
Y 좌표	$Y=3R\sin 2\sigma\cdot\sin\sigma$
shift	$\varDelta R=R(3\cos\sigma-2\cos^3\sigma-1)$
M의 X 좌표	$X_M=R(3\sin\sigma-2\sin^3\sigma)$
곡률반경	$R=\frac{a}{3\sqrt{\sin 2\sigma}}$
수직선(법선)길이	$N=6R\cdot\frac{\cos^2\sigma}{4\cos^2\sigma-3}$
동경(動徑)	$Z=\sqrt{3RZ\sin 2}$

$$z=\sqrt{3RZ\sin 2\sigma}=3R\sin\frac{I}{3} \tag{11-34}$$

또한 접선각 τ와 극각 σ의 관계는 다음과 같다.

$$\tan\tau=\tan 3\sigma$$

$$\therefore\ \tau=3\sigma \tag{11-35}$$

3차포물선에서의 $\tau\fallingdotseq 3\sigma$에 해당하지만 3 차포물선의 경우는 $\tan\tau=3\tan\sigma$로부터 유도하여 나온 것이며 같은 극각 σ에 대한 lemniscate 및 3차포물선의 접선각을 τ_L 및 τ_P라 하면 일반적으로 $\tan\tau_L=\tan 3\sigma>3\tan\sigma=\tan\tau_F$. 그러므로 접선각은 lemniscate 곡선의 쪽이 빨리 커지므로 급각도로 구부린 곡선의 경우에 유리하다.

a를 매개변수로 하고 lemniscate곡선의 요소를 극좌표로 표시하면 〈표 11-8〉과 같이 된다. σ가 미소값일 때에는 아래와 같이 3차포물선과 다른 식이 성립한다(〈그림 11-17〉 참조).

$$Z\fallingdotseq 6R\sigma \tag{11-36}$$

$$\Delta R \fallingdotseq \frac{Z^2}{24R} \qquad (11\text{-}37)$$

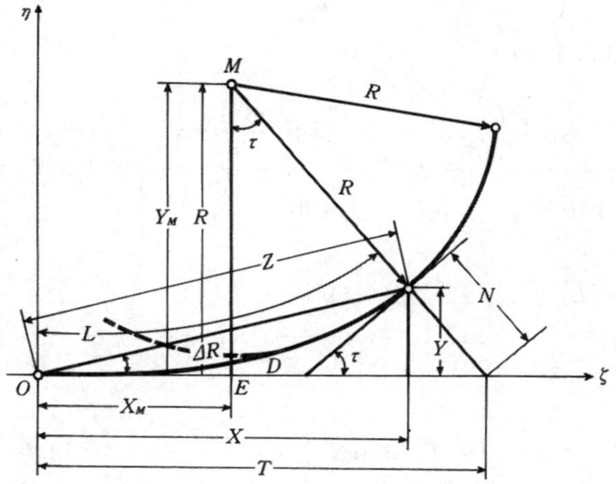

그림 11-17

$$X_M \fallingdotseq \frac{Z}{2} \qquad (11\text{-}38)$$

$$\overline{DE} \fallingdotseq \frac{\Delta R}{2} \qquad (11\text{-}39)$$

예제 11-3

〈그림 11-16〉에서 교각(I)이 63° 15′이고 최소반경(R)이 300m일 때 lemniscate 곡선을 설치하시오

풀이 동경(Z)은 식 (11-34)으로부터

$$Z = \sqrt{3RZ\sin 2\sigma} = 3R\sin\frac{I}{3}$$

$$= 3 \times 300 \times \sin\left(\frac{63°15'}{3}\right) = 323.75m$$

접선길이($\overline{OD}$)는 $\triangle ODK$에서 sin 법칙에 의해

$$\frac{\overline{OK}}{\sin\left(90° - \dfrac{I}{2}\right)} = \frac{\overline{OD}}{\sin\left(90° + \dfrac{I}{3}\right)}$$

$$\overline{OD}=\frac{\sin\left(90°+\dfrac{I}{3}\right)}{\sin\left(90°-\dfrac{I}{2}\right)}Z=\frac{\sin\left(90°+\dfrac{63°15'}{3}\right)}{\sin\left(90°-\dfrac{63°15'}{2}\right)}\times 323.75$$

$$=354.76m$$

$$\overline{DK}=\frac{\sin\left(\dfrac{I}{6}\right)}{\sin\left(90°-\dfrac{I}{2}\right)}Z=\frac{\sin\left(\dfrac{63°15'}{6}\right)}{\sin\left(90°-\dfrac{63°15'}{2}\right)}\times 323.75=69.56m$$

곡선길이(L)는 식 (11-33)에 의해,

$$L=\frac{C}{\sqrt{2}}\left\{2\sqrt{\tan\sigma}-\frac{1}{5}\sqrt{\tan^5\sigma}+\frac{1}{12}\sqrt{\tan^9\sigma}\ ...\right\}$$

$$C=3R\sqrt{\sin\left(\frac{I}{3}\right)}=3\times 300\times\sqrt{\sin\left(\frac{63°15'}{3}\right)}=539.79$$

$$\tan\sigma=\tan\frac{I}{6}=0.18609$$

$$L=381.69\left\{2\sqrt{0.18609}-\frac{1}{5}\sqrt{(0.18609)^5}+\frac{1}{12}\sqrt{(0.18609)^9}\ ...\right\}$$

$$=328.18m$$

③ 클로소이드 곡선

가) 클로소이드(clothoid) 곡선의 성질

식 (11-18)은

$$\frac{1}{\rho}=\frac{C}{R\cdot L}=\alpha\cdot C \tag{11-40}$$

이며, 다시 정리하면 다음과 같다.

$$\rho\cdot C=R\cdot L=1/\alpha\ (\text{일정})$$

여기서 양변의 차원(dimension)을 일치시키기 위하여 $1/\alpha$ 대신에 A^2라 놓으면, 하나의 clothoid 상의 모든 점에서 다음 항등식(恒等式)이 성립한다. 식 (11-41)를 clothoid 기본식이라 한다.

$$R\cdot L=A^2 \tag{11-41}$$

이 A를 clothoid의 매개변수라 하며, A는 길이의 단위를 가진다.

clothoid는 A가 정해지면 그 크기가 결정되므로 R, L, A 중 두 가지를 알면 다른 하나는 정확하게 구해진다.

나) 클로소이드의 기본요소

(ㄱ) 단위 clothoid

clothoid의 매개변수 A에 있어서 $A=1$, 즉

$$R \cdot L = 1 \tag{11-42}$$

의 관계에 있는 clothoid를 단위 clothoid라 한다. 단위 clothoid의 요소에는 알파벳의 소문자를 사용하면

$$r \cdot l = 1 \tag{11-43}$$

또는 $R \cdot L = A^2$의 양변을 A^2으로 나누면,

$$\frac{R}{A} \cdot \frac{L}{A} = 1$$

그러므로 $R/A = r$, $L/A = l$로 놓으면 식 (11-43)이 얻어진다. 이것에서 $R = A \cdot r$, $L = A \cdot l$이므로 매개변수 A인 clothoid의 요소중 길이의 단위를 가진 것(R, L, X, Y, X_M, T_L 등)은 전부 단위 clothoid의 요소(r, l, x, y, x_M, t_L 등)는 A배 하며 단위가 없는 요소(τ, ρ, $\frac{\Delta r}{r}$ 등)는 그대로 계산한다. 단위 clothoid의 제 요소를 계산한 것은 단위 clothoid표로서 작성되어 있다.

(ㄴ) 곡선반경

곡선반경은 설계속도에 의해 정해지며 지형과 기타 요소에 의해 최소곡선반경은 도로규격, 설계속도 및 최대편경사에 의해 정해진다(〈표 11-9〉 참고).

(ㄷ) 매개변수(parameter)

도로에 이용되는 부분은 그 시점 부근의 일부 사용하므로 범위는

$$\frac{R}{3} \leq A \leq R \tag{11-44}$$

로 하는 것이 바람직하며, 원심가속도의 변화율(p)와 매겨변수의 관계는 다음과 같다.

표 11-9 곡선반경

설계속도 (㎞/h)	곡선반경(m)	
	일반최소값	절대최소값
120	710	570
100	460	380
80	280	230
60	150	120
50	100	80
40	60	50
30	30	–
20	15	–

$$p=\frac{v^2}{L \cdot R} \qquad (11\text{-}45)$$

여기서, v : 주행속도(m/s)

L : 곡선길이(m)

R :곡선반경

식 (11-45)에 클로소이드 기본식 $L \cdot R=A^2$, v(m.s)를 V(㎞/h)로 하여 대입하면 설계속도에 대한 허용최소매개변수가 계산된다.

$$A=\sqrt{0.0215\frac{V^3}{p}} \qquad (11\text{-}46)$$

(ㄹ) 곡선길이

원심가속도 변화율 p의 허용량을 0.35~0.75m/sec^{2}로 하고 핸들의 조작시간을 3초로 하면 3초간 주행하는 클로소이드 최소곡선길이는 다음과 같다(〈표 11-10〉 참조).

표 11-10 완화곡선

설계속도(km/h)	완화곡선장(m)
120	100
100	85
80	70
60	50
50	40
40	35
30	25
20	20

$$L_t = \frac{V}{3.6} \cdot t \qquad (11-47)$$

여기서 V: 설계속도(km/h), t: 3초

다) clothoid의 공식

clothoid 곡선을 실제로 사용하기 위해서는 clothoid표가 있다면 좋지만 clothoid 구간에 구조물 등이 있어 정확한 계산을 요하는 경우에는 엄밀해가 필요하다. clothoid에 관한 공식을 일괄하여 〈표 11-11〉에 표시하였다. 또한 $R = A = L$인 범위에서는 다음 근사식이 성립한다.

$$B - S \fallingdotseq \frac{B^3}{24R^2} \qquad (11-48)$$

$$\Delta R \fallingdotseq \frac{L^2}{24R} \qquad (11-49)$$

$$X_M \fallingdotseq \frac{L}{2} \qquad (11-50)$$

$$A \fallingdotseq \sqrt[4]{24R^3 \cdot \Delta R} \qquad (11-51)$$

clothoid요소 및 기호에 관하여서는 〈그림 11-12〉 및 〈표 15-9〉의 것을 그대로 사용하면 된다.

지금 〈그림 11-18〉에 있어서 dL, $d\tau$, dX, dY를 각각 L, τ, X, Y의 미소변화량이

라 하면 다음 세 식이 성립한다.

$$\begin{cases} dL = R \cdot d\tau & (11\text{-}52) \\ dX = dL \cdot \cos\tau & (11\text{-}53) \\ dY = dL \cdot \sin\tau & (11\text{-}54) \end{cases}$$

표 11-11 클로소이드의 공식

사 항	공 식
곡률반경	$R=\frac{A^2}{L}=\frac{A}{l}=\frac{L}{2\tau}=\frac{A}{\sqrt{2\tau}}$
곡선의 길이	$L=\frac{A^2}{R}=\frac{A}{r}=2\tau R=A\sqrt{2\tau}$
접선각	$\tau=\frac{L}{2R}=\frac{L^2}{2A^2}=\frac{A^2}{2R^2}$
매개변수	$A^2=R\cdot L=\frac{L^2}{2\tau}=2\tau R^2$
	$A=\sqrt{R\cdot L}=l\cdot R=L\cdot r=\frac{L}{\sqrt{2\tau}}=\sqrt{2\tau}R$
X 좌표	$X=L\left(1-\frac{L^2}{40R^2}+\frac{L^4}{3{,}456R^4}-\frac{L^6}{599{,}040R^6}+\cdots\right)$
Y 좌표	$Y=\frac{L^2}{6R}\left(1-\frac{L^2}{56R^2}+\frac{L^4}{7{,}040R^4}-\frac{L^6}{1{,}612{,}800R^6}+\cdots\right)$
shift	$\Delta R=Y+R\cos\tau-R$
M의 X 좌표	$X_M=X-R\sin\tau$
단접선의 길이	$T_K=Y\,\mathrm{cosec}\,\tau$
장접선의 길이	$T_L=X-Y\cot\tau$
동경(動徑)	$S_0=Y\,\mathrm{cosec}\,\sigma$

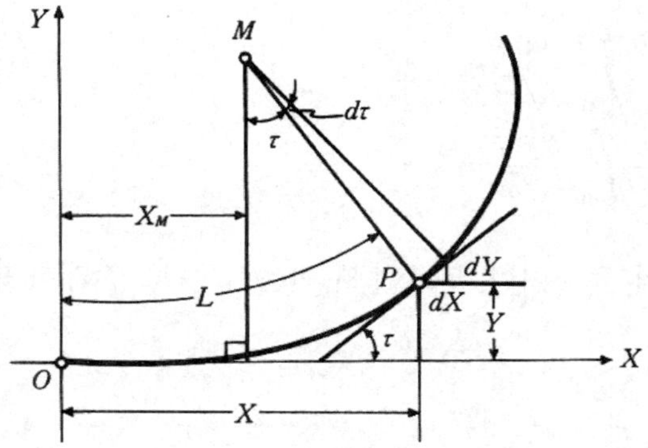

그림 11-18

식 (11-41)와 (11-52)으로부터 R을 소거하면,

$$dL = \frac{A^2}{L} d\tau \tag{11-55}$$

$\tau = 0$이며 $L = 0$인 초기 조건에서 식 (11-55)를 적분하면,

$$L^2 = 2A^2 \tau \tag{11-56}$$

식 (11-56)과 (11-41)에서

$$\tau = \frac{L^2}{2A^2} = \frac{L}{2R} \tag{11-57}$$

또는

$$R = \frac{A^2}{L} = \frac{A}{\sqrt{2\tau}} \tag{11-58}$$

식 (11-53), (11-54)에 각각 식 (11-55)를 대입하고 다시 식 (11-58)를 대입하면,

$$\left.\begin{aligned} dX &= dL\cos\tau = \frac{A^2}{L}\cos\tau \cdot d\tau = \frac{A}{\sqrt{2\tau}}\cos\tau \cdot d\tau \\ dY &= dL\sin\tau = \frac{A^2}{L}\sin\tau \cdot d\tau = \frac{A}{\sqrt{2\tau}}\sin\tau \cdot d\tau \end{aligned}\right\} \tag{11-59}$$

식 (11-59)을 적분하면,

$$\left.\begin{aligned} X &= \frac{A}{\sqrt{2}}\int_0^{\tau}\frac{\cos\tau}{\sqrt{\tau}}d\tau \\ Y &= \frac{A}{\sqrt{2}}\int_0^{\tau}\frac{\sin\tau}{\sqrt{\tau}}d\tau \end{aligned}\right\} \tag{11-60}$$

이것은 프레넬의 적분이라 부르며 우변은 급수로 전개하여 수치적분할 수 있다. 즉,

$$\cos\tau = 1 - \frac{\tau^2}{2!} + \frac{\tau^2}{4!} - \frac{\tau^2}{6!} + \cdots = 1 - \frac{\tau^2}{2} + \frac{\tau^4}{24} - \frac{\tau^6}{720} + \cdots$$

$$\sin\tau = \tau - \frac{\tau^3}{3!} + \frac{\tau^5}{5!} - \frac{\tau^7}{7!} + \cdots = \tau - \frac{\tau^3}{6} + \frac{\tau^5}{120} - \frac{\tau^7}{5{,}040} + \cdots$$

이므로,

$$\int_0^{\tau}\frac{\cos\tau}{\sqrt{\tau}}d\tau = 2\sqrt{\tau}\left(1 - \frac{\tau^2}{10} + \frac{\tau^4}{216} - \frac{\tau^6}{9{,}360} + \cdots\right)$$

$$\int_0^{\tau}\frac{\sin\tau}{\sqrt{\tau}}d\tau = \frac{2}{3}\tau\sqrt{\tau}\left(1 - \frac{\tau^3}{14} + \frac{\tau^4}{440} - \frac{\tau^6}{25{,}200} + \cdots\right)$$

그러므로,

$$\left.\begin{aligned} X &= \frac{A}{\sqrt{2}}\cdot 2\sqrt{\tau}\left(1 - \frac{\tau^2}{10} + \frac{\tau^4}{216} - \frac{\tau^6}{9{,}360} + \cdots\right) \\ Y &= \frac{A}{\sqrt{2}}\cdot\frac{2}{3}\tau\sqrt{\tau}\left(1 - \frac{\tau^2}{14} + \frac{\tau^4}{440} - \frac{\tau^6}{25{,}200} + \cdots\right) \end{aligned}\right\} \tag{11-61}$$

식 (11−61)에 $A = \sqrt{R\cdot L}$, $\tau = \dfrac{L}{2R}$을 대입하여 R, L로 고쳐 쓰면,

$$X = L\left(L - \frac{L^2}{40R^2} + \frac{L^4}{3{,}456R^4} - \frac{L^6}{599{,}040R^6} + \cdots\right) \tag{11-62}$$

$$Y = \frac{L^2}{6R}\left(1 - \frac{L^2}{56R^2} + \frac{L^4}{7{,}040R^4} - \frac{L^6}{1{,}612{,}800R^6} + \cdots\right) \tag{11-63}$$

라) clothoid의 형식

clothoid를 조합(組合)하는 형식에는 다섯 가지가 있다.

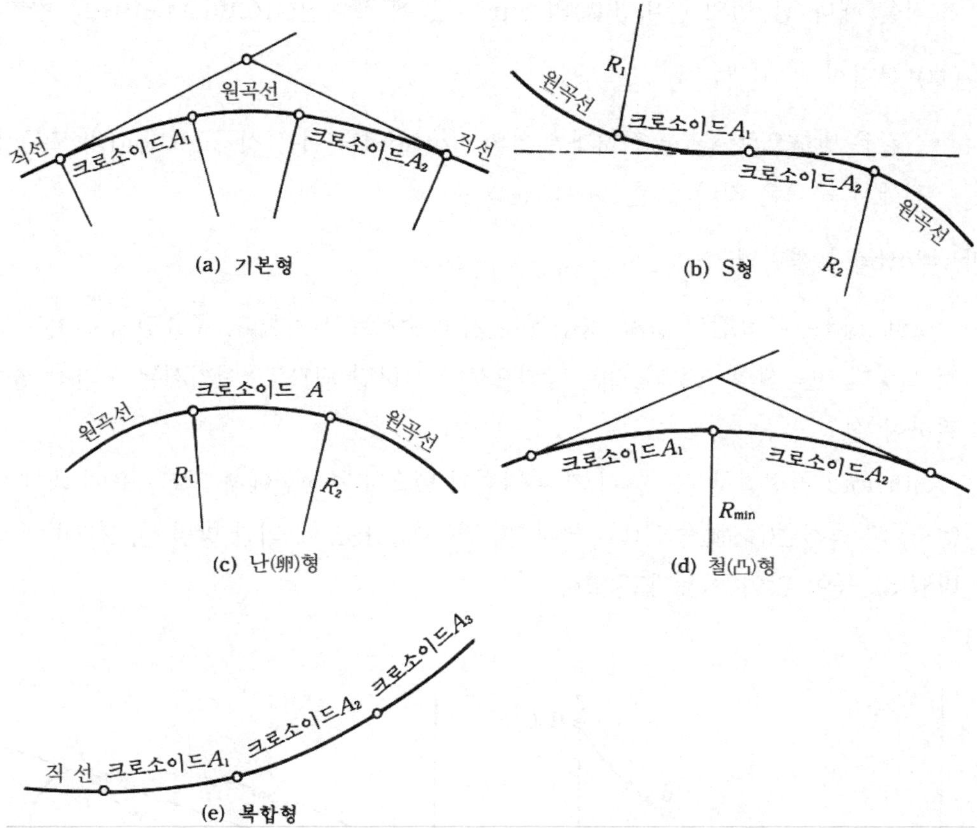

그림 11-19 클로소이드의 조합

(ㄱ) 기본형

직선, clothoid, 원곡선의 순으로 나란히 하는 기본적인 형으로 대칭형과 비대칭형이 있다(〈그림 11-19 (a)〉 참조).

(ㄴ) S형

반향곡선(反向曲線)의 사이에 2개의 clothoid를 삽입하는 것(〈그림 11-19 (b)〉 참조).

(ㄷ) 난형(卵型)

복심곡선(複心曲線)의 사이에 clothoid를 삽입하는 것(〈그림 11-19 (c)〉 참조).

(ㄹ) 철형(凸型)

같은 방향으로 구부러진 2개의 clothoid를 직선적으로 삽입한 것으로, clothoid와 clothoid의 접합점은 곡률이 최소가 되는 점에서 이어져 있어, 이것은 교각이 작을 때나 산(山)의 출비(出鼻)의 curve 등에 쓰여진다(<그림 11-19 (d)> 참조).

(ㅁ) 복합형

같은 방향으로 구부러진 2개 이상의 clothoid를 이은 것. clothoid의 모든 접합점에서 곡률은 같다(<그림 11-10 (e)> 참조).

마) clothoid 설치법

clothoid는 주요점의 설치, 중간점 설치의 순서로 설치한다. 주요점의 설치는 앞에서 설명한 원곡선의 경우와 같은 방법으로 실시하면 되므로, 여기서는 중간점 설치에 관하여 설명한다.

clothoid 곡선설치에는 여러 가지 방법이 있으나 주접선에서 직교좌표에 의한 방법(a), 극각동경법(極角動徑法)(b), 극각현장법(極角弦長法)에 의한 방법(c), 2/8법에 의한 방법(d) 등이 많이 이용되고 있다.

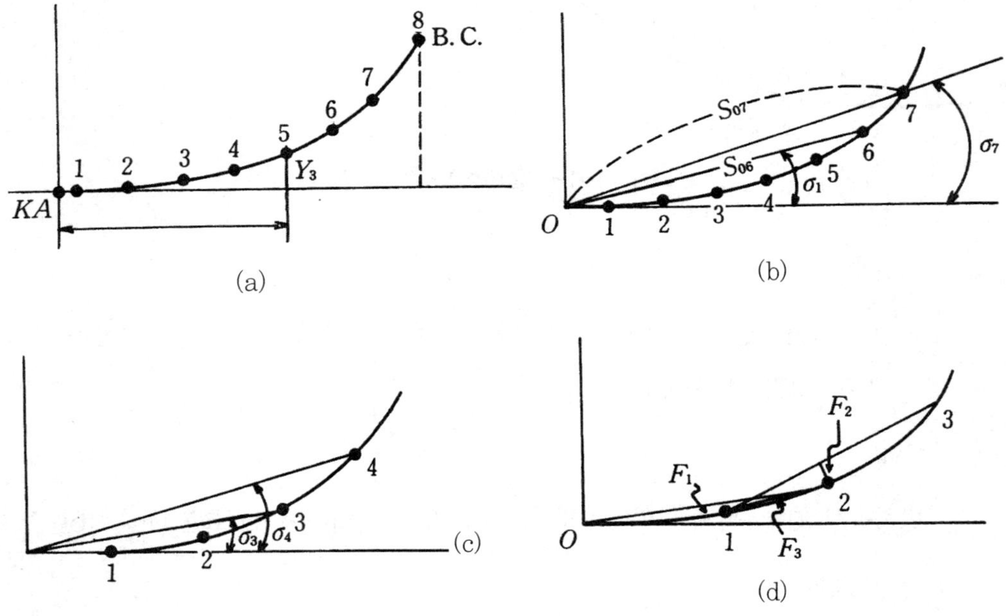

그림 11-20 클로소이드 설치법

바) clothoid의 세 성질

(ㄱ) clothoid는 나선의 일종이며 그 전체의 형은 〈그림 11-21〉과 같다.

(ㄴ) 모든 clothoid는 닮은꼴이다. 즉, clothoid의 형은 하나밖에 없지만 매개변수 A를 바꾸면 크기가 다른 무수한 clothoid를 만들 수 있다.

매개변수 A는 일반적으로 메타 단위로 표시되며 원인 경우 1/1,000의 도면에 반경 100m의 원호를 기입하려면 콤파스로 10cm의 원을 그리는 것과 마찬가지로 매개변수 A=100m의 clothoid를 1/1,000 도면에 그리기 위해서는 A=10cm인 clothoid를 그려 넣으면 된다.

(ㄷ) clothoid 요소에는 길이의 단위를 가진 것(L, X, Y, X_M, R, ΔR, T_K, T_L 등)과 단위가 없는 것(τ, σ, $\frac{\Delta r}{r}$, $\frac{\Delta R}{R}$, $\frac{l}{r}$, $\frac{L}{R}$ 등)이 있다.

어떤 점에 관한 clothoid 요소 중 두 가지가 정해지면 clothoid의 크기와 그 점의 위치가 정해지며 따라서 다른 요소도 구할 수 있다. 또한 단위의 요소가 하나 주어지면 이것을 기초로 단위 clothoid표를 유도할 수 있으며 그들을 A배 하면 구하려는 clothoid요소가 얻어진다.

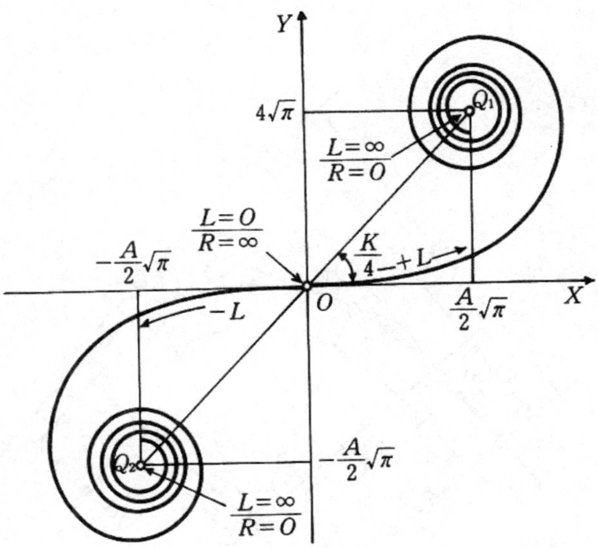

그림 11-21

사) clothoid 곡선설계

대칭기본형 클로소이드 곡선을 완화곡선으로 사용할 때 곡선부는 직선-클로소이드-단곡선-클로소이드-직선의 순서로 설치된다.

이때 좌우의 매개변수가 동일한 경우가 대칭기본형 클로소이드이다.

〈그림 11-22〉에서

$$I = \alpha + 2\tau \tag{11-64}$$

$$W = (R + \Delta R)\tan\frac{I}{2} \tag{11-65}$$

$$D = X_M + W \tag{11-66}$$

여기서, ΔR: shift

설계에서는 교각 (I)와 접선길이 D가 주어지는 경우가 많다. 〈그림 11-22〉에서 반경 R을 알고 있고 L을 약 $\frac{2}{3}D$로 하면

$$A \fallingdotseq \sqrt{R \cdot L} \tag{11-67}$$

이며, 매개변수는 식 (11-44)의 규정을 만족하도록 A를 결정한다.

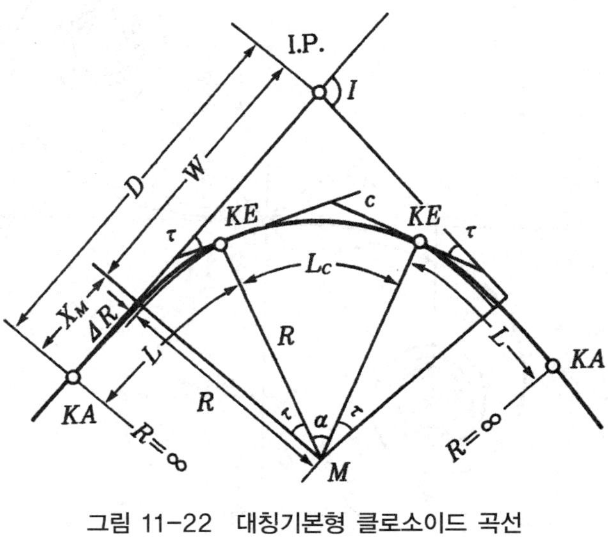

그림 11-22 대칭기본형 클로소이드 곡선

클로소이드 곡선길이 (L)과 단위선길이 (L_C)의 관계와 shift (ΔR)은

$$\frac{L_C}{2} \leqq L \leqq L_C \tag{11-68}$$

$$\Delta R > 0.2m \tag{11-69}$$

로 한다.

예제 11-4

교각 $I = 52°50'$, 곡선반경 $R = 300\,\mathrm{m}$의 기본형 대칭형의 크로소이드를 설계하시오.

풀이 매개변수 $A = \frac{R}{2} = \frac{300}{2} = 150\,\mathrm{m}$로 하여 크로소이드표 중 크로소이드 A 표에 의하여 크로소이드 요소를 구하면,

$X_M = 37.480\,\mathrm{m}$, $X = 74.883\,\mathrm{m}$,

$Y = 3.122\,\mathrm{m}$, $\tau = 7°9'43''$, $\Delta R = 0.781\,\mathrm{m}$

그러므로,

$$W = (R + \Delta R)\tan\frac{I}{2} = (300 + 0.781)\tan 26°25'$$

$$= 300.781 \times 0.46677$$

$$= 149.419\,\mathrm{m}$$

$$D = W + X_M = 149.419 + 37.480 = 186.899\,\mathrm{m}$$

$$\alpha = I - 2\tau = 52°50' - 2 \times 7°09'43 = 38°30'34$$

$$L_C = 0.0174533 \times R \times \alpha = 0.0174533 \times 300 \times 38.508 = 201.628\,\mathrm{m}$$

$$L = \frac{A^2}{R} = \frac{150^2}{300} = 75\mathrm{m}$$

$$\mathrm{C.L.} = 2L + L_C = 351.628\,\mathrm{m}$$

매개변수 A가 크로소이드 A 표에 없을 때는 단위 크로소이드 표로부터 $l = A/R$ 또는 $r = R/A$를 구하여 x_M, τ, Δr, x, y 등을 찾아 A 배로 하여 X_M, ΔR, X, Y를 구한다.

지금 교점 I.P.의 추가거리를 452.250 m라 하면,

KA_1의 추가거리$= 452.250 - 186.899 = 265.351\,\mathrm{m} =$ No. 13 + 5.351 m

KE_1의 추가거리$= 265.351 + 75 = 340.351 =$ No. 17 + 0.351 m

가 된다. 여기에서 각 중심말뚝의 위치를 주접선으로부터의 직교좌표법에 의하여 구할 때는 다음과 같이 하면 된다.

먼저 K_{A1}에서 중심말뚝까지의 곡선길이 L을 구하고 $l=L/A$의 값을 단위 크로소이드 표에서 구하여 해당하는 x, y를 찾아 A배 하여 각 중심말뚝의 좌표값 X, Y를 구한다.

이것은 〈그림 11-23〉에 표시한 극각현길이법에 의하여 측설할 경우 필요한 수치는 다음과 같이 하여 구한다.]

표 11-12 크로소이드 A 표

$A=150$		$\frac{1}{A}1=0.0066666666$		$A=22500$			$\frac{1}{6A^2}=0.0000074074074$			
R	L	$\tau°\ '\ ''$	$\tau°\ '\ ''$	ΔR	X_M	X	Y	T_K	L_L	S_0
750	30.000	1 08 45	0 22 55	.050	15.000	29.999	.200	10.000	20.000	29.999
700	32.143	1 18 56	0 26 19	.011	16.071	32.141	.246	10.715	21.429	32.142
650	34.615	1 31 32	0 30 31	.777	17.307	34.613	.307	11.539	23.078	34.614
600	37.500	1 47 26	0 35 49	.098	18.749	37.496	.391	12.501	25.001	37.498
550	40.909	2 07 51	0 42 37	.127	20.454	40.903	.507	13.638	27.235	40.907
500	45.000	2 34 42	0 51 34	.169	22.498	44.991	.675	15.003	30.003	44.996
450	50.000	3 10 59	1 03 40	.231	24.997	49.985	.926	16.672	33.339	49.993
400	56.250	4 01 43	1 20 31	.330	28.120	56.222	1.318	18.759	37.510	56.238
350	64.286	5 15 43	1 45 14	.492	32.134	64.232	1.967	21.446	42.876	64.262
300	75.000	7 09 43	2 23 13	.781	37.480	74.883	3.122	25.037	50.041	74.948
250	90.000	10 18 48	3 26 12	1.348	44.951	89.709	5.388	30.083	60.102	89.870
225	100.000	12 43 57	4 14 32	1.849	49.918	99.507	7.381	33.491	66.840	99.781
200	112.500	16 06 52	5 22 04	2.626	56.102	111.613	10.487	37.785	75.313	112.105
190	118.421	17 51 19	5 56 49	3.065	59.019	117.276	12.216	39.842	79.353	117.911
180	123.000	19 53 40	6 37 29	3.601	62.250	123.501	14.343	42.151	83.966	124.331
175	128.571	21 02 51	7 00 28	3.917	63.998	126.847	15.592	43.416	86.328	127.802
170	132.353	22 18 13	7 25 30	4.270	65.844	130.361	16.989	44.764	88.946	131.464
160	140.625	25 10 44	8 22 45	5.114	69.862	137.933	20.317	47.755	94.716	139.422
150	150.000	28 38 52	9 31 44	6.194	74.379	146.293	24.557	51.222	101.342	148.340
140	160.714	42 53 12	10 55 53	7.596	79.483	155.500	30.033	55.311	109.052	158.373
130	173.077	38 08 26	12 39 55	9.451	85.276	165.563	37.206	60.244	118.182	169.692
125	180.000	41 15 11	13 41 24	10.602	88.467	170.890	41.627	63.129	123.429	175.887
120	187.500	44 45 44	14 50 33	11.944	91.875	176.375	46.740	66.377	129.245	182.463
110	204.545	53 16 15	17 37 27	15.368	99.396	178.557	59.584	74.343	143.098	196.794
100	225.000	64 27 28	21 14 54	20.165	107.817	198.144	77.048	85.394	161.324	212.597
95	236.842	71 25 17	23 28 54	23.281	112.545	202.595	88.014	92.853	174.011	220.887
90	250.000	29 34 39	26 04 17	27.021	117.380	205.895	100.740	102.430	187.365	229.219
85	264.706	89 12 54	29 05 24	31.522	122.349	207.341	115.357	115.368	205.760	237.271
80	281.250	100 42 55	32 37 23	36.939	127.323	205.928	131.813	134.152	230.871	244.501
75	300.000	114 35 58	36 45 58	43.433	132.082	200.279	149.644	164.572	268.765	250.010

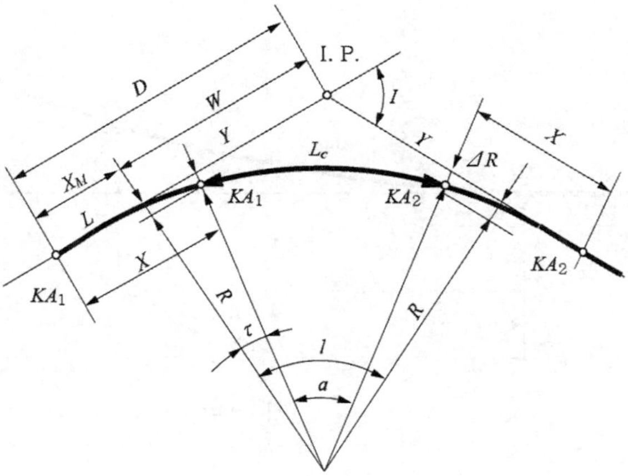

그림 11-23

표 11-13

No.	L	$l=L/A$	x	y	$X=A\cdot x$	$Y=A\cdot y$
14	14.649	0.097660	0.097660	0.000155	14.649 m	0.023 m
15	34.649	0.230993	0.230977	0.002054	34.647	0.308
16	54.649	0.364327	0.364166	0.008058	54.625	1.209
17	74.649	0.497660	0.496897	0.020520	74.535	3.078
KE_1	75.000				74.883	3.122

표 11-14 극각현길이법에 의한 설치에 필요한 수치

No.	L	l	σ	S
14	14.649	0.097660	0° 05' 28"	14.649 m
15	34.649	0.230993	0° 30' 34"	20.000
16	54.649	0.364327	1° 16' 03"	20.000
17	74.649	0.497660	2° 21' 53"	20.000
KE	75.000		2° 23' 13"	0.351

먼저 단위 크로소이드 표로부터 l 에 대한 극각 α 를 구하고 다음에 극각현길이 표에 의하여 곡선길이 B 에 대한 현길이 S 를 구한다. 단, 이 경우 별차이가 없으므로 $B=S$ 로 해도 좋다.

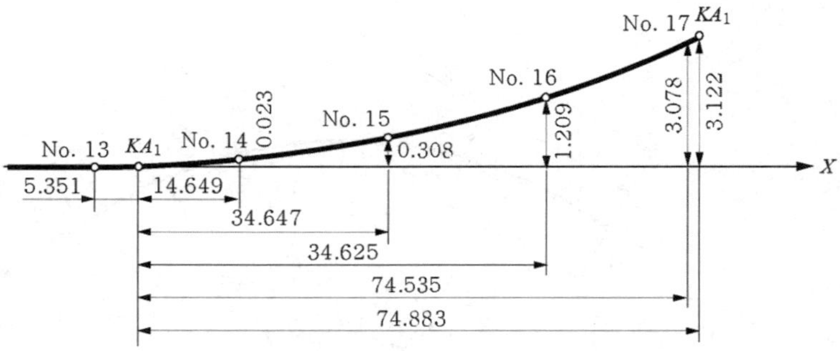

그림 11-24

(5) 반파장 sine(정현) 체감곡선

곡률의 변화 $\left(0\sim\dfrac{1}{R}\right)$에 $\sin\left(-\dfrac{\pi}{2}\sim\dfrac{\pi}{2}\right)$, 즉 〈그림 11-25〉의 $A\sim B$의 곡선을 이용하면 변화는 $-1\sim+1$로 되지만 이것을 $0\sim+1$이 되도록 변환한다.

$$\frac{1}{2}\left\{1+\sin\left(-\frac{\pi}{2}+x\right)\right\}=\frac{1}{2}(1-\cos x) \qquad (11\text{-}70)$$

또는 $\cos(-\pi\sim0)$을 이용하여 고려하면,

$$\frac{1}{2}\{1+\cos(-\pi+x)\}=\frac{1}{2}(1-\cos x) \qquad (11\text{-}71)$$

또한 $B\sim C$간을 이용하면 $\cos(0\sim\pi)$에서 $+1\sim-1$의 변화가 되므로 1로부터 차를 빼어 $\dfrac{1}{2}$을 곱하는 변환을 하면 $\dfrac{1}{2}(1-\cos x)$가 된다. 완화곡선길이를 L, 그 x축길이를 X라 하면 〈그림 11-25〉에 있어서 점 $0(x=0$, 곡률$=0)$으로부터 점 $P(x=X$, 곡률$=R)$까지의 곡률은 $\cos x$에서의 변수 x의 변역$(0\sim\pi)$을 $0\sim X$로 하며,

$$\frac{1}{\rho}=\frac{1}{2R}\left(1-\cos\frac{\pi}{X}x\right) \qquad (11\text{-}72)$$

또는 $\dfrac{x}{X}=\lambda$라 놓으면,

$$\frac{1}{\rho}=\frac{1}{2R}(1-\cos\lambda\pi) \tag{11-73}$$

반파장정현곡선에 의한 체감인 경우 곡선길이 L에 첨부하여 곡선체감을 하는 것이지만 L과 x의 차는 대단히 적으므로 LX로 하여도 된다. 곡률의 일반공식의 근사식 식 (11-22)을 사용하면,

$$\frac{d^2y}{dx^2}=\frac{1}{2R}\left(1-\cos\frac{\pi}{X}x\right)$$

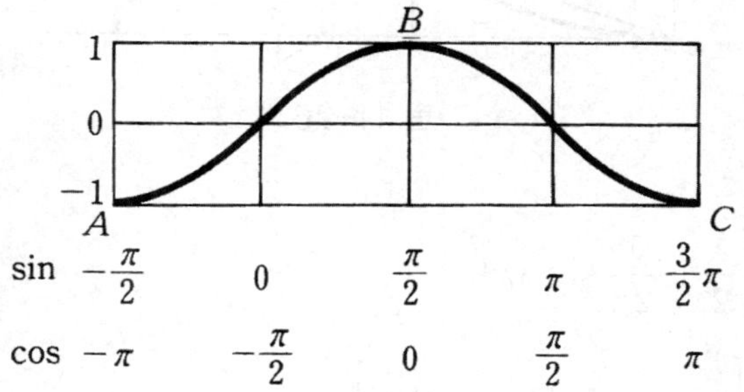

그림 11-25

접선각 τ'는

$$\tan\tau'=\frac{dy}{dx}=\frac{X}{R}\left(\frac{\lambda}{2}-\frac{1}{2\pi}\sin\lambda\pi\right) \tag{11-74}$$

일반적으로 $\tau' \fallingdotseq \tan\tau'$로 한다. 식 (11-74)을 다시 적분하면,

$$y=\frac{1}{R}\left\{\frac{x^2}{4}-\frac{X^2}{2\pi^2}\left(1-\cos\frac{\pi}{X}x\right)\right\} \tag{11-75}$$

$$=\frac{X^2}{R}\left\{\frac{\lambda^2}{4}-\frac{1}{2\pi^2}(1-\cos\lambda\pi)\right\} \tag{11-76}$$

극각(편각) σ'는

$$\tan\sigma'=\frac{y}{x}=\frac{X}{R}\left\{\frac{\lambda}{4}-\frac{1}{2\pi^2X}(1-\cos\lambda\pi)\right\} \tag{11-77}$$

접선각 및 극각의 일반식은 식 (11-74), (11-77)로부터

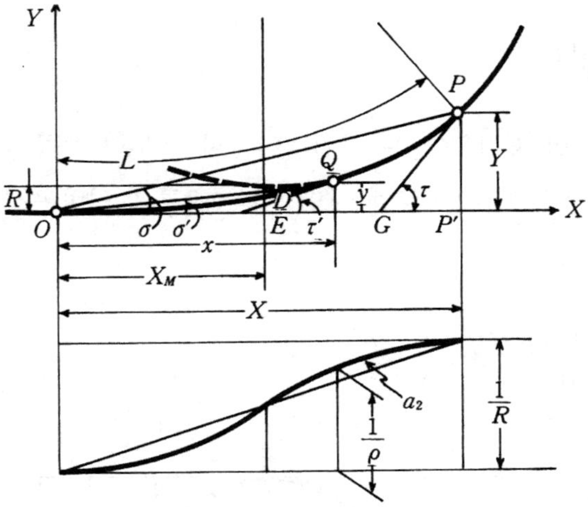

그림 11-26

$$\tau' = \frac{X}{R}\left(\frac{\lambda}{2} - \frac{1}{2\pi}\sin\lambda\pi\right) \tag{11-78}$$

$$\sigma' = \frac{X}{R}\left\{\frac{\pi}{4} - \frac{1}{2\pi^2\lambda}(1-\cos\lambda\pi)\right\} \tag{11-79}$$

종점 $P(BCC)$에서는

$$\left.\begin{aligned}
\frac{1}{\rho} &= \left(\frac{d^2y}{dx^2}\right)_{x=X} = \frac{1}{R} \\
\tan\tau &= \left(\frac{dy}{dx}\right)_{x=X} = \frac{X}{2R} \\
Y &= (y)_{x=X} = \left(\frac{1}{4} - \frac{1}{\pi^2}\right)\frac{X^2}{R} = 0.14868\frac{X^2}{R} \\
\tan\sigma &= \left(\frac{y}{x}\right)_{x=X} = 0.14868\frac{X}{R}
\end{aligned}\right\} \tag{11-80}$$

이 된다.

8 종단(縱斷)곡선

종단경사는 급격히 변화하는 노선상의 위치에서는 차가 충격을 받으므로 이를 제거하고 시거를 확보하기 위해 종단곡선을 설치한다. 종단경사도의 최댓값은 노선을 주행하는 차량의 등판성능에 좌우되나 도로에서는 설계속도에 따라 2~9%로 하며 철도에서는 특수한 경우를 제외하고 35~10%로 한다.

철도에서는 경사도를 ‰(1/1,000)로 표시하며 수평곡선의 반경이 800m 이하인 곡선에서는 종단곡선 반경을 4,000m로 하며, 그 외의 경우는 반경을 3,000m로 한다.

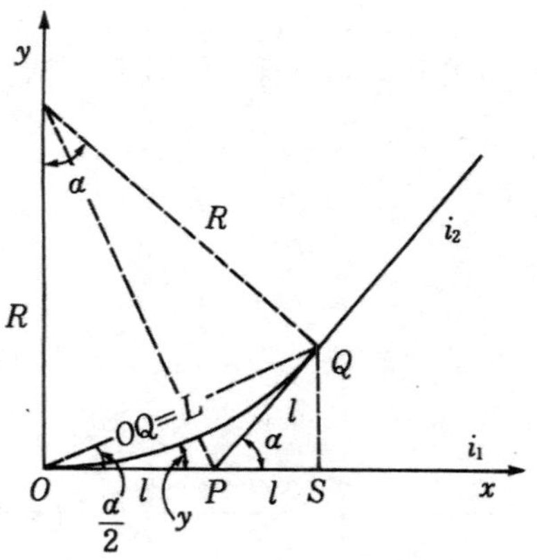

그림 11-27 종단곡선

〈그림 11-27〉에서 종단곡선 방정식은

$$y = \frac{(i_2 - i_1)}{4l} x^2 = \frac{x}{2R} \tag{11-81}$$

이며

$$R = \frac{2l}{|i_2 - i_1|} \tag{11-82}$$

$$l = \frac{R \cdot |i_2 - i_1|}{2} \tag{11-83}$$

이다.

또한, R을 종단곡선의 최소반경이고 α의 단위를 radian으로 하면

$$2l = R\alpha = L \tag{11-84}$$

이며,

$$R = \frac{2l}{\alpha} = \frac{L}{\alpha} \tag{11-85}$$

이다. 따라서 종단곡선식을 다시 정리하면

$$y = \frac{\alpha}{2L}x^2 \tag{11-86}$$

이며, x, y, L의 단위를 m이고 α를 $(i_2 - i_1)$‰로 하면,

$$y = \frac{(i_2 - i_1)}{2{,}000L}x^2 \tag{11-87}$$

이다.

예제 11-5

상향경사가 4.5‰이고 하향경사가 35‰인 경우, 반경이 3,000m인 종단곡선을 설치하시오.

풀이 $l = \frac{R}{2}|i_2 - i_1|$로부터

$l = 1.5 \times |(-35 - 4.5)| = 59.5 \fallingdotseq 60m$

$y = \frac{x^2}{2R}$로부터

$y_1 = 67mm$, $y_2 = 267mm$

$y_3 = 600mm$, $y_2 = 67mm$

$y_1 = 67mm$,

또한, 식 (11-87)를 사용하면

$L = 2l = 3|i_2 - i_1| = 3 \times 39.5 = 118.5m \fallingdotseq 120$

$$y = \frac{-39.5}{2,000 \times 120} x^2$$

$x_1 = 20m,\ x_2 = 40m,\ x_3 = 60m$에 대해 구하면

$y_1 = 66mm, \quad y_2 = 264mm$

$y_3 = 592mm, \quad y_2 = 264mm$

$y_1 = 66mm,$

여기서, 계산값이 y_3에서 8mm로 가장 큰 오차가 있으나 이 정도의 오차는 종단곡선 설치에 커다란 영향을 주지 않으므로 무시해도 무방하다.

예제 11-6

〈그림 11-28〉과 같은 종단곡선(縱斷曲線)에서 $i_1 = 3\%$, $i_2 = -2\%$이고, 종곡선 시점 A의 계획고가 87.35 m이며, 종곡선 길이 $l = 160$ m인 종곡선을 설치하시오.

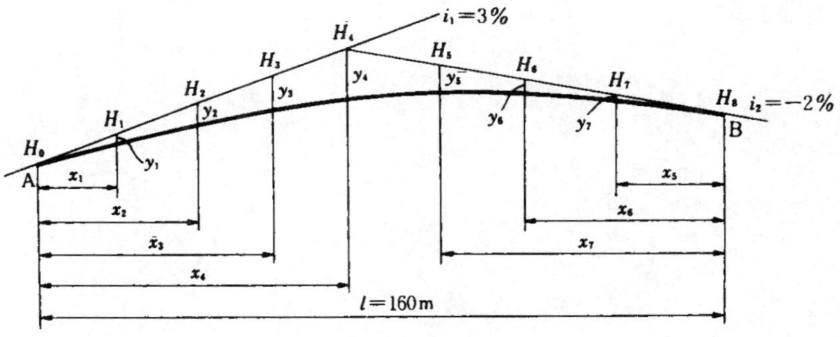

그림 11-28

풀이 $x_1 = 20\,\text{m} \quad y_1 = \dfrac{0.05}{2 \times 160} \times 20^2 = 0.0625\,\text{m} = y^7$

$x_2 = 40\,\text{m} \quad y_2 = \dfrac{0.05}{2 \times 160} \times 40^2 = 0.25\,\text{m} = y^6$

$x_3 = 60\,\text{m} \quad y_3 = \dfrac{0.05}{2 \times 160} \times 60^2 = 0.5625\,\text{m} = y^5$

$x_4 = 80\,\text{m} \quad y_4 = \dfrac{0.05}{2 \times 160} \times 80^2\,\text{m} = 1.00\,\text{m}$

종곡선의 계획고(計劃高)

$$H_0 = 87.35\,\mathrm{m}$$

$$H_1 = 87.35 + 0.03 \times 20 - 0.0625 = 8789\,\mathrm{m}$$

$$H_2 = 87.35 + 0.03 \times 40 - 0.25 = 88.30\,\mathrm{m}$$

$$H_3 = 87.35 + 0.03 \times 60 - 0.5625 = 88.59\,\mathrm{m}$$

$$H_4 = 87.35 + 0.03 \times 80 - 1.00 = 88.75\,\mathrm{m}$$

$$H_5 = 89.75 - 0.02 \times 20 - 0.5625 = 88.79\,\mathrm{m}$$

$$H_6 = 89.75 - 0.02 \times 40 - 0.25 = 88.70\,\mathrm{m}$$

$$H_7 = 89.75 - 0.02 \times 60 - 0.0625 = 88.49\,\mathrm{m}$$

$$H_8 = 89.75 - 0.02 \times 80 = 88.15\,\mathrm{m}$$

연 습 문 제

다음 각 사항에 대하여 답하시오.

01. 노선측량의 순서 및 곡선의 종류

02. 노선측량시 이용되는 곡선의 종류 및 이용

03. 복곡선, 반향곡선

04. 완화곡선의 의의 및 종류

05. 편경사(cant), 화폭(slack)

06. 클로소이드(clothoid), 3차포물선, 렘니스케이트(lemniscate)곡선

07. 반파장 정현체감곡선의 특성

08. 종단곡선의 의의 및 특성

Chapter 12 터널측량

Introduction to surveying

1 개 요

터널측량은 공사도중에 결과를 점검하기가 곤란하며 터널이 관통되었을 때 비로소 그 오차를 발견할 수 있으므로 높은 정확도를 요구하고 있다. 따라서 터널측량은 방법과 정확도에 대한 충분한 검토와 신중을 기해야 한다.

터널은 사용목적에 따라 도로터널, 수로터널, 철도터널, 해저터널, 광산터널 등이 있으며, 터널측량을 단계별작업으로 나누어 보면 지형측량, 갱외측량, 갱내측량, 갱내 · 외측량(관통측량), 터널완성후 측량으로 구분된다.

① 지형측량: 영상탐측 및 지질조사에 의한 지형측량으로 터널의 노선선정이나 지형의 경사 및 지질의 특성 등을 조사한다.

② 갱외기준점측량: GPS, TS에 의한 삼변 및 삼각측량 또는 다각측량 및 고저(또는 수준)측량에 의해 굴삭을 위한 측량의 기준점 설치 및 중심선방향의 설치를 하는 측량이다.

③ 갱내측량: 다각측량과 고저측량에 의해 설계중심선 갱내에서의 기준점 설정, 곡선설치, 갱내 · 외의 연결 및 굴삭, 지보공, 형틀설치 등을 위한 측량이다.

④ 관통측량

⑤ 터널완성후의 측량

2 갱외기준점 및 중심선측량

(1) 갱외기준점

지형도상에 터널의 위치가 결정되면 터널의 위치를 현지에 설치하기 위해 기준점을 측설한다. 기준점은 양쪽 갱구나 작업갱구 부근에 설치하며, 갱구부근은 지형도 나쁘고 좁은 장소가 많으므로 반드시 인조점을 설치한다. 기준점은 이것을 기초로 하여 터널 작업을 진행하기 때문에 측량의 정확도를 높이기 위해 후시를 될 수 있는 한 길게 하고 고저기준점(또는 수준기준점) 및 수평위치(x, y)기준점 설치는 갱구근처에 안전하고 지반이 견고한 장소를 선택하여 2개소 이상 설치하는 것이 좋다. 또한 터널시점부의 기준점과 종점부의 기준점은 반드시 연결측량을 실시해야 한다.

(2) 중심선측량

터널의 중심선측량은 양쪽 갱구의 중심선상에 기준점을 설치하고 이 두 점의 좌표를 구하여 터널을 굴진하기 위한 방향을 설정함과 동시에 정확한 거리를 찾아내는 것이 목적이다. 종전에는 기준점 및 중심선측량에 트랜시트이나 TS에 의한 삼각 및 다각측량이 시행되었으나 최근에는 산지나 도심지의 경우 시통의 불량으로 관측기계를 여러 번 옮기므로 인한 누적오차 발생요인 및 시간의 요소가 많다. 따라서 측량에 소요되는 경비도 증가하게 된다. GPS와 TS의 관측방법 및 장단점은 〈그림 12-1〉, 〈그림 12-2(a), (b)〉와 같다.

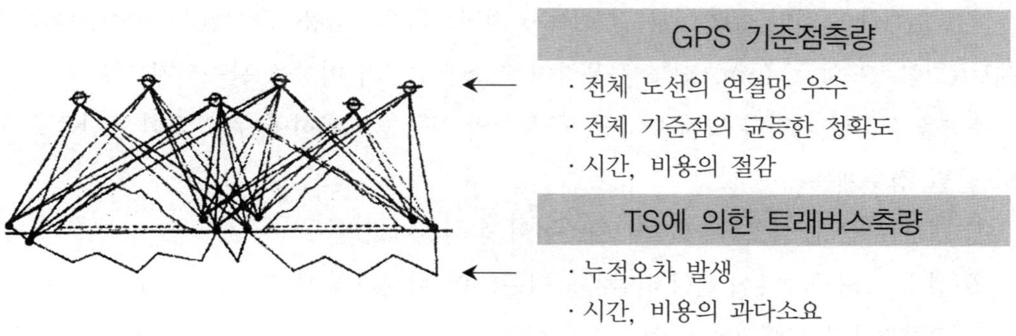

그림 12-1 갱외기준점 측량 개요도

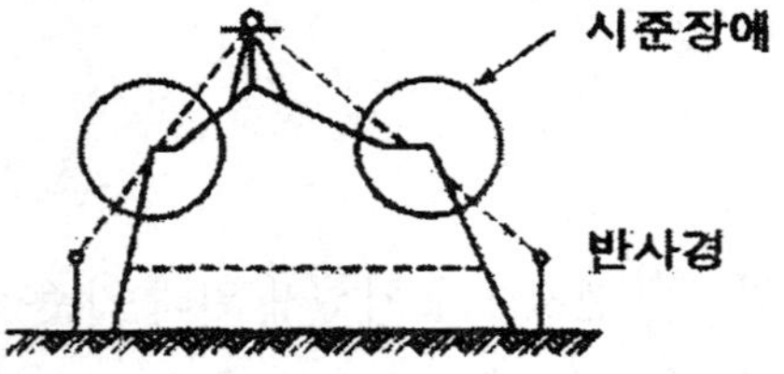

그림 12-2(a) TS에 의한 기준점 측량시 시통장애발생

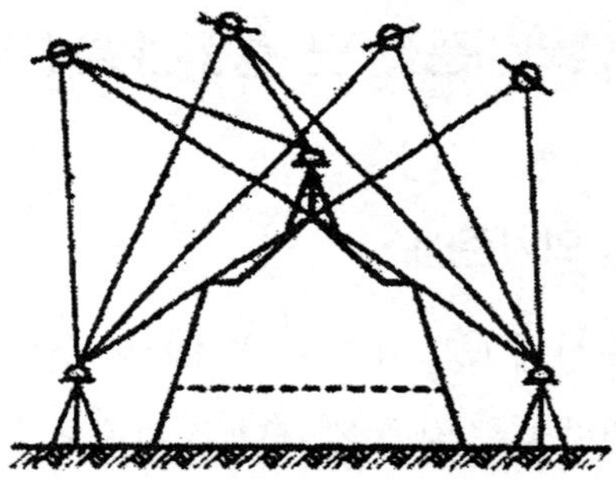

그림 12-2(b) GPS에 의한 삼변측량

3 갱내측량

(1) 갱내측량시 고려할 일반사항

터널의 굴삭(堀削)이 진행됨에 따라 갱구(坑口)에 설치한 기준점을 기초로 하여 갱내의 중심선 측량 및 고저측량을 실시한다. 갱내의 중심부는 항상 차량과 장비가 이동하므로 갱내 기준점은 주로 배수로 옆의 안전한 장소에 콘크리트를 타설하여 도벨(dowel)이라는 표지를 설치한다. 또한 굴착면의 변위발생으로 설치한 기준점의 변형이 있을 수 있으므로 주기적으로(월 1회) 갱외기준점과 연결확인측량을 해야 한다. 갱내가 길어지면 갱내에 설치한 기준점만을 사용하여 측량할 수밖에 없는데 이것은 오차가 누적될 가능성이 있으므로 갱내는 일반적으로 200~300m간격으로 기준점을 설치하며 갱외기준점과 연결하여 폐합트래버스로 관측값을 취득해야 한다. 또한 관측값 취득시 정밀프리즘(구심경이 부착된 정준대에 프리즘설치) 세트(〈그림 12-3(a), (b)〉참조)를 사용하여 최소한 2대회 이상을 관측시행한다.

측량을 실시할 때마다 고저의 변동, 중심선의 이동을 기록하여 두고 몇회 재관측을 하여도 틀릴 경우에는

① 갱구 부근에 설치한 갱외의 기준점이 움직였나의 여부

② 갱내의 도벨(갱내에 묻어서 설치한 기준점)이 나쁜가의 여부

③ 측량기계가 나쁜가의 여부

④ 지산(地山 또는 지층)이 움직이고 있는가의 여부

등의 원인을 조사할 필요가 있다.

갱내의 공사 중 특히 환기가 잘 안되고 먼지도 많아 흐려져 시통(視通)이 나빠진다. 측량할 때는 조명을 충분히 하는 한편 환기에 매우 주의하여 갱내에 흐려짐이 없도록 주의하여야 한다. 측량의 정확도는 관통시의 오차가 10cm 이내 정도이다.

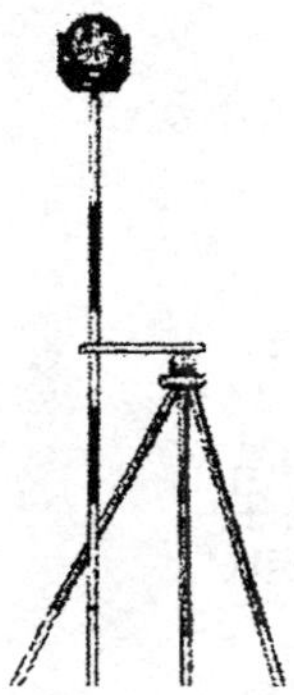

그림 12-3(a) 폴 프리즘 세트

그림 12-3(b) 정밀프리즘 세트

(2) 갱내 중심선측량

① 도벨(dowel)의 설치

갱내에서의 중심말뚝은 차량 등에 의하여 파괴되지 않도록 견고하게 만들어야 한다. 일반적으로 도벨이라 하는 기준점을 설치한다.

이것은 노반을 사방 30cm, 깊이 30~40cm 정도 파내어 그 안에 콘크리트를 넣고 〈그림 12-4〉와 같이 목괴를 묻어서 만든다. 이것에 가는 정을 연직으로 깊이 박든가 경우에 따라 정두(釘頭)를 남겨 놓은 때도 있다.

설치 장소는 불필요물이나 재료의 반출입에 지장이 없거나 측량기계를 설치하는 데 용이한 곳을 중심선상으로 택한다. 이 경우 배수용의 도랑(溝)이 설치되어 있는 것이 많은데 〈그림 12-5〉와 같이 도랑의 양안을 콘크리트로 메우고 이것에 각재를 넣어 매입하고 중심정을 박는다. 트럭에 의하여 불필요물을 반출하는 경우에는 중심선을 피하여 옆으로 도벨을 설치하는 것도 있다.

도갱을 굴삭하는 경우 적당한 장소를 찾지 못할 때 지보공(支保工)의 천단(天端)에 중심점을 만든다. 그러나 장기간에 걸쳐 사용하는 중심점을 지보공으로 잡는 것은 부적당하며 되도록 빠른 기회에 정식으로 도벨을 설치하는 것이 좋다.

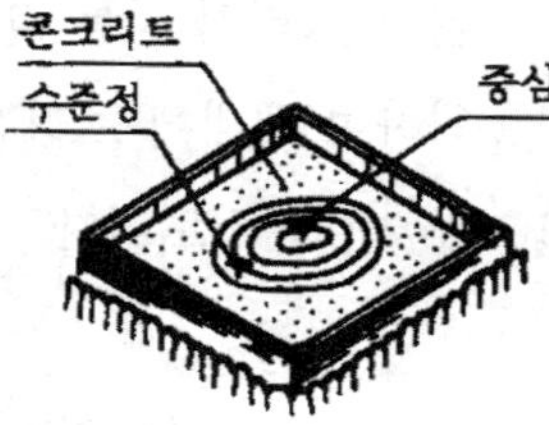

그림 12-4

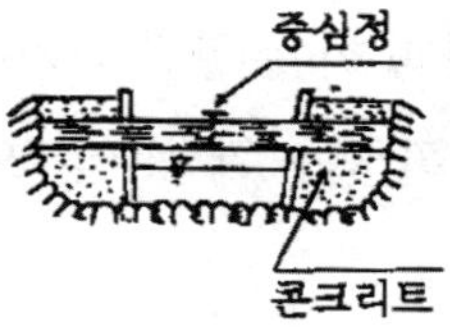

그림 12-5

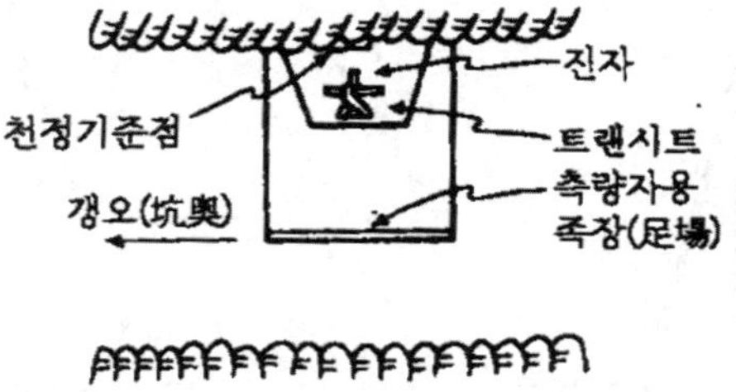

그림 12-6

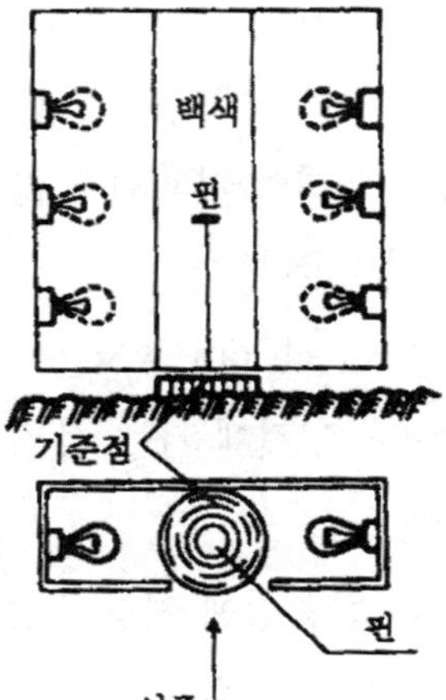

그림 12-7

무지보 또는 지보공이 있어도 괘시판(掛示板)에 간격이 있을 때는 천단의 암반에 구멍을 뚫고 목편을 끼워 그것에 중심정을 박는 것도 있다. 이 천정의 도벨은 터널의 굴삭이 완료된 구간 또는 복공이 완성된 구간 중 하부에 설치할 수 없는 경우에 사용된 경우는 〈그림 12-6〉과 같이 트랜시트와 측량하는 사람이 설 장소는 따로 만든다.

터널 내의 측량에는 특별한 조명을 사용할 필요가 있는데 간단한 경우에는 pin 뒤에 백지를 세워 그 뒤로부터 회중전등이나 홍광램프(flood lamp)로 비추는 방법을 취한다. 여기에서는 조명기구를 사용하여 pin을 비추는 것이다. 〈그림 12-7〉 트랜시트는 조명이 부착된 트랜시트를 사용하면 십자반 및 분도원의 읽기에 매우 좋다.

(3) 갱내 고저측량

터널의 굴삭이 진행됨에 따라 갱구 부근에 이미 설치된 고저기준점(BM)으로부터 갱내의 BM에 고저측량으로 연결하여 갱내의 고저를 관측한다. 갱내 BM은 갱내작업에 의하여 파손되지 않는 곳에 설치가 쉽고 측량에 편리한 장소를 택하면 된다.

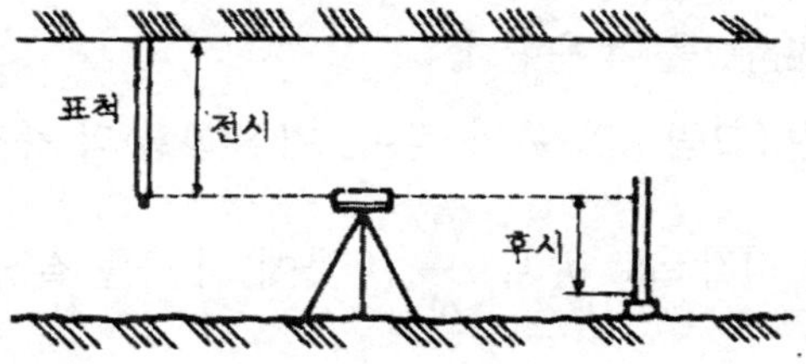

그림 12-8

갱내의 고저측량에 표척과 level을 사용하는 것은 갱외와 같지만 먼지나 연기 때문에 흐릴 경우가 많으므로 표척과 level을 조명할 필요가 있으며 때로는 조명이 달린 표척을 사용한다. 갱내는 좁으므로 표척은 3m 또는 그 이하의 짧은 것과 천단에 BM을 설치할 경우를 위하여 5m의 것을 사용하면 된다. 갱내에서 BM을 만든 경우는 표척을 반대로 사용하며, 이것을 '역 rod'라 칭한다(〈그림 12-8〉). 이 경우는

$$\text{표고} = \text{후시} + \text{전시} + \text{후시점의 표고}$$

가 된다.

(4) 갱내 단면관측

터널의 중심선과 높이가 정해지면 그것에 대응하는 단면을 정하여 굴삭해야 한다. 단면형은 보통 절단의 중심으로부터 지거를 관측하여 만드는 것이 대부분이지만 이것을 정확히 하지 않으면 여굴삭의 증가를 초래하고, 굴삭수량의 증가, 콘크리트의 되비비기 증가 등을 초래하여 큰 손실이 된다. 굴삭을 마치면 단면측량기로 갱구단면의 형태를 관측하고 여굴삭의 상태를 파악한다.

(5) 갱내 곡선설치

터널이 직선인 경우는 트랜시트를 이용하여 중심선을 연장하지만, 곡선인 경우는 정확한 곡선설치를 해야 한다.

갱내는 협소하므로 현편거법(弦偏距法)이나 트래버스 측량에 의해 설치하며, 트래버스 측량에 의한 방법에는 내접(內接) 다각형법과 외접(外接) 다각형법이 있다.

① 현편거법

설치작업에서 절우(切羽)의 중심을 찾는 데는 현(弦) 길이가 허용하는 범위에서 되도록 길게 잡아 현편거(弦編距), 접선편거(接線偏距)를 산출하고 이것을 사용하여 현편거법(弦編距法)과 접선 편거법(接線偏距法)을 적용한다.

일반적으로 현편거법은 〈그림 12-9〉와 같이, 기설(旣設)의 중심점 A, B의 시통선상에 거리 l을 잡고, 이곳에서 직각으로 $d' \fallingdotseq \dfrac{l^2}{R}$인 곳에 점 C를 결정한다. 이 방법은 오차가 누적될 위험이 있으므로, 어느 정도 길어지면 다각형을 형성하여 거리와 내각(內角)을 관측하고 정확한 위치를 구해야 한다.

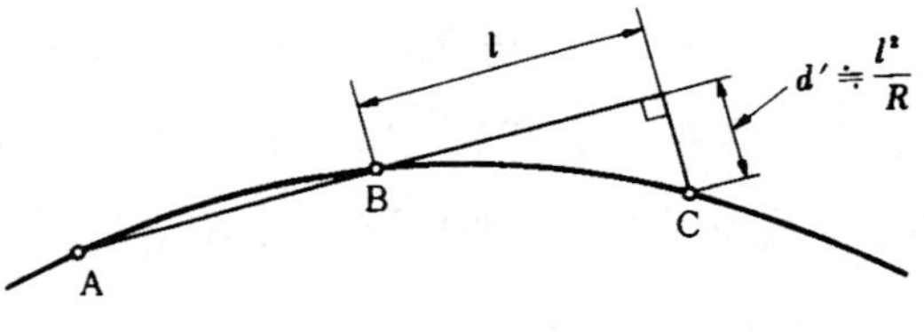

그림 12-9 현편거법

② 내접 다각형법

〈그림 12-10〉에서

$$\overline{AB} = \overline{BC} = \overline{CD} = \cdots = l$$

$$\angle AOB = \angle BOC = \angle COD = \cdots = \alpha \qquad (12\text{-}1)$$

$$\angle A'AB = \alpha/2, \quad \angle ABC = 180° - \alpha$$

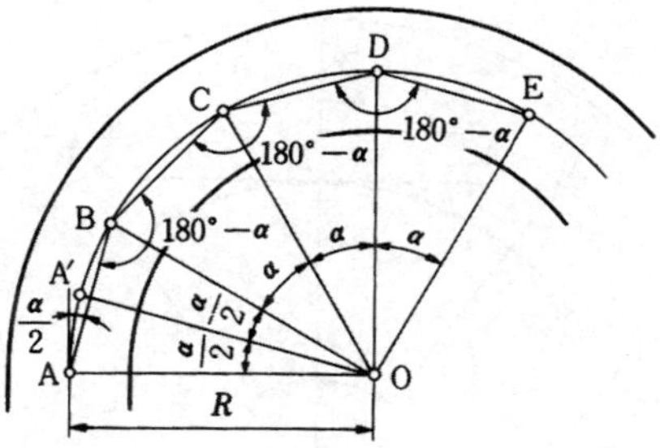

그림 12-10 내접 다각형법

여기서

$$\sin\frac{\alpha}{2} = \frac{\overline{AB}}{2R}$$

곡선설치는 다음과 같이 설치한다.

가) 시점(始點) A에 트랜시트를 설치하고 접선(接線) $\overline{AA'}$ 에서 $\frac{\alpha}{2}$ 만큼 망원경을 회전한다.

나) 그 시준선상에 $\overline{AB} = l$ 인 곳에 점 B를 설치한다.

다) 점 B에 트랜시트를 옮겨 $\overline{BA}$ 선에서 $180° - \alpha$ 인 방향을 설정하고 $\overline{BC} = l$ 인 점을 C로 한다.

라) 이상의 방법을 반복하여 곡선을 설치한다.

이 경우 l 의 길이는 곡선 반경(R)과 터널의 폭(W)에 제한을 받으며, 〈그림 12-11〉에서

$$\overline{AM} = \sqrt{R^2 - \left(R - \frac{W}{2}\right)^2}$$

$$= \sqrt{RW - \frac{W^2}{2}}$$

$$\therefore \overline{AB} = 2\sqrt{RW - \frac{W^2}{4}} = \sqrt{W(4R - W)} \qquad (12\text{-}2)$$

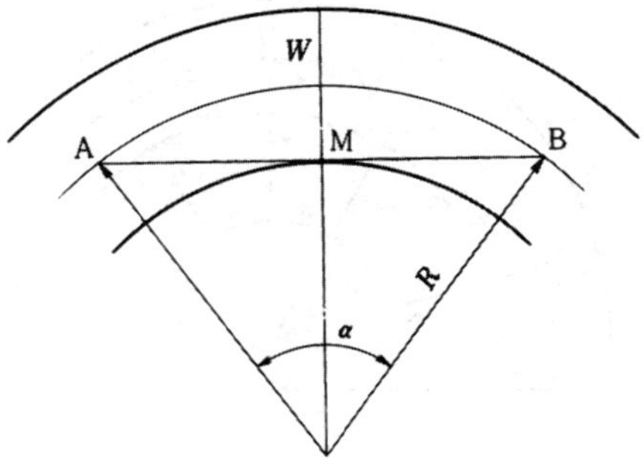

그림 12-11 트래버스 현 길이의 제한

예제 12-1

곡선 반경 300 m인 경우, 굴삭(掘削) 후 터널폭이 도갱(導坑)에서 4 m인 경우와 상부 반단면(半斷面)에서 9 m인 경우 각각의 관측선(觀測線)의 길이는 얼마인가?

풀이 도갱의 경우 : $\overline{AB} = \sqrt{4(4\times 300-4)} \fallingdotseq 69\,m$

상부 반단면의 경우 : $\overline{AB} = \sqrt{9(4\times 300-9)} \fallingdotseq 103\,m$

③ 외접 다각형법

설치순서를 〈그림 12-12〉에서 사용한 부호에 의해 설명하면 다음과 같다.

가) 시점(始點) A에서 접선방향으로 측벽(側壁)에 근접한 점 B를 정한다.

나) 접선상의 점 A에서 x 의 거리에 대한 지거 $y = R - \sqrt{R^2 - x^2}$ 을 계산한다.

다) x , y 값을 이용하여 곡선의 중간점을 설치한다.

라) $\varphi = \tan^{-1}\dfrac{R}{AB}$ 를 계산한다.

마) 점 B에 트랜시트를 설치하고 $\angle ABC = 2\varphi$ 가 되게 방향을 잡고 $\overline{BC} = \overline{CD} = \overline{AB}$ 로 하면 점 C는 곡선상의 점이 된다.

바) B~C, C~D간은 접선에 대한 지거를 이용하여 설치한다.

사) 이와 같은 과정을 반복하여 곡선설치를 한다.

이 경우에 관측선(觀測線) 길이의 제한은, 〈그림 12-12〉에서 점 B는 측벽(側壁)에서 50 cm 떨어지게 하므로 다음과 같이 표시된다.

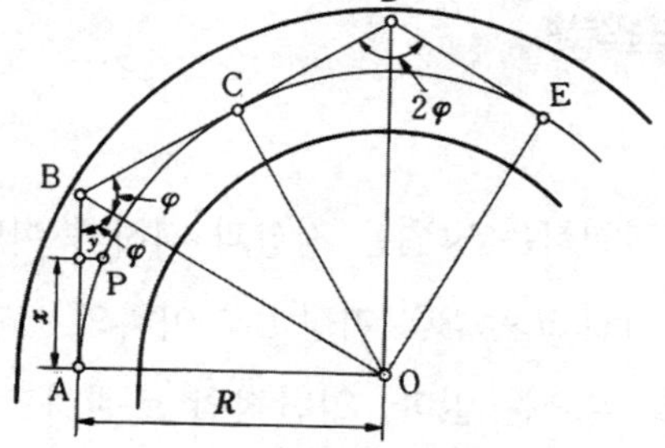

그림 12-12 외접 다각형법

$$\overline{AB} = \sqrt{\left(R + \frac{W}{2} - 0.5\right) - R^2} = \frac{1}{2}\sqrt{(W + 4R - 1)(W - 1)}$$

$$\therefore \text{ 관측선 길이} = 2\overline{AB} = \sqrt{(W + 4R - 1)(W - 1)} \qquad (12\text{–}3)$$

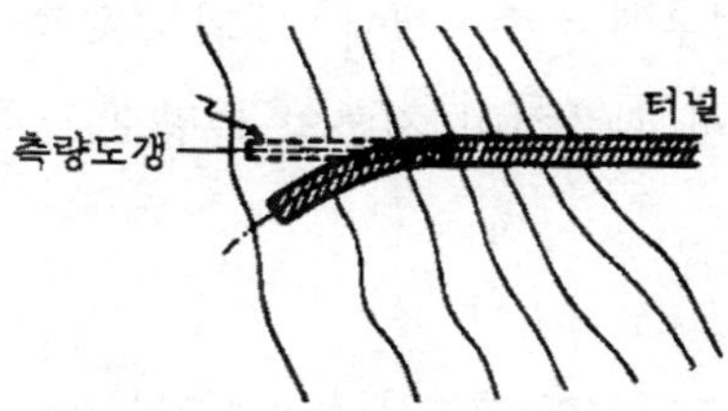

그림 12-13

갱구 부근에서만 곡선으로 되어 있는 터널은 〈그림 12-13〉과 같이 터널의 직선 부분을 연장한 방향으로 특별한 도갱을 파서 이것을 통하여 중심선측량을 하는 경우가 있다. 이것은 측량도갱(測量導坑)이라 부르는데 일반적으로 배수 또는 불필요물을 반출하는 데도 많이 이용한다.

예제 12-2

앞의 내접 다각형법의 예제와 조건이 동일하다면 관측선의 길이는 얼마인가?

풀이 도갱의 경우 : $2\overline{AB} = \sqrt{(4 + 4 \times 300 - 1)(4 - 1)} \fallingdotseq 60\,\text{m}$

상부 반단면의 경우 : $2\overline{AB} = \sqrt{(9 + 4 \times 300 - 1)(9 - 1)} \fallingdotseq 98\,\text{m}$

4 갱내 · 외의 연결측량

갱 내와 갱 외의 측량을 연결하는 방법은 지상과 지하가 어떻게 연결되어 있는가에 따라서 다르다. 수평에 가까운 터널 또는 30° 이상 35° 이하의 사갱(斜坑)으로 연결되어진 경우에는 특별한 방법을 이용할 필요는 없다. 일반적인 트랜시트는 삼각(三脚) 대신에 특별한 방법으로 지지하지 않으면 안 될 경우가 있다.

경사가 급한 경우에는 보조 망원경이 있는 트랜시트를 이용해야 한다. 단면이 대단히 작을 때, 또는 양측의 지주(支柱)나 정부(頂部)의 갱목(坑木)으로부터 적당한 지지대가 있을 때에는, 트랜시트는 일반적인 삼각 대신에 3본(本)의 짧은 핀으로 지탱되는 지지대를 사용하는 것이 좋다.

(1) 1개의 수직갱에 의한 연결방법

1개의 수직갱으로 연결할 경우에는 수직갱에 2개의 추를 매달아서 이것에 의해 연직면을 정하고, 그 방위각을 지상에서 관측하여 지하의 측량으로 연결한다.

(2) 정렬식

갱 내의 2본(本)의 수선(垂線)을 연결한 직선상에 가능한 한 수선에 가깝게 트랜시트를 고정시킨다. 수선을 연결한 선의 방위각은 미리 지상에서 관측한 값을 기준으로 하여 각을 관측한 값으로 시준선상에 2점을 정하고, 이 직선을 기준으로 하여 지하측량을 한다. 지하측량은 지상측량과 같은 방위를 기준으로 하여 실시할 수가 있다.

2개의 수선을 연결한 직선상에 트랜시트를 세울 경우, 트랜시트는 가능한 한 수선에 가깝도록 설치하여야 한다. 이것은 수선의 간격이 좁으므로 방위(方位)를 결정하는 데 있어서 오차를 되도록 작게 하기 위해서이다.

(3) 삼각법

일반적으로 삼각법을 가장 많이 이용하고 있다. 〈그림 12-14〉에서 점 A, B는 모두 수선점(垂線點), 점 P, C는 지상의 관측점(觀測點), 1, 2는 갱 내의 관측점이다. 먼저, 지상의 점 C에 트랜시트를 세우고 ∠PCB, ∠PCA를 정밀하게 관측한다. 다음에 삼각형 ABC의 세 변의 길이 S_1, S_2, S_3를 쇠줄자로 잰다.

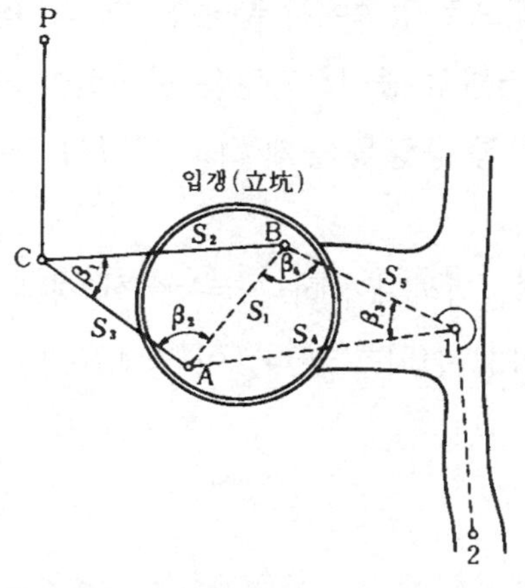

그림 12-14

다음에 트랜시트를 갱 내의 관측점 1로 이동하고, 지상과 같이 ∠A12, ∠B12를 관측한다. 그리고 삼각형 AB1의 세 변의 길이 S_1, S_4, S_5를 관측한다. sine 법칙을 이용하여 다음의 관계식으로부터 구한다.

$$\sin\beta_2 = \frac{S_2}{S_1}\sin\beta_1$$

$$\sin\beta_4 = \frac{S_4}{S_1}\sin\beta_3$$

여기서 $\beta_1 = \angle PCA - \angle PCB$, $\beta_3 = \angle B12 - \angle A12$

따라서, 관측선(觀測線) AB는 관측선 AC와 β_2, 관측선 B1은 관측선 AB와 $(360° - \beta_1)$, 관측선 1 2는 관측선 B1과 (360° − B 2 1)에서 취득된다. 이것에 의해 지하 다각형의 각 관측선의 방위각을 점차적으로 결정한다.

5 관통측량

지상의 개발이 진행될 때 암석이나 광상(鑛床)으로 차단되면 2개의 갱도 사이에 새로운 갱도가 필요하게 된다. 이것은 수평갱뿐만 아니라 사갱이나 수직갱에도 필요하다. 이 2점간의 굴진방향 · 경사 · 거리 등의 측량을 관통측량(貫通測量)이라 한다.

터널의 관통측량은 일반적으로 양쪽에서 굴삭하는데 터널의 길이가 길 때는 적당한 곳에 수직갱이나 횡갱을 판다. 터널의 중심선측량은 중심선이 가능한 한 직선이 되도록 하며 또 터널 내의 배수관계는 보통 중앙을 높게 하고 터널의 양쪽 입구를 낮게 경사를 만들어 배수한다.

터널에서의 곡선은 되도록 피하여야 하나 부득이한 경우 곡선설치를 할 때에는 지상에 곡선을 설치한 후에 지하곡선 설치를 한다. 이 방법은 노선측량의 경우와 같다.

6 터널 완성 후의 측량

터널 완성 후의 측량에는 준공검사의 측량과 터널이 변형을 일으킨 경우의 조사측량이 있는데 방법은 동일하다.

(1) 중심선측량

완성한 측벽간의 중심 C를 터널 단면의 중심으로 하는 한편 터널의 갱구로부터 소정의 중심선을 추입(追入)하여 중심 C'를 구하고 점 C'가 C와 일치하면 그 터널의 중심은 소정의 중심선상에 있으며 만약 x만큼 떨어져 있다면 그만큼 터널이 횡으로 변위되어 있는 것이다. 간격은 일반적으로 20m로 한다.

수로 터널에서는 이 변위는 문제가 되지 않지만 철도 터널과 같이 궤도를 소정의 중심선에 맞추어 정확히 부설해야 하는 터널에서는 이 최대 편의에 따라 그 부근의 궤도의 중심을 가감해야 한다. 도로 터널의 경우는 적은 편의(偏倚)는 노견을 부분으로 조정할 수 있지만 어느 정도 이상의 편의가 생기면 철도와 같은 최대 편의량에 따라 도로 중심선을 적당히 고칠 필요가 있다.

터널이 지변 등 기타 이유로 이동하고 있는 경우의 조사에서는 측량시 매번 20m 간격으로 C점을 설정하고, 이때의 x값이 어떻게 변동하여 가는가를 관찰한다.

(2) 고저측량

터널의 고저측량의 기준을 어디에 잡는가 하는 것은 여러 가지가 있지만 철도의 경우는 시공기면을, 수로 터널과 같이 역 아치인 인버트(invert)가 있는 경우는 인버트의 중심을,

도로 터널에서는 arch crown 및 포장의 중심을 고저측량의 기준으로 한다. 이 측량도 중심선측량과 같이 20m 간격으로 level을 사용하여 고저측량을 하고 터널의 기울기가 소정의 기울기로 되어 있는가를 점검한다.

터널의 이동관측의 경우는 판정하고 싶은 위치에 도벨을 설치하고 그 높이의 변화를 기록하여 둔다.

(3) 내공단면의 측량

터널의 단면검사 및 변형검사에서는 반드시 실시하는 측량으로 터널이 곡선인 경우는 접선에 직각방향으로, 또한 기울기가 있는 경우는 그 기울기에 수직방향의 단면을 관측해야 한다(〈그림 12-15〉).

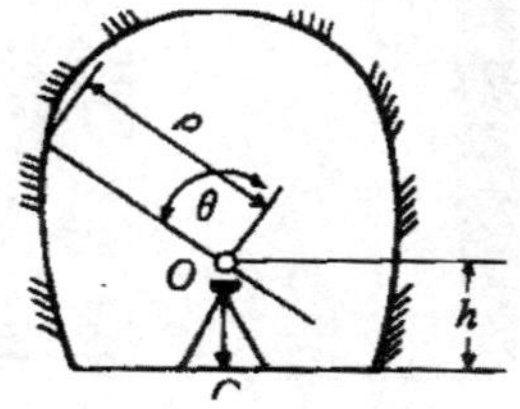

그림 12-15

① TS에 의한 내공단면 측량

굴착된 터널단면(터널이 곡선일 경우는 접선에 지각방향으로 항한 기울기가 있는 경우는 그 기울기에 수직방향의 단면)의 3차원좌표를 관측하고 이를 설계좌표와 비교하여 차이값을 구하고 숏크리트콘크리트나 라이닝콘크리트의 수량까지 계산한다.

가) TS로 굴착면에 대한 3차원좌표를 관측한다.

나) 설계 좌표값과 실측 좌표값을 비교하여 차이값을 구하고 이를 그래픽처리하여 내공단면 측량 결과표를 작성한다.

다) TS와 노트북PC 또는 PDA를 호환하여 실시간으로 내공단면의 측량이 가능하다.

라) 최근의 3D레이저스캐너를 이용한 터널내공단면 측량

그림 12-16 TS와 노트북PC의 호한

그림 12-17 무타깃 TS와 PDA의 호환

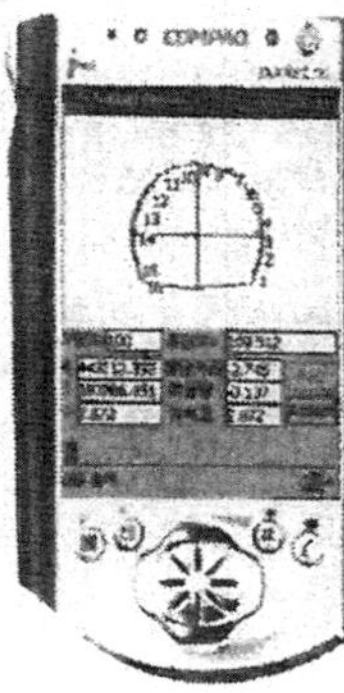

그림 12-18 PDA를 이용한 터널내공단면측량

측점	횡단거리	지반고	여굴량
1	2.856	-0.174	-0.025
2	3.148	0.815	-0.018
3	3.060	1.583	-0.155
4	3.026	2.460	-0.036
5	2.572	3.147	-0.149
6	2.367	3.763	0.075
7	1.682	4.390	0.149
8	0.616	4.650	0.017
9	-0.115	4.732	0.042
10	-1.058	4.545	0.030

그림 12-19 내공단면 측량결과표

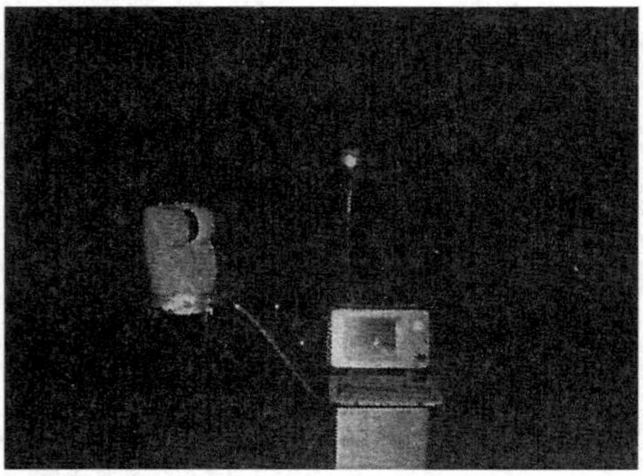

그림 12-20 3D레이저스캐너 측량광경

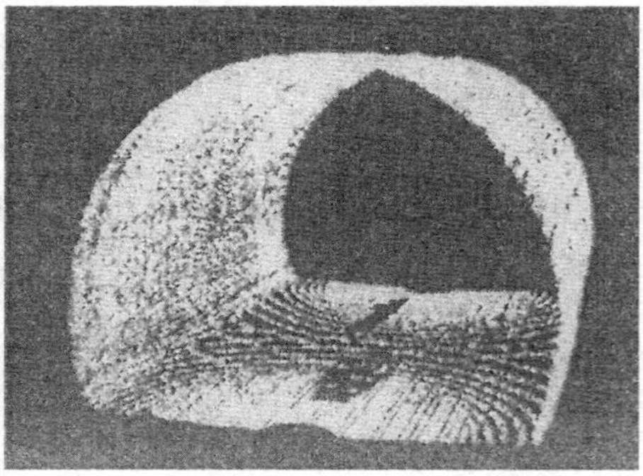

그림 12-21 터널전체단면의 3차원 좌표 취득

연 습 문 제

다음 각 사항에 대하여 답하시오.

01. 갱외 기준점 및 터널의 중심선측량

02. 갱내 측량시 고려할 일반사항

03. 갱내 중심선 측량시 도벨역할 및 위치

04. 갱내 곡선 설치방법

05. 갱내 · 외 연결측량방법

06. 터널 완성후 중심선, 고저 및 내공단면측량

Chapter 13 하천측량

Introduction to surveying

1 개 요

하천개수 공사나 하천 공작물의 계획, 설계, 시공에 필요한 자료를 얻기 위하여 실시하는 측량을 하천측량이라고 하며, 하천측량에서는 하천측량의 순서, 심천측량, 수위(水位), 유속(流速) 및 유량(流量)관측 등을 행하여 치수(治水) · 이수(利水)의 계획에 이용된다.

2 하천측량의 순서

하천측량의 일반적인 작업순서를 표시하면 다음과 같다.

(1) 도상조사

1/50,000의 지형도를 이용하여 유로상황, 지역면적, 지형, 지질 등을 조사한다.

(2) 자료조사

홍수의 피해나 수리권(水利權)의 문제, 물의 이용상황, 기타 현재까지의 제반자료를 모아 조사한다.

(3) 현지조사

도상조사, 자료조사를 기초로 하여 실시하는 측량으로, 답사선점을 말한다.

(4) 지형측량

① 평면측량

삼각측량, 다각측량에 의하여 세부측량의 기준이 되는 골조측량을 실시하고, 평판측량에 의하여 세부측량을 실시해서 평면도를 제작한다.

② 고저측량

종단측량, 횡단측량을 행한다. 유수부는 심천측량에 의하여 종 · 횡단면도를 제작한다.

최근에는 영상탐측 및 GPS에 의한 수평 및 수직위치 결정으로 지형해석을 하며 수심측량은 GPS, geodimeter, echo sounder를 이용하여 각종 지형정보를 취득하고 있다.

(5) 유량측량

각 관측점에서 수위관측, 유속관측, 심천측량을 행하여 유량을 계산하고 유량곡선을 제작한다.

(6) 기타의 측량

필요에 따라 강우량 측량, 하천 구조물의 조사를 실시한다.

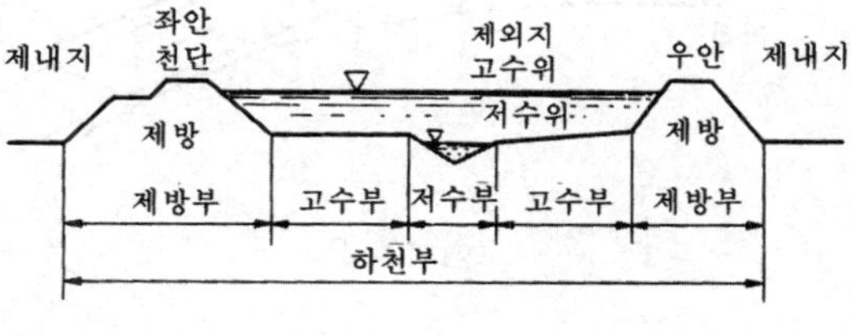

그림 13-1

3 하천의 지형측량

하천의 지형측량의 범위는 하천의 형상을 포함할 수 있는 크기로 한다. 일반적으로 그 범위는 유제부(有堤部)에서는 제외지(堤外地) 및 제내지(堤內地) 300 m 이내, 무제부(無堤部)에서는 홍수가 영향을 주는 구역보다 약간 넓게(약 100 m 정도) 한다.

또한, 주운(舟運)을 위한 하천 개수 공사의 경우는 하류는 하구(河口)까지로 하며, 홍수방어가 목적인 하천공사에서는 하구에서부터 상류의 홍수피해가 미치는 지점까지, 사방공사(砂防工事)의 경우에는 수원지(水源池)까지를 측량범위로 한다.

(1) 골조측량

① 삼각측량

삼각점은 원칙적으로 국가 삼각점에 연결해야 하지만, 소규모인 하천의 삼각측량에서는 연결하지 않아도 된다. 삼각망(三角網)은 소삼각망(小三角網)의 경우, 〈그림 13-2〉와 같이 단삼각망(單三角網)으로 하천을 덮고 합류점, 분류점(分類點)이나 만곡(彎曲)이 심한 장소 및 기준설치 장소는 높은 정확도를 얻어야 하므로 사변형으로 하는 편이 좋다.

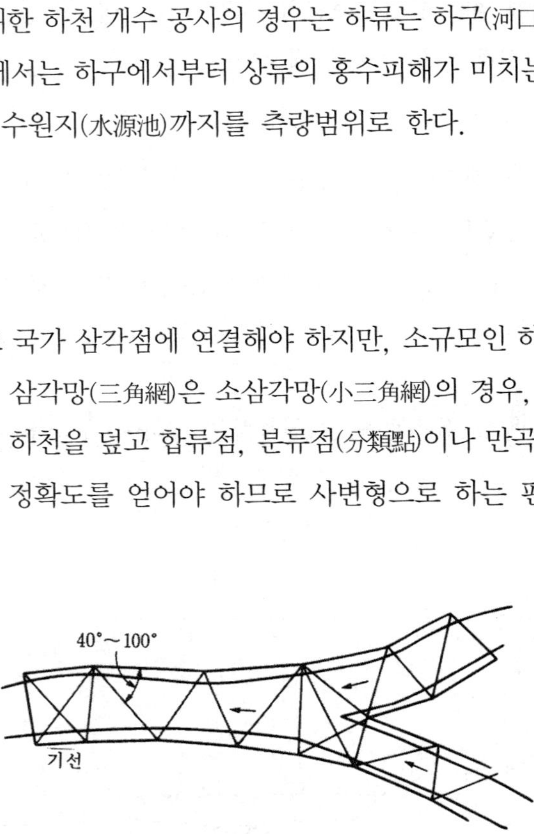

그림 13-2

② 다각측량

일반적으로 삼각점의 배치수는 세부측량의 기준점으로서는 부족하므로, 일반적으로 약 200 m마다 다각망(多角網)을 만들어 기준점을 증가시킨다. 다각망은 삼각점을 기점과 종점으로 하는 결합 다각형으로 하고 개다각형(開多角形)은 이용하지 않는다. 위치관측값에서 폐합오차의 각도는 3' 이내, 거리는 전관측선(全觀測線) 길이의 1/1000 이내로 한다. 최근에는 TS와 GPS에 의한 골조측량이 이루어지고 있다.

(2) 세부측량

① 세부측량의 대상

세부측량의 대상이 되는 것은 하천의 형태, 제방, 다리(강교, 콘크리트교), 방파제(防波堤), 행정 구획상의 경계(국유지, 도, 시, 군, 면 등), 건축물, 하천 공사물, 각종의 측량표(測量標), 양수표(量水標), 하안(河岸)의 수애(水涯), 묘지 등 하천유역에 있는 모든 것이다.

세부측량은 지거측량, 평판(전자평판)측량, 시거측량, TS측량 등에 의하여 수행되고 있다.

② 수애선의 측량

수면(水面)과 하안(河岸 : 하천뚝)과의 경계선을 수애선(水涯線)이라 한다. 수애선은 하천수위의 변화에 따라 변동하는 것으로 평수위(平水位)에 의하여 정해진다. 평수위라 함은 어떤 기간 계속하여 관측한 수위 가운데 1/2은 그 수위보다 높고 다른 1/2은 낮은 수위이다. 수애선의 측량에는 동시관측에 의한 방법과 심천측량(深淺測量)에 의한 방법이 있다.

③ 고저측량

하천측량에서의 고저측량은 거리표(距離標) 설치, 종횡단(縱橫斷) 측량 · 심천측량(深淺測量)을 총칭하여 말한다.

가) 거리표 설치

거리표는 하천의 중심에 직각방향, 양안(兩岸)의 제방법견(堤防法肩), 무제방(無堤防)인 경우는 하안(河岸)의 적당한 장소에 설치한다. 거리표는 하구(河口) 또는 하천의 합류점에서의 위치를 표시하는 것이다. 설치간격은 하구 또는 합류점에 설치한 기점(起點)에서 하천의 중심을 따라서 200 m를 표준으로 하는데, 하천의 규모 등에 따라 500 m마다 설치할 때도 있다. 실제로 하천의 중심을 따라서 200 m 간격을 설정하는 것은 곤란한 경우가 많으므로, 좌안(左岸)을 따라 200 m 간격으로 설치하는 경우가 많다. 우안(右岸)의 거리표는 꼭 200 m 간격으로 하지 않는 경우도 있다(〈그림 13-3 참조〉). 거리표의 위치는 삼각측량, 보조 다각측량으로 하는데, 기준 삼각점이 아닌 경우에는 기준 삼각측량으로 한다.

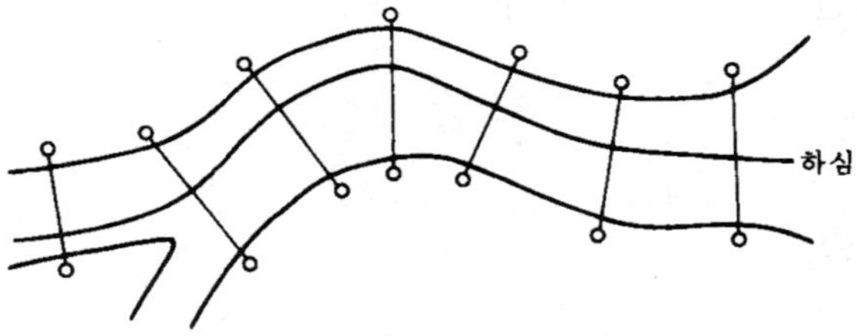

그림 13-3

나) 종단측량

종단측량은 좌우양안(左右兩岸)의 거리표고(距離標高)와 지반고(地盤高)를 관측하는 것으로, 제방고(堤防高) · 수문 · V관 · 용수로(用水路) 등의 부고(敷高), 양수표(量水標)의 영점고(零點高), 교량의 높이, 기타 필요한 공작물이나 필요한 곳의 높이를 고저측량에 의해 결정하는 것이다. 고저측량의 기준이 되는 고저기표[(高低基標) ; 또는 수준기표(水準基標)]를 양안(兩岸) 약 5 km마다의 암반 등에 설치하고, 이들의 기준점표(또는 기표)는 국가고저 기준점(수준점)과 결합하여 놓는다. 측량의 순서는 국가 1등 고저 기준점에서 부근의 고저기표(高低基標) 또는 거리표(距離標)로 고저측량을 실시하여, 높이를 구한다.

다) 횡단측량

횡단측량은 200 m 마다 거리표를 기준으로 하여 고저[수애(水涯)말뚝을 포함]를 측량하는 것으로 좌안(左岸)을 기준으로 한다. 이 때 수애말뚝과 수위(水位)와의 관계를 명시하여 놓는다. 이들 하천 · 저수지 등의 횡단변화의 측량결과는 하천개수(河川改修) · 관리 및 하상(河床)의 변동조사 등의 자료로 활용된다. 횡단측량에는 쇠줄자(steel tape), 레벨, 트랜시트, TS 등을 이용하여 거리와 고저차를 관측한다. 고저차의 관측은 지면이 평탄한 경우에도 5~10 m 간격으로 하여 경사 변환점에서도 필히 실시한다.

4 심천측량

심천측량(深淺測量)은 하천의 수심 및 유수부분(流水部分)의 하저상황(河底狀況)을 조사하고 횡단면도(橫斷面圖)를 제작하는 측량이다. 유수의 실태를 파악하기 위해서는 일반적으로 하상(河床)의 물질을 동시에 채취한다.

(1) 심천 측량용 기구 · 기계

심천측량(深淺測量)에 사용된 기구에는 〈그림 13-4 (a)〉에 표시한 로드[rod, 측심봉(測深奉)]와 레드[red, 측심추(測深錘)]가 있다. 수심이 큰 경우에는 〈그림 13-4 (b)〉에서 표시한 음향 측심기(音響測深器) 등이 사용된다.

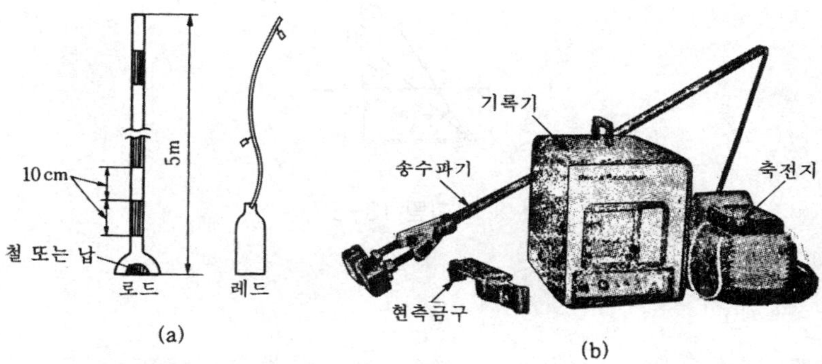

그림 13-4

(2) 하천심천 측량

하천폭이 넓고 수심이 얕은 경우는, 하천의 양안(兩岸)의 거리표(距離標)를 로프로 연결하여 5~10 m마다 수심을 관측한다. 수심이 깊은 경우는 배에서 심천측량(深淺測量)을 실시한다.

〈그림 13-5〉에 있어서 A, B를 거리표로 하고 AB를 시준(視準)한 선상에 점 C를 설치한다. 배가 하천 가운데로 나아가 CA를 시준하고 배를 AB 선상에 넣도록 이동한다. 한편, 육상의 기선(基線) AD를 설치하고 점 D에 트랜싯을 세워 $\angle P_1DA = \alpha_1$을 관측한다. 기선 DA를 AB와 직교(直交)되도록 설치하면

$$AP_1 = AD \tan \alpha_1 \tag{13-1}$$

이 되며, 배의 위치는 쉽게 구해진다.

선상과 육상을 근거리 연결용 휴대용 무전기 등에 의해 연계하여 각도와 수심의 관측을

동시에 행한다. 이 경우 배가 흐르는 물에 의해 설치가 변하지 않도록 주의해야 한다. 또, 선상(船上)에서 6분의(六分儀)로 각 β_1, β_2를 관측하여 선박의 위치 AP_1, AP_2를 구하는 방법도 있다. 수심이 깊고 넓은 하천의 수심측량은 최근 GPS, geodimeter, echo sounder 등을 이용하여 수행한다(참조: 14장 해양측량).

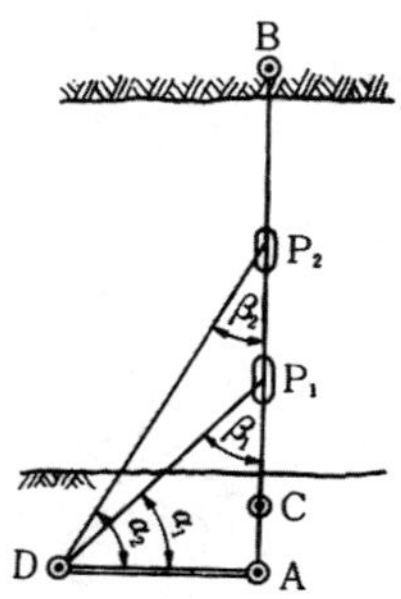

그림 13-5

5 수위관측

하천의 수위(水位)는 주기적 혹은 계절적으로 변화하며, 이 변화하는 수위의 관측에는 수위표(양수표)와 촉침수위계(觸針水位計)가 이용된다.

(1) 수위관측 기구

① 보통 수위표

보통 수위계(水位計)라고도 하며, 〈그림 13-6〉과 같이 목재 또는 금속제의 판에 눈금을 새긴 것에 보조말뚝을 세워 장치한 것이다. 또, 교대(橋臺), 교각(橋脚), 호안(護岸)에 직접 눈금판을 붙이고, 또 직접 페인트로 쓴 경우도 있다. 보조말뚝을 세울 때는 하상(河床)을 1 m 이상 파서 매설(埋設)하며, 지반이 약할 경우에는 콘크리트 기초를 하는 것이 좋다. 수위표(水位標)의 눈금의 영은 최저수면 이하로 되고 고수시(高水時), 즉 홍수 때에 수위를 읽을 수 있도록 〈그림 13-6〉과 같은 방법으로 수위표를 설치하는 경우도 있다. 수위의 관측은 일반적으로 조석(朝夕)으로 일정시각에 2회 실시하는데, 원칙적으로 12시간 또는

6시간마다 한다. 특히, 고수시에는 1시간 또는 30분마다 최고수위의 전후에는 5~10분마다 관측할 필요가 있다.

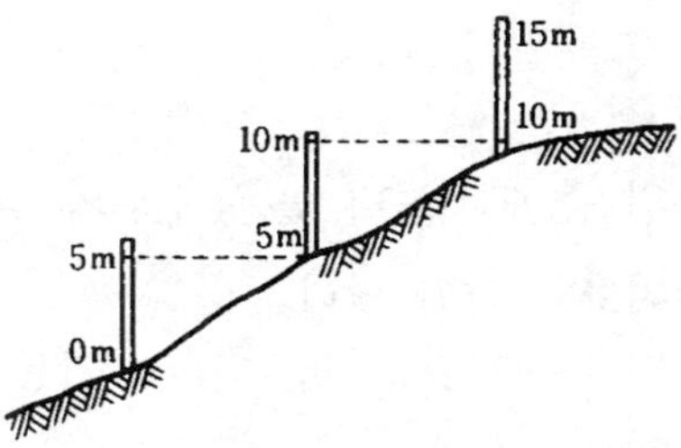

그림 13-6 보통 수위계에 의한 수위관측

② 자동기록 수위표

하구(河口) 부근이나 치수(治水), 이수(利水)의 중요지점, 또는 관측에 불편한 곳에 수위변화를 자동기록장치(自動記錄裝置)에 의해서 기록할 경우에 이용된다. 일반적으로 부자식(浮子式)이 많다. 기록지(記錄紙)는 시계에 의해 회전된다. 기록시간은 1일에서부터 1주간 또는 수개월에 이르는 것도 있고, 부자(浮子)의 상하의 움직임에 의한 수위의 변화를 직접 펜의 움직임으로 회전되는 기록지에 기입하도록 되어 있다. 풍파(風波) 등에 의한 수면의 움직임으로 기록되는 것을 방지하기 위해 도관(導管)에 도수(導水)하여, 우물 모양을 함으로써 수면을 정온상태(靜穩狀態)가 되도록 한 것이 많으며, 기타 각종의 수위계(水位計)가 있다.

(2) 하천의 수위

하천측량에서 관측한 수위(水位)를 다음과 같이 구분한다.

① 최고수위(H.W.L.)와 최저수위(L.W.L.)

어떤 기간에 있어서 최고·최저의 수위로 연단위나 월단위의 최고, 최저로 구분한다.

② 평균 최고수위(N.H.W.L.)와 평균 최저수위(N.L.W.L.)

이것은 연(年)과 월(月)에 있어서의 최고·최저의 평균으로 나타낸다.

③ 평균수위(M.W.L.)

어떤 기간의 관측수위를 합하여 관측횟수로 나누어서 조정 환산값을 구한 수위를 말한다.

④ 평균 고수위(M.H.W.L)와 평균 저수위(M.L.W.L.)

어떤 기간에 있어서의 평균수위 이상인 수위의 평균 또는 평균수위 이하의 수위로부터 구한 평균수위를 말한다.

⑤ 평수위(O.W.L.)

어떤 기간에 있어서의 수위 중 이것보다 높은 수위와 낮은 수위의 관측횟수가 똑같은 수위로, 일반적으로 평균수위보다 약간 낮다.

⑥ 최다수위

일정기간 중 가장 많이 생긴 수위를 말한다.

⑦ 지정수위

홍수시에 매시수위(毎時水位)를 관측하는 수위를 말한다.

⑧ 통보수위

지정된 통보(通報)를 개시하는 수위를 말한다.

⑨ 경계수위

수방요원(水防要員)의 출동을 필요로 하는 수위를 말한다.

(3) 수위 관측지점의 위치

하천의 수위관측은 하천의 개수계획(改修計劃), 하천 구조물의 신축공사, 하천수(河川水)의 이수계획(利水計劃)을 세우기 위해 하는 것으로, 관측지점을 선정할 때에는 다음과 같은 사항을 고려하여야 한다.

① 관측지점의 위치는 그 상하류(上下流)의 상당한 범위까지 하안(河岸)과 하상(河床)이 안전하고, 세굴(洗掘)이나 퇴적이 되지 않아야 한다.
② 상하류의 길이 약 100 m 정도는 직선이어야 하고 유속의 크기가 크지 않아야 한다.
③ 수위를 관측할 경우, 교각이나 기타 구조물에 의하여 수위에 영향을 받지 않아야 한다.
④ 홍수 때는 관측지점이 유실(流失), 이동 및 파손될 염려가 없는 곳이어야 한다.
⑤ 평시에는 홍수 때보다 수위표(水位標)를 쉽게 읽을 수 있는 곳이어야 한다.
⑥ 지천(支川)의 합류점 및 분류점으로 수위의 변화가 생기지 않는 곳이어야 한다.

6 유속 및 유량관측

(1) 개요

유량은 어떤 횡단면을 단위시간(1초간)에 흐르는 수량[m^3]으로 표시하며, 일반적으로 그 평균유속[m/sec]에 유적(流積)[m^2]을 곱하여 구하고 그 단위는 m^3/sec이다. 즉, 유량 Q와 유속 V, 유적 A의 사이에는 다음 식이 성립한다.

$$Q = VA \qquad (13\text{-}2)$$

유량관측(流量觀測)은 하천측량에서의 중요한 작업 중의 하나이다. 그러나 하천의 흐름은 매우 복잡하여 관측방법도 완전한 것도 아니고, 다른 일반측량과 비교하여도 정확도의 면에서 낮다. 일반적으로 유량을 관측하는 방법에는 다음과 같은 것이 있다.

① 유수(流水)를 일정용량의 용기에 받아 만수(滿水)에 이르기까지의 시간을 관측하여 유량을 구하는 방법이 있다.

② 벤투리미터(venturimeter), 오리피스(orifice)나 양수계(量水計) 등의 계기(計器)에 의해 구하는 방법이 있으며, 관로(管路) 등의 경우에 이용한다.

③ 수로 내에 둑을 설치하고, 사방댐(砂防 dam)의 월류량(越流量)의 공식을 이용하여 유량을 구하는 방법이 있다.

④ 수위유량(水位流量) 곡선을 미리 만들어서 필요한 수위에 대한 유량을 그래프상에서 구하는 방법이 있다.

⑤ 유량과 유역면적의 관계로부터 하천유량을 추정하는 방법이 있으며, 하천개수 계획이나 수력발전 계획 등의 자료로 이용된다.

하천의 유속(流速) · 유량(流量)을 관측하기 위해서는 다음과 같은 장소를 선정할 필요가 있다.

가) 직류부(直流部)로서 흐름이 일정하고, 하상의 요철(凹凸)이 적고 하상경사(河床傾斜)가 일정한 곳

나) 수위의 변화에 의해 하천 횡단면 형상이 급변하지 않고, 지질이 양호한 하상(河床)이 안정하여 세굴퇴적이 일어나지 않는 곳

다) 관측장소의 상류 · 하류의 유로(流路)는 일정한 단면을 갖는 곳

라) 관측이 편리한 곳, 예를 들면 다리 등을 이용할 수 있는 곳

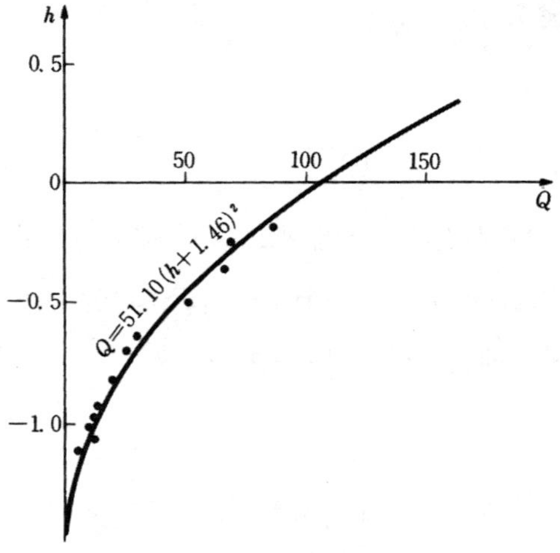

그림 13-7

(2) 유속의 관측

유속(流速)의 관측방법에는 유속 측량기(流速測量器)에 의한 방법, 부표(浮漂)에 의한 방법, 하천의 기울기에 의한 방법 등이 있다.

〈그림 13-8〉에서 나타낸 바와 같이, 하천 횡단면을 따라서 와이어 등으로 약 5 m 사이의 구간에 표시를 하여 각 구간마다 각각 평균유속을 구한다. 각 구간의 유속 관측점은 각 구간의 중심 연직선상으로 하는 것이 좋다.

양안(兩岸)에 긴 와이어로 달아맨 통의 가운데로부터 유속 측량기를 매달아 관측할 수 있지만, 유수(流水)의 흐름으로 충분한 정확도를 기대할 수는 없다.

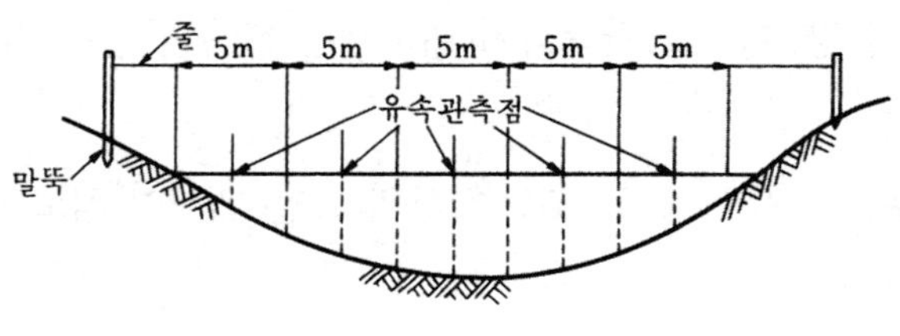

그림 13-8 유속의 관측

① 유속 관측기에 의한 방법

유속계(current meter)에는 연직축에 붙어 있는 여러 개의 원추상배(圓錐狀杯 : 원추형 잎형)가 유수(流水)의 작용에 의한 연직축의 회전으로 유속을 구하는 배형유속 측량기(cup type current meter), 수평축에 붙어 있는 날개의 유수의 작용에 의한 수평축 회전으로부터 유속을 구하는 익형(翼型 : 날개형) 유속 측량기(propeller type current meter) 및 날개의 회전으로부터 생기는 전기출력으로부터 유속을 구하는 전기유속 측량기 등이 있다. 관측 범위는 0.08~3 m/sec 정도로 되어 있다.

익형 유속 측량기에 의한 유속(流速)의 공식은 다음과 같다.

$$v = a + bn \tag{13-3}$$

여기서 v : 유속
a, b : 기계의 특유상수
n : 1초 동안의 회전수

가) 평균유속을 구하는 방법

하천 횡단면에 있어서 임의의 연직선상의 각각의 수심(水深)에서 유속을 관측하고, 〈그림 13-9〉와 같이 종유속(縱流速) 곡선을 만든 후 구적기(求積器) 등으로 그 면적을 구한다. 전수심(全水深)을 분할하면 그 연직선상에서의 평균유속이 구해진다. 평균유속을 구하는 방법에는 평균유속 계산식, 1점법, 2점법, 3점법 등이 있다.

나) 평균 유속 계산식

가우스의 평균값법을 사용하여 유속계(流速計)의 측점수에 대한 연직선상의 관측위치와 평균유속의 관계를 구하는 식으로, 유속 측점수를 n 으로 하면 평균유속 v_m 은

$$n = 2\text{의 경우 } v_m = \frac{1}{2}(v_{0.211} + v_{0.789}) \tag{13-4}$$

$$n = 3\text{의 경우 } v_m = \frac{1}{18}(5v_{0.113} + 8v_{0.5} + 5v_{0.887}) \tag{13-5}$$

$$n = 4\text{의 경우 } v_m = 0.174(v_{0.07} + v_{0.93}) + 0.326(v_{0.33} + v_{0.67}) \tag{13-6}$$

여기서 v_i 는 수표면(水表面)에서 i 로 나눈 깊이의 유속이다.

식 (13-4)~(13-6)은 수위(水位)가 유량(流量)이 변동하는 경우, 될 수 있는 한 단위

시간에 전단면에서의 유속을 관측할 필요가 있다.

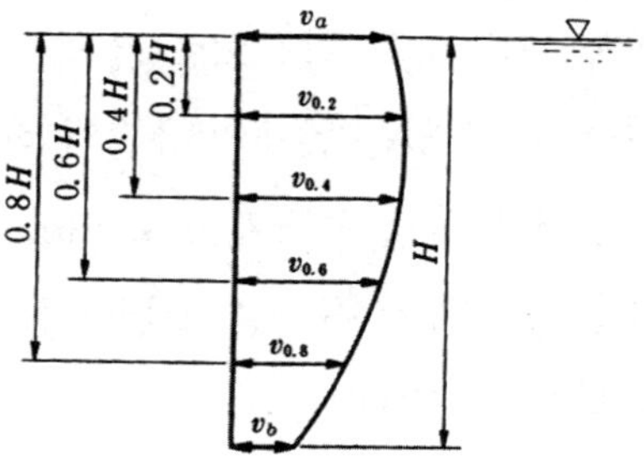

그림 13-9 2점법에 의한 평균유속 계산

다) 1점법

수면에서의 수심의 60%되는 지점($0.6H$)의 유속을 관측하여 평균유속으로 택하는 방법이다.

$$v_m = v_{0.6} \tag{13-7}$$

수심이 얕은 경우에 많이 사용된다.

라) 2점법

수면에서 수심의 1/5, 4/5 2점의 유속(流速) $v_{0.2}$, $v_{0.8}$을 구한 다음 평균한 값을 평균유속으로 결정하는 방법이다.

$$v_m = \frac{1}{2}(v_{0.2} + v_{0.8}) \tag{13-8}$$

마) 3점법

수면에서 수심의 1/5, 3/5, 4/5의 3점 유속 $v_{0.2}$, $v_{0.6}$, $v_{0.8}$을 구한 다음 식에 의해 평균유속을 구하는 방법이다.

$$v_m = \frac{1}{4}(v_{0.2} + 2v_{0.6} + v_{0.8}) \tag{13-9}$$

예제 13-1

$v_{0.2}=0.8\,\text{m/sec},\ v_{0.4}=0.9\,\text{m/sec}$

$v_{0.6}=0.7\,\text{m/sec},\ v_{0.8}=0.5\,\text{m/sec}$

일 때, 1점법, 2점법, 3점법으로 각각의 유속을 구하시오.

풀이 ① 1점법

$$v=v_{0.6}=0.7\,\text{m/sec}$$

② 2점법

$$v=\frac{1}{2}(v_{0.2}+v_{0.8})=\frac{1}{2}(0.8+0.9)$$

$$=0.65\,\text{m/sec}$$

③ 3점법

$$v=\frac{1}{4}(v_{0.2}+2v_{0.6}+v_{0.8})=\frac{1}{4}(0.8+2\cdot 0.7+0.5)$$

$$=0.675\,\text{m/sec}$$

바) 4점법

수면에서 수심의 1/5, 2/5, 3/5, 4/5의 4점 유속 $v_{0.2}, v_{0.4}, v_{0.6}, v_{0.8}$을 구하여 다음 식에 의해 평균유속을 구하는 방법이다.

$$v_m=\frac{1}{5}\left\{(v_{0.2}+v_{0.4}+v_{0.6}+v_{0.8})+\frac{1}{2}\left(v_{0.2}+\frac{v_{0.8}}{2}\right)\right\} \qquad (13\text{–}10)$$

② 부표에 의한 유속관측

유속(流速)이 빠르기 때문에 유속 측량기에 의하여 관측할 수 없을 경우, 유속 측량기 기타의 설비가 없을 경우 및 홍수 때에는 부표(浮標)를 흘려보내 유속을 관측한다. 부표에 의한 유속관측은 하천의 적당한 구간을 부표가 유하(流下)하는 데 걸리는 시간을 관측하여 유속을 구하는 방법으로 사용되는 부표에 따라 표면부표, 이중부표 및 봉부표(棒浮標) 등이 있다.

부표에 의한 유속관측(流速觀測)은 하천의 직류부(直流部)를 선정하여 실시한다. 직류부의 길이는 하폭(河幅)의 2~3배, 30~200 m로 한다.

〈그림 13-10〉에서와 같이 부표 출발선에서부터 첫 번째 시준하는 선까지의 거리는 부표

가 도달하는 데 약 30초가 소요되는 위치로 하고, 시준선(視準線)은 유심(流心)에 직각이 되도록 한다. 부표 출발선상에서 일정한 간격으로 분할하고, 각 구간중앙에 부표를 투하한다. 하폭에 대한 분할수는 〈표 13-1〉의 값을 참고로 하는 것이 좋다. 분할폭은 각 구간의 유량이 거의 같도록 하고 계획 고수위에서의 하폭을 기준으로 하여 구분한다.

유하 거리(流下距離) L과 부표가 유하한 시간 t를 관측할 때, 부표의 유속은 $v=\dfrac{L}{t}$에 일정한 계수를 붙여 평균유속으로 한다.

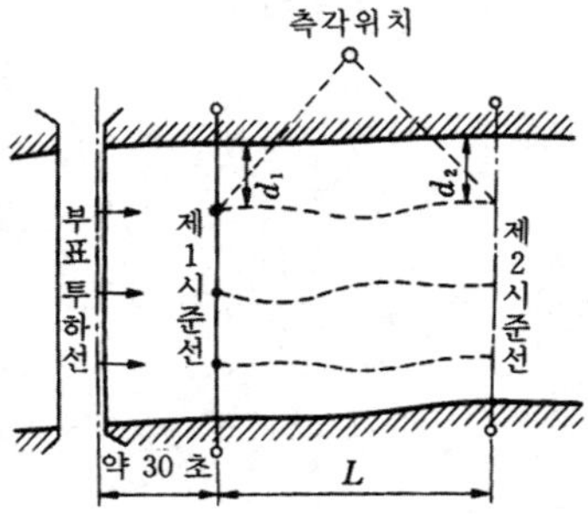

그림 13-10 부표에 의한 유속관측

표 13-1 하폭에 대한 분할수

하천폭[m]	50 이하	50~100	100~200	200~400	400~800	800 이상
분할수	3	4	5	6	7	8

③ 하천의 기울기를 이용한 유속관측

부자나 유속관측기로 유속관측이 불가능한 경우 하천의 수면기울기 하상상태, 조도계수로부터 평균유속을 결정한다. 이 경우 Chezy식[$v_m = C\sqrt{RT}$, v_m : 평균유속, C : Chezy의 계수, R : 경심(유속/윤변) I : 수면 기울기)이나 Manning식($v_m = \dfrac{1}{n}R^{2/3}I^{1/2}$, n은 하천의 조도계수]을 이용한다.

(3) 유량관측

① 유속관측기 및 부표를 이용한 유량관측

평균유속을 구한 값에 하천의 횡단면적을 곱하여 유량(流量)을 구한다. 이 계산법에는 구분유량 계산식 등이 있다.

〈그림 13-11〉과 같이 하천의 유수 단면적을 분할하여 각각의 면적을 A_1, A_2, $\cdots$ A_n, 각 구간의 중심 연직선상(鉛直線上)의 평균유속을 v_1, v_2, $\cdots$ v_n 으로 하면 전유량(全流量) Q 는 식 (13-46)에 의해 구한다.

$$Q = v_1 A_1 + v_2 A_3 + \cdots + v_n A_n = \sum vA \qquad (13\text{-}11)$$

또, 〈그림 13-12〉에서와 같이 깊이 관측점에서 각각의 평균유속을 구할 때는 식 (13-12)에 의해 유량을 구할 수도 있다.

$$Q = \frac{2}{3} v_1 \frac{h_1 \cdot b_1}{2} + \frac{v_1 + v_2}{2} \cdot \frac{h_1 \cdot h_2}{2} b_2 + \cdots \frac{v_{n-1} + v_n}{2} \cdot \frac{h_{n-1} + h_n}{2} b_{n-1} + \frac{2}{3} v_n \cdot \frac{h_n b_n}{2} \qquad (13\text{-}12)$$

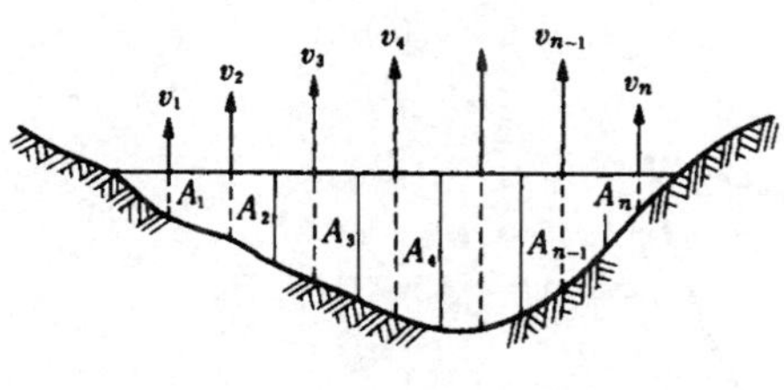

그림 13-11 유량계산

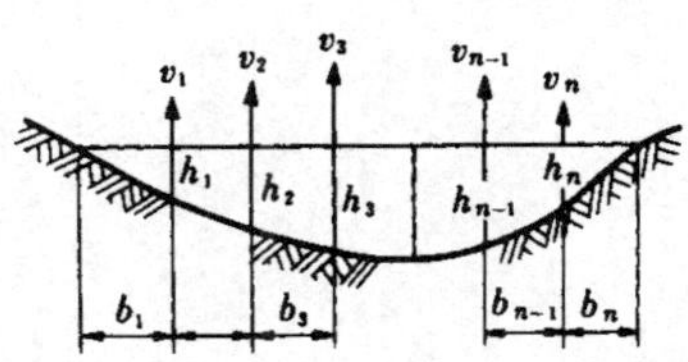

그림 13-12

도식적으로 구하면 〈그림 13-13〉에서와 같이 유속 관측점에서의 평균유속에 각 점의 수심을 곱한 $v_1 h_1$, $v_2 h_2$, $\cdots$, $v_n h_n$ 의 값을 취한다. 관측값을 이어서 $v_m h$ 곡선을 그리고, $v_m h$ 곡선과 수면과 이루어진 면적을 구적기 등으로 관측하여 그 값을 소요유량으로 한다.

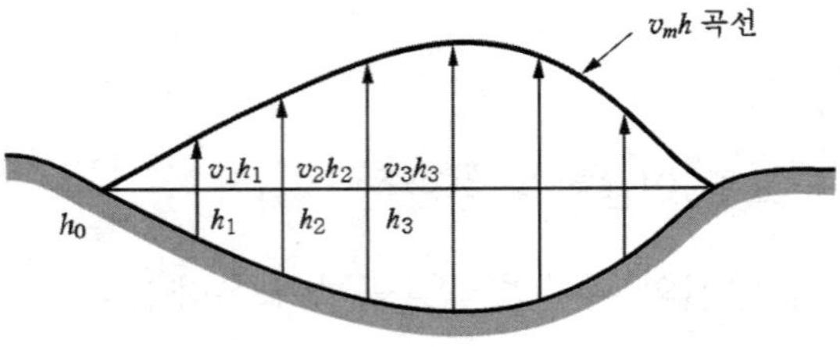

그림 13-13

② 하천 기울기를 이용하는 유량관측

홍수시 등 부표(浮標)나 유속 측량기(流速測量器)에 의한 유속의 관측이 불가능한 경우나, 수로신설(水路新設)에 따르는 설계로 인한 유량의 계산에는 하천의 수면 기울기, 하상상태(河床狀態), 조도계수(粗度係數)로부터 평균 유속공식에 의한 평균유속을 구하고 유적(流積)을 곱하는 방법을 이용하게 된다. 이 방법에 사용되는 평균 유속공식에는 Chezy의 공식, Manning의 공식 및 대수식(對數式) 등이 있다.

③ 유량곡선에 의한 유량관측

어떤 지점의 수위와 이것에 대응하는 유량을 관측하고 수위를 세로축에, 유량을 가로축으로 취하여 작도(作圖)하면 <그림 13-14>와 같은 수위유량(水位流量) 곡선이 된다.

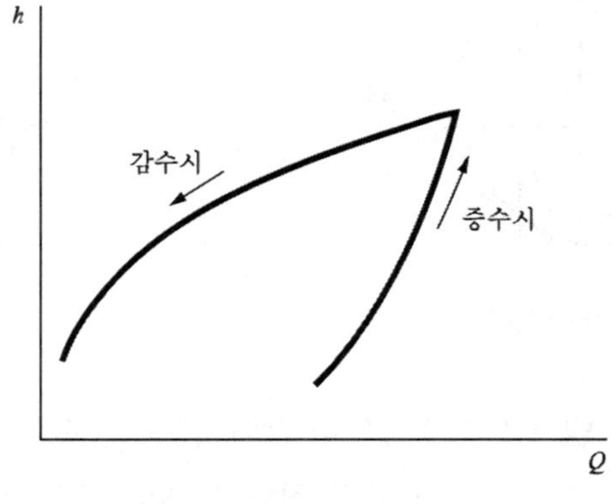

그림 13-14 수위유량 곡선

수위유량 곡선을 나타낸 식의 기본형은 2차 포물선이라 가정하고 최소제곱법에 의하여 계수를 구한다. 식의 기본형은 다음과 같이 표시된다.

$$Q = K \cdot (h \pm Z)^2 \\ Q = a + bh + ch^2 \quad (13\text{-}13)$$

여기서 Q : 유량

h : 수심

Z : 수위표(水位標) 점 O와 하상(河床)과의 고저차

a, b, c, K : 계수

수위유량 곡선은 수위와 유량을 동시관측에 의하여 취득된 많은 자료를 근거로 작성한다.

④ 위어에 의한 유량관측

작은 하천 또는 수로(水路)에 있어서는 위어를 설치하고 위어의 공식에 의해 유량(流量)을 구하는 경우가 있다. 이와 같이 유량관측을 목적으로 한 위어를 관측위어라 한다.

일반적으로 위어는 단면(斷面)의 형에 따라 칼날형 위어와 폭후위어(幅厚 weir)로 분리된다. 전자(前者)는 월류부(越流部)의 형상이 예민하게 되어 있으며 사각위어, 전폭위어(全幅 weir), 삼각위어가 그 예이다. 칼날형 위어는 월류수맥(越流水脈)이 안전하고 월류수심의 관측이 용이하므로 널리 사용되고 있다.

(4) 하천도면작성

하천측량에 의하여 다음과 같은 도면이 만들어진다. 즉, ① 평면도, ② 종단면도, ③ 횡단면도 등이다.

도면에는 모두 측량의 연월일, 측량자, 방위, 축척, 기타 필요한 사항을 명기하여야 한다.

① 지형도의 제작

지형도는 하천개수나 하천구조물의 계획, 설계, 시공의 기초가 되는 것으로 골조측량으로 구한 기준점은 전부 직교좌표에 의해 전개되고 이것에 의하여 정확한 지형도를 결정한다. 지형도에는 축척, 자북, 진북, 측량연월일, 측량자명 등을 기입한다. 도식은 원칙상 국토지리정보원 지형도 도식에 의하지만 하천공사용 목적에 있어서는 단독으로 도식을 사용하는 것도 있다. 또한 축척은 보통 1/2,500이다. 단, 재래의 도면을 이용할 경우나 하폭 50m 이하의 경우에는 1/10,000이 쓰여진다. 그 외에 하천법의 대상이 되는 하천에 관해서는 하천대장을 만들고 이 하천대장의 지형도 축척은 1/2,500, 상황에 따라서는 1/5,000이상이 쓰여진다.

② 종단면도

종단측량의 결과로부터 종단면도를 제작한다. 종단면도의 축척은 종 1/100~1/200, 횡 1/1,000~1/10,000으로 한다. 종 1/100, 횡 1/1,000을 표준으로 하지만 경사가 급한 경우에는 종축척은 1/200로 한다. 종단면도에는 양안의 거리표고, 하상고도, 계획고수위, 계획 제방고도, 수위표, 교대고도(橋臺高度), 수문 및 배수용 갑문 등을 기입하며 하류를 좌측으로 하여 제도한다.

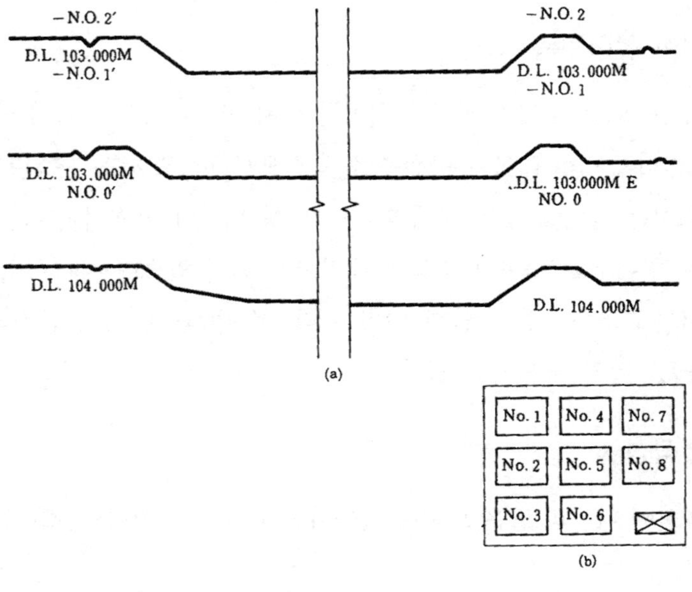

그림 13-15

③ 횡단면도

횡단면도는 육상부분의 횡단측량과 수중부분의 심천측량의 결과를 연결하여 작성된다. 축척은 횡 1/1,000, 종 1/100로 하고 고도는 기준 수준면에서 좌안을 좌 · 우안을 우로 쓰고, 양안의 거리, 표위치, 측량시의 수위, 고수위, 저수위, 평수위 등을 기입한다. 역시 필요에 따라 수면 밑의 유적(流積), 윤변(潤邊) 등도 기입한다. 〈그림 13-15(a)〉는 하천 횡단면도의 일 예이다. 횡단면도의 배치는 〈그림 13-15(b)〉와 같다.

연 습 문 제

다음 각 사항에 대하여 답하시오.

01. 하천측량의 순서

02. 하천의 심천측량

03. 하천의 수위구분

04. 하천의 유속 관측방법

05. 하천의 유량 관측방법

06. 하천의 도면작성

Chapter 14

해양측량

Introduction to surveying

1 개 요

해양을 적극적으로 활용하고 개척하기 위해서는 해양에 대한 제반정보를 정확하게 수집하여야 하며, 이를 통하여 능률적인 해양계획의 수립과 추진이 가능하다 할 수 있다. 이를 위하여 해수의 흐름 및 변동, 해양물리, 해양생물, 해양기상 및 해상(海象) 등의 해양학(oceanography)과 함께 해저지형 및 지질, 해상위치 결정 및 수심, 해안선 형태, 해양조석 관측 등에 대한 제반정보를 정확히 수집분석하기 위한 해양측량(sea surveying)은 이들을 기초로 하여 해양활용의 기술을 다루는 해양공학(ocean engineering)과 함께 총체적인 해양과학(ocean science)을 구성하는 중요한 분야가 된다.

해양측량은 항해용 해도(海圖)를 작성하기 위한 수로측량(hydrographic survey)을 위주로 하여 발전해 왔으며, 항해용 해도에는 수심, 해저지질, 해저지형, 해류(海流) 및 조류(潮流) 등 항해와 관련된 사항이 기재된다. 최근 해양측량의 범위가 확산되고 해양과학 및 해양공학과의 상호 관련성이 높아짐에 따라서 해양측량의 결과는 주로 항해용 해도는 물론, 해저 지형도, 해저지질 구조도, 중력 이상도 등의 다양한 형태의 도면으로 작성되어 제공되며, 이를 기초로 하여 해양의 이용과 개발을 위한 항해안전과 항만, 방파제 등 해양 구조물 건설, 자원탐사 및 개발계획 등이 이루어지고 있다.

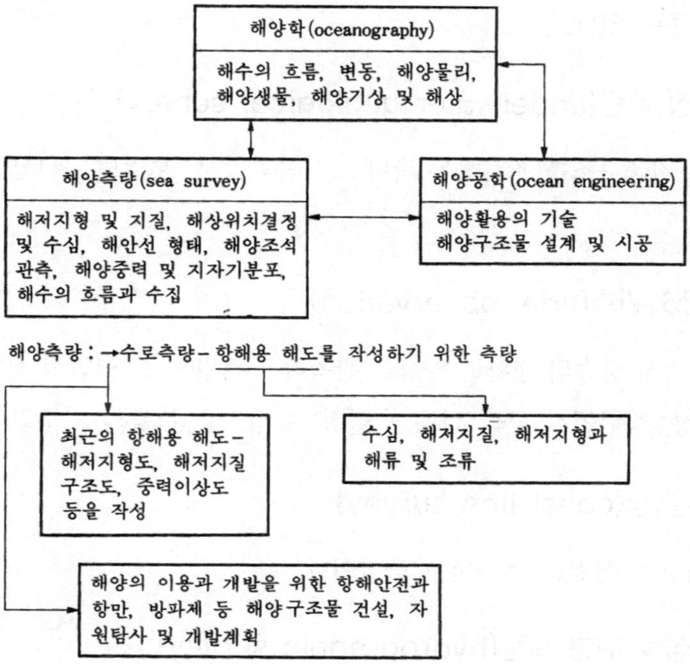

그림 14-1 해양측량과 해양공학

2 해양측량의 종류

(1) 해양위치 측량(marine positioning survey)

해상에서 선박의 위치를 결정하기 위한 측량으로 지문항법, 천문항법, 전파항법(또는 전파신호 수신법), 위성항법(또는 인공위성 신호 수신법), 관성항법, 해저 매설표 신호 수신법 등이 있다.

(2) 수심측량(bathymetric survey)

해수면에서 해저까지의 수심결정 측량으로 초음파 왕복 시간차에 의한 음향측심(sounding)이 이용된다.

(3) 해저지형 측량(underwater topographic survey)

해저지형 기복을 결정하는 측량(해상위치와 수심측량을 동시에 실시)으로 수중측량, 항공사진, 수중사진 등이 있다.

(4) 해저지질 측량(underwater geological survey)

해저지질 및 지층구조를 조사하는 측량으로 음파탐사, 투영법, 채니법, 시추공법 등이 있다.

(5) 조석(潮汐)관측(tidal observation)

해수면의 주기적 상승의 정확한 양상을 관측하는 측량으로, 연안선 선박통행, 수심관측의 기준면 설정, 항만공사 등의 기준면 설정, 육상수준 측량의 기준면 설정 등이 있다.

(6) 해안선 측량(coast line survey)

해안선의 형상과 성질을 조사하는 측량이다.

(7) 해도작성을 위한 측량(hydrographic survey)

① 항만측량(harbor survey)

항만 및 그 부근에서 항해의 안전을 목적으로 실시하는 측량으로 1/10,000 표준축척을 이용한다.

② 항로측량(channel or passage survey)

주요항로에 있어서 선박의 안전항행을 목적으로 실시하는 측량으로, 항로폭은 통행선박 길이의 5배를 확보하여 측량한다.

③ 연안측량(coastal survey)

연안지역에서 선박의 안전항행을 목적으로 실시하는 측량으로 1/50,000 표준축척을 이용한다.

④ 대양측량(oceanic survey)

대양에서 선박의 안전항행을 목적으로 실시하는 측량으로 1/200,000 표준축척을 이용한다.

⑤ 보정측량(correction survey)

해저기복의 국지적인 변화에 따른 해도의 정비를 위한 측량(준설지역, 해안선 및 항로변동,

정박지의 수심보정, 해양 시설물 준공 후의 확인측량)이다.

(8) 소해측량(sweep or drag survey)

얕은 암초와 침선 등의 장애물을 탐지하고 그것의 제거를 하기 위한 측량이다.

(9) 해양 중력측량(marine gravity survey)

해상 또는 수중에서 중력을 관측하여 해면 지오이드 결정과 같은 해양측지학, 해양지구물리, 해저지각 구조 및 자원탐사 등의 자료를 제공하기 위한 측량이다.

(10) 해양 지자기 측량(marine magnetic survey)

항해용 지자기 분포도와 해양자원 탐사자료 취득을 위한 측량이다.

(11) 해양 기준점 측량(marine control survey)

해안 부근의 육상지형, 해안선, 도서지방의 정확한 위치결정에 필요한 기준점을 설치하기 위한 측량이다. 여기에는 천문, 위성, 3각, 3변, 다각, 도해 고저측량 등이 이용되고 있다.

(12) 선박속력 시험표 측량(mile post survey)

선박속력 관측을 위한 거리표의 설치측량이다.

(13) 해양의 측량 거리에 따른 분류

GPS출현 이전에는 다음과 같은 전자기파 측량에 의한 항법이 이용되었다.

① 근거리 항법

해안에서 비교적 가까운 거리(유효 거리 100해리 이내)에서는 근거리용 전파 측량기 HIFIX, Raydist 등으로 이용되었다.

② 중거리 항법

해안에서 비교적 먼 거리(유효 거리 100~500해리)에서는 중거리용 전파측량(radio beacon, Consol, Decca 등)으로 이용되었다.

③ 장거리 항법

대양(유효 거리 500해리 이상)에 관한 위치결정으로는 천문항법, 위성항법, 관성항법, 추측항법 등이 있으며, 전파 측량기로는 LORAN-A나 LORAN-C 등이 이용되었다.

3 해도(Marine chart)

해도에는 국가해양기본도, 항해용 해도, 특수해도 등이 있다.

(1) 국가해양기본도(basic map of the sea)

국립해양조사원은 해양부존자원 및 에너지개발 등 해양개발을 위한 기초자료의 제공과 해상교통의 안전항로 확보, 해양환경보존 및 해양정책 수립시 필수 정보를 확보하기 위해 우리나라 관할 해역 중 영해외측 375,000㎢를 대상 해역으로 하여 제 1 단계 사업으로 1996년부터 2011년 완료 목표로 처음으로 동해남부해역에서 국가해양기본도조사를 시작하였다.

국가해양기본도조사는 바다 밑의 정보를 조사한 다음 그 자료를 분석하여 해저지형도, 중력이상도, 지자기전자력도, 천부지층분포도 등 4개의 도면을 1조로 하는 국가해양기본도를 간행하는 사업으로 선박에 탑재된 각종 조사측량장비를 이용한다. 즉, 해저지형측량은 심해용다중음향탐사기(MBES: Mulit Beam Echo Sounder)를 사용하며, 중력계(gravity meter)와 지자기관측기(magneto meter) 및 천부지층탐사기(sub-bottom profiler)를 사용하여 중력, 지자기 천부지층을 조사 측량하고 있다. 국가해양기본도의 축척은 1:250,000, 1:500,000이 있다.

(2) 항해용 해도

항로, 해저수심, 장애물, 목표물, 연안지형 지물, 좌표, 방위, 거리 등 항해상 필요한 제반 사항을 표시한 도면으로, 일반적으로 해도라 함은 항해용 해도를 뜻한다.

수로측량의 자료에 의하여 제작되는데, 항박도는 대축척이고 총도는 소축척이다.

① 총도(general chart)

광대한 해역을 일괄하여 볼 수 있도록 만든 해도로서 원양항해, 항해계획 수립용에 이용된다. 축척은 1/400만 이하이다.

② 원양 항해도(sailing chart)

원양항해에 사용되는 해도로서 외해의 수심, 주요등대, 등부표, 육상물표 등을 게재하는 데 이용되며, 축척은 1/100만 이하이다

③ 근해 항해도(coast navigation chart)

육지의 가시거리 내에서 항해할 때 사용되는 해도로서 축척은 1/30만 이하이다.

④ 해안도(coast chart)

연안 항해에 사용되는 해도로서 축척은 1/50,000 이하이다.

⑤ 항박도(harbor plan)

비교적 소구역 · 대상, 항만, 묘박지, 어항, 수도, 착안시설 등이 상세히 기록된 해도로서 1/50,000 이상이며, 항만이나 임해공업 단지의 규모나 중요도에 따라 1/5000, 1/15,000 등이 이용되고 있다.

(3) 특수해도(special chart)

① 수심도, 해저 지형도(bathymetric chart)

해저지형을 등고선이나 음영법으로 표시한 도면으로 해저자원 조사, 개발, 학술연구 등에 적합하다.

② 어업용도(fishing chart)

어업에 편의를 제공하기 위한 일반 항해도에 어업정보, 규제내용을 기재한 도면으로 해도번호 앞에 'F'자를 기입하여 구분한다.

③ 전파 항법도(electronic positioning chart)

일반 항해도에 LORAN, DECCA, HIFIX 등의 전파항법 체계의 위치선과 번호를 기입한 해도로서 LORAN의 경우는 해도번호 앞에 'L'자를 기입한다.

④ 조류도

연안수로에서 선박통행에 참고가 되도록 조류의 흐름과 분포를 기재한 도면이다.

4 위치결정

우리 나라 해양측량의 중요한 기준은 다음과 같다.

첫째, 지구의 형상 및 크기는 Bessel 값을 사용하며, 둘째, 경위도(經緯度)는 지리학적 경위도로 표시하고, 셋째, 측량의 원점(原點)은 경위도 원점을 기초로 하며, 넷째, 표고(標高)는 평균 해수면(海水面)으로부터의 높이로 표시하고, 다섯째, 수심은 기본 수준면으로부터의 깊이를 표시하고, 여섯째, 노간출암(露干出岩)은 기본 수준면으로부터의 높이로 표시하며, 일곱째, 해안선은 해면(海面)의 약최고 고조면(略最高高潮面)에 달했을 때의 육지와 해면의 경계로 표시한다.

(1) 해안선에서 수평위치 결정

해안선의 수평위치측량은 종래에는 지문항법, 천문항법, 전파항법, 관성항법 등이 이용되어 왔으나 GPS가 출현됨에 따라 해안선의 수평위치결정은 주로 GPS에 의존하고 있다. 항법(navigation)이란 기지점으로부터 미지점까지 운행하기 위한 안내 즉, "길도우미"를 뜻한다.

해안선 측량은 해안선의 형상과 그 종별을 확인하여 도면화하기 위한 측량으로, 해안선 부근의 육상지형, 소도(小島), 이암(離岩), 간출암(干出岩), 저조선(간출선) 등도 함께 관측하는 것이 일반적이다.

해안선 측량은 영상탐측학 · 평판측량 또는 소요의 점을 일방향 일거리 교선법(交線法)으로 구하며 견취도(見取圖)로 도화(圖化)하는 방법을 이용하고 있다.

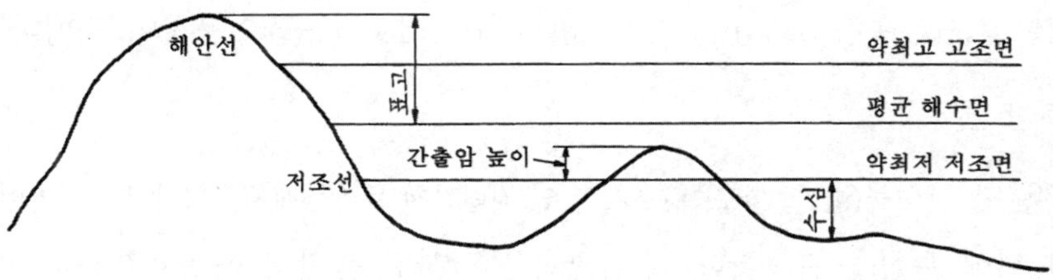

그림 14-2 해안선과 수심

해안선 측량을 할 때 해도(海圖)에 필요한 지모 및 지물(地物)을 관측하는 지형측량, 영상탐측, 평판측량(平板測量) 등을 한다. 해안선은 그 지역의 평균해수면보다 $(H_M + H_S + H_K + H_O)$만큼 상면, 즉 해수면(海水面)이 약최고 고조면(略最高高潮面)에 달하였을 때의 육지와의 경계로 표시한다. 여기서 H_M, H_S, H_K, H_O는 각각 주요 4분조 M(주태음 반일주조), S(주태양 반일주조), K(일월합성 주조) 및 O(주태음일 주조)에 관한 분조(分潮)의 진폭이다. 그러나, 실제로는 상기(上記)의 경계관측은 곤란하므로 고조(해안선의 고조면 부근에서 오랫동안에 걸쳐 해수에 씻겨졌기 때문에 색조가 달라진 부분)를 관측하여 해도(海圖)에 기재한다. 해도에는 해안선 이외에 저조선(低潮線)이 기재되어 있는데, 이것은 수심의 기준면과 동일면, 즉 평균해수면으로부터$(H_M + H_S + H_K + H_O)$만큼 하면에서 육지와의 경계를 나타낸다. 즉, 약최저 저조(略最低低潮)와 육지와의 교선(交線)이다. 저조선(低潮線)은 해안선 측량과 수심측량으로 구한다. 해안선은 그 종별에 따라 급사해안(急斜海岸), 평탄한 해안, 절벽해안, 인공안(人工岸), 암해안(岩海岸), 군석(群石), 석빈(石濱), 사빈(砂濱), 풀숲해안 등으로 구별하여 도시한다. 또한, 저조선(低潮線)은 진흙, 돌·바위, 모래·진흙 혼합, 모래·자갈 혼합, 산호초 등으로 구별하여 도시한다.

(2) 해양에서 수직위치 결정(수심측량 : bathymetry)

수심측량은 원칙적으로 음향 측심기(音響測深器)에 의하여 행하며, 계획된 측심선(測深線)을 따라서 해상위치 측량과 동시에 실시함으로써 해저지형의 기복(起伏)을 알아낼 수가 있다. 해안선 부근의 수심측량은 안측도(岸測圖)가 완성된 후에 시행하는 것이 효과적이다. 수심측량에서 특히 암초나 침몰된 배 등 천소(淺所)나 수중 장애물의 확인이 중요하므로 음향측심 기록의 판독시에 주의를 요한다.

음향 측심기로부터 발견된 얕은 곳은 종횡으로 조밀하게 측심하는 것이 좋다. 암초가 예상되는 곳이나 수심이 얕은 곳에서는 측심선 간격을 조밀하게 할 필요가 있다.

수심측량은 최근 GPS, geodimeter, echo sounder 등을 이용하여 수행하고 있다.

① 수심측량 원리

해양의 이용 및 시설물(항만, 항로, 방조재축조, 매립간척 등)의 계획, 설계 및 시공에 필요한 자료를 얻기 위해 수심을 관측한다. 수심관측은 탐사선 측면에 송수파기(transducer)를 부착하여 해저면에 음파를 발사하여 이음파가 해저면에서 반사되어 되돌아오는 시간을 관측하여 수심을 결정한다. 음파를 송수신으로 수심을 관측하므로 음향측심(echo sounder)이라 한다.

$$D = \frac{1}{2} \cdot t \cdot V \tag{14-1}$$

D : 수심, t : 음파가 발사된 후 되돌아오는데 소요된 시간

V : 음파의 수중음속도

다중음파관측기에 의해 수심을 관측하고, GPS에 의해 평면좌표(X, Y)를 관측하여 이를 컴퓨터에 입력시킨다.

수심측량중 조위계를 사용하거나 직접 수준측량을 통해 시간대별 조위차를 관측한 다음, 실제수심(기본수준면과의 높이차)으로 수심을 갱신(갱정수심 취득)한다. 갱신된 수심과 X, Y 좌표를 편집한 3차원 좌표를 이용하여 CAD상에서 각종 목적에 맞는 성과를 작성할 수 있다.

② 작업진행

가) 현지탐사(측량예정지 수심, 지모, 지물, 조석관계, 기상상태)

나) 수심측량 예정항로 및 수심측량 S/W를 준비

다) 수심측량실행

라) 위치 및 수심성과를 노트북에 저장

마) 외업성과를 음속도 및 조위 등에 관한 보완수정

바) 도면(수심, 항적)작성

③ 수심측량의 현장

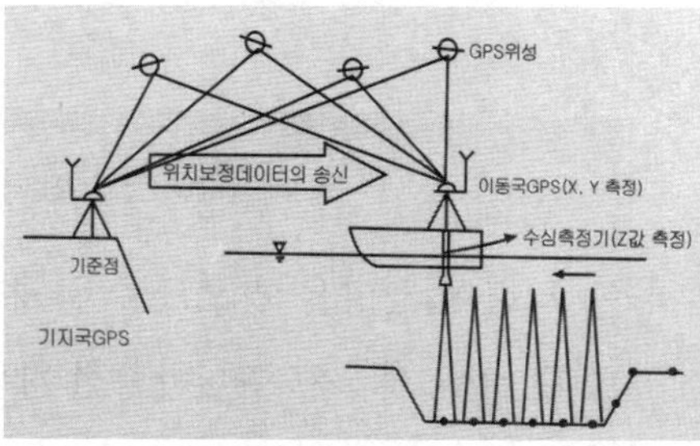

그림 14-3 수심측량 개념도

그림 14-4 수심관측기와 GPS설치광경

그림 14-5 수심측량 광경

그림 14-6 수심이 낮은 지점의 수심측량 광경

④ 수심측량 작업방법

가) TS(Total Station 또는 geodimeter)를 이용

지상의 기준점에 TS를 설치하고 측량선에 설치된 반사경을 이용하여 측량선의 위치를 radio modem으로 측량선을 유도하여 수심을 관측하는 방법이다. 가까운 거리에 대한 수심측량에 많이 이용되고 있다.

나) DGPS(해상전용 또는 RTK)

지상기준점에 GPS기준국(위성안테나, 위성수신기, radio modem)을 설치한 후 측량선에 설치된 이동국으로부터 수신된 위성자료를 처리하여 측량선을 유도함으로써 수심관측을 하는 방법이다. 해상용관측기의 오차는 1.0~1.5m이나 RTK system을 이용하면 수 cm 내의 정확한 값을 취득할 수 있다.

다) DGPS/beacon system(MX9250)

측량선에 이동국만 설치하여 실시간으로 수심관측을 하는 방법이다. 해상에서 오차가

1.0~1.5m정도이다. DGPS는 1999년 8월부터 해양수산부에서 우리나라연안과 항만 입 · 출항선박의 안전운항을 위하여 서해안(팔미도 · 어청도)부터 서비스를 시작했다.

⑤ 수심측량 시 고려사항

가) 음속도 보정

해수중의 음속도는 해수의 온도, 염분, 수압 등에 의하여 영향을 받으므로 철재척을 이용하여 바-체크(bar check)로 오차를 보정해야 한다. 바-체크는 수심관측전 해역의 최심부에서 수행하여야 하며 바의 심도는 송수파기를 기준으로 심도 32m까지는 2m마다 그 이상은 5m마다 관측하며 오차는 32m까지는 2.5㎝, 그 이상은 5㎝ 이내이어야 한다.

나) 조위보정

(ㄱ) 조위

해수면의 주기적 승강(높아졌다 낮아지는 것)이 조석(潮汐, tide)이다. 조석으로 인하여 해수면의 높이가 변하는데 이를 조위라 한다.

(ㄴ) 조위의 종류

i) **고극조위**(HHW: Highest High Water)

장기 조석관측에서 실측된 가장 높은 조위로서 천문조에 의한 최고조위와 기상조위에 의한 이상조위가 합쳐진 조위, 즉 일정기간동안 관측기간 중의 최고조위 ↔ 저극조위

ii) **양최고고조위**(Approx. HHW: Approximate Highest High Water)

4대 주요 분조의 각각에 의한 최고위수 상승치가 동시에 발생했을 때의 고조위

iii) **대조평균고조위**(HWOST: High Water Of Spring Tide)

대조(spring tide)때 고조의 평균조위, 대조승(spring rise)이라고도 한다.

iv) **평균고조위**(HWOMT: High Water Of Mean Tide)

일정한 관측기간(월, 년) 중의 고조위의 평균치

v) **소조평균고조위**(HWONT: High Water Of Neap Tide)

일정한 관측기간(월, 년) 중의 저조위의 평균치

vi) **평균해수면**(MSL: Mean Sea Level)

일반적으로 해수면의 높이를 어느 일정기간의 높이로 평균한 때의 해수면(인천항의 평균해수면은 육상수준점(BM)의 기준이 되며, 이때의 BM값은 0이 된다)

vii) **소조평균저조위**(LWONT: Low Water Of Neap Tide)

소조(neap tide) 때의 저조의 평균조위

viii) **평균저조위**(LWOMT: Low Water Of Mean Tide)

일정한 관측기간(월, 년) 중의 저조위의 평균치

ix) **대조평균저조위**(LWOST: Low Water Of Spring Tide)

대조(spring tide) 때의 저조의 평균조위

x) **약최저저조위**(Approx. LLW: Approximate Lowest Low Water)

4대 주요 분조의 각각에 의한 최조수위 하강값이 동시에 발생했을 때의 저조위로서 우리나라에서 기본 수준면(수심, 해도의 기준면)으로 채택하고 있는 해수면

xi) **저극조위**(LLW: Lowest Low Water)

고극조위의 반대로 이해하면 됨

(3) 조석관측

조석에 따라 해수면의 높이가 변하기 때문에 수심측량시 별도의 조위를 일반적으로 10분~20분 간격으로 관측하나 정조(간조와 만조)의 1시간 30분 전후에는 10분 간격으로 관측해야 한다.

그림 15-10 조위관측을 위한 수준측량 광경

그림 15-11 조위관측 광경

연 습 문 제

다음 각 사항에 대하여 답하시오.

01. 해양측량의 종류

02. 해도의 종류

03. 해안선에서 수평위치 결정방법

04. 해양에서의 수심결정방법

05. 수심측량시 고려사항

06. 조석관측

Chapter 15

지하시설물측량

Introduction to surveying

1 개 요

기존의 전기, 통신케이블 등의 지상 도시시설물들은 도시집중화로 인한 건설안전, 도시미관, 유지관리의 용이성 때문에 지하에 매설되어 왔다. 매설 이후 장기간의 관리 미흡으로 인하여 지형(지모 및 지물)변화에 의한 위치 파악 곤란, 지하수 이동에 의한 유출현상, 매설관의 부식에 의한 누수 등의 많은 문제점이 야기되고 있다. 지하공간을 효율적으로 이용하기 위해서는 무질서한 지하시설물을 정비하기 위해서는 지하시설물 측량이 필수적인 작업이다.

지하시설물 측량(underground facility survey)은 지하에 설치된 상수도, 하수도, 가스, 난방, 전기, 통신, 지하도, 지하상가, 지하철, 지하주차장 등 인간생활을 영위하기 위하여 인위적으로 지하에 설치한 시설물과 지하시설물과 연결되어 지상으로 노출된 각종 맨홀, 전주, 체신주 등 가공선과, 시설물 관리와 운용에 필요한 모든 자료에 대하여 조사 및 관측을 하고 정리하여 자료기반(database)을 구축하고 관리할 수 있는 자료 제공을 위한 작업을 말한다.

2 지하시설물의 조사

지하시설물의 조사는 1875년 독일의 튜빙겐(Tubingen)에서 최초로 실시되었으며 당시에는 지하시설물에 대한 관측장비가 없어 실제 땅을 파서 시설물을 확인한 후 도면을 작성하였다. 실질적인 지하시설물관측에 앞서 지상시설물에 대한 조사가 필요하며 그 항목은 〈표 15-1〉과 같다. 이상의 지상시설물에 대한 조사시 노출된 지하시설물의 조사와 맨홀 개방을 통한 맨홀 및 변실조사를 병행하여야 한다.

표 15-1 지하시설물의 조사 항목

구 분	종 류
지하시설물	상수도, 하수도, 전기, 가스, 통신, 공동구, 지하도, 지하차도, 터널, 지하상가 등
도로구성물	차도, 보도, 분리대, 교량 터널의 위치, 폭원구조, 포장별, 석축, 옹벽, 육교, 지하도 등
도로부속물	가드레일, 철책, 가로수, 녹지대, 가로등, 교통표지판, 안내표지판, 도로표지판, 도로정보 제공장치, 가로주차장, 공동구, 노출부, 도로원표, 이정표
안전시설물	낙석방지책, 추락방지책, 소음방지책, 가드레일, 가드케이블, 오토가드, 교통난간, 하천난간, 과속방지책, 미끄럼 방지책
도로점용물	각종 맨홀, 소화전, 양수기, 전주, 통신주, 전화 BOX, 배전탑, 신호기, 광고간판 등
겸용공작물	제반, 호안, 건널목, 고속도로, 고가도로, 입체교차로 등
기 타	도로번호, 도로명, 도로시종점, 행정경계, 지번, 지목, 주요건물명

3 지하시설물의 관측

지하시설물에 대한 관측은 현장현황조사, 관련기관과의 협의, 현장안전대책, 작업안전시설의 설치, 지하시설물 관로관측, 위치관측 등을 모두 포함한다. 지하시설의 관측방법은 굴착하지 않고 지표로부터 매설물의 위치와 심도 등을 관측하는 것으로, 종래에는 공사를 하기 위해 굴착이 필요한 경우 시험굴착에 의하여 직접 눈으로 확인한 후 공사를 시작하였으나 최근 관측장비의 발달로 인하여 다음과 같은 8가지 지하시설물 관측방법 등이 가능하게 되었다.

(1) 자장관측법

전자유도방식의 원리는 지하시설물관이나 케이블에 교류전류를 흐르게 하여 그 주변에 교류자장을 발생시켜 지표면에서 발생된 교류자장을 수신기의 관측코일의 감도 방향성을 이용하여 수평위치를 관측하고 지표면으로부터 전위경도에 대해 수직위치(심도)를 관측한다. 전류를 통과시키는 토질은 국지적으로 다르다. 습기가 있는 토양은 건조한 모래보다 훨씬 좋은 도체이다.

(2) 지중레이다관측법

지하를 단층촬영하여 시설물위치를 판독하는 방법으로 지상의 안테나에서 지하에 전자기파를 발사시켜 대상물에서 반사 또는 방사되는 전자기파를 수신하여 반사강도에(함수율)에 따라 8가지 색상으로 표시되고, 이를 분석하여 수평 및 수직위치를 관측하는 방법이다.

(3) 음파관측법

음파관측법은 원래 누수를 찾기 위한 기술이었는데 현재는 이 기술을 이용하여 수도관로 중 PVC 또는 플라스틱관을 찾는데 이용되고 있다. 이 기술의 원리는 물이 가득히 흐르는 관로(수도관)에 음파신호(sound wave signal)를 보내 수신기로 하여금 관내에 발생된 음파를 관측하는 방법으로 비금속(플라스틱, PVC 등) 수도관로 관측에 유용하나 음파신호를 보낼 수 있는 소화전이나 수도 미터기 등이 반드시 필요하다.

(4) 전기관측법

전기관측법은 지반 중에 전류를 흘려보내어 그 전류에 의한 전압 강하를 관측함으로써 지반 내의 비저항값의 분포를 구하는 것이다. 전류를 흘려보내는 순간의 전류전극과 전압강하를 관측한다. 이는 문화 유적지 조사 등에 적합한 방법이라 할 수 있다.

(5) 전자관측법

전자관측법은 지반의 전자유도 현상을 이용한 관측법으로 지반의 도전율(비저항의 역수)을 관측함으로써 지하구조와 고도전체의 위치를 파악하는 것이다. 전자관측장비에는 관측심도가 수천미터에서부터 지표근접 수미터를 대상으로 하는 것까지 다양하게 있지만, 시설물 조사에는 층을 조사할 수 있는 간단한 것이 사용되고 있다.

(6) CCTV 관내조사

라이트와 사진기가 장착된 TV 사진기를 원격조정이 가능한 자주차에 탑재하여 관거 내부에 투입시켜 관거내부를 조사하는 장비이다. 또한 자주차에 소형 발신기를 탑재하면 지상에서 관로의 수평 및 수직위치를 관측할 수도 있다.

(7) 탄성파관측법

지하시설물이 아닌 일반적인 경우에는 탄성파에 의한 방법을 많이 사용한다. 탄성파에 의한 방법은 지상에서 폭발시키거나 지상의 판(plate)을 해머로 두들겨서 충격파를 유도하는데 이 충격파는 geophone이라는 장치에 의하여 수신된다. 토양표면에서 파의 속도는 geophone에서 움직이는 파의 시간경과를 기록함으로써 결정된다. 측량하는 순서는 원하는 선을 따라 충격발생장치를 움직이고, 충격을 유도하는 거리의 주어진 간격으로 충격지점에서 geophone까지 거리(d)와 충격파 운동시간(t)을 기록한다.

(8) 자기관측법

지구자장의 변화를 관측하여 자성체의 분포를 알아내는 것이다. 조사구역을 적당한 격자간격으로 분할하여 그 격자점에 대한 자력값을 관측함으로써 조사 구역 내의 자장 변화를 확인하여 지하의 자성체의 분포를 추정할 수 있다.

위와 같은 지하시설물 관측 및 위치측량을 통하여 1 : 500 축척의 지하시설물원도와 대상물의 상세사항기록서(대장조서)를 작성한다.

4 지하시설물의 해석 및 유지관리

(1) 지하시설물 해석

지하시설물의 해석은 지하시설물 관측자료의 분석, 편집 및 자료기반화이다. 관측을 통하여 수집된 지하시설물원도와 대장조서를 이용하여 대장입력과 도면제작편집을 수행하게 되며 구조화편집(위상 및 속성자료연결)을 통하여 자료기반화를 완성하게 된다.

(2) 유지관리

지하시설물의 유지관리를 위해서는 자료구축 이후의 지속적이며 표준화된 갱신이 이루어져야 한다. 단순한 지하시설물의 변동사항 갱신뿐만 아니라 각각의 지하시설물의 특성에 따른 관측 및 감시(monitoring) 체계를 통합함으로써 보다 효율적인 관리가 이루어질 수 있으며 일관성 있는 자료의 유지관리를 추구함으로써 과학적이고 합리적인 예측을 통한 의사결정을 수행할 수 있을 것이다.

연 습 문 제

다음 각 사항에 대하여 답하시오.

01. 지하시설물의 측량시 조사항목

02. 지하시설물의 관측방법

03. 지하시설물의 해석 및 유지관리

Chapter 16

시설물의 변형 및 안전진단 측량

Introduction to surveying

1 시설물변형측량

(1) 개 요

시설물의 안정성 조사를 위해 지금까지 strain gange나 extensometer, inclinometer 등을 이용하여 변형을 관측함으로써 안정성 진단을 하여 왔다.

이들 방법은 관측대상물에 강력한 접착제로 부착해야 하며, 여기서 얻어진 값을 전체가 균일하다고 가정하여 시설물변형을 해석함으로써 대규모 시설물변형관측에 어려움이 있어 왔다.

그러나 영상탐측이나 측지측량을 이용한 시설물변형측량은 시설물을 손상시키지 않으며, 멀리 떨어진 곳에서 관측할 수 있어 붕괴위험이 있는 시설물에는 매우 적합한 방법으로서 최근에 그 활용이 점점 증대되어 가고 있다.

따라서, 본 절에서는 각종 시설물의 안정성 진단을 위해 변형측량을 실시한 예를 들어 서술한다.

(2) 댐변형측량

댐의 안정성 조사를 위해 이루어지는 주기적인 변형측량이 댐 전체 건설비의 약 0.7%를 점유하고 있다고 IADC(International Association of Dam Constructions)는 발표하고 있으며, 최근에 영상탐측과 측지측량에 의한 댐변형측량이 활발히 연구되고 있다.

영상탐측에 의한 방법은 순간변형에 대한 동시관측이 가능하므로 댐상류부의 수위에 따른 댐의 변형이나 동결과 같은 온도에 따른 국부변형을 조사할 수 있다.

측량망조정에 의한 방법은 삼각측량, 삼변측량, 다각측량, 수준측량 등을 이용하여 댐에 설치된 표정점의 좌표를 관측함으로써 변형을 조사할 수 있다. 측량조정망방법은 영상탐측에 의한 방법에 비해 관측시간이 많이 소요되므로 순간적인 변형보다는 장기적인 변형관측에 유용하게 이용된다.

TS, 정밀레벨 등을 이용하여 표정점을 반복관측하여 표정점의 이동량을 계산함으로써 댐의 변형량이나 방향 등을 조사할 수 있다.

(3) 건축물변형측량

건축물의 온도나 습도, 하중변화에 따른 변형을 영상탐측에 의해 관측하는 것은 매우 중요한 일이며, 국부적인 단순하중이나 풍하중, 콘크리트의 양생과정 및 습도, 온도에 따라 수축 · 팽창을 관측할 수 있음은 물론 건축물의 전반적인 정보를 얻을 수 있어 유지관리에 필요한 자료를 제공해 준다.

영상에 의하거나 관측기로 관측할 경우 표정점은 관측대상지역에 표지를 부착하든가, 페인트칠 과정에 서 색이 교차하여 표지로 이용할 수 있는 지점 및 건물모서리, 파이프선 등을 이용한다. 주기적인 반복관측에 의해 변형해석을 한다.

(4) 산사태지역의 안정도 측량

산사태 지역과 같은 붕괴위험이 있는 지역에 대한 안정도 측량으로 영상탐측기법이 이용되고 있다. 특히, 영상탐측은 대상물에 직접 접촉하지 않고 원거리에서 관측할 수 있어 붕괴위험이 있는 곳의 측량에 적합하다.

Turtle산의 붕괴과정을 조사하기 위해 항공영상탐측기법을 적용했으며, 촬영고도는 남쪽 봉우리로부터 320m(해발 2,480m)로 계획하고 150mm 사진기로 촬영했다. 따라서, 축척은 1/2,100이며 촬영위치는 6개로서 〈그림 16-1〉에 표시되어 있다.

〈그림 16-1〉은 붕괴지역의 암석균열에 대한 형상을 도화한 것으로 변형이 발생한 관측점에서는 화살표(→)로 방향을 표시하였다. 캐나다의 알버타주에 있는 Turtle산으로서 붕괴되어 내려 온 석회석의 부피가 약 3천만㎥이라는 것을 추정할 수 있었다.

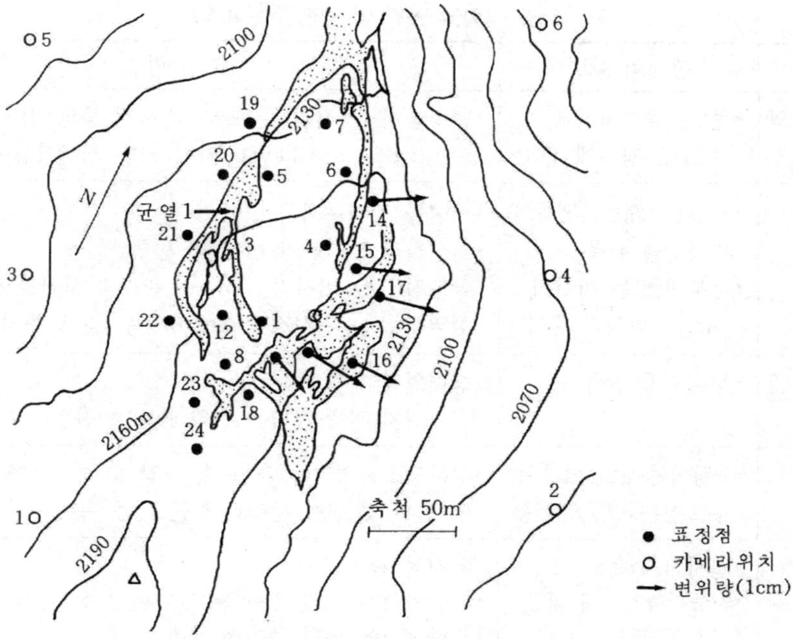

그림 16-1 Turtle산의 균열과 변형(Fraser, 1983)

(5) 시설물변위 및 변형관측

변위 및 변형에 대한 종래방법과 개선된 방법은 〈표 16-1〉과 같다.

표 16-1 시설물 변위 및 변형관측

구분	종래의 방법	개선된 방법
① 관측방법	•관측기기에 의함	•관측기기에 의함
② 관측방법의 특징	•종래에는 주로 변형 관측을 통하여 변형량 만을 추정 계산하고 시설물의 안전성을 파악하였음	•최근에는 관측방법 및 관측 영역의 선택에 따라 달라질 수 있는 전역적 변위와 변형에 대해 상호 연관성있는 신뢰값 도출을 위해 변형을 주로 관측하는 종래의 관측기기에 의한 관측 외에 변형량과 변위량을 직접 관측하는 측량장비에 의한 관측을 병행하고 있음 •특히 중요교량에는 자동관측장비를 통한 상시관측뿐만 아니라 측량장비에 의한 주기적 점검과 전역적인 관측이 필요함
③ 관측의 목적	•국부적인 변형의 관측	•시설물의 국부적인 변위 및 변형뿐만 아니라 전역적인 변위 및 변형의 관측

표 16-1 시설물 변위 및 변형관측(계속)

구분	종래의 방법	개선된 방법
④ 관측장비의 종류	•변형율계, 처짐계, 온도계, 경사계 등	•변형율계, 처짐계, 온도계, 경사계 등과 GPS, Total Station, Level, 카메라 및 레이저장비 등
⑤ 관측범위	•시설물 개별 부재의 변형량을 관측 •국부적(또는 미시적 : micro) 변형의 관측	•시설물 개별부재의 변형 및 변위 •시설물의 전역적인 변위 및 변형 •국부적(또는 미시적 : micro) 관측과 시설물 전체에 대한 전역적(또는 거시적 : macro)변위 및 변형의 관측
⑥ 관측의 기준	•상대위치 관측	•상대위치 관측 •절대위치 관측(전역적 변위와 변형 점검)
⑦ 관측대상	•교량의 슬래브, 거더 등 주로 상부구조물의 거동	•상부구조물의 거동과 교대, 교각 등 하부구조물의 전역적인 변위 및 변형 관측과 접근로 등 측량
⑧ 관측주기	•일시적 관측 •자동관측기기에 의한 상시적 관측	•일시적 관측 •자동관측기기 및 첨단측량장비에 의한 상시적 관측 •측량장비에 의한 주기적 관측
⑨ 적용범위	•교량의 안전점검 시 주로 관측	•교량의 안전점검 및 유지관리를 위한 주기적 관측 •중요교량의 자동관측기기에 의한 상시 관측

2 시설물안전진단 측량 및 유지관리

(1) 시설물안전진단

영상탐측과 측량망조정방법을 이용한 시설물안전진단은 대규모시설물에 적용되어 왔으나, 최근에는 근거리사진측량기법의 개발과 정확도 향상에 의해 소규모정밀기계변형에까지 적용되고 있다.

영상탐측방법은 짧은 시간 간격을 두고 관측할 수 있어 대규모시설물에서 소규모시설물에 이르기까지 정적 및 동적변형을 광범위하게 관측할 수 있다.

반면에 측량망조정방법은 관측시간이 영상탐측방법에 비해 많이 소요되므로 장기간에 걸친 변형해석에 적용되고 있다.

영상탐측이나 측량망조정방법은 시설물에 표정점을 설치하고 이것을 주기적으로 관측하여 이동량과 이동형태를 분석함으로써 변형량 계산 및 안전진단, 그리고 앞으로의 변형형태를 예측할 수 있다.

특히, 영상탐측방법은 시설물의 비균질성에 따른 국부변형이나 암석과 같이 균열이 존재하여 지역간의 변형이 불규칙한 것을 상세히 조사할 수 있고 관측 당시 대상지역의 정확한 상황도를 제시할 수 있으며, 필름을 보존하여 조사 후에도 계속 자료를 제공할 수 있는 장점을 갖고 있다.

안전진단을 위해 시설물에 설치된 표정점의 3차원좌표 변화량을 관측하고, 이 변화량을 이용하여 축방향 및 전단변형률을 구함으로써 대상시설물의 안전을 진단할 수 있다.

(2) 시설물 유지관리

시설물의 유지관리를 위해서는 시설물에 관한 지형공간정보를 모아 자료기반(DB: Data Base)을 구축한 다음 지속적이며 표준화된 갱신이 이루어져야 할 것이다. 또한 단순한 시설물의 변동사항이나 갱신뿐만 아니라 각각의 시설물의 특성에 따른 모니터링(monitoring) 체계를 통합함으로써 보다 효율적인 관리가 이루어질 수 있도록 하여야 한다. 시설물에 관하여 과학적이고도 합리적인 정보수집과 해석을 통하여 일관성 있는 시설물 유지관리를 수행하여야 할 것이다.

연 습 문 제

다음 각 사항에 대하여 답하시오.

01. 댐 변형 및 건축물변형측량

02. 산사태의 안정도측량

03. 시설물 변위 및 변형관측에 관한 종래의 방법과 개선된 방법

04. 시설물 안전진단측량 및 유지관리

Chapter 17

건축물과 정원측량

Introduction to surveying

1 개 요

건축은 설계도에 나타난 내용을 공사현장에 위치형상 등을 표시하여 정확한 공사시공이 이루어지도록 함은 물론, 완공 후 축조된 건물이 설계도에 따라 시공되었는가를 검사하는 준공공사측량까지를 통칭하고 있다.

설계도는 건물 각부의 위치와 모양을 나타내고 시방서는 각부 공사의 종류, 품위, 시공법 및 사용재료에 대해 규정되어 있으므로 측량기사는 이들 모든 사항을 고려하여 측량을 실시해야 한다.

공사를 실시하는 데 필요한 여러 가지 중심선, 경계선, 수평선 등을 공사현장에 측설하고 기초공사에서 기둥중심, 바닥깊이 등을 표시하기 위해 말뚝이나 기준틀을 사용하여 표시하고 공사가 진행됨에 따라 고정된 건축물에 이들을 옮겨 표시한다.

건축공사에 있어 측설측량은 정확하게 이루어져야 하며, 부정확한 경우는 공사의 지연이나 공사비용의 낭비를 가져오므로 신뢰성 있는 측량장비를 이용하여 정확한 측설이 이루어져야 한다.

2 건축물 측량계획

건조물은 건물, 사회기반시설물, 문화재 등으로 인류가 문명의 발달과정에 나타난 인공적인 대상물들을 말한다.

건축물 측량계획은 설계도에 나타난 내용을 공사현장에 위치 및 형상 등을 표시하여 정확한 공사시공이 이루어지도록 함은 물론, 착공 후 축조된 건축물이 설계도에 따라 시공되었는가를 검사하는 준공공사측량까지를 통칭하여 계획함을 말한다.

설계도는 건축물 각부의 위치와 모양을 나타내고 있으며 시방서는 각부 공사의 종류, 품위, 시공법 및 사용재료에 대해 규정되어 있으므로 측량기사는 이들 모든 사항을 고려하여 측량을 실시해야 한다.

건축물공사에 있어 측설측량은 정확하게 이루어져야 하며, 부정확한 경우는 공사의 지연이나 공사비용의 낭비 및 건축물 안전을 확보 못하는 경우가 발생하므로 책임 측량사가 신뢰성 있는 측량장비를 이용하여 정확한 측설을 하여야 한다.

건물주변설계 및 시공측량에서 부지, 지하시설물 측설, 마무리 공사측량은 건축물 시공측량과 같은 방법으로 수행한다.

3 건축물 시공측량(architectural construction survey)

(1) 개 요

건축물 시공측량은 건축물의 축조, 현존, 건물의 확장, 수선, 변경, 파괴, 유지관리 등을 위하여 수행하는 작업으로 관리당국의 계획, 건축물의 규정, 건축물 축조방법 등에 대해서도 충분한 정보를 갖고 있어야 한다. 측량축척은 건축물의 복잡성에 따라 다르지만 일반적으로 1:100을 사용한다. 도면은 방별, 각층의 평면도, 각층, 전측면의 구조적인 세부사항에 대한 입면도, 단면도, 전기선, 상하수도관, 토관 등의 배치를 표시한 도면 등을 작성한다.

최근 건축물은 그 형상이 수려해지고 초고층화되는 추세에 있어서 상대적으로 정밀 미려하고 고도의 시공 기술과 그에 수반이 되는 고도의 측량 기술이 요구되고 있다. 특히 지하 깊이에 설치되는 구조물과 초고층 구조물의 위치 측설 및 수직도 유지를 위해서는 매우 정밀하고 정확한 관측 성과가 요구된다.

(2) 건축물측량의 순서

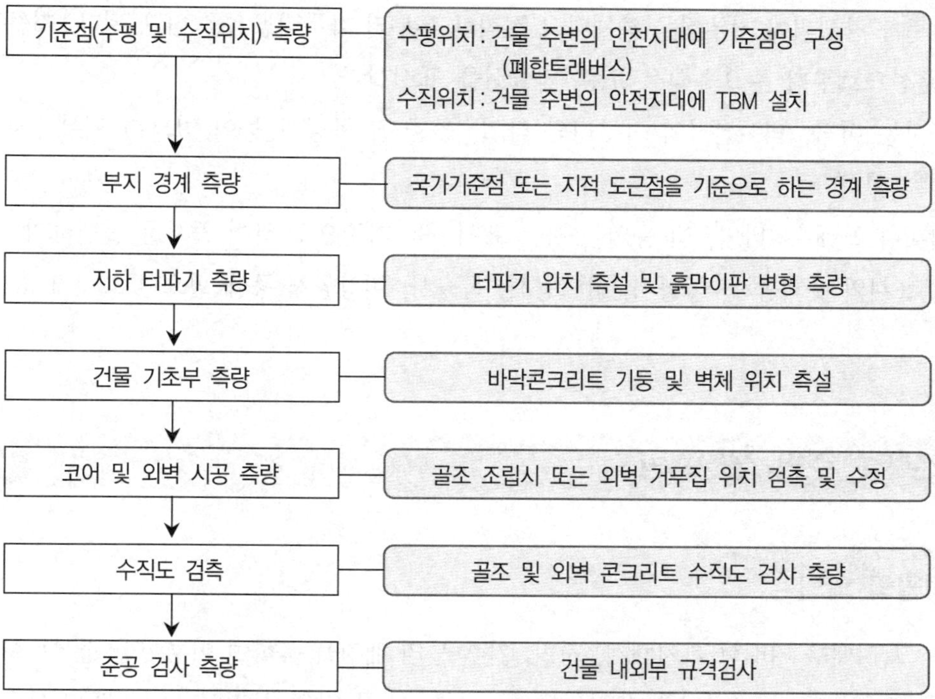

그림 17-1 건축물측량 순서

(3) 부지측량

건축물이 위치할 부지에 대한 측량방법으로 대각선측량법, 방사측량법, 트래버스 측량법, 삼각 및 삼변측량법 등이 사용되며, 대상지역의 크기와 특성에 맞는 방법을 택하여 부지측량을 한다.

인접지역의 건물이나 공유지에 속하는 보도 · 차도상의 가공전력선 · 전신전화선용 전주 · 식수지 등을 측량하고 부지 내외의 지반고나 절 · 성토량 · 신지반고 · 출입구 · 상고 등을 결정하여 측량한다.

(4) 측설측량

공사를 하는 데 있어 중심선, 경계선, 수평선은 중요한 역할을 하므로 정확하고 이동이 없도록 설치한다.

중심선이나 경계선, 수평선을 설치하기 위해 기준틀이 사용되는데, 이 기준틀은 사용하는 곳에 따라 여러 가지 형태로 제작된다.

(5) 마무리공사측량

콘크리트가 양생되어 거푸집을 해체하고 정리한 후부터 마무리공사를 하게 된다. 기준점이나 기준선으로부터 주요중심선 또는 먹줄선을 표시한다.

내부공사는 바닥, 벽, 천정의 마무리와 타일, 돌공사, 목공사 등이 있으며 외부공사로 외벽장식이 있다.

전기설비나 급배수, 바닥, 벽 등의 공사는 표시선을 기준으로 하여 공사를 실시하며, 표시는 기준표시와 조적공사, 돌공사, 타일공사, 목공사, 미장공사 등에 필요한 표시가 있다.

4 건축물 주변 정원측량

(1) 정원의 의의

정원은 그 시대를 지배한 가치체계, 지형, 기후 등의 배경을 통하여 이루어진 정서문화의 산물이다. 정원(庭園: garden)은 울타리로 둘러싸여 건물 앞의 공지인 정(庭)과 과실수를 기르던 동산의 원(園)의 복합어이다. 중국에서는 위치에 따라 원(園)과 원림(園林)으로 구분하고 있다. "원"은 성내, 즉 도시 내에 있는 열락형 정원으로서 상주하는 주택의 내부 또는 인접지에 이루어지는 정원이고 "원림"은 성외, 즉 성곽주변에 수려한 자연환경 속에 만들어진 자연형, 열락형의 정원이다.

우리의 주택정원은 예로부터 기능면보다는 감상면에서 중점을 두었으나, 인간의 생활문화가 다양하게 발달되어감에 따라 정원의 기능적인 측면과 관상적인 측면이 다함께 중시되어가고 있다.

주택 내의 정원은 주택을 제외한 외부공간을 아름답게 장식하고, 인간들이 가정생활을 하는 데 불편함이 없도록 설계되어야 한다.

(2) 전통정원(傳統庭園: traditional garden)

전통정원은 소규모의 민간주택에서부터 궁궐에 이르기까지 건물과 관련되어 형성되는 외부공간은 물론 성 내외의 명승지에서 이루어지는 자연형, 열락형인 한거장소(閒居場所)를 뜻한다. 전통정원은 사상적 배경, 공간구성 및 시설배치, 정원조성기법에 따라 다르다.

(3) 정원의 면적에 의한 분류와 활용

① 소정원(小庭園)

정원의 부지면적이 60~150㎡(약 20~50평) 정도로 일조량이 부족하고, 만족스러운 정원을 꾸미기에 어려운 점이 많다.

정원을 가꾸는 재료로 음지식물이 많이 이용되며, 정원 내의 매우 어려운 부분은 밝은색 계통의 강석(江石)을 이용하는 것이 좋다.

② 중정원(中庭園)

중정원의 부지면적은 150~300㎡(약 50~100평) 정도로써, 소정원에 비해서 활용공간이 많다. 이 정도 면적의 정원 내에는 조그마한 연못이나 폭포, 잔디밭, 벤치 등을 설치할 수 있다.

③ 대정원(大庭園)

대정원의 부지면적은 200평 이상이므로, 도시 근교의 별장정원 등이 이에 해당한다. 이 정원의 경우 공간을 매우 효과적으로 활용하기에 용이하다.

정원 내에는 과수원, 화단, 온실, 조각물, 분수, 약수터 등의 각종 시설물들을 적절한 장소에 배치할 수 있다.

(4) 정원의 계획

정원의 계획은 주거부지(住居敷地) 면적에 따라서 그 규모가 결정된다. 부지면적을 200㎡ 이하, 300㎡ 정도, 500㎡ 정도, 1,000㎡ 이상 나누어서 생각한다. 200㎡ 이하인 경우는 정원을 풍부하게 계획하는 것이 어려우므로 경계 등에 필요한 공간과 10㎡ 이상의 여백을 취하여 일부에 관상목적(觀賞目的)의 작은 정원을 고려하는 정도이다. 이 경우 기능적으로 가정 구성원의 취미활동, 원예(園藝)나 분재(盆栽) 등을 위하여 쓰이기는 하나, 이동들의 활동을 위해서는 여유가 없다. 300㎡일 때는 어느 정도의 전정(前庭)이나 주정(主庭)을 고려할 여지가 있으며, 방문객의 방문을 준비하기 위한 20~30㎡의 전정을 잡으면 주정은 100㎡ 정도의 면적이 된다. 이것으로 유아의 유희장에 모래밭을 갖추기는 어려우나 어느 정도의 오락이나 운동이 가능하도록 설계할 수 있다.

300㎡ 이상의 주거부지에서는 관상용 정원설정이 고려되어야 할 것이다.

500㎡ 정도의 부지를 가질 경우는 경계식재(境界植栽) 등에 필요한 면적을 확보하고, 주정(主庭)의 면적은 200~300㎡에 달하며, 유소년(幼少年)에게 어느 정도 만족을 줄 만한

놀이터를 생각해 볼 수 있다. 그리고 다른 가족이 원예(園藝) 등의 취미활동을 할 수 있도록 설계할 수 있고, 관상정(觀賞庭)으로 생각하여도 완결성이 높은 조경이 가능하다.

100㎡ 이상의 부지일 경우, 전체 부지를 몇 개의 부분으로 나누어 각각 독자적인 기능을 갖도록 하여, 운동 · 취미활동 등을 부지 내에서 공존시킬 수 있으며, 또한 500㎡(테니스구장), 300㎡(수영장), 10㎡(주차구역), 경재폭원(境裁幅員) 및 화원을 가로지르는 화원로(花園路)의 폭원(幅員)을 1m로 할 수 있다.

(5) 정원규모에 따른 측량

경관(또는 조경)을 고려한 측량에서는 등고선을 그려 넣는 지형도의 제작을 생각할 수 있으며, 이를 축척별로 나누어보면 다음과 같은 측량을 하는 것이 좋다.

축척 1 : 100 정도는 개인정원의 조경이 이용되고, 나뭇가지 형태로부터 암석의 요철(凹凸)에 이르기까지 측량하여 고저차 0.5m 이하의 등고선 간격을 사용한다.

축척 1 : 300 정도는 대규모의 개인정원이나 공공건물 앞의 정원 및 소규모의 공원녹지에 해당하고, 고목(高木)의 형상이나 암석의 위치 등을 구할 필요가 있으며, 고저차 0.5m 내지 1m 간격의 등고선(等高線)으로 나타난다. 축척 1 : 1,000 정도의 경우는 공원녹지(公園綠地)나 소단지(小團地)의 조경 등에 이용된다. 그 정밀도는 고목(高木)의 종류에 대한 위치를 알 수 있는 정도로 하고, 고저차 1m 간격의 등고선으로 한다. 축척 1 : 3,000 정도가 되면 소규모의 녹지나 단지의 조경 등에 이용되며 높이차 2m 간격의 등고선으로 한다. 소규모의 1 : 10,000 정도는 그 이상의 것과 마찬가지로 국토지리정보원(國土地理情報院)에서 발생하는 지형도를 이용하여 그 수정에 의하여 작도하는 것이 좋다. 이 때는 도상(圖上) 1mm가 10m에 해당하므로, 일반 지형도에 나타나지 않은 특수한 지물(地物) 등이 관측에 주가 되고, 높이차에 대해서는 5m 간격의 등고선에 의한 경우가 많다.

연 습 문 제

다음 각 사항에 대하여 답하시오.

01. 건축물시공측량

02. 건축물주변의 정원

03. 정원의 계획 및 정원의 규모에 따른 측량

Chapter 18 유형문화재 측량

Introduction to surveying

1 개 요

민족문화의 결정체인 문화재를 보존, 복원하기 위한 각 방면의 노력이 활발하고 원형보존에 역점이 주어지고 있다.

문화재를 정확히 기록보존하는 방법으로서 간단한 기기에 의한 관측 방법이 이용되어 왔으나, 노력과 시간이 많이 소요될 뿐 아니라 숙련도에 따라 정확도가 좌우되어 최근에 와서는 영상탐측기법을 이용하고 있다.

지상영상탐측은 지상의 두 점에서 대상물의 종류에 관계없이 입체영상면으로 측량하는 것으로서 피사체와 영상면의 위치 및 방향 등을 자유롭게 조정할 수 있어 단시간 내에 많은 대상물을 촬영할 수 있다. 그 촬영된 영상면을 보관함으로써 대상물에 대한 재확인 및 재현이 가능하고 섬세하게 조각된 부분도 확대도화가 가능하며 문화재 측량에 많은 장점을 갖고 있다.

우리나라는 최근에 지상영상탐측용 카메라가 도입됨으로써 문화재 측량에 관한 연구가 활발히 진행되고 있다.

지상영상탐측용 카메라와 입체도화기를 이용하여 문화재의 평면, 입면 및 등고선도를 얻고 해석적 방법을 적용하여 각 부재의 정확한 치수와 중요지점의 3차원 좌표를 구한다.

따라서, 문화재의 건조시대, 건조방식과 시간경과에 따른 변화를 영구히 기록하고, 그 구조적인 선을 분석하여 현상태의 보존과 변화과정을 알아내고 복원시 정확한 재료를 제공하는 데 영상탐측방법이 유용하게 이용된다.

2 지상영상탐측방법

(1) 기준점측량

대상물에 부착된 표정점좌표를 해석하기 위해 지상기준점을 설치하며, 이 지상기준점의 3차원좌표를 얻기 위해 지상기준점측량을 실시한다. 지상기준점은 표지를 설치하거나 면 · 선 · 표척 등을 이용하며 기준점측량을 〈그림 18-1〉과 같이 한다.

$$X=b \quad \cos\alpha=\frac{\sin\beta \cdot \cos\alpha}{\sin r}S \tag{18-25a}$$

$$Y=\frac{\sin\beta \cdot \sin\alpha}{\sin r}S \tag{18-25b}$$

$$Z=\frac{\sin\beta \cdot \tan\varphi}{\sin r}S+i \tag{18-25c}$$

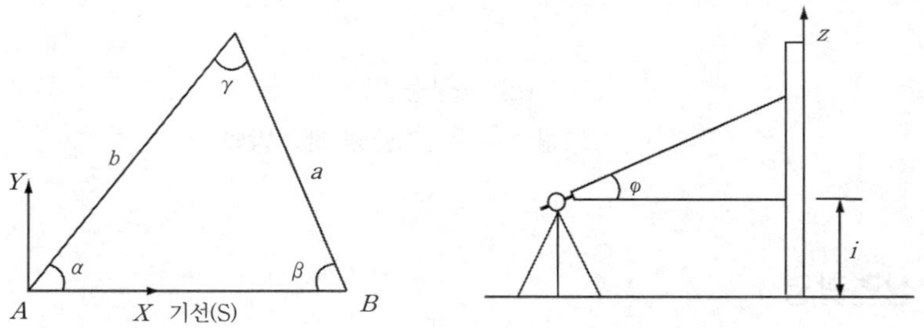

그림 18-1 기준점측량

〈그림 18-2〉는 기준점배치방법들을 열거한 것으로 대상물의 특성과 현장조건에 적합한 형태를 선택하여 설치한다.

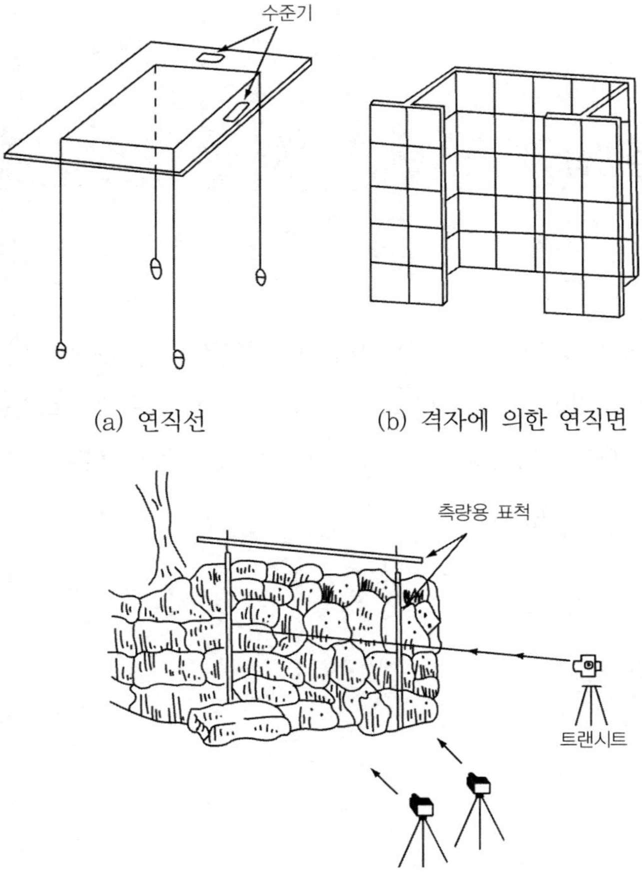

(a) 연직선 (b) 격자에 의한 연직면

(c) 측량용 표척

그림 18-2 기준점 배치방법

(2) 영상면촬영

대상물의 크기와 도화정확도를 고려한 영상면축척 등을 분석하여 촬영거리와 촬영기선장을 정한다. 표정점배치는 자료분석에서 필요한 곳에 부착하며 도화할 때 장애가 없도록 한다. 영상탐측과 대상물과의 기하학적 관계를 표시하면 〈그림 18-3〉과 같으며, 여기서 얻어진 영상면을 입체도화기에 설치하여 표정과정을 거쳐 도화를 하면 등고선도가 작성된다.

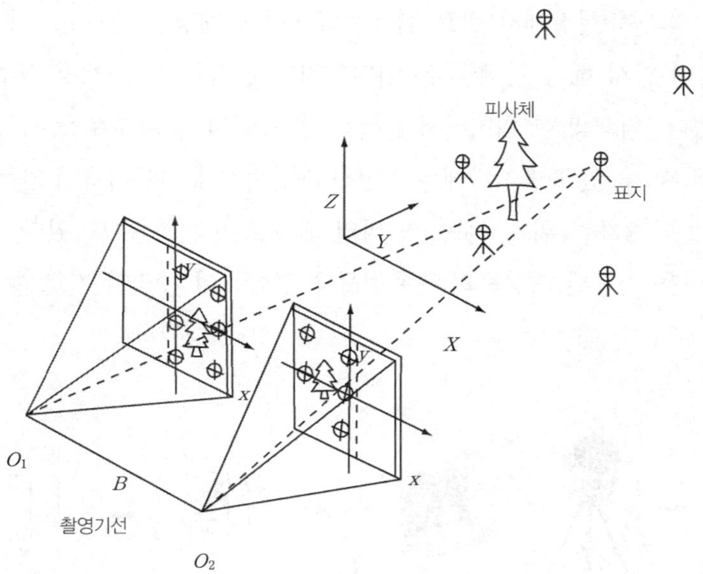

그림 18-3 영상탐측의 기하학적 관계

3 레이저관측에 의한 방법

레이저 스캐닝 체계는 정확하고 빠르게 현장에서 물체의 3차원 자료를 측량할 수 있는 장비이다. 표면이 노출된 부분을 정밀한 3차원 좌표로 구할 수 있다. 현재 레이저 스캐닝 체계는 지형 및 일반 구조물 측량, 윤곽 및 용적 계산, 구조물의 변형량 계산, 가상공간 및 건축 모의관측, 역사적인 건축물의 3차원 자료기록보존, 영화배경세트의 시각효과 등에 활용성이 증대되고 있다.

레이저 스캐닝 체계를 이용하여 대상물의 3차원 위치를 구하는 과정은 다음과 같다.

① 대상물의 표면에 레이저를 발진한다.

② 대상물의 표면에서 일부의 레이저가 반사되어 스캐너로 되돌아온다.

③ 발사되어 온 레이저를 스캐너가 감지한다.

④ 발사된 레이저가 반사되어 되돌아오는 시간을 관측하여 대상물의 거리를 계산한다.

작업과정은 비디오 사진기를 이용하여 레이저 스캐너를 관측하고자 하는 대상물의 방향을 맞추면 체계에 연결된 노트북이나 데스크탑 컴퓨터에 대상지역 이 나타나고 이 중에 스캐닝 할 지역을 선정한다.

스캐닝한 후 결과를 현장에서 바로 볼 수 있으며 스캐닝을 좀 더 자세하게 할 부분은 어디인지, 아니면 다시 해야 할 부분은 어디인지를 판단한 후 스캐닝 작업을 부분적으로 다시 할 수도 있다. 임의의 한 위치에서 관측한 후 보이지 않는 부분을 위하여 다른 위치로 이동하여 관측을 할 수 있으며 야간에는 안전하고 신속하게 자동관측이 가능하다. 기준점을 측량하여 대상물의 3차원 위치정보를 임의의 좌표로 변환할 수도 있다.

레이저 스캐닝을 측량된 대상물의 관측점들을 정합하여 세밀한 가로 · 세로단면을 얻을 수 있다.

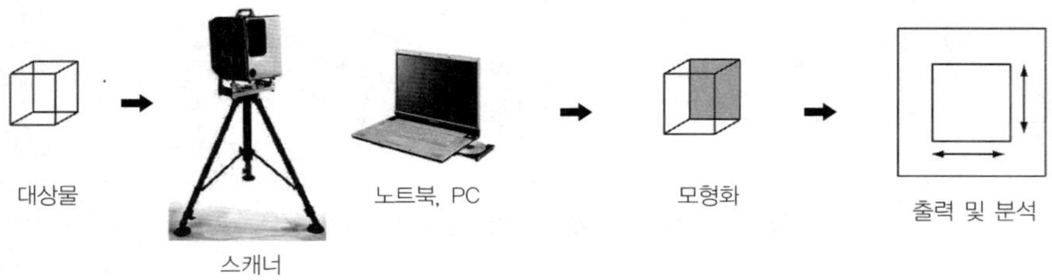

그림 18-4 레이저 스캐닝 체계

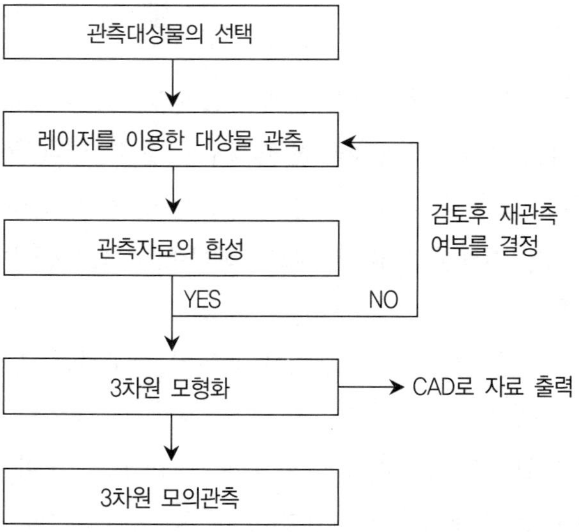

그림 18-5 레이저 스캐닝 자료처리 과정

4 문화재 조형미해석

조형미 비례관계는 사물의 크기나 길이에 대하여 그들이 갖는 양과 양 사이의 관계를 나타내는 말로서 조화의 근본이 되는 균형을 뜻한다.

균형은 부분과 전체의 관계 또는 부분과 부분의 관계를 나타내고 법칙적으로 규정지은 것으로 황금분할이 있는데 1 : 1.618의 비를 황금비$\left(1 : \frac{1+\sqrt{5}}{2}\right)$라 한다. 이 황금비는 우리나라에서 신라시대부터 조형물상에 많이 나타난 3 : 5비와 거의 같다. 장변과 단변의 비가 황금비가 되는 직사각형과 함께 정사각형 기준으로 하여 이루어진 일련의 제곱근비로 정사각형과 $\sqrt{2}$, $\sqrt{3}$, $\sqrt{4}$, $\sqrt{5}$의 직사각형은 예부터 균제가 이루어지고 안정된 형태로 이용되고 있다.

로마의 비트루비우스(Vitruvius)는 인체의 조형미 비례관계를 이용하여 척도의 기준으로 삼았으며, 독일의 아돌프자이싱은 비례관계를 연구하여 황금분할법을 확립하였다.

우리나라 불교사찰의 평면비례관계를 고찰하면 삼국시대에는 9 : 4, 5 : 4, 7 : 5, 5 : 3, 2 : 5로서 이 중 5 : 3의 비가 많이 이용되고 있으며, 신라시대의 석탑과 부석사의 무량수전의 평면과 입면에 대해 직사각형분할법과 정사각형비, 3 : 5에 의해 구성된 것을 볼 수 있으나 삼국시대를 대표하는 백제정림사오층탑, 불국사의 다보탑과 석가탑, 감은사지의 동탑과 서탑, 석굴암본존불 등은 1 : $\sqrt{2}$ (안정적이고 사실적인 조화비형성), 고려시대의 대표적 걸작품인 관촉사의 은진미륵불은 1 : $\sqrt{3}$ (추상적인 조화비형성)의 조형비를 갖추고 있다.

〈표 18-1〉은 삼국, 고려 및 서양의 조형비에 대한 비교표이다.

표 18-1 조형비 비교

서 양	삼 국	고 려
황금비	정사각형의 원리	정삼각형의 원리
$1 : \frac{1+\sqrt{5}}{2}$	$1 : \sqrt{2}$	$1 : \sqrt{3}$
BC 1650년 이집트 피라미드 건설에 사용 Euclid(BC 365 ~ BC 300)가 언급 Leonardo da Vinci(AD 1452~1519)가 그의 예술작품에 활용	삼국시대의 대표적 불상(석굴암 본존불)과 석탑(다보탑, 석가탑 등)에서 정사각형의 구도가 사용됨으로써 사실적 묘사	고려시대에 축조된 동양 최대의 석불상인 은진미륵은 정삼각형의 구도를 이용하여 축조됨으로써 추상화적 묘사

5 우리나라 석조문화재 조형미 해석

(1) 석조문화재 대상

표 18-2

	석굴암 본존불	은진미륵
시 대	서기 751년 신라 경덕왕 때 김대성의 의해 건립, 774년 완공	서기 985년 고려 광종
조 성 배 경	왕실의 긍지를 계승하고 선왕을 기리기 위해	후삼국의 혼란을 수습하고 새로운 통일국가를 기리기 위해
위 치	경남 경주 토함산 석굴암	충남 논산군 은진면 관촉리 관촉사
규 모	높이 3.26m	높이 18.12m
기 타	국보 24호 가장 한국적인 미가 응축된 최고의 걸작 사실적 묘사와 우아하고 세련된 기법	보물 218호 동양 최대의 거상 추상화적 묘사와 토속적 형태를 갖춤

(2) 석굴암 본존불과 은진미륵의 조형비 비교

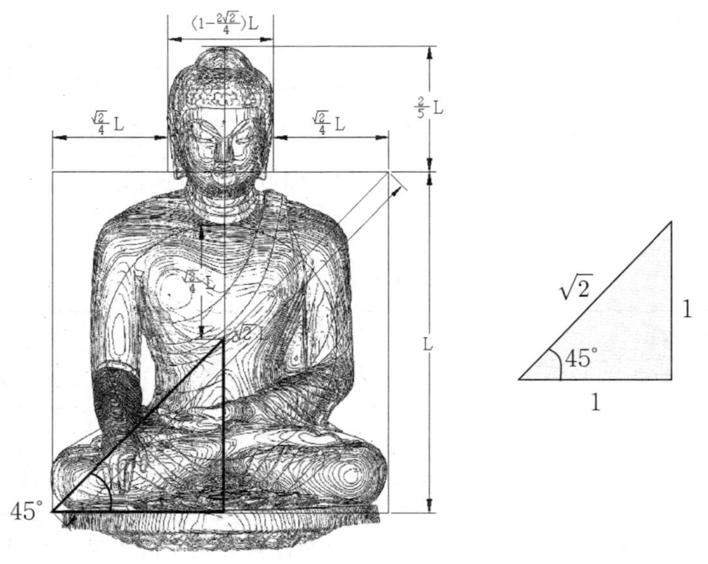

그림 18-6 정사각형 구도

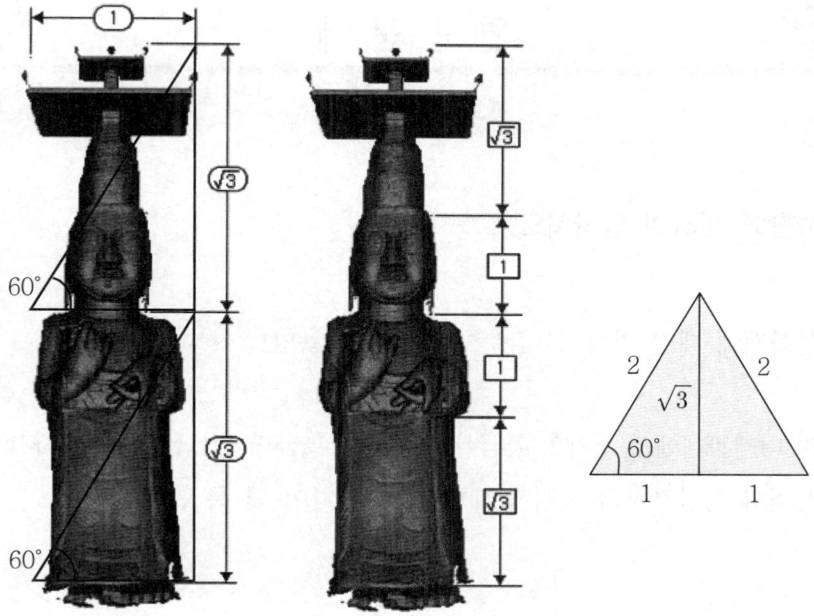

그림 18-7 정삼각형 구조

연 습 문 제

다음 각 사항에 대하여 답하시오.

01. 유형문화재에 대한 지상영상탐측 및 레이저탐측방법

02. 조형미 비례관계에서 서양의 황금분할에 대한 황금비, 삼국시대의 정사각형의 원리, 고려시대의 정삼각형의 원리에 대한 수치적 차이 및 특징 비교

Chapter 19

경관측량

Introduction to surveying

1 경관측량

(1) 개 요

경관(景觀, viewscape)은 인간의 시지각적(視知覺的) 인식에 의하여 파악되는 공간구성에 대하여 대상군(對象群)을 전체로 보는 인간의 심적 현상이다. "경관"이라고 하는 경우는 여러 개의 대상 또는 대상군 전체를 보는 것을 말하며, 더욱 추상적인 표현으로는 대상(또는 대상군)이 전체적으로 보여지는 상태라 할 수 있다.

경관현상에는 대상이 되는 물리적 사실뿐만 아니라, 대상을 보는 인간의 심리적 또는 생리적 사실도 고려해야 한다. 즉, "경관이란 대상(또는 대상군)의 전체적인 조망이며, 이를 계기로 형성되는 인간(또는 인간집단)의 심적(심리적 또는 생리적) 현상"이라고 말할 수 있다. 경관은 시각적, 객관적, 개선 가능한 것을 뜻하나 경치나 경색은 감상적, 주관적, 개선 불가능한 것을 뜻한다.

환경에 관한 지형 및 공간의 유형적(type) 사고방식에서 지표적인 방법에 의한 정량화와 정량적인 경관예측을 위한 표현방법이 발전되어 감에 따라 경관측량의 효용성이 날로 증대되고 있다. 경관측량은 녹지와 여공간(餘空間)을 이용하여 휴식, 산책, 운동, 오락 및 관상 등을 목적으로 하는 도시공원조성이나 토목구조물 등이 자연환경과 이루는 조화감(調和感), 순화감(順化感), 미의식(美意識)의 상승(上昇) 등을 고려하는 데 이용된다. 대상이 환경과 조화감, 순화감, 미의식의 상승을 이루는 것을 경관의 3요소라 한다. 경관측량의 궁극적인 목적은 인간의 쾌적한 생활공간을 창조하는 데 필요한 조사와 설계에 기여하는 데 있다. 경관에서는 차경(借景), 첨경(添景) 등을 많이 이용한다.

(2) 경관의 구성요소, 지점 및 형상적 분류

① 구성요소

일반적으로 경관구성요소에 의하여 대상계, 경관장계, 시점계, 상호계로 구분된다. 경관은 인식대상이 되는 대상계(對象界), 이를 둘러싸고 있는 경관장계(景觀場界), 그리고 인식의 주체인 시점계(視點界)가 있다. 또한 대상계, 경관장계 및 시점계를 구성하는 요인과 성격에 관한 상호성을 규명하고 이들 사이에 존재하는 관계계(關係界)가 있다.

② 지점경관

지점경관 구성요소는 시점, 시점장, 주대상, 대상장으로 나눌 수 있다.

시점(視點, view point)은 경관은 인간이 물리적 대상을 보는 것에 의해 비로소 성립되는 현상임에 따라 인간의 존재가 경관을 구성하는 중요한 요소가 된다.

전망할 수 있는 물리적 대상 또는 대상군은 시점으로부터의 거리에 따라 시점장(視點場, viewscape setting here, view point field)과 대상장(對象場, viewscape setting there)의 두 가지 구성요소로 분류된다. 즉, 시점장이란 경관을 얻을 때의 시점이 존재하는 "장"으로 시점 부근의 공간을 의미한다.

주대상(主對象, dominant object)은 경관의 주제가 물리적 대상 또는 대상군인 경우의 해당 대상 또는 대상군을 의미하며, 주제가 공간인 경우는 주대상이라 부르지 않는다.

대상장(對象場, viewscape setting there)은 전망하고 있는 대상군에서 전술한 시점장과 주대상을 제외한 모든 대상을 의미하며, 지점경관의 "배경" 즉, 주역이 되는 요소를 떠올리게 하는 배경적 부분을 나타낸다. 일반적으로 대상장은 면적으로나 대상의 종류에 있어서도 전망의 대부분을 차지한다.

③ 형상적 분류

경관은 포괄적인 현상을 개별요소로 분해하고 이들 요소와 관계가 있는 요소를 통해 전체를 재구성하려고 하는 요소주의, 구성주의 또는 대상군적인 접근방법으로 분류할 수 있다.

지점경관(地點景觀, scene viewscape)은 고정적인 시점에서 얻을 수 있는 경관을 의미한다.

이동경관(移動景觀, sequence viewscape)은 경관의 변화는 시점의 변화에 따르는 경관이다. 특히 시간에 따른 경관의 변화가 현저하거나 시점의 이동경로가 한정되고 의도적인 경우에 이동경관이라 한다.

장(場)의 경관은 한정된 시점에서의 전망이 아니라 복수 또는 불특정의 시점에서의 전망을 종합한 어떤 일정 범위 내에서 전망의 총체를 나타내는 형태의 경관을 말한다. 삼림경관, 도시경관은 장의 경관의 범주에 포함된다.

변천경관(變遷景觀)은 비교적 긴 시간의 경과에 따라 대상이 변화해 가는 경관을 변천경관이라 한다.

(3) 시각특성

인간의 시지각에 의한 시야와 대상상호간의 관계는 〈그림 19-1〉, 〈그림 19-2〉, 〈그림 19-3〉과 같다.

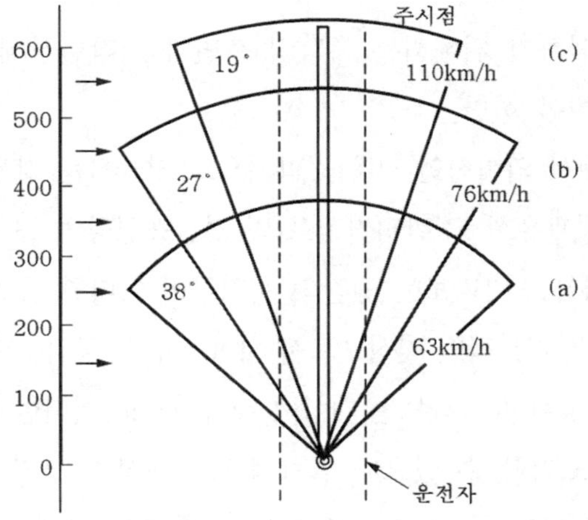

그림 19-1 속력증가에 의한 동시야와 주시점 지각변화

그림 19-2 반전도형(흰 것을 배경으로 할 경우 꽃병, 검은 것을 배경으로 할 경우는 두 사람이 마주보는 형상)

그림 19-3 다의도형(옆에서 보면 노인, 맞은편 얼굴은 소녀)

(4) 경관의 정량화

경관의 정량화를 해석하기 위해서는 시각적 측면과 시각현상에 잠재되어 있는 의미적 측면을 동시에 고려하여야 한다.

경관을 해석하기 위해서 의미적인 것을 공학적으로 기술하는 것은 매우 어려우나 시각특성, 경관주체와 대상, 경관유형, 경관평가지표 및 경관표현방법 등을 통하여 경관의 정량화가 이루어지고 있다. 대상을 바라보는 인간의 시지각이 어떠한 특성을 갖고 있는지를 아는 것은 분석에 있어서 가장 기본적인 지식으로서 시야, 시력, 공간주파수에 관한 속성을 알아야 한다. 대상의 시각속성이란 바라보는 대상이 시각적으로 어떠한 특징을 갖는가를 의미한다. 여러 가지 사항을 고려할 수 있으나 일반적으로 대상의 크기(또는 규모), 형상, 색채, 질감을 주로 고려한다. 여기서는 지표, 주시대상물과 위치관계, 시점과 배경, 평가함수, 경관표현 등에 의한 경관의 정량화에 관해서 기술하겠다.

① 지표에 의한 방법

경관의 정량적 해석을 위하여 경관평가지표로 식별의 명확, 보는 범위에 따르는 시설물의 규모에서 받는 인상, 형태에 의한 인상, 부재구성의 아름다움으로부터 받는 인상 등을 기준으로하여 가시(可視)·불가시(不可視), 식별도(識別度), 위압감(威壓感), 규모감(規模感, sale), 입체감(立體感), 변화감(變化感), 조화감(調和感)의 7개항으로 나누어 해석한다.

② 주시대상물과 위치관계에 의한 방법

경관평가를 규정하는 기본요인으로는 관점과 주시대상물의 위치관계, 즉 거리, 대상물을 보는 각도(수평시각, 수직시각, 대상물의 축선과 시축이 이루는 각) 및 기준면에 대한 시점의 높이로 나누어진다. 이 때 시각은 주시대상물 전체를 보는 시준선의 교각을 말하고 수평시각은 대상물에 대한 수평방향의 시점과 종점을 시준할 때의 각도를 말한다. 그리고 수직시각은 대상물의 특정 부분의 상하단(예를 들어, 교량의 교탑의 정상과 수면)을 시준하는 각도이다.

가) 시거리

시거리는 시점부터 대상까지의 거리를 나타내며, 외관의 크기(s)는 대상의 크기(S)와 시거리(d)에 의해서 다음과 같이 나타난다.

$$s \propto S/d$$

나) 상향각(앙각)

상향각은 도시에 대한 주변부의 감각을 나타내는 지표로써, 광장과 가로의 분석, 설계에 이용되어 왔다. 벽면의 상향각 45°에서는 완전한 밀폐감(이보다 큰 상향각에서는 일반적으로 밀실공포증이 생김), 18°에서는 밀폐감의 최소값, 14°에서는 밀폐감이 없어진다.

다) 하향각(부각)

시점이 높은 곳에 있어서 대상을 내려다 볼 경우 주 대상에 대한 하향각의 크기에 따라 경관이 크게 변화한다. 하향각이 −30°∼−10°가 시각적으로 중요한 영역이나, 호수나 항만의 경우 −8°∼−10° 정도의 시선이 수면에 도달하는 중요한 각이다.

라) 시선 입사각

경관을 구성하고 있는 대상을 가지각색의 크기와 각도를 갖는 면의 집합으로 생각할 수 있다. 시각적으로 안정된 시선입사각은 다음과 같다.

마) 수평시각 : $\theta_H \Rightarrow 10° < \theta_H \leqq 30°$

바) 수직시각 : $\theta_V \Rightarrow 0° \leqq \theta_V \leqq 15°$

사) 시준선과 시설물 축선이 이루는 각 : $\alpha \Rightarrow 10° \leqq \alpha \leqq 30°$

③ 시점과 배경에 의한 방법

시점과 배경의 위치관계(F_B)에 기인하는 요인은, 배경의 다양성으로 심리적 영향에 따라 인상이 크게 변하기 때문에 정량적 분석은 매우 곤란하다. 따라서, 어느 시점에서 시계 내에서 잡은 전망에 대한 배경의 영향은 시점의 상태에 따른 영향, 배경과 대상물의 위치관계에 따른 영향, 배경의 상태에 따른 영향, 기상조건에 따른 영향의 5개항으로 나누어 배경과 경관도의 관계를 추출할 수 있다. 이 항목에 의하여 주시대상(注視對象)의 주위에 대한 환경상태(배경의 경관도)는 8개항에 따라서 규정한다. 즉 입지조건, 시준율, 대상 시설물의 시준범위, 시점과 배경과의 거리, 하향각 및 상향각, 육해공의 비율, 배경의 시준범위 및 기상조건 등이다.

④ 평가함수에 의한 방법

시설물 경관의 평가지표는 앞에서 설명한 7개항(가시·불가시, 식별도, 위압감, 스케일감, 입체감, 변화감, 조화감)으로 X_i, 이 지표에 의한 경관규정 요인은 수평시각(θ_H), 수직시각(θ_V), 시준선과 대상물 축선이 이루는 각(α), 기준면에 대한 시점의 높이(Δ_H), 대상물과 시점간의 거리(D), 배경의 경관도(F_B)로 Y_i 이다. 시설물 경관의 경관도를 E 로 설정하여 경중률 적용에 의한 평가를 한다.

⑤ 경관표현에 의한 평가 방법

가) 정사투영도에 의한 방법

정사투영도(正射投影圖)에 의한 방법은 설계자료를 그대로 이용할 수가 있어 조작하기에 용이하고 모든 조건을 정량적으로 판단할 수 있다고 하는 장점이 있지만 입체적 파악이 어려워 시각적인 면에서 현실성이 떨어진다는 결점이 있다.

나) 스케치 및 회화에 의한 방법

개략적인 묘사(sketch)는 각각의 영상을 개략적으로 파악하는 방법이며, 담채 스케치는 설계 비교안을 간단한 첨경과 함께 영상화한 다음 스케치 상에 엷게 채색하는 방법이고, 채색(coloring)은 설계 비교안을 주변의 경관과 함께 상세하게 색으로 그리는 방법이다.

다) 투시도에 의한 방법

투시도에 의한 방법은 다른 시점에서 합쳐진 작도가 가능할 뿐 아니라 시각성이 양호하여 판단하기 쉬운 장점이 있으나 설계자의 주관이 포함되기 쉬우며 자연조건까지 포함하는 데는 제약이 따르는 단점이 있다. 투시도에 의한 방법은 투시도 제작에 시간이 많이 소요되지만 가장 많이 이용되고 있는 방법이다.

라) 영상면 몽타주(imagery montage)에 의한 방법

영상면 몽타주에 의한 방법은 경관 정비의 경우에는 새로운 경관 구성요소의 그림을, 개발계획의 경우에는 완성예정인 구조물과 주변의 조형 부분의 그림을 현황사진에 합성한 몽타주(montage) 사진과 비교해서 영향의 정도를 평가하는 방법이다.

마) 색채모의관측(color simulation)에 의한 방법

구조물 색채 및 재질을 사진 내에 투영하여 입력한 요소를 광학적으로 처리하거나 변화시켜 검토하는 방법을 색채모의관측이라 한다.

바) 비디오 영상에 의한 방법

비디오 영상에 의한 방법은 비디오에 의한 영상합성을 이용하는 방법으로 몽타주가 비교적 용이하고 장관도(panorama) 경관 및 이동경관 등 시야가 연속적으로 변화하는 동경관을 처리할 수 있는 장점 이외에 시각성, 현실성, 정량성이 우수한 장점이 있다.

그러나, 이 방법은 영상면에 비해서 고가의 장비가 필요하며 색채의 질이 떨어지고 영상의 질도 약간 나쁜 단점이 있다.

사) 영상(image)처리에 의한 방법

전산기를 이용한 영상처리에 의한 투시도법은 우선 지형 및 구조물 등의 표고 및 위치 등 3차원자료를 전산기에 입력하고 수치형상모형(FM: TM, EM, SM)의 투영법에 의해 임의의 지점으로부터 조망한 투시도를 작성해서 특정 지점에서의 조망을 나타내는 방법이다.

아) 모형(model)에 의한 방법

모형(model)에 의한 방법은 구조물 및 지형 등과 같은 모형 재료에 의해 3차원 모형으로 표현하는 방법이다. 경관정비 및 개발계획 사업의 계획단계에서는 지형모형을 용이하게 만들 수 있으며 경관정비의 새로운 경관 구성요소 또는 구조물과 주변의 조형 부분의 모형을 더하여 경관 및 전망을 검토하는 방법이다.

(5) 경관의 적용

① 경관의 적용

경관조성은 인간이 파괴로 인한 훼손된 대자연을 자연에서 얻어진 각종 경관재료를 활용하여 위안과 휴식, 편리, 오락, 보건위생, 적응 등의 목적을 충족시키기 위하여 입체적 공간으로부터 평면적 공간에 이르기까지 형태학적 또는 생태학적으로 연구, 계획, 분석 설계하여 이를 시공 및 관리하며, 인간이 생활을 영위하기 위한 환경을 개선하는 것을 목적으로 한다.

경관의 적용에는 경관해석(도시, 도로, 수변공간, 사회기반시설물 등에 관한 경관 조성), 조경관리, 공원녹지계획, 자연환경조사, 인문사회환경조사, 전산지원해석, 경관정보체계를 이용한 광역경관계획 등이 있다.

② 경관의 평가

경관에 대한 평가는 대단히 추상적인 것이며 사람의 주관에 의해서 변하는 것이므로 평가하는 사람에 따라 달라서 일정하지 않을 뿐만 아니라, 더욱이 경관의 좋고 나쁨이 사람의 주관에 의거하기 때문에 사람들이 어떤 경관을 좋다라고 생각하는 것을 계량화하거나 쾌적한 경관이란 어떤 것인가를 구체적으로 나타내는 것은 매우 난해한 문제이다.

경관의 평가구조를 해석하는 방법으로는 역사적으로 정평 있는 전통적인 경관분석과 계량심리학적 방법이 있으나, 모든 방법이 충분하게 평가구조에 대해 해명되고 있지 않으며 생리학, 민족학, 문화인류학 등으로부터의 접근방법도 필요하다.

경관의 정량적인 평가를 위해서는 인간의 심리적 반향을 나타내는 평가항목을 물리적으로 관측 가능한 요인으로 표시한 관측지표(parameter)가 필요하지만 평가항목에 따라서는 적당한 관측지표를 찾기 어려우므로 이와 같은 경우에는 몽타주 사진 등에 의한 정성적인 평가에 만족할 수밖에 없다.

일반적으로 정량적인 평가기준을 이용하지 않고 경관의 정성적인 평가만을 하는 방법으로는 관찰법 및 영상추출법 등이 있다. 이 경우에는 일원적 평가실험을 통한 통계처리에 의해 정성분석을 수행하고 경관의 가치를 분석해서 경관의 향상 또는 저해 요인을 탐색하거나 평가대상의 순위부여 등에 의해 직접적인 종합평가를 수행한다.

정성적인 경관평가에서 평가주체는 경관전문가, 자연보호단체, 평가대상사업관계자, 원주민, 관광여행자로 대별된다. 이들에 의한 경관평가는 평가주체의 입장과 자라온 환경에 따라 평가하는 착안점과 평가경향이 다르지만 세부적인 부분에서 차이점은 있더라도 평가항목에서는 전체적인 맥락에 따라 통일성을 부여하는 것이 필요하다.

또한, 평가주체가 전문가인 경우에는 평가의 평균값을 많이 벗어나지 않지만 일반인의 경우에는 평가값의 분산이 커져 정밀도가 저하된다. 일반적으로 경관평가의 평가항목은 조사항목과 예측항목이 서로 동일함이 바람직하다.

연 습 문 제

다음 각 사항에 대하여 답하시오.

01. 경관의 의의

02. 경관의 구성요조, 지점경관 및 형상적분류

03. 경관의 시각특성

04. 경관의 정량화방법

05. 경관의 적용

Chapter 20 우주개발

Introduction to surveying

1 개 요

지구는 태양계 우주에 속해 있다. 태양을 중심을 다수의 행성(行星) 및 달로 구성된 태양계 우주에서 태양은 가장 큰 천체(天體)이다. 그러나 태양은 태양계 우주이외에 많은 은하계(銀河系)를 포함한 우주전체 중에서는 하나의 작은 별에 지나지 않는다. 태양은 인류 및 모든 생태계에서 중요한 역할을 하고 있다. 태양의 크기는 직경이 약 864,000mile(1,382,000㎞)이나 되며 태양계의 주요 에너지의 공급원이다. 태양의 내부온도는 25,000,000°F(14,000,000℃)가량 되지만 표면온도는 10,000°F(5,600℃)수준이다. 태양은 지구에 대해서 약 27일의 주기(週期)로 자전(自轉)을 하면서 수백만도(數百万度)나 되는 높은 온도의 물질을 우주공간에 방출하고 자장(磁場)을 형성할 뿐만 아니라 충전입자(充電粒子)와 자기(磁氣)를 태양계의 천체를 향해서 계속 방출하고 있으므로 태양계의 환경변화에 큰 영향을 주고 있다. 이러한 태양의 영향은 같은 태양계 내에서도 수성(水星), 금성(金星), 지구, 화성(火星), 목성(木星), 천왕성(天王星), 해왕성(海王星), 명왕성(冥王星)의 순서로 거리가 멀어짐에 따라 그 영향도 감소되고 있다.

바다에서부터 시작된 지구의 생명체는 육지로 이동하고 다시 그 활동영역을 과학기술의 매개체를 이용하여 우주로 까지 확대하여 감에 따라 우주개발의 진전과 과학의 발전으로 인공위성이 등장하게 되었다.

인공위성(artificial satellite)은 우주개발에 대한 목적을 갖고 궤도에 따라 선회하도록 개박하여 우주에 발사된 우주비행체(spacecraft)이다. 우주비행체는 인간이 탑승하는 유무에 따라 유인비행체와 무인비행체로 분류되며 지구궤도를 도는 인공위성과 태양계의 다른 행성을 탐측하기 위한 탐측위성은 무인비행체다.

세계최초의 무인 인공위성은 1957년 10월 러시아에서 발사된 스푸트니크 1초(SPUTNIK-1, 동반자의 뜻, 83.6kg무게)로서 900km 지구상공을 유영하면서 대기의 밀도와 온도를 관측하여 지구로 보낸 작업을 수행하였다. 2011년 현재 9,800여개(북아메리카 우주방위 NORAD의 집계 수)의 인공위성이 우주개발에 이용되었으며, 우주공간에서의 통신은 1960년도부터 위성방송을 시작하였고 위성항법은 1970년대부터 본격적으로 실용화되기에 이르렀다.

2 인공위성과 생활개선

우주과학 기술에 의한 각종 취득된 자료는 우리 인간의 일상생활의 개선에 중요한 부분이 되어가고 있다. 인공위성에 의하여 위성통신 및 방송, 위성위치관측시스템(Global Positioning System: GPS)에 의한 배, 항공기, 및 자동차의 항행을 위한 위치, 자료제공, 기상위성에 의한 날씨예보, 지구의 온난화 현상, 삼림 황폐화, 해양 및 지표면에서의 발생되는 각종현상변화를 정확하게 감지 및 관찰할 수 있다. 위성기술은 여러 방면의 과학 및 기술을 조합하는 대단히 정교하고 고유한 기술로서 재료, 컴퓨터, 로봇산업, 전자공학, 통신, 정보화와 같은 각종 분야에 대한 과학기술을 진흥시켜 새로운 산업분야를 육성 발전시키는 동기부여에 기여하고 있다.

3 임무수행을 위한 인공위성

인공위성의 임무수행을 위하여 유인우주비행체, 일상행활 및 생활개선을 위한 생산활동에 필수적인 통신 및 방송위성, 기상위성, 항법위성, 지구표면의 토지, 자원 및 환경분야의 관측을 위한 지구관측위성, 군사 및 정찰을 위한 군사 및 정찰위성, 행성탐측을 위한 행성탐측위성 등에 관한 연구가 활발히 이루어지고 있다.

(1) 유인우주비행체

1957년 10월 SPUTNIK-1가 발사된 후 1961년 4월 12일 유리 가가린을 태운 보스토크 1호(Vostok 1)가 우주비행에 성공한 후 1959년 미 항공우주국(NASA)에서 유인우주비행체의 개발을 시작한 후 여러 단계의 프로그램을 진행한 결과 1969년 7월 21일 아폴로 11호가 세 명의 우주비행사인 암스트롱, 콜린스, 엔드린을 달에 착륙시키는데 성공함으로서 유인우주비행체에 의한 달 탐측의 계기를 마련하게 되었다. 이에 달의 정복을 위하여 달 표면에 국제우주정거장과 우주왕복선을 마련하여 달의 탐측뿐만 아니라 우주에서의 다른 행성탐측을 위한 영구유인기지를 설정하기 위한 개발계획을 시도하고 있다.

(2) 통신 및 방송위성

위성 중에서 인간의 일상생활에 가장 밀접한 영향을 미치는 것은 통신위성이다. 통신위성의 임무는 한 지점에서 다른 지점으로 라디오, 전화, 텔레비전 및 각종 필요한 자료를 전달하는 것이다. 통신위성은 지구의 자전주기와 동일한 회전속도를 갖는 정지궤도(GEO)상에서 고정통신, 이동통신이 모두 가능하고 저궤도(LEO)와 중궤도(MEO)에서는 이동통신이 가능하나 정지궤도 통신의 경우에 높은 고도에 따른 전파의 송수신간 시차가 저궤도와 중궤도보다 클 수 있다. 그러나 정지궤도위성에 대한 부가체계이용으로 정지궤도위성은 각종 분야 임무에 활용성이 증대되고 있다. 이러한 저궤도 및 중궤도 위성은 지상과의 거리가 짧아 송수신에 유리한 반면, 이에 따라 좁은 영역만을 커버할 수 있기 때문에 다수의 위성이 필요하다. 1999년 9월 과 2006년 8월에 각각 발사하여 운영 중인 우리나라 무궁화 위성 3호 및 5호도 전형적인 통신 및 방송위성이다. 위성통신은 마이크로파를 이용한 고속대용량으로 지형이나 각종재해에 대하여 지장을 받지 않고 고른 통신을 할 수 있다. 넓은 지역에 전송하는 국제전화중계망, 이동통신(개인휴대용 통신, 항공통신 등) 홍수예보 및 통제, 기상 및 환경현상관측, 원격정보감시와 활용이 가능하다.

적도 상공에 발사하여 운영하는 정지궤도위성으로 하나의 방송전파로 전국 어디서나 지상재해에 영향을 받지 않고 방송망확보가 가능하다. 2002년 3월부터 위성방송을 해온 한국디지털위성방송(스카이라이프)은 2003년 HD(High Definition) TV방송서비스를 시작함에 따라 완전히 디지털로 전환되는 2013년에는 모든 TV채널을 HD수준으로 볼 수 있게 되며 각 가정에서 영화전문 3D PPV(Pay Per View)로 개설할 시스템도 마련하고 있다.

(3) 기상위성

기상위성은 열대폭풍, 태풍, 허리케인, 홍수, 사이클론, 산불 등의 각종 현상과 재난이 언제 어디서 발생하는지 농부들에게 농작물을 심고 수확할 수 있는 적절한 시기가 언제인지를 예측하는데 필수적인 역할을 하고 있다. 정지궤도 기상위성(예: GOES, GMS, MTSAT, METEOSAT, INSAT 등)은 저궤도 기상위성(예: NOAA 위성)의 단점을 보충할 수 있고 높은 고도(정지궤도)에서의 관측은 한 번에 대략 지구의 1/3되는 영역 위의 구름, 습기 및 열적 특성을 관측할 수 있다. 이는 저궤도위성, 항공기 및 지상관측으로부터 얻어진 데이터를 해석하는 데 많은 기여를 하고 있다.

기상위성에는 850km상공에서 지구를 남북방향으로 선행하면서 기상자료 이용국에게 정보를 제공하는 극궤도 기상위성(미국의 TIROS: Telecom Infrared Observation Satellite)과 36,000km상공에서 지구자전주기와 같이 서행하면서 항상 일정한 지역에 기상정보를 제공하는 정기기상위성(일본의 GMS-3: Geo stationary Meterological Satellite)이 있다. 언제나 지구의 같은 면을 볼 수 있는 정지기상위성을 위도별로 적절하게 배치하여 지구를 둘러싸고 극궤도기상위성[미국의 타이로스 N/NOAA시리즈, 러시아의 메테오르(Meteor), 중국의 풍운 시리즈 등]을 추가로 배치하면 지구 전체의 기상관측이 가능하게 된다. 우리나라는 중국, 일본, 미국 등의 기상자료를 송신 받아 이용하다가 2010년 6월 27일 발사된 최초의 기상위성인 천리안 정지기상위성으로 우리나라와 아시아지역의 여러 나라들에게 기상자료를 제공할 수 있게 될 것이다.

(4) 지구관측위성

지구관측위성은 지구표면상의 토지, 자원 및 환경에 관하여 고성능이며 다양한 파장의 영상취득카메라 및 센서(Digital Camera, Multi Spectral Sensor, Hyperion 등)와 합성개구레이더(Synthetic Aperture Radar: SAR)등을 이용한 관측으로 지구자원탐측, 토지 및 환경변화, 3차원 지형도 및 각종 지도제작, 농사작황현황, 산림자원의 분포, 오존층의 상태, 지구의 온난화현상, 사막화의 현황, 지표면 및 해양에서의 변화감지, 각종재해요인 추출 및 예방 등을 연구함으로서 인류생활을 향상시키는데 공헌하고 있다. 각 국의 지구관측 현황과 RADARSAT위성의 구성에 관한 〈표 20-1〉과 〈그림 20-1〉은 다음과 같다.

표 20-1 각 국의 지구관측위성현황

소유국	위성명	센서유형	밴드	해상도 (m)	방사해상도 (bit)	발사연도	촬영폭 (km)
한국	KOMPSAT-2	MS	1 4	1 4	10	2006	15
미국	LANDSAT	Pan ETM^{+}	1 7	15 30, 60		1999	185
	IKONOS	MS	1 4	1 4	11	1999.9	11
	QuickBird	MS	1 4	0.61 2.44	11	2001.10	16.5
	OrbView	MS	1 4	1~2 4	11	2003.6	8
	GeoEye	MS	1 4	0.41 1.65	11	2008.9	15.2
러시아	KVR-1000	Film Camera	1	2	8	1980	40
	DK-1	Digital Camera	1	0.8	8	1978	40
	RESURS-DK	MS	1 3	1 2	10	2006	28.3
	RESURS-DK-R	MS Radar	1 4	1. 2.5 1.5	10	2003	28.3
캐나다	RADARSAT-2	Radar	1	〈50		2004	〈300
프랑스	SPOT-5	MS	3 1 1	10 10 2.5		2002.5	60
독일	RapidEye	MS	5	5	〈12	2008.8	77
인도	IRS-1C/D	Pan	1	5	6	1995	70
	IRS-P5	Pan	1	2.5	10	2005.5	30
	IRS-P6	MS	3 4	5.8 23.5	7	2003.10	23.9
일본	ALOS	MS Radar	1 4 1	2.5 10	8	2005.7	70
이스라엘	EROS-B1	Pan	1	0.82		2002	

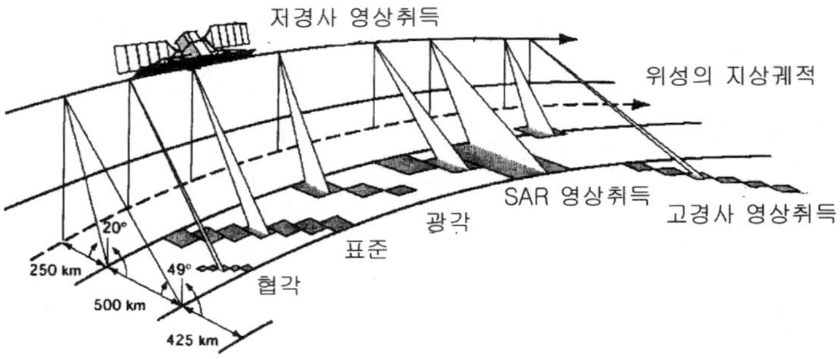

그림 20-1 (a) RADARSAT SAR의 빔형식

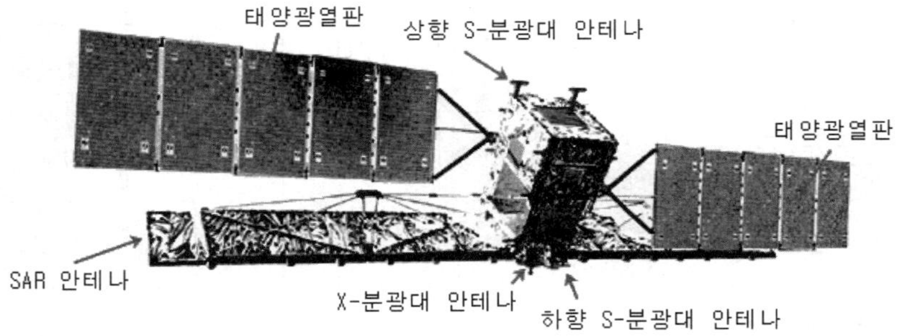

그림 20-1 (b) RADARSAT 위성의 구성

(5) 항법위성

NAVSRAR-GPS라는 항법위성 프로그램에 의해 수행되고 있는 미국의 위성위치관측체계(GPS)는 1973년 미 국방성에서 군사적인 목적으로 개발되어 12시간의 원형궤도를 돌며 임무를 수행하는 항법유도장치이다. GPS는 현재 위치자료제공, 재난구조, 화산활동 및 지진감시, 농작물관리, 각종자원 및 시설물관리 등에 이용하고 있다. 항법위성은 지상, 차량, 항공기, 위성 등에 있는 소형 수신기에 의해 위치, 시간, 항법위성궤도, 항법신호에 대한 정보를 제공하는 역할을 하고 있다. 현재 위성위치관측시체계인GPS[미국 NAVSRAR-GPS(Global positioning System)]는 31개(예비용 7기포함)가 약 20,000km의 고도에서 6개의 궤도에 적도면과 55° 각도로 원에 가까운 궤도를 그리면서 11시간 58분 주기로 공전하면서 최소4개, 최대 9개의 위성을 이용하여 지구의 어느 곳(지상, 해상, 공중)에서 날씨(기상)관계없이 24시간 그 위치를 m(부가장치를 추가시에는 cm단위)범위 안으로 3차원위치(수평 및 수직위치)정보를 얻을 수 있다. 현재 GPS는 측지측량망설정, 지구물리학, 국토개발, 각종대상에 대한 위치정보제공, 지적, 시설물관리, 차량항법체계(CNS), 긴급구조, 지진감시, 각종방재, 여가선용, 항공산업, 항행, 농작물관리, 우주개발분야 등에 기여하고 있다. 현재는 GPS가 유일한 위치정보 및 각종정보제공에 서비스를 하고 있으나 러시아의 GLONASS, 유럽연합과 유럽우주국의 Galileo 프로젝트가 유럽독자의 GNSS(Global Navigation Satellite System)계획으로 GPS와 유사한 항법체계를 구축하고 있다. 이러한 항법체계구축으로 인류의 이동, 편의성, 각종산업의 개발 및 운영에 기여함으로서 생활개선이 가속화 되어가고 있다. 〈그림 20-2〉는 GPS위성의 형상이다.

그림 20-2 GPS 위성

(6) 군사 및 정찰위성

군사위성은 군사용으로 사용되는 정찰, 경보, 도청통신, 항행, 군사기상 등을 해석하고 감시하는데 이용되고 있다. 이는 적외선감지기, 레이더를 이용해 미사일발사발견[예: 미국의 DSP(Defense Support Program)의 위성, Rhyolite 위성 등)], 항공기나 군함추적(예: 러시아의 Rorsat위성)과 핵폭발탐지위성인 미국의 베라(vera), 가시광선 및 적외선에 의한 군사정보를 수집하는 러시아의 Cosmos, 프랑스의 SPOT, 미국의 Lacrosse위성 등이 있다. 키홀 11호(Key Hole-11)/Improved Crystal의 형상으로 해상도가 약 15cm정도인 것으로 알려져 있다. 미국의 군사기상위성(DMSP: Defence Meterological Satellite Program)

은 군사목적이외 일기예보, 홍수대비. 지진예측, 농작물작황, 지도제작, 환경감시 등으로 활용범위를 확대시켜가고 있다. 군사위성은 정찰, 통신, 항행, 군사기상이외 조기경보와 도청을 위한 첩보위성을 별도로 운영하고 있다.

조기경보위성인 미국의 DSP위성은 미사일이나 로켓의 핵폭탄발사를 적외선센서를 감지해 적의 공격에 대비한다.

도청위성은 적국의 통신이나 전파를 도청하는 것으로 미국의 볼텍스, 오리온, 점프시트 등이 국가정찰국(NRO)에서 관리하고 있다. 군사통신위성은 소형의 지상터미널과 통신하는 것으로 일반적인 통신위성보다 높은 전력을 필요로 하고 있다. 러시아는 정지궤도의 라두가위성, 포토크위성, 타원궤도의 몰니야위성 등을 군사통신위성으로 사용하고 있다.

(7) 행성탐측위성

행성탐측위성은 1930년 이후 미국과 러시아에 의해 주로 이루어졌으며 태양계행성의 탐측에서 상세히 설명하기로 한다. 인류가 앞으로 시도하고 얻을 수 있는 행성탐측성과는 다음기회에 기술하기로 한다.

4 태양계 행성의 탐측

이 장에서는 태양계 행성탐측위성이 어떻게 개발되었나를 기술한다.

태양계탐측은 수성, 금성, 달과 같은 내부 행성과 화성, 목성, 토성, 천왕성, 해왕성, 명왕성과 같은 외부행성 및 화성과 목성의 궤도사이에 산재되어 있는 소행성 및 혜성 등에 관한 사항이다(행성의 탐측내용은 장영근, 최규홍 저 “인공위성과 우주” 자료를 인용함).

(1) 수성(Mercury)의 탐측위성 – 마리너 10호(Mariner10)

173년 11월 3일, 수성과 금성을 관측하기 위해 발사된 마리너 10호(Mariner 10)는 수성의 영상을 찍은 첫 번째 탐측위성이었다. 탐측결과 지구의 백만 조 분의 1정도의 얇은 대기가 존재하며 지구의 6분의 1인 중력과 1%의 자기장을 가지고 있다는 사실을 밝혔으며, 수성내부에 지름이 약 1,600km 되는 거대한 철 핵이 존재한다는 것도 알게 되었다.

(2) 금성(Venus)의 탐측위성 - 마리너 2호(Mariner 2)

1962년 8월 27일 발사된 세계최초의 성공적인 행성탐측위성으로 금성의 표면으로부터 약35,000km 근처를 지나면서 금성의 온도를 처음으로 관측하였다. 파이오니아 비너스(Pioneer Venus)와 베네라(Venera)는 금성의 대기의 97%가 이산화탄소이고, 1~3%가 질소, 0.1~0.4%가 수증기라는 것과 10,000km보다 높은 산들이 존재한다는 것도 발견하게 되었다. 또한 우주왕복선으로부터 발사된 첫 탐측위성인 NASA의 마젤란(Magellan)위성은 1990년부터 1994년까지 4년 동안 영상 레이더를 사용하여 금성의 표면을 관측한 성과로 98% 이상의 금성의 지도를 만들 수 있었다.

그림 20-3 우주왕복선으로부터 분리되고 있는 마젤란

(3) 화성(Mars)의 탐측위성 - 마리너 4호

1965년 7월 14일 최초로 화성궤도에 도착한 미국의 마리너 4호는 22장의 질이 낮은 화성표면의 영상취득으로 화성의 표면은 지구와는 달리 달과 같은 거대한 분화구로 구성되었고 화성의 대기압은 지구 대기압의 1% 보다도 작다는 것을 알게 되었다. 생명체의 존재에 대해 연구를 시도한 계획이 바이킹(Viking)프로그램이었다. 바이킹 1호는 1975년 8월 20

일 발사해 11개월만인 1976년 7월 20일 화성에 착륙하여 화성에서의 생명체 존재가능성을 조사하기 위해 광합성 실험, 신진대사 실험 및 가스교환 실험 등을 수행하였으나 화성생명체의 존재 가능성에 대해 확실한 결론을 얻을 수 없었다.

(4) 목성(Jupiter)의 탐측위성 – 보이저 1호(Voyager 1)

보이저 1호는 1610년 갈릴레오에 의해 처음으로 관측되었던 목성의 4개의 위성[이오(Io), 유로파(Europa), 가니메데(Ganymede), 칼리스토(Callisto)]에 관한 영상면판독결과 이오가 나트륨과 황으로 둘러싸인 거대한 화산이며 다른 세 개의 위성들은 모두 엷은 얼음으로 둘러싸여 있는 사실을 알게 되었다.

(5) 토성(Saturn)의 탐측위성 – 카시니(Cassini)

미국과 유럽의 공동 토성 탐측선인 카시니(Cassini)는 1997년 10월에 플로리다의 케이프 케네베럴에서 타이탄Ⅳ에 의해 발사되었으며 위성의 규모는 무게 6톤, 높이 7m로 미항공우주국에서 제작한 행성탐사위성 중 가장 비싸고 거대한 위성이다. 카시니위성은 지구를 선회하는 동안 지구의 자기장 안에 갇혀있는 입자들을 분석하였고 달에 대한 영상을 지구로 보내왔다.

(6) 천왕성(Uranus)의 탐측위성 – 보이저 2호(Voyager 2)

1986년 1월 24일에 천왕성에 도착하여 천왕성의 자기장이 행성의 회전축에 60°, 태양을 도는 행성의 궤도 평면에 97.9°가 기울어져 있는 것과 낮과 밤이 42년마다 한 번씩 돌아온다는 사실을 알게 되었다.

(7) 해왕성(Neptune)의 탐측위성 – 보이저 2호(Voyager 2)

해왕성의 대기가 85%가 수소이고, 13%가 헬륨, 2%가 메탄이라는 사실과 자전주기가 18시간으로 오로라 현상이 일어나고 있음을 관찰하였다.

(8) 태양의 탐측위성

① 파이오니아(Pioneer)위성과 율리시스(Ulysses)위성

미국의 태양탐측위성인 파이오니아5호가 1959년 3월 11일 최초로 태양궤도에 발사되었고, 미 항공우주국과 유럽우주기구가 공동으로 추진하여 190년 10월에 최초의 태양극궤도 태양탐측위성인 율리시스를 발사하였다.

② 소호(SOHO: SOlar and Heliospheric Observatory)

미 항공우주국과 유럽우주기구가 공동으로 참여하여 개발한 태양탐측위성인 소호는 1995년 12월 12일에 발사되었다. 소호위성은 정지위성(지구로부터 150만 km거리에 있는 태양과 지구사이에 위치함)으로 태양을 24시간 관측할 수 있어 태양의 내부구조와 태양으로부터 나오는 빛의 세기와 변화를 분석할 수 있었으며 코로나의 성질과 태양풍 등에 대해서도 탐측할 수 있었다.

그림 20-4 태양탐사위성 소호

(9) 달의 탐측위성

① 루너(Lunar)시리즈

옛 소련의 달 탐사 계획으로1959년 1월 2일 인류 역사상 최초로 옛 소련의 루너 1호가 달궤도 진입, 그해 9월 12일에는 루너 2호가 위성으로는 처음으로 달에 착륙, 10월에는 루너 3호는 달의 반대편을 탐측하여 지구에서는 볼 수 없었던 달의 뒷모습 영상을 취득할 수 있었다. 루너 10호는 1966년 4월 3일에 달 표면에 약 3시간정도 머물면서 달 표면을 조사하였고, 루너 24호(1976)까지 달의 표면조사와 영상들을 전송해왔다.

② 아폴로(Apollo) 시리즈

미국은 1966년 6월 1일 서베이어 1호를 달에 발사한 후 1968년 10월에는 유인우주선인 아폴로 7호를, 1969년 7월 20일에 아폴로 11호가 암스트롱, 콜린스, 엔드린을 태우고 달에 착륙하여 21시간 36분 20초 동안 달에 월석을 채취하고 달 표면에 레이저 반사경을 장치하는 등 여러 가지 탐측장비를 설치한 후 7월 24일에 지구로 귀환했다. 1972년 12월 아폴로 17호로 일단 아폴로 시리즈는 임무를 종료하였고 이로부터 25년 만에 루너 프로스펙터(Lunar Prospector)로 달을 탐측하였으나 명확한 달의 특성을 규명하지 못하고 있다.

그림 20-5 아폴로 11호가 달에 착륙하여 내딛은 인류의 첫 발자국

5 달의 탐측계획

달의 탐측은 1959년 1월 2일 러시아의 루너 시리즈에 의한 달궤도 진입, 1969년 7월 20일 아폴로 1호가 암스트롱, 크린스, 벨드린을 태우고 달에 도착, 1998년 1월 6일 아폴로 17호에 달 착륙등을 통하여 많은 자료를 확보하고 해석 하였으나 자원개발 가능성 이외 큰 성과를 거두지 못하고 있다. 현재로는 에너지로 활용할 수 있는 헬륨3(^{3}He)이 100만 톤가량이 달 표면에 침전되어 있다는 것이다. 이를 지구로 옮기어 올 경우 전 세계인이 500년 정도 사용할 수 있는 에너지원이고 우주왕복선 1대의 운송량인 25톤의 헬륨이면 미국이 1년 동안 사용할 수 있는 에너지원이라 한다. ^{3}He(양성자2+중성자1)은 일반적인 ^{4}He(양성자2개+중성자2개)보다 중성자 하나가 적다. ^{3}He에 중성자 1개를 핵융합 시킬 경우 일반적인 헬륨 ^{4}He(양성자2개+중성자2개)이 되면서 양자1개가 남는다[3He(양성자2개+중성자1개)에 (양성자1개+중성자1개)를 핵융합 하면 일반 4He(양성자2개+중성자2개)이 되면서 양성

자 1개가 남는다]. 이 양성자 1개가 엄청난 에너지원으로 발생된다는 것이다. 지구에서 찾을 수 없는 ^{3}He이기에 고갈되어 가는 지구의 자원 확보에는 크나큰 관심의 대상이 되고 있다. 일반적인 방사성은 수 만년에 걸쳐서 반감되므로 생태계에 치명상을 주고 있으나 핵분열을 이용하면 반감기가 12년 정도이므로 방사성 동위원소가 있는 폐기물이 거의 생기지 않는다. 달은 지구의 하나뿐인 위성이며 밀물, 썰물, 밤하늘의 밝은 빛, 지구에서 가장 가까운 외부천체, 미지수의 자원보고라고 생각되는 대상이므로 많은 연구가 진행되고 있는 것이다. 이에 오래전부터 미국, 러시아에 이어 최근에는 일본의 셀레네, 중국의 창어1호, 인도의 찬드라얀 1호가 달탐측에 임하고 있다, 최근에는 미국의 LRO가 2009년 6월 달 탐측에 적극 참여할 것을 제의해 왔다. 미국항공우주국은 2008년 7월 국제 달 탐측 네트워크에 9개국(미국, 일본, 영국, 독일, 프랑스, 캐나다, 인도, 우리나라, 이탈리아)을 참여시켜 달 표면에 공동 탑재체(달 지진계, 열전도 관측기, 달 자력계, 레이저 거리관측기) 설정을 목표로 하고 있다. 우리나라도 달 탐측을 위해 2007년 11월에 2020년까지 달 탐측궤도선, 2025년까지 달 탐측체에 대한 자력발사 및 달의 자료원의 채취 및 귀환 등을 실현하고자 계획을 세우고 있다.

6 우리나라 인공위성의 현황과 미래계획

(1) 개 요

우리나라는 국제협력을 통하여 한국최초 우주인 배출과 위성제조 및 지상설비의 정착으로 우주과학 분야에서의 세계시장 진출이 확대될 것으로 전망하고 있다. 지구 관측분야에서는 다목적실용위성의 한국표준모형 개발로 상업화 조기 달성이 이루어짐으로서 지구관위치관측성의 독자개발에 의한 영상정보 취득의 자주화가 실현단계에 이르렀다, 위성 본체 및 지상국의 경우 국내 주도 개발을 추진하고 또한 탑재체의 경우도 해양, 기상위성의 지속적 수요를 감안하여 국내 개발을 적극 추진하는 등 국내외 위성개발 환경을 고려하여 단계적 위성개발 기술을 확보할 계획이다. 핵심 위성부품의 국산화를 통해 위성체 플랫폼 제작능력 배양에 대한 계획도 수립하고, 우주정보통신의 활성화를 통하여 국민생활 및 복지향상에 기여하고, 통신해양기상위성 개발, "정지궤도위성" 개발능력의 확보, 우리나라 독자 기술에 의한 통신방송용 위성개발 추진, 저궤도 발사체 체계종합 및 독자적 운용능력 확보, 2015년까지 1.5톤급 저궤도 실용위성 발사체 개발 및 발사와 실용위성 발사체의 신뢰도를 향상시켜 장기적으로 상용화 개발, 우주센터 건설 등을 통하여 국제 수준의 우주과학기술 능력을 확보할 계획이다.

다목적실용위성은 국가적 수요에 따른 지상, 해양, 환경 등의 관측 임무를 수행하며, 위성자료의 연속성을 통해 공공수요를 충족시킬 계획이다. 현재 개발 중인 다목적실용위성 3호의 경우 한국 표준 관측위성 지정도 검토, 동일 모형 복제로 제작비용을 줄이고 민간 생산의 적극적인 지원, 탑재체등에 관해서 국내 산·학·연 협력체제에 의한 개발로 기술자립 및 국산화를 추진해야 할 것이다. 과학기술위성은 실용위성 개발과 관련된 핵심기술의 선행연구 및 우주관측 실험을 추진하고, 통신해양기상위성에 관해서는 정지궤도위성의 국산화 개발능력을 확보하며, 통신, 해양, 기상 등의 위성 수요 충족에 관해서도 많은 구상을 하고 있다. 이제 한국은 위성체/탑재체 핵심기술, 탑재체 운용/관제체계 기술, 위성자료처리/이용기술, 위치관측체계 기술개발 능력 확보 및 종합기반시설 구축에 관한 장·단기 계획을 수립하고 실행하고 있다.

한국의 위성발사 현황은 〈표 20-2〉와 같다.

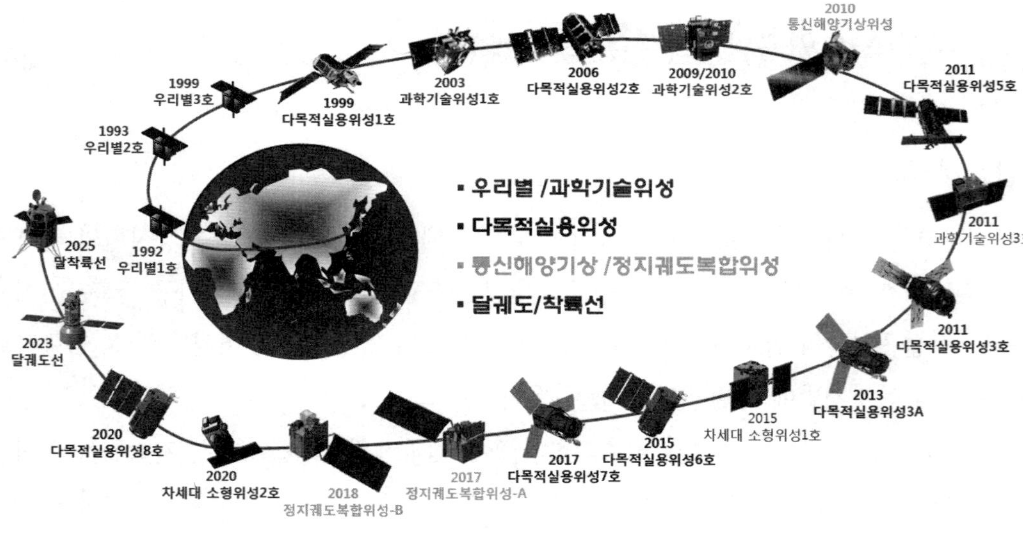

그림 20-6 우리나라의 인공위성 발사 일정계획

표 20-2 한국의 위성발사 현황

분류	구분		발사년도	궤도	중량	탑재체	임무
과학기술위성	우리별	1호	1992년 8월 11일	1300㎞, 원궤도	50Kg	지상관측탑재체 우주방사선측정 통신탑재체	위성제작기술습득 위성전문인력양성 위성제작기술습득
		2호	1993년 9월 26일	800㎞, 태양동기궤도	50Kg	지상관측탑재체 저에너지입자검출기 적외선감지기 통신탑재체	위성부품국산화 소형위성기술획득
		3호	1999년 5월 26일	720㎞, 태양동기궤도	110Kg	지상관측탑재체 우주과학탑재체	지상관측 과학관측
	과학기술위성	1호	2003년 9월 27일	685㎞, 태양동기궤도	106Kg	원자외선분광기 방사능영향관측 고에너지입자검출기 정밀지구자기장측정기	우주환경관측
		2호	2009년 8월 25일	300~1500㎞	99.2Kg	Radiometer 레이저반사경	선행기술시험 우주과학연구
		3호		저궤도	150Kg내외	-	선행기술시험
다목적실용위성	1호		1999년 12월 21일	685㎞ 태양동기궤도	470Kg	EOC (PAN 6.6m), OSMI, SPS	지상관측 해양관측
	2호		2006년 7월 28일	685㎞ 태양동기궤도	800Kg	MSC(PAN 1m,MS 4m)	지상관측
	3호		2012년 5월 18일	685㎞ 태양동기궤도	1ton	AEISS(PAN 0.7m MS 2.8m)	지상관측
	3A호			450~890㎞	1ton	EO/IR	적외선지구관측
	5호			550㎞, 태양동기궤도	1.4ton	SAR(1m)	전천후 지상관측
정지궤도위성	통신해양기상위성		2010년 6월 27일	정지궤도	2.5ton	통신탑재체(Ka대역) 기상탑재체(5ch) 통신탑재체(8ch)	정지궤도우주인증 공공통신망구축 기상해양관측

(2) 발사된 인공위성 현황

① 아리랑위성 1, 2, 3호(KOMPSAT-1, 2, 3)

1994년부터 본격적인 위성개발사업의 일환으로 아리랑위성 개발사업이 과기부, 산자부 및 정통부의 주도로 착수되어 1999년 말에 발사되었다. 아리랑위성 1호는 한국 최초의 지구관측용 실용위성으로, 미국의 위성제작사(TRW)와 공동개발을 통해 실용급 위성개발기술의 국내조기정착을 목표로 하였다. 체계의 설계단계에서부터 우리 기술진과 공동수행하고, 제작단계에서는 7개 국내업체가 참여함으로써 많은 기술을 확보하였다.

아리랑 위성 1호(KOMPSAT-1 : Korea Multi-purpose Satellite-1)의 주요제원은 〈표 20-3〉과 같다.

표 20-3 아리랑위성 1호의 제원

개발기간	1995~1999	크기	253(*H*)×134(*D*)×690(*L*)cm
소요전력	636w	임무궤도	685km 태양동기저궤도
용도	지구관측	주요임무	• 한반도 관측(6.6m 해상도) • 지도제작, 국토관리, 해양관측 • 해양자원 • 환경관측, 과학실험
분류	소형위성		
고도	685km		
발사시 중량	500kg	탑재체	• EOC(전자광학 사진기) • LRC(저해상도 사진기) • SPS(과학실험 탑재체)
무게	470kg		

아리랑 1호는 1999년 12월 21일 오후 4시 13분(한국시간) 토러스 발사체에 의해, 미국의 반덴버그 공군기지에서 발사되어 현재는 운용이 중지 되었다.

2006년 7월 28일에 발사한 KOMPSAT-2호는 1m 해상력의 영상을 얻을 수 있으며 2012년 5월 18일에 발사한 KOMPSAT-3호는 0.7m 해상력의 영상을 제공할 수 있다.

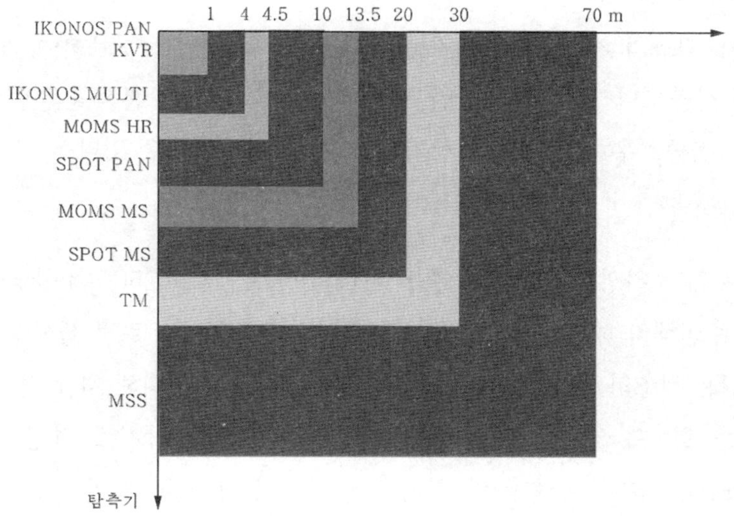

그림 20-7 IKONOS, KVR, MOMS-02, KOMPSAT-1, SPOT, LANDSAT의 영상소 크기 비교

② 천리안 위성(COMS : Communication Ocean and Meteorological Satellite)

가) 개 요

2010년 6월 27일에 발산된 통신해양기상위성인 천리안 위성은 2003년부터 국가 우주개발 중장기 계획에 따라 기상청, 국토해양부, 교육과학기술부, 방송통신위원회공동사업으로 대한민국 최초의 기상관측, 해양관측, 통신서비스 임무를 수행할 수 있는 정지궤도 복합위성으로 미국, 중국, 일본, 유럽연합(EU), 인도, 러시아에 이어 세계에서 일곱 번째로 독자 기상위성보유국으로 자리 잡게 되었다.

COMS 인공위성 구성 및 제원은 운용고도 및 기간(36,000㎞/7년), 운용궤도(적도, 동경 128.2도 위치), 발사중량[2,497kg(탑재체 포함), 해상도(가시 1㎞, 적외 4㎞), 탑재체(기상영상관측센서, 해양관측센서, 통신중계기 및 안테나)]로 구성되어 있다.

나) COMS의 기능 및 활용

(ㄱ) 기상관측

평상시 15분 간격으로 기상정보 취득가능하며, 비상시 특별관측으로 최소 8분 간격의 기상정보 제공이 가능하여 장기간의 해수면온도, 구름 자료를 통한 기후변화

분석을 할 수 있다.

국내 최초의 24시간 연속관측이 가능한 적외 채널을 보유하여, 연속적인 산불감지 및 산불모니터링, 눈이 쌓인 지역 추정 및 식생지수 분석을 통한 가뭄정도 파악, 태풍, 집중호우, 황사 등 위험기상 조기 탐지를 할 수 있다.

(ㄴ) 해양관측

정지궤도 위성으로 한반도 주변 바다의 가로 · 세로 2500㎞ 촬영이 가능하다. 한반도 주변해역 해양환경 및 해양생태 감시, 해양의 클로로필 생산량 추정 및 어장정보 취득, 적조의 발생 예측/이동 모니터링을 통한 적조피해 저감 및 효율적인 양식장 관리를 할 수 있다. 또한 해양의 유류오염 피해 감지로 해양재난 피해 저감, IT(RFID/ USN, GPS 등)와 위성을 연계한 선박 위치 확인

(ㄷ) 통신서비스

Ka-Band 방식 채택으로 광대역 위성 멀티미디어 서비스가 가능하여 30TV, UHDTV 등 차세대 위성 서비스 기반을 마련하였다.

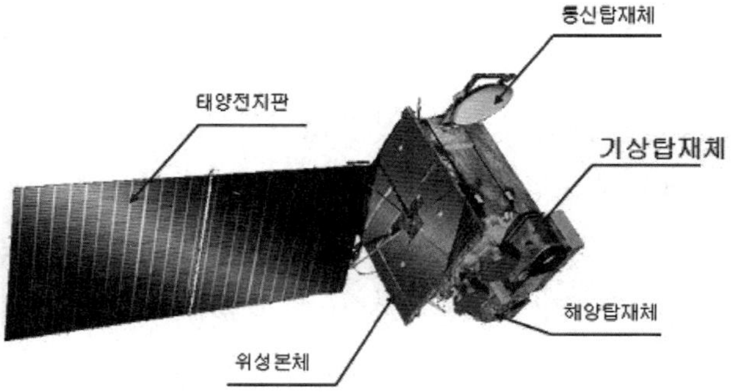

그림 20-8 COMS 위성 기본사양

(3) 우리나라 인공위성 발사장 및 정지궤도 위성의 위치

① 우리나라 나로우주센터

우리나라의 각종위성(아리랑, 무궁화, 우리별 등)들은 외국의 우주센터에서 발사되었다. 외국에 발사할 경우 발사일정, 발사비용, 위성기술노출 등의 손실이 있었다. 이에 1996년에 '우주개발중장기기본계획'을 수립하였고, 1999년 12월까지 우주센터후보지를 11개를 선정

한 후 인접지역에 대한 안정성, 발사각도, 부지의 활용가능성, 발사장 접근성(도로, 항만, 전기, 용수 등의 기반조건 등)각종시설(발사대이동, 연료 및 발사관제설비, 발사지휘센터, 발사통세센터, 비행안전통제센터, 발사체의 정보 및 비행상태정보를 다루는 통신센터 등)등을 감안하여 2001년 1월 전남 고흥군 봉래면 외나로도가 우주센터로 선정되었다. 우주센터는 부지 약 500만m^2, 시설부지 약 37만 km^2규모로 2009년 6월 11일 우주센터가 설정됨으로서 우리나라 나로우주센터가 세계13번째 우주센터가 되었다. 이로서 우주과학기술실현에 필요한 사항(발사체 조립, 연료 및 산화제 등의 공급, 발사순간부터 3000km까지 실시간정보를 취득할 수 있는 추적 레이더, 광학추적장비, 기상레이더 등) 등이 나로우주센터 인근에 위치하고 있다.

② 우리나라의 정제궤도위성의 현황

우리나라의 천리안위성(COMS: 2010년 6월 27일 발사)은 정지궤도위성으로 지구의 자전주기와 같다, 정지궤도위성의 위치는 위성정보 전달에 중요하므로 정보수요국의 최적의 상공위치점유에 관한 치열한 경쟁을 하고 있다. 한반도 상공(경도 113~134)을 점유하고 있는 현재 17개(중국5개, 일본4, 한국, 타이, 인도 각2개, 베트남, 인도네시아 각각 1개)의 위성이 있다. 한국 상공의 최적정지궤도위치(경도124~132도)에는 중국과 일본이 선점하고 있으며 한국의 위성은 하나도 없다. 정지궤도위성은 위치가 적도상공의 특정고도로 제한되고 다른 나라의 위성과의 전파혼선 문제가 있어 최적의 위치선점에 대한 경쟁이 심화되고 있다.

연습문제

다음 각 사항에 대하여 답하시오.

01. 임무수행을 위한 인공위성

02. 태양계 행성탐측의 현황

03. 달의 탐측계획

04. 우리나라 인공위성 현황과 미래계획

05. KOMPSAT, COMS

06. 우리나라 인공위성 발사장

07. 우리나라의 정지궤도위성의 현황

부록 01 부 록 I

Introduction to surveying

1 시(時)

(1) 시(時)

① 항성시[(local) sidereal time : LST 또는 ST]

1항성일(sidereal day)은 춘분점이 연속해서 같은 자오선을 두 번 통과하는 데 걸리는 시간이다(23시간 56분 4초). 이 항성일을 24등분하면 항성시(恒星時)가 된다. 즉 춘분점을 기준으로 관측된 시간을 항성시라고 한다.

$$\text{항성시} = \text{춘분점의 시간각}(LST = H_V) \qquad (1\text{-}1)$$

따라서 춘분점이 남중(南中)할 때 항성시는 $0^h\,0^m\,0^s$ 이고 다시 남중할 때

$$\begin{array}{ccccc} \text{항성시} & = & \text{적경} & + & \text{시간각} \\ \angle \Sigma OV & = & \angle VOX' & + & \angle \Sigma OX' \\ (H_V) & & (\alpha) & & (H) \end{array}$$

$24^h\,0^m\,0^s$ 가 되어 1항성일이 경과한다. 적경(赤經) α 인 천체의 시간각이 H 일 때 춘분점이 시간각 (H_V)는 $\alpha + H$ 이므로(〈그림 1-1〉)

$$LST = H_1 = \alpha + H \qquad (1\text{-}2)$$

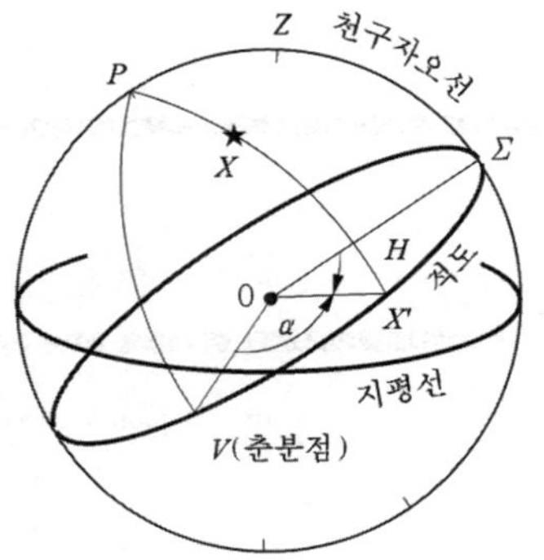

그림 1-1 항성시

이다. 특히 천체가 남중할 때는 $H=0$ 이므로 남중하는 천체의 적경을 알면 바로 항성시를 알 수 있다.

이 항성시 관측에는 그 지점의 자오선이 관계되므로 같은 순간이라도 지방의 경도에 따라 다르므로 지방시(地方時, local time)라고도 부른다.

예제 1-1

적경이 $3^h\,30^m\,20^s$ 인 천체의 시간각이 35°20′30″일 때 이 천체의 항성시는 얼마인가?

풀이 $35°/15° = 2^h\,20^m$, $20'/15' = 1^m\,20^s$, $30''/15'' = 2^s$

$\therefore\ H = 2^h\,20^m + 1^m\,20^s + 2^s = 2^h\,21^m\,22^s$

$\therefore\ ST = \alpha + H = 3^h\,30^m\,20^s + 2^h\,21^m\,22^s = 5^h\,51^m\,42^s$

② 태양시(solar time)

지구에서의 시간법은 태양의 위치를 기준으로 한다.

가) 시태양시(apparent solar time)

춘분점 대신 시태양(視太陽, apparent sun)을 사용한 항성시이며 태양의 시간각(hour angle)에 12시간을 더한 것으로 하루의 기점은 자정이 된다.

$$\text{시태양시} = \text{태양의 시간각} + 12^h \qquad (1\text{-}3)$$

태양의 연주운동은 그 각도가 고르지 않기 때문에 태양의 시간각은 정확하게 시간에 비례하지 않으므로 시태양시는 고르지 못하고 시태양일(apparent solar day)의 길이도 연중 일정하지가 않다.

나) 평균태양시[mean solar time : (local) civil time, local mean time, LMT]

시태양시의 불편을 없애기 위하여 천구 적도상을 1년간 일정한 평균각속도로 동쪽으로 운행하는 가상적인 태양, 즉 평균태양(mean sun)의 시간각으로 평균태양시를 정의하며 이것이 우리가 쓰는 상용시(civil time)이다. 평균태양일(mean solar day)은 항상 1/365.2564년이다. 평균태양시=평균태양의 시간각($H_{m\cdot s}$)$+12^h$ 인 관계가 있다. 즉

$$LMT = H_{m\cdot s} + 12^h \tag{1-4}$$

다) 균시차(equation of time)

시태양시와 평균태양시 사이의 차를 균시차(均時差)라 한다. 균시차의 효과는 누적되어 나타나므로 평균태양은 진태양(true sun)을 앞지르거나 뒤로 처지게 된다.

$$균시차 = 시태양시 - 평균태양시 \tag{1-5}$$

균시차는 지구궤도의 이심률(離心率)과 황도경사 때문에 계절에 따라 달라지며 $-14^m 19^s$ 와 $+16^m 24^s$ 사이를 변한다.

항성시와 평균태양시

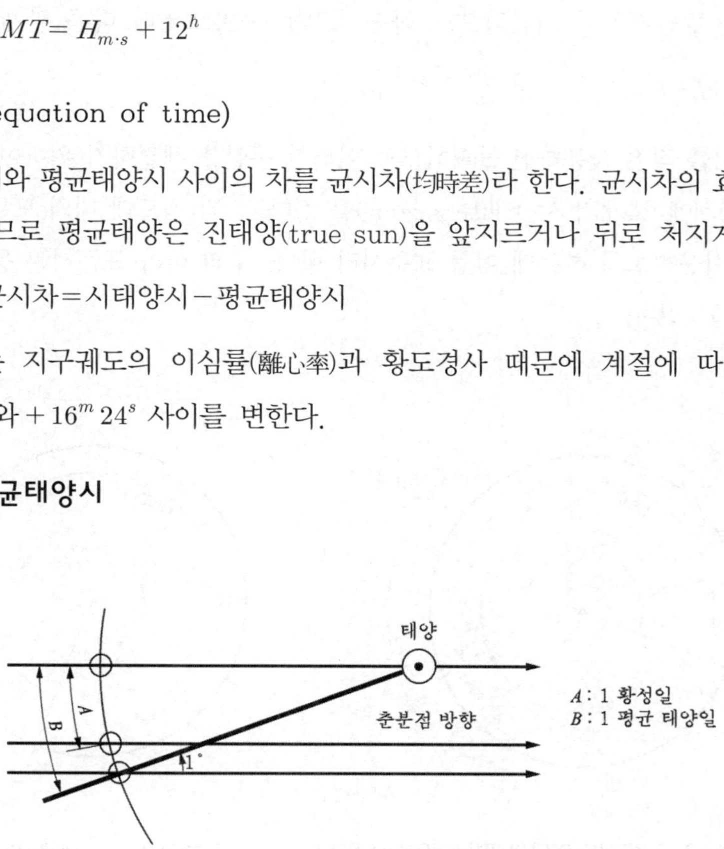

그림 1-2 항성일과 평균태양일

〈그림 1-2〉에서 지구자전에 의하여 1항성일이 경과하는 동안 지구는 공전궤도상을 따라 각거리 $\frac{360°}{365} \approx 1°$ 만큼을 움직이고 춘분점은 1항성일 전의 자오선과 평행한 방향에 오게 된다. 그러므로 태양이 지방자오선에 돌아오려면 이 각도만큼 더 자전해야 하며, 이 때 비로소 1평균태양일이 경과된다. 각거리 1°는 시간 4분에 해당하므로 1평균태양일은 1항성일보다 약 4분이 길어진다. 우리가 일상적으로 사용하는 평균태양시의 단위로 1항성시는 23시

간 56분 4.09초이다.

③ 세계시(universal time : UT, GCT, GMT)*5)

가) 지방시와 표준시[local sidereal time(LST) and standard time]

천체를 관측해서 결정되는 시(항성시, 평균태양시)는 그 지점의 자오선 마다 다르므로 이를 지방시라 한다. 식 (1-2)의 천체를 평균태양으로 하고 $\alpha_{m.s.}$ 를 평균태양의 적경, $H_{m.s.}$ 를 평균태양의 시간각으로 하면 〈그림 1-3〉로부터 다음 관계가 있다.

$$LST = \alpha_{m.s.} + H_{m.s.} \tag{1-6}$$

지방시를 직접 사용하면 불편하므로 이러한 곤란을 해결하기 위하여 경도 15°간격으로 전 세계에 24개의 시간대(time zone)를 정하고, 각 경도대 내의 모든 지점을 동일한 시간을 사용하도록 하는데 이를 표준시라 한다. 우리 나라 표준시는 동경 135°를 기준으로 하고 있다.

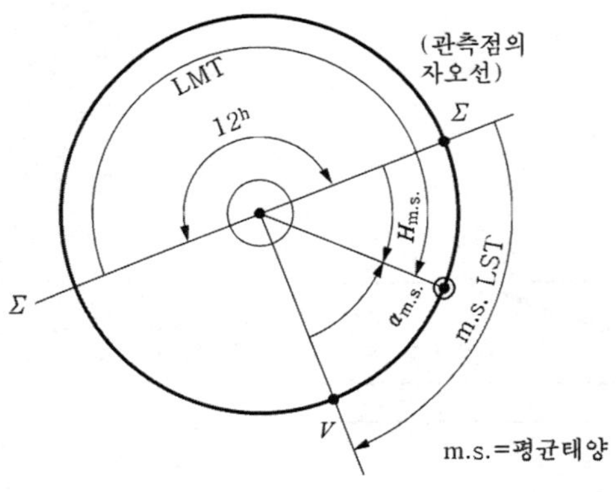

그림 1-3 지방시(LST)와 평균태양시(LMT)

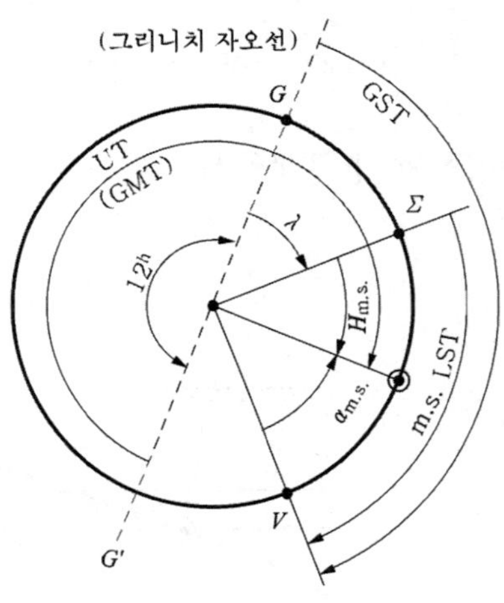

그림 1-4 세계시와 지방시

나) 세계시

표준시의 세계적인 표준시간대는 경도 0°인 영국의 Greenwich를 중심으로 하며, Greenwich 자오선에 대한 평균태양시(Greenwich 표준시)를 세계시라 한다.
〈그림 1-4〉에서 $UT - 12^h = GST - \alpha_{m.s.}$ 이므로

* GCT=Greenwich civil time, GMT=Greenwich mean time

$$UT = GST - \alpha_{m.s.} + 12^h \qquad (1\text{-}7)$$

이다. 여기서 GST는 그리니치항성시(Greenwich sidereal time)로서 관측지점의 경도를 서경 λ라 하면

$$GST = LST + \lambda \qquad (1\text{-}8)$$

이다.

역시 〈그림 1-4〉로부터 $UT - 12^h = H_{m.s.} + \lambda = LST - \alpha_{m.s.} + \lambda$이므로

$$UT = LST - \alpha_{m.s.} + \lambda + 12^h \qquad (1\text{-}9)$$

이다.

예제 1-2

동경 127°00′0″인 곳에서 지방시가 $4^h\,10^m\,30^s$ 일 때 세계시는 얼마인가?

단 이 때의 평균태양의 적경은 $1^h\,15^m\,20^s$ 이다.

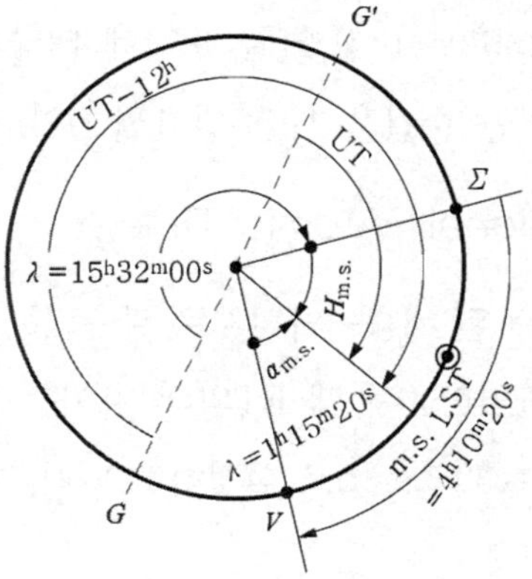

그림 1-5

풀이 서경 λ=360° −127° =223°

$=15^h\,32^m\,00^s$ 식 (1-9)로부터

$UT = LST - \alpha_{m.s.} + \lambda + 12^h$

$= 4^h\,10^m\,30^s - 1^h\,15^m\,20^s + 15^h\,32^m\,00^s + 12^h$

$= 30^h\,27^m\,10^s = 6^h\,27^m\,10^s$

한편 지구의 자전운동은 극운동(자전축이 하루 중에도 순간적으로 변화하는 것)과 계절적 변화(연주변화와 반연주변화)의 영향으로 항상 균일한 것은 아니다. 이러한 영향을 고려하지 않은 세계시를 $UT0$, 극운동으로 생기는 천구에 각각의 경도값의 변화량 $\Delta\lambda$를 고려한 것을 $UT1$, 계절적 변화의 수정값 Δs를 $UT1$에 고려한 것을 $UT2$라 한다. 이들 사이의 관계는 다음과 같다.

$$UT2 = UT1 + \Delta s = UT0 + \Delta\lambda + \Delta s \qquad (1\text{-}10)$$

④ 역표시(曆表時, ET : Ephemeris Time)

태양계에 있는 천체의 위치를 예측하기 위한 천체역학에서는 일정한 속도로 꾸준히 계속되는 시간의 기준이 필요하여 역표시를 사용한다. 지구는 달, 태양과 행성의 운동과 관련하여 섭동을 받기 때문에 자전속도가 일정하지 않으므로 이러한 영향 ΔT를 고려하여 지구의 자전에 기초를 둔 세계시나 항성시보다 더 정확한 시간을 얻기 위하여 균일하게 만들어 사용하는 시간을 역표시라 한다.

$$ET = UT2 + \Delta T \qquad (1\text{-}11)$$

역표시에서는 1900년 초(1899년 12월 31일 정오)에 태양의 기하학적 평균황경(ecliptic longitude)이 $279°41'48.04''$인 순간을 1900년 1월 0일 $12^h\,ET$로 하였다.

⑤ 원자시(IAT: International Atomic Time)

원자시는 세계의 각지에 분포된 세슘원자시계로 관측되는 시간으로 1958년 1월 1일 0시 0초 세계시와 IAT를 같게 하였다. 이 때 ET와의 차이는 32.184초이었다. 그 후 ET와 IAT 차이는 항상 ET−IAT=32.184초로 설정하고 있다. 현재 직접 관측할 수 있는 가장 이상적인 시간체계이다.

⑥ 시간체계의 활용분야

시간체계에서 ET는 달, 태양, 행성의 위치계산에, IAT는 위성의 궤도와 추적자료의 계산에, UT는 일상생활의 시간체계에 활용하고 있다.

2 영상의 기하학적 특성

(1) 좌표변환(coordinates transformation)

① 개 요

좌표변환은 동일좌표계에서의 변환과 다른 좌표계로의 변환으로 나눌 수 있다.

측량에서의 좌표변환은 2차원에서 3차원으로 또 3차원에서 2차원으로의 변환이 필요하며, 연속적인 좌표변환이 요구되는 경우도 있다.

② 1차원 좌표변환

투영중심 O로부터 제 1 평면 A_1, B_1, C_1, D_1을 통과해 제 2 평면 A_2, B_2, C_2, D_2에 도달한 경우 또는 교차율에 의한 다음 관계가 성립된다.

$$\frac{A_1 C_1}{B_1 C_1} : \frac{A_1 D_1}{B_1 D_1} = \frac{A_2 C_2}{B_2 C_2} : \frac{A_2 D_2}{B_2 D_2} = \text{일정} \tag{2-1}$$

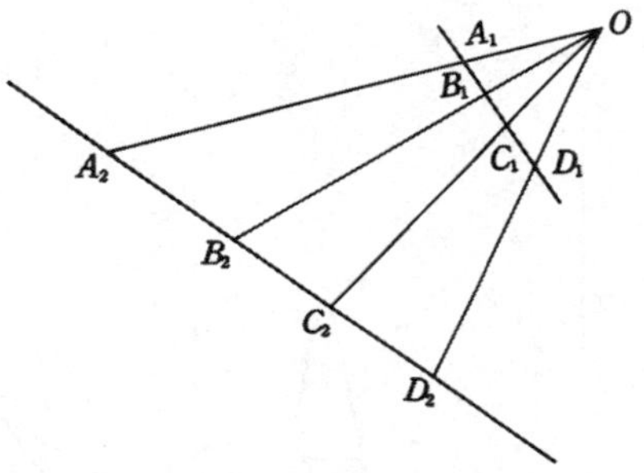

그림 2-1 교차율

③ 2차원 좌표변환

(x, y)점으로부터 새로운 (x', y')점을 만드는 데 이용한다.

평행변환

$$x' = x + X_O, \quad y' = y + Y_O \tag{2-2}$$

회전변환: 원점으로부터 시계방향으로 θ만큼 회전한 경우

$$x' = x\cos\theta + y\sin\theta, \quad y' = -x\sin\theta + y\cos\theta \tag{2-3}$$

축척변환

$$x' = xS_x,\ y' = yS_y \tag{2-4}$$

S_x, S_y는 x, y축의 축척

이들 변환을 행렬로 나타내면

$$선형이동: \begin{bmatrix} x' \\ y' \end{bmatrix} = \begin{bmatrix} 1\,0\,X_0 \\ 0\,1\,Y_0 \end{bmatrix} \begin{bmatrix} x \\ y \\ 1 \end{bmatrix} \tag{2-5}$$

$$회전: \begin{bmatrix} x' \\ y' \end{bmatrix} = \begin{bmatrix} \cos\theta & \sin\theta \\ -\sin\theta & \cos\theta \end{bmatrix} \begin{bmatrix} x \\ y \end{bmatrix} \tag{2-6}$$

$$축척변환: \begin{bmatrix} x' \\ y' \end{bmatrix} = \begin{bmatrix} S_x & 0 \\ 0 & S_y \end{bmatrix} \begin{bmatrix} x \\ y \end{bmatrix} \tag{2-7}$$

극좌표로부터 평면직교좌표로의 변환식은 다음과 같다.

$$X = r \cdot \cos\theta$$

$$Y = r \cdot \sin\theta$$

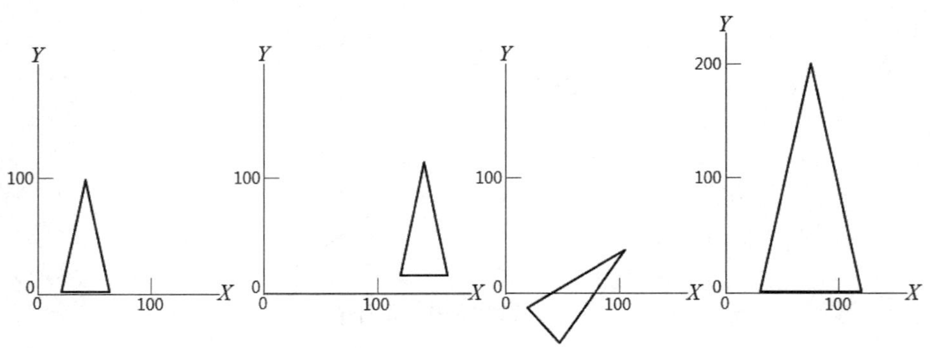

그림 2-2 2차원 좌표변환

④ 3차원 회전변환

기본좌표축을 X, Y 변환된 좌표축을 x', y' 라 할 때 식 (2-8)과 같이 표현할 수 있다. 점 P의 좌표(X, Y)는

$$X = \overline{Od} - \overline{cd} = x'\cos\theta - y'\sin\theta$$

$$Y = \overline{Oa} + \overline{ab} = x'\sin\theta + y'\cos\theta \tag{2-8}$$

행렬에 의해 표시하면 식 (2-8)은 기준좌표계로의 표현으로 식 (2-9)과 같다.

$$\begin{bmatrix} X \\ Y \end{bmatrix} = \begin{bmatrix} \cos\theta & -\sin\theta \\ \sin\theta & \cos\theta \end{bmatrix} \begin{bmatrix} x' \\ y' \end{bmatrix} \tag{2-9}$$

$$X = Rx' \tag{2-10}$$

이 된다.

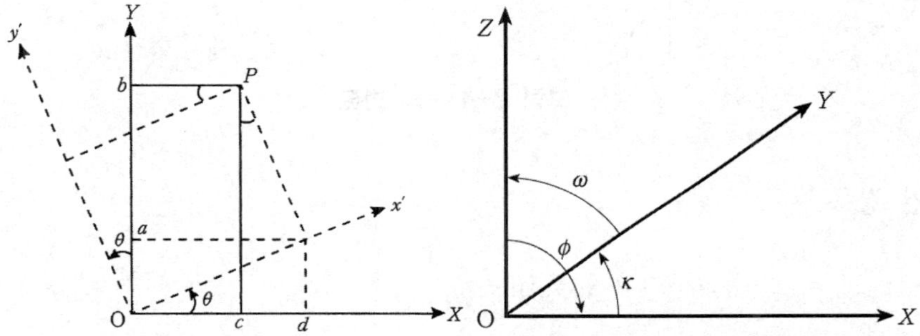

(a) 2차원 좌표계 (b) 3차원 축에 관한 회전

그림 2-3

가) ω인 경우

$$x' = x_\omega + 0 + 0$$

$$y' = 0 + y_\omega\cos\omega - z_\omega\sin\omega \tag{2-11}$$

$$z' = 0 + y_\omega\sin\omega + z_\omega\cos\omega$$

$$\begin{bmatrix} x' \\ y' \\ z' \end{bmatrix} = \begin{bmatrix} 1 & 0 & 0 \\ 0 & \cos\omega & -\sin\omega \\ 0 & \sin\omega & \cos\omega \end{bmatrix} \begin{bmatrix} x_\omega \\ y_\omega \\ z_\omega \end{bmatrix} \tag{2-12}$$

역변환은 다음과 같다.

$$\begin{bmatrix} x_\omega \\ y_\omega \\ z_\omega \end{bmatrix} = \begin{bmatrix} 1 & 0 & 0 \\ 0 & \cos\omega & \sin\omega \\ 0 & -\sin\omega & \cos\omega \end{bmatrix} \begin{bmatrix} x' \\ y' \\ z' \end{bmatrix} \tag{2-13}$$

$$\begin{bmatrix} x \\ y \\ z \end{bmatrix} = \begin{bmatrix} 1 & 0 & 0 \\ 0 & \cos\omega & -\sin\omega \\ 0 & \sin\omega & \cos\omega \end{bmatrix} \begin{bmatrix} x' \\ y' \\ z' \end{bmatrix} = R_\omega^T \begin{bmatrix} x' \\ y' \\ z' \end{bmatrix} \tag{2-14}$$

ω는 X축 회전으로 쌍곡선 변형을 하며 전후요동(pitching)과 같은 효과가 있다.

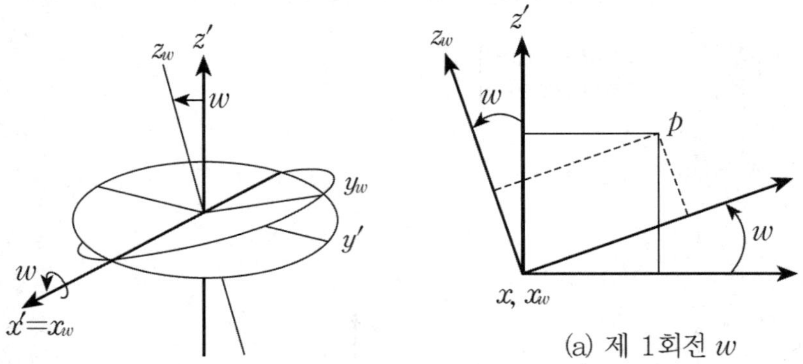

(a) 제 1회전 w

그림 2-4 ω의 변환

나) ϕ인 경우

$$x' = x_{\omega\phi}\cos\phi + 0 + z_{\omega}\phi\sin\phi$$

$$y' = 0 + y_{\omega\phi} + 0 \qquad (2\text{-}15)$$

$$z' = -x_{\omega\phi}\sin\phi + 0 + z_{\omega\phi}\cos\phi$$

$$\begin{bmatrix} x' \\ y' \\ z' \end{bmatrix} = \begin{bmatrix} \cos\phi & 0 & \sin\phi \\ 0 & 1 & 0 \\ -\sin\phi & 0 & \cos\phi \end{bmatrix} \begin{bmatrix} x_{\omega\phi} \\ y_{\omega\phi} \\ z_{\omega\phi} \end{bmatrix} \qquad (2\text{-}16)$$

역변환은 다음과 같다.

$$\begin{bmatrix} x_{\omega\phi} \\ y_{\omega\phi} \\ z_{\omega\phi} \end{bmatrix} = \begin{bmatrix} \cos\phi & 0 & -\sin\phi \\ 0 & 1 & 0 \\ \sin\phi & 0 & \cos\phi \end{bmatrix} \begin{bmatrix} x' \\ y' \\ z' \end{bmatrix} \qquad (2\text{-}17)$$

$$\begin{bmatrix} x \\ y \\ z \end{bmatrix} = \begin{bmatrix} \cos\phi & 0 & \sin\phi \\ 0 & 1 & 0 \\ -\sin\phi & 0 & \cos\phi \end{bmatrix} \begin{bmatrix} x' \\ y' \\ z' \end{bmatrix} = R_{\phi}^{T} \begin{bmatrix} x' \\ y' \\ z' \end{bmatrix} \qquad (2\text{-}18)$$

ϕ는 y축 회전으로 포물선 변형을 하며 좌우요동(rolling)과 같은 효과가 있다.

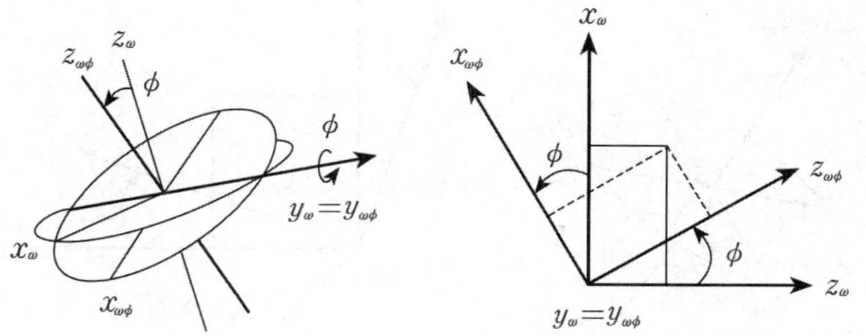

(b) 제2회전 ϕ

그림 2-5 ϕ의 변환

다) κ인 경우

$$
\begin{aligned}
x' &= x_{\omega\phi\kappa}\cos\kappa - y_{\omega\phi\kappa}\sin\kappa + 0 \\
y' &= x_{\omega\phi\kappa}\sin\kappa + y_{\omega\phi\kappa}\cos\kappa + 0 \\
z' &= 0 + 0 + z_{\omega\phi\kappa}
\end{aligned}
\tag{2-19}
$$

$$
\begin{bmatrix} x' \\ y' \\ z' \end{bmatrix} = \begin{bmatrix} \cos\kappa & -\sin\kappa & 0 \\ \sin\kappa & \cos\kappa & 0 \\ 0 & 0 & 1 \end{bmatrix} \begin{bmatrix} x_{\omega\phi\kappa} \\ y_{\omega\phi\kappa} \\ z_{\omega\phi\kappa} \end{bmatrix} \tag{2-20}
$$

역변환은 다음과 같다.

$$
\begin{bmatrix} x_{\omega\phi\kappa} \\ y_{\omega\phi\kappa} \\ z_{\omega\phi\kappa} \end{bmatrix} = \begin{bmatrix} \cos\kappa & \sin\kappa & 0 \\ -\sin\kappa & \cos\kappa & 0 \\ 0 & 0 & 1 \end{bmatrix} \begin{bmatrix} x' \\ y' \\ z' \end{bmatrix} \tag{2-21}
$$

$$
\begin{bmatrix} x \\ y \\ z \end{bmatrix} = \begin{bmatrix} \cos\kappa & \sin\kappa & 0 \\ -\sin\kappa & \cos\kappa & 0 \\ 0 & 0 & 1 \end{bmatrix} \begin{bmatrix} x' \\ y' \\ z' \end{bmatrix} = R_\kappa^T \begin{bmatrix} x' \\ y' \\ z' \end{bmatrix} \tag{2-22}
$$

κ는 z축 회전으로 타원변형을 하며 수평요동(yawing)과 같은 효과가 있다.

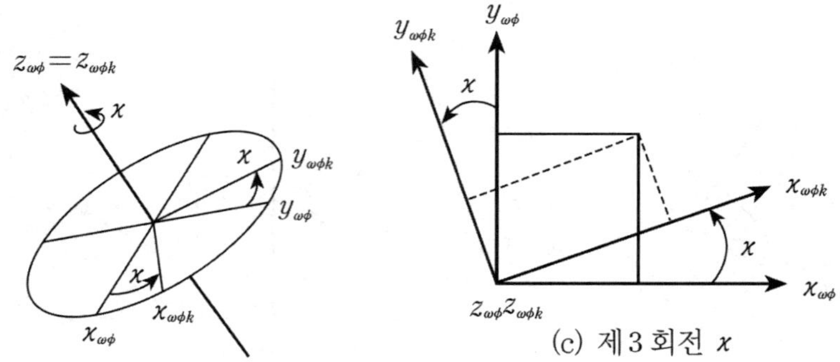

그림 2-6 κ의 변환

즉 κ는 Z축을 중심으로 회전하는 타원형변형(수평요동: yawing)이고 ϕ는 Y축을 중심으로 회전하는 포물선변형(좌우요동: rolling)을 하며 ω는 X축을 중심으로 회전하는 쌍곡선변형(전후요동: pitching)을 한다.

(2) 공간상에서 영상면이 이루어내는 3가지 기하학적 조건식 해석

영상면이 이루어내는 기하학적 조건으로 공선, 공면 및 공액이 있으나 여기서는 공선 및 공면조건식 해석만 기술한다.

① 공선조건

공간상의 임의의 점(X_P, Y_P, Z_P)과 그에 대응하는 영상면상의 점 (x, y) 및 사진기의 촬영중심(X_O, Y_O, Z_O)이 동일직선상에 있어야 하는 조건을 공선조건(collinearity condition)이라 한다.

다음 〈그림 2-7〉에서 카메라투영중심과 P의 상점 및 대상물 사이에는 식 (2-23)과 같은 관계가 성립한다.

$$\begin{pmatrix} X_P - X_O \\ Y_P - Y_O \\ Z_P - Z_O \end{pmatrix} = R \begin{pmatrix} x \\ y \\ -f \end{pmatrix} \tag{2-23}$$

$$\frac{X - X_O}{X_P - X_O} = \frac{Y - Y_O}{Y_P - Y_O} = \frac{Z - Z_O}{Z_P - Z_O} \tag{2-24}$$

식 (2-23)을 식 (2-24)에 대입하고 또한 PO와 pO 사이의 비를 S(축척계수)라 하면

$$\frac{x}{X_P - X_O} = \frac{y}{Y_P - Y_O} = \frac{-f}{Z_P - Z_O} = S \tag{2-25}$$

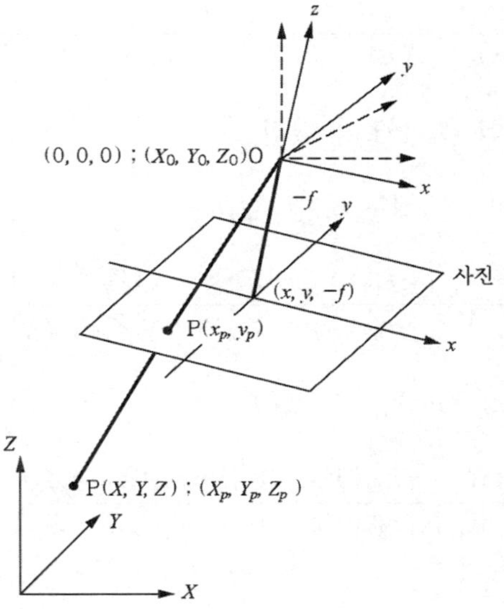

그림 2-7 공선조건

$$\text{즉} \begin{pmatrix} x \\ y \\ z \end{pmatrix} = S \begin{pmatrix} X_P - X_O \\ Y_P - Y_O \\ Z_P - Z_O \end{pmatrix} \tag{2-26}$$

이며 주점에서의 영상면좌표[x_p, y_p: 상좌표(x, y)가 사진기 검정값과의 차], X, Y, Z 좌표축에 대한 x, y, z축의 방향여현(方向餘弦, direction cosine)을 R이라 하면

$$\begin{pmatrix} x - x_p \\ y - y_p \\ f \end{pmatrix} = S \cdot R \begin{pmatrix} X_P - X_O \\ Y_P - Y_O \\ Z_P - Z_O \end{pmatrix} \tag{2-27}$$

이다. 이때 R는 $R_{\omega\phi\kappa}$로

$$R_{\omega\phi\kappa} = \begin{pmatrix} 1 & 0 & 0 \\ 0 & \cos\omega & -\sin\omega \\ 0 & \sin\omega & \cos\omega \end{pmatrix} \begin{pmatrix} \cos\phi & 0 & \sin\phi \\ 0 & 1 & 0 \\ -\sin\phi & 0 & \cos\phi \end{pmatrix} \begin{pmatrix} \cos\kappa & -\sin\kappa & 0 \\ \sin\kappa & \cos\kappa & 0 \\ 0 & 0 & 1 \end{pmatrix}$$

$$R_{\omega\phi\kappa} = \begin{pmatrix} \cos\phi\cos\kappa & -\cos\phi\sin\kappa & \sin\phi \\ \cos\omega\sin\kappa + \sin\omega\sin\phi\cos\kappa & \cos\omega\cos\kappa - \sin\omega\sin\phi\sin\kappa & -\sin\omega\cos\phi \\ \sin\omega\sin\kappa - \cos\omega\sin\phi\cos\kappa & \sin\omega\cos\kappa + \cos\omega\sin\phi\sin\kappa & \cos\omega\cos\phi \end{pmatrix}$$

$$= \begin{pmatrix} r_{11} & r_{12} & r_{13} \\ r_{21} & r_{22} & r_{23} \\ r_{31} & r_{32} & r_{33} \end{pmatrix} \tag{2-28}$$

$$S = \frac{-f}{r_{31}(X_P - X_O) + r_{32}(Y_P - Y_O) + r_{33}(Z_P - Z_O)} \qquad (2-29)$$

라 할 때 공선조건식은 식 (2-30)와 같다.

$F_x(X, Y, Z, \omega, \phi, \kappa, X_O, Y_O, Z_O, x_p, f)$

$$x = x_p - f\frac{r_{11}(X_P - X_O) + r_{12}(Y_P - Y_O) + r_{13}(Z_P - Z_O)}{r_{31}(X_P - X_O) + r_{32}(Y_P - Y_O) + r_{33}(Z_P - Z_O)} = x_p - f\frac{N_x}{D}$$

$F_y(X, Y, Z, \omega, \phi, \kappa, X_O, Y_O, Z_O, y_p, f)$

$$y = y_p - f\frac{r_{21}(X_P - X_O) + r_{22}(Y_P - Y_O) + r_{23}(Z_P - Z_O)}{r_{31}(X_P - X_O) + r_{32}(Y_P - Y_O) + r_{33}(Z_P - Z_O)} = y_p - f\frac{N_y}{D} \qquad (2-30)$$

② 공면조건

3차원공간상에서 평면의 일반식은 $AX + BY + CZ + D = 0$이다. 다음 〈그림 2-8〉과 같이 2개의 투영중심 $O_1(X_{O_1}, Y_{O_1}, Z_{O_1})$, $O_2(X_{O_2}, Y_{O_2}, Z_{O_2})$와 공간상의 임의의 점 P의 상점 $p_1(X_{p_1}, Y_{p_1}, Z_{p_1})$, $p_2(X_{p_2}, Y_{p_2}, Z_{p_2})$가 동일평면에 있기 위한 관계식은 다음과 같다.

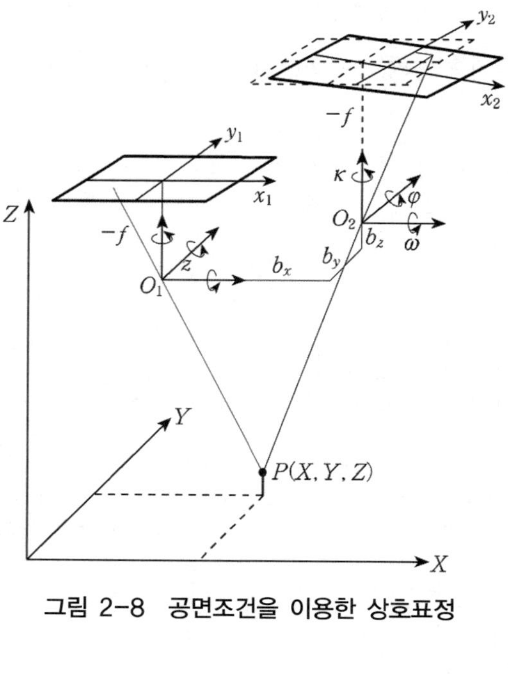

그림 2-8 공면조건을 이용한 상호표정

$$\begin{bmatrix} X_{O_1} & Y_{O_1} & Z_{O_1} & 1 \\ X_{O_2} & Y_{O_2} & Z_{O_2} & 1 \\ X_{p_1} & Y_{p_1} & Z_{p_1} & 1 \\ X_{p_2} & Y_{p_2} & Z_{p_2} & 1 \end{bmatrix} \begin{bmatrix} A \\ B \\ C \\ D \end{bmatrix} = \begin{bmatrix} 0 \\ 0 \\ 0 \\ 0 \end{bmatrix} \tag{2-31}$$

따라서 4점(O_1, O_2, p_1, p_2)이 동일한 평면 내에 있기 위한 조건인 공면조건(coplanarity condition)을 만족하기 위해서는 다음의 행렬식이 0이 되어야 한다.

$$\begin{vmatrix} X_{O_1} & Y_{O_1} & Z_{O_1} & 1 \\ X_{O_2} & Y_{O_2} & Z_{O_2} & 1 \\ X_{p_1} & Y_{p_1} & Z_{p_1} & 1 \\ X_{p_2} & Y_{p_2} & Z_{p_2} & 1 \end{vmatrix} = 0 \tag{2-32}$$

기선(基線) b의 x, y, z 성분인 $bx = X_{O_2} - X_{O_1}$, $by = Y_{O_2} - Y_{O_1}$, $bz = Z_{O_2} - Z_{O_1}$과 O_1의 좌표를 이용하여 O_2의 좌표를 나타내면 $O_2\,(X_{O_1} + bx,\ Y_{O_1} + by,\ Z_{O_1} + bz)$이다.

또한

$$\begin{bmatrix} X_1 \\ Y_1 \\ Z_1 \end{bmatrix} = R_1 \begin{bmatrix} x_{p1} \\ y_{p1} \\ f \end{bmatrix}, \quad \begin{bmatrix} X_2 \\ Y_2 \\ Z_2 \end{bmatrix} = R_2 \begin{bmatrix} x_{p2} \\ y_{p2} \\ f \end{bmatrix} \tag{2-33}$$

공면조건식 식 (2-31)은 다음과 같이 간략하게 나타낼 수 있다.

$$\begin{vmatrix} bx & by & bz \\ X_1 & Y_1 & Z_1 \\ X_2 & Y_2 & Z_2 \end{vmatrix} = 0 \tag{2-34}$$

즉, 3차원공간에서 한 쌍의 중복된 영상면이 동일면상에서 일치(영상면상의 점 및 투영중심이 일치)해야 하는 조건을 공면조건이라 한다.

③ 공액조건

〈그림 2-9〉는 공액 기하(epipolar geometry)를 이루고 있는 각각의 투영중심이 C', C''인 입체쌍을 나타내고 있다. 공액면(共軛面, epipolar plane)은 2개의 투영중심(C', C'')과 대상점 P에 의해 정의된다. 공액선(共軛線, epipolar line)은 공액면과 영상면의 교선(intersection)인 e', e''이고, 공액은 영상면과 모든 가능한 공액면과의 교선인 공액들의 수렴중심이다.

〈그림 2-9〉에서 공액선은 주사선에 대해 평행하고 동일하다. 또한 수직영상면이므로

공액은 무한대에 놓여 있다. 그러나 대부분의 경우에 2개의 사진기축은 평행하지 않고, 촬영기선(C', C'')에 대해 수직이 아니므로 공액 기하상태로 변환하기 위해서는 공액선이 영상면좌표체계에서 동일한 y 좌표를 갖고, x 축에 평행하게 되도록 변환시켜야 한다. 이렇게 변환된 영상면은 촬영기선에 평행하고 동일한 초점거리(focal length)를 가져야 한다. 하나의 초점거리를 선택하고 난 뒤에도 촬영기선을 회전하면 무한한 수의 가능한 공액기하가 존재하게 된다.

공액선을 이용하여 영상정합을 수행할 경우 탐색영역을 크게 감쇠시켜 준다. 실제 적용을 위해서는 수치영상의 행(row)과 공액선이 평행하도록 만드는데, 이러한 입체쌍(stereo pairs)을 정규화 영상(normalized images)이라 한다.

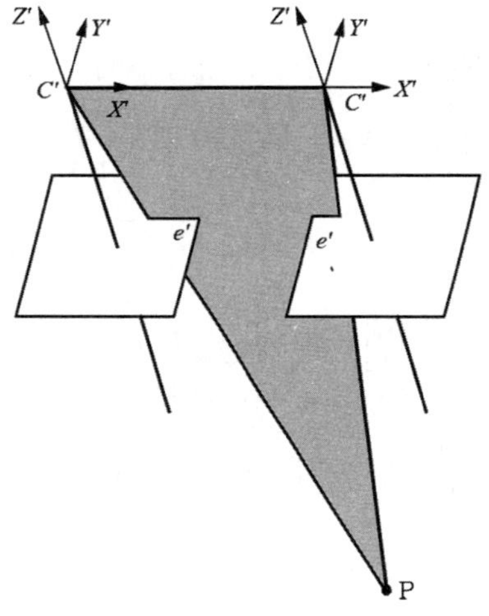

그림 2-9 공액 기하

(3) 영상면의 기계적, 해석적 및 수치적 표정

① 기계적 표정

가) 기계적 내부표정(analogue inner orientation)

내부표정(內部標定, inner orientation)이란 도화기의 투영기에 촬영시와 동일한 광학관계를 갖도록 양화필름을 장착시키는 작업이다.

(ㄱ) 주점위치의 결정

양화필름의 4개 지표를 영상면건판지지기(imagery plate or photo-carrier)의 유리에 있는 4개의 지표와 일치시켜 영상면주점과 투영기의 중심점을 일치시킨다.

(ㄴ) 주점거리(C)의 결정

촬영한 카메라의 초점거리를 정밀입체도화기의 초점거리 눈금에 일치시키는 작업이다. 주점거리 C를 구하는 경우에는 렌즈의 절점 O의 위치를 정확히 알고 있지 못하므로, 〈그림 2-10(a)〉와 같이 h_1 및 h_2, 즉 Δh 만큼 떨어진 다른 투영거리에서 투영상 $\overline{A'B'}$, $\overline{AB}$의 길이를 재면 $\Delta\, Oab$와 $\Delta\, AA'C$의 닮은꼴로부터 주점거리 C를 다음 식 (2-35)과 같이 구할 수 있다.

$$C = \overline{ab} \cdot \frac{\Delta h}{\overline{AB} - \overline{A'B'}} \qquad (2\text{-}35)$$

또한 $\overline{A'B'}$에서 절점 O까지의 거리 h_1는

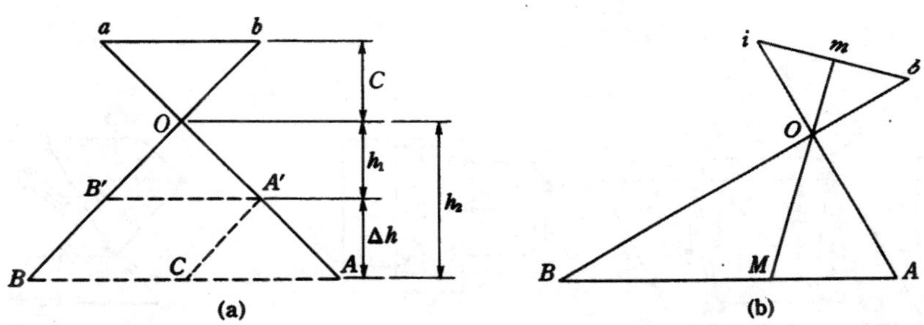

그림 2-10 주점거리(C)의 결정

$$h_1 = \overline{A'B'} \cdot \frac{\Delta h}{\overline{AB} - \overline{A'B'}} \qquad (2\text{-}36)$$

로 구한다. 이때 투영기가 〈그림 2-10(b)〉와 같이 기울었을 때는 정확한 C를 구할 수 없으므로, $\overline{AM}$과 $\overline{BM}$을 재어 짧은 변으로 주점의 상 M이 이동하도록 회전인자 ω, φ를 수정해 투용기를 수평이 되게 해야 한다.

나) 기계적 상호표정(analogue relative orientation)

대상물과의 관계는 고려하지 않고 좌우영상면의 양 투영기에서 나오는 광속(bundle of rays)이 이루는 종시차(縱視差, y-parallax : P_y)를 소거해 입체모형 전체가 완전입체시 되도록 하는 작업을 상호표정(relative orientation)이라 한다. 상호표정을 완료

하면 3차원 가상좌표(또는 입체모형좌표, model coordinate)를 얻을 수 있다.

(ㄱ) 상호표정인자의 변화 및 표정

상호표정인자는 회전인자 κ, φ, ω 와 평행인자 by, bz 로 표정을 위해서는 최소 5점의 표정점이 있으면 가능하지만 일반적으로 〈그림 2-11〉과 같이 대칭형으로 6점을 취하고 그림과 같이 번호를 붙인다.

점 1, 2는 좌우영상면의 주점이거나 가까이에 있는 점이다. 투영기의 미소회전 및 평행변위에 〈그림 2-12〉에 의한 영향은 〈그림 2-13〉과 같다.

상호표정점을 〈그림 2-13〉과 같이 선택하고, 투영기선의 길이를 b 라 할 때, $Z-Z_0=-h$ 에 대한 각 표정점들의 입체모형좌표 근사값은 〈표 2-1〉의 왼쪽란에 기입한 것과 같다.

또한 각 표정점에 대한 y 시차를 계산하면 〈표 2-1〉의 오른쪽란에 나타낸 것과 같다.

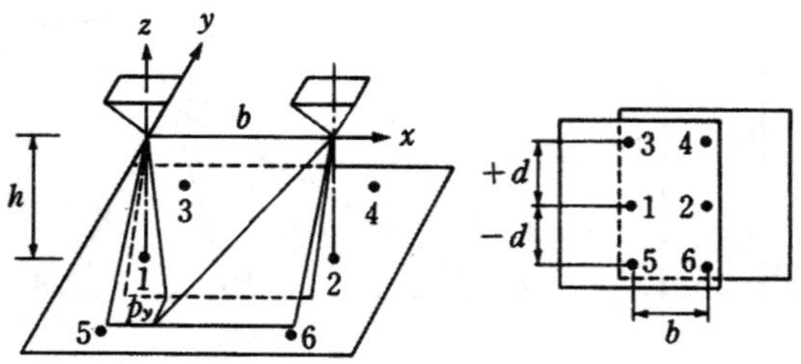

그림 2-11

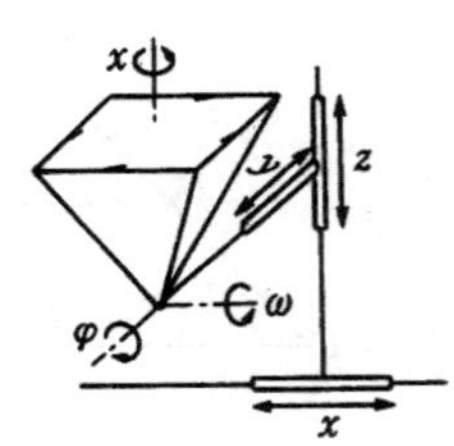

그림 2-12

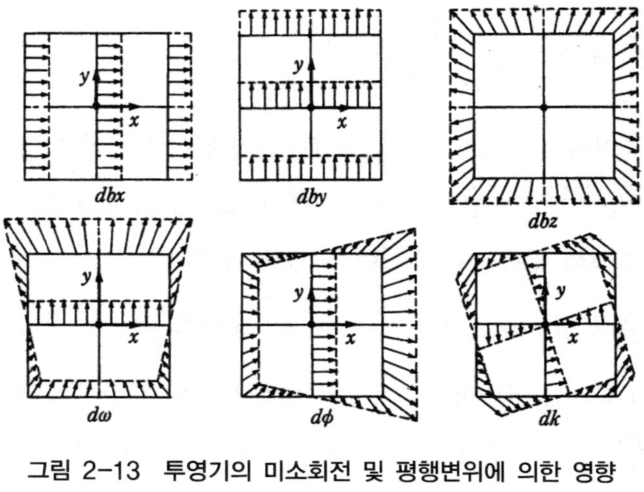

그림 2-13 투영기의 미소회전 및 평행변위에 의한 영향

표 2-1 표정인자의 미소변동에 따른 y 시차의 변화량

표정점	입체모형좌표			상호표정의 변동									
				dby		dbz		dk		$d\varphi$		$d\omega$	
	X	Y	Z	dby'	dby''	dbz'	dbz''	dk'	dk''	$d\omega'$	$d\omega''$	$d\omega'$	$d\omega''$
1	0	0	$-h$	-1	$+1$	0	0	0	$-b$	0	0	$-h$	h
2	b	0	$-h$	-1	$+1$	0	-0	$-b$	0	0	0	$-h$	h
3	0	d	$-h$	-1	$+1$	$-\frac{d}{h}$	$+\frac{d}{h}$	0	$-b$	0	$+\frac{db}{h}$	$-h\left(1+\frac{d^2}{h^2}\right)$	$+h\left(1+\frac{d^2}{h^2}\right)$
4	b	d	$-h$	-1	$+1$	$-\frac{d}{h}$	$+\frac{d}{h}$	$-b$	0	$+\frac{db}{h}$	0	$-h\left(1+\frac{d^2}{h^2}\right)$	$+h\left(1+\frac{d^2}{h^2}\right)$
5	0	$-d$	$-h$	-1	$+1$	$+\frac{d}{h}$	$-\frac{d}{h}$	0	$-b$	0	$-\frac{db}{h}$	$-h\left(1+\frac{d^2}{h^2}\right)$	$+h\left(1+\frac{d^2}{h^2}\right)$
6	b	$-d$	$-h$	-1	$+1$	$+\frac{d}{h}$	$-\frac{d}{h}$	$-b$	0	$-\frac{db}{h}$	0	$-h\left(1+\frac{d^2}{h^2}\right)$	$+h\left(1+\frac{d^2}{h^2}\right)$

(ㄴ) 상호표정인자의 선택

상호표정은 5개의 독립된 표정인자에 의해 종시차를 소거해 나가는 것으로, 앞에서 설명한 X 방향의 이동성분을 10개의 표정인자로부터 5개를 선택하는데 있어 서로 독립되도록 선택해야 한다.

예를 들어, 〈그림 2-14〉와 같이 κ', κ'', by 와 φ', φ'', by 를 고려하면 bz 는 κ' 와 κ'' 의 합이며, bz 는 φ' 와 φ'' 의 합인 관계를 알 수 있다.

κ 와 by 는 평행변위의 특징이 있으며, φ 와 bz 는 축척을 변화시키는 작용을 한다. 따라서 상호표정인자는 다음과 같이 3개 부분으로 나눌 수 있다.

i) **평행변위부(κ', κ'', by): y 방향의 크기는 불변이며 투영점을 이동시킬 뿐이다.**

ii) **축척부(φ', φ'', bz): 중앙의 점에 대해 대칭으로 이동되며, Y 방향 성분의 크기를 일정하게 분배해 변화시킨다.**

iii) **수정부(ω)**

상호표정은 평행변위부에서 2개, 축척부에서 2개의 인자를 임의로 택해 이것과 수정부 ω 에 의한 5개의 표정인자를 사용한다.

대표적인 표정요소의 선택방법으로는 첫째, 양 영상면의 회전요소만을 고려하는 방법(독립표정법, κ', κ'', φ', φ'', ω'' 사용)과 둘째, 좌영상면을 고정시키고 우영상면

의 표정요소만을 고려하는 방법(종속표정법, by, bz, κ'', φ'', ω'' 사용)이 있다.

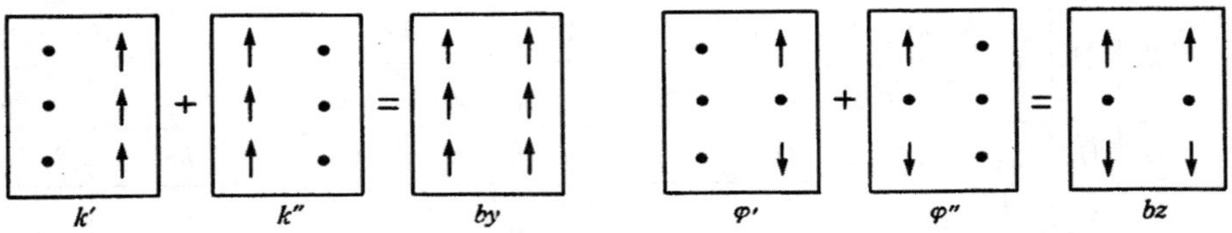

그림 2-14

(ㄷ) Gruber 법에 의한 평탄지의 상호표정

이것은 κ', κ'', φ', φ'', ω 의 5개 인자를 사용하는 가장 기본적인 방법으로 모든 도화기에서 사용한다. 이때 ω는 좌우 어느 쪽이라도 좋다. 작업순서는 〈그림 2-15〉와 같이 변화한다$\left(단, \frac{h}{d} = \frac{3}{2}\right)$.

i) P_1을 κ''로 소거한다.

ii) P_2를 κ'로 소거한다.

iii) P_3을 φ''로 소거한다.

iv) P_4를 φ'로 소거한다.

v) P_5를 $k\Delta\omega$ 만큼 과잉수정한다.

시차보정에 필요한 과잉수정계수(OCF : Over Correction Factor) k는

$$k = \frac{1}{2}\left(\frac{h^2}{d^2} - 1\right) = \frac{1}{2}\left(\frac{f^2}{y'^2} - 1\right) \tag{2-37}$$

이며, 여기에서 f는 촬영카메라의 초점거리, y'은 영상면(또는 밀착영상면)상에서의 1점과 3점의 거리이다. 과잉수정량은 $k\Delta\omega$ 이며 〈그림 2-15〉에서는 $k = 0.625$, $\Delta\omega = 4$ 이므로 $k\Delta\omega = 2.5$이다. 따라서 총수정량은 $2.5 + 4 = 6.5$이다.

속도율(SP : Speed Ratio)은

$$\mathrm{SP} = \frac{\mathrm{P}_1}{\mathrm{P}_5} = \frac{\mathrm{h} \cdot \mathrm{d}\omega}{\mathrm{h}\left(1 + \dfrac{\mathrm{d}^2}{\mathrm{h}^2}\right)\mathrm{d}\omega} = \frac{9}{13}$$

이다.

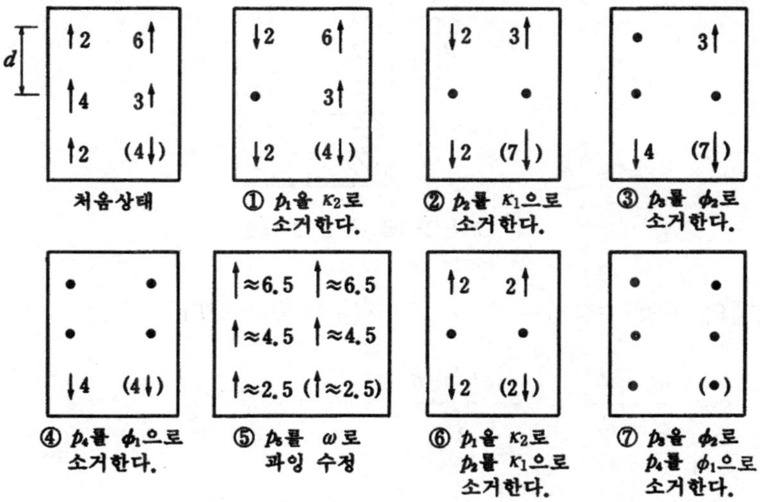

그림 2-15 Gruber의 기계법

$$P_1 = \frac{9}{13} \times P_5 = \frac{9}{13} \times 6.5 = 4.5$$

vi) 위의 가)~라)를 되풀이 한다.

이 과정 중 가), 나) 및 다), 라)의 순서는 서로 바꾸어도 좋다.

(ㄹ) 불완전 입체모형의 상호표정

불완전 입체모형이라 함은 입체모형의 일부가 수면이나 구름에 가려져서 표정점 6점의 배치를 이상적으로 할 수 없는 입체모형을 불완전 입체모형이라 한다. 불완전 입체모형(incomplete model)의 유형에는 다음과 같은 경우가 있으며 빗금친 부분은 수면이나 구름으로 가려진 부분이다.

예를 들어, 〈그림 2-16〉과 같은 평지의 불완전 입체모형을 회전인자만으로 표정하는 단계는 다음과 같다.

i) P_1을 κ''로 소거한다.

ii) P_3을 ϕ''로 소거한다.

iii) P_7을 ω''를 사용해 과잉 수정한다.

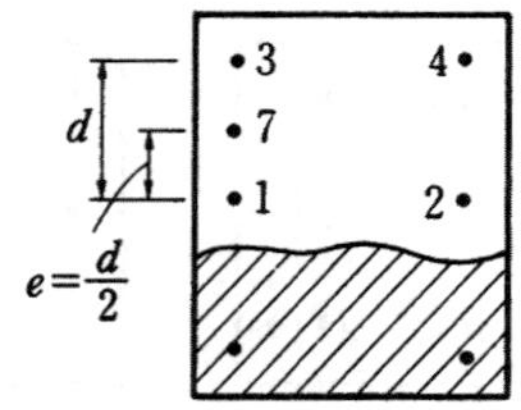

그림 2-16 불완전 모형

이때의 과잉 수정계수 $(o,\ c,\ f)\ k$는 다음과 같다.

$$k = \frac{h^2 + de}{e^2 - de} = \frac{-(4h^2 + d^2)}{d^2} \tag{2-38}$$

iv) P_1을 κ''로 **다시 소거한 후,** P_2를 κ'로 **소거한다.**

v) P_3을 φ''로 **다시 소거한 후,** P_4를 φ'로 **소거한다.**

다) 기계적 절대표정(analogue absolute orientation)

절대표정은 대지표정(對地標定)이라고도 하며, 상호표정이 끝난 입체모형을 피사체기준점 또는 지상기준점을 이용하여 피사체좌표계 또는 지상좌표계와 일치하도록 하는 작업이다. 절대표정은 ① 축척의 결정, ② 수준면(또는 경사조정)의 결정, ③ 절대위치의 결정 순서로 한다. 절대표정에서는 $K,\ \Phi,\ \Omega,\ X_0,\ Y_0,\ Z_0,\ \lambda$의 7개 표정인자가 필요하며, 2점의 $X,\ Y$ 좌표와 3점의 H좌표가 필요하므로 최소한 3점의 표정점이 필요하다.

(ㄱ) 축척의 결정

투영기의 간격, 즉 기선의 길이 b_x에 의해 축척이 결정될 때 〈그림 2-17〉에서 $A,\ B$ 점의 축척화된 길이를 S_g, 입체모형상의 길이를 S_m이라 하는 b_x의 수정량 Δb_x는

$$\Delta b_x = \frac{S_g - S_m}{S_m} \cdot b_x \tag{2-39}$$

로 계산되며, b_x에 Δb_x를 보정해 축척을 결정한다.

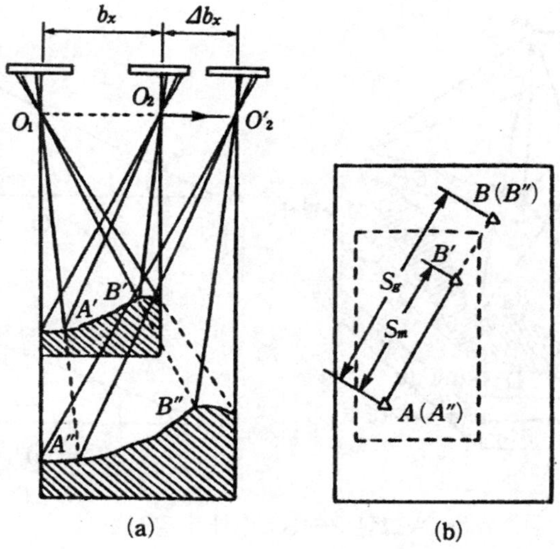

그림 2-17 축척의 결정

(ㄴ) 수준면의 결정

수준면 결정의 목적은 입체모형상에서의 표고와 대상물 공간 기준면상에서의 표고차가 각 점에서 비례적으로 맞도록 하는 데 있다.

〈그림 2-17(a)〉의 입체모형 경사를 X축, Y축으로 분리해 고려하면 (b), (c)와 같다. 도화기의 모든 구조는 그레이드(grade)로 되어 있기 때문에 라디안을 그레이드로 환산하기 위한 상수 63.66($\rho^g = \frac{200^g}{\pi} = 63.66198^g$)을 사용해, Ω(common omega)와 Φ(common phi)의 수정값 $\Delta\Omega$와 $\Delta\Phi$를 계산하면 다음과 같다.

$$\Delta\Omega = 63.66 \cdot \frac{\Delta h_C - \Delta h_B}{\overline{BC} \cdot m} \tag{2-40}$$

$$\Delta\Phi = 63.66 \cdot \frac{\Delta h_B - \Delta h_A}{\overline{AB} \cdot m} \tag{2-41}$$

여기서 $\overline{AB}$는 입체모형 축척 $1/m$ 상의 거리

식 (2-41)은 실제높이를 그대로 사용할 경우이며, Δh를 입체모형에 축척화한 경우에 $m=1$이 된다.

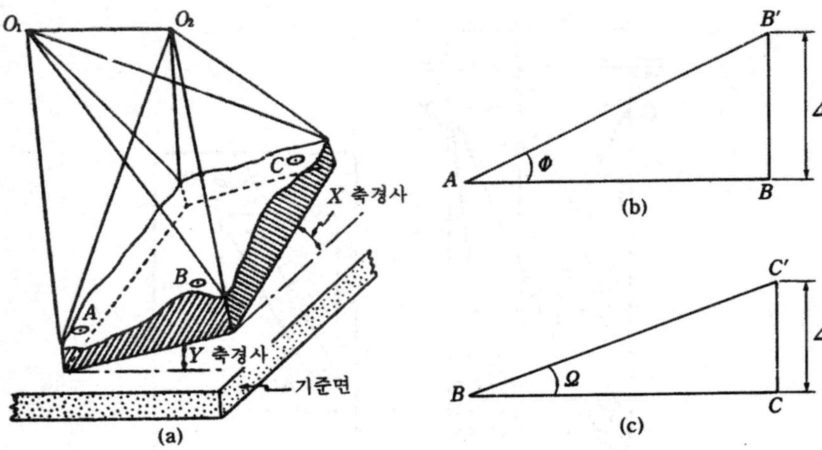

그림 2-18 수사면 결정

(ㄷ) 절대위치의 결정

2점의 수평위치(x, y) 기준점으로 축척을, 3점의 수직위치(z) 기준점으로 경사를 조정함으로써 절대위치를 결정할 수 있다. 절대표정을 마치면 사진상의 점과 실제점과 상사관계가 이루어진다.

② 해석적 표정(analytical orientation)

영상면의 표정(標定)은 입체도화기에 의해 앞에서 설명한 방법으로 행해지지만, 이 조작을 수학적인 해석으로도 가능하다.

가) 해석적 내부표정시 좌표 및 일반 보정사항

정밀좌표관측기에 의해 관측된 기계좌표(器械座標: machine coordinate)로부터 영상면좌표로 변환하는 작업이다.

(ㄱ) 좌표변환식

정밀좌표관측기(comparator)에 의한 4점 지표의 관측좌표(x, y)와 대응하는 지표의 영상면좌표(x, y)를 이용해 최소제곱법으로 변환식의 계수를 구한다. 좌표변환에 이용되는 관측방정식에는 다음과 같은 식들이 있다.

i) 선형등각사상변환(linear conformal transformation 또는 Helmert transformation)

$$\begin{bmatrix} x \\ y \end{bmatrix} = S \begin{bmatrix} \cos\theta - \sin\theta \\ \sin\theta \ \ \cos\theta \end{bmatrix} \begin{bmatrix} x \\ y \end{bmatrix} + \begin{bmatrix} x_0 \\ y_0 \end{bmatrix}$$

$$x = ax - by + x_0$$

$$y = bx + ay + y_0 \qquad (2-42)$$

ii) 부등각사상변환(affine transformation)

$$\begin{bmatrix} x \\ y \end{bmatrix} = \begin{bmatrix} 1\, r \\ 0\, 1 \end{bmatrix} \begin{bmatrix} s_x \ 0 \\ 0 \ s_y \end{bmatrix} \begin{bmatrix} \cos\theta - \sin\theta \\ \sin\theta \ \ \cos\theta \end{bmatrix} \begin{bmatrix} x \\ y \end{bmatrix} + \begin{bmatrix} x_0 \\ y_0 \end{bmatrix}$$

$$x = a_1 x + a_2 y + x_0$$

$$y = b_1 x + b_2 y + y_0 \qquad (2-43)$$

iii) 의사부등각사상변환(pseudo affine transformation)

$$x = a_1 x + a_2 y + a_3 x y + x_0$$

$$y = b_1 x + b_2 y + b_3 x y + y_0 \qquad (2-44)$$

(ㄴ) 렌즈왜곡

렌즈왜곡(lens distortion)은 방사방향의 왜곡(radial distortion)과 접선방향의 왜곡(tangential distortion)으로 나누어진다.

방사방향의 렌즈왜곡은 대칭형이고, 카메라마다 다르며, 렌즈왜곡에 큰 영향을 미치므로 일반적으로 방사방향의 왜곡만을 보정하는 경우가 많다. 주점으로부터 거리 r에 대한 방사방향왜곡(Δr)이 구해진 경우 영상면좌표(x', y')는 다음과 같이 보정된다.

$$x = x' - \frac{x'}{r} \Delta r$$

$$y = y' - \frac{y'}{r} \Delta r \qquad (2-45)$$

여기서 $r = \sqrt{x'^2 + y'^2}$ 이다.

방사방향왜곡 Δr는 검정결과 값으로부터 근사적으로 구하는 방법과 다음 식 (2-46)과 같은 다항식근사법이 있다.

$$\Delta r = k_1 r^1 + k_2 r^3 + k_3 r^5 + k_4 r^7 + \cdots k_n r^{2n-1} \quad (2\text{-}46)$$

여기서 k_1 에서 k_n 은 방사방향 렌즈왜곡항의 계수이며 일반적으로 r^7 항까지만 고려하면 충분하다.

접선방향왜곡은 비대칭형으로, 렌즈의 제작 및 합성과정에서 각 렌즈들의 중심이 일치하지 않게 발생한다. 일반적으로 접선방향의 왜곡(±2㎛)은 방사방향왜곡(±20~25㎛)의 1/10 정도로 매우 작아 무시하지만 정밀한 관측을 요할 경우에는 conrady model에 의한 다음 보정 식으로 영상면좌표를 보정한다.

$$\Delta x = P_1(r^2 + 2x'^2) + 2P_2 x'y'$$

$$\Delta y = P_2(r^2 + 2y'^2) + 2P_1 x'y' \quad (2\text{-}47)$$

여기서 P_1, P_2는 접선방향왜곡항의 계수이다.

(ㄷ) 대기굴절

촬영고도가 높아지면 광선은 대기굴절(atmospheric refraction)의 영향을 받는다. 대기굴절에 대한 보정량 Δr은 다음 식 (2-48)과 같이 주점으로부터의 거리 r의 함수로 나타내어진다.

$$\Delta r = D_x \left\{ 1 + \left(\frac{r}{f} \right)^2 \right\} r \quad (2\text{-}48)$$

여기서 D_x는 $1.5 \times 10^{-5}(H-h)\{1-0.035(2H+h)\}$, H는 촬영고도[㎞], h는 지점의 고도[㎞], f는 초점거리이다.

대기굴절에 의한 영상면좌표의 보정은 위식 (2-48)의 보정량 Δr를 사용해 식 (2-45)처럼 보정한다.

(ㄹ) 지구곡률

지상점의 위치를 수평위치로 계산하려면 지구곡률(地球曲率, earth curvature)에 의한 상의 왜곡을 보정해야 하는데, 그 보정량 Δe는 다음 식과 같이 주점으로부터의 거리 r 의 함수로 나타내어진다.

$$\Delta e = \frac{Hr^3}{2Rf^2} \qquad (2\text{-}49)$$

여기서 H는 촬영고도, R은 지구반지름, f는 초점거리이며, 영상면좌표의 보정은 식 (2-45)처럼 보정한다.

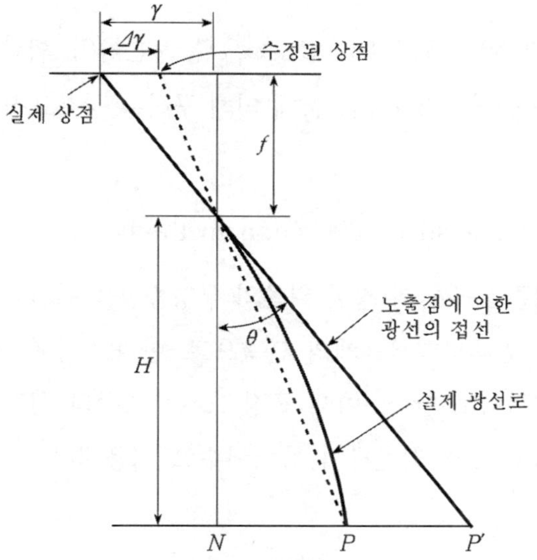

그림 2-19 대기굴절보정

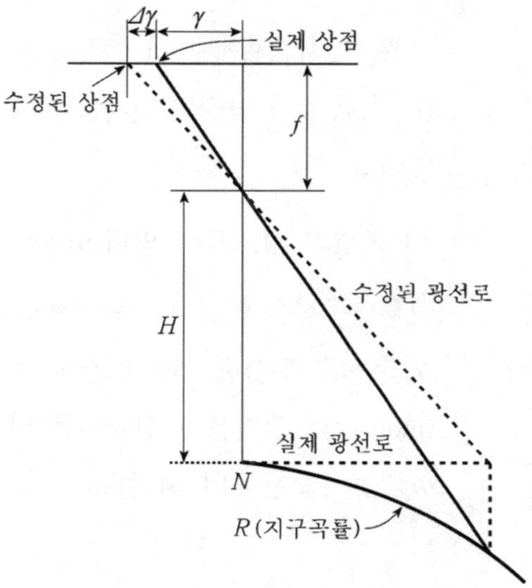

그림 2-20 지구곡률보정

(ㅁ) 필름변형

필름의 수축 및 팽창량은 지표 사이의 관측된 거리와 검정자료를 비교해 결정한다. $(x_m,\ y_m)$을 지표간의 관측된 거리라 하고 $(x_c,\ y_c)$를 검정자료라 하면 보정된 영상면좌표는 다음 식 (2-50)과 같다.

$$x = \left(\frac{x_c}{x_m}\right)x'$$

$$y = \left(\frac{y_c}{y_m}\right)y' \qquad (2\text{-}50)$$

여기서 x_c/x_m 과 y_c/y_m 은 x, y 방향의 축척계수이다.

나) 해석적 상호표정

해석적 상호표정방법에는, 첫째 공면조건을 이용하는 방법, 둘째 종시차(縱視差)를 소거하는 방법이 있으며, 이 두 방법에 의한 상호표정은 3차원 가상좌표인 입체모형좌표(model coordinate)를 형성하게 된다.

(ㄱ) 공면조건에 의한 방법

영상면좌표계에서 표정요소, 즉 왼쪽의 회전각(κ_1, φ_1, ω_1)과 오른쪽의 회전각(κ_2, φ_2, ω_2) 및 평행인자(by, bz)를 공면조건(共面條件)에 의해 구하는 상호표정방법이다.

i) **독립적 상호표정 방법**(independent relative orientation method)

투영중심을 연결하는 방법으로 〈그림 2-21〉과 같이 왼쪽의 투영중심을 원점으로 오른쪽의 투영중심과 연결한 선을 입체모형좌표계의 X 축으로 한다. 입체모형(model)의 축척은 기선길이를 단위 길이로 한다. 이때 표정요소는 왼쪽의 회전각 κ_1, φ_1, 오른쪽의 회전각κ_2, φ_2, ω_2의 5개 회전각이 독립변수로 이용된다.

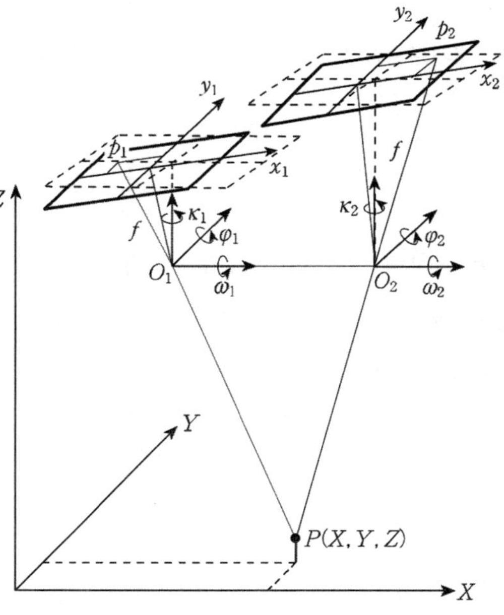

그림 2-21 투영중심을 연결하는 방법

이와 같이 입체모형좌표계 및 표정요소를 선택하면 공면조건식은 다음과 같이 된다.

$$(\overline{x}_1\,\overline{y}_1\,1)R_1^T = \begin{bmatrix} 0 & 0 & 0 \\ 0 & 0 & 1 \\ 0 & -1 & 0 \end{bmatrix} R_2 \begin{bmatrix} \overline{x_2} \\ \overline{y_2} \\ 1 \end{bmatrix} = 0 \tag{2-51}$$

여기서 입체모형좌표계($\overline{x}$, $\overline{y}$, $\overline{z}$)와 카메라좌표계(x, y, f) 사이에는 다음과 같은 좌표변환의 관계식이 성립한다.

$$\begin{bmatrix} \overline{x_1} \\ \overline{y_1} \\ \overline{z_1} \end{bmatrix} = \begin{bmatrix} \cos\varphi_1 & 0 & \sin\varphi_1 \\ 0 & 1 & 0 \\ -\sin\varphi_1 & 0 & \cos\varphi_1 \end{bmatrix} \begin{bmatrix} \cos\kappa_1 & -\sin\kappa_1 & 0 \\ \sin\kappa_1 & \cos\kappa_1 & 0 \\ 0 & 0 & 1 \end{bmatrix} \begin{bmatrix} x_1 \\ y_1 \\ f \end{bmatrix} \tag{2-52}$$

$$\begin{bmatrix} \overline{x_2} \\ \overline{y_2} \\ \overline{z_2} \end{bmatrix} = \begin{bmatrix} 1 & 0 & 0 \\ 0 & \cos\omega_2 & -\sin\omega_2 \\ 0 & \sin\omega_2 & \cos\omega_2 \end{bmatrix} \begin{bmatrix} \cos\varphi_2 & 0 & \sin\varphi_2 \\ 0 & 1 & 0 \\ -\sin\varphi_2 & 0 & \cos\varphi_2 \end{bmatrix}$$

$$\begin{bmatrix} \cos\kappa_2 & -\sin\kappa_2 & 0 \\ \sin\kappa_2 & \cos\kappa_2 & 0 \\ 0 & 0 & 1 \end{bmatrix} \begin{bmatrix} x_2 \\ y_2 \\ f \end{bmatrix} + \begin{bmatrix} 1 \\ 0 \\ 0 \end{bmatrix} \tag{2-53}$$

표정요소의 근사값을 κ_1^0, φ_1^0, κ_2^0, φ_2^0, ω_2^0라 하고, 그 보정량을 각각 $\Delta\kappa_1$, $\Delta\varphi_1$, $\Delta\kappa_2$, $\Delta\varphi_2$, $\Delta\omega_2$라 하면, 식 (2–51)의 공면조건식은 Taylor 전개에 의해 다음과 같이 선형화된다.

$$\begin{aligned} F(\kappa_1, \varphi_1, \kappa_2, \varphi_2, \omega_2) &\fallingdotseq F(\kappa_1^0, \varphi_1^0, \kappa_2^0, \varphi_2^0, \omega_2^0) \\ &+ \frac{\partial F}{\partial \kappa_1}\Delta\kappa_1 + \frac{\partial F}{\partial \varphi_1}\Delta\varphi_1 + \frac{\partial F}{\partial \kappa_2}\Delta\kappa_2 + \frac{\partial F}{\partial \varphi_2}\Delta\varphi_2 \\ &+ \frac{\partial F}{\partial \omega_2}\Delta\omega_2 = 0 \end{aligned} \tag{2-54}$$

표정요소의 근사값을 식 (2–52)와 식 (2–53)에 대입해 얻어진 값을 이용하면 식 (2–54)은 다음과 같은 관측방정식이 얻어진다.

$$\overline{x_1}\,\Delta k_1 + \overline{x_1}\,\overline{y_2}\,\Delta\varphi - (\overline{y_1}\,\overline{y_2} + 1)\Delta\omega_2 - \overline{x_2}\,\Delta k_2 + \overline{x_2}\,\overline{y_1}\,\Delta\varphi_2 = -L \tag{2-55}$$

여기서

$$L=(\overline{x_1}\ \ \overline{y_1}\ \ 1)R_1^T\begin{pmatrix}0 & 0 & 0\\ 0 & 0 & 1\\ 0 & -1 & 0\end{pmatrix}R_2\begin{pmatrix}\overline{x_2}\\ \overline{y_2}\\ 1\end{pmatrix}$$

식 (2-55)에 최소제곱법을 적용해 축차근사계산(逐次近似計算)으로 표정요소를 구한다.

ii) **종속적 상호표정 방법**(dependent relative orientation method)

왼쪽카메라좌표를 고정하는 방법으로 〈그림 2-22〉와 같이 이 경우에서의 입체모형좌표계는 왼쪽의 카메라좌표계이므로 왼쪽카메라의 투영중심이 좌표계의 원점이 되며 왼쪽카메라의 경사는 없다. 따라서 표정요소는 오른쪽카메라의 투영중심 (Bx, By, Bz) 및 왼쪽카메라의 회전각 κ, φ, ω 이다. 이때 B_x 는 축척에만 영향을 미치므로 단위 길이로 하여 $by=By/Bx$, $bz=Bz/Bx$ 를 독립변수로 하고, 여기에 회전각 3개를 포함하면 5개의 독립변수가 얻어진다.

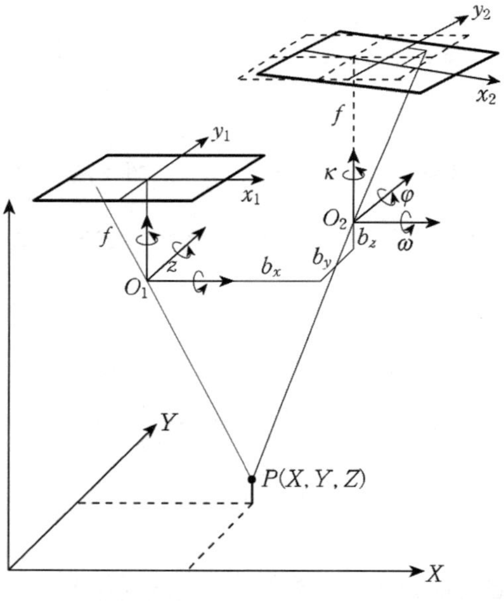

그림 2-22 좌측 카메라좌표계를 고정하는 방법

이와 같이 입체모형좌표계와 표정요소를 선택하면 공면조건식은 다음 식이 된다.

$$(\bar{x}_1\,\bar{y}_1\,1)\begin{bmatrix}0 & u_z & -u_y\\ -u_z & 0 & 1\\ u_y & -1 & 0\end{bmatrix}R_2\begin{bmatrix}\bar{x}_2\\ \bar{y}_2\\ 1\end{bmatrix}=0 \qquad (2\text{-}56)$$

식 (2-56)에서 (x_1, y_1, z_1), (x_2, y_2, z_2)는

$$\begin{bmatrix} \overline{x_1} \\ \overline{y_1} \\ \overline{z_1} \end{bmatrix} = \begin{bmatrix} x_1 \\ y_1 \\ f \end{bmatrix} \tag{2-57}$$

$$\begin{bmatrix} \overline{x_2} \\ \overline{y_2} \\ \overline{z_2} \end{bmatrix} = \begin{bmatrix} 1 & 0 & 0 \\ 0 & \cos\omega & -\sin\omega \\ 0 & \sin\omega & \cos\omega \end{bmatrix} \begin{bmatrix} \cos\varphi & 0 & \sin\varphi \\ 0 & 1 & 0 \\ -\sin\varphi & 0 & \cos\varphi \end{bmatrix} \tag{2-58}$$

$$\begin{bmatrix} \cos\kappa & -\sin\kappa & 0 \\ \sin\kappa & \cos\kappa & 0 \\ 0 & 0 & 1 \end{bmatrix} \begin{bmatrix} x_2 \\ y_2 \\ f \end{bmatrix} + \begin{bmatrix} 1 \\ by \\ bz \end{bmatrix}$$

의 관계가 성립한다.

표정요소의 근사값을 κ^0, φ^0, ω^0, b_y^0, b_z^0라 하고, 그의 보정량을 각각 $\Delta\kappa$, $\Delta\varphi$, $\Delta\omega$, Δb_y, Δb_z이라 하면, 식 (2-56)의 공면조건식은 Taylor 전개에 의해 다음과 같이 선형화된다.

$$\begin{aligned} F(\kappa, \varphi, \omega, b_y, b_z) &\fallingdotseq F(\kappa^0, \varphi^0, \omega^0, b_y^0, b_z^0) \\ &+ \frac{\partial F}{\partial \kappa}\Delta\kappa + \frac{\partial F}{\partial \varphi}\Delta\varphi + \frac{\partial F}{\partial \omega}\Delta\omega + \frac{\partial F}{\partial b_y}\Delta b_y \\ &+ \frac{\partial F}{\partial b_z}\Delta b_z = 0 \end{aligned} \tag{2-59}$$

식 (2-57)에서 얻어진 $(\overline{x_1}, \overline{y_1}, \overline{z_1})$ 및 식 (2-58)에 표정요소의 근사값을 대입해 얻어진 $(\overline{x_2}, \overline{y_2}, \overline{z_2})$를 이용하면 식 (2-59)는 다음과 같은 관측방정식이 된다.

$$\begin{aligned} &(\overline{x_2} - \overline{x_1})\Delta u_y + (\overline{x_1}\,\overline{y_2} + \overline{x_2}\,\overline{y_1})\Delta u_z - \overline{x_2}\Delta k_2 - \overline{x_2}\,\overline{y_1}\,\Delta\varphi_2 \\ &+ (\overline{y_1}\,\overline{y_2} + 1)\Delta W_2 = -L \end{aligned} \tag{2-60}$$

여기서

$$L = (\overline{x_1} \;\; \overline{y_1} \;\; 1)\begin{pmatrix} 0 & u_z & -u_y \\ -u_z & 0 & 1 \\ u_y & -1 & 0 \end{pmatrix} R_2 \begin{pmatrix} \overline{x_2} \\ \overline{y_2} \\ 1 \end{pmatrix}$$

식 (2-60)에 최소제곱법을 적용해 축차근사계산으로 표정요소를 구한다.

다) 해석적 접합표정

촬영경로(course)상의 다수의 입체영상면에 대해 각각 독립적으로 입체모형을 형성하면, 입체모형에서 왼쪽입체모형(左立體模型)의 오른쪽영상면(右映像面)과 오른쪽입체모형(右立體模型)의 왼쪽영상면(左映像面)은 공통이므로, 인접한 2개의 입체모형 모두에 이용할 수 있는 종접합점(pass point)이 존재한다.

접합표정은 이와 같은 인접한 2개 입체모형에 공통인 요소를 이용해 입체모형의 경사와 축척을 통일시켜 1개의 통일된 스트립의 좌표계로 순차변환하는 것이다. 접합표정의 방법은 크게 나누어, 첫째 상호표정에서 얻어진 표정요소를 이용하는 방법, 둘째 상호표정에서 얻어진 투영중심과 공통인 접합점의 입체모형좌표계만을 이용하는 방법이 있다.

또한 상호표정요소를 이용하는 방법 중 왼쪽카메라좌표계를 고정시키고 오른쪽영상면의 경사 및 투영중심을 표정요소로 하는 접합표정의 경우는 다음 식 (2-61)에 의하며

$$\begin{bmatrix} X_{oi} \\ Y_{oi} \\ Z_{oi} \end{bmatrix} = \begin{bmatrix} X_{oi-1} \\ Y_{oi-1} \\ Z_{oi-1} \end{bmatrix} + S_{i-1} R_{i-1} \begin{bmatrix} bx_{(i-1)} \\ by_{(i-1)} \\ b_{2(i-1)} \end{bmatrix} \qquad (2-61)$$

라) 해석적 절대표정

절대표정은 입체모형(model)좌표, 스트립(strip)좌표 및 블록(block)좌표의 가상 3차원 좌표로부터 표정기준점좌표를 이용해 축척 및 경사 등을 조정함으로써 절대(또는 대지)좌표를 얻는 과정을 의미한다. 절대표정의 일반식은 다음과 같다.

$$\begin{bmatrix} X_G \\ Y_G \\ Z_G \end{bmatrix} = SR \begin{bmatrix} X_m \\ Y_m \\ Z_m \end{bmatrix} + \begin{bmatrix} X_o \\ Y_o \\ Z_o \end{bmatrix} \qquad (2-62)$$

여기서 X_G, Y_G, Z_G는 절대좌표, X_m, Y_m, Z_m은 입체모형좌표, X_o, Y_o, Z_o는 입체모형좌표계의 원점위치이며, S는 축척인자, R은 회전행렬이다.

식 (2-62)에 7개의 외부표정요소(7parameter of exterior orientation)는 축적계수(S: Scale factor), 평행변위요소(X_o, Y_o, Z_o: translation elements), 회전요소(R: Rotational elements-κ, φ, ω)로 이루어진다.

③ 수치적 표정(digital orientation)

투명양화를 관측장치대에 정치하고 모형(model)에 대한 시야의 조정이 이루어지고 난

후에 표정이 진행된다. 이 과정은 기계 및 해석적 영상탐측과 수치영상탐측 양쪽 모두의 체계에서 중요한 것이다. 수치영상탐측체계에 관련되는 표정을 설명하기 위해 전통적인 항공영상면 입체쌍을 가정한다.

가) 수치적 내부표정

내부표정(interior orientation)은 건판과 영상면좌표계간의 관계를 처리하는 과정으로 이동지지대의 양화를 정확하게 위치설정시키는 것이다. 수치영상탐측체계상에서의 내부표정은 수치영상과 관련되어 있으므로 수학적인 모형이 스캐너의 기하학적 특성이나 정오차에 대해 고려되어야 하고, 그런 다음 영상소와 영상면좌표간에 변환계수가 고려되어야 한다.

해석도화기는 내부표정과정을 거친 후에 첫 번째 투명영상면상에서 지표를 도출한다. 조작자는 체계가 자동적으로 그 다음 지표를 찾아가는 동안 지표에 대한 정확한 위치를 결정하고 이에 대한 기록을 해야 한다. 수치영상탐측체계도 이와 동일한 기능을 갖고 있다. 이 경우 건판을 이동하지 않고 단지 커서나 표현의 변화만을 이용해 이루어져야 한다. 수치영상탐측체계는 건판이나 광학기기의 이동이 없다는 것이 특징이다.

어떻게 조작자의 관찰없이 일괄적인 작업만으로 자동적인 내부표정을 할 수 있는가는 수치화된 항공영상면에 대한 영상면지표의 일치화로 형태인식학적인 기법에 의해 해결할 수 있다. 이러한 경우 동일한 체계환경 내에서 스캐닝한 후에 바로 내부표정을 실시할 수 있으므로 수치영상면은 변환계수를 가지게 된다.

나) 수치적 상호표정

상호표정(relative orientation)에서 모형(model)을 형성하기 위해서는 5개의 표정요소를 이용해 공액점의 시차를 제거함으로써 이루어진다. 해석도화기체계에서 시차는 고정된 하나의 건판에 대해 다른 건판을 움직임으로써 제거할 수 있다. 수치영상탐측체계에서 이러한 과정은 하나의 커서를 움직이는 동안 다른 하나의 커서를 고정시켜서 달성할 수 있다. 수치영상탐측체계에서 공액점은 조작자가 양질의 초기근사값을 제공한다면 자동적으로 찾을 수 있음을 예상할 수 있다.

현재의 수치영상탐측체계는 좌표관측형식에서 입체모형형식으로 변환하는 과정에서 많은 시간이 소요되는데, 이것은 영상면이 공액기하상태를 만들기 위해 재배열과정을 거쳐야 하기 때문이다. 따라서 실제영상면을 표준화된 위치로 변환해 행방향이 기선과 평행하도록 해야 한다. 이런 경우 공액점은 동일한 열에 놓이게 된다. 이것은 영상정합의 과정을 신속하게 하고 영상면이동을 손쉽게 할 수 있도록 하는 탐색영역의 범위를 축소할 수 있게 한다.

상호표정은 자동적인 일괄작업과정을 수행함으로써 어느 정도 자동화할 수 있다. 공액기하에 대한 영상면재배열은 표정 이후 바로 실시할 수 있기 때문에 매우 유용하다고 할 수 있다. 더욱이 이 일괄작업과정은 비용을 절감할 수도 있다.

다) 수치적 절대표정

절대표정(absolute orientation)은 모형공간과 실제대상공간 사이의 관계를 이용해 실제대상공간을 기준으로 조정하는 작업으로 영상면에 대해서 이와 상응하는 실제대상공간에 대한 기준점(또는 절대좌표)의 관측값을 필요로 한다. 종종 기준점의 식별문제가 대두되는데, 이것은 점들이 부분적으로 보이고 배경과의 대조가 잘 이루어지지 않기 때문이다. 만약 수작업에 의해 점들을 찾아내기가 어려운 경우 이를 전산기를 통해 식별한다는 것은 더욱 어려운 일이므로 자동적인 기준점의 인식은 향후 계속적인 연구가 이루어져야 할 것이다.

해석도화기와 수치영상탐측체계 사이의 비교에 있어 중요한 관점은 〈표 2-2〉에 요약되어 있다.

표 2-2 해석도화기와 수치영상탐측체계의 비교

해석도화기	수치영상탐측체계의 기능
영상면처리	수치영상처리
카메라, 지상기준점 등의 자료입력	카메라, 지상기준점 등의 자료입력
투명영상면을 운반대에 장착	영상입력
기준점 식별 •투명영상면에 밝기 조절 •부점 관측 •확대축소가 연속적이고 빠름 •도브 프리즘 이용	 •영상강조(유연화, 히스토그램 평활화) •커서(모양, 크기, 색상) •영상면의 재표현 느림 •영상회전
내부표정 •영상면지표 관측 •내부표정요소 계산	 •영상면지표관측 •내부표정요소 계산(반자동)
상호표정 •영상면이동 및 회전 •시차소거 •상호표정요소 계산 •모형에서 자유롭게 이동	 •커서이용 영상이동 •상호표정요소 계산(자동) •공액 영상재배열 •모형 내에서 이동

절대표정 •지상기준점 식별 •대상물 관측 •절대표정요소 계산 •2장 이상의 영상면을 볼 수 있으나 번거로움 •공액점을 찾기 위해 조작자가 항상 필요함	 •지상기준점 식별 지원 •절대표정요소 계산(반자동) •여러 개의 윈도를 통해 다중으로 볼 수 있음 •자동적으로 영상정합수행
수치고도모형 •수치고도모형 생성 방법 정의 •불연속선(breakline)을 디지타이징 •점진적 표본화	 •수치고도모형 생성 방법 정의 •반자동에 의한 불연속선(breakline) 디지타이징 •생성 자동화
항공삼각측량 •점선택 •점이사(관측점을 영상면에 옮김) •블록조정	 •점선택 •반자동에 의한 점이사 •자동블록조정

3 관측값 해석에 관한 최소제곱법, 오차전파

관측을 여러 번 되풀이 하게 되면 다른 관측값을 갖게 되는 변수들이 발생된다. 이들 변수들은 관측값에 의해 조정을 함으로써 최확값을 얻게 된다. 이 조정 방법에는 간이법, 엄밀법(또는 최소제곱법)으로 대별되나 최근 가장 많이 이용되고 있는 방법은 최소제곱법이다.

(1) 최소제곱법(LSM : Least Squar Method)

① 개요

최소제곱법은 미지값의 수보다 관측값에 의한 조건식의 수가 많을 때 적용하는 것으로 관측방정식(observation equation)을 이용하는 방법, 조건방정식(condition equation)을 이용하는 방법, 미정계수를 이용하는 방식이 있다. 최근 computer의 활용으로 관측방정식의 방법이 주로 이용되고 있다.

가) 최확값을 얻을 수 있는 기본 가정

(ㄱ) 관측값에는 과대오차 및 정오차는 모두 제거되고 우연오차만 남아있다.

(ㄴ) 조정할 관측값의 수는 충분히 많다.

(ㄷ) 오차의 빈도 분포는 정규분포이다.

나) 수식표현

임의의 관측군이 있을 경우, 이들 관측값의 잔차를 v_1, $v_2 \cdots v_n$, h를 관측의 정밀도 계수라 할 때, 오차가 생길 수 있는 확률밀도함수는 정규분포곡선식으로부터

$$f(x) = (\frac{h}{\sqrt{\pi}})^2 e^{h^2(v_1^2 + v_2^2 + \cdots + v_n^2)} = (\frac{h}{\sqrt{\pi}})^2 e^{h^2[v^2]} \tag{3-1}$$

이 된다(e : exponential). 식 (3-1)에 의하여 최확값을 구하기 위해서는 분모항이 최소가 되어야 함으로 다음과 같은 식의 조건을 만족시켜야 한다.

(ㄱ) 관측값의 정밀도가 동일한 경우

$$\Phi = v_1^2 + v_2^2 + \cdots + v_n^2 = \sum_{i=1}^{n} v_i^2 \rightarrow \text{최소} \tag{3-2}$$

(ㄴ) 관측값의 정밀도가 다를 경우

$$\Phi = w_1 v_1^2 + w_2 v_2^2 + \cdots + w_n v_n^2 = \sum_{i=1}^{n} w v_i^2 \rightarrow \text{최소} \tag{3-3}$$

여기서 w_1, $w_2 \cdots w_n$은 관측값 l_1, l_2, $\cdots$, l_n에 대한 경중률이다.

즉, 잔차의 제곱의 합이 최소가 되는 값이 최확값이므로 이와 같은 조건은 매우 중요하다. 복잡한 관측의 경우에도 최확값을 얻기 위해서는 이 조건을 기초로 하여 조정계산을 한다.

② 관측방정식에 의한 최소제곱법 해석

관측방정식에 의한 최소제곱법해석의 경우 미지항보다 관측방정식이 많으므로 미지계수행렬(Jacobian 행렬 : B)을 정사각행렬로 만들기 위해 양변에 B행렬의 전치행렬(B^T)를 곱하여 해를 얻는다.

가) 최확값 계산

$$v_1 = a_{11}x_1 + a_{12}x_2 + \cdots + a_{1n}x_n - l_1$$

$$v_2 = a_{21}x_1 + a_{22}x_2 + \cdots + a_{2n}x_n - l_2$$

$$\vdots$$

$$v_n = a_{n1}x_1 + a_{n2}x_2 + \cdots + a_{mn}x_n - l_n$$

$$\text{V=BX-L} \qquad (3\text{-}4)$$

$$\text{BX=L}+V$$

$$B^T WBX = B^T WL \qquad (3\text{-}5)$$

(B : Jacobian 행렬, X : 계수행렬, L : 상수항벡터, W : 경중률)
$(m \times n)$ $(n \times 1)$ $(m \times 1)$

$$NX = t \qquad (3\text{-}6)$$

$$X = N^{-1}t \qquad (3\text{-}7)$$

$$(N = B^T WB,\ t = B^T WL)$$

식 (3-7)로부터 최확값이 얻어진다.

나) 오차해석

미지량 X, Y, Z의 값을 구하기 위하여 초기근사값은 X_0, Y_0, Z_0 그 보정량을 x, y, z으로 놓고 ($X = X_0 + x$, $Y = Y_0 + y$, $Z = Z_0 + z$) 반복계산을 실시한다. 계산단계에서 경중률 계수행렬, 분산-공분산행렬은 다음과 같다.

오차전파식을 이용하여

$$Q_{xx} = N^{-1} = (B^T WB)^{-1} \qquad (3\text{-}8)$$

$\sum xx = \sigma_0^2 Q_{xx}$ 가 된다. N^{-1}는 대칭행렬이므로

$$\sigma_{xx} = \sigma_0^2 (B^T WB)^{-1} = \begin{bmatrix} \sigma_{x_1^2} & \sigma_{x_1x_2} & \cdots & \sigma_{x_1x_n} \\ \sigma_{x_2x_1} & \sigma_{x_2x_2} & \cdots & \sigma_{x_2x_n} \\ \vdots & & & \\ \sigma_{x_nx_1} & & & \sigma_{x_{n^2}} \end{bmatrix} \qquad (3\text{-}9)$$

여기서 대각선은 분산이고 그 이외의 공분산이다. 공분산이 0이면 독립성이 있음을 뜻한다. 표준편차 σ_0는

$$\sigma_0 = \sqrt{\frac{V^T WV}{m-n}} \qquad (3\text{-}10)$$

여기서, m−n은 자유도이고 V는 V=BX−L이다. 또한 관측값의 조정값은 $L+V$이다. 미지수(최확값)에 대한 표준편차는 Q_{xx}의 대각선 요소를 이용하여 다음과 같이 산출한다.

$$\sigma_{xx} = \pm \sigma_0 \sqrt{Q_{xx}} \quad (3\text{-}11)$$

예제 3-1

〈그림 3-1〉과 같은 수준(고저)망을 측량한 각 구간의 표고(높이)차가 아래와 같다. 최소제곱법 중 관측방정식방법을 적용하여 B, C, D점의 최확표고를 구하고, 이에 대한 오차를 해석하시오(단, 표고기준점 의 고도는 100.000m이다).

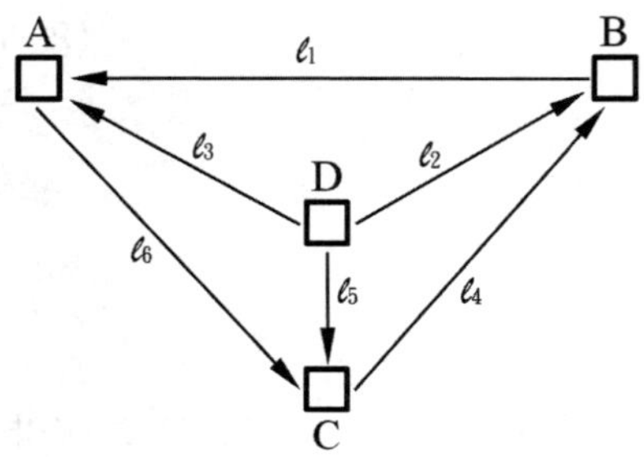

그림 3-1

시점	종점	표고차(m)
B	A	l_1=21.973
D	B	l_2=20.940
D	A	l_3=42.932
C	B	l_4=-11.040
D	C	l_5=31.891
A	C	l_6=-11.017

풀이 관측방정식을 다음과 같이 구성한다.

(1) 최확표고

$$\begin{array}{lll} B=A-l_1+v_1 & B=100-21.973+v_1 & B=78.027+v_1 \\ D=B-l_2+v_2 & & -B+D=-20.940.+v_2 \\ D=A-l_3+v_3 & D=100-42.932+v_3 & D=57.068+v_3 \\ C=B-l_4+v_4 & C=B-(-11.040)+v_4 & -B+C=11.040+v_4 \\ D=C-l_5+v_5 & D=C-31.891+v_5 & -C+D=-31.891+v_5 \\ A=C-l_6+v_6 & 100=C-(-11.017)+v_6 & -C=-88.983+v_6 \end{array}$$

관측방정식 $BX=L+V \quad X=(B^TB)^{-1}B^TL$에서

$$\begin{bmatrix} 1 & 0 & 0 \\ -1 & 0 & 1 \\ 0 & 0 & 1 \\ -1 & 1 & 0 \\ 0 & -1 & 1 \\ 0 & -1 & 0 \end{bmatrix} \begin{bmatrix} B \\ C \\ D \end{bmatrix} = \begin{bmatrix} 78.027 \\ -20.940 \\ 57.068 \\ 11.040 \\ -31.891 \\ -88.983 \end{bmatrix} + \begin{bmatrix} v_1 \\ v_2 \\ v_3 \\ v_4 \\ v_5 \\ v_6 \end{bmatrix}$$

$$B^TB = \begin{bmatrix} 1 & -1 & 0 & -1 & 0 & 0 \\ 0 & 0 & 0 & 1 & -1 & -1 \\ 0 & 1 & 1 & 0 & 1 & 0 \end{bmatrix} \begin{bmatrix} 1 & 0 & 0 \\ -1 & 0 & 1 \\ 0 & 0 & 1 \\ -1 & 1 & 0 \\ 0 & -1 & 1 \\ 0 & -1 & 0 \end{bmatrix} = \begin{bmatrix} 3 & -1 & -1 \\ -1 & 3 & -1 \\ -1 & -1 & 3 \end{bmatrix}$$

$$B^TL=\begin{bmatrix}1 & -1 & 0 & -1 & 0 & 0\\ 0 & 0 & 0 & 1 & -1 & -1\\ 0 & 1 & 1 & 0 & 1 & 0\end{bmatrix}\begin{bmatrix}78.027\\ -20.940\\ 57.068\\ 11.040\\ -31.891\\ -88.983\end{bmatrix}=\begin{bmatrix}87.927\\ 131.914\\ 4.237\end{bmatrix}$$

$$X=\begin{bmatrix}3 & -1 & -1\\ -1 & 3 & -1\\ -1 & -1 & 3\end{bmatrix}^{-1}\begin{bmatrix}87.927\\ 131.914\\ 4.237\end{bmatrix}=\begin{bmatrix}0.5 & 0.25 & 0.25\\ 0.25 & 0.5 & 0.25\\ 0.25 & 0.25 & 0.5\end{bmatrix}\begin{bmatrix}87.927\\ 131.914\\ 4.237\end{bmatrix}=\begin{bmatrix}78.001\\ 88.998\\ 57.079\end{bmatrix}$$

최확값은 B=78.001, C=88.998, D=57.079이다.

(참고) $B^TB=N$의 역행렬(Inverse matrix)을 N^{-1}로 놓으면

$N^{-1}=\dfrac{adjN}{\det N}$ 여기서, adjN : N의 수반행렬(adjoint matrix)

detN : N의 행렬식(determinant)

N의 여인수

$$N=\begin{bmatrix}3 & -1 & -1\\ -1 & 3 & -1\\ -1 & -1 & 3\end{bmatrix}$$

$$N_{11}=\begin{vmatrix}3 & -1\\ -1 & 3\end{vmatrix}=8 \quad N_{12}=-\begin{vmatrix}-1 & -1\\ -1 & 3\end{vmatrix}=4 \quad N_{13}=\begin{vmatrix}-1 & 3\\ -1 & -1\end{vmatrix}=4$$

$$N_{21}=-\begin{vmatrix}-1 & -1\\ -1 & 3\end{vmatrix}=4 \quad N_{22}=\begin{vmatrix}3 & -1\\ -1 & 3\end{vmatrix}=8 \quad N_{23}=-\begin{vmatrix}3 & -1\\ -1 & -3\end{vmatrix}=4$$

$$N_{31}=\begin{vmatrix}-1 & -1\\ 3 & -1\end{vmatrix}=4 \quad N_{32}=-\begin{vmatrix}3 & -1\\ -1 & -1\end{vmatrix}=4 \quad N_{33}=\begin{vmatrix}3 & -1\\ -1 & 3\end{vmatrix}=8$$

$$adjN=\begin{bmatrix}N_{11} & N_{21} & N_{31}\\ N_{12} & N_{22} & N_{32}\\ N_{13} & N_{23} & N_{33}\end{bmatrix}=\begin{bmatrix}8 & 4 & 4\\ 4 & 8 & 4\\ 4 & 4 & 8\end{bmatrix} \quad \begin{aligned}\det N&=3\times N_{11}+(-1)\times N_{21}+(-1)\times N_{31}\\ &=3\times 8+(-1)\times 4+(-1)\times 4=16\end{aligned}$$

$$N^{-1}\frac{1}{16}\begin{bmatrix}8 & 4 & 4\\ 4 & 8 & 4\\ 4 & 4 & 8\end{bmatrix}=\begin{bmatrix}0.5 & 0.25 & 0.25\\ 0.25 & 0.5 & 0.25\\ 0.25 & 0.25 & 0.5\end{bmatrix}$$

---

(2) 오차해석

관측값의 조정값 : L+V

$$\begin{bmatrix}21.973+(-0.026)\\ 20.940+(0.018)\\ 42.932+(0.011)\\ -11.040+(-0.043)\\ 31.891+(-0.028)\\ -11.017+(-0.015)\end{bmatrix}=\begin{bmatrix}21.947\\ 20.958\\ 42.943\\ -11.083\\ 31.863\\ -11.032\end{bmatrix}$$

$$V^TV=(-0.026\ \ 0.018\ \ 0.011-0.043-0.028-0.015)\begin{bmatrix}-0.026\\0.018\\0.011\\-0.043\\-0.028\\-0.015\end{bmatrix}=3.98\times$$

$$\sigma_0=\sqrt{\frac{V^TV}{m-n}}=\sqrt{\frac{3.98\times10^{-3}}{6-3}}=0.036m$$

분산 및 공분산 행렬은

$$\sigma_{xx}=\sigma_0^2(B^TB)^{-1}=0.0013\begin{bmatrix}0.5&0.25&0.25\\0.25&0.5&0.25\\0.25&0.25&0.5\end{bmatrix}=10^{-4}\begin{bmatrix}6.5&3.25&3.25\\3.25&6.5&3.25\\3.25&3.25&6.5\end{bmatrix}m^2$$

표준편차는 Q_{xx}의 대각선요소를 이용한 산출로 구한다.

$$\sigma_B=10^{-2}\sqrt{6.5}=0.0255m$$
$$\sigma_C=10^{-2}\sqrt{6.5}=0.0255m$$
$$\sigma_D=10^{-2}\sqrt{6.5}=0.0255m$$

예제 3-2

평면삼각형 세 내각을 관측한 최확값과 표준오차는 다음과 같다.
최소제곱법을 이용하여 조정하시오(단, 0.1″ 단위까지 계산하시오).

$a_1=56°21'32''(\sigma_1\pm1'')$, $a_2=49°52'09''(\sigma_2=\pm2'')$, $a_3=79°46'28''(\sigma_3=\pm3'')$

풀이 관측방정식은

$(a_1+v_1)+(a_2+v_2)+(a_3+v_3)-180°=0$에서

$v_1+v_2+v_3=180°-(56°21'32''+49°52'09''+73°46'28'')=-9''$

관측방정식을 행렬로 정리하면

$$(1\ \ 1\ \ 1)\begin{pmatrix}v_1\\v_2\\v_3\end{pmatrix}=(-9'')$$

이 된다.

편차가 ±1″, ±2″, ±3″이므로 경중률(W: Weight)을 구한다. 여기서 경중률은 평균제곱근오차(또는 표준편차)의 제곱에 반비례하므로 다음과 같다.

$$W_1:W_2:W_3=\frac{1}{\sigma_1^2}:\frac{1}{\sigma_2^2}:\frac{1}{\sigma_3^2}=\frac{1}{1^2}:\frac{1}{2^2}:\frac{1}{3^2}=1:0.25:0.11=9:2.25:1$$

$$N=(AWA^T)^{-1}(A^TWL)$$

$$AWA^T = (1\ 1\ 1)\begin{pmatrix} \frac{1}{9} & 0 & 0 \\ 0 & \frac{1}{2.25} & 0 \\ 0 & 0 & 1 \end{pmatrix}\begin{pmatrix} 1 \\ 1 \\ 1 \end{pmatrix} = 1.555$$

$$A^TWL = \begin{pmatrix} 1 \\ 1 \\ 1 \end{pmatrix}\begin{pmatrix} \frac{1}{9} & 0 & 0 \\ 0 & \frac{1}{2.25} & 0 \\ 0 & 0 & 1 \end{pmatrix}(-9) = \begin{pmatrix} -1 \\ -4 \\ -9 \end{pmatrix}$$

$$N = \frac{1}{1.555}\begin{pmatrix} -1 \\ -4 \\ -9 \end{pmatrix} = \begin{pmatrix} -0.64 \\ -2.57 \\ -5.78 \end{pmatrix}$$

$a_1 = 56°21'32'' - 0.64'' = 56°21'31.4''$
$a_2 = 49°52'09'' - 2.57'' = 49°52'06.4''$
$a_3 = 73°46'28'' - 5.78'' = 73°46'22.2''$

$180°00'00''$

② 미정계수에 의한 최소제곱법 해석

조건식의 수를 결정하여 관측오차를 구한다음 표준방정식으로부터 미정계수를 구한다. 얻어진 미정계수로부터 보정값을 구해 최확값을 구한다. 미정계수법 풀이과정은 다음과 같다.

가) 조건식의 수(N_k)로 계산

$$N_k = r - (n - m) \tag{3-12}$$

여기서, r: 관측개수, n: 관측점수, m: 기지점수

나) 조건식으로부터 오차(v)계산

$$\begin{bmatrix} v_1 \\ v_2 \\ \vdots \\ v_r \end{bmatrix} = \begin{bmatrix} a_0 & a_1 & \cdots & a_n \\ b_0 & b_1 & \cdots & b_n \\ \vdots & & & \\ r_0 & r_1 & \cdots & r_n \end{bmatrix}\begin{bmatrix} l_1 \\ l_2 \\ \vdots \\ l_n \end{bmatrix} \tag{3-13}$$

다) 표준방정식을 설정하여 미정계수(k)를 계산(W: 경중률)

$$\left.\begin{aligned}
\left[\frac{aa}{W}\right]k_1+\left[\frac{ab}{W}\right]k_2+\cdots+\left[\frac{ar}{W}\right]k_r+v_1=0\\
\left[\frac{ab}{W}\right]k_1+\left[\frac{bb}{W}\right]k_2+\cdots+\left[\frac{br}{W}\right]k_r+v_2=0\\
\vdots\qquad\qquad\\
\left[\frac{ar}{W}\right]k_1+\left[\frac{br}{W}\right]k_2+\cdots+\left[\frac{rr}{W}\right]k_r+v_r=0
\end{aligned}\right\} \tag{3-14}$$

라) 보정값 v'를 계산

$$\left.\begin{aligned}
v'_1&=\frac{1}{W_1}(a_1k_1+b_1k_2+\cdots r_1k_r)\\
v'_2&=\frac{1}{W_2}(a_2k_1+b_2k_2+\cdots r_2k_r)\\
\vdots&\qquad\quad\vdots\\
v'_n&=\frac{1}{W}(a_nk_1+b_nk_2+\cdots r_nk_r)
\end{aligned}\right\} \tag{3-15}$$

마) 관측값(l_i)에 보정값을 가하여 최확값을 계산

$$x_1=l_1+v_1',\ x_2=l_2+v_2',\ x_3=l_3+v_3'\ \cdots\ x_r=l_r+v_r' \tag{3-16}$$

예제 3-3

〈그림 3-2〉에서 고저기준점A, B를 연결하는 고저측량을 행하여 다음과 같은 관측값을 얻었다.

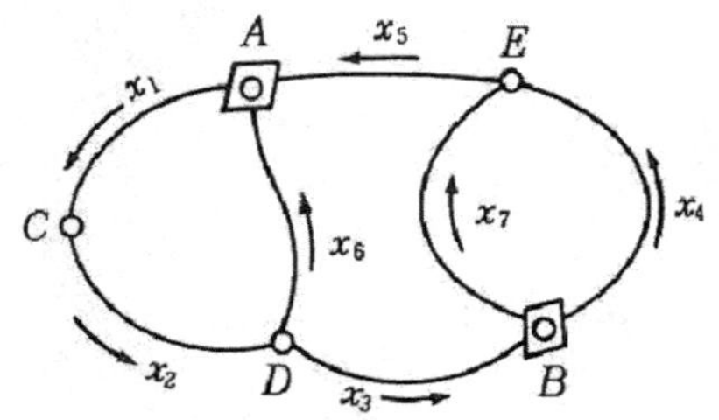

$l_1=5.666m$ $l_2=-1.195m$
$l_3=3.481m$ $l_4=-1.999m$
$l_5=-5.972m$ $l_6=-4.463m$
$l_7=-1.981m$

그림 3-2

위의 관측값을 미정계수법으로 조정하시오. 단, A, B 고저기준점의 표고는 $H_A=18.396m$, $H_B=26.317m$이며 각 구간의 거리는 동일하다.

풀이 조건식수 $N_k = r-(n-m)$에서 $N_k = 7-(5-2) = 4$

조건식은

$$x_1 + x_2 + x_6 = 0$$
$$x_3 + x_7 + x_5 - x_6 = 0$$
$$x_4 - x_7 = 0$$
$$H_A - x_6 + x_3 = H_B$$

이다.

각 구간의 거리가 동일하므로 경중률은 1이다. $H_A - H_B = -7.921m$이고 조건식을 정리하면

$$x_1 + x_2 + 0 \cdot x_3 + 0 \cdot x_4 + 0 \cdot x_5 + x_6 + 0 \cdot x_7 = 0$$
$$0 \cdot x_1 + 0 \cdot x_2 + x_3 + x_4 + x_5 + (-1)x_6 + x_7 = 0$$
$$0 \cdot x_1 + 0 \cdot x_2 + 0 \cdot x_3 + x_4 + 0 \cdot x_5 + 0 \cdot x_6 + (-1)x_7 = 0$$
$$0 \cdot x_1 - 0 \cdot x_2 + x_3 + 0 \cdot x_4 + 0 \cdot x_5 + (-1)x_6 + 0 \cdot x_7 - 7.921 = 0$$

이다. 관측오차 v_1, v_2, v_3, v_4는 다음과 같다.

$$v_1 = 5.666 - 1.195 - 4.463 = 0.008m = 8mm$$
$$v_2 = 3.481 - 1.981 - 5.912 + 4.463 = -0.009m = -9mm$$
$$v_3 = -1.999 + 1.981 = -0.018m = -18mm$$
$$v_4 = 4.463 + 3.481 - 7.921 = 0.023m = 23mm$$

그리고

$$[aa] = 1+1+0+0+0+1+0 = 3$$
$$[ab] = 0+0+0+0+0-1+0 = -1$$
$$[ac] = 0+0+0+0+0+0+0 = 0$$
$$[ad] = 0+0+0+0+0-1+0 = -1$$
$$[bb] = 0+0+1+0+1+1+1 = 4$$
$$[be] = 0+0+0+0+0+0-1 = -1$$
$$[bd] = 0+0+1+0+0+1+0 = 2$$
$$[cc] = 0+0+0+1+0+0+1 = 2$$
$$[cd] = 0+0+0+0+0+0+0 = 0$$
$$[dd] = 0+0+1+0+0+1+0 = 2$$

이다. 식 (3-14)로부터 표준방정식을 구성한다.

$$3k_1 - k_2 - k_4 + 8 =$$
$$-k_1 + 4k_2 - k_3 + 2k_4 - 9 = 0$$
$$-k_2 + 2k_3 - 18 = 0$$
$$-k_1 + 2k_2 + 2k_4 + 23 = 0$$

위의 식을 풀면

$$k_1 = -7.8,\ k_2 = 27.3,\ k_3 = 22.67,\ k_4 = -42.74$$

이다. 미정계수 k_1, k_2, k_3, k_4를 이용하여 보정값 v'를 식 (3-15)에서 구한다.

$v_1{}' = k_1 = -7.8$㎜ $v_2{}' = k_1 = -7.8$㎜ $v_3{}' = k_2 + k_4 = -15.4$㎜
$v_4{}' = k_3 = 22.67$㎜ $v_5{}' = k_2 = 27.34$㎜ $v_6{}' = k_1 - k_2 - k_4 = 7.6$㎜
$v_7{}' = k_2 - k_3 = 4.67$㎜

따라서 최확값은 식 (3-16)에 의하여 구할 수 있다.

$$x_1 = l_1 + v_1' = 5.666 - 0.0078 = 5.658$$
$$x_2 = l_2 + v_2' = -1.203 \qquad x_3 = 3.446 \qquad x_4 = -1.976$$
$$x_5 = -5.945 \qquad x_6 = -4.445 \qquad x_7 = -1.976$$

③ 조건방정식에 의한 최소제곱법 해석

조건방정식에 의한 최소제곱조정은 다음과 같은 조건방정식으로 표시한다.

$$\underset{k,\,n}{B} \; \underset{n,\,1}{V} = \underset{k,\,1}{L} \tag{3-17}$$

여기서 k는 조건방정식수이며 n은 주어진 관측값의 수이다. 식 (3-17)은 n개 관측값의 잔차에 대한 k개의 방정식이며 k가 n보다 적으면 이 조건만으로는 해(값)를 얻을 수 없다. 따라서 추가적인 방정식이 비상관적이며 동일정밀도로 관측된 경우 식 (3-2)로부터 얻어져야하며 관측값이 비상관적이고 정밀도가 다르게 관측된 경우 식 (3-3)으로부터 얻어야 한다.

〈그림 3-3〉과 같은 고저측량망에 대한 관측을 할 경우 3개의 조건식은 다음과 같다.

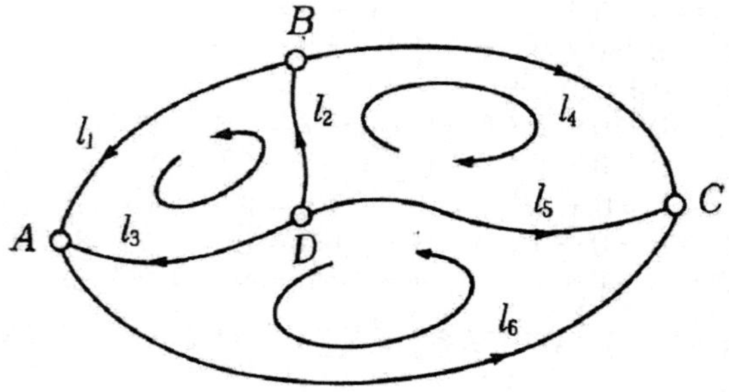

그림 3-3 고저측량망

$$\begin{aligned} v_1 + v_2 - v_3 &= -(l_1 + l_2 - l_3) = f_1 \\ v_2 + v_4 - v_5 &= -(l_2 + l_4 - l_5) = f_2 \\ v_3 - v_5 + v_6 &= -(l_1 - l_5 + l_6) = f_3 \end{aligned} \tag{3-18}$$

또는

$$\begin{bmatrix} 1 & 1 & -1 & 0 & 0 & 0 \\ 0 & 1 & 0 & 1 & -1 & 0 \\ 0 & 0 & 1 & 0 & -1 & 1 \end{bmatrix} \begin{bmatrix} v_1 \\ v_2 \\ v_3 \\ v_4 \\ v_5 \\ v_6 \end{bmatrix} = \begin{bmatrix} f_1 \\ f_2 \\ f_3 \end{bmatrix} \tag{3-19}$$

6번의 관측이 비상관적이며 동일하지 않은 경중률로 관측되었다고 하면 ϕ는

$$\phi = W_1v_1^2 + W_2v_2^2 + W_3v_3^2 + W_4v_4^2 + W_5v_5^2 + W_6v_6^2 \rightarrow \text{최소} \tag{3-20}$$

이다. Lagrange 승수(Lagrange multiplier)인 K_i값을 고려하여 ϕ가 최소가 되도록 정리하면 다음과 같다.

$$\begin{aligned} \phi = & \ W_1v_1^2 + W_2v_2^2 + W_3v_3^2 + W_4v_4^2 + W_5v_5^2 + W_6v_6^2 \\ & -2K_1(v_1+v_2-v_3-f_1) - 2K_2(v_2+v_4-v_5-f_2) \\ & -2K_3(v_3-v_5+v_6-f_3) \end{aligned} \tag{3-21}$$

식 (3-21)에서 -2는 잔차를 구분할 때 (-)부호가 생기는 것을 방지하기 위해 (-)부호를 붙였으며 미지값은 잔차, 즉 v_1, v_2 ⋯ v_6와 Lagrange승수 K_1, K_2, K_3이다.

ϕ'을 최소로 하기 위해 이들 미지수에 대해 편미분하면 다음과 같다.

$$\begin{aligned}
&\frac{\partial\phi'}{\partial v_1} = 2W_1v_1 - 2K_1 = 0 && v_1 = \frac{1}{W_1}K_1 \\
&\frac{\partial\phi'}{\partial v_2} = 2W_2v_2 - 2(K_1+K_2) = 0 && v_2 = \frac{1}{W_2}(K_1+K_2) \\
&\frac{\partial\phi'}{\partial v_3} = 2W_3v_3 - 2(K_1+K_3) = 0 && v_3 = \frac{1}{W_{32}}(-K_1+K_3) \\
&\frac{\partial\phi'}{\partial v_4} = 2W_4v_4 - 2K_2 = 0 && v_4 = \frac{1}{W_4}K_2 \\
&\frac{\partial\phi'}{\partial v_5} = 2W_5v_5 - 2(-K_2-K_3) = 0 && v_5 = \frac{1}{W_5}(-K_2-K_3) \\
&\frac{\partial\phi'}{\partial v_6} = 2W_6v_6 - 2K_3 = 0 && v_6 = \frac{1}{W_6}K_3
\end{aligned} \tag{3-22}$$

K_1, K_2, K_3에 대한 ϕ'를 미분하면

$$\frac{\partial\phi'}{\partial K_1}=-2(v_1+v_2-v_3-f_1)=0$$
$$\frac{\partial\phi'}{\partial K_2}=-2(v_2+v_4-v_5-f_2)=0$$
$$\frac{\partial\phi'}{\partial K_3}=-2(v_3-v_5+v_6-f_3)=0$$

또는

$$\begin{aligned} v_1+v_2-v_3&=f_1 \\ v_2+v_4-v_5&=f_2 \\ v_3-v_5+v_6&=f_3 \end{aligned} \tag{3-23}$$

이다. ϕ'를 lagrange 승수에 대해 편미분하는 경우 lagrange 승수는 ϕ가 최소로 되는 조건을 만족시켜 준다

식 (3-22)를 행렬 형태로 정리하면

$$\begin{bmatrix} v_1 \\ v_2 \\ v_3 \\ v_4 \\ v_5 \\ v_6 \end{bmatrix} = \begin{bmatrix} 1/W_1 & & & & & \\ & 1/W_2 & & & & \\ & & 1/W_3 & & & \\ & & & 1/W_4 & & \\ & & & & 1/W_5 & \\ & & & & & 1/W_6 \end{bmatrix} \begin{bmatrix} 1 & 0 & 0 \\ 1 & 1 & 0 \\ -1 & 0 & 1 \\ 0 & 1 & 0 \\ 0 & -1 & -1 \\ 0 & 0 & 1 \end{bmatrix} \begin{bmatrix} K_1 \\ K_2 \\ K_3 \end{bmatrix} \tag{3-24}$$

이다. 식 (3-24)의 오른쪽 첫 번째 항은 관측값의 경중률행렬 W의 역행렬이고 이것을 여인수행렬(cofactor matrix)이라하며 기호는 Q로 표시한다.

$$Q=W^{-1} \tag{3-25}$$

식 (3-24)의 오른쪽 두 번째 항은 식 (3-19)에서 계수행렬 B의 전치행렬이다.

Lagrange 승수벡터를 K라고 표시하면 K는 다음과 같다.

$$K=\begin{bmatrix} K_1 \\ K_2 \\ K_3 \end{bmatrix} \tag{3-26}$$

V를 잔차벡터로 표시하면 식 (3-24)은

$$V=W^{-1}B^TK=QB^TK \tag{3-27}$$

이고 식 (3-17)에 V를 대입하면

$$B(QB^TK) = (BQB^T)K = f \tag{3-28}$$

이다.

(BQB^T)를 정규방정식의 계수행렬이라 하며 Q_e로 표시한다.

$$Q_e = BQB^T \tag{3-29}$$

식 (3-28)은 다음과 같이 표시된다.

$$Q_eK = f \tag{3-30}$$

식 (3-30)의 해는

$$K = Q_e^{-1}f = W_ef \tag{3-31}$$

이다.

여기서 Q_e의 역행렬을 W_e로 표기한다. 이는 Q_e와 W_e는 여인수와 경중률행렬을 각각 표시하기 때문이다.

$$W_e = Q_e^{-1}(BQB^T)^{-1} \tag{3-32}$$

식 (3-27)과 식 (3-32)는 비상관관측값뿐만 아니라 상관관측값에 대하여서도 일반적으로 적용된다. K는 Lagrange 승수의 벡터이며 ϕ는 조건방정식 (3-17)에 의해 관련되어 있으며 그 식은 다음과 같다.

$$\phi' = V^TWV - 2K^T(BV - f) \tag{3-33}$$

ϕ'를 V에 대해 편미분하여 0으로 놓으면 ϕ'의 편미분식은 다음과 같다.

$$\frac{\partial \phi'}{\partial V} = 2V^TW - 2K^TB = 0 \tag{3-34}$$

이를 다시 정리하면

$$WV = B^TK \tag{3-35}$$

이다. 여기서 W는 대칭행렬이며 $W^T = W$이다

$$V = W^{-1}B^TK = QB^TK \tag{3-36}$$

계수행렬 Q_e는 식 (3-29)에 의해 계산되며 K^T값과 잔차 V는 식 (3-27)에 의해 계산된

다. 이때 조정된 관측값 ℓ을 구하기 위해 관측값 ℓ을 추가해야 한다.

예제 3-4

삼각의 내각을 관측한 결과 $a_1 = 57°48'40''$, $a_2 = 76°24'50''$, $a_3 = 45°46'00''$이다. 이 값을 조건방정식을 이용한 최소제곱법으로 각 내각을 조종하시오.

(1) 비상관 관측값이며 동일한 경중률로 관측된 경우

(2) 비상관 관측값이며 동일하지 않은 경중률 즉

$W_1 = 0.97m$, $a_2 = 76°24'50''$, $a_3 = 45°46'00''$인 경우

풀이

조건방정식은

$$a_1 + v_1 + a_2 + v_2 + a_3 + v_3 - 180° \text{에서}$$
$$v_1 + v_2 + v_3 = 180° - (57°48'40'' + 76°24'50'' + 45°46'00'') = 30''$$

이다. 행렬로 표시하면

$$[1 \;\; 1 \;\; 1]\begin{bmatrix} v_1 \\ v_2 \\ v_3 \end{bmatrix} = [30'']$$

이다.

(1) 경중률이 같은 경우이므로 $W = Q = I$ 이다.

식 (3-29)로부터

$$Qe = BWB^T = [1 \;\; 1 \;\; 1]\begin{bmatrix} 1 \\ 1 \\ 1 \end{bmatrix} = [3]$$

이다.

식 (3-31)로부터

$$K = Qe^{-1}f = [1/3]\,[30''] = [10'']$$

이다.

V는 식 (3-27)로부터 계산된다.

$$V = QB^TK = B^TK = \begin{bmatrix} 1 \\ 1 \\ 1 \end{bmatrix}[10''] = \begin{bmatrix} 10'' \\ 10'' \\ 10'' \end{bmatrix}$$

관측값에 잔차를 추가하여 관측값을 조정하면 다음과 같다.

$$\overline{a_1} = a_1 + v_1 = 57°48'50''$$
$$\overline{a_2} = a_2 + v_2 = 76°25'00''$$
$$\overline{a_3} = a_3 + v_3 = 45°46'00''$$

$$180°00'00''$$

(2) $W_1 = 0.97$, $W_2 = 0.5$, $W_3 = 0.68$이기 때문에 경중률 행렬은

$$W = \begin{bmatrix} W_1 & & \\ & W_2 & \\ & & W_3 \end{bmatrix} = \begin{bmatrix} 0.97 & & \\ & 0.5 & \\ & & 0.68 \end{bmatrix}$$

이다. 여인수 행렬 N은

$$N = W^{-1} = \begin{bmatrix} 1/W_1 & & \\ & 1/W_2 & \\ & & 1/W_2 \end{bmatrix} = \begin{bmatrix} 1 & & \\ & 2 & \\ & & 1.5 \end{bmatrix}$$

이다. 식 (3-29)와 식 (3-31), 식 (3-27)을 이용하여 계산한다.

$$Q_e = BWB^T = [1\ 1\ 1]\begin{bmatrix} 1 & & \\ & 2 & \\ & & 1.5 \end{bmatrix}\begin{bmatrix} 1 \\ 1 \\ 1 \end{bmatrix} = [4.5]$$

$$K = Q_e^{-1} f = [1/4.5][30''] = [6.7'']$$

$$V = WB^T K = \begin{bmatrix} 1 & & \\ & 2 & \\ & & 1.5 \end{bmatrix}\begin{bmatrix} 1 \\ 1 \\ 1 \end{bmatrix}[6.7''] = \begin{bmatrix} 7'' \\ 13'' \\ 10'' \end{bmatrix}$$

조정된 관측값은 다음과 같다.

$$\overline{a_1} = a_1 + v_1 = 57°48'47''$$
$$\overline{a_2} = a_2 + v_2 = 76°25'03''$$
$$\overline{a_3} = a_3 + v_3 = 45°46'10''$$

$$180°00'00''$$

(2) 오차의 전파

정오차의 전파(propagation of systematic error)와 우연오차의 전파(propagation of random error)는 다음과 같다.

① 정오차의 전파

오차의 부호와 크기를 알 때 이들 오차의 함수는

$$y = f(x_1, x_2, x_3, \cdots, x_n) \tag{3-37}$$

이며, 각각의 변수는 정오차 $\Delta x_1, \Delta x_2, \ldots \Delta x_n$ 를 가지고 있는 경우 함수식은 편미분방정식으로 표시할 수 있다.

$$\Delta y = \frac{\partial y}{\partial x_1}\Delta x_1 + \frac{\partial y}{\partial x_2}\Delta x_2 + \frac{\partial y}{\partial x_3}\Delta x_3 + \cdots + \frac{\partial y}{\partial x_n}\Delta x_n \tag{3-38}$$

② 우연오차의 전파

관측값이 어떤 결과값을 형성하기 위해 합하게 될 때 이 때 평균제곱근 x 오차는 각 평균제곱근의 제곱합의 제곱근이 된다.

$$x = x_1 + x_2 + x_3 + \cdots + x_n \tag{3-39}$$

$$\sigma = \sqrt{(\sigma_1^2 + \sigma_2^2 + \sigma_3^2 + \cdots + \sigma_n^2)} \tag{3-40}$$

독립변수가 $x_1, x_2, x_3, \cdots, x_n$ 이고 독립변수들의 표준편차가 $\pm\delta_{x_1}$, $\pm\delta_{x_2}$, $\pm\delta_{x_3}$, $\cdots$, $\pm\delta_{x_n}$ 일 때, $y = f(x_1, x_2, x_3, \cdots x_n)$을 Taylor 급수에 의해 전개하면 y 의 오차는

$$\sigma'^2_y \simeq \left(\frac{\partial f}{\partial x_1}\right)^2 \delta_{x_1^2} + \left(\frac{\partial f}{\partial x_2}\right)^2 \delta_{x_2^2} + \left(\frac{\partial f}{\partial x_3}\right)^2 \delta_{x_3^2} + \cdots + \left(\frac{\partial f}{\partial x_n}\right)^2 \delta_{x_n^2} \tag{3-41}$$

이다. 여기서, δ_{xi} 는 표준편차 또는 표준오차이다.

4 삼변측량

삼변측량의 조정방법에는 조건방정식에 의한 조정과 관측방정식에 의한 조정법이 있다.

(1) 조건방정식에 의한 조정

① 조건식의 수

1개의 삼각형을 결정하기 위해서는 3개의 변길이가 필요하고, 한 삼각형에 연속한 삼각형은 2개의 변길이를 추가해 가는 것이므로 1개의 새로운 점을 추가할 경우 두 변을 추가해야 한다. 따라서 기지점이 1점인 경우 조건식의 수는

$$l - \{2(n-3)+3\} = l - 2n + 3$$

이 되며, 여기서 l: 총변수, n: 관측점수이다.

다음에 기지점이 2점 이상일 때는 $L-2N$이 되며 여기서 L은 기지변을 제외한 총변수이고 N은 미지점의 관측점수이다. 삼변망에는 단삼변망, 사변망, 유심다변망으로 구성할 수

있으며, 이는 모두 1개 이상의 조건식이 성립한다.

② 단삼변망

〈그림 4-1〉에서

$$A+B+C-180°=0 \tag{4-1}$$

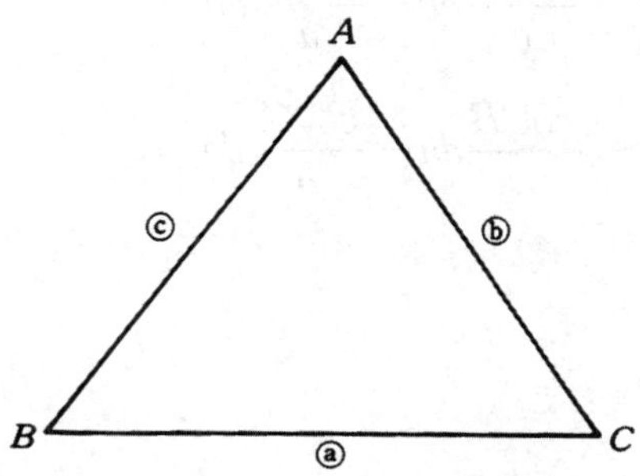

그림 4-1

변관측값을 a, b, c, 변보정량을 δ_a, δ_b, δ_c라 하고 각계산은 다음과 같다.

$$\angle A' = \cos^{-1}\frac{b^2+c^2-a^2}{2bc}$$

$$\angle B' = \cos^{-1}\frac{a^2+c^2-b^2}{2ac} \tag{4-2}$$

$$\angle C' = \cos^{-1}\frac{a^2+b^2-c^2}{2ab}$$

여기서 $\angle A'$, $\angle B'$, $\angle C'$는 관측변으로 계산된 각이며 $\cos A=(b^2+c^2-a^2)/2bc$에서 전미분을 취하면,

$$-\sin A dA =$$

$$\frac{2bc(2bdb+2cdc-2adc)-2c(b^2+c^2-a^2)db-2b(b^2+c^2-a^2)dc}{4b^2c^2} \tag{4-3}$$

식 (4-3)에 $b^2+c^2-a^2=2bc\cos A$, $b=c\cos A+a\cos C$, $c=a\cos B+b\cos A$를 대입하여 정리하면,

$$dA = \frac{a}{bc \sin A}da - \frac{a \cos C}{bc \sin A}db - \frac{a \cos B}{bc \sin A}dc \tag{4-4}$$

가 된다. 여기서 정현(正弦)비례식을 적용하여 정리하면,

$$\begin{aligned} dA &= \frac{da}{c \sin B} - \frac{\cot C}{b}db - \frac{\cot B}{c}dc \\ dB &= \frac{db}{a \sin C} - \frac{\cot A}{c}dc - \frac{\cot C}{a}da \\ dC &= \frac{dc}{b \sin A} - \frac{\cot B}{a}da - \frac{\cot A}{b}db \end{aligned} \tag{4-5}$$

이고, 각조건방정식은

$$dA + dB + dC + \varepsilon = 0 \tag{4-6}$$

이다. 여기서 윗 식의 값을 대입하면,

$$\left[\frac{1}{c \sin B'} - \frac{\cot C'}{a} - \frac{\cot B'}{a}\right]da + \left[\frac{1}{a \sin C'} - \frac{\cot A'}{b} - \frac{\cot C'}{b}\right]db + \left[\frac{1}{b \sin A'} - \frac{\cot B'}{c} - \frac{\cot A'}{c}\right]dc + \varepsilon = 0 \tag{4-7}$$

이며 $\varepsilon = \angle A' + \angle B' + \angle C' - 180°$이다.

식 (4-7)에서

$$\begin{aligned} G_a &= \frac{1}{c \sin B'} - \frac{\cot C'}{a} - \frac{\cot B'}{a} \\ G_b &= \frac{1}{a \sin C'} - \frac{\cot A'}{b} - \frac{\cot C'}{b} \\ G_c &= \frac{1}{b \sin A'} - \frac{\cot B'}{c} - \frac{\cot A'}{c} \end{aligned} \tag{4-8}$$

라고 가정하면 식 (4-7)은 $G_a \cdot da + G_b \cdot db + G_c \cdot dc + \varepsilon = 0$가 되고, a, b, c는 ㎞, δ_a, δ_b, δ_c는 ㎝의 차원으로 통일하면 $\varepsilon = 10^5\varepsilon/\rho''$이다.

각 변의 오차량은 상기조건식을 미정계수법에 의한 최소제곱법을 적용하여 계산할 수 있다.

$$\delta_i = K \cdot G_i \quad (i = a, b, c) \tag{4-9}$$
$$K = \frac{-\varepsilon}{(G_a^2 + G_b^2 + G_c^2)}$$

③ 사변망

〈그림 4-2〉의 6개의 변길이로 구성되는 사변망에서 AC의 길이 b에 오차가 있다고 가정하면 C점이 C' 또는 C''로 되어 일치하지 않는다. C점이 일치하기 위한 조건으로서는 $\angle BAC + \angle DAC = \angle BAD$이며 또는 $\alpha_1 + \alpha_2 = \alpha_3$, $\alpha_1 + \alpha_2 - \alpha_3 = 0$이고, 각 변길이 사이에는 다음과 같은 cosine 법칙이 성립한다.

$$\left.\begin{aligned} &\triangle ABC\text{에서 } \cos\alpha_1 = (a^2 + b^2 - c^2)/2ab \\ &\triangle ACD\text{에서 } \cos\alpha_2 = (b^2 + f^2 - e^2)/2bf \\ &\triangle ABD\text{에서 } \cos\alpha_3 = (a^2 + f^2 - d^2)/2af \end{aligned}\right\} \tag{4-10}$$

이것을 전미분하여 정리하면,

$$d\alpha_1 = \frac{dc}{a \cdot \sin\beta_2} - \frac{\cot\gamma_1}{b}db - \frac{\cot\beta_2}{a}da \tag{4-11}$$
$$d\alpha_2 = \frac{de}{b \cdot \sin\gamma_2} - \frac{\cot\delta_2}{f}df - \frac{\cot\gamma_2}{b}db$$
$$d\alpha_3 = \frac{dd}{a \cdot \sin\beta_1} - \frac{\cot\delta_1}{f}df - \frac{\cot\beta_1}{a}da$$

이며, 각조건식은 $d\alpha_1 + d\alpha_2 - d\alpha_3 + \varepsilon = 0$ 또는 $\varepsilon = \alpha_1 + \alpha_2 - \alpha_3$로부터 유도된다.

$$\frac{1}{a}(\cot\beta_1 - \cot\beta_2)da - \frac{1}{b}(\cot\gamma_1 + \cot\gamma_2)db + \frac{dc}{a\sin\beta_2}$$
$$-\frac{dd}{a\sin\beta_1} + \frac{de}{b\sin\gamma_2} + \frac{1}{f}(\cot\delta_1 - \cot\delta_2)df + \varepsilon = 0 \tag{4-12}$$

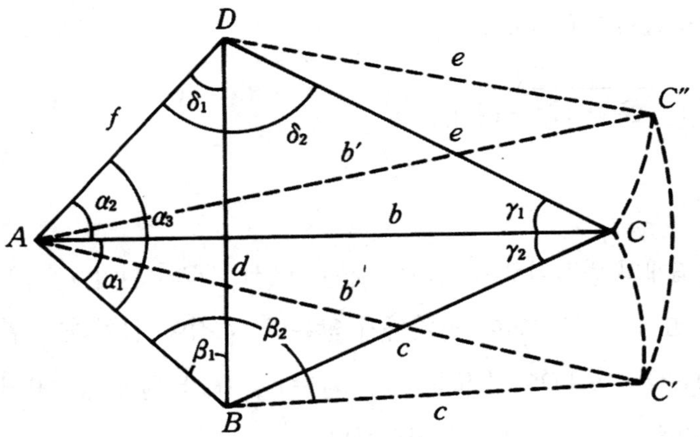

그림 4-2 사변망

여기서

$$\lambda_a = \frac{1}{a}(\cot\beta_1 - \cot\beta_2),\ \lambda_b = -\frac{1}{b}(\cot\gamma_1 + \cot\gamma_2)$$

$$\lambda_c = \frac{1}{a\sin\beta_2},\ \lambda_d = \frac{1}{a\sin\beta_1} \tag{4-13}$$

$$\lambda_e = \frac{1}{b\sin\gamma_2},\ \lambda_f = \frac{(\cot\delta_1 - \cot\delta_2)}{f}$$

로 놓고 미정계수법에 의한 최소제곱법을 적용하기 위하여 2차식을 만들면,

$$F = da^2 + db^2 + dc^2 + dd^2 + de^2 + df^2 - 2k(\lambda_a da + \lambda_b db + \lambda_c dc + \lambda_d dd + \lambda_e de + \lambda_f df + \varepsilon) \tag{4-14}$$

이고, 이것을 편미분하여 최소값을 구하면 각 변길이의 오차량을 구하게 된다.

$$\delta_i = K \cdot \lambda_i,\ (i = a, b, c, d, e, f)$$

$$K = \frac{-\varepsilon}{(\lambda_a^2 + \lambda_b^2 + \lambda_c^2 + \lambda_e^2 + \lambda_f^2)} \tag{4-15}$$

④ 유심다변망

〈그림 4-3〉에서 $\gamma_1 + \gamma_2 + \gamma_3 + \gamma_4 + \gamma_5 - 360° = 0$이고 조건방정식은 $d\gamma_1 + d\gamma_2 + d\gamma_3 + d\gamma_4 + d\gamma_5 + \varepsilon = 0$이며 $\cos\gamma_1 = (f^2 + g^2 - a^2)/2fg$를 전미분하여 정리하면 다음과 같다.

$$d\gamma_1 = \frac{a}{fg\sin\gamma_1}da - \frac{\cot\alpha_1}{f}df - \frac{\cot\beta_1}{g}dg$$
$$d\gamma_2 = -\frac{b}{gh\sin\gamma_2}db - \frac{\cot\alpha_2}{g}dg - \frac{\cot\beta_2}{h}dh$$
$$d\gamma_3 = \frac{c}{hi\sin\gamma_3}dc - \frac{\cot\alpha_3}{h}dh - \frac{\cot\beta_3}{i}di \qquad (4\text{–}16)$$
$$d\gamma_4 = \frac{d}{ij\sin\gamma_4}dd - \frac{\cot\alpha_4}{i}di - \frac{\cot\beta_4}{j}dj$$
$$d\gamma_5 = \frac{e}{jf\sin\gamma_5}de - \frac{\cot\alpha_5}{j}dj - \frac{\cot\beta_5}{f}df$$

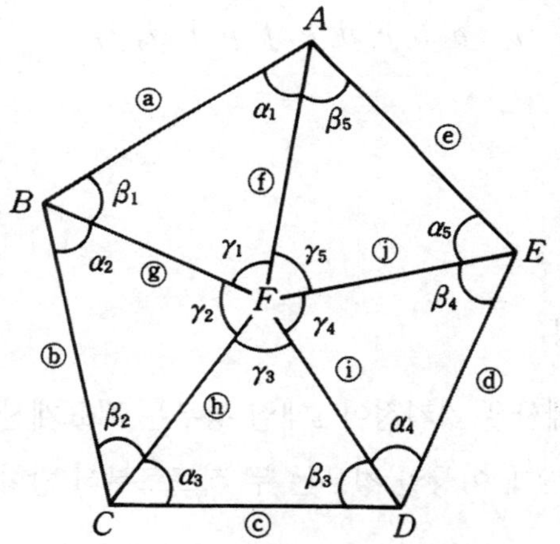

그림 4-3 오변유심망

식 (4-16)를 조건방정식에 대입하면,

$$\frac{a}{fg\sin\gamma_1}da - \frac{b}{gh\sin\gamma_2}db - \frac{c}{hi\sin\gamma_3}dc - \frac{d}{ij\sin\gamma_4}dd \qquad (4\text{–}17)$$
$$-\frac{e}{if\sin\gamma_5}de - (\cot\alpha_1 + \cot\beta_5)\frac{df}{f}$$
$$-(\cot\alpha_2 + \cot\beta_1)\frac{dg}{g} - (\cot\alpha_3 + \cot\beta_2)\frac{dh}{h}$$
$$-(\cot\alpha_1 + \cot\beta_3)\frac{di}{i} - (\cot\alpha_5 + \cot\beta_4)\frac{dj}{j} + \frac{10^5\varepsilon}{\rho''} = 0$$

이며, 식 (4-17)을

$$m_a = \frac{a}{fg\sin\gamma_1},\ m_b = \frac{b}{gh\sin\gamma_2}$$
$$m_c = \frac{c}{hi\sin\gamma_3},\ m_d = \frac{d}{ij\sin\gamma_4}$$
$$m_e = \frac{e}{if\sin\gamma_5},\ m_f = \frac{-(\cot\alpha_1 + \cot\beta_5)}{h}$$
$$m_g = \frac{-\cot\alpha_2 - \cot\beta_1}{g},\ m_h = -\frac{\cot\alpha_3 + \cot\beta_2}{h} \quad (4\text{-}18)$$
$$m_i = -\frac{\cot\alpha_4 - \cot\beta_3}{i},\ m_j = -\frac{\cot\alpha_5 + \cot\beta_4}{j}$$

라 두고 미정계수법에 의한 최소제곱법을 적용하여 각 변의 오차량을 구하면,

$$\delta_i = K\cdot m_i,\ (i = a, b, c, d, e, f, g, h, i, j)$$
$$K = \frac{-\varepsilon}{[m_i^{\ 2}]} \quad (4\text{-}19)$$

가 된다.

⑤ 삼변망의 좌표결정

삼변측량에 의해 좌표계산은 기지점이 1개일 경우는 좌표계산상 방위각을 별도로 관측해야 함에 비하여 기지점이 2개 이상일 경우는 두 좌표로부터 방향각이 계산되기 때문에 좌표계산에는 편리하다.

$$\left.\begin{aligned} X_C &= X_A + p\cos\theta + \gamma\sin\theta = X_B - q\cos\theta + \gamma\sin\theta \\ Y_C &= Y_A + p\sin\theta + \gamma\cos\theta = Y_B - q\sin\theta - \gamma\cos\theta \end{aligned}\right\} \quad (4\text{-}20)$$

이 식에서 p, q, r, θ는 다음 관계로부터 계산된다.

$$\cos\theta = \frac{X_B - X_A}{c},\ \sin\theta = \frac{Y_B - Y_A}{c}$$
$$p = \frac{1}{2}\cdot\frac{b^2 + c^2 - a^2}{c},\ q = \frac{1}{2}\cdot\frac{a^2 - b^2 + c^2}{c} \quad (4\text{-}21)$$
$$r = \sqrt{b^2 - p^2} = \sqrt{a^2 - q^2}$$

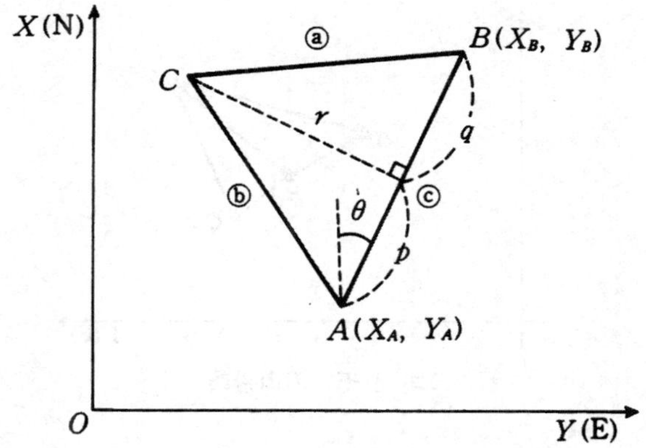

그림 4-4 좌표

(2) 삼변망의 관측방정식에 의한 조정

관측방정식에 의한 망조정은 조건방정식에 의한 망조정보다 훨씬 많은 방정식을 처리해야 하므로 과거에는 잘 사용되지 않았으나 오늘날에는 컴퓨터의 발달에 힘입어 널리 이용되고 있으며 기본관측방정식은 다음과 같다.

$$K_{Lij} + V_{Lij} = \left\{(X_j - X_i)^2 + (Y_j - Y_i)^2\right\}^{1/2} \tag{4-22}$$

이 비선형방정식을 Taylor 급수를 이용해서 선형화하면 다음과 같은 거리측량에 대한 최종선형관측방정식이 된다.

$$\begin{aligned} K_{Lij} + V_{Lij} = &\left[\frac{X_{i0} - X_{j0}}{(IJ)_0}\right] dx_i + \left[\frac{Y_{i0} - Y_{j0}}{(IJ)_0}\right] dY_i \\ &+ \left[\frac{X_{j0} - X_{i0}}{(IJ)_0}\right] dx_j + \left[\frac{Y_{j0} - Y_{i0}}{(IJ)_0}\right] dY_j \end{aligned} \tag{4-23}$$

〈그림 4-5〉에 나타나 있는 미지점 U의 좌표는 X, Y좌표를 알고 있는 기준점 A, B, C로부터 AU, BU, CU의 거리를 관측함으로써 구할 수 있다. 이들 거리관측값 중 2개만 있으면 U점의 X, Y좌표를 구할 수 있으며 나머지 1개의 관측값은 잉여관측값으로 이 값에 의해 최적의 U좌표값을 계산할 수 있다.

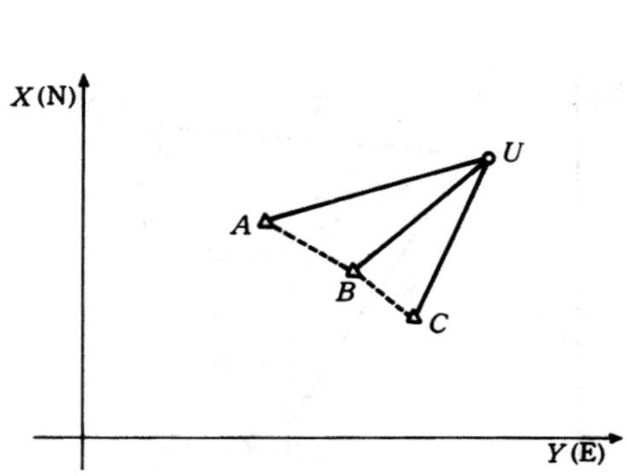

그림 4-5 거리관측

관측방정식 (4-23)에 길이 AU에 대해서는 i 대신에 a, j 대신에 u를, BU와 CU에 대해서도 마찬가지로 처리하면 식 (4-24)이 된다. 변의 임의의 끝점이 기준점이면 그 점의 좌표는 변하지 않으므로 관측방정식에서 이들 항은 없어진다. 위와 같은 과정을 거치면 이들 선형화 관측방정식 결과는 다음과 같게 된다.

$$(L_{au} - AU_0) + V_{Lau} = \left[\frac{X_{u0} - X_a}{AU_0}\right](dX_u) + \left[\frac{Y_{u0} - Y_a}{AU_0}\right](dY_u)$$

$$(L_{bu} - BU_0) + V_{Lbu} = \left[\frac{X_{u0} - X_b}{BU_0}\right](dX_u) + \left[\frac{Y_{u0} - Y_b}{BU_0}\right](dY_u) \quad (4-24)$$

$$(L_{cu} - CU_0) + V_{Lcu} = \left[\frac{X_{u0} - X_c}{CU_0}\right](dX_u) + \left[\frac{Y_{u0} - Y_c}{CU_0}\right](dY_u)$$

여기서,

$$AU_0 = \sqrt{(X_{u0} - X_c)^2 + (Y_{u0} - Y_a)^2}$$
$$BU_0 = \sqrt{(X_{u0} - X_c)^2 + (Y_{u0} - Y_b)^2}$$
$$CU_0 = \sqrt{(X_{u0} - X_c)^2 + (Y_{u0} - Y_c)^2}$$

L_{au}, L_{bu}, L_{cu}는 관측거리이며 X_{u0}, Y_{u0}는 2개의 관측거리로부터 얻은 U점의 초기좌표의 값이다. 위의 선형관측방정식을 행렬형태로 나타내면 다음과 같다.

$$DQ = K + V \quad (4-25)$$

여기서 D는 미지수의 계수 행렬이고, Q는 미지보정값 dX_u, dY_u 행렬이며, K는 상수, 행렬 V는 관측한 길이의 잔차이다. 가장 적당한 보정값 dX_u, dY_u는 최소제곱법을 이용하여 계산되며 같은 경중률일 때 방정식은

$$Q=(D^TD)^{-1}D^TK \tag{4-26}$$

이다.

예제 4-1

그림과 같은 도형에서 U점의 좌표를 삼변망의 관측방정식에 의한 최소제곱법으로 구하시오.

단, $\overline{AU}=4{,}536.75m$, $\overline{BU}=3{,}552.00m$, $\overline{CU}=4{,}084.87m$

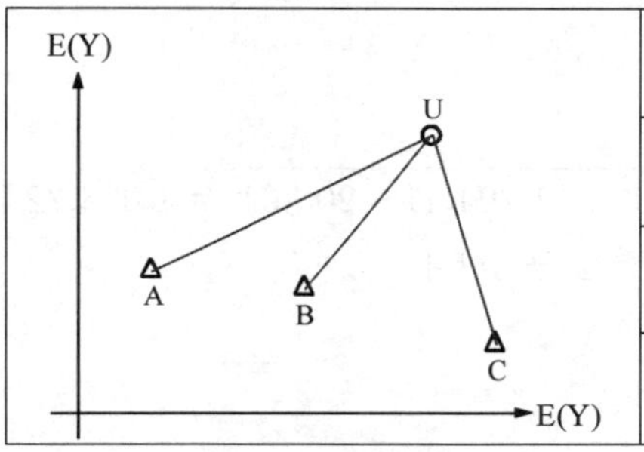

관측점	X(m)	Y(m)
A	649.05	3,395.36
B	1,824.42	1,535.44
C	2,148.92	20.36

삼각의 내각을 관측한 결과 $a_1=57°48'40''$, $a_2=76°24'50''$, $a_3=45°46'00''$이다. 이 값을 조건방정식을 이용한 최소제곱법으로 각 내각을 조종하시오.

(1) 비상관 관측값이며 동일한 경중률로 관측된 경우

(2) 비상관 관측값이며 동일하지 않은 경중률 즉

$W_1=0.97m$, $a_2=76°24'50''$, $a_3=45°46'00''$인 경우

풀이

1) 1차계산

(1) 초기 근사값

① $\overline{AB}$의 방위각

$$\theta_{AB}=180°+\tan^{-1}\left(\frac{X_b-X_a}{Y_b-Y_a}\right)=180°+\tan^{-1}\left(\frac{1{,}824.42-649.05}{1{,}535.44-3{,}395.36}\right)$$
$$=180°-32°17'27''=147°42'33''$$

② $\overline{AB}$의 거리

$$\overline{AB}=\sqrt{(X_b-X_{a)}^2+(Y_b-Y_a)^2}$$
$$=\sqrt{(1{,}824.42-649.05)^2+(1{,}535.44-3{,}395.36)^2}=2{,}200.18m$$

③ $\overline{AU}$의 방위각

코사인 제2법칙 $c^2=a^2+b^2-2ab\cos C$에서

$$\angle UAB = \cos^{-1}\left(\frac{4,536.75^2 + 2,200.18^2 - 3,552.00^2}{2 \times 4,536.75 \times 2,200.18}\right) = 50°05'50''$$

$$\theta_{AU} = \theta_{AB} - \angle UAB = 147°42'33'' - 50°05'50'' = 97°36'43''$$

④ X_U, Y_U의 계산

$$X_U = 649.05 + 4,536.75 \sin 97°36'43'' = 5,145.82m$$

$$Y_U = 3,395.36 + 4,536.75 \cos 97°36'43'' = 2,794.41m$$

(2) $\overline{AU}$, $\overline{BU}$, $\overline{CU}$의 계산

X_U와 Y_U가 실측값으로부터 계산되었기 때문에 $\overline{AU}$와 $\overline{BU}$는 그들의 실측거리와 똑같다. 따라서

$$\overline{AU} = 4,536.75m$$

$$\overline{BU} = 3,552.00m$$

$$\overline{CU} = \sqrt{(5,145.82 - 2,148.92)^2 + (2,794.41 - 20.36)^2} = 4,083.72$$

(3) 관측방정식을 해석하기 위하여 행렬을 구성한다.

① A행렬

식 (8.25~27)에 의하여

$$a_{11}dX_U + a_{12}dY_U = L_1 + V_1$$

$$a_{21}dX_U + a_{22}dY_U = L_2 + V_2$$

$$a_{31}dX_U + a_{32}dY_U = L_3 + V_3$$

여기서

$$a_{11} = \frac{5,145.82 - 649.05}{4,536.75} = 0.991$$

$$a_{12} = \frac{2,794.41 - 3,395.36}{4,536.75} = -0.132$$

$$a_{21} = \frac{5,145.82 - 1,824.42}{3,552.00} = 0.935$$

$$a_{22} = \frac{2,794.41 - 1,535.44}{3,552.00} = 0.354$$

$$a_{31} = \frac{5,145.82 - 2,148.92}{4,083.72} 0.734$$

$$a_{32} = \frac{2,794.41 - 20.36}{4,083.72} = 0.679$$

② L행렬

$$L_1 = 4,536.75 - 4,536.75 = 0.00$$

$$L_2 = 3,552.00 - 3,552.00 = 0.00$$

$$L_3 = 4,084.87 - 4,083.72 = 1.15$$

③ X와 V행렬

$$X=\begin{bmatrix} dX_U \\ dY_U \end{bmatrix},\quad V=\begin{bmatrix} v_{au} \\ v_{bu} \\ v_{cu} \end{bmatrix}$$

(4) 행렬 X구하기

$$X=(A^TA)^{-1}A^TL$$

$$A^TA=\begin{bmatrix} 0.991 & 0.935 & 0.734 \\ -0.132 & 0.354 & 0.679 \end{bmatrix}\begin{bmatrix} 0.991 & -0.132 \\ 0.935 & 0.354 \\ 0.734 & 0.679 \end{bmatrix}$$

$$=\begin{bmatrix} 2.395 & 0.698 \\ 0.698 & 0.604 \end{bmatrix}$$

$$(A^TA)^{-1}=\frac{1}{0.96}\begin{bmatrix} 0.604 & -0.698 \\ -0.698 & 2.395 \end{bmatrix}$$

$$A^TL=\begin{bmatrix} 0.991 & 0.935 & 0.734 \\ -0.132 & 0.354 & 0.679 \end{bmatrix}\begin{bmatrix} 0.00 \\ 0.00 \\ 1.15 \end{bmatrix}=\begin{bmatrix} 0.844 \\ 0.802 \end{bmatrix}$$

$$X=\frac{1}{0.96}\begin{bmatrix} 0.604 & -0.698 \\ -0.698 & 2.395 \end{bmatrix}\begin{bmatrix} 0.844 \\ 0.802 \end{bmatrix}=\begin{bmatrix} -0.052 \\ +1.387 \end{bmatrix}$$

(5) 수정된 U의 좌표 계산

$$X_U=5,145.82-0.052=5,145.768$$

$$Y_U=2,794.41+1.387=2,795.797$$

2) 반복 2차 계산

(1) $\overline{AU}$, $\overline{BU}$, $\overline{CU}$의 계산

$$\overline{AU}=\sqrt{(5,145.768-649.05)^2+(2,795.797-3,395.36)}=4,536.513$$

$$\overline{BU}=\sqrt{(5,145.768-1,824.42)^2+(2,795.797-1,535.44)}=3,552.443$$

$$\overline{CU}=\sqrt{(5,145.768-2,148.92)^2+(2,795.797-20.36)}=4,084.623$$

(2) 행렬의 형성

본 예제에서는 길이의 변화량이 적으므로 A행렬을 형성하여 계산하여도 많은 변화가 없으므로 $(A^TA)^{-1}$값도 변화가 없다. 이에 L행렬만 다시 형성하여 계산한다.

$$L_1=4,536.75-4,536.513=0.237$$

$$L_2=3,552.00-3,552.443=-0.443$$

$$L_3=4,084.87-4,084.623=0.247$$

(3) X행렬

$$A^TL=\begin{bmatrix} 0.991 & 0.935 & 0.734 \\ -0.132 & 0.354 & 0.679 \end{bmatrix}\begin{bmatrix} 0.237 \\ -0.443 \\ 0.247 \end{bmatrix}=\begin{bmatrix} 0.002 \\ -0.020 \end{bmatrix}$$

$$X = \frac{1}{0.96}\begin{bmatrix} 0.604 & -0.698 \\ -0.698 & 2.395 \end{bmatrix}\begin{bmatrix} 0.002 \\ -0.020 \end{bmatrix} = \begin{bmatrix} +0.016 \\ -0.051 \end{bmatrix}$$

(4) 수정된 U좌표

$$X_U = 5,145.768 + 0.016 = 5,145.784$$

$$Y_U = 2,795.797 - 0.051 = 2,795.746$$

5 평판측량

(1) 개설

평판측량(plane table survey)은 도판(圖板)을 삼각(三脚)에 얹어 넣고, 평판과 목표물을 시준(視準)하는 기구인 앨리데이드(alidade) 등을 사용하여 방향, 거리 및 고저차를 측량함으로써 현지에서 직접 지도를 제작하는 세부측량의 한 방법이다. 최근 영상탐측, 전자기파(광파, 전파), 레이저, 항공기 및 GPS 등이 대두되어 대단위 지역 및 난접근 지역 측량 등에 활용되고 있지만 아직도 소단위 지형측량이나 도면제작 및 위치관측 기본이론 습득에 많이 이용되고 있는 효율적인 측량방법이다. 최근에는 전자평판기와 GPS, TS 등을 이용하여 다양한 측량성과를 도출하고 있다.

① 평판측량의 장점

가) 현지에서 직접 측량결과를 제도하므로 필요한 사항을 관측하는 중에 빠뜨리는 일이 없으며,

나) 측량의 과실을 발견하기 쉽고,

다) 측량방법이 간단하며, 계산이나 제도 등의 내업(內業)이 적으므로 작업이 신속히 행하여진다.

② 평판측량의 단점

가) 외업(外業)이 많으므로 일기에 영향을 많이 받으며,

나) 도지(圖紙)에 신축이 생기므로 정확도에 영향이 크고,

다) 높은 정확도를 기대할 수 없는 점이다.

이와 같은 특징으로 평판측량은 높은 정확도를 기대할 수 없지만, 신속히 측량해야 할 경우에 적당한 방법인데 일반적으로 평판측량은 삼각측량 또는 다각측량 등의 골조측량(骨組測量)의 결과로부터 구하여진 기준점을 기초로 하여 측량구역 내에 있는 지물(地物)의 위치나 지형을 구하는 세부측량에 사용되어진다.

(2) 평판의 정치

평판을 정치(整置)하는 데는 다음의 세 가지 조건을 만족하여야 한다.

가) 평판을 수평으로 한다[수평맞추기, 정준(整準)].

나) 평판상의 점과 지상의 관측점(觀測點)을 동일 연직선상(鉛直線上)에 있도록 한다[중심맞추기, 구심(求心)].

다) 평판을 일정한 방향으로 고정한다[방향맞추기, 표정(標定)].

① 수평맞추기(또는 정준, leveling)

평판을 관측점 A에 수평으로 고정시키기 위해서는 삼각상부에 평판을 놓고 〈그림 5-1〉과 같이 각 다리 T_1, T_2, T_3를 펴서 지면에 박고 판면(板面)이 지면에서 적당한 높이에 있도록 대략 수평을 맞춘다. 다음에 양다리 끝을 연결하는 방향 T_1, T_2에 평행하게 앨리데이드의 수준기를 판상(板上) S_1에 놓고 수평조정(또는 정준 ; 整準)나사 또는 T_3를 좌우로 이동하여 S_1의 기포가 중앙에 오도록 하고, 다음에 수준기를 90°돌려 S_2의 위치에 놓고 전과 같은 방법으로 하여 S_2의 기포가 중앙에 오도록 한다. 이 과정을 여러 번 반복하여 수평을 맞춘다.

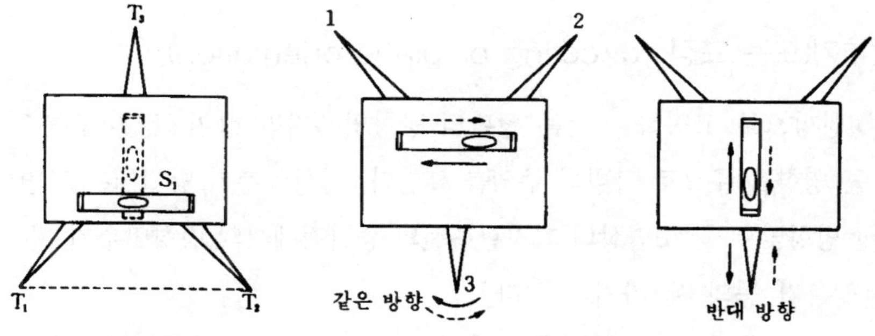

그림 5-1 평판 수평 맞추기

② 중심맞추기(또는 구심, centering)

관측점 A를 가리키는 도면상의 점 a가 A와 그 연직선상에 있도록 하는 데는, 수평맞추기에 의해 평판을 수평으로 한 후, 구심기의 상단을 a에 놓아 하단의 위치를 본다. 이것이 A로부터 떨어져 있을 때는 중심 이동기에 의해 삼각(三脚)을 움직이지 않게 하여 a가 A의 연직선상에 놓이도록 한다. 중심맞추기를 실제로 어느 정도 정확히 만족해야 하는가는 지도의 축척에 따라 결정된다.

예를 들어 1/10,000의 축척에서는 1m 정도 지상의 관측점으로부터 떨어져 있어도 정확도에 영향은 없다. 그러므로, 평판의 중앙이 대략 지상의 관측점상(觀測點上)에 있다면 충분하나, 대축척일수록 정확을 기하도록 주의하여야 한다. 〈표 5-1〉은 도상(圖上)의 오차를 0.2mm로 하였을 때 구심(求心)의 조건에 허용되는 편심 거리를 표시하였다.

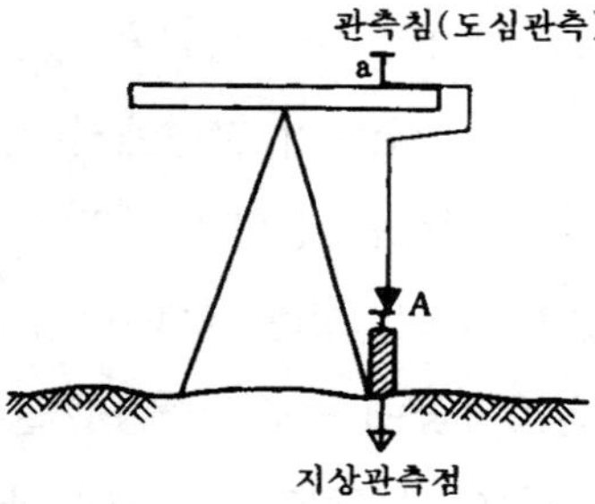

그림 5-2 중심맞추기

표 5-1 구심의 허용범위

도상오차를 0.2mm로 하였을 때 연직추 선단(先端)이 관측점으로부터 떨어져도 좋은 범위

축　척	허용범위[cm]
1/100	1
1/500	5
1/1000	10
1/5000	50

③ 방향맞추기(또는 표정, directing or plane orientation)

평판을 일정방향으로 고정하는 것을 평판의 방향맞추기라 하며, 정치(整置)의 조건 중 오차에 제일 큰 영향을 주므로 각별히 주의를 요한다. 방향맞추기 방법에는 도면상의 기지관측선에 의한 방향맞추기, 도면상의 기지관측선의 중간점에서의 방향맞추기 및 자침(磁針)에 의한 방향맞추기 등의 세 가지가 있다.

(3) 평판 측량법

평판에 의하여 점의 위치를 관측하는 방법은 많이 있지만, 여기서는 그 중 가장 실질적인 방사법, 전진법, 교선법(交線法)[측방 교선법 및 후방 교선법(3점법)]에 관해 다루고자 한다.

① 방사법(method of radiation)

이 방법은 측량지역에 장애물이 적고, 넓게 시준할 경우에 널리 이용된다. 〈그림 5-3〉에 있어서 ABCDE를 측량해야 할 지역으로 하고, 그림과 같이 지역의 전모서리를 시준(視準)할 수 있는 적당한 1점 O에 기계를 세우며, O의 연직선상에 있는 평판상의 점 O에 관측침을 꽂고 앨리데이드를 관측침에 붙여 평판상에서 돌아가면서 시준한다.

예로서 OA의 실제 거리를 관측하여, 이것을 소정의 축척으로 A를 향한 앨리데이드 선상에 축척자(scale)로부터 이 선을 따라 도면상에서 재어 A의 대응점 a를 표시하고, 같은 방법으로 하여 b, c, d, e를 표시하며, 최후 차례로 이것을 연결하여 구하는 지역의 지도 abcde를 얻는다. 또한, 가옥·도로·하천·수목 등의 위치도 같은 방법이나 지거(支距)에 의하여 관측한다.

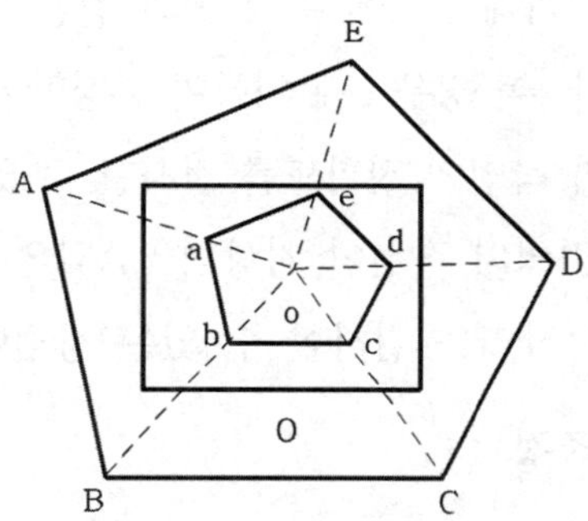

그림 5-3 방사법

② 전진법(method of traversing)

측량지역에 많은 시준 장애물이 있는 경우에 실시되는 방법으로, 복전진법(複前進法)과 단전진법(單前進法)의 두 가지로 나누어진다.

가) 복전진법(또는 복도선법)

〈그림 5-4〉에 있어서 ABCD를 측량하고자 할 때, 복전진법에서는 평판상에 전지역을 그려 얻어지도록 a를 설치하고, 평판을 A에 고정하여 a와 A를 구심(求心)한다. 다음에 a에서 앨리데이드로 D, B를 시준(視準)하여 직선 ad, ab를 긋고, AD, AB의 거리를 관측하여 이것을 소정의 축척으로 도상(圖上)에 대응점 d, b를 구한다. 다음에 평판을 B에 이동하여 도상의 b와 관측점 B의 구심 및 ba를 BA 방향으로 표정하기 위하여 ba에 앨리데이드를 맞추고 점 A를 후시(後視)하며, 구심기(求心器)로써 b와 B를 일치

시킨다.

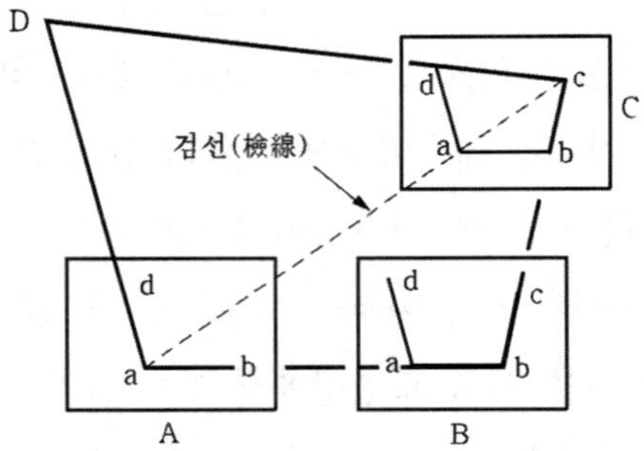

그림 5-4 복전진법

그리고 b에 세운 관측침(觀測針)에 앨리데이드를 붙이고, C를 시준하여 BC를 관측하면서 평판상에 c를 긋고, 기계를 C에 옮겨 전과 같은 방법을 반복한다. 그리고나서 CD의 대응변 cd를 그린다. 이 경우 c에 의하여 결정한 d와 전에 a로부터 결정한 d가 일치하는가의 여부에 따라 작업의 정확도를 검사할 수 있으며, 또한 작업도중에 있어서도 도상의 ca와 같은 임의의 직선이 지상의 CA와의 일치 여부를 보고 검사할 수 있다. 실제관측 도중에도 작업을 검사할 수 있는 장점이 있다.

나) 복전진법의 폐합오차 조정

〈그림 5-5〉와 같은 폐다각형을 평판의 복전진법(複前進法)으로 측량하였을 경우, 처음 관측선(觀測線)의 시작점 A와 끝측선의 마지막 점이 일치하지 않아 AA′와 같은 폐합오차가 생기게 된다. 또한, 정밀한 삼각측량이나 다각측량에서 얻어진 기지점[旣知點, (기준점)]A, E간을 평판을 사용하여 전진법으로 관측한 경우, 일반적으로 〈그림 5-6〉의 EE′와 같은 폐합오차가 생긴다. 만약 AA′, EE′가 어떤 허용오차 이내에 있을 때는 다음과 같이 조정한다. 전자의 경우에는 A′A에 평행선 BB_1, CC_1, DD_1, EE_1을 만들고, 다음에 〈그림 5-5(b)〉와 같이 각변의 $\frac{1}{n}$ 을 차례로 직선상에 취하여, 수직선UU_1=AA′로 하여 U_1P를 그리고, Q, R 등에 있어서 PU에 수직선을 세워 QQ_1, RR_1, SS_1 및 TT_1을 구한다. 특히 $BB_1=QQ_1$, $CC_1=RR_1$ 등으로 하여 〈그림 5-5(a)〉와 같이 B_1, C_1을 구하고, 이들을 차례로 연결하여 폐다각형(閉多角形) $AB_1C_1D_1E_1$을 구하는 것이다.

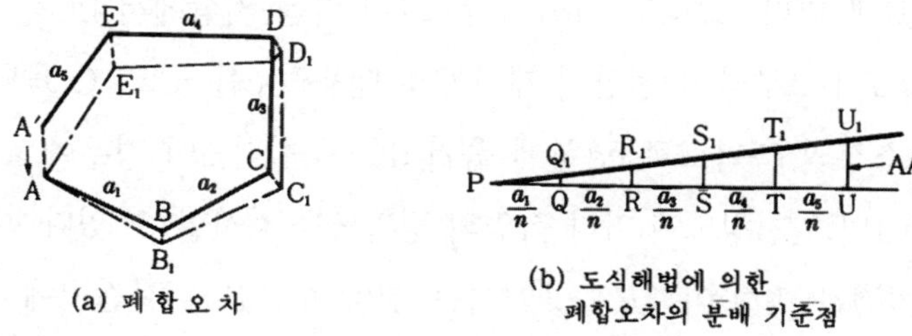

그림 5-5 복전진법에 의한 폐합오차 조정

또한, 후자의 경우에는 E′E에 평행선 BB_1, CC_1, DD_1을 긋고, 다음에 〈그림 5-6(b)〉와 같이 $\frac{a_1}{n}, \frac{a_2}{n}, \frac{a_3}{n}, \frac{a_4}{n}$ 을 직선상에 취하여 UU_1=EE′로 하여서 U_1P를 긋고, Q, R, S에서 수직선을 세워 QQ_1, RR_1, SS_1을 구한다. 또, 〈그림 5-6(a)〉에 있어서 $BB_1=QQ_1$, $CC_1=RR_1$, $DD_1=SS_1$이 되도록 B_1, C_1, D_1을 구하고, 이들을 차례로 연결하여 얻은 $AB_1C_1D_1E$를 구한다. 즉,

$$\text{보정오차} = \frac{\text{출발점에서 보정해야 할 점까지의 추가거리}}{\text{관측선거리의 총합}} \times \text{폐합오차}$$

로 표시된다.

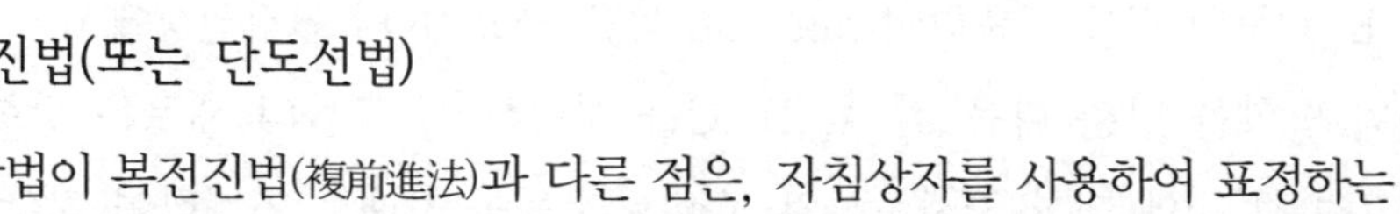

그림 5-6 기지점간의 폐합오차 조정

다) 단전진법(또는 단도선법)

이 방법이 복전진법(複前進法)과 다른 점은, 자침상자를 사용하여 표정하는 것으로 평판을 격점(隔點)에 세운다는 점이다. 〈그림 5-7〉에 있어서 ABCD를 측량해야 할 지역이라 하면 평판을 A에 세워 a와 A의 중심을 맞춘(求點) 후, 앨리데이드로 직선 ad, ab를 긋고, AD, AB를 재어 소정의 축척으로 D, B의 대응점 d, b를 구한다. 이것과 동시에 자침상자를 평판에 고정하여 자북 자오선(磁北子午線)의 방향을 도면상에 표시한다.

다음, 평판을 C로 옮겨 자침에 의해 표정하고, 평판상의 ad, ab선은 지상의 AD, AB와 평행으로 한 후, B에 관측침을 꽂고 이것에 앨리데이드를 부착하여 B에 세운

pole을 시준(視準)한다. 그리고 직선 bc를 그린 다음 지상에서 BC를 관측하여 이것을 소정의 축척으로 b로부터 bc선상에 재어 C의 대응점 c를 긋고, CD의 거리를 지상에서 재어 이것을 소정의 축척으로 cd상에 옮겨 d를 구한다. 이 경우에 a로부터 그린 d와 c로부터 그린 d의 일치정도에 따라 작업의 정확도를 검사할 수 있다. 이 방법은 자기(磁氣)의 국소인력(局所引力)이 있는 곳에서는 행할 수 없다. 전진법에서 주의할 사항은 복전진법을 원칙으로 하고 결합 다각형을 이용하여야 하며, 변의 수는 20변 이내로 하고 노선의 길이는 각 축척마다 5㎝ 이내로 한다.

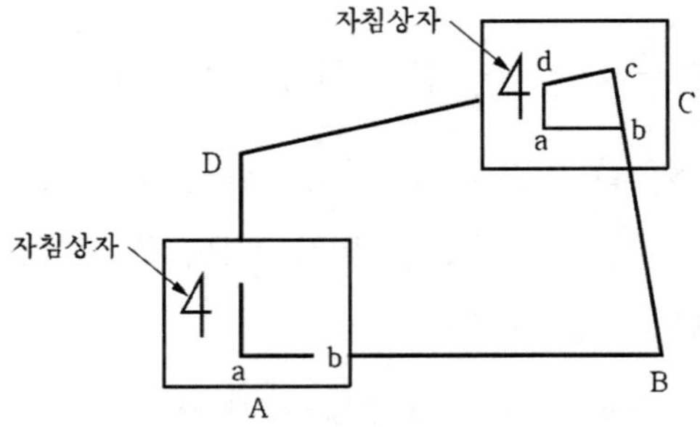

그림 5-7 단전진법

③ 교선법

가) 전방 교선법(intersection)

〈그림 5-8〉에 있어서 ABCD를 측량해야 할 구역이라 하면, 전방 교선법에서는 그 내부 또는 외부의 적당한 장소에 있어서 지상에 양점(兩點) M, N을 설치하고, 거리 M, N을 관측하여 도지상(圖地上)의 적당한 위치에 소정의 축척으로 지상의 MN을 나타내는 mn을 긋고, 다음에 M의 연직선상에 m을 둠으로써 평판의 방향을 맞춘다. 그런 후 A, B, C등의 점을 시준하여 ma, mb 등을 긋고, N의 연직선상에 n이 있도록 평판을 세워 방향을 맞춘 다음 점 A, B, C를 시준하고, 그들의 새로운 방향선 na, nb 등을 그려 각 점에 대한 양시준선의 교점 a, b등을 차례로 연결하여 지상의 ABCD를 도면상에 표시한다.

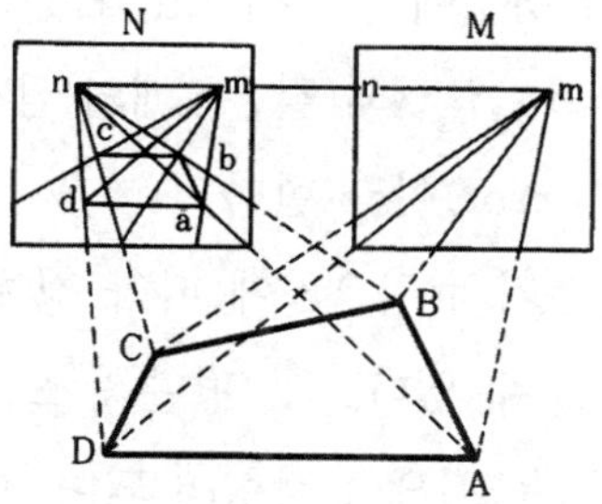

그림 5-8 전방 교선법

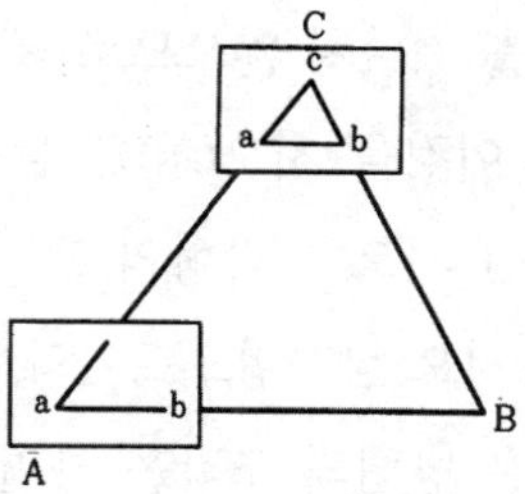

그림 5-9 측방 교선법

나) 측방 교선법

〈그림 5-9〉에 있어서 A, B의 평판상의 위치 ab가 기지(旣知)인 경우에 A와 C에 평판을 세워 관측함으로써 C의 도상위치(圖上位置) c를 결정하는 방법을 측방 교선법(側方交線法) 또는 측절법(側切法)이라 한다. 이 방법은 한 기지점의 B에 평판을 고정할 수 없는 경우에 적합하며, 측방 교선법에 의해 C의 대응점을 도상에 구하려면, A에 평판을 세워 a가 A의 연직선상에 있도록 평판을 방향 맞추고, a에 관측침을 꽂고 앨리데이드를 관측침에 붙여서 C를 시준하여 무한직선 ac를 긋고, 평판을 C로 옮겨 ca직선에 평판을 방향 맞춤한 후 b에 관측침을 세워 앨리데이드로 B를 시준한다. 또, 직선 bc를 그려 ac와 bc와의 교점 C를 구하여 C의 대응점으로 한다.

다) 후방 교선법(resection)

교선법 중 가장 대표적인 것으로 3점법은 도면상에 기재되어 있지 않는 미지점에 평판을 세울 경우, 3개의 기지점을 이용하여 미지점의 위치를 도면상에 정하고, 이것을 방향 마추는 작업이다. 삼각법에 의하여 풀 수있지만 평판측량에서는 주로 도해법이 사용된다. 도해법에는 레만법, 또는 시오(示誤) 삼각형법, 베셀법, 투사지법(透寫紙法)이 있다.

(ㄱ) 레만법

이것은 시행법(試行法)으로서 일반적인 작업에서는 신속히 목적한 바를 얻을 수 있는 방법이다. 〈그림 5-10(a)〉에 있어서 A, B, C 3점의 평판상의 위치를 a, b, c로 하여 평판 D를 세워 이것을 표정하면 Aa, Bb, Cc의 3선은 모두 D의 대응점 d를 지난다. 그러나 d의 위치는 미지이므로 평판을 정확히 방향 맞추는 방법이 없다면 목측(目測)으로 대략 방향을 맞춘다. 이 경우에는 직선 Aa, Bb, Cc는 보통 한 점을 지나지 않으므로, 〈그림 5-10(b)〉의 α, β, γ와 같은 1개의 삼각형을 형성하며 이것을 시오(示誤) 삼각형(triangle of error)이라 한다.

이 시오 삼각형의 크기는 평판 방향 맞추기의 각오차에 따라 정해지는 것이며, 이 시오 삼각형으로 d의 정확한 위치를 정할 수 있다. 즉, 평판을 조금 움직여 다시 같은 방법의 조작을 하면 전회(前回)보다 적은 시오 삼각형이 되며, 이러한 조작을 여러 번 하면 이 삼각형은 거의 한 점으로 보이게 된다.

〈그림 5-10(b)〉에 있어서 $\Delta ab\gamma$, $\Delta bc\alpha$, $\Delta ca\beta$의 외접원은 모두 d의 정확한 위치를 지나므로, 이들 어느 것인가의 양원(兩圓)의 교점을 구하면 d의 위치를 얻을 수 있다.

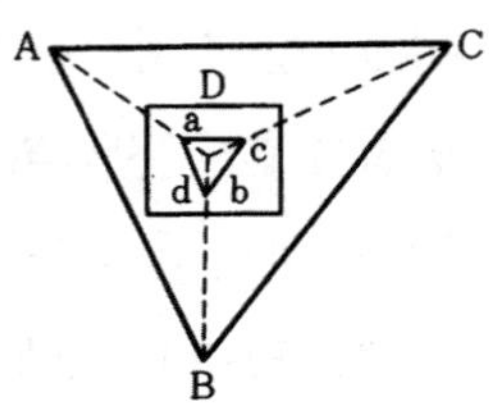

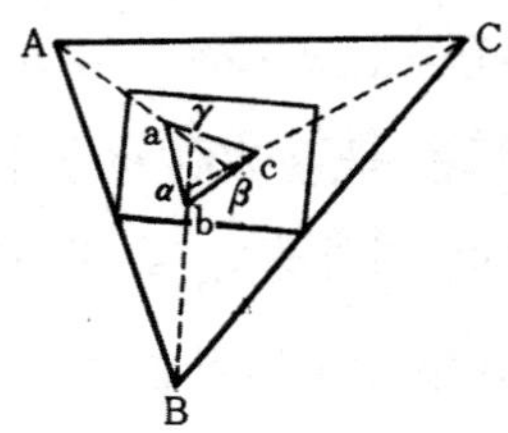

그림 5-10 레만법

〈그림 5-11〉에 있어서 구하려는 점 d는 시오 삼각형이 △ABC 안에 있을 경우에는 시오 삼각형 안에 있고(1), △ABC 밖에 있으며 외접원(外接圓)의 안에 있을 때에는 중앙 방향선에 대하여 시오 삼각형의 반대쪽에 있고(2), 원주(圓周)의 밖에 있다. ∠mBn 안에 있을 때에는, 중앙 방향선에 대하여 시오 삼각형의 반대쪽에 있다(3). 또한, △ABC의 외접원 밖에 있을 때에는 제일 먼 점의 방향선을 기준으로 다른 두 방향선의 교점과 같은 쪽에 있다(4).

그리고, 시오 삼각형이 △ABC의 외접원상에 있을 때 구하려는 제일 먼 점의 방향선을 기준으로 다른 두 방향선의 교점과 같은 쪽에 있다(4).

시오 삼각형이 △ABC의 외접원상에 있을 때 구하려는 점 d는 정해져 있지 않으므로 평판을 다른 곳으로 옮기거나 또는 다른 기지점을 선택해야 한다.

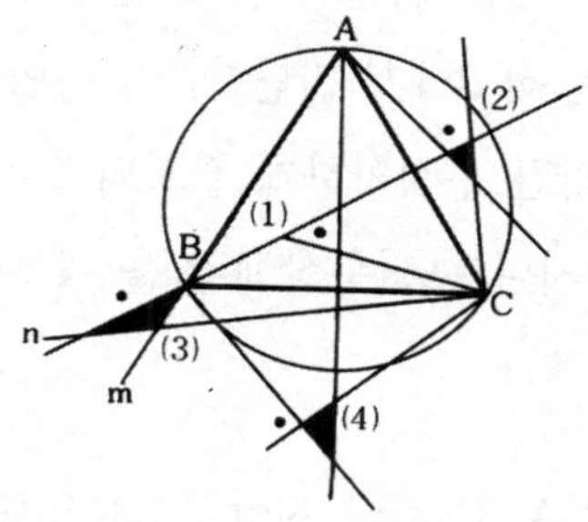

그림 5-11 시오 삼각형의 조정

(ㄴ) 베셀법

베셀법은 매우 정확하며 거의 경험을 요하지 않으나, 세 점의 위치에 따라서는 소요작도(所要作圖)의 일부분이 평판 밖에 있기 때문에 해석법이 불가능한 경우도 있으므로 주의를 하여야 한다.

〈그림 5-12〉에 있어서 A, B, C의 평판상의 위치를 a, b, c로 한다. 위치를 결정해야 할 지상의 점 D에 평판을 세우고, 앨리데이드를 ca에 맞추고 평판을 돌려 A를 시준하도록 하며, 앨리데이드를 C에 붙여 B를 시준하여 앨리데이드로 직선 ce를 그리면 ∠ace=∠BDA이다.

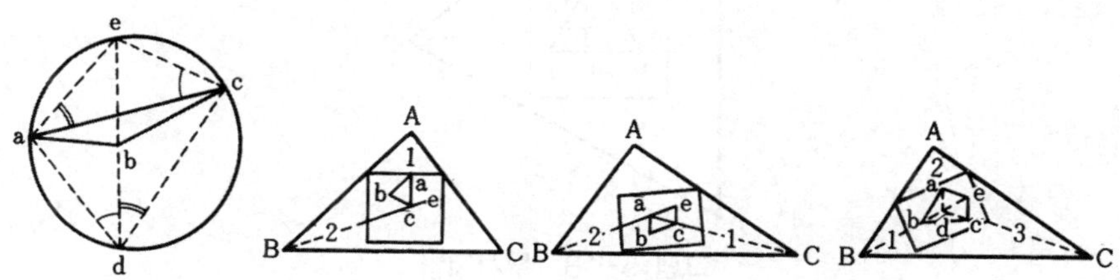

그림 5-12 베 셀 법

다음에 앨리데이드를 직선 ac에 맞추고 평판을 돌려 C를 시준하도록 하고, 앨리데이드를 a에 맞춘 후 B를 시준하여 직선 ae를 그리면 ∠cae= ∠CDB가 된다.

지금 ce와 ae의 교점을 e라 하고 △ace의 외접원과 be의 교점을 d라 하면

$$\angle ade=\angle ace=\angle ADB,\ \ \angle cde=\angle cae=\angle CDB$$

가 되므로, d는 구하는 점이며 직선 be위에 있다.

따라서, 직선 be에 앨리데이드를 맞추고 평판을 돌려 B에 b를 향하면, 평판은

방향이 맞추(표정)어진다. 다음에 앨리데이드를 a에 맞추고 A에 향하여 직선 ad를 그리면 ad는 be와 구하는 점 d에서 만난다. 이 방법에 있어서 b와 e가 접근할 경우에는 직선 be의 방향은 약간 부정확하게 결정되므로 사용에 적합하지 않으며, 평판이 3개의 점 A, B, C를 지나는 원주상에 있을 경우에는 그 위치는 부정으로 된다.

(ㄷ) 투사지법

〈그림 5-13〉에 있어서 A, B, C를 지상의 3점으로 하고 a, b, c를 이들에 대응하는 평판상의 3점이라 하면, 평판을 점 D에 세워 투사지(透寫紙)를 평판의 지도에 덮고, 투사지상에 편리한 1점 d_1을 택하여 기록한다. 이 점을 지나 지상의 3점 A, B, C에 향하는 직선 d_1a_1, d_1b_1, d_1c_1 을, 다음에 투사지를 옮겨 d_1a_1, d_1b_1, d_1c_1 이 각각 지도상의 3점 a, b, c를 지나도록 하였을 때의 d_1 을 관측침으로 지도상에 옮기면, 이것은 D의 도상위치 d이다. 따라서 da에 앨리데이드를 맞추고 평판을 가로로 돌려 앨리데이드가 A로 향하도록 하면 평판의 방향 맞추기가 된다.

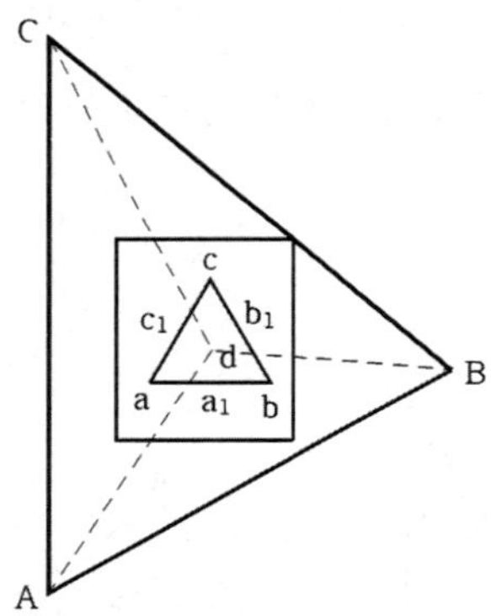

그림 5-13 투사지법

라) 교선법(交線法)에서 주의할 사항

- 교각(交角)은 30~150°
- 시오(示誤) 삼각형의 내접원(內接圓) 지름은 도상(圖上)에서 5mm 이내
- 삼각망을 만들 경우, 수평위치의 폐합차(閉合差)는 $0.5\text{mm}\sqrt{n}$ (단, n은 삼각형 수)
- 도상에 5㎝마다 1점씩 배점(配點)할 것
- 방향선의 길이는 일반적으로 앨리데이드 도상 10㎝ 이내, 망원경 앨리데이드는 도상 15㎝ 이내

· 방향선의 수는 전방 및 측방 교선법(側方交線法)에서 3방향 이상, 후방 교선법(後方交線法)에서 4방향 이상

(4) 평판측량의 오차 및 정확도

① 평판측량의 오차 원인

가) 기계적 오차

평판의 구조는 간단하지만 완전한 조정이 불가능하며 반전법(反轉法)에 의한 기계적 오차의 소거(消去)도 불가능하다.

평판의 목적은 빠른 데에 있으므로 어느 정도의 불완전한 것은 고려하여야 하며, 일반적으로 기계적 오차보다 취급시의 오차가 매우 크므로, 이 점을 주의하여야 한다.

나) 도상표시 오차

도상에서 식별할 수 있는 최소 거리는 0.1mm이므로, 교선법(交線法) 등으로 점의 위치를 정할 경우 관측침(觀測針)을 연직(鉛直)으로 세운 점의 크기가 실제로는 0.2mm까지를 한도로 한다. 이 범위 이내를 표시오차라 하며 우연오차(random error)로 간주한다.

다) 취급시의 오차 및 시준오차

취급시의 오차 및 시준오차에는 평판의 수평맞추기 오차(整準誤差)와 중심맞추기 오차(求心誤差), 방향맞추기 오차(標定誤差), 시준(視準)에 의한 오차 및 관측 중 평판의 이동에 의한 오차 등이 있다.

② 평판측량의 오차

평판측량의 오차는 기계오차, 정치오차(整置誤差), 측량오차의 세 가지로 나눌 수 있다.

가) 기계오차

(ㄱ) 앨리데이드의 외심오차

일반적인 앨리데이드자의 가장자리와 시준선의 간격은 약 25~30mm이며, 여기서 생기는 오차를 앨리데이드의 외심오차(外心誤差)라 한다. 이것에 의하여 생기는 도상오차 e_1 은 도면의 축척을 $1/M$ 이라 하면(〈그림 5-14〉 참조),

$$e_1 = \frac{e}{M}[\text{mm}]\text{에서}$$

$$e_1 = \frac{25}{M}[\text{mm}], \qquad e_1 = \frac{30}{M}[\text{mm}] \tag{5-1}$$

가 된다.

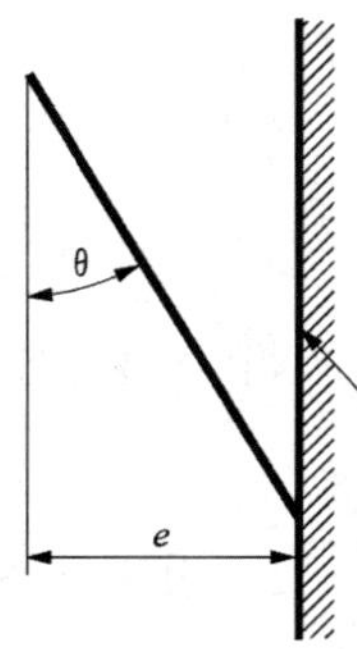

그림 5-14 앨리데이드의 외심오차

(ㄴ) 앨리데이드의 시준오차

앨리데이드의 시준공(視準孔)의 크기, 시준사(視準糸)의 굵기에 의하여 생기는 오차로서, 이것에 의하여 생기는 도상오차(圖上誤差) e_2 는 다음과 같다.

$$e_2 = \frac{\sqrt{d^2+f^2}}{2c} \cdot l\ [\text{mm}] \tag{5-2}$$

d : 시준공의 지름
f : 시준사의 지름
c : 전(前) 시준판과 후(後) 시준판의 간격
l : 도면상에서 시준선의 길이

예제 5-1

시준구멍의 지름이 0.6mm, 시준사의 굵기가 0.4mm, 양시준판의 간격이 220mm의 앨리데이드를 이용하여 축척 1/300의 평판측량을 실시하였다. 식 (5-2)에 의해 시준거리가 40m인 목표를 시준하시오.

풀이 $e_2 = \frac{\sqrt{0.6^2+0.4^2}}{2\times 220} \times \frac{40,000}{3000} \fallingdotseq 0.22\text{mm} > 0.2$

가 되므로 부적당하다.

(ㄷ) 자침오차

자침의 바늘이 정확히 일치하지 않는 데서 생기는 오차로, 도상오차를 e_3 라 하면 다음과 같이 표시된다.

$$e_3 = \frac{0.2}{k} l \tag{5-3}$$

여기서 $2k$ 는 자침의 전길이이며 l 은 방향선의 길이이다.

나) 정치오차

(ㄱ) 평판의 경사에 의한 오차(수평맞추기 오차)

평판의 수평이 아닌 경우에 방향 및 고저차에 의하여 오차가 생긴다. 시준선에 대한 평판의 경사를 $n/100$, 시준선의 길이를 l, 기포관의 곡률 반경을 r, 기포의 변위량을 b 라 하면, 경사에 의하여 생기는 오차 e_4는 다음과 같이 된다.

$$e_4 = \frac{2b}{r} \cdot \frac{n}{100} \cdot l \text{ mm} \tag{5-4}$$

예제 5-2

기포관의 곡률 반경이 1m, 방향선의 길이가 30㎝, 시준선의 경사 눈금수가 20일 때, 도상 위치오차를 0.3mm까지 허용하면 기포관의 이동량은 얼마로 되는가?

풀이 식 (5-4)에 의해

$$b = \frac{100re_4}{2nl} = \frac{100 \times 1000 \times 0.3}{2 \times 300 \times 20} = 2.5\text{mm}$$

이 된다.

(ㄴ) 중심 맞추기(求心) 오차

도상의 점과 관측점이 같은 연직선에 있지 않고, 편위(e)되어 있는 경우의 도상오차를 평판의 중심 맞추기(또는 구심오차)라 한다.

도면의 축척을 $1/M$ 이라 하면 구심오차 e_5는

$$e_5 = \frac{2e}{M} \text{ [mm]} \tag{5-5}$$

이다.

예제 5-3

평판측량에서 축척 1/1000의 도면을 작성할 때 도상의 허용오차를 0.2mm라 하면 관측점의 구심오차는?

풀이 중심 맞추기 오차와 도상의 허용오차와의 사이에는

$$e_5 = \frac{2e}{M}\ [\text{mm}]$$

이므로

$$e = \frac{0.2}{2} \times 1000 = 100\text{mm}$$

가 된다.

다) 측량오차

(ㄱ) 방사법에 의한 오차

이 관측법의 오차는 시준오차(m_1)와 거리오차 및 축척에 의한 오차(m_2)를 종합한 것으로, 양오차를 같이 0.25mm로 하면 각 관측점의 오차 s_1은 다음과 같이 된다.

$$s_1 = \pm\sqrt{{m_1}^2 + {m_2}^2} = \pm\sqrt{0.25^2 + 0.25^2} = \pm 0.33\,[\text{mm}] \tag{5-6}$$

(ㄴ) 전진법에 의한 오차

전진법에 의한 오차는 방사법에 의한 오차와 마찬가지로 시준과 거리의 오차를 합한 것과 관측선수 n의 제곱근의 곱으로 표시된다.

$$s_2 = \pm\sqrt{n({m_1}^2 + {m_2}^2)} = \pm 0.33\sqrt{n} \tag{5-7}$$

예제 5-4

평판측량으로 전진법을 행할 경우, 변수가 16개일 때 생기는 폐합오차 한계는?

풀이 식 (5-7)에 의해

$$s_2 = \pm 0.33\sqrt{16} \fallingdotseq \pm 1.32\ [\text{mm}]$$

가 된다.

(ㄷ) 교선법에 의한 오차

교선법에서 그 방향선의 교각(交角)을 θ, 방향선의 변위를 a (보통 0.2mm)라 하면, 교선점의 위치오차 s_3 는

$$s_3 = \pm\sqrt{2}\frac{a}{\sin\theta} = \pm\sqrt{2}\cdot\frac{0.2}{\sin\theta}\,[\text{mm}] \tag{5-8}$$

가 된다.

라) 평판측량의 정확도

평판측량의 정확도는 측량방법이나 사용하는 기기, 도면의 축척, 지형 등에 따라 다르며, 관측하려는 도면(測圖)의 크기가 측량의 방법 및 정확도를 정하는 요소가 된다. 그러므로 일반적인 표준을 정할 수는 없지만 평판에 의한 다각측량의 정확도는 폐합비로 표시되며, 그 허용한계는 평탄지에서 1/1000, 완만한 경사지에서 1/800~1/600, 산지 또는 복잡한 지형에서 1/500~1/300 정도이다.

(5) 종래의 평판측량과 전자평판측량의 차이

① 종래의 평판측량(평판측량기 사용)

가) 순서

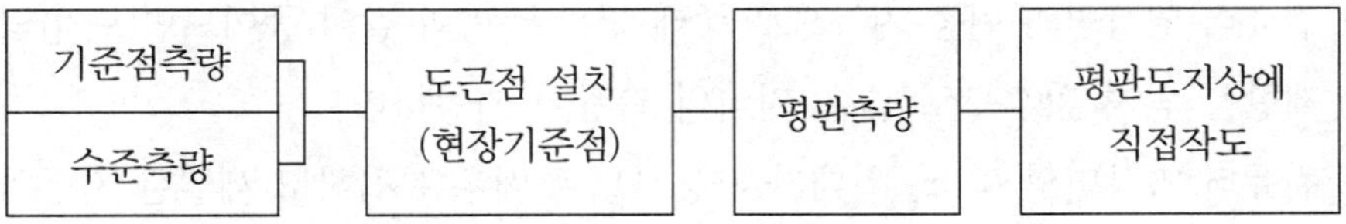

그림 5-15

나) 문제점

(ㄱ) 평판 도지의 크기가 제한되어 있어 넓은 구역의 현황도 작성시 여러 장의 도면을 별도로 작도하여 합성하게 되는데 이때 오차가 많이 발생한다.

(ㄴ) 전자지도화(digital mapping)를 위해서는 수작업으로 작도된 현황 도면을 다시 CAD로 입력함으로써 이중 작업이 된다.

(ㄷ) 비, 바람 등의 기후에 영향을 많이 받으므로 정확도가 낮아진다.

(ㄹ) 시간이 많이 소요된다.

② 최근의 전자평판측량(GPS 및 TS 사용)

가) 순서

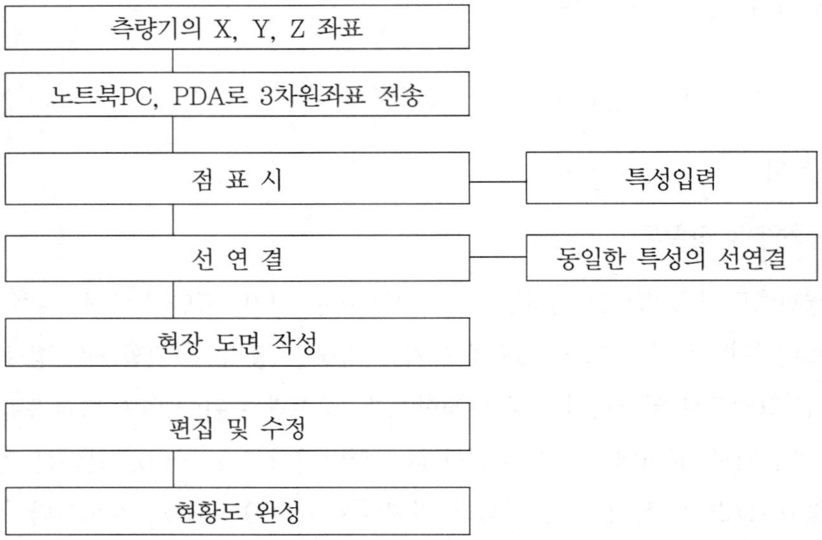

그림 5-16

나) 전자 평판측량의 장점

(ㄱ) 현장에서 관측과 동시에 지형도를 작성함으로서 현장과 도면을 직접 눈으로 확인하면서 작업하므로 결측 부분이 발생하지 않는다.

(ㄴ) 컴퓨터 영상면의 이동 기능으로 종래 평판 측량과 같이 종이도면(도지)의 크기에 제한을 받지 않으므로 넓은 지역의 측량이 가능하다.

(ㄷ) 컴퓨터 영상면의 축소, 확대가 가능하므로 매우 복잡하고 세밀한 지형의 정확한 지형도 작성이 가능하다.

(ㄹ) 각 관측점의 특성까지도 현지에서 입력하므로 차후 특성 파악을 위한 별도의 작업이 필요 없다.

다) 전자평판측량 세부 순서

(ㄱ) TS 및 노트북 PC를 도근점(현장 기준점)에 설치한다.

(ㄴ) 작업 전 먼저 현장을 둘러보면서 특성별로 관측점에 대한 코드를 설정하고 측량 순서를 결정한다.

(ㄷ) 같은 특성의 관측점, 즉 같은 코드 번호의 관측점들을 순서대로 먼저 관측하여

선을 연결한 다음, 다음 특성점을 관측한다(좌우측 도로 및 지하 시설물을 번갈아 가면서 한쪽부터 완벽한 도면을 작성하는 것이 좋을 것이라고 고려되나 기계수가 한사람인 이상 컴퓨터를 조작하는 시간이 필요하며 잦은 관측점 코드의 변경으로 혼동을 초래할 가능성이 있으므로 특성별 관측이 더 효율적이다).

(ㄹ) 외업은 상기와 같이 지형에 대한 실시간 현황도면의 작성으로 종료되며 사무실로 복귀 후 편집 및 수정 보완 작업을 하게 된다.

(ㅁ) 편집은 주로 현장에서 실시한 도면화시 관측점간의 선연결이 실행되지 않았다던가 혹은 속성이 잘못 입력된 것 등을 검색하여 수정, 보완하는 것이다.

6 시거측량(stadia survey)

시거측량(視距測量)은 트랜시트 또는 망원경 알리다드의 망원경 내의 시거선(視距線)이라 하는 2개의 선을 사용하여 어떤 점에 세운 표척을 시준하고 시거선 사이에 낀 표척의 길이(협장)와 고저각을 관측하여 두 점간의 거리와 고저차를 구하는 측량 방법을 말한다.

시거측량의 특징은 ① 작업이 간편하고 신속하며, ② 지형의 기복에 영향을 받지 않는 이점이 있다.

줄자류에 의한 직접 거리측량 및 level에 의한 고저측량과 비교하여 정확도는 낮지만 높은 정확도를 필요로 하지 않는 다각측량, 지형측량, 평판과 병용하여 행하는 세부측량 등에 널리 사용된다.

(1) 수평시준선에 의한 시거공식

① 공식의 유도

트랜시트의 망원경을 수평으로 하여 수직으로 세운 표척을 시준하면, 이 표척상의 어떤 거리는 양시거선의 사이에 끼게 되는데, 그 거리는 기계에서 표척까지의 거리에 따라 다르다. 〈그림 6-1〉에 있어서 a, b를 양시거선의 위치, $ab=i$ 라 하고 f를 대물렌즈의 초점거리, $AB=l$을 양시거선 사이에 낀 표척상의 협장, O를 대물렌즈의 광심, p 및 q를 O에서 표척 및 시거선까지의 거리라하고, A, B의 상이 시거선 a, b인 곳에 생겼다 하면 광학렌즈에 관한 공식에 따라

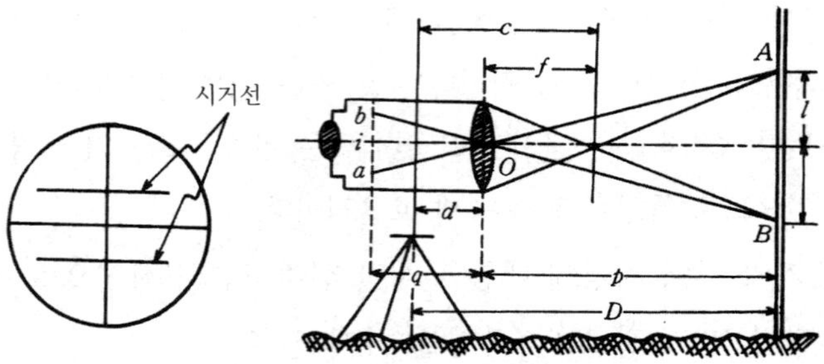

그림 6-1

$$\frac{1}{f}=\frac{1}{p}+\frac{1}{q} \tag{6-1}$$

$$\frac{p}{q}=\frac{AB}{ab}=\frac{l}{i} \tag{6-2}$$

식 (6-1)의 양변에 pf를 곱하면,

$$p=f+\frac{p}{q}\cdot f \tag{6-3}$$

식 (6-2)와 식 (6-3)에 의하여

$$p=\frac{l}{i}\cdot f+f \tag{6-4}$$

d 및 D를 각각 기계의 중심에서 O 및 AB까지의 거리라 하면,

$$D=p+d \tag{6-5}$$

식 (6-4)를 식 (6-5)에 대입하면,

$$D=\frac{f}{i}l+f+d \tag{6-6}$$

이 식에서 $\frac{f}{i}=K$, $f+d=C$라 놓으면,

$$D=Kl+C \tag{6-7}$$

를 얻는다. 식 (6-7)은 시거측량에 관한 공식의 기본이 된다.

② 승(乘)상수와 가(加)상수

식 (6-7)에 있어서 $K=\frac{f}{i}$는 i와 f가 모두 상수이므로 K도 상수이다. 이 K를 승상수라 한다. 또한 $C=f+d$는 d가 정수라 간주하고 얻은 것이므로 C도 정수이며, 이 C를 가상수라 한다.

보통 K는 100으로 하고 C는 기계에 따라 정해지며 20~30㎝이다. 이 경우에 식 (6-7)은

$$D=100l+C \tag{6-8}$$

가 된다. 그러므로 협장 l을 관측하면 거리 D는 간단히 구하여진다. 그 밖에 협장 l과 K의 곱에 다시 C를 더하는 것은 매우 귀찮은 일이므로 최근 망원경의 내부에 초점거리가 짧은 보조렌즈를 넣어 $C=0$, 따라서 $D=Kl$이 되도록 고안한 내부초준형의 망원경이 사용되고 있는 것이다.

(2) 경사시준선에 대한 시거공식

① 〈그림 6-2〉에 있어서 $AB=l$을 표척이 연직으로 세워져 있을 때의 협장, $A_1B_1=l_1$을 표척이 시준선에 수직일 때, 즉 $A_1B_1 \perp TO$인 때의 협장이라 하고, 관측한 고저각을 v라 하면 두 삼각형 AOA_1 및 BOB_1에 있어서

$$\angle AOA_1=v,\ \angle A_1=90^\circ+m,\ \angle A=90^\circ-(v+m) \text{ 및}$$
$$\angle BOB_1=v,\ \angle B_1=90^\circ-m,\ \angle B=90^\circ-(v-m)$$

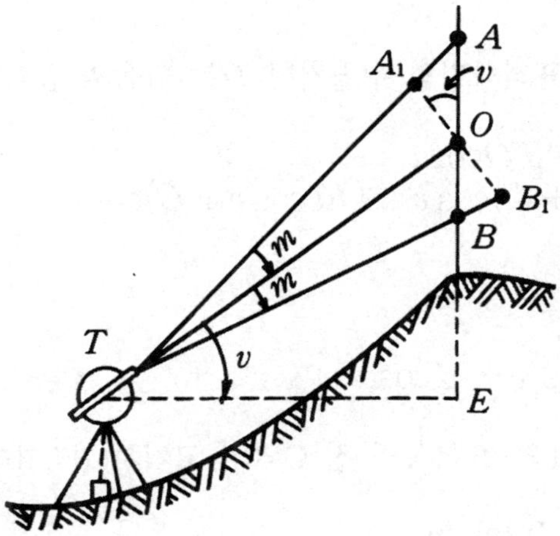

그림 6-2

$$\therefore \frac{AO}{A_1O} = \frac{\sin(90^\circ + m)}{\sin 90^\circ - (v+m)} = \frac{\cos m}{\cos(v+m)}$$ 및

$$\frac{BO}{B_1O} = \frac{\sin(90^\circ + m)}{\sin 90^\circ - (v-m)} = \frac{\cos m}{\cos(v-m)}$$

그런데,

$$A_1O = B_1O = \frac{1}{2}A_1B_1$$
$$\therefore AO + BO = AB = \frac{1}{2}A_1B_1\left\{\frac{\cos m}{\cos(v+m)} + \frac{\cos m}{\cos(v-m)}\right\}$$

그러므로, $l_1 = l\cos v(1 - \tan^2 v \tan^2 m)$

그런데 $K = 100$인 망원경에 있어서는 $\tan m = \dfrac{i}{2f} = 0.005$이다. 그리고 v=45°의 극단인 경우를 생각하여 보면 위 식의 괄호 내의 제2항은 $\tan^2 v \tan^2 m = 0.000025$이며 제1항의 1에 비교하여 대단히 적으므로 이것을 무시하여도 좋다. 다시 말하면 각 A_1과 B_1은 항상 직각이라 생각하여도 아주 정밀한 결과가 얻어진다.

$$\therefore l_1 = l\cos v \tag{6-9}$$

② 수평시준선에 대한 시거공식을 적용하여

$$TO = Kl_1 + C$$

그러므로 기계점에서 표척까지의 수평거리 D는 다음과 같다.

$$D = TE = TO\cos v$$
$$D = (Kl_1 + C)\cos v = (Kl\cos v + C)\cos v$$

따라서

$$D = Kl\cos^2 v + C\cos v \tag{6-10}$$

③ 또한 기계의 중심 T와 표척상의 점 O와의 고저차(연직거리) V는 다음과 같다.

$$V = EO = TO\sin v$$

그러므로,

$$V=(Kl_1+C)\sin v=(Kl\cos v+C)\sin v$$

따라서

$$V=Kl\frac{\sin 2v}{2}+C\sin v \tag{6-11}$$

④ 일반적으로 $K=100$, $C=20\sim30$㎝이므로 현지에 있어서 협장 l과 고저각 v를 관측하면 삼각함수표를 사용하여 위 식 (6-10)과 (6-11)에 의하여 D 및 V는 계산되지만 계산의 노력과 시간을 줄이기 위하여 보통 식 (6-10)의 $\cos^2 v$와 식 (6-11)의 $\frac{\sin 2v}{v}$의 값을 v의 여러 값에 대하여 미리 계산한 시거계산표를 사용하여 계산한다.

(3) 고도의 계산

각 관측선의 수평거리를 구하려면 식 (6-10)과 (6-11)에 의하면 되지만 각점의 고도를 구하려면 다음 식에 의한다. 즉,

① 표척점 A의 고도 H_A를 알고 기계중심의 고도 H_1을 구하려면 다음 식 (6-12)에 의한다(〈그림 6-3〉 참조).

$$H_1=H_A+R_A-V_A \tag{6-12}$$

② H_1을 알고 표척점 C의 고도 H_C를 구하려면 식 (6-13)에 의한다(〈그림 6-4〉 참조).

$$H_C=H_1+V_C-R_C \tag{6-13}$$

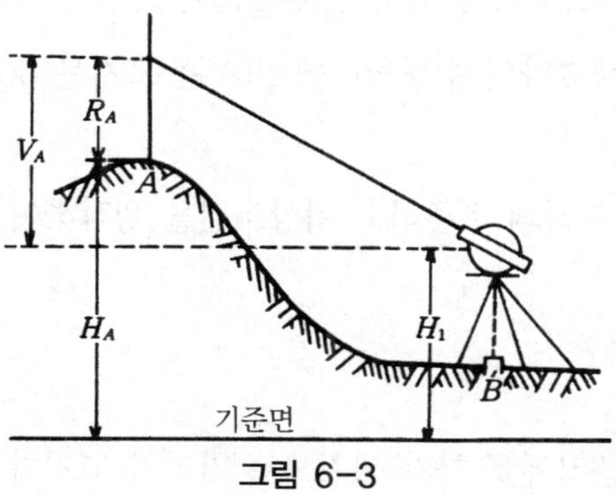

그림 6-3

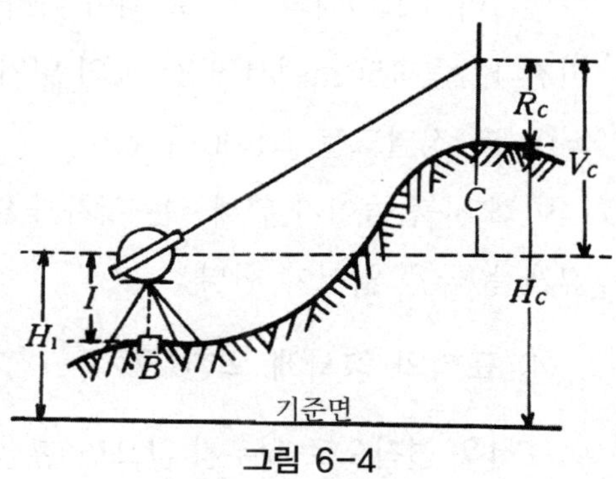

그림 6-4

③ H_1을 알고 기계를 설치한 지점의 고도 H_B를 구하려면 다음 식 (6-14)에 의한다(〈그림 6-4〉 참조).

$$H_B = H_1 - I \tag{6-14}$$

단, R_A, R_C를 각각 십자횡선이 A, C인 점의 표척에 일치하는 곳의 눈금으로 하고 V_A, V_C를 각각 기계의 중심과 A, C에 세운 표척에 십자횡선이 일치하는 점 사이의 고저차로 한다. 그 밖에 고저각 v가 (±)로 됨에 따라 V_A, V_C 등은 (∓)의 부호를 취하는 것에 주의할 필요가 있다.

(4) 시거측량의 오차

① 시거상수가 정확하지 않음으로 인한 오차

시거상수는 거의 변화하지 않지만 기상조건의 변화 등으로 약간씩 변할 때가 있다. 이 오차는 정오차로서, 승상수를 면밀히 점검하여 관측하면 대단히 작게 된다.

② 표척의 눈금이 일정하지 않음으로 인한 오차

표척의 눈금이 일정하게 신축할 때 관측값에 정오차가 생긴다. 그러나 이 원인에 의한 오차는 일반적으로 별로 크지 않다. 표척에서 특히 주의해야 하는 것은, 눈금이 정확하게 되어져야 하는 것인데, 눈금이 완전치 않을 때에는 관측결과에 대단히 큰 오차가 생기게 된다. 이 오차는 기준줄자와 비교하여 보정할 수 있다.

③ 표척읽기에 의한 오차

관측자가 표척의 눈금을 바르게 읽지 못함으로 생기는 오차로서 부정오차이다. 이 오차는 수평거리의 100배의 크기로 되어 나타나므로 관측오차 중에서 관측결과에 가장 큰 영향을 미친다. 즉, 150m에서 ±3mm의 읽기오차가 생겼다면 수평거리에 미치는 오차는 30㎝가 되어 그 정밀도는 1/500이 된다.

이 오차를 줄이기 위해서는 시차가 없도록 정확하게 조준하고 기상조건을 생각하여 주의 깊게 눈금을 읽어야 한다.

④ 표척의 경사에 의한 오차

표척을 연직으로 세우지 않으면 협장이나 시준고에 오차가 생기므로 거리와 고저차 오차가 발생하게 된다. 이것은 대개 부정오차이나 개인의 습관에 따라 정오차로 된다. 이것으로 인한 오차는 특히 고저차의 결과에 커다란 영향을 미치며 협장에도 오차가 약간 생기는데, 고저각이 클수록 커다란 값으로 된다. 표척이 경사졌을 때의 협장과 올바른 협장과의 차이, 즉

$$l' - l = -l\delta \tan \alpha \qquad (6\text{-}15)$$

로 된다.

여기서 l' : 경사졌을 때의 협장

l : 올바른 협장

δ : 표척의 기울기

α : 고저각

그리고 표척이 경사짐으로 인한 수평거리 D와 고저차 H의 오차를 ΔD, ΔH라 하면,

$$\Delta D = -D\delta \tan \alpha$$

$$\Delta H = -H\delta \tan \alpha$$

$$\Delta D/D = \Delta H/H = -\delta \tan \alpha \qquad (6\text{-}16)$$

로 된다.

이 식에서 알 수 있듯이 표척이 전방으로 기울어질수록 협장은 줄어들며 따라서 수평거리 D와 고저차 H도 작아진다. 또한 수평거리와 고저차의 오차 ΔD 및 ΔH는 $\tan \alpha$에 비례한다. 대체로 수준기가 부착되어 있는 표척은 비교적 정확하게 세울 수 있으나, 그렇지 않은 표척을 사용할 때는 이러한 점에 유의하여야 한다. d 만큼 기울어진 표척을 관측하였을 때의 시준고는 실제의 시준고보다 작아진다. 그 감소량 $\Delta = -h\delta \tan \alpha$이다. 여기서 h는 실제시준고이다.

⑤ 고저각관측이 바르지 않음으로 인한 오차

고저각을 관측할 때 눈금을 잘못 읽거나 눈의 피로 등으로 정밀하게 읽지 못한 개인오차나 분도원의 눈금이 흐려지거나 정밀하게 만들지 못한 기계오차에 의해서 고저각의 오차가 생긴다. 이 오차가 수평거리와 고저차에 미치는 영향은 수평거리보다 고저차의 정확도에 더 큰 영향을 준다. 고저각이 클 때에는 협장(夾長)의 관측오차의 영향이 훨씬 더 커진다.

(5) 시거측량의 정확도

측량할 지역의 지형, 측량기, 시준거리, 고저각의 크기, 표척을 세우는 법등 매우 많은

조건에 따라 다르지만, 일반적으로 수평거리 및 고저차의 정확도는 다음과 같다.

거리 관측의 정밀도 : 1/500 이내

고저차 관측의 오차 : 30㎝ 이하

또 시거측량에 의한 다각측량의 정확도는 다음과 같다.

① 기복이 많은 지역에서 긴 거리를 실제 관측하고, 고저각을 1′까지 읽을 수 있으나 정오차를 제거하기 위해 특별한 주의를 하지 않았을 때

폐합오차(평면위치에서) : 7m $\sqrt{\text{거리(km)}}$ 이하

고저차의 오차 : 80㎝ $\sqrt{\text{거리(km)}}$ 이하

② 어느 정도 평탄한 지역에서 ①과 같은 조건으로 관측하였을 때

폐합오차(1㎞에 대해) : 4m 이하

고저차의 오차(1㎞에 대해) : 15㎝ 이하

③ 고저각이 15°쯤의 경사지에서도 각을 분까지 읽으며, 표척을 똑바로 수직으로 세우고 시준거리를 400m 이하로 하여 전후시를 관찰하였을 때

폐합오차 : 4m $\sqrt{\text{시준거리(km)}}$ 이하

고저차의 오차 : 20㎝ $\sqrt{\text{시준거리(km)}}$ 이하

④ 고저각이 작은 평탄한 지역에서 ③과 같은 조건으로 관측하였을 때

폐합오차(평면위치에서) : 1.3m $\sqrt{\text{시준거리(km)}}$ 이하

고저차의 오차 : 10㎝ $\sqrt{\text{시준거리(km)}}$ 이하

부록 02 국제단위계 및 그리스 문자표 (SI Unit and Greece Character)

Introduction to surveying

1 국제 단위계(SI 단위계)

SI 단위는 1971년 국제도량형 총회(國際度量衡總會)의 결의에 따라 7개의 기본단위, 2개의 보조단위, 그리고 이들로부터 유도되는 19개의 조합단위를 요소로 하는 일관성 있는 단위의 집합과 이들 단위에 SI접두어(20개)를 붙여서 구성되는 10의 정수배(整數倍)로 활용된다.

(1) 기본단위

관측량	길이	질량	시간	전류	열역학적온도	물량	광도
관측단위	meter	kilogram	second	ampere	kelvin	mol	candela
기호	m	kg	s	A	K	mol	cd

① 길이 : 1m=무한히 확산되는 평면전자기파(平面電磁氣波, plane electromagnetic wave)가 1/299, 792, 458초 동안 진공 중을 진행하는 길이

② 질량 : 국제 kg원기(原器)를 기준으로 한다. 1879년에 백금 90%, 이리듐 10%의 합금으로 만들어서 국제도량형국(國際度量衡局, Berea Internationale des Poids et Measures, BIPM)에서 보관중이다.

③ 시간 : 원자시(原子時) 1초=CS^{133}의 바닥상태에 있는 두 개의 초미세준위(超微細準位) 사이의 천이(遷移)에 대응하는 방사선의 9,192,631,770주기의 지속시간

④ 전류 : 1A=무시할 정도로 작은 단면적과 무한대의 길이를 가진 두 개의 서로 평행한 직선도체가 진공 중에서 1미터 떨어져 있고 여기에 일정한 전류가 흐를 때 상호작용하는 힘이 1미터마다 2×10^{-7}뉴턴(N)이 될 때의 전류

⑤ 열역학적 온도 : 1K=물의 삼중점(三重點)에서 열역학적 온도의 1/273.16

⑥ 물량 : 1mol=C^{12}의 0.012킬로그램에 포함되어 있는 원자 수만큼 많은 기본 구성체를 포함하는 어떤 체계의 물량

⑦ 광도 : 1cd=주파수 540×1012헤르츠의 단색광(單色光)을 방출하는 광원(光源)의 복사체(輻射體)가 매 스테라디안당 1/683 와트일 때의 광도(光度)

(2) 보조단위

① 라디안(평면각의 SI단위)

$$1\text{rad}=\frac{1(\text{호의길이})}{1\text{m}(\text{반경})}=1\text{m/m}$$

② 스테라디안(입체각의 SI단위)

$$1\text{sr}=\frac{1\text{m}^2(\text{구의 일부 표면적})}{1\text{m}^2(\text{구의 반경의 제곱})}=1\text{m}^2/\text{m}^2$$

(3) 조합단위(組合單位)

양	명칭	기호	정의
주파수	헤르츠	HZ	s^{-1}
힘	뉴턴	N	$m \cdot kg \cdot s^{-2}$
압력, 응력	파스칼	Pa	N/m^2
에너지, 일량, 열량	줄	J	N · m
공률(工率), 방사속(放射束)	와트	W	J/s
전기량, 전하	쿨롱	C	A · s
전압, 전위	볼트	V	W/A

정전용량	패럿	F	C/V
전기저항	옴	Ω	V/A
컨덕턴스	지멘스	S	A/V
자속(磁束)	웨버	Wb	V · s
자속밀도	테슬라	T	Wb · m^2
인덕턴스	헨리	H	Wb/A
섭씨온도	섭씨온도	℃	t℃=(t−273.15)K
광속(光束)	루멘	lm	cd · sr
조도	룩스	lx	lm/m^2
방사능	베크렐	Bq	s^{-1}
흡수선량	그레이	Gy	j/kg
선량(線量), 당량(當量)	시버트	Sv	J/kg

(4) 접두어(接頭語)

배수	접두어	기호	배수	접두어	기호
10^{24}	요타(yotta)	Y	10^{-1}	데시(deci)	d
10^{21}	제타(zetta)	Z	10^{-2}	센티(centi)	c
10^{18}	엑사(exa)	E	10^{-3}	밀리(milli)	m
10^{15}	페타(peta)	P	10^{-6}	마이크로(micro)	μ
10^{12}	테라(tera)	T	10^{-9}	나노(nano)	n
10^{9}	기가(giga)	G	10^{-12}	피코(pico)	p
10^{6}	메가(mega)	M	10^{-15}	펨토(femto)	f
10^{3}	킬로(kilo)	k	10^{-18}	아토(atto)	a
10^{2}	헥토(hecto)	h	10^{-21}	젭토(zepto)	z
10^{1}	데카(deca)	da	10^{-24}	욕토(yocto)	y

2 도량형 환산표(度量衡 換算表)

(1) 길이

단위	cm	m	인치	피트	야드	마일	자	간	정	리
1cm	1	0.01	0.3937	0.0328	0.0109	…	0.033	0.0055	0.0009	…
1m	10.0	1	39.37	3.2808	1.0006	0.0006	3.3	0.55	0.00997	0.00025
1인치	2.54	0.0254	1	0.0823	0.0278	…	0.0838	0.0140	0.0002	…
1피트	30.48	0.3048	12	1	0.3333	0.00019	1.0058	0.1676	0.0028	…
1야드	91.438	0.9144	36	3	1	0.0006	3.0175	0.5029	0.0083	0.0002
1마일	160930	1609.3	63360	5280	1760	1	5310.8	885.12	14.752	0.4098
1자(尺)	30.303	0.303	11.93	0.9942	0.3314	0.0002	1	0.1667	0.0028	0.00008
1간(間)	181.818	1.818	71.582	5.965	1.9884	0.0011	6	1	0.0167	0.0005
1정(町)	10909	109.091	4294.9	357.91	119.304	0.0678	360	60	1	0.0278
1리(里)	392727	2927.27	154619	12885	4295	2.4403	12960	2160	36	1

* 1해리(海里, nautical mile)= 1,852m
1길(丈)=10자(尺)=100치

(2) 넓이

단위	평방자	평	단보	정보	m^2	아르(a)	ft^2	yd^2	acre
1평방자	1	0.02778	0.00009	0.000009	0.09182	0.00091	0.98841	0.10982	…
1평	36	1	0.00333	0.000033	3.3058	0.03305	35.583	3.9537	0.00081
1단보	1080	300	1	0.1	991.74	9.9174	10674.9	1186.1	0.24506
1정보	10800	3000	10	1	9917.4	99.174	106749	11861	2.4506
$1m^2$	10.89	3025	0.001008	0.0001	1	0.01	10.764	1.1958	0.00024
1a	1089	30.25	0.10083	0.01008	100	1	1076.4	119.58	0.02471
$1ft^2$	1.0117	0.0281	0.00009	0.000009	0.062903	0.000929	1	0.1111	0.000022
$1yd^2$	9.1055	0.25293	0.00084	0.00008	0.83613	0.00836	9	1	0.000207
1acre	44071.2	1224.2	4.0806	0.40806	4046.8	40.468	43560	4840	1

(3) 부피

단위	홉	되	말	cm^3	m^3	리터(l)	in^3	ft^3	yd^3	gal(미)
1홉	1	0.1	0.01	180.39	0.00018	0.18039	11.0041	0.0066	0.00023	0.04765
1되	10	1	0.1	1.8039	0.00180	1803.9	110.041	0.0637	0.00234	0.47656
1말	100	10	1	18039	0.01803	18.039	1100.41	0.63707	0.02359	4.76563
$1cm^3$	0.00554	0.00055	0.00005	1	0.00001	0.001	0.06102	0.00003	0.00001	0.00026
$1m^3$	5543.52	554.325	55.4352	1000000	1	1000	611027	35.3165	1.30802	264.186
1l	5.54352	0.55435	0.05543	1000	0.001	1	611.027	0.03531	0.00130	0.26418
$1in^3$	0.09083	0.00908	0.00091	16.386	0.00001	0.01638	1	0.00057	0.00002	0.00432
$1ft^3$	156.966	15.6666	1.56966	28316.8	0.02931	28.3169	1728	1	0.03703	7.48051
$1yd^3$	4238.09	423.809	42.3809	764511	0.76561	764.511	46656	27	1	301.974
1gal	20.9833	2.0983	0.20983	3875.43	0.00378	3.78543	231	0.163368	0.00495	1

(4) 무게

단위	g	kg	t	그레인	온스(oz)	파운드(lb)	돈(匁)	근(斤)	관(貫)
1g	1	0.001	0.0000001	15.432	0.03527	0.0022	0.26666	0.00166	0.000265
1kg	1000	1	0.001	15432	35.273	2.20459	266.666	1.6666	0.26666
1t	1000000	1000	1	…	25273	2204.59	266666	1666.6	266.666
1그레인	0.06479	0.00006	…	1	0.00228	0.00014	0.01728	0.00108	0.000017
1온스	28.3459	0.02835	0.000028	437.4	1	0.0625	7.56	0.0473	0.00756
1파운드	453.592	0.45359	0.00045	7000	16	1	120.96	0.756	0.12096
1돈	3.75	0.00375	0.000004	47.872	0.1323	0.00827	1	0.00625	0.001
1근	600	0.6	0.006	9259.556	21.1647	0.32279	160	1	0.16
1관	3750	3.75	0.00375	57872	132.28	8.2672	1000	6.25	1

3 그리스 문자표

문자		명칭		문자		명칭	
A	α	alpha	(알파)	N	ν	nu	(뉴)
B	β	beta	(베타)	Ξ	ξ	xi	(크싸이[크시])
Γ	γ	gamma	(감마)	O	o	omicron	(오미크론)
Δ	δ	delta	(델타)	Π	π	pi	(파이[pail])
E	ϵ	epsilon	(입실론)	P	ρ	rho	(오우)
Z	ζ	zeta	(제타)	Σ	σ	sigma	(시그마)
H	η	eta	(에타)	T	τ	tau	(타우)
Θ	θ	theta	(쎄타)	Υ	υ	upsilon	(웁실론)
I	ι	iota	(아이오타)	Φ	ϕ	phi	(피, 파이[fai])
K	κ	kappa	(카파)	X	χ	chi	(카이)
Λ	λ	lambda	(람다)	Ψ	ψ	psi	(사이)
M	μ	mu	(뮤우)	Ω	ω	omega	(오메가)

색 인

ㄱ

ㄹ

ㅅ

ㅇ

ㅊ

ㅎ

A

D

E

F

G

H

Q

R

S

T

1

참고문헌

(1) 유복모, 「측량학원론(Ⅰ)」 중판 박영사, 1999.
(2) 유복모, 「측량학원론(Ⅱ)」 제3판 박영사, 2004.
(3) 유복모, 「경관공학」 3판 동명사, 2003.
(4) 유복모 · 토니 쉥크 공저, 「현대 디지털 사진측량학」 피어슨 에듀케이션 코리아, 2003.
(5) 유복모, 「측지학」 최신토목공학강좌⑥ 제3회 배본 동명사, 1992.
(6) 유복모, 「측량공학」 제6판 박영사, 2010.
(7) 유복모, 「디지털측량공학」 제4판 박영사, 2006.
(8) 유복모, 「사진측량학」 제5판 문운당, 2007.
(9) 유복모 · 유연 공저, 「지형공간정보학 개관」 동명사, 2011.
(10) 유복모, 「건조물측량」 대가, 2007.
(11) 조규전, 「측량정보공학」, 양서각, 2003.
(12) 최창조, 「한국의 풍수사상」, 민음사, 1984.
(13) 임정호 · 박종화 · 손홍규 역, 「원격탐사와 디지털영상처리(John R. Jensen 저)」, 시그마프레스, 2005.
(14) 최윤수 · 허민 · 서용철 역, 「신 GPS 측량의 기초(土屋淳 · 辻宏 道著), 대한측량협회, 2005.
(15) 최근 발간되고 있는 국내 · 국외(미국, 네덜란드, 일본 등)의 정보관련 학회지 및 보고서 참조
(16) 국토해양부, 제4차 국가공간정보정책기본계획(2010~2015). 2010.3
(17) 국토해양부, 제3차 국가 GIS 사업백서, 2010.12
(18) 대한토목학회, 「최근 10년 한국토목사」, 2010.
(19) 김수경, 「컴퓨터 그래픽」, 디자인신문사 출판국, 1992.
(20) 김용운, 「위상의 기하학」, 동아출판사, 1992.
(21) 김우철, 「현대통계학」, 영지출판사, 1989.
(22) 방석현, 「行政情報體系論」, 법문사, 1989.
(23) 삼성데이터 시스템, 「정보경제 2원호」, 삼성데이터 시스템, 1993.
(24) 서만석, 「우주의 기하학」, 동아출판사, 1991.
(25) 이상범, 이계영, 「전산학 개론」, 정익사, 1992.
(26) 국토개발연구원, 「국토정보지」, 국토개발연구원, 1992.
(27) 국토와 건설, 「서베이 하이테크 50선」 ①~⑪, 국토와 건설, 1992~1993.
(28) 道路環境研究所, 「道路景觀整備マニュアル(案)」, 大成出版社, 1990.
(29) 都市夜間景觀研究會, 「都市の夜間景觀の演出」, 大成出版社, 1990.
(30) 東京大學 土木工學科 測量研究室, 「都市 · 地域計劃における地理情報システム(GIS)の利用に關すワクショップ」, 日本測量協會, 1992.
(31) 星仰, 「地形情報處理學」, 森北出版社, 1991.
(32) 日本土木學會, 「港の景觀設計」, 技寡堂出版社, 1991.

(33) 日本測地協會, 「測地學の槪觀」, 1974.
(34) 坪川家恒 · 大森又吉, 「測地學序說」, 山海堂, 1968.
(35) ASPRS, 「Manual of Photogrammetry」, 5th ed., 1980.
(36) ASPRS, 「Manual of Remote Sensing」, 2nd ed., 1981.
(37) Wolf. P.R., 「Elements of Photogrammetry」, 3rd ed., McGraw Hill, 2000.
(38) Alfred Leick, 「GPS Satellite Surveying」, 2nd ed., John Willey & Sons, INC, 1995.
(39) Vanic ′ ek. G. 8t Krakiwsky. E.J., 「Geodesy」, North Holland, 1982.
(40) Schenk. T., 「Digital Photogrammetry」, Terra Science, 1999.
(41) Paul K. Wolf & Charles D. Ghilani, Prentice Hall, 「Elementary Surveying An Introduction to Geomatics」, 10th ed., 2002.
(42) Wolfgang Torge, de Gruyter, 「Geodesy」, 3rd ed., 2001.
(43) John R. Jensen 「Remote Sensing of the Environment An Earth Resource Perspective」, Prentice Hall, Inc, 2000.
(44) Lillesand, Kifer & Chipman, Wiley, 「Remote Sensing and Image Interpretation」, 6th ed., 2008.

공저자약력

• 유복모(柳福模 : Yeu, Bock Mo)

▌약력

서울대학교 공과대학 토목공학과 학사 졸
네덜란드 ITC에서 사진측량학 수학
1975년 6월 19일 일본, 동경대학에서 공학박사 학위수여
연세대학교 공과대학 토목공학과 교수역임(1976.3~2001.2)
서울대학교 공과대학 토목공학과, 환경대학원 강사역임(1978~1980, 1980~1984, 1986~1992)
1982년 토목분야 측량 및 지형공간정보기술사 취득
IUGG의 IAG 한국분과위원장 역임(1987~1993)
한국지형공간정보학회 회장 역임(1993~1997)
한국전통조경학회 회장 역임(1995~1996)
대한토목학회 회장 역임(1997~1998)
한국측량학회 회장 역임(1998~2000)
서울시 문화상 수상(1999. 10. 28 건설 부문)
홍조근정훈장수여(2000. 3. 30 제 5609 호)
현 재단법인 석곡관측과학기술연구원 이사장
현 연세대학교 명예교수(2001.2~현재)
현 미국, 사진측량 및 원격탐측학회 명예회원[Emeritus Member of ASPRS(American Society of Photogrammetry & Remote Sensing)](2004. 1~현재)

▌주요저서

측량공학(박영사 간), 1977초판, 2006 6판, 911쪽
사진측량학개론(희중당 간), 1977초판, (사이택미디어간), 2005 3판, 432쪽
도시계획(문교부 간), 1979초판, 227쪽
측량학원론(I)(박영사 간), 1984초판, 1995개정판, 692쪽
측량학원론(Ⅱ)(박영사 간), 1989초판, 2004 3판, 863쪽
사진측량학(문운당 간), 1991초판, 2007 5판, 512쪽
측지학(동명사 간), 1992초판, 2000년 5판, 393쪽
원격탐측(개문사 간), 1992초판, 259쪽
지형공간정보학(동명사 간), 1994초판, 2001 3판, 491쪽
경관공학(동명사 간), 1996 초판, 2003 3판, 305쪽
현대 디지털 사진측량학(Toni F. Schenk 공저, 피어슨 에듀케이션 코리아 간), 2003초판, 434쪽
건조물측량학(대가 간), 2007초판, 270쪽
지형공간정보학개관, 유연공저(동명사 간), 2011초판, 650쪽
측량학개관, 유연공저(박영사 간), 2012초판, 947쪽
영상탐측학개관, 유연공저(동명사 간), 2012초판, 558쪽
지공탐측학개관, 유연공저(박영사 간), 2013초판, 931쪽
외 3권 출간

• 유 연 (柳 然 : Yeu, Yeon)

약력

서울대학교 공과대학 토목공학과 학사 졸
2011년 6월 12일 미국 OSU(The Ohio State University)에서 Geodetic Science 전공으로 공학석사 및 공학박사 학위수여
현 재단법인 석곡관측과학기술연구원 선임연구위원

주요저서

지형공간정보학개관, 유복모공저(동명사 간), 2011초판, 650쪽
측량학개관, 유복모공저(박영사 간), 2012초판, 947쪽
영상탐측학개관, 유복모공저(동명사 간), 2012초판, 558쪽
지공탐측학개관, 유복모공저(박영사간), 2013초판, 931쪽